MODERNE KRIEGSSCHIFFE

Flugzeugträger HMS Ark Royal der Invincible-Klasse

MODERNE KRIEGSSCHIFFE

Technik, Taktik, Bewaffnung

Von David Miller und Chris Miller

Deutsche Übersetzung und Bearbeitung von Werner F. G. Stehr

Verlag Stocker-Schmid
Motorbuch Verlag

USS Florida, Unterseeboot der Ohio-Klasse für ballistische Flugkörper

Abbildung unten: Flugzeugträger Minsk der Kiev-Klasse, aufgenommen im Westpazifik, kurz nachdem er zur Sowjetischen Pazifik-Flotte trat.

Deutsche Übersetzung und Bearbeitung von Werner F. G. Stehr

Vierte Auflage, Sonderausgabe, 2001

ISBN 3-7276-7093-2

Berechtigte Lizenzausgabe für die Bundesrepublik Deutschland:
Motorbuch-Verlag, Postfach 103743, 7000 Stuttgart.
Ein Unternehmen der Paul-Pietsch-Verlage GmbH & Co.

Die englische Originalausgabe erschien 1986
unter dem Titel *Modern Naval Combat;*

Die Autoren

David Miller ist aktiv dienender Offizier im britischen Heer, eine Laufbahn, die ihn bisher nach Singapur, Malaysia, die Bundesrepublik Deutschland und auf die Falkland-Inseln geführt hat, wobei er im Königlich Britischen Fernmeldekorps diente, mehrfach Stabsaufgaben in britischen Heeresstäben wahrnahm und Kommandeur eines britischen Regimentes war. In Zeitschriften, die sich mit technischen Verteidigungsfragen befassen, hat er zahlreiche Aufsätze über Themen veröffentlicht, die von der Guerilla-Kriegführung bis zur Flugkörper-Strategie reichen. Er ist der Verfasser von *An Illustrated Guide to Modern Subhunters* (1984) und *An Illustrated Guide to Modern Submarines* (1982), Mitverfasser von *Modern Naval Combat* (1986); Mitarbeiter von *The Vietnam War* (1979), *The Balance of Military Power* (1981) und *The Intelligence War* (1983).

Chris Miller ist Oberleutnant der Royal Navy gewesen. Seine Marine-Laufbahn schloss Dienst auf U-Abwehr-Fregatten und beim Stab eines Flagg-Offiziers in einem grossen Hauptquartier der NATO-Marine ein, wo er an der Navigationsschule lehrte und häufig mit Manövern und taktischen Simulatoren beschäftigt war. Seit er die Marine verliess, ist er in der Ölindustrie mit Bohrungen auf See beschäftigt.

Abbildung unten: Eine Rotte F-14 Tomcats vor dem Start zur Patrouille vom Deck der USS Saratoga (CV 60) im Februar 1986 im Mittelmeer.

Inhalt

Vorwort **8**

Maritime Technik David Miller **10**
- Typen der Überwasser-Schiffe 14
- Entwurf von Überwasser-Schiffen 22
- Antrieb von Schiffen 28
- Unterseeboote, Entwurf und Antrieb 32
- Waffen-Systeme 42
- Sensoren 58
- Maritime Luftherrschaft 68
- C³ und der elektronische Kampf 78

Schiffe und Waffen David Miller **84**
- Arleigh-Burke-Klasse (DDG 51) 88
- Audace-Klasse 90
- Broadsword-Klasse (Typ 22) 92
- Clemenceau-Klasse 94
- Delta-Klasse 96
- D'Estienne-D'Orves-Klasse (A 69) 98
- Georges-Leygues-Klasse (C 70) 100
- Giuseppe Garibaldi 102
- Hatsuyuki-Klasse 104
- Invincible-Klasse 106
- Iowa-Klasse (BB 61) 108
- Kiev-Klase 110
- Kilo-Klasse 112
- Kirov-Klasse 114
- Kitty-Hawk-Klasse (CV 63) 116
- Kortenaer-Klasse 118
- Krivak-Klasse 120
- Le-Redoutable-Klasse 122
- Los-Angeles-Klasse (SSN 688) 124
- MEKO-360-Typ 126
- Moskva-Klasse 128
- Nimitz-Klasse (CVN 68) 130
- Niteroi-Klasse 131
- Ohio-Klasse (SSBN 726) 134
- Oliver-Hazard-Perry-Klasse (FFG 7) 136
- Oscar-Klasse 138
- Pauk-Klasse 140
- Resolution-Klasse 142
- Rubis-Klasse (SNA 72) 144
- Sierra-Klasse 146
- Sheffield-Klasse (Type 42) 148
- Slava-Klasse 150
- Sovremennyy-Klasse 152
- Spruance-Klasse (DD 963) 154
- Ticonderoga-Klasse (CG 47) 156
- Trafalgar-Klasse 158
- Typ 209 160
- Typhoon-Klasse 162
- Udaloy-Klasse 164
- Virginia-Klasse (CGN 38) 166
- Walrus-Klasse 170
- Wielingen-Klasse (E 71) 172

Maritime Taktiken Chris Miller **174**
- Die Entwicklung maritimer Taktiken 178
- Krieg auf See 184
- Kampf gegen Unterseeboote 188
- Luftmacht über See 194
- Der Minenkrieg 200

Abkürzungen und Glossar **204**

Vorwort

Dieses Buch handelt von einer möglichen Seekriegführung Ende dieses Jahrhunderts. Es soll dem Leser einen Überblick über das Thema und eine eingehende Beschreibung der Waffen, Ausrüstung und Taktik in umfassender Übersicht geben. Sein Bereich geht von den modernisierten US-Schlachtschiffen des Zweiten Weltkrieges über Flugzeugträger, Kreuzer, Zerstörer und Fregatten hin zu den Unterseebooten, die zunehmend wichtiger, aber noch wenig verstanden werden, und bringt alles in den taktischen und technologischen Zusammenhang.
Ungesehen und unbeachtet von der Mehrheit der Laien, von den Marinen selbst verschwiegen, kreuzen die Flotten ständig die Ozeane, kommen auf kürzesten Abstand in Berührung. Ungleich den besser bekannten Zusammenstössen zu Land, wie an der innerdeutschen Grenze, der Chinesisch-Vietnamesischen und der «Grünen Linie» zwischen Griechen und Türken auf Cypern, trennen zur See keine klaren Grenzen die Gegner. Abgesehen von einem schmalen Küstenstreifen, können Schiffe und Flotten auf hoher See sich vermischen. Der Grad der Trennung hängt einzig vom Können und der Aufgabe der Kapitäne ab. Mehr als eine Kollision zwischen Schiffen der UdSSR und der USA haben bewiesen, wie nahe die Flotten beieinander stehen.
Oft wird in diesem Buch Bezug genommen auf den Krieg zwischen England und Argentinien 1982, da er von grösster Bedeutung in Marine-Dingen war. Zu Land wurden Taktik und Ausrüstung der Truppe wiederholt seit dem Zweiten Weltkrieg getestet. Mittlere Konflikte wie Korea, Indochina und Mittelost und kleinere in Asien, Afrika und Südamerika haben die Landstreitkräfte ständig in Übung gehalten, wirkten auf Planer und Entwerfer zurück. Ähnlich ist die Erfahrung im Luftkampf ständig gewachsen. Gewiss gibt es zur See ständig Kontrollfahrten und Übungen, gelegentlich Zusammenstösse auf unterer Ebene, doch waren selten mehr als ein paar Schiffe verwickelt.
Hingegen beruhte der Krieg im Südatlantik auf Seemacht. Argentinien hätte nicht die Falkland-Inseln und Süd-Georgien besetzen können, noch wäre die Rückeroberung durch England ohne Einsatz von Schiffen im weiten Rahmen möglich gewesen. Ohne Schiffe wären die Briten nicht einmal in die Nähe ihrer südatlantischen Kolonien gekommen, in Anbetracht der Entfernung vom nächsten befreundeten Luftstützpunkt auf Ascension und der Besetzung des einzigen Flugplatzes auf den Falklands durch Argentinien. Ferner waren die Festland-Flugbasen auf dem argentinischen Festland noch in Reichweite. Trägergestützte britische Luftmacht war für die Durchführung der Kampagne notwendig. Von noch grösserer Bedeutung war, dass seit vielen Jahren Kriegsschiffe wirklich kämpfen mussten. Dass England drei moderne Kriegsschiffe und ein grosses Landungsfahrzeug, Argentinien einen Kreuzer, ein Unterseeboot und kleinere Fahrzeuge verlor, öffnete die Augen. Flugkörper und Flugzeuge forderten Tribut, beide Seiten bedrohten sich mit Unterseebooten. Die anschliessende Analyse war für jede Marine der Welt von Wert. Die grossen Seemächte spielten jahrhundertelang ihre bedeutende Rolle und waren meistens die Schiedsrichter, obgleich ihre physische Stärke nicht weiter reichte als ihre Kanonen, bis trägergestützte Flugzeuge sie fähig machten, landeinwärts zuzuschlagen. In den 40er und 50er Jahren dehnte sich die Macht aus, da die Maschinen schneller wurden, tiefer eindringen konnten. Aber diese Fähigkeit blieb auf die US-Flotte beschränkt, obgleich andere Flotten, wie die britische und französische, zu taktischen Schlägen fähig waren. Das atomgetriebene Unterseeboot und von ihm startende ballistische Raketen veränderten alles. Eine Flotte mit solchen Unterseebooten kann heute von jedem beliebigen Punkt der Meere jedes Ziel auf der Welt treffen.
Unter den Flotten der Welt ist seit dem Zweiten Weltkrieg nur die sowjetische stets gewachsen, sowohl an Typen wie auch an Fähigkeit und globaler Wirkung. In den 50er Jahren war sie eine Küstenflotte mit Überwasser-Einheiten, die stark italienisch beeinflusst waren, und Unterseebooten, die direkt von deutschen Entwürfen von 1945 stammten. Heutzutage gehört sie zu den beiden Schrittmachern mit Schiffen, die keinem anderen nachstehen, sei es an Leistung, Entwurf oder Fortschritt.
Allerdings war die Sowjetmarine nie in ein Seegefecht verwickelt; ihre Einsätze im Zweiten Weltkrieg waren begrenzt auf Gefechte einzelner Schiffe, diese auch nur begrenzt auf Küstenmassstab.
Wie der Falklandkrieg zeigte, kann selbst eine erfahrene Royal Navy wichtige Lehren nach vierzig Jahren vergessen, und es gibt keinen Zweifel, dass ihre Schiffe und Waffen in mancher Hinsicht zu wün-

Unten: Im April 1986 lief eine Kampfgruppe der Royal Navy zu einem Marsch rund um die Welt aus. Der Zerstörer Manchester, die Fregatten Beaver und Amazon mit dem Zerstörer Southampton und der Fregatte Brazen, ein Begleit-Tanker und ein Versorgungsschiff nahmen an Global 86 und an der Übung Rimpac 86 teil, gemeinsam mit den USA und einigen Alliierten.

schen übrig liessen. Wie unzulänglich mögen erst sowjetische Schiffe sein, wenn ihre ältesten Offiziere keine Erinnerung an einen Kampf zur See haben. Der US-Staatssekretär für Verteidigung, Caspar Weinberger, fasste die Haltung der grossen Seemächte in seinem «jährlichen Bericht vor dem Kongress für das Finanzjahr 1987» zusammen, als er sagte: «Als Inselnation und Seniorpartner in einer globalen Allianz brauchen die USA eine starke Flotte, um die Vorwärtsverteidigung zu unterstützen. Im Frieden hilft die Marine, eine amerikanische militärische Präsenz in Gebieten zu unterstützen, in denen wir vitale Interessen zu wahren haben. Diese überseeischen Routine-Einsätze geben greifbar Zeugnis von unserer Verpflichtung zu internationaler Stabilität und Sicherheit. In Zeiten von Krisen werden Marinekräfte oft an Brandherde entsandt, um unsere Freunde und Alliierten zu unterstützen und Aggressoren abzuschrekken. Sollte die Abschreckung versagen, würden diese Streitkräfte als führende Bestandteile unserer Strategie der Vorwärtsverteidigung dienen. Das betont eine aktive Verteidigung Europas und der eurasischen Küstengebiete. In ihrer Kriegsaufgabe würden die Seestreitkräfte aufgerufen werden, die befreundete Schiffahrt vor Luft- oder Seeangriffen zu schützen, Feindstreitkräften den Zugang zu strategischen Gebieten zu verwehren und schützende Macht gegen Ziele auf See oder zu Land zu sein.»

Wenn es zu einem neuen weltweiten Konflikt käme, wäre eines der Konfliktgebiete die See. Solch ein Kampf könnte wahrhaftig auf See beginnen und dort entschieden werden. Absicht dieses Buches ist, zu zeigen, welche Kräfte verwickelt werden könnten, welche Ausrüstung, Sensoren und Waffen gebraucht würden und wie das alles verknüpft ist, dem taktischen und strategischen Zweck zu entsprechen. Viele der Schiffe mögen äusserlich denen von vor vierzig Jahren gleichen, aber sie sind anders entworfen, gebrauchen andere Waffen und haben Sensoren, deren Fähigkeiten Ende des Zweiten Weltkrieges niemand zu erträumen wagte. Dieses Buch erklärt den Unterschied.

Oben: Aufmärsche und Übungen werden von den möglichen Gegnern genau überwacht. Der sowjetische Träger Minsk wird von Deck eines US-Trägers beobachtet.

Unten: Der Krieg im Südatlantik 1982 brachte das erste wirkliche Seegefecht seit vielen Jahren. HMS Coventry war eines der Schiffe, die in diesem Konflikt sanken.

Unten: Selbst das kleinste Schiff ist fähig, Kommando- und Kontroll-Zentralen zu führen, die taktische Darstellungen und Waffen-Kontroll-Konsolen für Flugkörper und Torpedos aufweisen.

Maritime Technik

Einführung

Ende des Zweiten Weltkrieges hatten die beteiligten Nationen eine ziemlich klare Vorstellung über die Erfordernisse ihrer Marinen. Im Fall der westlichen Teilnehmer war es Seemacht, die es den Alliierten ermöglicht hatte, Nachschub und Verstärkungen über den Atlantik nach England zu bringen und dann Kontinental-Europa anzugreifen und schliesslich im Pazifik die Kraft des Kaiserlichen Japan abzuwürgen. In der UdSSR, obwohl Seemacht keine grosse Rolle gespielt hatte, war es den militärischen Planern klar, dass sie für eine weltweite Herausforderung des Westens eine eigene Seemacht brauchten.

Die See-Nationen stimmten generell überein in der idealen Zusammensetzung der Flotten und den sie bildenden Schiffstypen. In der Überwasser-Kategorie waren es Flugzeugträger, Schlachtschiffe, Kreuzer, Zerstörer, Geleitschiffe und leichte Angriffsfahrzeuge, zusammen mit Massen von Schiffen und Booten für amphibische Angriffe, nebst wenigen schwerer zu klassifizierenden Typen.

Träger hatten im Lauf des Krieges den Rang von Hauptkampfschiffen erreicht. Es gab die Grundtypen: Flottenträger von 20'000 tons oder mehr, kleine Flottenträger unter 20'000 ts, aber auch kriegsbedingte Umbauten, bekannt als Geleitträger. Die Mehrzahl der Träger gehörte zur US Navy und Royal Navy, doch hatten am Ende der Dekade Frankreich einen und Kanada zwei Leichte Flottenträger (beide ex-britisch).

1945 gab es viele Schlachtschiffe, doch stimmte man überein, dass die Tage der schwer gepanzerten, nur schwerste Geschütze tragenden Hauptkampfschiffe vorbei seien. Die bestehenden Einheiten waren auf die USA und England verteilt, obgleich Frankreich zwei und südamerkanische Marinen einige besassen.

Schlachtkreuzer, von denen wenige noch dienten, waren Anfang des Jahrhunderts als Schiffe mit der Feuerkraft von Schlachtschiffen und der Geschwindigkeit von Kreuzern aufgekommen. Das ging jedoch auf Kosten des Panzerschutzes. So blieben sie ein unbefriedigender Kompromiss. Als Schiffsklasse hatten die Schlachtkreuzer eine bunte Karriere, und die Royal Navy, die diesen Typ herausgebracht hatte, erlebte einige Katastrophen. Vor dem Skagerrak verlor sie 1916 drei von ihnen, und 1941 sank die Hood im Feuer des schnellen deutschen Schlachtschiffs Bismarck. Deshalb war die Royal Navy froh, die letzten Ende der 40er Jahre verschrotten zu können.

Die US Navy entwarf zwar mehrere Typen dieser Art, baute aber keine bis zum Ende der Ära, als zwei Schiffe der Alaska-Klasse (34'250 ts) 1944 und 1945 in Dienst gestellt wurden. Nach kurzem Einsatz im Zweiten Weltkrieg lagen sie bis zur Verschrottung 1961 in Reserve. Damit war dieser Typ am Ende.

Als nächste an Grösse und Bedeutung kamen Kreuzer, eine Bezeichnung für ein unabhängiges Kampfschiff mit grosser Fahrstrecke, hoher Geschwindigkeit, angemessenem Schutz, beträchtlicher Bewaffnung, zwar dem Schlachtschiff unterlegen, aber allen anderen Kriegsschifftypen überlegen. Die Grössenordnung lag zwischen 5'000 ts Verdrängung, sechs 15,2-cm-Geschützen (britische Arethusa-Klasse zum Beispiel) und der USS-Des-Moines-Klasse mit neun 20,3-cm- und zwölf 12,7-cm-Geschützen bei 19'930 ts. Die meisten Kreuzer hatten Panzerschutz von etwa 10 cm für Kessel- und Turbinenräume. Alle trugen eine Vielzahl kleiner Flugabwehr-Waffen und die meisten Torpedorohre, doch selten Horchgeräte gegen Unterseeboote. Ihre Aufgabe war der Schutz von Träger-Schlacht-Gruppen oder grösseren Geleitzügen oder die unabhängige Überwachung der ozeanischen Handelswege. Auf der ganzen Welt gab es grosse Kreuzer-Verbände, und in vielen Marinen waren sie der grösste Schiffstyp.

Bei weitem der häufigste Typ war der Zerstörer, das «Mädchen für alles» in jeder Flotte. Seine Aufgaben reichten vom äusseren Schutzring für Träger-Schlachtgruppen bis zum Schirm gegen Unterseeboote bei Geleitzügen, sie führten unabhängige Einsätze durch, die hohe Geschwindigkeit und Schlagkraft erforderten. Zerstörer hatten wenigstens 1'000 ts, die grössten über 3'000. Hauptbewaffnung waren meist vier bis sechs Geschütze von 10,2 cm bis 12,7 cm, ferner Fla-Waffen. Alle hatten Torpedorohre und U-Abwehr-Waffen, sei es der britische «Hedgehog» oder Wasserbomben, und praktisch alle verschiedene Arten Horchgeräte. Viele hundert Zerstörer standen rund um die Welt im Dienst.

Die Bezeichnung «Fregatte» entstand zu Napoleons Zeit in der französischen Marine, wurde später von der britischen übernommen und verschwand vor einem Jahrhundert. Im Zweiten Weltkrieg wurde sie von den Briten wiederbelebt, um ein Schiff zu beschrei-

Unten: Fregatten wie die brasilianische Niteroi-Klasse wurden die meistverwendeten heutigen Kriegsschiffe, haben aber eine weit grössere Kapazität als die Vorgänger aus dem Zweiten Weltkrieg.

Unten: Luftmacht ist ein grundlegender Faktor moderner maritimer Stärke. Diese Yak-38 Forger auf dem Flugdeck der Kiev sind typisch für Neuerungen sowjetischer Entwürfe und Technologie.

ben, das als Allerwelts-Zerstörer hauptsächlich Unterseeboote bekämpfen, aber auch sonst zum Geleitschutz dienen sollte. Die US-Marine wählte den Ausdruck «Geleit-Zerstörer», um diesen Typ zu bezeichnen. Diese 2.-Weltkrieg-Fregatten der Royal Navy verdrängten 1'000 bis 1'500 ts, hatten bis zu vier Geschütze und verschiedene U-Abwehr-Waffen wie auch Sensoren.
Am unteren Ende der Skala kam das kleine Geleitschiff von 500 bis 1'000 ts, das während des Krieges, besonders in den USA, Grossbritannien und Kanada, in grosser Zahl entstand. Der Einsatz erfolgte gegen Unterseeboote bei grossen, langsam fahrenden Konvois, im Küstenschutz und bei ungezählten kleinen Aufgaben, die eine Flotte erfordert. In den meisten Marinen wurden sie als Korvetten oder Sloops bezeichnet.
Letztlich gab es die unendlich vielen schnellen Kampfboote zwischen 40 und 100 ts. Mit leichten Geschützen und Torpedos bewaffnet, wurden sie in der US Navy als Patrol Boats, in der Royal Navy als Motor-Torpedo-Boote (deutsch: S-Boote) bezeichnet. Viele hundert standen weltweit im Dienst.

Während des Krieges gab es viele Landungen im Mittelmeer, entlang der Nordküste Westeuropas, im Indischen und Pazifischen Ozean; selbst die Sowjetunion unternahm einige, wenn auch nicht in der Grösse der Landung in Nordfrankreich oder gegen japanisch besetzte Inseln. Um diese Aufgaben zu bewältigen, wurde eine Armada von Landungsfahrzeugen gebaut, oft durch Umbauten. Oft musste nach neuen, speziellen Entwürfen gebaut werden, Klassen wie Tank-Landungsschiffe (LST), Tank-Landungsboote (LCT) und die komplizierteren Dock-Transporter (LPD). Unterseeboote waren in heftige und weiträumige Schlachten im Atlantik wie im Pazifik verwickelt, wo eine ungeheure Tonnage an Handelsschiffen und viele Unterseeboote versenkt wurden. Das dieselgetriebene, mit Torpedos bewaffnete Unterseeboot herrschte vor, und die Mehrzahl der Boote war nur wenig besser als das langsame, wenig ausdauernde Tauchboot von 1939. Erst gegen Ende des Krieges demonstrierte der deutsche Typ XXI, wie Stromlinie und mehr Kraft genutzt werden konnten, um eine höhere Unterwassergeschwindigkeit zu erreichen. Aber selbst diese guten Boote mussten von Zeit zu Zeit auftauchen, um die Batterien aufzuladen. Am Ende des Zweiten Weltkrieges schien die Welt der Marine einigermassen zu stimmen. Die Tage des Schlachtschiffs, des Schlachtkreuzers waren vorbei; ihre Rolle hatte der Flugzeugträger übernommen. Nur die amerikanische und die britische Flotte hatten einigermassen grosse Trägerflotten, und sie sollten in Dienst bleiben. Grössere Träger sollten gebaut werden, während wenige Marinen ein oder zwei Träger hatten. Es gab eine grosse Zahl Kreuzer, doch ihre Nachkriegsrolle blieb unklar. Es gab eine riesige Zahl Zerstörer, Fregatten und Korvetten, deren Aufgabe darin bestand, Träger zu schützen und den Kampf gegen die ständig wachsende Bedrohung durch Unterseeboote zu führen.
Die USA und Grossbritannien besassen die beiden grossen Flotten, zwei Nationen, deren weltweite Verantwortlichkeit nur durch Verteilung grosser Verbände zu tragen war. Die deutschen und japanischen Flotten waren völlig zerstört oder Kriegsbeute. Die sowjetische Flotte war klein, ihre Rolle auf Küstengewässer der UdSSR begrenzt. Alle übrigen Flotten waren klein und hatten wenig weltweite strategische Bedeutung.

Unten: Für den Kampf gegen Unterseeboote in den erbarmungslosen Seen des Nordatlantik wurden die kanadischen Zerstörer der Iroquois-Klasse entworfen. Sie führen am Heck ein variables Tiefen-Sonar und einen Hangar für zwei CHSS-2-Sea-King-Hubschrauber. Ein Umbau soll das 127-mm-Geschütz und die Sea-Sparrow-FK durch ein 76-mm-Geschütz und senkrecht startende Standard-FK ersetzen und ein Phalanx-CIWS sowie neue Maschinen, Radar und EW-Ausrüstung zufügen.

In den Jahren seit dem Ende des Zweiten Weltkrieges haben sich die Unterschiede der Schiffstypen verwischt, denn neue Waffen und verbesserte Sensoren schufen neue Möglichkeiten, selbst für kleinere Fahrzeuge. Die traditionellen Rollen sind nicht verschwunden, und auf den nächsten Seiten werden die folgerichtigen Entwicklungen jedes wichtigen Typs unter der entsprechenden Überschrift behandelt werden.

Flugzeugträger

Unmittelbar nach dem Krieg mussten Flotten mit Flugzeugträgern sich auf Düsenflugzeuge umstellen. Viel Entwicklungsarbeit ging in die Flugzeuge und ihre Triebwerke. Aber auch die Schiffe erfuhren einschneidende Veränderungen: Dampfkatapult, Landespiegel, Winkeldeck.
Die US Navy war zur eigenen nuklearen Rolle bestimmt und baute die North American AJ-2 Savage, später die Douglas A-3 Skywarrior, beide bestimmt, die Atombombe zu tragen, die zu jener Zeit 5'450 kg wog, aber bald weniger als 1/4 davon. Grössere Träger, die solche Bomber tragen konnten, waren nötig. Das führte zur Forrestal-Klasse (78'000 ts), zur atomgetriebenen Enterprise- (89'600 ts) und zur Nimitz-Klasse (91'400 ts) und zur nicht atomaren Kitty-Hawk-Klasse (82'000 ts). Mitte der 80er Jahre hatte die US Navy 14 Träger in Dienst und weitere drei atomgetriebene in Bau.
Mitte der 60er Jahre erreichte die Royal Navy mit den Trägern Ark Royal, Eagle, Victorious und Hermes ihre höchste Stärke und Wirksamkeit. Ihre Geschwader hatten so nützliche Jagdflugzeug-Typen wie McDonnell F-4 Phantom und de Havilland Sea Vixen, den Langstrecken-Bomber Blackburn Buccaneer und die Fairy Gannet zur Frühwarnung. Es kam zur Krise, als Anforderungen nach einem neuen Träger, den teuren Geleitern Typ 82 und neuen Flugzeugen zusammentrafen, das Verteidigungsbudget das aber nicht verkraften konnte. Der Entwurf für den Träger CVA-01 wurde gestrichen, und eine Weile schien es so, als ob die Marine-Luftwaffe auf Hubschrauber beschränkt bliebe, aber man einigte sich, drei Schiffe zu bauen, die als Kreuzer mit durchgehendem Deck bezeichnet wurden, späterhin korrekter als Leichte Flugzeugträger, die als Invincible-Klasse (19'811 ts) nun im Dienst steht.
Die französische Marine hatte in den Nachkriegsjahren drei Leichte Flottenträger (einen ehemals britischen, zwei amerikanische), baute aber Ende der 50er Jahre nach eigenem Entwurf Clemenceau und Foch (32'780 ts), die in den 90er Jahren durch zwei atomgetriebene Träger ersetzt werden sollen (De Gaulle- oder PAN-1-Klasse).

Oben: Flugzeugträger USS Saratoga (CV 60) der Forrestal-Klasse mit der Sechsten US-Flotte im Mittelmeer. Die vier Forrestals, gebaut in den 60er Jahren, erhielten einen lebensverlängernden Umbau und werden bis 2005 dienen.

Die überraschendsten Entwicklungen fanden allerdings in der UdSSR statt, beginnend mit der Moskva (18'000 ts), einem als Hubschrauber-Träger spezialisier-

Unten: HMS Hermes, letzter der traditionellen britischen Flottenträger, läuft Ende1982 nach dem Falkland-Krieg in Portsmouth ein. Die 12°-Rampe erlaubte Sea-Harriern und Harriern den Start mit maximaler Zuladung.

ten Kreuzer zur Unterseeboot-Bekämpfung, gefolgt von der Kiev-Klasse (38'000 ts). Die Sowjetmarine führt einen Langzeitplan durch, um sich eine eigene Luftwaffe zu schaffen. Ein völlig neues Feld, unbelastet von Tradition und Ideen von gestern. Die Kiev zeigt viele neue Gedanken, und gewiss ist, dass die atomgetriebenen CVN der Kremlin-Klasse diese Entwicklung fortsetzen werden. Kleinere Marinen kauften von den USA oder Grossbritannien veraltete Träger. Indien, Argentinien und Brasilien haben sie noch im Dienst. Die spanische und italienische Marine haben Leichte Träger eigener Entwürfe für Hubschrauber und V/STOL-Flugzeuge (gegenwärtig der British Aerospace Sea Harrier). Diese sind attraktiv für eine Marine, die ihren ersten Träger sucht oder alte ersetzen will.

Schlachtschiffe und Schlachtkreuzer

Nach dem Krieg wurden die älteren Schlachtschiffe und Schlachtkreuzer verschrottet, obwohl der Korea-Krieg die Notwendigkeit der Küstenbeschiessung wiederbelebt hatte. Alle vier Schlachtschiffe der USN wurden eingesetzt, ehe sie 1954 bis 1958 wieder eingemottet wurden. 1960 gab es nur noch die vier Iowas der USA, die britische Vanguard und die französischen Jean Bart und Richelieu. Briten und Franzosen liessen ihre Grosskampfsschiffe abwracken, und die Iowas blieben in Reserve, als eigenartige Museumsstücke. Die Küstenbeschiessung lebte während des Vietnam-Krieges wieder auf, die New Jersey wurde von 1967 bis 1969 reaktiviert und wieder in Reserve überstellt. Damit hätte die Geschichte der Schlachtschiffe ein Ende haben können, wenn nicht in den späten 70er Jahren die sowjetische Kirov-Klasse erschienen wäre.

Die Sowjetmarine hatte in den Jahren nach dem Krieg unter der mitreissenden Führung Admiral Gorschkovs eine bemerkenswerte Vergrösserung erfahren. Er war einer der grössten Schöpfer einer Marine in der Geschichte, der auf ein Mithalten mit den westlichen Marinen abzielte, gar sie zu übertreffen suchte. An Zahl und Grösse nahmen die Schiffe dramatisch zu. Seit Mitte der 60er Jahre kopierten die Sowjets nicht mehr die Muster anderer Länder, sie brachten eigene originale Lösungen und wurden auf einigen Gebieten Schrittmacher.

Augenfällig für die Neuerungen war 1977 das Auftreten der Kirov, das weitaus grösste Kriegsschiff, das, abgesehen von Flugzeugträgern, seit dem Zweiten Weltkrieg gebaut wurde. Mit 28'000 ts Verdrängung, schnell, mit grosser Fahrstrecke, wenig geschützt und mit schwerer Flugkörper-Bewaffnung gegen Schiffe stellte die Kirov ein fast total neues Konzept dar, das eine starke Verwandtschaft zu den einstigen Schlachtkreuzern aufwies.

Oben: Die USS New Jersey (BB 61) läuft zu einer Unternehmung vor Vietnam am 11. September 1968 aus Pearl Harbor aus. Die vier Schlachtschiffe der Iowa-Klasse haben der US Navy gute Dienste geleistet.

Angesichts dieser neuen sowjetischen Bedrohung entschied die US Navy, alle vier Iowas aufzufrischen und in Dienst zu stellen, da ihr Zustand hervorragend war. Ein ehrgeiziger Plan, den achteren 406-mm-Turm durch ein grosses Flugdeck zu ersetzen, unterblieb aus Kostengründen zugunsten weniger drastischer, aber billigerer Lösungen mit neun 406-mm-Geschützen, acht Tomahawk- und sechzehn Harpoon-Startern. Mit ihrer hohen Geschwindigkeit und der schweren Panzerung sind sie noch zu fürchten. Ihr Panzer macht sie recht unempfindlich gegen Seeziel-Raketen. Während es sehr zweifelhaft war, dass neue Schlachtschiffe der Grösse und Vielseitigkeit der Iowa wieder gebaut werden würden, erwartete niemand von der Sowjetmarine den Bau einer Kirov.

Kreuzer

Die Menge der aus dem Krieg verbliebenen Kreuzer genügte der Mehrzahl der Marinen bis in die 60er Jahre, nicht aber den Sowjets, deren erster von 14 Kreuzern der Sverdlov-Klasse (17'200 ts Einsatzverdrängung) 1951 in Dienst gestellt wurde. Die Sverdlovs, die letzten nur mit Geschützen bewaffneten Kreuzerneubauten, waren das Ende einer Tradition in der Sowjetmarine, in den 60er Jahren gefolgt von der Kynda-Klasse, die Artillerie mit acht SS-N-3-Raketen kombinierte, in den 70er Jahren durch die Kresta- und Kara-Klassen und in den 80er Jahren durch die Slava-Klasse. Jede Klasse trug die neuesten Geschütze und Flugkörper und eine wachsende Zahl an Sensoren, wodurch die Grösse wuchs. Kynda verdrängt 5'500 ts, Kresta I 7'600 ts, Kara 9'700 ts und Slava 12'500 ts. Die Länge nahm von 141 m bei der Kynda auf 187 m bei der Slava zu. Ende 1987 standen 39 Kreuzer in Dienst, davon neun Sverdlovs. Die USA hatten aus dem Krieg viele Kreuzer, und bis zum Ende der 50er Jahre, als USS Long Beach (CGN 9, 17'525 ts) fertig wurde, gab es wenig neue Bauten. Als der Welt erstes atomgetriebenes Überwasser-Kriegsschiff war sie auch die erste, deren Hauptbewaffnung aus Lenkwaffen bestand. Von nun an folgten ständig weitere Schiffe dieser Art: Die Bainbridge (8'592 ts) wurde 1962 in Dienst gestellt, die Truxtun (9'127 ts) wurde 1957 in Dienst gestellt, zwei Californias (9'561 ts) wurden 1974 und 1976 in Dienst gestellt, und vier Virginias (10'000 ts) wurden von 1976 bis 1980 in Dienst gestellt. Ebenso baute die US Navy eine Serie nicht-nuklearer Kreuzer: Die Leahy-Klasse (5'670 ts) wurde von 1962 bis 1964 in Dienst gestellt, die Belknap-Klasse (8'200 ts) wurde von 1964 bis 1967 in Dienst gestellt.

In den frühen 70er Jahren wurden die Vorzüge nuklear getriebener Schiffe – lange Fahrstrecke und damit Verringerung des Flottentrosses – allmählich durch die enormen Kosten aufgehoben. Als der US-Kongress um eine zahlreiche Klasse Kreuzer angegangen wurde, ausgerüstet mit Aegis, bestand er darauf, dem Spruance-Entwurf mit Ölfeuerung vor der atomgetriebenen Virginia zunächst den Vorzug zu geben. Das Resultat, die Ticonderoga-Klasse (CG 47), ist eine Serie ausserordentlich vielseitiger Schiffe mit hervorragender Luftverteidigungs- und Luftführungs-Fähigkeit. Wenigstens 27 sollen gebaut werden, was sie zu einem herausragenden modernen Entwurf macht. Hauptsächlich zur Luftabwehr bestimmt, haben sie doch Waffen gegen Schiffe und zur U-Abwehr. Sie sollen Träger-Kampfgruppen schützen, deren die US Navy neun nukleare und 23 konventionelle besitzt, zu denen zwischen 1987 und Mitte der 90er Jahre 23 Ticonderogas treten werden.

Andere Marinen liessen ihre Kreuzer-Flotten dahinschwinden, besonders die Royal Navy, die bei

Typische Kreuzer-Klassen

Ticonderoga (USA)

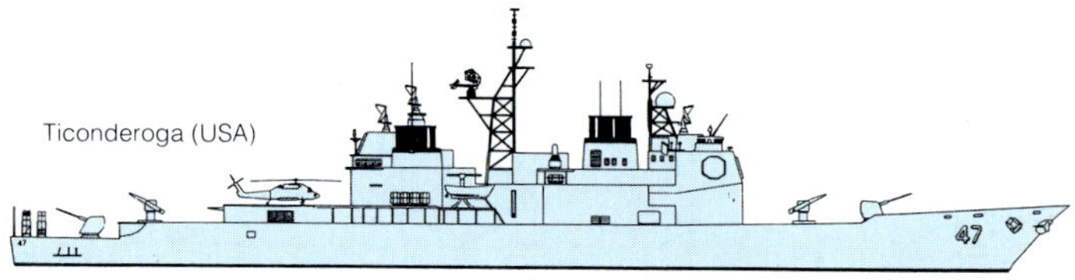

Ticonderoga (9'530 ts). Diese Klasse ist für das Aegis-System entworfen. Flugabwehr-Bewaffnung: zwei Starter Mk 26 für Standard SM-2 (MR) SAM und zwei 30-mm-CIWS Mk 15. Überwasser: acht Harpoon SSM und zwei 127-mm-Luft-/Seeziel-(DP)-Geschütze Mk 45. U-Abwehr: Asroc-Starter Mk 26, sechs Torpedorohre und zwei Lamps-III-Hubschrauber.

Virginia (USA)

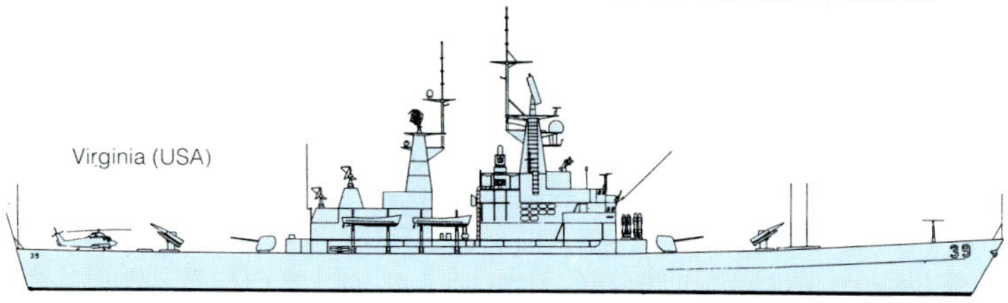

Virginia (11'500 ts). Drei CGN sind als CVN-Geleitschiffe entworfen. Ursprüngliche Luftabwehr: Standard SM-2 (MR) (Starter Mk 26), Nachrüstung mit zwei CIWS Mk 15. Überwasser: zwei 127-mm-DP-Geschütze, acht Harpoon SSM. U-Abwehr: Asroc (Starter Mk 26), sechs TR, ein Lamps-I-Hubschrauber.

Suffren (Frankreich)

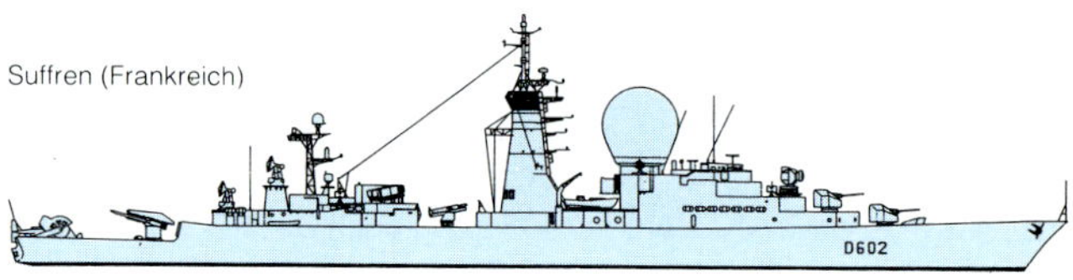

Suffren (6'090 ts). Als Zerstörer bezeichnet, haben sie Kreuzer-Grösse. Luftabwehr: Franz. Masurca SAM, zwei 20-mm-Geschütze. Überwasser: vier MM 38 Exocet, zwei 100-mm-DP-Geschütze. U-Abwehr: Beschränkt auf zwei Torpedostarter, kein Hubschrauber; eine erhebliche Schwäche.

Type 82 Bristol (Grossbritannien)

Bristol (7'100 ts). Entworfen als Geleitschiff für CVA-01, war Typ 82 kein grosser Erfolg. Luftabwehr: Sea Dart, vier 30-mm- und vier 20-mm-Geschütze. Überwasser: Nur ein 114-mm-DP-Geschütz. U-Abwehr: Nur ein Ikara-Flugkörper-System, keine TR, kein Hubschrauber.

Andrea Doria (Italien)

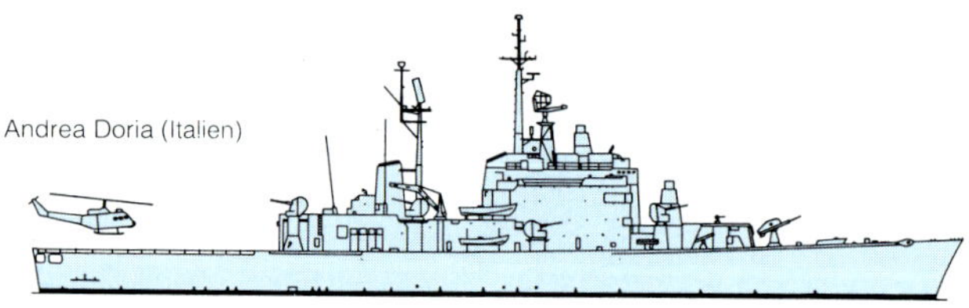

Andrea Doria (7'300 ts). Geleitkreuzer mit starker U- und einiger Luftabwehr. Luftabwehr: Standard SM-1 (ER) SAM (Starter Mk 10) und sechs/acht 76-mm-Geschütze mit Dardo-System. U-Abwehr: sechs TR und vier AB-212-ASW-Hubschrauber. Keine speziellen Überwasser-Waffen.

Slava (UdSSR)

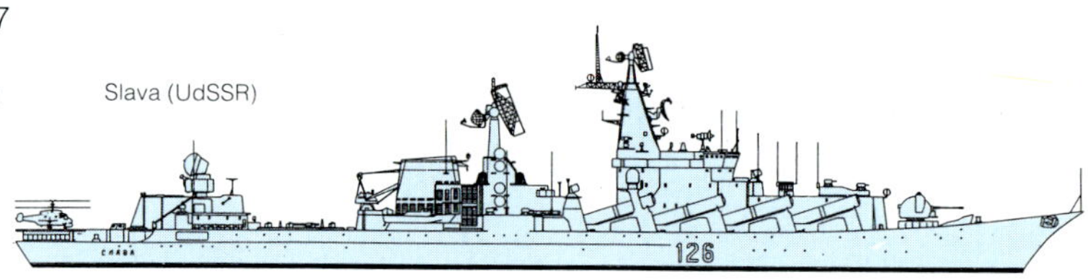

Slava (12'500 ts). Gebaut als Sicherheit gegen Fehlschlag der Kirov-Klasse. Luftabwehr: acht SA-N-6-, 2 SA-N-4-SAM-Starter, sechs 30-mm-CIWS. Überwasser: 16 SS-N-12 (mit Helix-B für OTH-Zielfindung), zwei 130-mm-DP-Geschütze. U-Abwehr: zehn TR, zwei RBU-6000.

Kara (UdSSR)

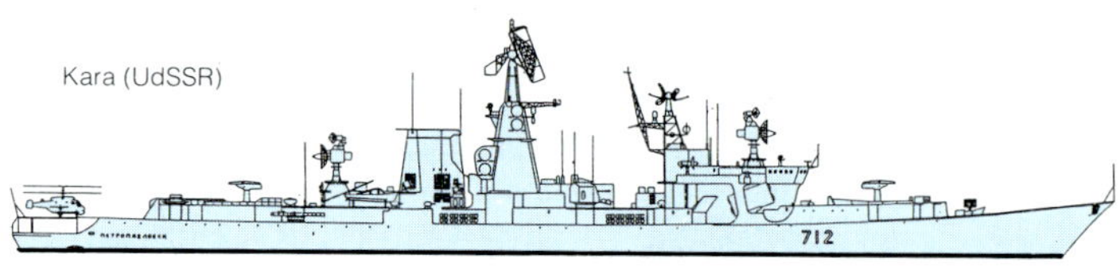

Kara (9'700 ts). Die ersten grossen Kreuzer seit der Sverdlov-Klasse, entworfen zur U-Abwehr. Luftabwehr: zwei SA-N-3-, vier SA-N-4-SAM-Starter und vier 30-mm-CIWS. Vier 76-mm-Geschütze mittschiffs. U-Abwehr: zehn TR, ein RBU-6000 und ein Hormone-A-ASW-Hubschrauber.

Kirov (UdSSR)

Kirov (28'000 ts). Kirov und Frunze sind bedeutend grösser als westliche Kreuzer, am besten als Schlachtkreuzer zu bezeichnen. Unterschiede in Bewaffnung und Sensoren. Der zweite (Frunze) führt an Luftabwehr: zwölf SA-N-6-, sechzehn SA-N-9-SAM-Starter und acht 30-mm-CIWS. Überwasser: zwanzig SS-N-19 und zwei 130-mm-DP-Geschütze. U-Abwehr: ein RBU 6000, zwei RBU 1000, acht TR und drei Hormone/Helix-B-Hubschrauber.

Über die korrekte Bezeichnung von Kriegsschiff-Klassen ist man uneins, zumal die Kategorien Kreuzer, Zerstörer, Fregatten, sogar Korvetten sich überlappen. Aber die hier vorgestellten Schiffe haben mehr als 6'000 ts Einsatzverdrängung und können gemeinsam als Kreuzer bezeichnet werden. Sie haben grosse Rümpfe, können eine vielseitige Mischung an Waffensystemen und Sensoren aufnehmen. Alle haben SAM für grosse/mittlere Höhen und (ausser Typ 82 und Suffren) kleinkalibrige CIWS. Nicht alle führen Geschütze über 100 mm – ein Mangel, der sich nach den Lehren des Falkland-Krieges kaum wiederholen wird – noch haben alle SSM, aber alle haben genug Raum. Heutige SSM, wie Exocet, nehmen wenig Raum ein. Manche haben geringe ASW-Bewaffnung.

Oben: Vize-Admiral Drohzd, einer von vier Lenkraketen-Kreuzern der Kresta-I-Klasse der Sowjetmarine. Hauptbewaffnung sind vier SS-N-38 SSM, ein SA-N-1-Starter, vier 57-mm-Flak und vier Gatling-CIWS; an Bord ein ASW-Hubschrauber.

Unten: USS Long Beach (CGN 9), erstes atomgetriebenes Kriegsschiff der USA. Bei ihrer Modernisierung 1980 wurde das riesige SPS-32-Radar entfernt; Standard-SAM ersetzten die Terrier.

Kriegsende nicht weniger als sechzig besass, 1953 nur noch 23 und 1963 fünf. Heute hat sie offiziell keine, obwohl HMS Bristol, der einzige vom Typ 82, der Grösse der sowjetischen Kynda- und der amerikanischen Leahy-Klasse mit 7'000 ts enspricht. Frankreich hat einen modernen Kreuzer, Italien zwei, während Peru und Chile je einen alten haben.

Zerstörer und Fregatten

Gegenwärtig gibt es kaum eine internationale Übereinstimmung bei der Klassifizierung im Bereich 2'000 bis 6'000 ts. Bei Kriegsende gab es ein ziemlich klares System absteigender Ordnung vom Kreuzer über den Zerstörer zur Fregatte und Korvette, doch gilt dies heute nicht mehr. Die Royal Navy zum Beispiel bezeichnet den Typ 42 (4'100 ts) als Zerstörer, aber den grösseren Typ 22 (4'900 ts) als Fregatte. Das NATO-System für UdSSR-Schiffe stuft die Kynda-Klasse (5'560 ts) als Kreuzer ein, aber die Udaloys (8'000 ts) sind Zerstörer. In der US Navy wurden Geleiter von 10'000 ts in den 70er Jahren als Fregatten bezeichnet, heute als Kreuzer, während die Spruance-Klasse (7'810 ts) als Zerstörer gelten und die Ticonderoga-Klasse mit fast identischem Rumpf, aber grösserer Verdrängung (9'600 ts) Kreuzer sind.
Um zur Verwirrung beizutragen, bezeichnete die französische Marine zum Beispiel den Typ C 67 (5'745 ts) als Korvette, später als Fregatte, gab ihm aber «D» (für Zerstörer) als taktische Bezeichnung statt des logischen «F» für Fregatte. Sie liess auch nicht die Bezeichnung Korvette fallen und benannte den neuen Typ C 70 (4'170 ts) so, obgleich auch er die

taktische Bezeichnung «D» hat. Anstatt ein neues, logisches System zu erdenken, werden die hier benutzten Bezeichnungen von der jeweiligen Marine bzw. für den Warschauer Pakt von der NATO vergeben, so unlogisch sie sein mögen, womit zur allgemeinen Konfusion beigetragen wird.
Das Problem, dem alle Marinen gegenüberstehen, ist der Preis selbst kleiner Schiffe, der gewaltig anstieg und die Debatten über Menge gegen Qualität wichtiger als je machte. Eine Grösse von 4'000 ts können sich die meisten Marinen noch leisten, finanziell, von der Konstruktion, den Dockmöglichkeiten und Besatzungsfragen her. Diese Schiffe mittlerer Grösse müssen mehrere Aufgaben erfüllen, mit Luftbedrohung, Sea-skimmern, anderen Kriegsschiffen und Unterseebooten fertig werden. Im Endergebnis haben einige Marinen versucht, Allzweck-Geleiter zu bauen, die allen Bedrohungen begegnen konnten. Heraus kamen Schiffe, die zwar auf allen Gebieten etwas leisteten, aber auf keinem herausragten und weder eine gute Luftabwehr noch genügend U-Abwehr-Qualität oder Seeziel-Bekämpfungsfähigkeit hatten. Die US Navy hat vielleicht die meiste Findigkeit hierin entwickelt und hatte die ehrgeizigsten Pläne bis zur Budgetkürzung 1986.
Rückgrat der Geleitflotte ist die Spruance-Klasse mit 31 Schiffen, die für U-Abwehr optimiert ist. Hinzu kommen vier der Kidd-Klasse, einst vom Schah bestellt und auf Spruance-Rümpfen gebaut, aber mit allgemeinerer Kampfkraft, wie ihre zwei Zwillingsstarter Mk 26 für Standard SAM und Asroc-U-Abwehr zeigen. Bevor sie geliefert werden konnten, wurde der Schah entmachtet. Sie wurden für die US Navy gekauft und sind eine wertvolle Ergänzung. Die anderen US-Zerstörer sind zehn der Coontz-Klasse und 13 der Charles-F.-Adams-Klasse. Die meisten stehen zur Nachrüstung in der Mitte ihrer Lebensdauer an, aber die Pläne der USA konzentrieren sich auf die Arleigh-Burke-Klasse (DDG 51) mit besserer Elektronik, neuen Antriebsanlagen und mit im Original-Entwurf fehlender Hubschrauber-Einrichtung.
Die US Navy hat eine grosse Flotte von 118 Fregatten, die älteste, die Bronstein-Klasse (2'690 ts), stammt von 1963. Die grösste Gruppe sind die 52 grossen der Oliver-Hazard-Perry-Klasse (FFG 7, 3'585 ts). Bewaffnet sind sie mit Harpoon SSM, Standard SAM, einem 76-mm-Geschütz und einem Phalanx-20-mm-CIWS, ferner sind sie mit zwei ASW-Hubschraubern Lamps III ausgerüstet. Diese vielseitigen Schiffe brachten Aufträge aus Spanien und Australien herein.
Die Sowjetmarine baute eine Vielzahl Zerstörer als Teil des Entwicklungsplanes nach dem Krieg. 44 Schiffe der Skory-, Kotlin-,

Rechts: HMAS Hobart (D 39), einer der drei Zerstörer der Charles-F.-Adams-Klasse, die von der Königlich Australischen Marine 1964 bis 1967 angekauft wurden. Alle wurden in den frühen 70er Jahren umgebaut und werden nun wieder auf den neuesten Stand gebracht.

SAM-Kotlin-, Kanin- und Kildin-Klassen sind in Dienst mit weiteren in Reserve. Während der Jahre 1963 bis 1972 kam die Kashin-Klasse (4'500 ts), die erste grosse Klasse, die nur durch Gasturbinen angetrieben wurde. 13 der ersten Serie sind noch im Dienst, verstärkt durch sechs der modifizierten Kashin-Klasse. Bis die Sovremennyy- (7'900 ts) und Udaloy-Klassen (8'000 ts) 1976 bzw. 1978 auf Kiel gelegt wurden, verging viel Zeit. Die Sovremennyy sind zum Seekampf und zur Luftabwehr bestimmt und haben eine starke Flugkörper- und Geschützbewaffnung, sie tragen auch einen Ka-32-Helix-Hubschrauber. Die Udaloy sind für die U-Abwehr-Rolle bestimmt. Die Linien des Rumpfes unterscheiden sich völlig von denen der Sovremennyy und stehen im Gegensatz zur westlichen Praxis, die zunehmend aus ökonomischen Gründen einen gemeinsamen Rumpf mit verschiedenen Waffen und Sensoren ausrüstet, um verschiedenen Aufgaben zu dienen. Beispiele dafür sind Ticonderoga/Spruance (USA), Georges Leygues/Cassard (Frankreich), Kortenaer/Jacob van Heemskerck (Niederlande). Sechs Sovremennyy und acht Udaloy waren 1986 im Dienst und wenigstens je zwei im Bau.

Ebenso hat die Marine der UdSSR eine erhebliche Zahl Fregatten, aus der die Krivak-Klasse herausragt (3'800 ts). 1987 war sie 36 Schiffe stark. Alle westlichen Fregatten sind speziell für den Handels-Geleitschutz entworfen, aber diese Rolle wird von der Sowjetmarine nicht verlangt, und die meisten Fregatten, die der Krivak-Klasse besonders, sollen Kampfgruppen schützen.

Die Royal Navy hatte nach dem Zweiten Weltkrieg eine Riesenflotte Zerstörer und Fregatten, deren wichtigste Aufgabe die U-Abwehr gewesen war. Ein grosses Programm in den 50er Jahren wandelte viele Zerstörer in spezielle ASW-Schiffe um, die als Fregatten umbezeichnet wurden. Die Zerstörer setzten sich in der Daring-Klasse (3'699 ts) fort, in den 60er Jahren in der County-Klasse. Mit 6'200 ts hatten sie eine Verdrängung wie die Kreuzer anderer Marinen, zum Beispiel die US-Leahy- (5'670 ts) oder die sowjetische Kynda-Klasse. Danach erschien die Bristol (7'100 ts), einziges Exemplar des Typs 81, die den geplanten Träger CVA-01 geleiten sollte. Die neuesten Zerstörer Typ 42 (4'100 ts), ursprünglich als Sheffield-Klasse bekannt, sind zur weiträumigen Luftverteidigung einer Kampfgruppe bestimmt. Sie haben gemischte Bewaffnung aus Geschützen und Flugkörpern. Deren Gruppe 3 wurde um 16 m ü.a.

Typische ASW-Schiffsklassen

Spruance (USA)

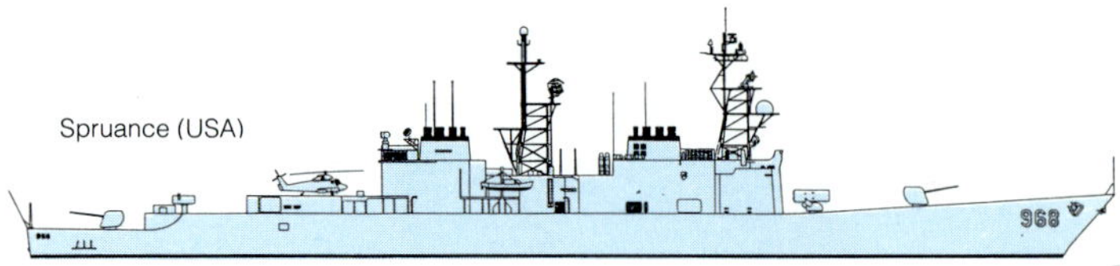

Spruance (8'040 ts). Für die Bezeichnung als Zerstörer sehr gross. Schwer bewaffnete Schiffe, deren Verdrängung die geplanten 6'800 tons überschreitet. ASW-Waffen schliessen Asroc, ASW-Torpedos und SH-2F- oder SH-38-ASW-Hubschrauber ein. Bug-Sonar vom Typ SQS-53A und Schlepp-Sonar SQR-19.

Bremen (BRD)

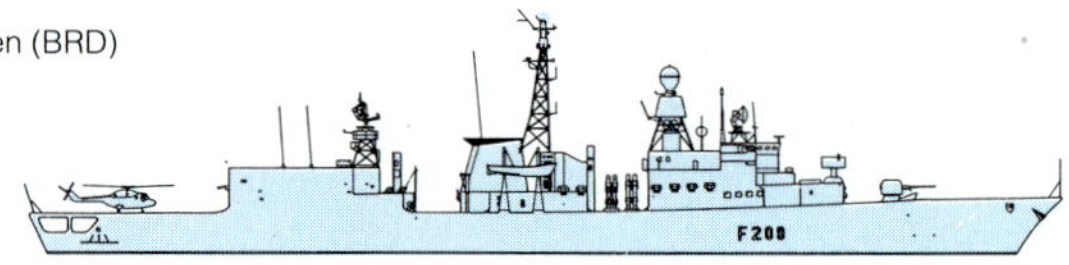

Bremen (3'800 ts). Basierend auf dem Kortenaer-Entwurf, sind die Fregatten der Bremen-Klasse auf Ostsee-Verhältnisse abgestimmt. ASW-Waffensysteme schliessen TR Mk 32 und zwei Westland-Lynx-Mk-88-Hubschrauber ein. Bug-Sonar ist das deutsche DSQS-21B(Z) mit elektronischer Stabilisierung.

Broadsword (Grossbritannien)

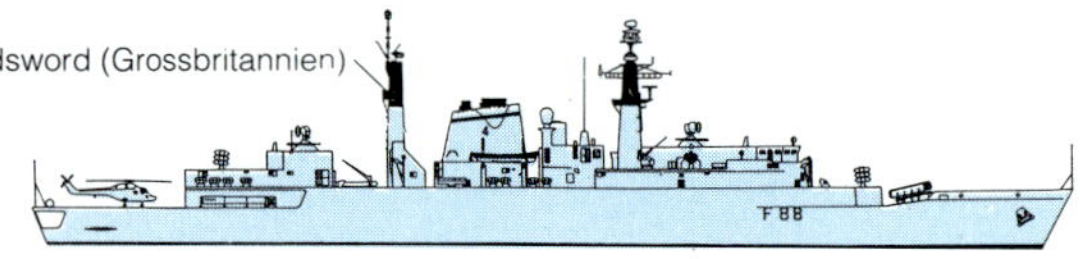

Broadsword (4'900 ts). Typ 22 wurde durch drei Baugruppen hindurch entwickelt (deren dritte abgebildet ist). Allen drei gleich ist die ASW-Bewaffnung mit sechs 324-mm-TR STWS 1 und einem oder zwei Westland-Lynx-Hubschraubern, bewaffnet mit den weithin gebräuchlichen Stingray-ASW-Torpedos.

Georges Leygues (Frankreich)

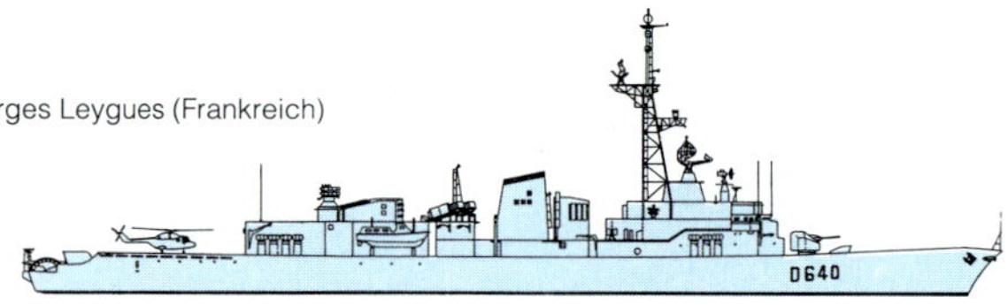

Georges Leygues (4'170 ts). Hauptsächliches ASW-Schiff der französischen Marine ist der als Korvette bezeichnete Typ C 70. ASW-Bewaffnung: L-5-Torpedos und zwei Westland-Lynx-Hubschrauber. Bug-Sonar DUBV-23 und DUBV-43 VDS, das in den letzten vier Schiffen durch Schleppsonar ersetzt wird.

Maestrale (Italien)

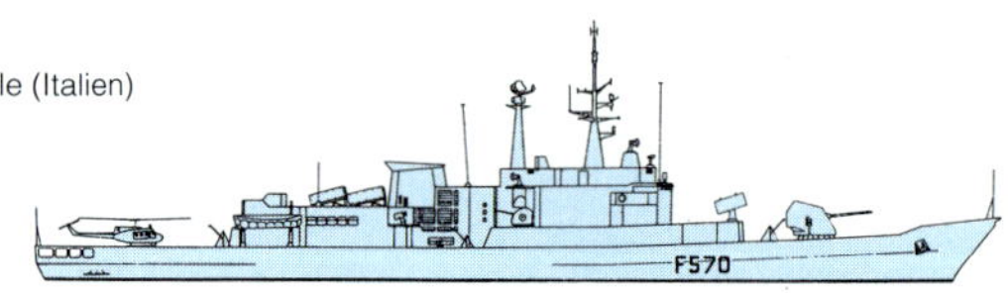

Maestrale (3'200 ts). Acht Fregatten der Klasse wurden nach einem aus der Lupo-Klasse entwickelten Entwurf gebaut. ASW-Bewaffnung: zwei 533-mm-Rohre für A-184-Torpedos und zwei AB-212-ASW-Hubschrauber. Sonare: DE 1160B im Rumpf und VDS 1164, beide von Raytheon.

Kortenaer (Niederlande)

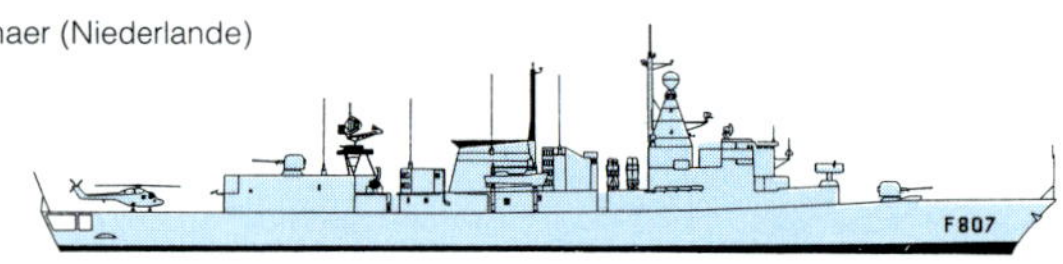

Kortenaer (3'786 ts). ASW-Beitrag der niederländischen EASTLANT-Kampfgruppen. Die Schiffe haben vier Rohre für 324-mm-ASW-Torpedos Mk 32 und einen oder zwei Westland-Lynx-Hubschrauber. Rumpfsonar SQS 505. Dieser erfolgreiche Entwurf steht in den Niederlanden, Griechenland und der Bundesrepublik Deutschland in Dienst.

Udaloy (UdSSR)

Udaloy (8'200 ts). Neuestes sowj. ASW-Schiff. Diese Zerstörer haben zwei RBU-6000-ASW-Raketenwerfer, acht 533-mm-TR, zwei Helix-A-ASW-Hubschrauber. Ein grosses LF-Bugsonar und ein VDS sind die hauptsächlichen ASW-Sensoren. Möglicherweise wird im Lauf der Zeit ein geschlepptes Sonar nachgerüstet.

Hatsuyuki (Japan)

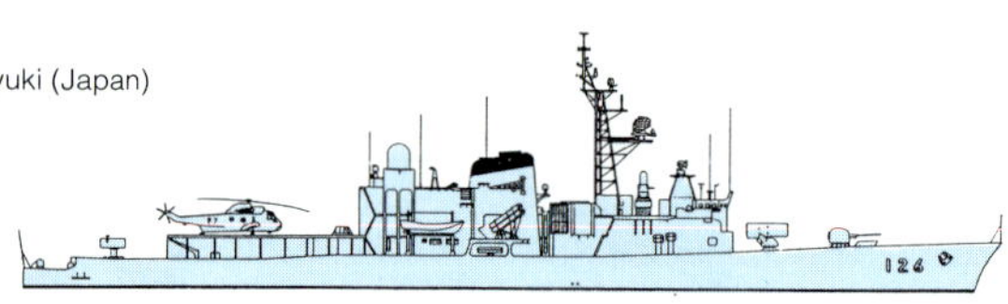

Hatsuyuki (3'700 ts). Wichtigstes ASW-Schiff in Japans wachsender Zerstörerflotte. Bewaffnet mit Asroc, sechs 324-mm-TR und einem HSS-28 (lizenzierter Sea King). Rumpf-Sonar OQS-4, das bei allen Schiffen durch das geschleppte US-SQR-19 ersetzt wird.

Die acht wichtigsten ASW-Klassen der grossen Marinen zeigen auffällige Ähnlichkeiten. Alle verwenden Hubschrauber und Torpedos als hauptsächliche ASW-Waffen. Ausnahmen sind Spruance und Hatsuyuki, denen Asroc grosse Reichweite verleiht, während Udaloy auch zwei RBU-6000-Raketenwerfer führt. Alle haben Rumpf- oder Bug-Sonar, die meisten VDS, und einige haben eine geschleppte Einrichtung. Alle haben ausreichende Fähigkeit, mit Geschützen oder Flugkörpern zu kämpfen, und alle haben Kurz- oder Mittelstrecken-See-Luft-Flugkörper. Die Nahbereichsverteidigung reicht von vier 30-mm-Gatling auf Udaloy zur einzelnen 40 mm auf Broadsword und Kortenaer; letztere zwei sollen das ndl. Goalkeeper-System erhalten. Die beiden grössten Klassen (Spruance und Udaloy) kommen von den beiden grössten Marinen, während Maestrale die kleinste ist, da die Ansprüche an Wohnlichkeit kleiner sind. Je grösser das Schiff, desto umfangreicher die Ausstattung mit Waffen und Sensoren.

verlängert, um bessere Waffensysteme installieren zu können und Geschwindigkeit und Seeverhalten zu verbessern.
Während einiger Jahre hatte die Royal Navy als Fregatte den sehr erfolgreichen Typ 12 (2'500 ts), dem die kampffähigere Leander-Klasse (2'700 ts) folgte. Beide hatten Hubschrauber, VDS und Überwachungsradar. Der Leander-Entwurf wurde zehn Jahre lang gebaut und in den verschiedenen Baugruppen vielfach verbessert. Neben den 23 Leander der Royal Navy stehen zwanzig bei folgenden Marinen in Dienst: Australien (2), Chile (2), Indien (6), Neuseeland (4) und Niederlande (6 Van-Speijk-Klasse). Die RN bekam auch acht Fregatten der Amazon-Klasse (Typ 21, 3'250 ts), die ersten Kriegsschiffe, die seit vielen Jahren von zivilen Konstrukteuren entworfen waren.
Nachfolger der Leander-Klasse ist Typ 22 (erste Gruppe 4'200 ts, dritte Gruppe 4'900 ts), wie auch die Zerstörer Typ 42, deren Entwurf später gestreckt und im Aussehen erheblich verändert wurde; 14 wurden bestellt. Nachfolge-Klasse ist die Fregatte Typ 23, deren erste 1986 in Bau gegeben wurde. Über den Entwurf gab es erhebliche Kontroversen, als die Erfahrungen des Falkland-Krieges berücksichtigt werden sollten, aber ein sehr begrenztes nationales Verteidigungs-Budget Grenzen setzte. 1986 betrug die Frontstärke in beiden Kategorien 13 Zerstörer, 44 Fregatten und vier im Bau.
Die Japanische Maritime Selbstverteidigungs-Streitmacht (JMSDF) hat eine bemerkenswerte Zerstörer- und Fregatten-Flotte in Verfolgung einer klaren Linie ständiger Verbesserungen aufgebaut. Die Zerstörer-Flotte folgt zwei getrennten Aufgaben: Luftverteidigung/Überwasser-Kampf bzw. U-Boot-Abwehr. Die Zerstörer sind stattlich, gut bewaffnet und haben umfangreiche Elektronik, wie man es von einem Land mit grosser Elektronik-Industrie erwarten kann. Bei den 34 Zerstörern, die 1986 im Dienst der JMSDF standen, kamen die Hatsuyuki- (3'800 ts) und Hatakaze-Klassen (4'600 ts) am häufigsten vor. Alle neuen Zerstörer haben ausgezeichnete Hubschrauber-Einrichtungen, ausgenommen der neueste Luftverteidigungs-Typ Hatakaze. Es ist aber unwahrscheinlich, dass sich dieser Irrtum wiederholt. Japanische Fregatten liegen unter 2'000 ts Verdrängung und umfassen 18 in Dienst stehende Schiffe in vier Klassen, deren neueste die Yubari-Klasse (1'690 ts) ist. Für ihre Grösse sind sie gut ausgerüstet, doch trägt keine einen Hubschrauber.
In internationalen Marine-Fragen gewinnt die französische Marine zunehmend an Bedeutung, nicht zuletzt auf dem Feld der Zerstörer, auf dem sie eine grosse Tradition schöpferischer und wirkungsvoller Entwürfe aufweist. Wie die Japaner folgten die Franzosen der Linie ständiger Verbesserungen einer Vielzahl Klassen weniger Schiffe. Sie begannen mit der Trennung von Luftabwehr- und U-Bekämpfungstypen, die bisher in den Georges-Leygues- (ASW) und Cassard-Klassen (AA) gipfelten, die auf demselben Rumpf basieren, jedoch unterschiedliche Waffen- und Sensoren-Ausrüstung aufweisen. Die Gesamtzahl der Zerstörer betrug 1986 neunzehn. Die Fregatten (Avisos) unterscheiden sich im Konzept von denen anderer Marinen. Im Sinn eines Eingreifens in koloniale Konflikte sind sie sehr klein, aber gut bewaffnet, mit grosser Fahrstrecke. 25 standen 1986 im Dienst, weitere waren im Bau.
Auch die italienische Marine hat eine lange Tradition grosser, kampfkräftiger Zerstörer und hat seit dem Krieg eine Reihe von Klassen gebaut. Die vier gegenwärtig in Dienst stehenden Zerstörer schliessen zwei der eindrucksvollen Audace-Klasse (4'400 ts) ein. Ferner 16 Fregatten in vier Klassen, deren neueste, Maestrale (4'400 ts), gut bewaffnet und ausgerüstet und, wie alle italienischen Schiffe, ungemein schnell ist.
Eine weitere Marine mit bemerkenswerter Flotte ist die der Niederlande, die eine Serie herausragender Entwürfe brachte, um mit drei ausgewogenen Kampfgruppen als Teil des EASTLANT-Kommandos der NATO zu operieren. Ursprünglich hatten die Niederlande sechs Fregatten der Van-Speijk-Klasse (2'835 ts) nach britischem Leander-Entwurf, denen zwei grosse, sehr starke Fregatten eigenen Entwurfs folgten: die Tromp-Klasse (4'308 ts), die in jeder Hinsicht Zerstörer-Klassen anderer Nationen entspricht. Nachdem der Versuch einer gemeinsamen Unternehmung mit den Briten scheiterte, brachten die Niederlande die Kortenaer-Klasse (3'630 ts) heraus, von der sie zehn für sich selbst und zwei für Griechenland baute, während weitere sechs mit Abwandlungen in der Bundesrepublik Deutschland als Bremen-Klasse (3'800 ts) gebaut wurden. 1987 waren zwei Luftabwehr-Fregatten der Jacob-van-Heemskerck-Klasse (3'750 ts) mit speziellen Waffen und Sensoren auf dem Kortenaer-Rumpf fertig, und weitere vier Fregatten der Karel-Doorman-Klasse (3'050 ts) waren geordert.
Die Königlich Kanadische Marine baute eine Reihe kühner, ungewöhnlicher Entwürfe in den 50er

Oben: Zerstörer der Kashin-Klasse der Sowjetmarine. Erste grosse Kriegsschiff-Klasse mit reinem Gasturbinen-Antrieb. Die Konstrukteure in der UdSSR zeigen keine Scheu vor Neuerungen.

Oben: Evertsen (F 819), eine der sechs Van-Speijk-Klasse-Fregatten, gebaut nach dem britischen Leander-Entwurf in den 60er Jahren. Zahlreiche Änderungen, wie die IR-Unterdrücker-Kappe.

Unten: Das unverwechselbare Profil der niederländischen Tromp (F 801) mit dem grossen SPS-01-30-Radom (Spitzname: Kojak) über der Brücke und dem geteilten Schornstein. Wohlbewaffnet, mit guten Sensoren dienen sie und das Schwesterschiff de Ruyter als Flaggschiffe.

und 60er Jahren, von denen 19 in Dienst stehen, und vier ebenfalls ungewohnte Zerstörer der DD-280-Klasse (4'700 ts) in den frühen 70er Jahren. Danach folgte aus Etatgründen ein völliger Stillstand, weshalb viele der Schiffe gealtert sind. Inzwischen wurde die neue Halifax-Klasse (4'254 ts) angekündigt, die ab 1989 in Dienst gestellt werden soll.

China baut seine eigenen Zerstörer und Fregatten, viele nach sowjetischen Entwürfen, von denen einige exportiert wurden. Auch andere Nationen bauten selbst Fregatten, wie Dänemark (zwei der Peder-Skram-Klasse, 2'720 ts, und drei der Niels-Juel-Klasse, 1'320 ts), Belgien (vier der Wielingen-Klasse, 2'820 ts), Spanien (sechs der Descubierta-Klasse, 1'479 ts, und fünf der Baleares-Klasse, 4'177 ts), die Bundesrepublik Deutschland (vier der Hamburg-Klasse, 4'750 ts) und Norwegen (fünf der Oslo-Klasse, 1'745 ts). Zahlreiche Zerstörer und Fregatten sind bei kleinen Marinen im Dienst, meist Export-Versionen anderer Länder, von denen die meisten aus den USA, der UdSSR, Grossbritannien, Italien, Frankreich, Spanien und China stammen. Ein interessanter Trend ist zu beobachten. Westliche Werften bieten Entwürfe von Zerstörern und Fregatten speziell für den Export an, da die Entwürfe der eigenen Marine zu kompliziert oder zu teuer sind, um Forderungen der Marinen der Dritten Welt nachzukommen. So sind Fregatten der westdeutschen MEKO-Serie, der französischen F-2000-Serie und der britischen Vosper-Thornycroft-Serie bei verschiedenen ausländischen Flotten im Dienst, jedoch nicht in der eigenen.

Korvetten

Ein wiederkehrendes Thema des Buches sind die immensen Kosten moderner Schiffe. Viele kleine Marinen können sich nicht einmal kleine Zerstörer oder Fregatten leisten. Das hat das Interesse an der Korvette von 500 bis 1'000 ts wiederbelebt. Sie stellt einen Zwischentyp zwischen Fregatte und Schnellboot dar.

Die Korvette kam nach dem Zweiten Weltkrieg aus der Mode, wurde aber in den letzten Jahren wieder attraktiv, weil sie nicht nur relativ preiswert ist; auch vom Erscheinungsbild her mit kleinen Geschützen, Flugkörpern und Sensoren zeigt sie eine relativ schwere Bewaffnung und Ausrüstung in einem leichten Rumpf. Die Turunmaa-Klasse der finnischen Marine zum Beispiel bringt eine 120-mm-Kanone, zwei 40-mm- und zwei 20-mm-Rohrwaffen, Wasserbomben und Raketen gegen Untersee-

Typische Klassen von Luftabwehr-Schiffen

Arleigh Burke (USA)

Arleigh Burke (8'400 ts). Neue Aegis-Zerstörer, bewaffnet mit VLS Mk 41, Kapazität 90 Flugkörper SAM, SSM, Asroc. SAM ist Standard SM-2 (MR). Zwei CIWS Mk 15 werden nachgerüstet. Überwasserwaffen sind Tomahawk, Harpoon und ein 127-mm-DP-Geschütz. Für ASW Asroc und sechs TR, kein Hubschrauber.

Charles F. Adams (USA)

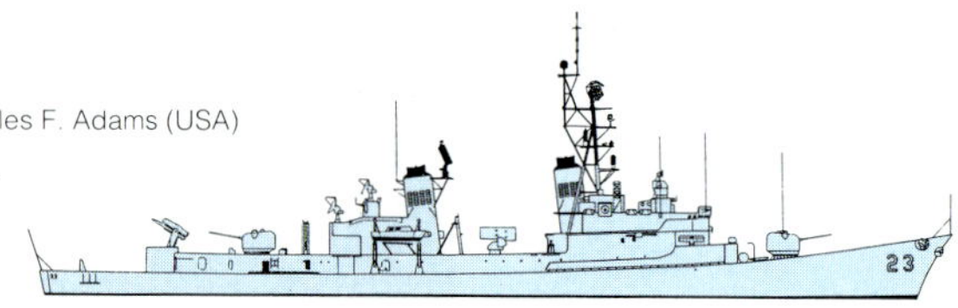

Charles F. Adams (4'815 ts). Etwas überaltert, dienen diese Schiffe in den USA, der Bundesrepublik Deutschland und Australien. Sie haben Einzelstarter Mk 11 oder 13 für 34 Standard SM 1 (MR) SAM, Harpoon gegen Schiffe und zwei 127-mm-DP-Geschütze. ASW durch Asroc und sechs TR. Keine Hubschrauber.

Typ 42, 3. Gruppe (Grossbritannien)

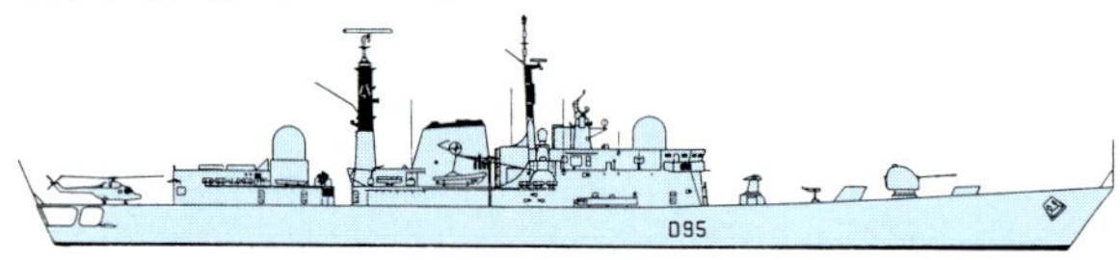

Typ 42, 3. Gruppe (4'775 ts). Verlängerte Version des Luftwarnungs-Luftabwehr-Zerstörers der RN. AA-Waffe ist der bewährte Sea Dart SAM (Dotierung 22), aber Nächstbereichsverteidigung nur durch zwei 20-mm-Geschütze und ein 114-mm-DP-Geschütz. ASW durch sechs TR und einen Lynx-Hubschrauber.

Cassard (Frankreich)

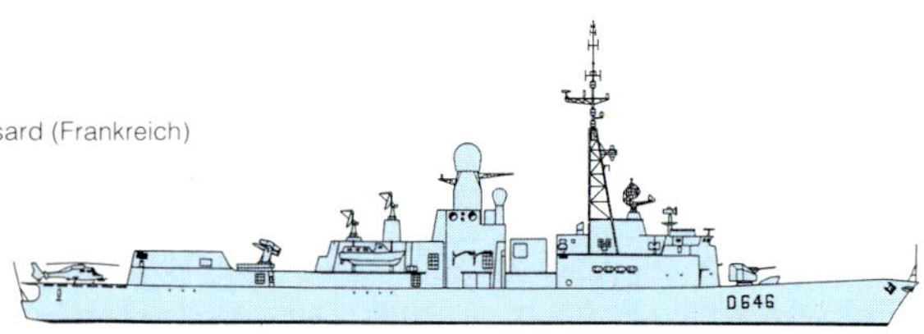

Cassard (4'300 ts). Rumpf wie Georges Leygues. Diese speziellen AA-Schiffe führen einen Starter Mk 13 für vierzig Standard SM-1 (MR) SAM und zwei Sadral PDMS. Überwasser-Waffen: 8 MM 40 Exocet, ein 100-mm-DP-Geschütz. ASW: ein Torpedo-Starter und ein Lynx.

Audace (Italien)

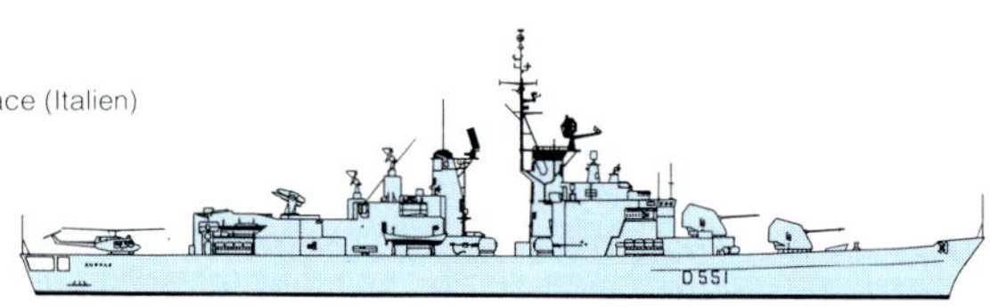

Audace (4'400 ts). Typischer italienischer grosser Zerstörer mit guter Hubschrauber-Einrichtung. Luftabwehr durch einen Starter Mk 13 für 36 Tartar/Standard SAM, vier 76-mm-Geschütze, Dardo-CIWS. Überwasser: zwei 127-mm-DP-Geschütze; sechs TR und zwei ASW-Hubschrauber AB 212.

Jacob van Heemskerck (Niederlande)

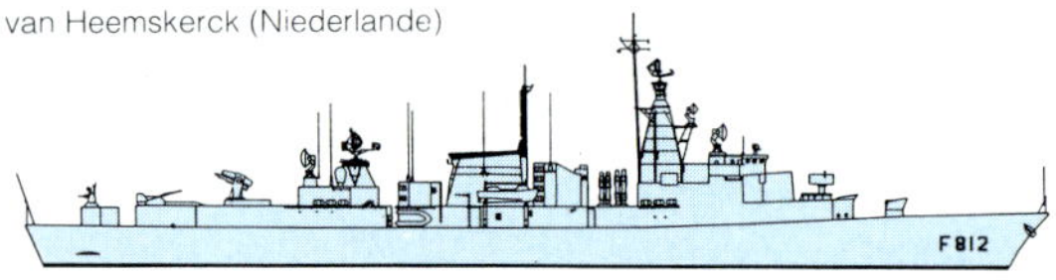

Jacob van Heemskerck (3'750 ts). AA-Schiff auf Kortenaer-Rumpf. Vierzig Standard SM-1 (MR) mit Starter Mk 13, NATO Sea Sparrow PDMS, Goalkeeper CIWS. Überwasser: acht Harpoon SSM. Einzige ASW-Waffe sind acht TR. Keine Geschütze oder Hubschrauber.

Sovremennyy (UdSSR)

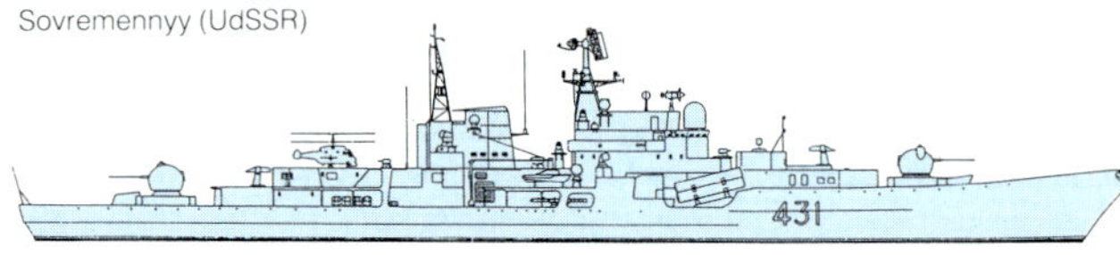

Sovremennyy (7'900 ts). Grosse Zerstörer für Kampf gegen See-/ Landziele und zur Luftabwehr mit begrenzter ASW-Kapazität. Luftabwehr: SA-N-7 (44 Flugkörper) und vier 30-mm-CIWS. Überwasser: 8 SS-N-22, Helix-Hubschrauber für OTH-Zielfindung und zwei 130-mm-DP-Geschütze. U-Abwehr begrenzt auf vier TR und zwei RBU-1000.

Hatakaze (Japan)

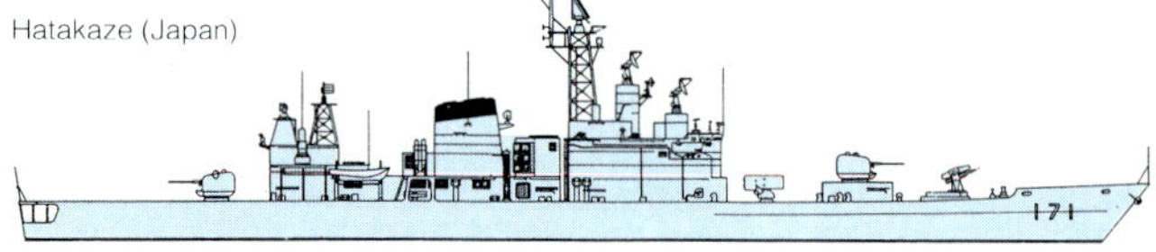

Hatakaze (4'600 ts). Letzter in einer langen Serie Zerstörer, der für Luftabwehr und Überwasser-Kampf gebaut ist. AA-Waffen: Tartar SAM (40 Flugkörper), zwei Vulcan/Phalanx CIWS. Überwasser: Harpoon SSM (acht Kanister) und zwei 127-mm-DP-Geschütze. ASW-Waffen: Asroc, sechs TR. Kein Hubschrauber.

Die Luftbedrohung auf See wurde von vielen Marinen in den 60er und 70er Jahren eher nebensächlich behandelt. Aufrüttelnd wirkten die britischen Erfahrungen im Falkland-Konflikt, als drei grössere Kriegsschiffe und ein wichtiges Trossschiff durch Luftangriffe verloren gingen. Die Bedrohung entsteht durch Luftangriff und von Flugzeugen, Schiffen oder U-Booten gestartete Flugkörper. Einige Flugkörper gegen Schiffe benötigen ein drittes Element der Kontrolle, zum Beispiel einen Hubschrauber zur Zielfindung, aber viele sind autonom. Sie finden nach dem Start allein ihr Ziel und führen auf ihrem Flug ihren eigenen elektronischen Krieg. Das führte nicht nur zu stärkerer AA-Bewaffnung, sondern auch zu speziellen AA-Schiffen. Einige, wie die niederländische Jacob van Heemskerck und die französische Cassard, sind auf ASW-Rümpfen aufgebaut, während andere vom Kiel auf dafür gebaut werden. Zweifellos sind die raffiniertesten AA-Schiffe jene der US-Ticonderoga- und der Arleigh-Burke-Klasse.

boote in einem 770-tons-Rumpf unter. Die Korvetten-Entwürfe von Vosper Thornycroft wurden an verschiedene Flotten verkauft. Die Mk 9 hat ein 70-mm-, ein 40-mm- und zwei 20-mm-Geschütze, einen ASW-Raketen-Starter und einen Seacat-SAM-Starter bei 780 tons. Ohne Zweifel ist die Sowjetmarine der hervorragendste Exponent solcher Entwürfe und hat eine Serie wirkungsvoller leichter Schiffe produziert. Schiffe der Nanuchka-III-Klasse (560 ts) z. B. sind mit sechs SS-N-9, zwei Zwillingsstartern SA-N-4, einem 76-mm-Geschütz und einem 30-mm-Gatling-CIWS bewaffnet. Tarantul II, mit 580 ts etwas kleiner, führt vier SS-N-22, ein Vierling SA-N-5, ein 76-mm-Geschütz und zwei 30-mm-Gatling-CIWS. Beide erreichen 36 kn. Die Pauk-Klasse hat den Tarantul-Rumpf, ist aber für die ASW-Rolle ausgelegt und von Dieselmotoren statt Gasturbinen getrieben. Sie hat keine SSM, ist aber mit einem SA-N-5-Starter, einem 76-mm-Geschütz und einem 30-mm-Gatling-CIWS sowie einer ASW-Bewaffnung von vier TR, zwei RBU-1200-Raketenstartern und zwei Wasserbomben-Gestellen ausgerüstet. Die kleinen Kriegsschiffe, so schwer bewaffnet sie sein mögen, sind nicht die Antwort auf Probleme von Grösse und Kosten. Kein Ziel wird ohne Mühe erreicht, und im Fall der Korvetten und Schnellboote geht eine schwere Bewaffnung mit ihren Sensoren zu Lasten von Geschwindigkeit, Reichweite und Seefähigkeit.

Schnellboote

Die kleinsten Kampfschiffe sind die Schnellboote – NATO-Bezeichnung: Fast Attack Craft (FAC) –, Nachfolger der Motor-Torpedoboote (MTB), Motor-Kanonenboote (MGB) und Patrol-Torpedo-Boote (PT) aus dem Zweiten Weltkrieg. (Die deutschen S-Boote waren grösser). Einige hundert standen bei vielen Marinen in Dienst, teils mit herkömmlichen Rümpfen, teils mit Tragflächen, viele mit Knickspant. Aber erst als im Jahre 1967 das ägyptische Boot Osa den israelischen Zerstörer Elath versenkte, erregten die Schnellboote international Aufsehen. Der Flugkörper hatte diesen Booten eine zuvor unvorstellbare Schlagkraft gegeben. Unter den derzeitigen Booten hat zum Beispiel die israelische Romat-Klasse vier Gabriel und vier Harpoon SSM bei 488 ts, der bundesdeutsche Typ 148 (265 ts) vier MM.38-Exocet-Flugkörper und ein 76-mm-Geschütz.

Oben: Das Landungs-Luftkissen-Boot LCAC-1 fährt in das Welldeck der USS Pensacola (LSD 38), einem Dock-Landungsschiff der Anchorage-Klasse ein.

Unten: Ivan Rogov, 13'000-ts-Landungsschiff (Bolshoy Desantnyy Korabl) der sowjetischen Marine. Sie hat zwei Flugdecks für ihre vier Hormone-C-Hubschrauber. Die Heckrampe ist Zugang zum Dock für drei ACV.

Unten: USS Welch (PG 93), ein Patrouillenboot der Asheville-Klasse (235 ts). Eines der zwei Boote wurde 1983 an Kolumbien ausgeliehen. Waffen: ein 76-mm- und ein 40-mm-Geschütz, vier MG. Über 40 kn Höchstgeschwindigkeit.

Schiffe für amphibische Einsätze

Die grossen Flotten hatten am Ende des Zweiten Weltkrieges eine Unzahl von Fahrzeugen für den amphibischen Einsatz. Die Mehrzahl wurde verschrottet oder an kleine Marinen verkauft. Viele Jahre hielten nur die US Navy und die Royal Navy einen einsatzfähigen Bestand, die französische Flotte in kleinem Umfang. So konnten die USA 1952 bei Inchon eine amphibische Landung durchführen, Briten und Franzosen im kleineren Umfang 1956 bei der Suez-Affäre. Bis zu den britischen Operationen zur Wiedererlangung der Falkland-Inseln gab es nur unbedeutende Unternehmen.
Für die amphibische Kriegführung war die Einführung des Hubschraubers, des Luftkissen-Fahrzeugs und des V/STOL-Flugzeugs von Bedeutung, die jene Probleme erleichterten, die in der kritischsten und anfälligsten Anfangsphase von Landungen auftreten. Das führte die US Navy dazu, neue Angriffsschiffe zu entwickeln. Erst die Iwo-Jima-Klasse (18'825 ts), dann die grosse, vielseitige Tarawa-Klasse (39'300 ts). Von ersterer sind sieben, von letzterer fünf in Dienst. Die Tarawa-Klasse kann eine unterschiedliche Zusammenstellung von CH-53-Sea-Stallion-, CH-46-Sea-Knight-Hubschraubern und AV-8A/B Harrier zusammen mit vier grossen und sechs kleinen Landungsbooten sowie einem verstärkten Bataillon des US Marine Corps unterbringen.
In amphibischer Kriegführung hat die Sowjetunion, wie auf manchem anderen Gebiet, eine weltumspannende Fähigkeit erreicht, die zwar jener der US Navy nicht gleichkommt, die aber mit jedem Jahr wächst. Derzeit hat die Sowjetflotte etwa 17 LST der Ropucha-Klasse (3'800 ts), 14 LST der Alligator-Klasse (4'700 ts) und 43 LSM der Polnochny-Klasse (800 ts). Am meisten beeindrucken die zwei LPD der Ivan-Rogov-Klasse (13'000 ts), deren jedes ein Bataillon Marine-Infanterie mit zwei ACV (Luftkissen-Fahrzeugen) sowie eine Anzahl Landungsboote und Hubschrauber mitführen kann. Andere Flotten haben nur begrenzte Landungskräfte, die aus kleinen LPD und etwas mehr LST und LCT bestehen. Nur die USA und die UdSSR haben ACV, wobei die UdSSR die Nase vorn hat.

Entwurf von Überwasser-Kriegsschiffen

Der Entwurf eines Überwasser-Kriegsschiffes ist, wie der jedes Waffensystems, unvermeidbar ein Resultat von Kompromissen. Das Schiff muss die notwendigen Sensoren, Waffen, Antriebs-Anlagen und die Besatzung aufnehmen können und fähig sein, diese bei jedem Wetter effektiv einzusetzen und auf dem Kampffeld zu überleben. Aufgabe des Konstrukteurs ist es, alles ineinanderzupassen, einer Reihe widersprechender Anforderungen gerecht zu werden. Waffenspezialisten verlangen die grösstmögliche Feuerkraft und weiträumige Munitionskammern, die Kommando-Elemente benötigen eine Höchstzahl an Sensoren, alle so gelegen, dass grösste Weiten erzielt werden, und alle Darstellungen in einer geräumigen, ergonomisch entworfenen Operationszentrale (CIC). Die Maschinen-Ingenieure wünschen viel Raum für den Antrieb, nicht nur, um das Schiff schnellstens über weiteste Entfernungen zu bringen, auch zur Versorgung aller elektrischen und elektronischen Ausrüstung.

Die Etat-Kontrolle verlangt zur Kosten-Minimierung den kleinstmöglichen Rumpf, Konstrukteure wünschen sich einen einfach zu bauenden Rumpf. Bei alledem soll die Besatzung angemessen untergebracht sein.

Einzelrümpfe

Der Einzelrumpf behält Vorrang. Er ist billiger, wird besser verstanden, gibt allseits die besten Leistungen her, wie man meint. Für Verfeinerungen bietet er Möglichkeiten, und eine derzeit wichtige Debatte geht um die möglichen Vorzüge von Rümpfen, die kürzer, aber breiter als die derzeit üblichen sind. Verkörpert wird das im Entwurf der britischen Osprey-Klasse. Die einzigen derartigen Schiffe sind bisher vier Fischereischutzboote, gebaut in Dänemark auf der Frederikshaven-Werft (drei für Burma, eines für Dänemark). Die Boote verdrängen 550 ts bei einem Breite/Länge-Verhältnis von 1:4,76, statt des üblichen 1:9 oder mehr.

Die Breite/Länge-Verhältnisse anderer Marinen und heutiger Entwürfe sind zum Beispiel 1:9,35 (Kreuzer der sowjetischen Slava-Klasse), 1:8,8 (Zerstörer britischer Typ 42, 1. Gruppe), 1:9,9 (Zerstörer der französischen Georges-Leygues-Klasse – C70-ASW). Die US Navy scheint dem Trend zu breiteren Rümpfen zu folgen mit den Zerstörern der Arleigh-Burke-Klasse (DDG 51) mit der Breite/Länge 1:7,9 verglichen mit 1:10,2 der Spruance- und Ticonderoga-Entwürfe. Das kleinere Verhältnis soll Seefähigkeit und Manövrierverhalten verbessern und mehr Raum bieten. Die Schiffe der Osprey-Klasse haben ein grösseres Hubschrauber-Deck als andere dieser Verdrängung.

Die heutige Entwurfs- und Bautechnik hat den Werften sehr leistungsfähige Formen für Überwasser-Kriegsschiffe ermöglicht. Aber ein grosses Problem ist geblieben: die Anforderungen, Sensoren und Antennen so hoch als möglich unterzubringen zur Erzielung grosser Reichweiten. Gasturbinen-Schiffe benötigen grosse Zuluft- und Abgasschächte. Beides zusammen lässt das Toppgewicht anwachsen, verlagert die metazentrische Höhe nach oben und verringert die Stabilität, falls die Aufbauten nicht zum Ausgleich leicht gebaut werden können. Als Antwort auf dieses Dilemma erlangte der Gebrauch von Leichtmetall in den 60er Jahren Popularität, aber das verheerende Feuer und der grosse Schaden bei der Kollision der USS Belknap (CG 28) mit der USS John F. Kennedy (CV 67) am 22. November 1975, brachte die Lösung

Oben: Die Fregatten der sowjetischen Krivak-Klasse werden von westlichen Experten als ausgewogener Entwurf angesehen, der eine gute Mischung von Einsatzmöglichkeiten darstellt.

Unten: Die Rümpfe der Oliver-Hazard-Perry-Klasse zeigen das typische, traditionelle Breiten/Längen-Verhältnis (hier 1:9,9). In einigen Marinen wird ein kürzerer, breiterer Rumpf gewünscht.

Unten: Blick über den Bug eines Schiffs im Nordatlantik. Schanzkleid und Wellenbrecher (sichtbar auf dem Vordeck) sind sogar in solch mässiger Dünung notwendig.

in Verruf. Die Abneigung wuchs durch oberflächliche Kommentare unmittelbar nach dem Verlust der HMS Sheffield (Zerstörer Typ 42) im Falkland-Krieg 1982. Bei der Wichtigkeit des Problems muss der Befund des britischen Verteidigungsministeriums erwähnt werden: *Es gab Kritik am Gebrauch von Aluminium bei der Konstruktion von Schiffen. Tatsächlich wurde Aluminium in Aufbauten der Fregatten Typ 21 und in kleinerem Umfang in einigen anderen Klassen, nicht aber in Zerstörern Typ 42, wie also der HMS Sheffield, gebraucht. Ferner wird Aluminium manchmal für nichttragende Schotten, Leitern und Lüftungsführungen verwendet. Durch die Verwendung von Aluminium ist es möglich, erheblich an Schiffsgewicht oberhalb der Wasserlinie einzusparen. Aber es war bekannt, dass dieses Metall im Feuer an Festigkeit verliert, und deshalb wurde seine umfassende Verwendung bei der Konstruktion von Kriegsschiffen der Royal Navy bereits vor Jahren beendet. Es gibt jedoch keinen Beweis, dass die Verwendung von Aluminium zum Verlust irgendeines Schiffes beigetragen hat.* (The Falklands Campaign: The Lessons, HMSO, London, Dec. 1982, Cmnd 8758, p 19 para 220).

Verbunden mit der Frage der Bauart eines Schiffes ist die Notwendigkeit, laufend Waffen und Sensoren auf dem Stand der technischen Entwicklung zu halten. Konstrukteure in den USA haben versucht, solche Anpassungsfähigkeit vorzusehen: Grosse Aufbauten (wie in den Spruance-Klasse-Zerstörern und den Fregatten der Oliver-Hazard-Perry-Klasse) und auch grössere Rümpfe als zunächst nötig. Eine andere Lösung ist das deutsche MEKO-FES-System, bei dem alle Waffen und Sensoren sich in Containern befinden, die standardisierte Anschlüsse haben, um sie schnell und leicht auszutauschen.

Seeverhalten

Eine Diskussion über Rumpf-Entwürfe kann das Seeverhalten nicht ausschliessen, in dem die Hauptfaktoren Stampfen, Einsetzen, überkommendes Wasser und Rollen sind. Wetter und Wellengang können einen Ozean zur feindlichen Umgebung machen, können die Besatzung ermüden und zu Störungen oder Schäden an den Geräten führen. Die Wahl von Geschwindigkeit und Richtung kann beeinflusst werden, die Unfähigkeit, Hubschrauber einzusetzen, kann den Kampfauftrag unmöglich machen oder sogar das Schiff versenken. Deshalb ist es notwendig, dass der Entwurf Eigenschaften hat, die das Seeverhalten verbessern, obwohl einige nur durch meist teure Kompromisse erreicht werden. Oft genug wird eine Verbesserung mit einer Verschlechterung erkauft. Die Länge, die Völligkeit der Beladungs-Wasserlinie, der Tiefgang und der Überhang des Bugs beeinflussen das Stampfen. Die Länge ist eines der wichtigsten Charakteristika. Allgemein: je länger die Wasserlinie, desto geringeres Stampfen. Die Völligkeit ist besonders im Vorschiff ein Faktor, und während zunehmender Tiefgang Stampfen reduziert, beeinträchtigt er die Fähigkeit, im Flachwasser klar vom Grund zu bleiben. Das Stampfen wirkt sich auf den Hubschrauber-Einsatz aus und führt zu Einschränkungen in schwerer See. Solche Wirkungen können gemindert werden, indem die Landeplattform so nahe als möglich zur Schiffsmitte gerückt wird anstatt ans Heck, wie in den 60er und 70er Jahren üblich.

Links: In freier See führt erhebliches Stampfen und hartes Einsetzen des Bugs zu Torsionsbeanspruchung des Rumpfs und kann zu Schaden an starren Verbindungen und Erschöpfung der Besatzung führen.

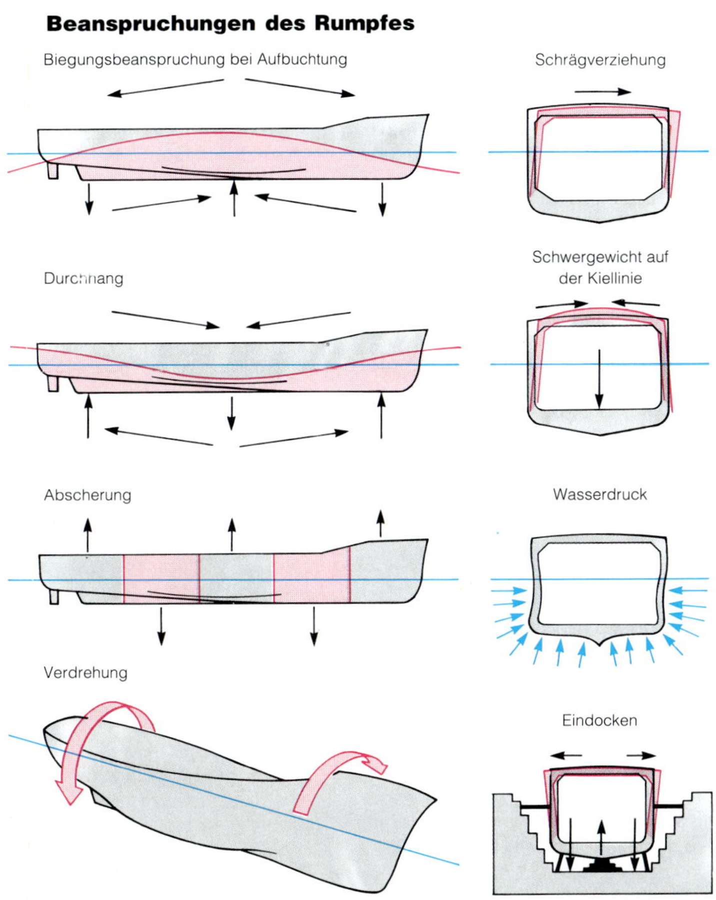

Oben: Jedermann auf einem Schiff bemerkt das Kreischen und Stöhnen des sich bewegenden Rumpfes selbst bei ruhiger See. Die Diagramme zeigen einige der auf den Rumpf wirkenden, zu solchen Geräuschen führenden Kräfte. Der Konstrukteur jedes Schiffes muss ein Mittelmass zwischen Formfestigkeit, in diesem Fall Steifigkeit, einerseits und Biegsamkeit andererseits schaffen.

Oben links: Stabilisierungs-Flossen bewirken bessere Handhabung und eine stetigere Plattform für Sensoren und Waffen. Hier eine britische Brown-Brothers-Ausführung.

Oben: Hohe Geschwindigkeit bei erheblicher Zuladung bietet das in diesem vom US-Verteidigungsministerium 1985 veröffentlichten Gemälde dargestellte Tragflächenboot.

Nässe auf dem Wetterdeck verdient grösste Überlegung. Zwar heute etwas weniger, weil Geschütztürme und Flugkörper-Starter fast stets unbemannt und die Aufbauten umfangreicher sind, aber Nässe kann sich schädlich auf lebenswichtige Funktionen auswirken, wie Hubschrauber-Einsatz oder die Fähigkeit gegen die See zu dampfen. Nässe hängt vom Freibord ab, aber Bug- und Hecklinien sind ebenso wichtig. Wohlbekanntes Beispiel ist der britische Schlachtkreuzer HMS Hood, dessen Achterdeck bei höheren Fahrtstufen unbenutzbar wurde infolge der überlaufenden Wassermassen. Ein Ausgleich zwischen Freibord und Stabilität muss gefunden werden. Der Bug kann Wellenbrecher tragen, wie z. B. auf den sowjetischen Kreuzern der Slava-Klasse, wo der 130-mm-Zwillingsturm geschützt wird. Die britischen Typ-22-Fregatten und die Spruance-Zerstörer der US Navy haben Schanzkleider.
Für die Georges-Leygues-Klasse entwarfen die Franzosen einen stark ausfallenden Bug, mussten aber dann den Sprung verringern, um dem Geschützturm A Vorausfeuer zu ermöglichen. Auf das Seeverhalten dürfte es einen gegenteiligen Effekt gehabt haben. Vom 5. Schiff der Klasse an soll die Brücke um ein Deck angehoben werden, damit bei schwerem Wetter die über das Vorschiff brechende See nicht die Sicht von der Brücke behindert.
Während Sprung und Ausfall des Bugs die Nässe auf dem Backdeck mindern können, kann das Gewicht erhöht und die Stabilität dadurch verringert werden. Der Entwurf des Bugs muss auch die Installierung eines Bugsonars berücksichtigen, da ein starker Ausfall nötig ist, um die Anker vom Sonardom freizuführen. Ein Ausfall wie auf den sowjetischen Zerstörern der Udaloy-Klasse ist als übertrieben anzusehen.
Rollen nimmt hauptsächlich Einfluss auf die Kampfkraft der Besatzung und den Waffeneinsatz, besonders bei Hubschraubern. Die einfachste Antwort ist der Einbau aktiver Flossen, die Rollbewegungen zu 50% und mehr auf allen Kursen bei Geschwindigkeiten über 10 bis 12 kn verringern.

Mehrfachrümpfe

Entwürfe für Rümpfe entwickeln sich mit neuen Forschungen und Techniken, und der traditionelle, lange und schmale Einzelrumpf wird nicht nur durch den kürzeren, breiteren herausgefordert. Luftkissenfahrzeuge (ACV) für Kampfeinsatz werden gebaut, die erheblich schneller sind als Einzelrümpfe, jedenfalls bei mässigem Seegang. Diese Fahrzeuge bieten bestimmte Vorteile im amphibischen Krieg. In dieser Rolle werden sie von der UdSSR, den USA und dem Iran eingesetzt. Auf Grund geringer Unterwasser-Geräusche und hoher Geschwindigkeit werden ACVs zur Verwendung bei der Unterseeboot-Bekämpfung und Minenjagd vor der Küste erprobt. Katamaran-Rümpfe sind schnell und leise und haben ein gutes Seeverhalten. Sie verfügen über

Oben: Die sowjetische Marine hat mehr Mittel als jede andere in die Entwicklung von Luftkissenbooten gesteckt und hat mehrere Klassen im Dienst, meist zur Unterstützung amphibischer Landungen.

Unten: Das SQS-53-Bugsonar der USS Ticonderoga (CG 47). Der untere Teil der Haube besteht aus Gummi und wird auf See geflutet, um eine bessere Energieübertragung zu erzielen.

grosse Decksflächen und haben einen geringeren Geräuschpegel als konventionelle Rümpfe. Die US Navy hatte über einige Jahre drei grosse Katamarane in Dienst, die USS Hayes (3'860 ts) als ozeanisches Forschungsschiff und zwei U-Boot-Rettungsschiffe der Pigeon-Klasse (3'411 ts). Doch das erste Zweirumpf-Kriegsschiff baute die Royal Australian Navy in Form eines Minenjägers, Bay-Klasse, 170 ts, mit Rümpfen von 30,8 m Länge, 3,00 m Breite und 3,00 m Abstand. Obwohl die US-Katamarane erfolgreich waren und der australische Entwurf vielversprechend ist, breitet sich die Idee nur langsam aus. Zweifel bleiben über die Eignung von Mehrfach-Rümpfen für grössere Kriegsschiffe, denn Hauptsorge bleibt, wie man mit der asymmetrischen Beschädigung nur eines Rumpfes zurechtkommt.

Boden-Effekt

Der Boden- oder Wing-in-Ground-Effekt (WIG) nutzt ein aerodynamisches Prinzip, um mit erheblicher Geschwindigkeit unmittelbar über den Wellen zu fliegen. In der Bundesrepublik Deutschland wurde beachtliche Forschungsarbeit geleistet, Versuche geflogen, aber noch kein Bau solcher Maschinen ernsthaft in Angriff genommen. Immer wieder kommen Nachrichten über Entwicklungen von WIG-Maschinen in der UdSSR. Ein Typ soll zehn Turbojet-Triebwerke haben und 900 Mann tragen können. Möglichkeiten der Anwendung sind Überwachung, Minenräumung und ASW, wo hohe Reisegeschwindigkeit zum Erreichen der Einsatzorte nötig sind.

Einbau von Waffen und Sensoren

Es scheint, Typen und Mengen von Waffen, die in ein Kriegsschiff eingebaut werden müssen, wachsen ständig, obwohl zeitweilig neue Entwicklungen die Probleme eine Weile erleichtern. Ein gutes Beispiel ist das neue US-Starter-System Mk 26, dessen Fähigkeit, verschiedene Flugkörper-Typen zu starten, die Erfordernis separater Starter und Magazine beseitigte. Als Ideal sollten Überwasser-Schiffe Waffen führen, um feindliche Flugzeuge, Flugkörper, Schiffe und Unterseeboote zu bekämpfen – wirkungsvoll auf weite Entfernung. Ohne Kompromisse ist das unmöglich, und der Konstrukteur steht drei Möglichkeiten gegenüber: ein Mehrzweck-Entwurf, um generelle Wirkung zu erzielen; ein spezieller Entwurf für bestimmte Aufgaben; ein grösseres Schiff.

Der Mehrzweck-Entwurf ist attraktiv, da er der betreffenden Marine auf jedem Gebiet Kampfkraft gibt, hat aber unvermeidbar den Nachteil, auf keinem viel zu leisten. Soviel kann man vom Typ MEKO-360, der an Nigeria gelieferten Aradu (3'630 ts), sagen, die für ihre Grösse schwer bewaffnet ist, aber weder die AA-Kapazität des britischen Zerstörers Typ 42 noch die ASW-Kapazität der Fregatte Typ 22 hat.

Die zweite Möglichkeit, Spezialisierung, bietet sich bei der Grössenordnung Zerstörer/Fregatte an, bei der es sich schon als ungewöhnlich schwierig erwiesen hat, die AA- und ASW-Rolle in kampfkräftiger Weise zu kombinieren. Das Endergebnis haben wir bereits gesehen, da eine wachsende Zahl Marinen den gleichen Rumpf für

MEKO-360-Konzept der Funktions-Einheiten

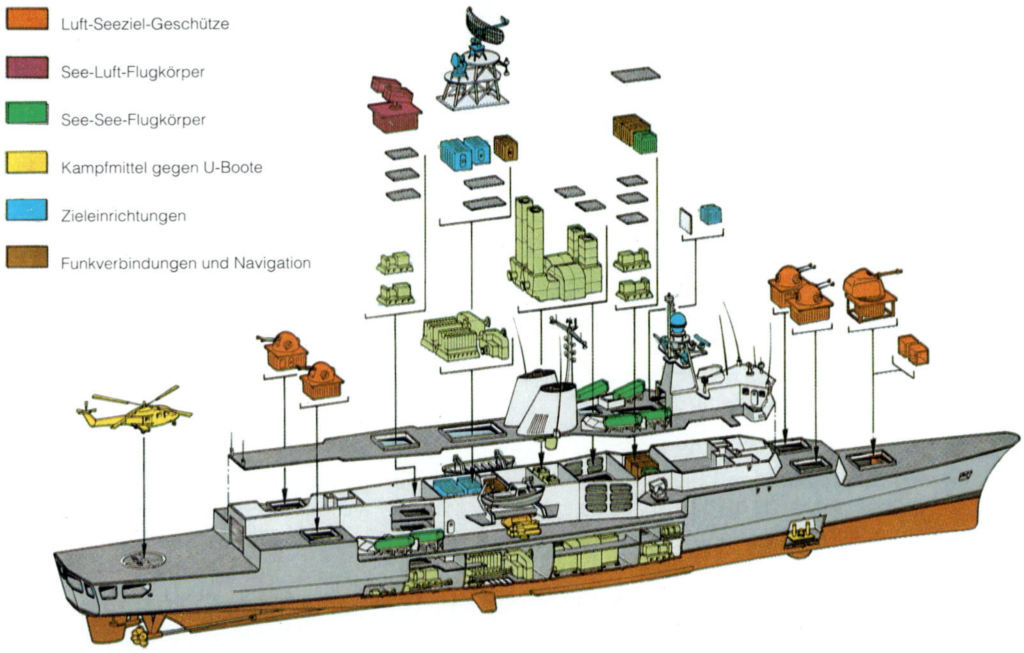

Oben: Das MEKO-Mehrzweck-Standardschiff-System, wie es von der bundesdeutschen Werft Blohm + Voss entwickelt wurde. Bei diesem Konzept sind Waffen und elektronische Anlagen zu standardisierten Funktionseinheiten in Containern zusammengefasst. Solche Einheiten sind leicht und billig zu bauen oder auszutauschen zur Überholung oder bei Ersatz durch neue Anlagen.

Unten: Offizielle Zukunfts-Vision des US-Verteidigungsministeriums einer WIG-Maschine der Orlan-Klasse, die von der sowjetischen Marine entwickelt wird, bei Versuchen im Kaspischen Meer.

Unten: Geschäftige Szenerie bei Blohm + Voss in Hamburg mit fünf MEKO-360-Zerstörern in Ausrüstung zur Ablieferung an überseeische Kunden. F-89 (Mitte) ist die nigerianische Aradu.

zwei verschiedene Arten Bewaffnung nutzt, während andere, wie die Sowjetmarine mit den Sovremennyy- und Udaloy-Klassen, wie die Royal Navy mit den Typen 22 und 42, unterschiedliche Rümpfe für die verschiedenen Rollen bauen. Das bedeutet eine grössere Zahl Rümpfe, mehr Hafeneinrichtungen, grössere Unterhaltskosten, spezialisiertes Personal und auch, dass eine taktische Gruppe beide Typen enthalten muss.
Mit den Waffen-Systemen hängt das Problem der Sensoren zusammen. Eine umso grössere Anzahl Sensoren muss eingebaut werden für die Überwachung der Luft, der See, der Tiefe, der Leitung der Waffen-Systeme, der elektronischen Gegenmassnahmen und Gegen-Gegen-Massnahmen (ECM und ECCM), für die Navigation und die Funkverbindungen. Alle ausser Sonar benötigen Antennen, die so hoch als möglich für grosse Reichweiten aufgestellt werden sollen. Insgesamt stellen sie ein erhebliches Gewicht dar. Sind sie zu hoch plaziert, steigt die metazentrische Höhe und verringert sich die Stabilität. Das zeigte sich besonders beim französischen Cassard-Entwurf (C70 AA), als die Kombination von Sensoren zur Luftabwehr mit den Schächten für die Gasturbinen unmöglich unterzubringen war, ohne an Seeverhalten und Stabilität gestraft zu werden. Die einzige annehmbare Lösung war die Verwendung reinen Diesel-Antriebs (CODAD), um den Einbau der Sensoren zu ermöglichen. Die Holländer standen dem gleichen Problem gegenüber, behielten aber den COGOG-Antrieb für die AA-Fregatte J. v. Heemskerck und bauten das 76-mm-Geschütz aus, ein Opfer, das die Franzosen nicht bringen wollten.
Die letzte Wahl, grössere Schiffe zu bauen, steht den Kostengründen gegenüber, die immer mehr Gewicht gewinnen. Aber Kleinheit geht zu Lasten der Kampfstärke. Die belgische Fregatte Wielingen (2'283 ts) ist in vieler Hinsicht ein einfallsreicher Kompromiss, führt aber keinen Hubschrauber, den die meisten Marinen als notwendig für die ASW-Aufgaben erachten. Die etwas grössere sowjetische Krivak (3'900 ts) ist ein weithin bewunderter Entwurf, dennoch können die Krivak I und die Krivak II keinen Hubschrauber führen, ein Manko, das erst bei der Krivak III dadurch behoben wurde, dass die Zahl der 76-mm-Türme halbiert und die Vierfach-Batterie SS-N-14 entfernt wurde; hinzu kamen andere kleine Änderungen.
Wenn Kleinheit zu unannehmbaren operativen Einschränkungen führt, dann ist die einzige Antwort ein grösserer Rumpf. Solch unerbittliches Wachstum zeigt sich im britischen Fall durch das Anwachsen von der Leander-Klasse (2'450 ts) über die Amazon-Klasse (3'250 ts) zur heutigen Broadsword-Klasse (1. Gruppe, 4'200 ts) auf 4'950 ts der 3. Gruppe. Eine Verdoppelung der Verdrängung bei Schiffen ähnlicher Aufgaben binnen 20 Jahren. Ähnlich folgte in der US Navy der Sherman-Klasse (4'200 ts) Mitte der 50er Jahre die Adams-Klasse (4'825 ts), nun die Spruance-Klasse (7'810 ts), ein Wachstum von 62%.

Oben: Moderne Methoden haben den Schiffbau beschleunigt. Hier wird die HMS Edinburgh, Type 42, Gruppe 3, Zerstörer der Royal Navy in der Bauhalle bei Cammel Laird's in Birkenhead ausgerüstet.

Schutz der Schiffe

Lange Friedensperioden lassen die Erinnerung an Kampferfahrung verblassen, denn die erfahrenen Männer werden weniger, ein heimtückischer Abbau des Standards und eine Verschiebung des Vorrangs schleichen sich ein, weil die Realitäten der Schlacht vergessen werden. Nirgends tritt das stärker auf als beim Schutz und Leckwehrdienst der Entwürfe, da im Frieden Prioritäten für deutlich sichtbares wie Waffen und Sensoren, Antrieb und Unterkünfte gesetzt werden. Schutz ist der armselige Fünfte. Kritische, manchmal fatale Trefferwirkungen argentinischer Flugkörper und Bomben auf Schiffe der Royal Navy während des südatlantischen Krieges 1982 machten es dringlich, sich in vielen Marinen stärker mit dem Schutz zu befassen. Die augenfälligste Form des Schadens ist der direkte Treffer einer Granate, Bombe oder eines Flugkörpers. Ein Nahtreffer kann nahezu die gleiche Folge haben wie die Unterwasser-Druckwelle und das Feuer. Das Ergebnis eines direkten Treffers wurde am 4. Mai 1982 nur allzu deutlich, als der Zerstörer der Royal Navy vom Typ 42, die HMS Sheffield, während einer Luftsicherung von zwei Exocet-Flugkörpern angegriffen wurde, die zwei Super-Etendard-Flugzeuge der argentinischen Marine gestartet hatten. Ein Flugkörper traf mittschiffs. Nach viereinhalb Stunden, während die Besatzung entschlossen die Brände bekämpfte, befahl der Kommandant, das Schiff zu verlassen. Im Schlepp versank sie am

Oben: Die wachsende Zahl erforderlicher Sensoren wird deutlich am Sowjet-Zerstörer der Kashin-Klasse mit seiner Vielzahl elektronischer und optischer Geräte.

Frunze: Innere Raumaufteilung nach Funktionen

Dieser Schnitt zeigt die mögliche Raumaufteilung der wichtigsten Bordsysteme des sowjetischen Schlacht-Kreuzers Frunze. Nicht markierte Räume sind nicht leer, sondern dienen anderen Zwecken, wie der Unterbringung der Besatzung (auf sowjetischen Schiffen nie luxuriös) von Öl, Munition, Ersatzteilen, Proviant, Wasser und anderen Verbrauchsstoffen. Die Fähigkeit des Entwerfers liegt darin, die Raumzuteilung in einem Gleichgewicht zu halten zwischen Möglichkeit, Seeverhalten und Dauerhaftigkeit, das den Vorgaben am nächsten kommt.

10. Mai 1982. Die Wirkung eines Nahtreffers zeigte sich im Vietnam-Krieg, als die USS Worden (CGN 18) zufällig Ziel eines Angriffs aus heiterem Himmel wurde. Der anfliegende Shrike-Anti-Radar-Flugkörper verhielt sich wie vorgesehen, explodierte nahe dem Hauptradar 25 bis 30 m über der Brücke. Die Worden verlor für 30 Minuten allen Kraftstrom, die Nachrichtenverbindungen und das Licht. Selbst als sie wieder zu 40% kampffähig war, musste sie zur Reparatur in die Werft.
Für Brandwirkung gab es während des Falkland-Konflikts genügend Beispiele. Es gab aber auch andere, vor allem am 22. November 1975, als im Mittelmeer der Kreuzer USS Belknap (CGN 26) nach einer Kollision mit dem Träger USS John F. Kennedy von einem Feuer verwüstet wurde. Auch die Sowjetmarine blieb nicht verschont. Aufsehen erregte das tragische Beispiel vom 10. August 1974, als im Schwarzen Meer vor der Krim-Küste der Zerstörer Otvazhny in Brand geriet und nach der folgenden Explosion versank. Rund 300 Seeleute wurden bei dieser Katastrophe, einer der schlimmsten im Frieden, getötet. Leckwehr und passiver Brandschutz an Bord sowjetischer Kriegsschiffe muss in Frage gestellt werden; nicht nur auf Grund des Rekordes an Unfällen (besonders bei U-Booten), sondern auch infolge des Mangels an Kampferfahrung auf Schiffen von mehr als Zerstörer-Grösse seit vor dem Ersten Weltkrieg.
Die niederdrückendste Erfahrung der Royal Navy im Falkland-Krieg wurde durch Direkttreffer von Bomben und Flugkörpern gemacht. Seitdem wird in verschiedenen Flotten überlegt, Panzerschutz wieder bei der Konstruktion in Betracht zu ziehen, zumindest für die verwundbarsten Bereiche. Da Panzerung, die einer 454-kg-Bombe widerstehen soll, 2'540 kg/m² wiegt, steigt die Verdrängung erheblich. Von der Arleigh-Burke-Klasse (DDG 51) wird gesagt, sie hätte «eine ungewöhnliche Härte des Rumpfes in den überlebenswichtigen Abschnitten». Hierbei könnte es sich um eine fortgeschrittene Art Panzerung wie Chobham oder Kevlar handeln. Sollte ein massiver Schutz aus Kosten- oder Gewichtsgründen unmöglich sein, gibt es keinen Grund, weshalb nicht die Innenseite der verwundbarsten Abteilungen mit einem Schutzmaterial wie Kevlar ausgekleidet werden könnte, das zumindest die Wirkung von Schrapnell und Splittern verringert. Eine weitere Form passiven Schutzes ist die Dezentralisierung oder die Verdoppelung der lebenswichtigen Funktionen des Schiffes. Die gegenwärtige Praxis, alle Kommando-Elemente, Waffen- und Sensoren-Funktionen zu einem CIC zusammenzufassen, welches der Bequemlichkeit halber direkt unter der Brücke liegt, ist weit entfernt vom kampfbestimmten Ideal. Als erster Schritt sollte das Haupt-CIC unter die Wasserlinie verlegt werden. Jedes Schiff entsprechender Grösse sollte ein Reserve-CIC haben, das durchgehend in Betrieb ist, möglichst weit vom ersten entfernt. Die Datenverarbeitung sollte dezentralisiert werden und Duplikate haben, damit das Schiff nicht hilflos ist, wenn ein einzelner Treffer den Zentralcomputer zerstört. Ähnliche Überlegungen gelten für die Maschinenanlage. Es ist nötig, Antriebsanlagen aufzuteilen, damit kein einzelner Treffer das ganze Schiff lahmlegt.
Atomare, biologische und chemische Kriegführung (ABC) benötigt ebenfalls eingebauten Schutz in Form einer Zitadelle und wirksame Einrichtungen zur Abspülung. Man weiss inzwischen, dass es für ein Schiff, das in nuklear verseuchten Gewässern operiert, notwendig ist, gegen elektromagnetische Impulse (EMP) unempfindlich gemacht zu werden.
Überwasser-Kriegsschiffe vor jedem gegnerischen Sensor zu verbergen, ist unmöglich, aber es gibt keine Rechtfertigung für den Fehler, die Signaturen von Funkwellen (RF) und Infrarot (IR) nicht herabzusetzen. Was für Flugzeuge gilt – Stealth-Technologie zur Unterdrückung der Strahlreflexion – sollte auch für Schiffe gelten.
Das letzte Wort in dieser Sache soll der Bericht der Royal Navy über die Erfahrungen im Südatlantik sprechen, wo die Sheffield keineswegs das einzige Schiff war, das durch Feuer schwer beschädigt wurde: *Einige wichtige Lehren wurden aus der schnellen Verbreitung von Feuer und Rauch auf Schiffen gezogen, wie auch über feuergefährliches Material. Kabelstränge in älteren Schiffen können sich als entflammbar erweisen. Diese Gefahr wird auf neuen Schiffen stark vermindert. Zur Verbesserung der Überlebenschancen bisheriger Schiffe und für neue Entwürfe müssen dringendst Studien durchgeführt werden. Zum Beispiel werden die Brand-Abschnitte verbessert, die Konstruktionen von Schottüren und Mannlöchern werden geändert, mehr Notluken sind vorgesehen, Schotten werden rauchdicht gemacht, die Brennstoff-Bunker werden verlegt, weniger brennbares Material wird verwendet und zusätzliche Löschpumpen, Beatmungsgeräte und Atemschutzgeräte kommen an Bord.* (op. cit. p19 para 221)

Oben: Brandbekämpfung auf RFA Sir Galahad nach dem argentinischen Bombenangriff während des Krieges 1982.

Rechts: Effekte wie Geister-Radar und tote Winkel können durch Radar-absorbierendes Material (RAM) oder Absorptions-Schirme, wie am Vormast dieses Zerstörers der britischen County-Klasse, behoben werden.

Antrieb von Schiffen

Beim Antrieb von Überwasser-Kriegsschiffen hat es im Lauf von 30 Jahren bemerkenswerte Änderungen gegeben. Kürzlich noch war die ölbefeuerte Dampfturbine als Antrieb für Überwasser-Schiffe von mehr als 2'000 ts Verdrängung überwiegend. Deren Systeme haben ein relativ schlechtes Verhältnis von Leistung zu Gewicht, und sie nutzen das Raumvolumen schlecht. Sie sind kompliziert, entwickeln bei Kaltstart nur langsam volle Kraft und brauchen viel erfahrenes Personal für Betrieb und Wartung. Als andere Antriebsarten aufkamen, wurden konsequenterweise Dampfanlagen rasch ersetzt. Sie sind nun seltener in Neubauten, obgleich die UdSSR sie in Schiffe wie die Träger der Kiev-Klasse und Zerstörer der Sovremennyy-Klasse einbaut. Letztere haben automatisierte Hochdruck-Heissdampf-Anlagen mit vermutlich 110'000 PS Wellenleistung und etwa 33 kn Höchstgeschwindigkeit.

Atomkraft

Dampfanlagen sind noch in Verbindung mit Atomreaktoren zum Antrieb grosser Schiffe im Gebrauch. Atomantrieb löst einige Probleme, vor allem muss nicht immer wieder Treibstoff übernommen werden, was den Flottentross reduziert. Die CVN der Nimitz-Klasse mit zwei Druckwasser-Reaktoren sollen zwischen 800'000 und 1 Million sm zwischen zwei Füllungen laufen können; doch benötigen sie nach je sechzehn Tagen Flugzeugtreibstoff. Das kleinste atomgetriebene Überwasser-Kriegsschiff ist gegenwärtig der Kreuzer USS Bainbridge (CGN 25, 8'592 ts). Aber es gibt keinen Grund, weshalb nicht kleinere Schiffe ebenfalls Atomantrieb bekommen könnten. Beispiel ist die französische U-Boot-Klasse Rubis (SSN, 2'670 ts) mit zwei verhältnismässig kleinen Reaktoren.
Installation und Abschirmung einer Atomanlage sind zweifellos teuer. Daher spielen die Kosten eine wichtige Rolle. Genaue Unterlagen über eine einzelne Anlage gibt es nicht, jedoch wurde für den CVN 73, die USS George Washington, ein atomgetriebener Flugzeugträger, für das Finanzjahr 1983 die Summe von 3,28 Milliarden Dollar veranschlagt, ohne Flugzeuge! Andererseits bestand der US-Kongress darauf, das Aegis-System in einen von Gasturbinen getriebenen Rumpf der Spruance-Klasse einzubauen, statt (aus Kostengründen) in einen atomgetriebenen, verbesserten Virginia-Rumpf.

Unten: USS Long Beach (CGN 9), das erste atomgetriebene Kriegsschiff der US-Marine. Zwei Westinghouse-C1W-Druckwasser-Reaktoren geben eine Leistung von 80'000 PS.

Anderer Ansicht sind die Franzosen, nach deren Schätzung der Atomantrieb der neuen Träger-Generation (PAN-1-Klasse) 20% höhere Baukosten erfordert. Nach ihrer Ansicht wird die während der 30jährigen Lebensdauer der Schiffe erzielte Ersparnis an Heizöl, das in US$ bezahlt werden muss, grösser sein als die Kosten für Nuklearbrennstoff und die Extrakosten der Installation.
Die in Überwasser-Kriegsschiffen üblichen Druckwasser-Reaktoren erzeugen gesättigten Dampf niedrigen Drucks, geringer Temperatur. Die verbundene Dampfturbinen-Anlage ist deshalb äusserst umfangreich, und der gewaltige Gewinn an Fahrtstrecke wird teilweise aufgehoben durch die geringere Kraft und folgerichtig geringere Geschwindigkeit. Bei den französischen PAN-1 zum Beispiel wird die Leistung offiziell mit 83'000 PS angegeben bei 27 kn Geschwindigkeit. Die derzeitigen Träger der Clemenceau-Klasse erreichen mit 126'000 Wellen-PS 32 kn Höchstgeschwindigkeit. Das nimmt sich schlecht aus.
Das Leistungs-Problem kann auf zwei Arten gelöst werden, von denen eine einen zusätzlichen Antrieb bedingt. Die Schlachtkreuzer der Kirov-Klasse haben Atomantrieb von etwa 90'000 PS Leistung, die sie zu nicht mehr als 24 kn befähigt. Um die als notwendig erachtete Geschwindigkeit zu erreichen, haben sie ein neuartiges System, kombiniert aus Atom- und Dampfantrieb (CONAS), bei dem der zweite, ölbefeuerte Antrieb benutzt wird, die Geschwindigkeit auf 32 kn zu steigern. Wenn CONAS möglich ist, dürfte es keinen Grund geben, weshalb nicht auch die Kombination Atomantrieb und Gasturbine möglich sein soll (CONAG), wobei die Gasturbine den notwendigen Schub zur Höchstgeschwindigkeit gibt. Bisher wurde das noch nicht versucht. Die Alternative ist der Bau viel grösserer Schiffe, um die grössere Atomanlage aufnehmen zu können. Beide Wege sind kostspielig, aber der einzige Ausweg scheint der der Franzosen zu sein, etwas geringere Geschwindigkeit in Kauf zu nehmen.
Einen besonderen Vorteil hat der Atomantrieb, weil er keine raumfressenden Zuluft- und Abgasschächte und keine Ölbunker für die Verbrennung fossiler Brennstoffe benötigt.

Gasturbinen

Ein wichtiges Entwicklungsgebiet ist das des Gasturbinen-Antriebs. Selbst Schiffe von der Grösse der Träger der britischen Invincible-Klasse (19'500 ts) werden ausschliesslich damit angetrieben. Gasturbinen haben ein günstiges Verhältnis von Leistung zu Gewicht, eine hohe Spitzenleistung

Modul der Gasturbine Rolls-Royce Olympus TM3

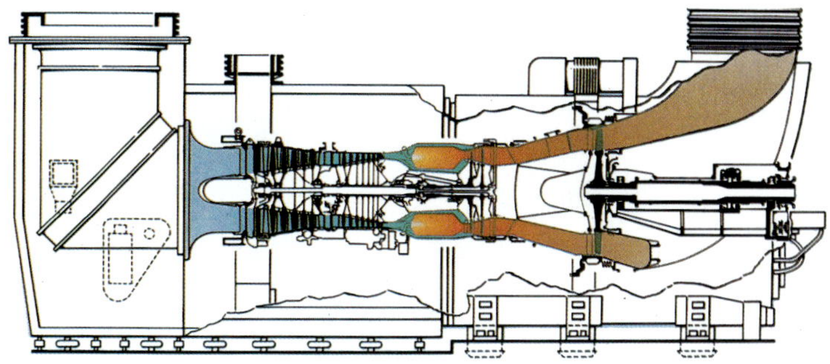

Oben: Eine typische Marine-Gasturbinen-Installation hat einen Gasgenerator, die selbständige Nutzturbine, das akustische Gehäuse, die gekrümmte, abgestufte Luftzuführung, den Feuerschutz und die Hilfseinrichtungen. Die Baueinheit ist die Rolls-Royce Olympus TM3, weithin bei westlichen Marinen in Gebrauch. Länge: 9,17 m, Breite: 2,64 m, Höhe: 3,71 m. Gewicht: 30,84 t, Leistung: 29'600 PS (20'600 kW, 22 MW).

Oben: Eine General-Electric-LM-2500-Gasturbine wird ausgebaut. Auf Grund der geringen Grösse und leichten Ausbaufähigkeit sind sie weithin im Gebrauch.

Unten: Luftzu- und Abgasführung der vier LM-2500-Gasturbinen auf der USS John Young (DD 973). Gasturbinen brauchen grosse, raumfressende Schächte.

und sind zu einem Schnellstart fähig, der mit keinem anderen Antrieb zu erreichen ist. Die Fregatten der niederländischen Kortenaer-Klasse können vom stehenden Start in 75 Sekunden 30 kn mit ihren Rolls-Royce-Olympus-Turbinen erreichen.

Eine typische Gasturbinen-Anlage einer Fregatte besteht aus einem seesicheren Gasgenerator, der Kraft-Turbine, der akustischen Abschirmung, der abgestuften, gebogenen Luftzuführung, der Bedienungsanlage und einem Feuerschutzsystem, alles auf einem stählernen Grundrahmen montiert. Der Gasgenerator ist gewöhnlich von einer Flugzeug-Anlage abgeleitet und hat einen neuen Niederdruck-Kompressor, eine Verbrennungskammer, die einzelne Emissionen minimiert, ein neues Gehäuse und ein geändertes Montagesystem. Diese Änderungen lesen sich schlimmer als sie sind, und die bewährte Technologie der Flugzeug-Antriebe ist Grundlage der Marine-Version. Die Nutzturbine, die die Kraft auf die Welle überträgt, ist normalerweise starr montiert als Teil der ständig installierten Ausrüstung und ist mit dem Gasgenerator durch einen Faltenbalg verbunden. Gasturbinen-Kraftanlagen benötigen selbst nicht viel Platz, doch Luftzufuhr und Abgase benötigen viel Ober-

decksraum (und Gewicht). Die Anschaffungskosten für Gasturbinen sind hoch, und da sie nicht umgesteuert werden können, benötigen sie ein Umkehr-Getriebe oder einen Verstell-Propeller. Letzterer reagiert schneller, bewirkt aber bei Vorwärtsfahrt etwa 5% Fahrtverlust.

Gasturbinen werden in verschiedenen Kombinationen mit anderen Gasturbinen oder anderen Maschinen installiert. Die erste, die man am häufigsten verwendet, ist Gas oder Gas (COGOG), bei der ein oder zwei Hochleistungsturbinen für Spitzengeschwindigkeiten mit einer oder zweien geringer Leistung mit wenig Verbrauch für Marschfahrt kombiniert sind, wobei jeweils nur eine Art zur gleichen Zeit in Betrieb sein kann.

Typisch hierfür ist die Kortenaer-Klasse, die zwei Rolls-Royce TM3B Olympus (50'000 WPS) für hohe Fahrt und zwei Rolls-Royce RM1C-Tyne (8'000 WPS) für Marschfahrt hat. Die andere Kombination ist Gas und Gas (COGAG), die wiederum aus der Kombination zweier Turbinen auf die gleiche Welle wirkend beruht. In diesem Fall aber können beide aufgeschaltet werden, um, falls nötig, eine wirklich hohe Leistung zu erreichen. Diese Anordnung wurde für die letzten sieben Fregatten Typ 22 der Royal Navy gewählt, die zwei Rolls-Royce Spey SM1A (37'450 WPS) und zwei Rolls-Royce Tyne RM1C (9'700 WPS) haben. Eine solche Anordnung haben auch die japanischen Zerstörer der Hatakaze-Klasse mit je zwei Rolls-Royce Olympus TM3B und Rolls-Royce Spey SM1A.

Diesel-Antrieb

Dieselmotoren werden häufig in kleinen Kampfschiffen gebraucht, obgleich sie relativ hohe Wartungsanforderungen stellen und ihr Ausbau zur Überholung schwierig sein kann. Trotzdem hat der Diesel ein Comeback und wird nun auch in grössere Schiffe, Fregatten und Zerstörer, eingebaut. Schiffe der

Oben: Eine alternative Anwendung der LM-2500. Die Gasturbine treibt die Wasserjets des Tragflügel-Wachboots USS Hercules (PHM 2) an. 341'000 Liter pro Minute werden bei 50 kn Höchstgeschwindigkeit durchgepumpt.

Unten: Gasturbinen können nicht umgesteuert werden. Daher erhalten die Schiffe ein Umkehrgetriebe oder einen Verstellpropeller. Letzterer leistet um 5% weniger als ein Festpropeller, spricht aber schneller an.

Oben: Dieselmotoren in Marine-Versionen werden weitgehend in Überwasser-Schiffen und U-Booten verwendet und erleben gegenwärtig ein Comeback. Hier die Ausführung des 18-Zylinder-Modells des britischen Paxman Valenta Mk2 (18RP200).

Grössenordnung von 2'000–4'000 ts müssen für 30 kn Höchstgeschwindigkeit und Reichweiten von mehr als 4'000 sm gut sein. Für diese Anforderungen bietet der Diesel relativ niedrigen Brennstoffverbrauch über den gesamten Leistungsbereich, die Anwendung von Festpropellern und einfachere Reduziergetriebe als bei der Gasturbine. Die Einstandskosten sind niedrig, die laufenden Kosten ebenfalls, besonders dann, wenn aufgearbeitetes Schmieröl als Brennstoff verwendet werden kann. Hingegen hat der Diesel einen hohen Geräuschpegel und erzeugt Vibrationen, die eine gute akustische Isolierung und ein dämpfendes Fundament erfordern. Die T-AGOS-Schiffe der US Navy, die das SURTASS-Gerät schleppen, sollen mit 11 kn in ihr Suchgebiet auslaufen und dort 90 Tage mit einer Schleppgeschwindigkeit von 3 kn operieren. Hierbei muss der Antrieb so leise als möglich arbeiten, wozu sie ein dieselelektrisches System benutzen, wobei vier Caterpillar-CAT-D398-Diesel von je 860 PS vier Wechselstrommotoren KATO 857kVA gemeinsam bedienen. Die Antriebskraft wird durch zwei siliziumgesteuerte Gleichrichter auf zwei General-Electric-Gleichstrommotoren übertragen, deren jeder einen Festpropeller antreibt. Ohne Reduziergetriebe, mit akustischer Isolierung und Festpropellern wird der Geräuschpegel äusserst gering.

Kombinationen

Einige wurden bereits erwähnt, zahlreiche andere sind in Gebrauch oder Entwicklung, meist in der Absicht, die unterschiedlichen Anforderungen bei Marsch- und Höchstgeschwindigkeit auszugleichen. Die Kombination Diesel oder Gasturbine (CODOG) nutzt Diesel bis 18 kn Marschfahrt, ergibt eine gute Fahrstrecke, während die Gasturbine Schnellstart und höhere Fahrt bringt. Die Bundesmarine wählte dieses System für ihre Fregatten Typ 122 statt des reinen Turbinenantriebs COGOG der Kortenaer-Klasse aus der sie entwickelt wurden.
Die französischen Zerstörer der erfolgreichen Georges-Leygues-Klasse haben zwei 16-Zylinder-Diesel SEMT-Pielstick PA6V280 mit zusammen 10'400 PS und zwei Rolls-Royce-Olympus-Gasturbinen mit zusammen 52'000 PS im CODOG-System, doch die Luftabwehr-Variante (Cassard-Klasse) hat reinen Diesel-Antrieb (CODAD) mit vier SEMT-Pielstick-Maschinen, die über Untersetzungsgetriebe auf zwei Festpropeller wirken. Bei mittlerer Verdrängung von 4'000 ts sollen C70 AA eine Dauerhöchstgeschwindigkeit von 29,6 kn und

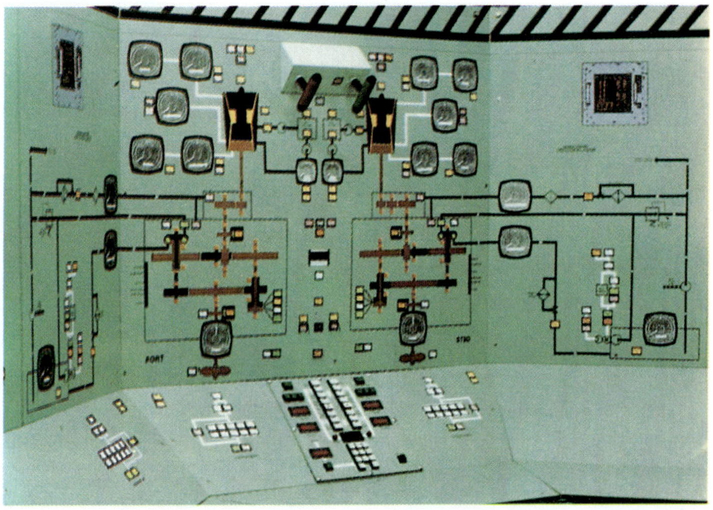

Oben: Personal sparender Maschinen-Fahrstand einer Fregatte vom Typ 23.

eine Kurzzeit-Höchstgeschwindigkeit von 30,2 kn haben bei 5'000 sm Fahrtstrecke mit 24 kn und 8'200 sm mit 17 kn. Das CODAD-System reduzierte die benötigten Luftschächte erheblich und gab Raum und Toppgewicht für Sensoren und Waffen frei.
Eine andere Kombination wurde in die Typ-23-Fregatten der Royal Navy eingebaut. Operatives Erfordernis war ein extrem geringer Geräuschpegel bei kleinsten Fahrtstufen, wenn das Schleppsonar ausgebracht ist, höchsten Wirkungsgrad und Wirtschaftlichkeit bei Marschfahrt und schnellste Verfügbarkeit höchster Kraft – sogenannte Treiben-oder-Jagen-Art. Dieses einschränkende Erfordernis wurde gelöst durch das kombinierte diesel-elektrische- und Gasturbinen-System (CODLAG), ein System diesel-elektrischer Kraft mit Gasturbinen-Beschleunigung, das über zwei Wellen auf zwei Festpropeller wirkt.
Diesel-Generator-Anlagen leiten den Kraftstrom durch einen Umformer in den direkt antreibenden Gleichstrommotor für langsame, leise Fahrt, zum Manövrieren und Rückwärtsfahren. Bei hoher Fahrt werden eine oder beide Rolls-Royce Spey SM1 gezündet, welche jeweils den Propeller über ein Doppel-Reduktions-Getriebe antreiben. Das Getriebe hat auf der Ausgangsseite eine SSS-Kupplung, und wenn der Elektroantrieb benutzt wird, ist das Getriebe stillgelegt, die Pumpen der Getriebe-Schmierung werden gestoppt, um Geräusche zu verringern. Zur Rückwärts-Fahrt wird bei ausgekuppelten Turbinen der dieselelektrische Antrieb benutzt; damit wird eines der Probleme des Gasturbinen-Antriebs ausgeschaltet. Das ergibt einen interessanten Vergleich zu dem diesel-elektrischen Antrieb der T-AGOS-Schiffe der USN, die auch sehr leise und langsame Fahrt, aber nicht die Fähigkeit zu den hohen Geschwindigkeiten üblichen Kriegsschiff-Einsatzes benötigen.

CODLAG-Antriebssystem einer Fregatte Typ 23 der Royal Navy

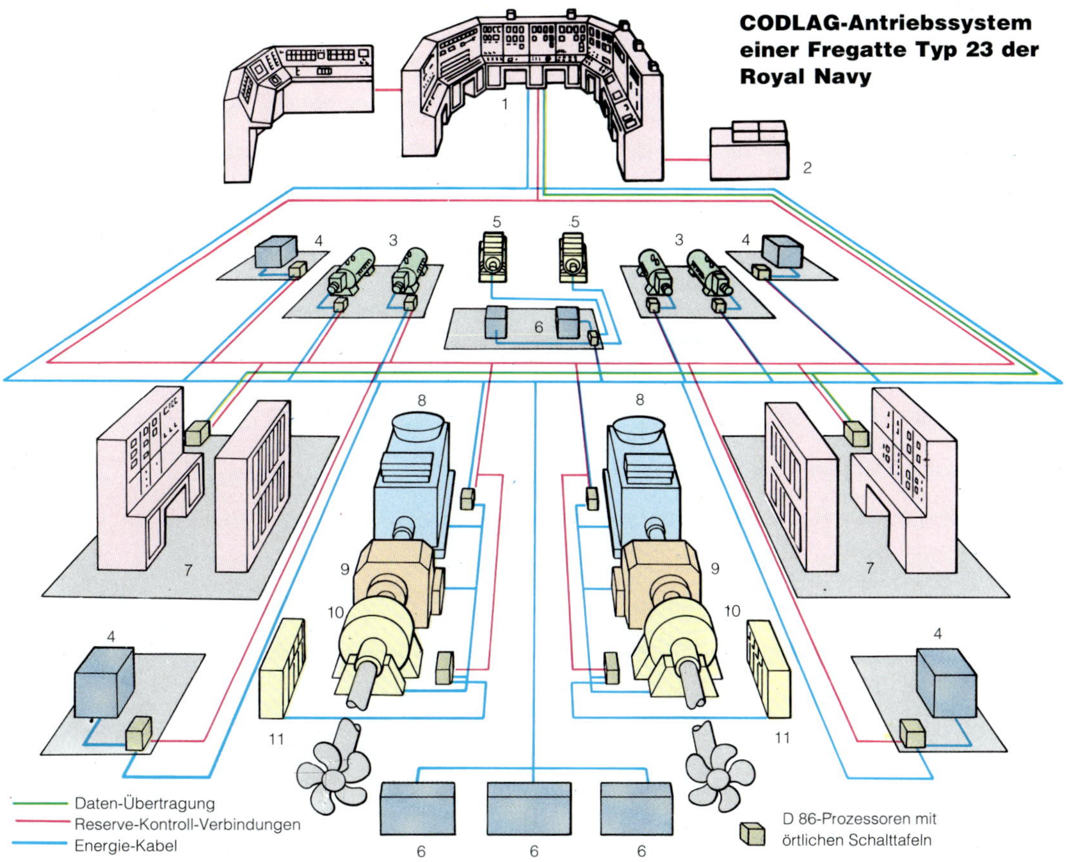

Das Antriebssystem der Typ-23-Fregatten kombiniert Diesel, Elektrizität und Gasturbinen: von Dieselgeneratoren versorgte Elektromotoren für geringe Geschwindigkeiten, zwei Rolls-Royce-Spey-Gasturbinen für höchste Leistung. Integrierte Steuerung und Überwachung durch unterteilte Mikroprozessoren-Systeme. Den Antrieb steuert ein einzelner Hebel je Welle mit allen Steuerungsfunktionen. Die Stromversorgung des Schiffes erfolgt durch zwei Dieselgeneratoren.

1 Kommandozentrale
2 Drucker
3 Dieselgeneratoren
4 Eiswasser-Bereiter
5 Motorgeneratoren (Stromversorgung)
6 Hilfsmaschinen
7 Schalttafel und Reservesteuerung
8 Gasturbinen
9 Getriebe
10 Elektromotoren
11 Umformer

Unterseeboote, Entwurf und Antrieb

Die bisher besprochenen Typen der Schiffe haben in der Nachkriegsperiode alle ihre ursprüngliche Rolle beibehalten, obgleich Waffen und Sensoren gewechselt haben und die Grösse individueller Schiffe gewachsen ist. Sie sind als Nachkommen ihrer Kriegsvorfahren erkennbar. Ganz im Gegenteil hat sich das Unterseeboot bis zur Unkenntlichkeit verändert, sowohl in Grösse und Leistungsfähigkeit als auch in der Aufgabe.

Während des Zweiten Weltkriegs gelang es Deutschland beinahe, die Lebensadern des Nachschubs aus Nordamerika über den Atlantik abzuschneiden, und Grossbritannien brachte es an den Rand des Hungertodes. Im Pazifik hingegen gewann die US Navy einen grossen Sieg im U-Boot-Krieg gegen die Japaner, indem sie deren Handelsflotte auf ein kritisches Minimum reduzierte. Bis zur Mitte der 60er Jahre blieb die strategische Rolle der U-Boote das, was sie seit 1917 gewesen war, gegnerische Schiffe und den ozeanischen logistischen Verkehr anzugreifen. Zum Teil besteht diese Rolle noch, doch die Entwicklung der von Unterseebooten gestarteten ballistischen Flugkörper (SLBM) und Marschflugkörper (SLCM) ergab eine weitere, strategisch noch wichtigere Rolle, nämlich den Schlag gegen Ziele im gegnerischen Heimatland. Die UdSSR entwickelten SSBN wie andere Flotten, legten aber grosses Gewicht auf spezielle U-Boote mit Marschflugkörpern (SSGN/SSG). Diese wurden speziell zu dem Zweck gebaut, den Träger-Kampfgruppen der US Navy entgegenzutreten samt ihren zum Atomschlag fähigen Flugzeugen. Die Amerikaner umgingen diesen U-Boot-Typ, indem sie Flugkörper, wie Tomahawk und Harpoon entwickelten, die aus den üblichen 53,3-cm-TR gestartet werden konnten und somit praktisch jedes Unterseeboot zum Träger von Marschflugkörpern machten.

Die dritte Aufgabe des U-Boots ist der übliche Angriff auf die Schifffahrt und andere U-Boote. Ohne Zweifel sind die wirksamsten Unterseeboot-Jäger die atomgetriebenen Angriffs-U-Boote (SSN). Doch auch konventionell getriebene Boote sind zu solcher Aufgabe befähigt. Solche diesel-elektrischen Unterseeboote sind weiterhin beliebt, und in 39 Flotten gibt es ca. 550 für Angriffs-Aufgaben wie Seeraum-Überwachung und geheime Missionen.

Nur die fünf grössten Flotten können sich gegenwärtig die steigenden Kosten atomgetriebener Boote leisten, doch zieht Spanien bereits den Atomantrieb für die nächste Generation seiner Jagd-U-Boote in Betracht. Nur die USA und Frankreich scheinen den alleinigen Einsatz von atomaren Booten anzustreben, während die Sowjets, die Briten und die Chinesen konventionelle Boote weiterhin produzieren. Die UdSSR hat die grösste U-Boot-Flotte der Welt und beeindruckte auch lange Zeit durch die Bootsgrösse. Die SSBN der Typhoon-Klasse mit 29'000 ts sind die grössten jemals gebauten Boote. 1987 standen vier dieser Giganten im Dienst, ferner etwa drei Delta IV, vierzehn Delta III, vier Delta II und achtzehn Delta I. Von den achtzehn Booten der Yankee-Klasse dienen einige als SSBN, einige wurden zu SSN/SSBN umgebaut, während einige SSBN der Hotel-Klasse und SSB der Golf-Klasse eher auf taktische denn strategische Aufgaben beschränkt wurden. Die SSGN/SSG-Flotte der Sowjets ist ebenfalls umfangreich mit drei Booten der Oscar-Klasse (14'000 ts), siebzehn Charlie, neunzehn Echo und sechzehn diesel-elektrische SSG der Juliett-Klasse. Bei den Flotten-U-Booten (SSN) scheint die Rote Flotte nicht weniger als drei Klassen gleichzeitig im Bau zu haben, ein weiteres Zeichen des enormen Umfangs des Verteidigungsprogramms.

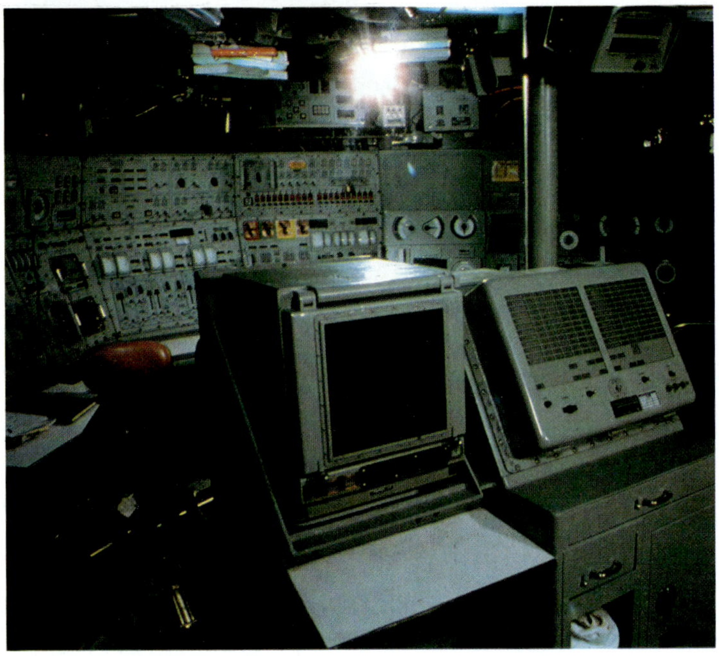

Oben: Der moderne, hochentwickelte Kontrollraum der USS Ohio steht in Gegensatz zu dem Gewirr von Rohren, Analog-Anzeigen und handbetätigten Ventilen, wie vor 20 Jahren noch üblich.

Neunundsechzig SSN aus sieben Klassen gibt es. Ausserdem hat die Sowjetmarine mit über 150 dieselelektrischen U-Booten die grösste Flotte der Welt, manche gewiss veraltet. Die Tanga-Klasse (3'900 ts) und als neueste die Kilo-Klasse (3'200 ts) jedoch sind ultramodern und sehr schlagkräftig.

Die U-Boot-Flotte der USA ist weniger zahlreich, schliesst aber sehr starke, vielseitige Klassen ein. Die neuesten SSBN der Ohio-Klasse (18'700 ts) tragen 24 SLBM, die grösste Zuladung aller SSBM. 1987 waren neun Ohio im Dienst, dazu 29 der Franklin- und Lafayette-Klasse, wobei zwölf der letzteren auf Trident-1-Flugkörper (C4) umgerüstet wurden. Die anderen tragen die ältere Poseidon (C3).

Die SSN-Flotte der US Navy stützt sich auf die Los-Angeles-Klasse (6'900 ts), von denen mehr als fünfzig am Ende des Jahrhunderts in Dienst stehen sollen. Weiterhin gibt es 37 der Sturgeon-Klasse (4'640 ts) und 13 Thresher (4'470 ts) sowie eine Zahl einzelner Boote, zum Beispiel Lipscomb, Narwhal und Seawolf und einige Boote der älteren Skipjack- und Skate-Klassen. Als einzige unter den grossen Marinen hat die US Navy ihre Absicht bekundet, nur Atomunterseeboote zu bauen.

Grossbritannien hat vier SSBN der Resolution-Klasse, bestückt mit Polaris-Flugkörpern, die in den 90er Jahren durch Trident führende Boote ersetzt werden sollen.

Der Bau von SSN ging stetig weiter. In vier Klassen stehen fünfzehn SSN in Dienst, von denen die neueste die Trafalgar-Klasse (5'208 ts) ist, von der 1988 vier Boote fertig und drei im Bau wa-

Rechts: Offizielle amerikanische Zeichnung einer sowjetischen Unterseeboot-Basis.

Tauchvorgang eines konventionellen Unterseebootes

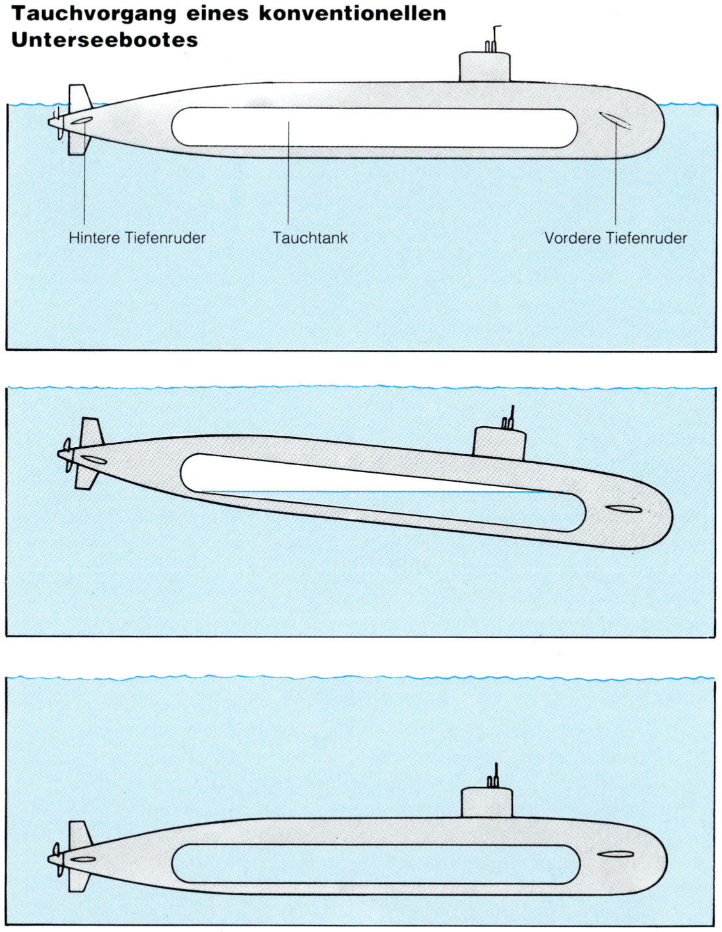

Oben: Zu Beginn des Tauchvorgangs werden die vorderen und achteren Tiefenruder auf «Tauchen» gelegt und die Flutventile geöffnet, um die Tauchtanks zu fluten. Der Vorgang wird kontrolliert, indem die achteren Tiefenruder auf «Auftauchen» gelegt werden; das Boot richtet sich auf. Sobald die Tauchtanks gefüllt sind, werden die Ventile geschlossen und das Boot durch die innerhalb des Druckkörpers in Bootsmitte liegenden Regelzellen und die an den Bootsenden befindlichen Trimmzellen in den Schwebezustand gebracht. Bei atomgetriebenen Angriffsbooten wird ähnlich verfahren, aber die Anordnung der Tanks und der Ablauf sind unterschiedlich.

Oben: USS Dolphin ist ein Erprobungs-U-Boot mit zylindrischem Körper, der an beiden Enden von Halbkugeln abgeschottet ist. Sie wird für Tiefenversuche, akustische und ozeanographische Experimente verwendet.

ren. Die Royal Navy nutzt auch konventionelle Boote, von denen gegenwärtig elf in Dienst sind. Vier der neuen Upholder-Klasse (2'400 ts) werden nach und nach folgen. Die französische Marine hat sich aus politischen Gründen entschieden, anstelle von SSN, wie die USA, die UdSSR und Grossbritannien, zunächst SSBN zu bauen, von denen sechs in Dienst stehen neben zwei SSN. Die übrige Unterseeboot-Flotte besteht aus vier der Agosta-Klasse (1'725 ts), neun der Daphne-Klasse (1'038 ts) und zwei der Narval-Klasse (1'635 ts), alles diesel-elektrische Boote.
China hat drei SSBN eigenen Entwurfs sowie drei SSN, über die sehr wenig bekannt ist, und mehr als hundert konventionelle Boote, praktisch alle nach sowjetischen Entwürfen, aber auf eigenen Werften gebaut. Die übrigen Marinen haben nur wenige U-Boote, meist nach Entwürfen der USA, der UdSSR, Frankreichs, der Bundesrepublik oder Grossbritanniens.

Entwurf

Fast ebenso wichtig wie das Aufkommen des Nuklear-Antriebs waren die revolutionären U-Boot-Körper, für die die USS Albacore (AGSS 569) in den 50er Jahren bahnbrechend war. Die langen, schmalen Körper jener Zeit konnten den verfügbaren Zuwachs an Antriebskraft nicht mehr aufnehmen, und unter bestimmten Umständen, besonders bei Unterwasser-Geschwindigkeiten von mehr als 10 kn konnte die Steuerungsfähigkeit verloren gehen. USS Nautilus (SSN 571) zum Beispiel konnte trotz Atomantriebs getaucht nicht mehr als 13,3 kn laufen. Die diesel-elektrisch getriebene Albacore hingegen erreichte mit tropfenförmigem Rumpf – abgeleitet von den Luftschiffen –, kreuzförmigem Heckleitwerk und Einzelpropellern in ursprünglicher Form getaucht eine Dauergeschwindigkeit von 26 kn. Später, mit gegenläufigen Propellern und Silber-Zink-Batterien, schaffte sie erstaunliche 33 kn.
Das 1940 fertiggestellte deutsche U-Boot V 80 mit Walter-Turbinen-Antrieb hatte bereits Tropfenform und lief getaucht 28 kn.
Dass die Albacore Vorbild für die nachfolgenden Entwürfe wurde, darf nicht überraschen, obwohl heutige Druckkörper schlanker

Auftauchen eines konventionellen Unterseebootes

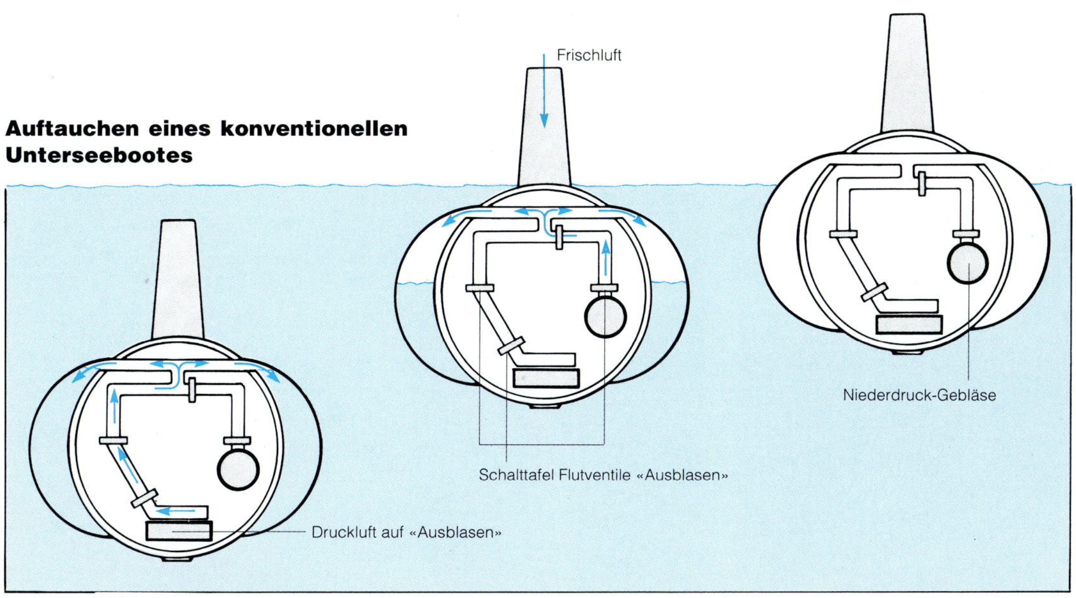

Oben: Der Aufstieg aus der Tiefe ist schwer zu kontrollieren. Zum Auftauchen geht das Boot dynamisch mit Hilfe der Tiefenruder erst auf Seerohrtiefe. Durch den Schnorchel wird Aussenluft angesaugt. Sie wird durch ein Niederdruck-Gebläse oder eine Pumpe verdichtet, um die Tauchtanks auszublasen. Das bringt das Boot an die Oberfläche.

sind, denn ein paralleles Mittelschiff, sofern der vordere und hintere Abschluss entsprechend konstruiert sind und der Druckkörper röhrenförmig ist, ist ebenso leistungsfähig, aber erheblich leichter und billiger zu bauen.
Der Entwurf jedes Waffensystems ist unvermeidbar ein Resultat aus Kompromissen, der von U-Booten aber bietet eine Vielzahl besonders schwieriger Aufgaben. Grundlegend muss ein getauchtes U-Boot in der Schwebe gehalten werden, und jede Komponente im Schiff beeinflusst sie. Die Tauchtiefe ist augenscheinlich eine kritische taktische Entscheidung, denn Tiefe bedeutet Schutz, besonders dann, wenn ein Boot tief genug gehen kann, um die akustischen Eigenheiten des Meeres zu nutzen, den ASW-Mitteln zu entgehen und bei Bewegungen mit hoher Geschwindigkeit einen Sicherheitsbereich zu haben. Einzelheiten sind streng geheim, aber veröffentlichte Angaben für einzelne SSN geben einen generellen Hinweis üblicher operativer Tiefen. Zum Vergleich: US-Los-Angeles-Klasse 450 m, sowjetische Victor-III-Klasse 400 m, französische Rubis-Klasse 300 m. Das Verhalten in der Tiefe wird umso wichtiger, als die Bedrohung durch ASW wächst. Erhebliche Aufwendungen gelten dem hydrodynamischen Verhalten. Die wirbelfreie Strömung wurde erprobt und brachte eine Widerstandsverringerung von mehr als 50%. Stromlinienform ist seit den deutschen Booten des Typs XXI aus dem Zweiten Weltkrieg die Regel, aber heute wird auch grösste Aufmerksamkeit der Oberfläche eines Bootes gezollt. Besondere Anstriche für die Aussenhaut können die Reibung verringern, um Energie zu sparen, während das Ausblasen von Polymeren rund um den Rumpf für kurze Zeit zur Erhöhung der Geschwindigkeit gebraucht wird.
Es gibt Berichte, wonach die Oberfläche sowjetischer Unterseeboote mit einem Überzug versehen ist, welcher den Unterdruck und den Grenzschichtdruck gegeneinander aufhebt, ein Ergebnis aus der Erforschung von Delphinen und Killerwalen. Weitere Entwicklungen aus der gleichen Forschung können zu Vorrichtungen führen, die Umrisse verändern, um sich der Bootsgeschwindigkeit anzupassen, indem Tiefenruder angepasst eingefahren werden oder das Heckleitwerk der Geschwindigkeit entsprechend seine Form verändert. Die Forschungen mögen auch zu den interessanten Formen neuester Sowjet-U-Boote beigetragen haben, deren Wulstbug dem Vorderteil der Wale ähnelt, während ihre Türme nicht nur schmaler als die westlicher Boote sind, sondern auch weniger kantig, fliessender in den Rumpf übergehen, wie die Flossen der Meerestiere.
Wendigkeit ist für ein U-Boot von höchster Bedeutung, und wiederum nahm die Albacore auf die nachfolgenden Entwürfe grossen Einfluss. Der kurze Rumpf verbesserte die Wendigkeit sehr erheblich gegenüber den damaligen langen, schmalen Bauten. Während der Erprobungen drehte die Albacore mit 30°/s; eine erhebliche Verbesserung gegenüber ihren zeitgenössischen Unterseebooten, doch dürfte dieser Wert heute schon verbessert sein.
Hauptsächliche Steuerflächen sind die Tiefenruder. Die meisten Nationen verlegen die vorderen Tiefenruder so weit als praktikabel nach vorn, aber die US Navy und andere (Japan, Frankreich) montieren sie am Turm. Der Grund sind Vorteile im Manövrierverhalten. Die fehlende Möglichkeit der Senkrechtstellung, um Eis zu durchbrechen, bedeutet für die Los-Angeles-Klasse einen ernsthaften taktischen Nachteil, denn Operationen unter dem Eis wurden notwendig durch die zunehmende Nutzung der Arktis durch die Sowjets. Der US-Staatssekretär für Verteidigung, Weinberger, verkündete, die Ruder der Los-Angeles-Klasse-SSN würden künftig zum Bug verlegt werden. Eigentlich haben alle modernen U-Boote kreuzförmige Heckleitwerke mit waagrechten und senkrechten Rudern. Bei den US-Klassen Los Angeles und Ohio haben die Tiefenruder vertikale Leitplatten an ihrem Ende. Sie sollen die Steuerfähigkeit verbessern und enthalten Horchgeräte. Die neueste schwedische Näcken- und die niederländische Walrus-Klasse haben ein kennzeichnendes X-förmiges Leitwerk, das für Beschädigungen weniger anfällig ist, da es nicht über die Aussenkante des Rumpfes heraustritt.
Der schlimmste Feind eines Unterseeboots ist das Sonar. Abgesehen von der Taktik, die Entdeckung durch das Sonar zu meiden, kann man bereits beim Entwurf passive Massnahmen vorsehen. Die erste ist die Begrenzung der Grösse, doch ist es schwierig, die vielen Waffen und Sensoren in einem kleinen Rumpf unterzubringen. Der nächste Schritt ist, die Konturen des Rumpfes so zu formen, dass die Sonarstrahlung zerstreut wird, ähnlich der Stealth-Technologie im Flugzeugbau. Schliesslich kann man die kritischsten Teile des Bootes mit echofreien (geräuschabsorbierenden)

Links: Tiefenruder am Turm haben Vorteile: gute Kontrolle unter Wasser, weniger Schäden, besonders beim Längsseitsgehen, Stetigkeit auf Sehrohrtiefe, kein Strömungsgeräusch nahe dem Bugsonar.

Unten: Tiefenruder am Turm haben auch Nachteile: unter anderem ist das Durchbrechen von Eis schwieriger. In Zukunft werden die U-Boote der US-Marine zu der traditionellen Anordnung am Bug zurückkehren.

Kacheln bekleiden. Derartige Kacheln sind bei Booten der Royal Navy und neuen sowjetischen Typen im Gebrauch. Die nächste Generation Jagd-Unterseeboote der US Navy wird sie erhalten.

Konstruktion

Die US Navy verwendete zum Unterseeboot-Bau eine Reihe von HY-Stählen. Alle Klassen seit der Thresher wurden aus HY80 gebaut. (Die Zahl gibt die Festigkeit in lb/sq inch an. 80 lb/sq inch sind umgerechnet 5,624 kg/cm^2). Es war geplant, die Los-Angeles-Klasse aus HY130 zu bauen, aber wieder nahm man HY80. Doch besteht Hoffnung, HY130 in annehmbarem Standard zeitig genug für die nächste SSN-Klasse der US Navy herauszubringen.
Auch andere Länder stecken viel Forschung und Entwicklung in stärkeres Material. Die Japaner benutzen NS-90 für die Yuushio-Klasse, während vom neuen, hochfesten französischen Marel-Stahl berichtet wird, er bringe 50% grössere Tauchtiefe. Er wird für die neuesten französischen und niederländischen Boote verwendet. Die UdSSR nahm auch Stahl für die Mehrzahl der Boote, aber von wenigstens zwei Klassen weiss man (Alfa und Mike), dass sie aus Titan gebaut wurden. Die der Alfa-Klasse sind nicht nur die schnellsten U-Boote der Welt mit über 42 kn, sie tauchen auch am tiefsten mit vermuteten 600 bis 900 m. Titan ist sehr schwierig zu schweissen, aber die Sowjets gelten seit langer Zeit als weltbeste Metallurgen, und sie scheinen es geschafft zu haben. Titan hat die unschätzbare Eigenschaft, nicht magnetisch zu sein, und kann deshalb weder durch MAD von Flugzeugen noch auf dem Meeresgrund liegende Spulen entdeckt werden. Vor Jahren versuchte die Bundesmarine ähnliche Ergebnisse durch die Verwendung unmagnetischen Stahls zu erreichen (Typen 205, 206, 207). Obwohl die Korrosionsprobleme inzwischen gelöst sind, wurde er nicht für grössere Entwürfe verwendet.

Oben: Ein SSN der Alfa-Klasse zeigt, dass der von sowjetischen Konstrukteuren angewandte Turm niedriger und besser in den Rumpf eingearbeitet ist als bei den westlichen Entwürfen. Mit Ausnahme der SSBN der Yankee- und Delta-Klasse haben alle sowjetischen Unterseeboote die vorderen Tiefenruder am Bug.

Unten: Die General-Dynamics-Werft in Groton mit einem Ohio-SSBN (links) und einem Los-Angeles-SSN (rechts) kurz vor der Vollendung. In der Bauhalle ein zweites SSBN.

Antrieb

Im Entwurf und Bau von Unterseebooten, besonders in der Rumpfform, wurden grosse Fortschritte erzielt, aber zweifellos war nach dem Krieg der grösste Fortschritt die Anwendung atomaren Antriebs. Er hat das U-Boot davon erlöst, regelmässig zur Aufladung

Antriebsschema eines Druckwasser-Reaktors

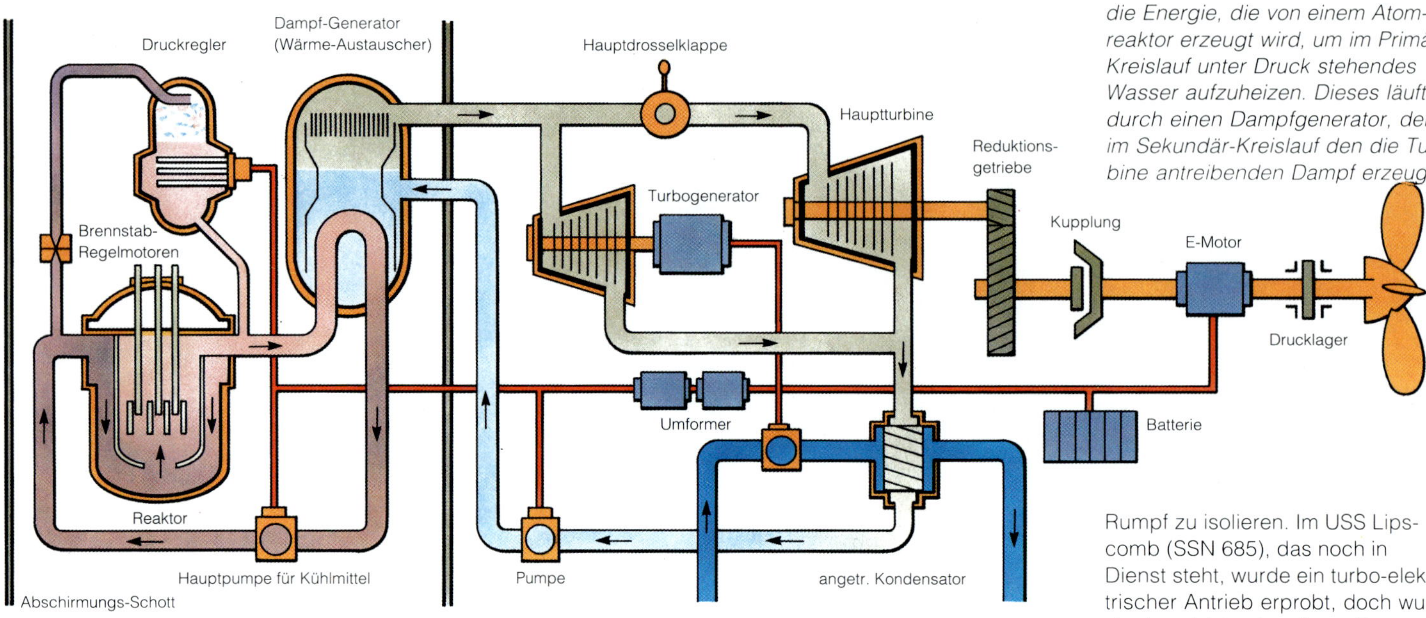

Eine Form nuklearen Antriebs nutzt die Energie, die von einem Atomreaktor erzeugt wird, um im Primär-Kreislauf unter Druck stehendes Wasser aufzuheizen. Dieses läuft durch einen Dampfgenerator, der im Sekundär-Kreislauf den die Turbine antreibenden Dampf erzeugt.

seiner Batterien und zur Erneuerung des Luftvorrats auftauchen zu müssen. Zusätzlich gibt der Atomantrieb praktisch unbegrenzte Fahrtstrecke. Die SSBN der Ohio-Klasse zum Beispiel, ausgerüstet mit General-Electric-S8G-Reaktoren, brauchen nur alle neun Jahre die Brennelemente zu ersetzen.
Alle britischen und US-Atom-U-Boote haben Druckwasser-Reaktoren (PWR), in denen Wasser sowohl als Kühlmittel wie als Reaktionsbremse fungiert. Diese lang erprobte Technik hat sich im Betrieb als ausserordentlich zuverlässig erwiesen. Das Kühlwasser im Primärkreislauf, das die Wärme vom Reaktor zum Dampfgenerator führt, muss unter hohem Druck gehalten werden, damit es nicht verdampft. Das wird durch einen Druckhalter im Kreislauf bewirkt. Dampf, der sich in dessen oberem Teil sammelt, wird verwendet, um Druckunterschiede auszugleichen, da im Ein- und Auslass des Reaktors unterschiedliche Temperaturen herrschen. Die Wärmeenergie wird im Dampfgenerator aus dem Wasser vom Primärkreislauf auf den Sekundärkreislauf übertragen, dessen nicht unter Druck stehendes Wasser nun zu Dampf wird und die Turbine antreibt. Danach geht der Dampf durch eine Reihe Kondensatoren, kehrt als Wasser zum Dampfgenerator zurück und beginnt den Kreislauf erneut. Die PWR-Kondensatoren benutzen Seewasser als Wärmeableiter und benötigen ständigen Durchsatz, der entweder durch die Geschwindigkeit des Bootes oder, bei Langsamfahrt, mittels Pumpen aufrechterhalten wird.
Der Betrieb eines PWR benötigt beträchtliche Energie, hauptsächlich für die Umlaufpumpen im Primärkreislauf und die elektrischen Heizkörper im Druckhalter. Das System kann zwar den natürlichen Kreislauf nutzen, der durch das Wärmegefälle der Nuklearreaktion entsteht, doch bei hohem Energiebedarf müssen die Pumpen eingeschaltet werden. Um Geräusche und Schwingungen zu verringern, benutzen einige Systeme Pumpen, die wahlweise je nach Energiebedarf zugeschaltet werden können. Gleich welches System, Pumpen erzeugen Geräusch, das von geeigneten Sensoren zu erfassen ist. Verschiedene andere Kühlmittel wurden erprobt. USS Seawolf (SS N575), Stapellauf 1955, war mit einem S2G-Flüssignatrium-Reaktor ausgerüstet. Dieses Kühlmittel ist wirksamer in der Wärmeableitung, aber störanfälliger im Betrieb, weshalb nach zwei Jahren dieser Reaktor gegen einen PWR ausgetauscht wurde. Kühlung durch Flüssigmetall scheint der einzige Weg zu sein, zu kleineren, leichteren Anlagen zu kommen. Übereinstimmung herrscht darüber, dass die sowjetische Alfa-Klasse einen durch Flüssigmetall gekühlten Reaktor hat, welcher vollautomatisch im unbemannten Maschinenraum gefahren wird, was zu erheblicher Ersparnis an der Abschirmung des Reaktors führt.
Ein besonderes Problem der Atom-U-Boote ist der durch die Maschinen erzeugte Geräuschpegel, speziell des Getriebes und der rotierenden Anlagen, wie den Pumpen, die besonders in PWR-Reaktoren laufen müssen. In den meisten westlichen Booten sind die Anlagen auf dämpfende Rahmen montiert, um Vibrationen vom Rumpf zu isolieren. Im USS Lipscomb (SSN 685), das noch in Dienst steht, wurde ein turbo-elektrischer Antrieb erprobt, doch wurde das nicht auf anderen Booten wiederholt. Direkt-Antrieb mit zwei gegenläufigen Schrauben unterschiedlicher Grösse wurde auf USS Jack (SSN 605) verwendet, aber als erfolglos entfernt. Ein freier Kreislauf wird auf USS Narwhal (SSN 671) verwendet, offensichtlich erfolgreich, da er nun in den S8G-Reaktoren der SSBN der Ohio-Klasse angewandt wird.
Am Ende des Antriebssystems steht der Propeller, Erzeuger der am deutlichsten erkennbaren Signatur des einzelnen Bootes. Heute haben U-Boot-Schrauben bis zu sieben Flügel, üblicherweise sichelförmig, und drehen sich langsam. Die britischen SSN der Trafalgar-Klasse, wird berichtet, haben Wasserstrahl-Antrieb. In einem Leitungsrohr dreht sich ein vielflügeliger Rotor gegen Stator-Schaufeln. Kavitationsgeräusche werden aufgehoben, doch bleibt ein gedämpftes Rotorgeräusch.
Die Sowjetmarine untersucht einige andere Antriebsarten. In *Jane's Fighting Ships 1984/85* wird berichtet, hydrodynamische Magnetgeneratoren (MHD) und elektrodynamischer Schub würden verwendet. Beide benötigen keine Schiffsschraube, so dass mechanische und Kavitationsgeräusche entfallen und das Kielwasser reduziert wird. MHD ist ein offenes, mit Seewasser gefülltes Rohr, umgeben von einer Eisenlösung in einem geschlossenen Mantelrohr. Ein pulsierendes Magnetfeld erzeugt gleichlaufende Schwingungen in der Lösung und erzeugt eine wandernde Welle. Dadurch wird das Wasser im offenen Rohr an dessen Ende herausgepumpt, was dem U-Boot einen Vorwärtsschub vermittelt. Diese Antriebsmethode ist der Elektro-Osmose ähnlich und benötig sehr viel elektrische Energie. Wahrscheinlich wäre das U-Boot nur zu langsamer Geschwindigkeit fähig.

Unten: Einbau des Reaktorkerns auf einem französischen SSBM auf der DCAN-Werft in Cherbourg. Das französische Atomprogramm ist bemerkenswert erfolgreich und frei von Pannen.

Oben: Grosser Festpropeller des deutschen Typs 209. Die Fügel sind äusserst kompliziert geformt, um Kavitation zu vermindern, jedoch den Vortrieb zu maximieren.

Oben: Sichelförmige, aus Sonoston-Legierung gefertigte Schiffsschraube von 3 m Durchmesser des italienischen Nazario Sauro.

Jedoch, falls ein SSBN den normalen Schraubenantrieb zur schnellen Fahrt in das Einsatzgebiet benutzt (oder von dort), kann MHD sehr wertvoll für eine fast nicht zu entdeckende Langsamfahrt sein. Eine Theorie über die enorme Grösse der sowjetischen Typhoon-Klasse meint, innerhalb einer äusseren Hülle lägen zwei Druckkörper parallel. Einer der Druckkörper enthalte eine grosse Atomanlage, um den Energiebedarf des MHD-Antriebs zu decken.
EMT bedient sich einer anderen Technik. Eine Reihe von Elektromagneten wird in Kiellinie des Schiffes aufgestellt, und Gruppen von Elektroden sind entlang der beiden Seiten des Schiffes montiert. Strom wird durch die Elektroden geschickt und erzeugt ein magnetisches Feld. Die zwischen den Magnetfeldern wirkende Kraft wird in Antrieb umgesetzt. Die

UdSSR und Japan sollen mit diesem System experimentieren. Diesel-elektrische U-Boote sind weitaus billiger zu bauen als nukleare, einfacher zu bedienen und frei von den mit dem Atomantrieb verbundenen politischen Problemen. Aber das alte Problem ist der Zwang aufzutauchen, die Diesel laufen zu lassen, die Batterien aufzuladen. In nur wenigen Unterseebooten sind die Diesel direkt mit den Wellen verbunden. Vielmehr laufen die Schrauben normalerweise jederzeit über die Batterien, auch über Wasser, während die Diesel die Batterien laden. Prof. Hellmuth Walter erfand die Wärmekraftmaschine mit geschlossenem Kreislauf unter Verwendung von Hochleistungs-Wasserstoff-Superoxyd (HTP). Vier Boote mit Walter-Turbinen wurden als Versuchsboote gebaut, eines für Kreislaufbetrieb, vier vom Typ XVII B wurden in Dienst gestellt. Ein selbstversenktes Boot wurde von der Royal Navy gehoben und kam in Grossbritannien als HMS Meteorite in Dienst. Mit Hilfe von Prof. Walter wurde die Anlage weiterentwickelt, und die Royal Navy baute HMS Explorer und Excalibur, beides Turbinen-Boote. Sie erwiesen sich als so gefährlich, dass HMS Explorer von der Besatzung in HMS «Exploder» umgetauft wurde.

Der Walter-Antrieb im Schema

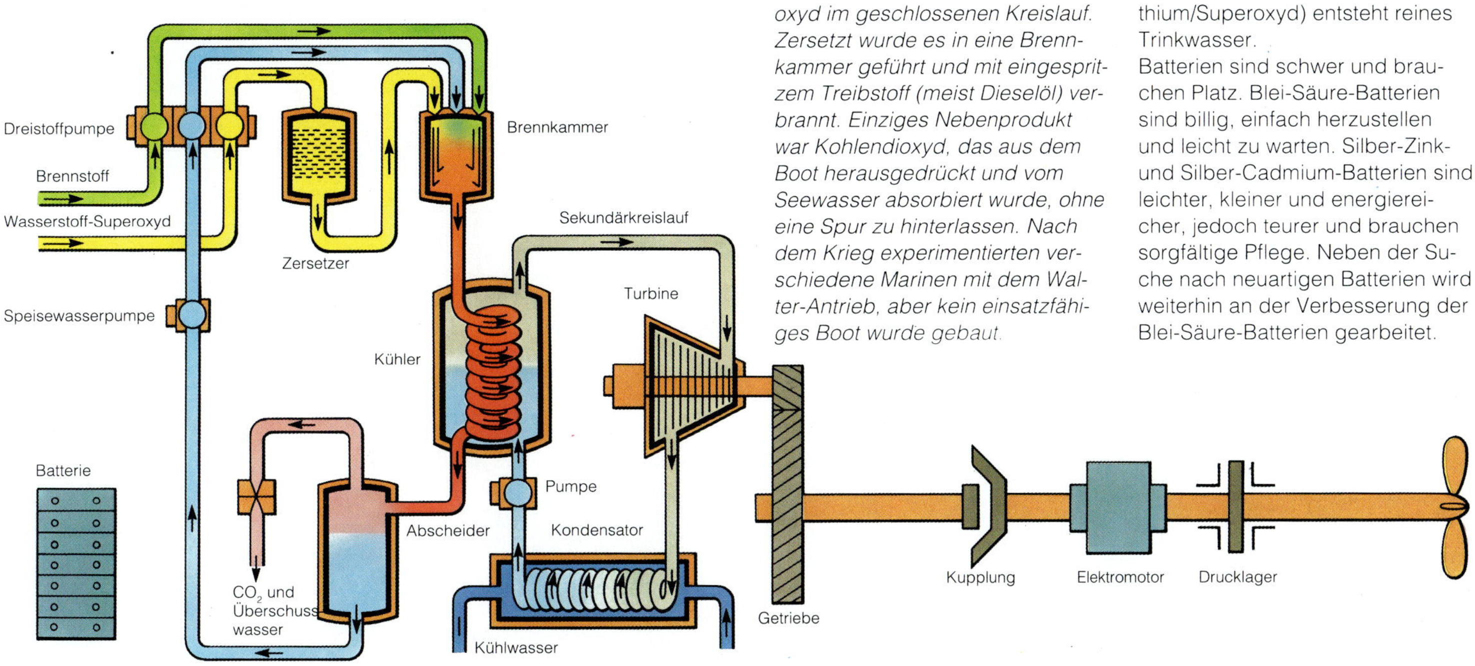

Unten: Die Suche nach einer Alternative zum luftabhängigen Dieselmotor für U-Boote ging über Jahrzehnte. Atomenergie ist sehr teuer und unterliegt politischen Zwängen. Der deutsche Professor Walter experimentierte in den 30er und 40er Jahren mit Wasserstoffsuperoxyd im geschlossenen Kreislauf. Zersetzt wurde es in eine Brennkammer geführt und mit eingespritzem Treibstoff (meist Dieselöl) verbrannt. Einziges Nebenprodukt war Kohlendioxyd, das aus dem Boot herausgedrückt und vom Seewasser absorbiert wurde, ohne eine Spur zu hinterlassen. Nach dem Krieg experimentierten verschiedene Marinen mit dem Walter-Antrieb, aber kein einsatzfähiges Boot wurde gebaut.

Kreislauf-Systeme werden immer wieder in Betracht gezogen. Der Brayton-Kreislauf benutzt Edelgase wie Argon, Helium oder Xenon als Arbeitsflüssigkeit und war ein erfolgloser Wettbewerber um den Antrieb für den ALWT, den Advanced Lightweight Torpedo der US Navy. Der Stirling-Kolbenmotor wurde für die schwedische Västergötland-Klasse ernsthaft erwogen, aber fallen gelassen.
Für Unterseeboote besonders geschaffen scheint die Brennstoffzelle. Zwei Chemikalien werden durch einen Katalysator zusammengebracht. Die heftige Reaktion wird zur Erzeugung von Elektrizität genutzt. Der Wirkungsgrad liegt in einigen Fällen bei 70 bis 80%, es entsteht kaum Wärmeverlust, und in vielen Fällen (zum Beispiel Lithium/Superoxyd) entsteht reines Trinkwasser.
Batterien sind schwer und brauchen Platz. Blei-Säure-Batterien sind billig, einfach herzustellen und leicht zu warten. Silber-Zink- und Silber-Cadmium-Batterien sind leichter, kleiner und energiereicher, jedoch teurer und brauchen sorgfältige Pflege. Neben der Suche nach neuartigen Batterien wird weiterhin an der Verbesserung der Blei-Säure-Batterien gearbeitet.

SSBN-Typen

Die ersten Unterseeboote, die ballistische Flugkörper tragen konnten, waren die Diesel-Boote der sowjetischen Golf-Klasse mit drei SS-N-4-Flugkörpern, die senkrecht im Turm aufgestellt waren. Die gleiche Aufstellung zeigte der nächste Typ, die Hotel-Klasse. Erst mit der Yankee-Klasse 1966 bauten die Sowjets zweckmässige SSBN, die westlichen Booten entsprachen. Doch die SS-N-6 der Yankee I waren von kurzer Reichweite, was bedeutete, dass die Boote unmittelbar vor den Küsten der USA operieren mussten, um ihre Ziele, zum Beispiel SAC-Basen, zu erreichen.
Die Zahl der Yankee-Boote nimmt ab, da sie im Rahmen von SALT II für andere Zwecke umgebaut werden. Die einzige Yankee II trägt den experimentellen Flugkörper SS-NX-17. Die Delta-Klasse gibt es jetzt in der vierten Ausführung: Delta I mit zwölf SS-N-8, Delta II mit sechzehn SS-N-8, Delta III mit sechzehn SS-N-18 und Delta IV mit sechzehn SS-N-23. Hierbei wuchs die Verdrängung von 10'000 ts getaucht auf 13'600 ts. Die Boote der neuen Typhoon-Klasse (29'000 ts) tragen 20 SS-N-20 SLBM vor dem Turm. Für einige Jahre hinkten die Entwürfe sowjetischer SSBN hinter westlichen her, zeigten die ersten eine hastige Umkonstruktion, selbst die neueren Deltas tragen die Flugkörper in einem plumpen Walrücken, der ungeschickt in den Turm übergeht und bei jeder Geschwindigkeit geräuschvoll ist.
Die Typhoon ist ein interessanter, im Westen ausführlich diskutierter Entwurf. Man stimmt überein, dass zwei parallele Druckkörper von einem elliptischen äusseren Rumpf umgeben sind, kam sogar auf die Idee, es seien ganz einfach zwei abgewandelte Yankee- oder Delta-Druckkörper. Das Ganze ergibt ein sehr geräumiges Inneres, nutzbar für eine grössere Besatzung, für längere Fahrten, für zusätzliche Ausrüstung oder für eine ausgefallene Antriebsart. Es scheint, als sei die Typhoon beonders für Einsätze unter dem Eis entworfen. Sie kann wenigstens vier Flugkörper gleichzeitig starten, während alle anderen SSBN ihre Flugkörper nacheinander starten, was bis zu fünfzehn Minuten dauert (bei den älteren Typen), während denen sie leicht verwundbar sind.

Vermutete Raumaufteilung der Typhoon-Klasse

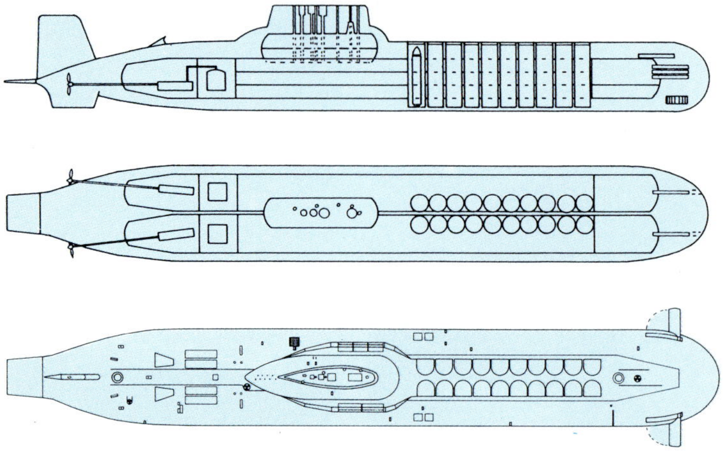

Oben: Über die innere Anlage der Typhoon-Klasse ist im Westen viel spekuliert worden. Dieses Schema zeigt die häufigste Annahme mit zwei Druckkörpern, deren jeder zehn Flugkörper, einen Atomreaktor und Nebenanlagen enthält. Ein daraufgesetzter weiterer Druckkörper enthält die Kommandozentrale. Alle drei sind von einer stromlinienförmigen Hülle umgeben.

Die US Navy hat praktisch nur zwei Klassen SSBN im Dienst, 31 der Lafayette- und Franklin-Klasse, von denen zwölf mit je 16 Trident-I-Flugkörpern ausgerüstet wurden, während der Rest die 16 Poseidon behält, und eine wachsende Anzahl der Ohio-Klasse mit 24 Trident hinter dem Turm, nicht im Walrücken, den alle anderen westlichen SSBN benötigen, sondern in einer klaren, hydrodynamisch wirksamen Ausführung. Ein weiteres Merkmal der Ohio-Klasse ist der Antrieb durch S5G-Reaktoren mit druckfreiem Umlauf, der in der Narwhal (SSN 671) in ähnlicher Ausführung erprobt wurde.
Vom Konzept her sind die britischen und französischen SSBN denen der Lafayette-/Franklin-Klasse mit sechzehn Flugkörpern hinter dem Turm ähnlich. So verhält es sich auch mit der Grösse. Getauchte Verdrängung und Länge liegen zwischen 8'250 ts, 129,5 m der Lafayette über 8'600 ts, 129,5 m der Resolution und 8'940 ts, 128,7 m der Le Redoutable. Die Franzosen bauten sechs SSBN mit stetigen Verbesserungen, während die Royal Navy seit den vier Booten der Resolution-Klasse, die in den späten 60er Jahren fertig waren, keine neuen baute. Unvermeidbar werden deshalb die vier neuen Trident-Boote erhebliche Änderungen aufweisen. China baut SSBN, von denen zwei Ende 1987 fertiggestellt und vier weitere im Bau waren.
Von Entwurf und operativer Planung her haben die Klassen Yankee, Delta, Lafayette/Franklin, Resolution und Le Redoutable viele Gemeinsamkeiten. Erst mit den Typhoon- und Ohio-Klassen ergaben sich Unterschiede. Die Typhoon-Klasse ist riesig, und es gibt keinen Grund, weshalb die nächste Generation sowjetischer SSBN nicht noch grösser ausfallen sollte, falls sie nur die kurze Entfernung bis zur arktischen Eiskappe zurückzulegen haben. Der Ohio-Entwurf ist nicht so radikal wie der Typhoon-Entwurf, eher eine logische Entwicklung aus den Lafayette-/Franklin-Klassen, grösser, länger, geräuschärmer und mit mehr Flugkörpern. Es wird interessant sein, Einzelheiten über die chinesischen SSBN zu erfahren und zu sehen, welche Auswirkung der durch Flüssigmetall gekühlte Reaktor der französischen SSN der Rubis-Klasse auf den Entwurf der nächsten Generation französischer SSBN haben wird.

SSGN-Typen

Das Programm U-Boot-gestützter Marschflugkörper (SLCM) der Sowjetmarine stammt aus den 50er

Unten: US-Zeichnung eines sowjetischen Delta IV, das im arktischen Eis eine SS-N-23 startet.

SSBN-Typen

Hotel-Klasse (UdSSR)

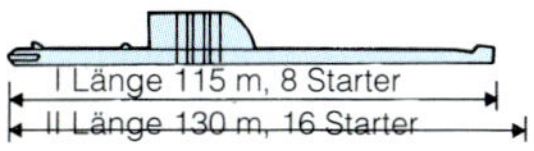

Yankee-Klasse (UdSSR)

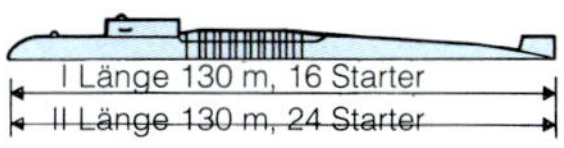

Delta-Klasse (UdSSR)

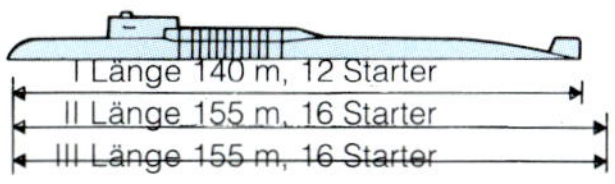

Typhoon-Klasse (UdSSR)

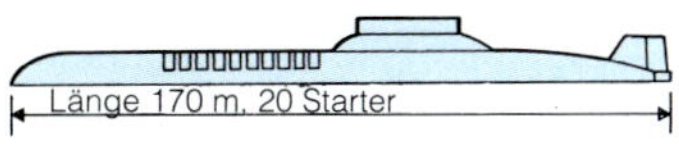

Lafayette-/Franklin-Klassen (USA)

Ohio-Klasse (USA)

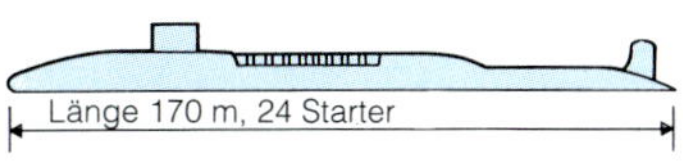

Resolution-Klasse (Grossbritannien)

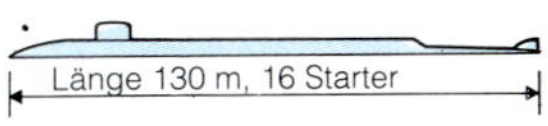

Le-Redoutable-Klasse (Frankreich)

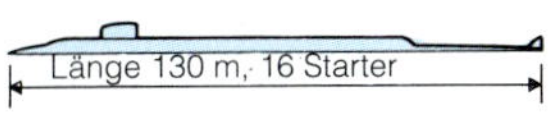

Xia-Klasse (China)

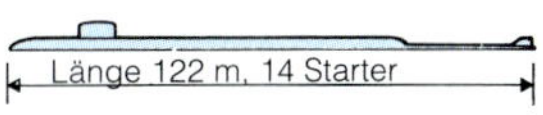

Oben: Übersicht gegenwärtiger Typen der SSBN, einschliesslich jener, die von der britischen, der französischen und der chinesischen Marine betrieben werden.

Jahren und galt als Antwort auf die Bedrohung durch Träger-Kampfgruppen der US Navy. Einigen unreifen Umbauten von Patrouillen-U-Booten der Whiskey-Klasse folgten die ersten zweckgemässen Klassen, die atomgetriebene Echo-Klasse (SSGN) und die diesel-elektrische Juliett-Klasse (SSG). Neunundzwanzig Echo II, bewaffnet mit acht SS-N-12 und sechzehn Juliett mit vier SS-N-3A standen Anfang 1986 noch im Dienst. In beiden Klassen sind die Flugkörper in Behältern bündig mit der Aussenhaut gestaut. Sobald das Boot aufgetaucht ist, werden die Behälter zum Start aufgerichtet. Einbuchtungen hinter jedem Behälter/Starter dienen als Strahlabweiser und erzeugen unter Wasser ein erhebliches Geräusch. Da aber die Flugkörper 200 sm (370 km) entfernt abgefeuert werden, bleiben die Boote ausserhalb des ASW-Schirms. Diese Entfernung erfordert eine Unterstützung, um das Ziel über den Horizont hinweg verfolgen zu können. Einst war hierfür der paarweise Einsatz von Bear-D-Aufklärungsflugzeugen vorgesehen. Die komplizierte Koordination des Verfahrens und die Gefährdung der Flugzeuge verhinderten einen Erfolg des Systems, und heute dürften Satelliten eingesetzt werden. Ferner braucht das Unterseeboot ein grosses Radar, dessen Antenne (NATO-Bezeichnung Front Door oder Front Piece) an der Vorderkante des Turms installiert ist.

Das erste SSGN der Charlie-Klasse erschien 1968. Diese Boote sind kleiner, leiser, schneller und hydrodynamisch leistungsfähiger als die der Echo-Klasse. Alle Flugkörper-Behälter sind vor dem Turm untergebracht, bündig mit der Hülle. Der SS-N-7 SLCM wird unter Wasser gestartet und braucht kein Flugzeug zur Zielfindung. Spätere Boote der Charlie-Klasse haben eine verlängerte Bugsektion, was möglicherweise auf SS-N-15-U-Jagd-Flugkörper hinweist. Danach kam die Oscar-Klasse (18'000 ts), grosse Boote mit vierundzwanzig SS-N-19 und der extremen Breite von 18,3 m. Die Flugkörper-Behälter sind in dem Hüllkörper, dessen grosser Umfang die Verwendung eines doppelten Druckkörpers vermuten lässt, wodurch diese Klasse, wie die Typhoon, nur schwer zu vernichten wäre.

SSGN der Oscar-Klasse

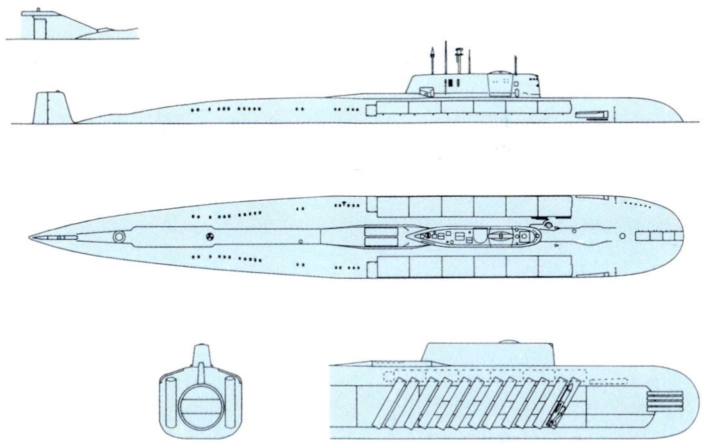

Oben: Die SSGN der Oscar-Klasse tragen 24 SS-N-19-Marschflugkörper in Behältern, die im Winkel von ca. 40° ausserhalb des Druckkörpers aufgestellt sind. Jeweils sechs Klappen schliessen je zwei Behälter ab. Oben links das obere Seitenruder, dessen röhrenförmiger Körper möglicherweise ein geschlepptes Gerät enthält.

Die Sowjetmarine hat einen SLCM entwickelt, der der Harpoon ähnelt, aus dem üblichen 53,3-cm-TR gestartet und vermutlich auf SSN eingesetzt wird. Es sieht so aus, als ob die sowjetische SSGN-Entwicklung fortgesetzt wird, während wohl keine westliche Marine einen so spezialisierten Typ zu bauen beabsichtigt.

SSN-Typen

Die ältesten SSN im Dienst der US Navy sind die fünf Skipjack, die klein und handlich sind, aber keine modernen Sonaranlagen haben. Die Permit- und Sturgeon-Klassen als Nachfolger sind grösser, haben eine weit bessere Sonar-Ausrüstung und verschiessen Subroc. Jedoch wurde der Antrieb nicht verstärkt, die Geschwindigkeit fiel auf 28 kn. Die neuen SSN

Unten: Ein ungewöhnliches Zusammentreffen eines Victor III (Vordergrund) und eines SSGN der Oscar-Klasse, die 1985 an einer Übung im Nordatlantik teilnahmen.

sind die Los-Angeles-Klasse, deren Verdrängung 50% über den Vorgängern liegt. Sie haben nicht nur die fortgeschrittenste Ausrüstung mit Sensoren und Feuerleitung (auf die die 14 Permit und 37 Sturgeon nachgerüstet werden), sie haben auch wieder die Geschwindigkeit, die seit der Skipjack-Klasse der 60er Jahre verloren ging.

Die operativen Verfahren der sowjetischen Marine liessen es in der Vergangenheit als unmöglich scheinen, dass es Überwasser-Kampfgruppen gäbe, gegen die amerikanische SSN zusammengezogen werden könnten. Doch durch Indienststellung der Träger der Kiev- und Kremlin-Klassen und der Schlachtkreuzer der Kirov-Klasse scheinen die Sowjets nun solche Ziele zu bieten. Demnach sind die SSN der US Navy zu drei wichtigen Rollen bestimmt: Jagd-U-Boote in der ASW, Aufklärung und Angriff vor der eigenen Verteidigungszone und Schutz von Kampfgruppen und Geleitzügen.

Atomenergie ist eine ziemlich geräuschvolle Art des U-Boot-Antriebs, besonders bei hohen Geschwindigkeiten. Doch nachfolgende Entwürfe wurden ständig verbessert, und bei der Los-Angeles-Klasse wurde der Geräuscharmut besondere Aufmerksamkeit geschenkt, denn der grosse Rumpf macht die Dämpfung aller Maschinen leichter. Der Zuwachs an Geschwindigkeit gibt die taktische Forderung der Verteidigung von Träger-Kampfgruppen gegen sowjetische SSGN wieder, und alle US-SSN (ausser den Skipjack) sind mit Harpoon-Flugkörpern ausgerüstet, um ihnen eine neue Einsatzfähigkeit gegen Überwassereinheiten zu geben.

Die Rote Flotte behält noch immer eine Anzahl älterer, unzuverlässiger SSN der November-Klasse im Dienst, doch ist gegenwärtig in der zweiten Generation die Victor-Klasse der wichtigste Typ. Seine Form ist stark verbessert, die Tauchtiefe grösser, der Antrieb leiser, und er hat um die 30 kn unter Wasser. Sechzehn Victor I folgten sechs Victor II, die um 4,7 m länger sind und SS-N-15 tragen, dann die Victor III, noch länger, mit einem ungewöhnlichen tropfenförmigen Körper auf dem oberen Seitenruder, der entweder mit einem geschleppten Objekt oder einem fortgeschrittenen Antriebssystem in Zusammenhang gebracht wird. Letztlich gibt es nicht weniger als drei neue sowjetische SSN-Typen, die Mike-, Sierra- und Akula-Klassen. Sierra und Akula scheinen logische Entwicklungen der Victor III zu sein, doch Mike unterscheidet sich in der Rumpfform, im Turm und führt nicht den «Tropfen» wie die Sierra- und Akula-Klasse.

Die Royal Navy baute eine Serie sehr kampfkräftiger SSN, von denen alle ausser Dreadnought in Dienst bleiben, ähnlich, aber nicht identisch mit amerikanischen SSN. Hauptmerkmale sind der völligere Rumpf und eine steilere Verjüngung, besonders am Heck, als bei US-Booten. Die vorderen Tiefenruder sind eher am Bug als am Turm angebracht, das Bugsonar ist anders als das kugelförmige amerikanische und ermöglicht, dass die TR im Bug bleiben. Der Antrieb der jüngsten, der Trafalgar-Klasse erfolgt durch Wasserstrahl anstelle der Schrauben, um Kavitationsgeräusche zu verringern.

Die SSN der französischen Rubis-Klasse sind viel kleiner als andere, hauptsächlich infolge des von Flüssigmetall gekühlten Reaktors. Der Gesamtentwurf ist nicht ungewöhnlich, grundsätzlich eine Abart der Agosta-Klasse.

Waffen und Sensoren der Los-Angeles-Klasse

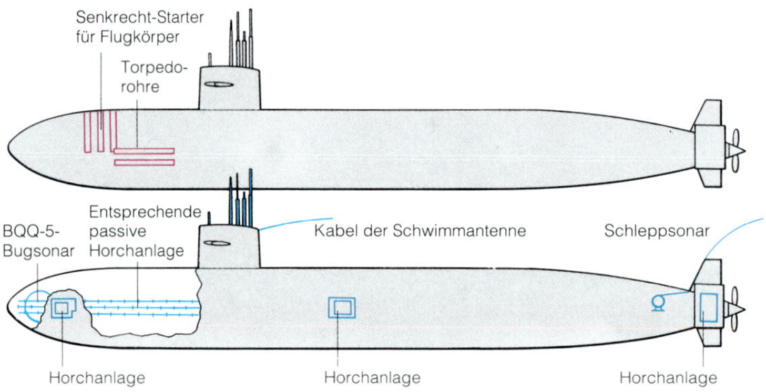

Oben: Die SSN der Los-Angeles-Klasse sind wahrscheinlich eines der teuersten Verteidigungsprogramme überhaupt, aber eine erfolgreiche Investition. Die obere Ansicht zeigt die Bewaffnung späterer Boote: 53,3-cm-TR auf jeder Seite des Vorschiffs und drei Reihen zu vier Startern für Tomahawk-Marschflugkörper. Die untere Ansicht zeigt Bugsonar, Horchgeräte und Schleppsonar.

Konventionelle Boote

Gegenwärtig befindet sich die Entwicklung konventioneller U-Boote in einem sehr interessanten Stadium, da viele ältere Boote ersetzt werden müssen, wie die ehemaligen US-Typen Balao, Tench und Guppy, die britischen Porpoise- und Oberon-Typen, die französische Daphne und die sowjetischen Whiskey und Romeo. Im Angebot sind eine Reihe von Entwürfen, wie der britische Typ 2400, die französische Agosta, die italienische Sauro, die niederländische Walrus, die schwedische Näcken und die bundesdeutschen Thyssen- und IKL-Entwürfe, während weitere Entwürfe in Arbeit sind, wie die japanische Yuushio- und die sowjetischen Kilo- und Tango-Klassen.

Konventionelle Unterseeboote sind in drei Kategorien unterteilt. Die erste ist das Küsten- oder Flachwasser-Unterseeboot von 400 bis 600 ts, hauptsächlich durch die deutschen Typen 205/206 und die italienische Toti-Klasse dargestellt. Sie erwiesen sich als kampfkräftige kleine Boote, leiden aber an Begrenzung der Fahrtstrecke, der Torpedo-Zuladung und der sensorischen Geräte. Die zweite hat 900 bis 1'300 ts, schliesst den deutschen Typ 209, die jugoslawische Sava- und die schwedischen Näcken- und Sjöormen-Klassen ein, ist wiederum in der Ausdauer und Waffenzuladung klein. Man findet sie in kleineren Marinen. Interessanterweise gewann die schwedische Näcken-Klasse die australische Ausschreibung für neue Unterseeboote. Die Mehrzahl heutiger Typen ist in der 3. Kategorie über 1'600 ts mit dem britischen Typ 2400, der niederländischen Walrus und den sowjetischen Foxtrot-, Kilo- und Tango-Klassen, wobei letztere mit 3'700 ts das grösste nicht-nukleare Unter-

Unten: Sowjetisches Victor III mit dem Interesse erregenden Körper auf der Heckflosse. Darin mag ein geschlepptes Gerät stecken oder, wie manche Fachleute behaupten, eine neue Art leisen Antriebs.

Rechts: Trotz der wachsenden Atom-U-Boote-Flotte für die Jagd hat sich die Royal Navy entschlossen, die neue Upholder-Klasse (Typ 2400) diesel-elektrischer U-Boote fortzuführen und die erfolgreichen Oberon und Porpoise zu ersetzen. Die ersten beiden sind geordert. Es sind hochentwickelte und deshalb sehr teure Boote.

Links: Mit der Zwaardvis-Klasse haben die Niederlande ein sehr wirkungsvolles diesel-elektrisches U-Boot geschaffen. Von Interesse ist die grosse, nichtleitende Haube des Bugsonars.

Oben: Nachfolger der Los-Angeles-Klasse wird die Sea-Wolf-Klasse (SSN 21). Diese Boote werden leiser sein, mehr Waffen tragen und eine viel bessere Fähigkeit zu Fahrt unter Eis haben.

seeboot ist. Das deutsche Thyssen-TR-1700 mit 2'350 ts gehört ebenfalls dazu.
Kein Entwurf, kein Land hebt sich besonders heraus, und in vieler Hinsicht sind sich die operativen Forderungen gleich oder ähnlich. Von den drei neuesten westlichen Entwürfen hat zum Beispiel die japanische Yuushio aufgetaucht 2'200 ts Verdrängung bei 76 m Länge, der britische Typ 2400 2'125 ts bei 70,25 m und die niederländische Walrus 2'350 ts bei 67 m. Alle drei haben sechs 53,3-cm-TR und etwa 20 kn getaucht. Ein wichtiger Punkt ist, dass immer mehr Staaten fähig sind, ihre eigenen Unterseeboote zu bauen, und die Zahl wächst schnell. Die traditionellen Hersteller waren Grossbritannien, die USA, die UdSSR, Frankreich, die Bundesrepublik, Italien und Schweden. Hinzu kamen nun Argentinien, die Türkei, Jugoslawien, Dänemark, Spanien, China und Nord-Korea. Andererseits haben die USA auf diesem Gebiet keine Kapazität. Das letzte kampffähige diesel-elektrische Unterseeboot, das auf einer US-Werft gebaut wurde, war die Bonefish, Stapellauf 22. November 1958, und als in den späten 70er Jahren kurze Zeit grosses Interesse an einer konventionellen Klasse bestand, machte eine bundesdeutsche Werft ein Angebot.

Und die Zukunft?

Ausschlaggebender Faktor künftiger Unterseeboot-Entwürfe werden die Kosten sein, unvermeidbares Endprodukt ständig wachsender Verdrängung und Gerätevielfalt; dies gilt auch für Diesel-Boote, abgesehen von jenen für die Randmeere, wie die Ostsee. Trotz vieler Entschlüsse kamen kleinere, billigere Boote kaum zustande. Nun konzentriert sich die Forschung auf die Geräuscharmut, die Geschwindigkeit und die Tauchtiefe. Geräuscharmut erschwert die Sucharbeit, denn sie zwingt zum Sonar-Gebrauch und verrät damit die eigene Position.
Der grösste technische Durchbruch wäre vielleicht die Erfindung eines Antriebs, der das nicht-nukleare Unterseeboot von der Oberfläche unabhängig macht. Es scheint unwahrscheinlich, dass bei den Batterien grössere Fortschritte erzielt werden. Kreislauf-Motoren und Brennstoff-Zellen haben Chancen, obgleich einsatzfähige Anlagen noch fehlen. Über sowjetische Entwicklungen auf diesen Gebieten ist nichts bekannt, aber angesichts der riesigen Investitionen in die Unterseeboot-Technologie sollte man nicht glauben, sie blieben auf diesem Gebiet hinter dem Westen zurück.

Waffensysteme

Über Waffensysteme wird im Kriegsschiffbau am heftigsten diskutiert. Ein Überwasser-Kriegsschiff muss fähig sein, ein anderes Kriegsschiff, ein Unterseeboot oder ein Flugzeug anzugreifen und zu vernichten. Aber die Sensoren und Waffen für alle diese Rollen würden einen sehr grossen Rumpf erfordern zu Kosten, die sich selbst verbieten. Deshalb ist die Mehrzahl der Schiffe optimiert für jeweils eine bestimmte Aufgabe. Kriegsschiff-Waffen sind eine Manifestation nationaler Entwurfs-Philosophien, obgleich erste Eindrücke von der Kampfkraft manchmal irreführen. Eine Studie zeitgenössischer Kriegsschiffe zeigt, dass die Sowjetflotte den Waffen eine Spitzenstellung gibt, gefolgt von Antrieb, Elektronik, Reichweite und schliesslich der Unterbringung der Besatzung. Westliche Marinestäbe scheinen Elektronik an die erste Stelle zu setzen; Unterbringung, Waffen, Antrieb und Reichweite sind untergeordnet. Sowjetische Marinewaffen fallen ins Auge, die Kreuzer der Slava-Klasse zum Beispiel starren von Bewaffnung, am deutlichsten durch die acht Zwillingsstarter für SS-N-12 beidseits der Brücke. Ein 130-mm-Zwillingsturm steht auf dem Vorschiff, während die Luftverteidigung aus acht SA-N-6- und zwei SA-N-4-Startern besteht, zuzüglich sechs 30-mm-Gatling. Das ASW-System umfasst zwei fünffache TR, zwei RBU-6000-Werfer und einen Hormone-B-Hubschrauber. In der Grösse und Rolle steht ihr die USS Virginia am nächsten, deren Überwasser-Bewaffnung aus zwei 127-mm-Einzeltürmen und zwei Vierfach-Startern Harpoon besteht, eine geschickte Bewaffnung, die durch die Aufbauten zwergenhaft wirkt. Die Luftverteidigung umfasst zwei Zwillingsstarter Mk 26 für Standard-Flugkörper und zwei 20-mm-Phalanx-CIWS, während die ASW-Waffen Asroc (abgefeuert von den Mk-26-Startern), zwei Drillings-TR Mk 32 und zwei ASW-Hubschrauber in einem Hangar unter dem Flugdeck aufweisen. Jedes Fleckchen Decksraum auf dem Sowjetschiff ist gefüllt. Der US-Kreuzer hingegen hat weite Flächen scheinbar freien Decks, ist aber ebenso gut bewaffnet wie die Slava und hat eine höhere Dotation, ein Zeichen für die unterschiedlichen Konzepte bezüglich eines möglichen künftigen Konflikts. Die Sowjets zielen auf einen vollen, kurzlebigen Einsatz ab, während die USA eher an einen ausgedehnten Widerstand denken. Ebenfalls umstritten ist die Ausgewogenheit der Bewaffnung, besonders ob Geschütze oder Lenkwaffen bevorzugt werden sollen. Lenkwaffen werden bei jeder Art Seekriegführung eingesetzt, gegen Luft-, Überwasser- und Unterwasser-Ziele. Sie bieten eine schnelle Erwiderung, grosse Feuerkraft und erheblich grössere Weiten als Geschütze. Aber sie brauchen ein elektronisches Führungssystem und können daher elektronischen Gegenmassnahmen (ECM) unterliegen. Das Geschütz hat die kürzere Reichweite, weniger Wirkung im Ziel, ist aber

Oben: Trotz der scheinbaren Dürftigkeit an Waffensystemen auf Deck tragen die Kreuzer der Virginia-Klasse der US-Navy DP-Geschütze und CIWS plus AA-, Seeziel- und ASW-Flugkörper.

Unten: Die französische Marine beabsichtigt, Trägerflugzeuge mit strategischen Flugkörpern auszurüsten. Die mit ASMP bewaffnete Super-Etendard, während der Erprobung gezeigt, geht Ende der 80er Jahre in Dienst.

fast immun gegen ECM. Es ist für Warnschüsse geeignet, was einem Flugkörper nicht möglich ist.

Ballistische Flugkörper

Am Ende des Zweiten Weltkriegs waren Seestreitkräfte, wie seit je, mit dem Kampf auf hoher See befasst. Schwere Geschütze konnten küstennahe Ziele bis zu 40 km bekämpfen, und trägergestützte Flugzeuge drangen tiefer ein, doch selten mehr als 160 km. In den 50er Jahren hatte die US Navy Angriffsträger mit AJ-1-Savage, die Mk-5-Atombomben trugen. Deren Sprengkraft übertraf die 10 kT der über Hiroshima und Nagasaki abgeworfenen Bomben bei weitem. Diese Fähigkeit, die während der 50er und 60er Jahre erheblich wuchs, löste in der Sowjetunion schwere Besorgnis aus und war der Zündfunke für das Programm der grossen Angriffs-U-Boote.
Die nächste Ausweitung der traditionellen Rolle der Marine kam mit U-Booten, die ballistische Raketen trugen. Die ersten wirklichen SSB waren die sowjetischen dieselgetriebenen Boote der Golf-Klasse, bewaffnet mit drei SS-N-3. Aber die US Navy gewann einen erheblichen Vorsprung durch die Ethan-Allen-Klasse mit 16 Polaris. Seit dieser Zeit sind Unterseeboote und Flugkörper fast dramatisch verbessert worden bis zur Ohio-Klasse, die 24 Trident trägt, und der sowjetischen Typhoon-Klasse mit 20 SS-N-20.

Links: Die 60er Jahre erlebten die Einführung eines neuen Elements der Seemacht, den vom U-Boot gestarteten ballistischen Flugkörper. Erster im Westen in Dienst gehender Typ war die Polaris.

Nur wenige Waffensysteme haben solch drastische technische Neuerungen mit sich gebracht wie das kühne Unterfangen der von Unterseebooten gestarteten ballistischen Flugkörper, wie es Admiral W. F. Rayborn und ein Team der Lockheed Aerospace Corporation formulierten. Zwei wichtige und weitreichende Entscheidungen wurden zu Beginn des Projekts getroffen: einen Festtreibstoff zu verwenden und das Geschoss unter Wasser senkrecht auszustossen. Mit dem Polaris-Projekt wurden viele weitere Technologien eingeführt: leichte Wiedereintrittskörper, miniaturisierte Trägheitssteuerung, nukleare und thermonukleare Sprengköpfe kleinen Umfangs, Kaltgas-Start, Unterwasser-Trägheitsnavigation und die Geräuschdämpfung von Unterseebooten, um nur einige zu nennen. Als die Polaris im November 1960 in Einsatz gehen konnte, veränderte sie Strategie und Abschreckung wesentlich. Die nachfolgenden Vervollkommnungen brachten die US Navy von der Polaris zur Poseidon, zur Trident I (C4) und Trident II (D5).
Das Programm der Sowjetmarine begann mit der SS-N-4, einem derart grossen Flugkörper, dass er gerade noch zwischen Kiel und Oberkante Turm passte (Zulu-V-Klasse). Flüssigtreibstoff und Überwasserstart begrenzten ihren Wert. Sie wurde rasch durch die SS-N-5 ersetzt, noch immer im Turm aufgestellt, aber fähig zum Start unter Wasser. Das Folgemu-

Unten: Fünf Flotten haben SLBM. Die der USA und der UdSSR entwickeln Fähigkeit zum Erst- und Gegenschlag. Die anderen, kleineren Flotten spielen nur im Zweitschlag eine Gegenwert-Rolle.

Unter Wasser abzuschiessende ballistische Flugkörper (SLBM)

Land	Flugkörper Typ	Reichweite		cep-Wert		Gefechtskopf			Lenksystem	Einführungsjahr	U-Schiffstyp	Anzahl der SSBN am 1. Jan. 1987	Anzahl der FK pro SSBN
		sm	km	sm	m	Typ	Anzahl pro FK	Wirkung (MT)					
USA	Trident C-4	4350	8056	0,25	463	MIRV	8	0,1	trnav**)	1979	Ohio	8	24
											Lafayette/Franklin	12	16
	Poseidon C-3	2500	4630	0,25	463	MIRV	14	0,1	trnav	1971	Lafayette/Franklin	18	16
UK	Polaris A-3	2500	4630	0,50	926	MRV	3	0,2	trnav	1967	Resolution	4	16
Frankreich	MSBS M-20	1860	3445	0,54	1000	Einfach	1	1	trnav	1976	Le Redoutable	5	16
	MSBS M-4	2160	4000	0,50	926	MRV	6	0,15	trnav	1985	L'Inflexible	1	16
UdSSR	SS-N-6/Mod 2	1300	3000	1	1852	Einfach	1	1	trnav	1967	Yankee I	18	16
											Golf III*)	1	6
	SS-N-8 Mod 2	4800	9100	0,84	1560	Einfach	1	0,8	stellar/trnav	1974	Hotel III*)	1	6
											Delta I	18	12
											Delta II	4	16
	SS-N-17	2100	3900	0,75	1410	Einfach	1	1	trnav	1977	Yankee II	1	12
	SS-N-18 Mod 3	3300	6500	0,74	1370	MIRV	7	0,2	stellar/trnav	1976	Delta III	14	16
	SS-N-20	4800	8900	0,35	640	MIRV	9	0,5	stellar/trnav	1982	Typhoon	4	20
	SS-N-23	4800	8900	0,35	640	MIRV	10	?	stellar/trnav	1985	Delta IV	2	16
China	CSS-N-4	2150	3000	–	–	Einfach	1	2	trnav	1983	Xia	2	12

* Flugkörper zählen insgesamt zu SALT (12), aber U-Schiffskörper nicht. ** trnav = Trägheitsnavigation

ster SS-N-6 konnte aus dem Bootskörper gestartet werden, und die Yankee-Klasse als erstes sowjetisches SSBN, das mit westlichen Booten Schritt hielt, entstand. Der nächste Schritt war die SS-N-8, deren Reichweite im Versuch 8'900 km übertraf, weiter als alle anderen SLBM. Mit der SS-N-9 Mod. 3 hatte die UdSSR schliesslich einen Flugkörper mit Mehrfach-Sprengköpfen (MIRV). SS-N-18, nächstes einsatzfähiges Modell, besass alle Eigenschaften der amerikanischen Trident II, nur zehn Jahre früher, und Mod. 2 konnte mit 8'000 km bereits die USA von fast jedem Teil der Meere aus bedrohen.
Die neuesten Flugkörper sind die SS-N-20 und SS-N-23, je mit 8'900 km Reichweite, die nun auf den SSBN der Typhoon- und Delta-IV-Klasse in Dienst stehen.
SSBM/SLBM-Systeme sind nur im Detail unterschiedlich. Der ballistische Flugkörper umfasst fünf Systeme: Das Unterseeboot, das Navigationssystem, die Feuerleitung, den Flugkörper selbst und den Starter. Das SSBN ist eine auf See bewegliche Abschuss-Basis, die transportiert, vor den Elementen und feindlichen Einwirkungen bis zum Moment des Abschusses schützt. Das Unterseeboot versorgt auch die anderen Untersysteme mit elektrischer Energie, hydraulischer und pneumatischer Kraft, zusammen mit der Kontrolle von Temperatur und Umwelt und Bildschirm-Kontrolle aller Systeme. Das Untersystem Navigation muss die präzise Position, Geschwindigkeit und Ablage des Bootes bestimmen und laufend diese Daten in das Untersystem für Feuerleitung einspeisen. Haupthilfsmittel hierfür ist das bootseigene Trägheits-Navigations-System (SINS), das jede Bewegung des Bootes in Bezug auf einen Fixpunkt registriert und jederzeit mittels optisch oder durch LORAN gewonnener Daten auf den letzten Stand gebracht werden kann.
Das Untersystem Feuerleitung übermittelt in kürzester Zeit die Werte dem Trägheits-Navigationssystem des Flugkörpers, bestimmt den Abschusswinkel, errechnet die Zieldaten und gibt sie dem Computer des Flugkörpers weiter. Das Untersystem Starter enthält den Flugkörper, schützt und startet ihn. Der Flugkörper ist in einem Behälter stossgesichert und wasserdicht gestaut. Einige Starter verwenden Druckluft zum Ausstoss, andere Dampf. Jedenfalls ist der Ausstoss flammenlos.
Etwa 27 m nach Verlassen des Behälters (meist rohrförmig) zündet die erste Stufe, der Flugkörper durchbricht die Wasseroberfläche und steigt in die Atmosphäre. Ist die erste Stufe ausgebrannt, wird sie abgeworfen, und der Motor der zweiten Stufe übernimmt den Antrieb. Bei den neuesten SLBM, wie Trident, SS-N-20 und SS-N-23, gibt es noch eine dritte Stufe.
Während der angetriebenen Flugphase misst das Flugkörper-Navigations-Subsystem ständig die lineare Beschleunigung auf der Grundlage des Trägheitssystems und ändert die Flugbahn, um unerwünschte Beschleunigungen zu korrigieren.
Bei richtiger Geschwindigkeit, Position und Höhe zu den angewiesenen Zielen trennt sich der Flugkörper-Teil mit den Wiedereintrittskörpern (RV) von der Flugkörper-Hauptstufe und stösst die einzelnen RV aus, entsprechend den Befehlen, die dem Flugkörper-Computer unmittelbar vor dem Start eingegeben wurden. In der Endphase treten die Gefechtsköpfe in steilem Winkel wieder in die Atmosphäre ein, wobei das Material, mit dem sie umgeben sind, die Reibungshitze absorbiert.
Die ersten SLBM hatten nur einen Wiedereintrittskörper. Mit der technischen Entwicklung wurde es möglich, mehrere Gefechtsköpfe unterzubringen (mehrfache Wiedereintrittskörper – MRV). Alle waren auf dasselbe Ziel gerichtet, hatten aber, wie beim Schrotschuss, eine höhere Trefferquote. Die nächste Verbesserung waren die MIRV, voneinander unabhängig wirkende Gefechtsköpfe. Sie können auf verschiedene Ziele gerichtet sein, wenn sie an verschiedenen Flugbahnpunkten von ihrem Träger abgesetzt werden. Neueste Art ist der manövrierfähige Wiedereintrittskörper (MARV), dessen Gerät ihn so genau ins Ziel

Oben: Simulierter Start an Bord der USS Ohio. Derartige Übungen finden jederzeit während der Überwachungsfahrten eines SSBN statt.

Unten: Flugkörper-Rohre an Bord der USS Ohio, für den Austausch ihrer Trident-I-Flugkörper im Hafen geöffnet.

Unten: Diese Zeitaufnahme zeigt die unabhängig voneinander ins Ziel steuernden Wiedereintrittskörper (MIRV) eines aus der Atmosphäre kommenden Trident-Flugkörpers. MIRV ermöglichen es dem Flugkörper, weit verstreute Ziele anzugreifen. Neue, steuerbare Wiedereintrittskörper (MARV) werden dem SSBN die Fähigkeit zum Gegenschlag geben.

steuert, dass die Treffsicherheit von der Präzision des Starts oder der Genauigkeit des Raumfluges unabhängig ist. Die Treffsicherheit des Gefechtskopfs wird nach dem möglichen kreisförmigen Ablagefehler mit cep angegeben, einem Radius in Seemeilen vom Zielmittelpunkt, in den 50% aller gestarteten Flugkörper fallen. Die Navigationssysteme der ersten SLBM konnten nur so genau sein, wie SINS arbeitete, da sie von dessen Eingaben abhängig waren. Erste Einfach- und Mehrfach-RV hatten schlechte cep, aber eine Verfeinerung von SINS und Flugkörper-Systemen brachte erhebliche Verbesserungen. Die Polaris hatten ein cep von 0,5 sm, die Poseidon-RV von 0,3 und die Trident I von weniger als 0,25 sm.
Sowjetische RV waren ursprünglich noch schlechter als die der USA: SS-N-5 2,0 sm, SS-N-8 0,84 sm, SS-N-18 Mod. 2 0,76 sm. Aber man hat aufgeholt, zum Beispiel für SS-N-20 cep 0,34 sm. Solange die Sprengköpfe der SLBM so ungenau trafen, konnten sie nur in einer Counter-value-Rolle (also als Heimzahlung) gegen Städte und Flächenziele gerichtet werden. Aber mit den MARV, deren Genauigkeit nach Metern zählt, entsteht eine völlig neue Situation mit der grossen Möglichkeit, dass SLBM in wenigen Jahren Gegengewicht zur Heimzahlung werden. Man hat geschätzt,

dass der Mk-600-MARV mit der Trident 2 cep 0,07 sm (130 m) haben wird.
Andere Nationen mit SSBN/SLBM-Systemen sind Grossbritannien, Frankreich und China. Die heutigen britischen Polaris-SLBM erhielten Anfang der 80er Jahre neue Triebwerke und einen rein britischen Kopfteil, Chevaline genannt, der sechs MRV mit nomineller Sprengwirkung von je 40 kT tragen soll. Die älteren französischen SSBN tragen M-20-Flugkörper, doch die neuen Boote werden mit den neuen M-4 mit 6 MIRV zu je 150 kT ausgerüstet. Die chinesischen SSBN, von denen nur zwei in Dienst sein sollen, sind mit CSS-N-3 SLBM bewaffnet, aber über die Sprengköpfe wurde nichts veröffentlicht.
Die Entwurfs-Forderung für die UGM 93-A Trident I (C-4) verlangt grosse Reichweite. Eine Stromlinienspitze wird nach dem Start vorgeschoben, um den aerodynamischen Effekt einer scharfen, schlanken Nase zu erzielen und damit den Widerstand um 50% zu verringern. In Verbindung mit dem Motor der 3. Stufe und anderem Treibstoff kann die Reichweite auf 4'350 sm (8'060 km) gegenüber der Poseidon mit 2'500 sm (4'630 km) erhöht werden.
Um dem SINS innewohnende Ungenauigkeiten zu beseitigen, hat das Mk-5-Navigationssystem der Trident I eine Vorrichtung, die an-

Unten: Die Tabelle zeigt, dass die Zahl der FK für die strategische Balance nicht massgebend ist und Faktoren wie die Zahl der RV, die Sprengkraft und EMT berücksichtigt werden müssen.

Oben: Das letzte Ergebnis eines sehr erfolgreichen nationalen Atomwaffen-Programms ist der französische MSBS-M4-Flugkörper, hier beim Test vom Unterseeboot Gymnote. Auf Befehl des Präsidenten de Gaulle erhielten die drei Teilstreitkräfte national entwickelte und kontrollierte Atomwaffen; von ihnen ist der Marineteil der lebensfähigste.

Strategisches Gleichgewicht USA/UdSSR bei den SLBM (a)

Land	*Flugkörper*	*Unterseeschiff*		*Flugkörper*		*Wiedereintrittsträger (RV)*		*Effekt. Megatonnen (b)*	
		Klasse	Anzahl in der Flotte	Flugkörper je SSBN	Flugkörper insgesamt	RV je Flugkörper (c)	Gesamtanzahl RV	Sprengwirkung je RV (MT) (d)	EMT
USA	Trident C-4	Ohio	8	24	192	8	1536	0,1	486
		Lafayette/Franklin	12	16	192	8	1536	0,1	486
	Poseidon C-3	Lafayctto/Franklin	16	16	256	10	2560	0,04	512
Insgesamt			36		640		5632		1484
UdSSR	SS-N-6	Yankee I	18	16	288	1	288	1	288
	SS-N-8	Golf III	1	6					
		Hotel III	1	6					
		Delta I	18	12	292	1	292	0,8	261
		Delta II	4	16					
	SS-N-17	Yankee II	1	12	12	1	12	1	12
	SS-N-18	Delta III	14	16	224	5	1120	0,2	501
	SS-N-20	Typhoon	4	20	80	6	480	0,1	152
	SS-N-23	Delta IV	2	16	32	10	320	0,5	226
Insgesamt			63		928		2512		1440

a) Die Zahlen entstammen der Gesamtbestandsaufnahme an U-Schiffen vom 1. Januar 1987, d.h. der Gesamtanzahl der U-Schiffe in der Flotte; die tatsächlich verfügbaren Zahlen sind viel geringer. Die US-Marine hat ständig 66% der SSBN der Ohio- und 50% der Lafayette/Franklin-Klasse in See. Bei der UdSSR stehen – aus der Vergangenheit belegt – durchschnittlich gerade 13 SSBN in See.
b) Effektive Megatonnen (EMT) spiegeln den Schaden gegen weiche Punktziele oder Flächenziele wie Städte wider. Die Wirkung in einer bestimmten Entfernung vom Grundnullpunkt ist proportional zur Kubikwurzel der Sprengwirkung, während die betroffene Fläche proportional zum Quadrat der Entfernung ist. Daher: EMT = (Sprengwirkung) $^{2/3}$; aber, wo die Sprengwirkung >1 MT, dann EMT = (Sprengwirkung) $^{1/2}$.
c) Bei Flugkörpern, die MIRV führen, ist die durchschnittliche Anzahl angegeben.
d) Sprengwirkung = rohe Sprengwirkung je RV.

Unten: Die chinesische Marine ist die neueste, die SLBM baute. Vermutlich zwei SSBN, bewaffnet mit dem CSS-N-3-FK (hier bei einem Unterwasser-Start). Kein Photo eines SSBN wurde veröffentlicht.

hand der Sterne das Trägheitsnavigations-System korrigiert. Dieser Sensor nimmt nach Abschluss der Antriebsphase ein astronomisches Besteck, um die Flugbahn zu berichtigen. So erreichen die acht Mk-4-RV mit W-76-Sprengköpfen zu je 100 kT Sprengkraft die erwähnte cep von 0,25 sm (463 m), die künftig auf 0,12 sm (222 m) verringert werden soll.

Trident I wurde entworfen für eine ähnliche Nutzlast und Genauigkeit wie Poseidon, bei grösserer Reichweite, um eine Vergrösserung des Einsatzgebietes zu erzielen, Trident II jedoch für höhere Treffsicherheit. Der hieraus entstandene Flugkörper ist länger (13,97 m), verglichen zu 10,39 m, geringfügig grösser im Durchmesser und kann 14 RV tragen, wenngleich das SALT-II-Abkommen sie auf zehn begrenzt. Der Mk-5-RV hat eine Sprengkraft von 475 kT bei cep 0,19 sm (352 m), aber der Mk-600-MARV soll rechtzeitig zur Verfügung stehen. Es heisst, Mk 5 wird dann umgebaut, um verschiedene, «dem Ziel massgeschneiderte» Gefechtsköpfe aufzunehmen. Mit Trident II sollen 20 SSBN der Ohio-Klasse der US Navy und die vier neuen SSBN von Grossbritannien ausgerüstet werden. Jedes US-SSBN wird 20 Flugkörper zu je 10 RV tragen, insgesamt eine Kampfkraft von 200 RV.

Die Sowjetmarine hat zwei neue SLBM, die SS-N-20 auf den Typhoon-Booten und die SS-N-13 auf den Delta IV. Über die SS-N-23 ist wenig bekannt, ausser dass überraschenderweise Flüssigtreibstoff verwendet wird und das Startgewicht und die Genauigkeit grösser sind als bei der SS-N-18, die die Delta III führen. Sie trägt bis zu sieben MIRV. Die SS-N-20 ist eine Drei-Stufen-Rakete mit Festtreibstoff und 4'800 sm (8'890 km) Reichweite, die sechs bis neun RV trägt. Am 21. Oktober 1982 führte ein SSBN der Typhoon-Klasse den ersten gleichzeitigen Abschuss von vier SS-N-20 durch.

Marschflugkörper

Der erste seestrategische Flugkörper der US Navy war die Regulus, die für Überwasser-Schiffe und U-Boote dienen sollte und in den 50er und 60er Jahren verwendet wurde, bis sie von der Polaris überholt wurde. Die Rote Flotte hatte seit vielen Jahren Marschflugkörper, die aber durch die Reichweite auf eine taktische Rolle begrenzt waren. In den 70er Jahren begann die US Navy die Entwicklung eines strategischen Marschflugkörpers als Gegenstück zu den SLBM, da Marschflugkörper nicht in die Abkommen über Rüstungsbegrenzung einbezogen waren. Der so entstandene

Profil eines Tomahawk-Angriffs

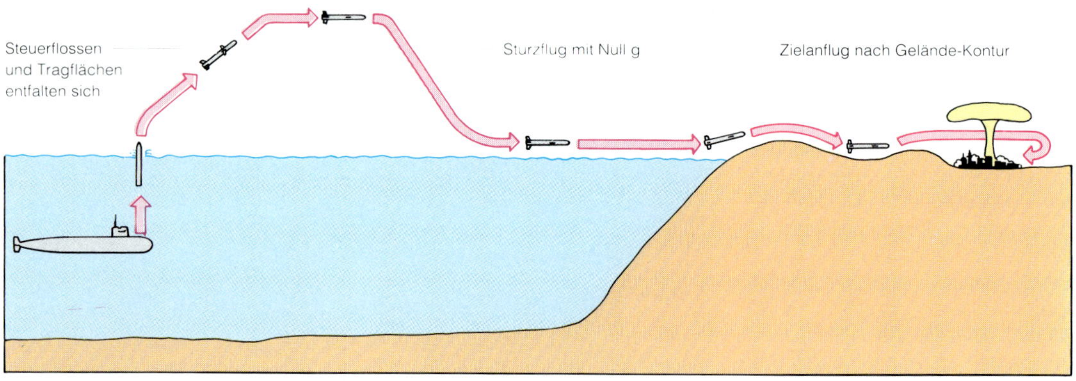

Oben: Der SLCM Tomahawk der US Navy wird, wie dargestellt, senkrecht oder aus einem TR gestartet. Eine Reissleine zündet den Startmotor, der den Flugkörper durch die Wasseroberfläche bringt, worauf sich Steuerflossen und Tragflächen entfalten und der Marschmotor startet. Der Flugkörper stürzt sogleich mit Null g, um der Radar-Ortung zu entgehen, auf niedrige Höhe, bevor er Land ansteuert. TERCOM vergleicht das Gelände mit den gespeicherten Daten.

Oben: Ein Tomahawk steigt aus dem Wasser, kurz bevor Tragflächen und Steuerflossen sich entfalten. Solche Flugkörper geben SSN eine strategische Angriffsfähigkeit.

Rechts: Ein Tomahawk verlässt die Starter-Box beim Start über Wasser an Bord der USS Merrill (DD 976) während der System-Erprobung 1981.

BGM-109 Tomahawk ist ein dem sowjetischen SS-N-21 ähnlicher Flugkörper.
Tomahawk war ursprünglich zur Aufstellung auf Schiffen in einem gepanzerten Startbehälter vorgesehen und zum Start aus den üblichen 53,3-cm-TR von Unterseebooten. Dieses Ziel wurde erreicht, und der Flugkörper ist nun überall in der US-Flotte verbreitet. Nach ihrer Überholung werden die Schlachtschiffe der Iowa-Klasse damit ausgerüstet, und nach Plan sollen auch alle Kreuzer, wie die atomgetriebene Long Beach und die konventionell getriebenen Klassen California, Virginia und Ticonderoga (CGN-9 und ab CG-52), ihn erhalten, ferner die Zerstörer der Spruance- und Arleigh-Burke-Klassen und die meisten SSN der Los-Angeles-Klasse (SSN-688). Die ersten Los-Angeles-Boote werden den Tomahawk aus den TR verschiessen, je Boot zwölf Flugkörper. Einer Neubeurteilung folgend, werden SSN-721 und die folgenden Boote 15 senkrechte Startrohre für Tomahawk im Bug zwischen Hüll- und Druckkörper haben, um eine Verminderung der Torpedobewaffnung und eine Störung anderer Anlagen zu vermeiden.
Beim Abschuss eines Tomahawk aus einem Unterseeboot erfolgt der Ausstoss hydraulisch. Eine etwa 10 m lange Abzugleine läuft mit aus und zündet einen Raketenzusatzmotor, der während etwa 7 Sekunden brennt und den Flugkörper in einem Winkel von über 50° durch die Oberfläche in die Atmosphäre trägt, wo Tragflächen und Leitwerk sich entfalten und die Gasturbine gestartet wird. Dann beginnt der Abstieg, um der Radarortung zu entgehen, und der Marsch zum Ziel beginnt in sehr niedriger Höhe mit etwa Mach 0,7. Bis Land erreicht wird, fliegt er mit Trägheitsnavigation. Dann setzt das TERCOM-System ein und vergleicht das Gelände unter dem Flugkörper mit den auf Magnetband gespeicherten Daten, die es vom Unterseeboot unmittelbar vor dem Start erhielt.
TERCOM arbeitet nicht dauernd, da das die Verteidigung alarmieren und Gegenmassnahmen auslösen könnte. Beim Überqueren der Küste und anderer ausgesuchter Bezugspunkte wird es eingeschaltet, um die Trägheitsnavigation auf den neuesten Stand zu bringen, die stets arbeitet. Der Flugkörper kann so programmiert werden, dass er das Ziel aus unterschiedlichen Richtungen anfliegen kann, um die Verteidigung zu verwirren. Mit cep 30 m ist die Genauigkeit erstaunlich. Die Nutzlast kann aus Sprengstoff bestehen oder aus einem W-80-Nuklearsprengkopf mit 200 bis 250 kT Sprengkraft. Der Einsatz von Schiffen aus ist identisch, nur dass der Start direkt aus dem Mk-143-Starter erfolgt, einem gepanzerten, rechteckigen Behälter. Auf lange Sicht sollen die meisten Schiffe den Mk-41-Senkrechtstarter erhalten. Die Sowjetmarine hat ähnliche Systeme. Das kleinste ist SS-N-21, gebaut wie Tomahawk, um aus Standard-TR verschossen zu wer-

Oben: Zeichnung der Bedrohung, die ein sowjetischer SS-N-21-SLCM darstellt. Das US-DoD schätzt die Reichweite des aus TR zu startenden Flugkörpers auf 1'620 sm (3'000 km).

Unten: Ein zum SSBN umgebautes Boot der Yankee-Klasse ist Testboot für den Langstrecken-Marschflugkörper SS-NX-14 von 15 m Länge, der mit einem Atomsprengkopf bewaffnet ist.

den. Mögliche Träger dieser Flugkörper schliessen alle neueren SSN ein, auch die Victor-III-, Akula-, Mike- und Sierra-Klassen, wie die Yankee-Klasse ehemaliger SSBN. Soweit Anfang 1986 bekannt, ist SS-N-21 etwas grösser als Tomahawk, mit einer Reichweite um 1'620 sm (3'000 km), aber der zweite sowjetische Marine-SLCM SS-NX-24 ist viel grösser mit 12 m Länge und 1,25 m Durchmesser, während die stark gepfeilten Flächen 5,94 m Spannweite haben. Ein SSBN der Yankee-Klasse ist zum Versuchsboot für den neuen SLCM umgebaut worden. Beide galten als ebenso genau wie ihre amerikanischen Gegenstücke und können vermutlich nukleare oder konventionelle Sprengköpfe haben und zuverlässige Leitsysteme. Die letzteren stellen eine erhebliche nicht-nukleare Bedrohung dar.

Seeziel-Flugkörper

Vielleicht stärker als andere Streitkräfte haben sich die Seestreitkräfte auf die Entwicklung offensiver wie defensiver Flugkörper konzentriert. Es gibt kaum Zweifel, dass sie auf höherer Stufe stehen als jene für jede andere Art Kriegführung. Die erste bedeutsame Demonstration der Macht von Seeziel-Flugkörpern fand 1967 statt, als der israelische Zerstörer von einer SS-N-2, die ein ägyptisches Schnellboot abgeschossen hatte, versenkt wurde. Der damals entstandene Eindruck wurde 1982 bestätigt, als argentinische Flugzeuge mit Exocet-Flugkörpern britische Schiffe erfolgreich angriffen und HMS Sheffield versenkten.
In ihrer schiffsgestützten Version wird die Exocet von vielen Marinen verwendet, und ein britischer Zerstörer der County-Klasse wurde von einem solchen auf den Falklands beschädigt, obgleich er auf einem Anhänger bei Port Stanley stand. Seitdem wurden Exocets im Golfkrieg verwendet, und mehrere Handelsschiffe wurden getroffen.
Trotz weltweiten Aufsehens durch den Verlust von HMS Coventry und des Handelsschiffes Atlantic Conveyor durch einzelne Treffer, zeigt eine nüchterne Betrachtung, dass mehr Exocet getäuscht wurden als ihr Ziel erreichten, und jener Treffer auf HMS Glamorgan richtete nur begrenzten Schaden an. Im Golfkrieg haben die irakischen Exocet selten ein Schiff vernichtet. Exocet, wie viele andere ASM, fliegt unter Schall, und die neuesten, schnell reagierenden SAM und CIWS-Rohrwaffen sollten überwiegend zum Abschuss in der Lage sein. Aber die neue Generation ASM, wie die sowjetische SS-N-19, fliegen bis Mach 2,5, wohl jenseits der Leistungsfähigkeit derzeitiger Abwehr-Systeme. Eine Exocet fliegt in 2 bis 3 m Höhe an mit über Mach 0,9. Vom Überwachungsradar ein Schiffes kann sie in etwa 10 sm (60 Sekunden) Entfernung entdeckt werden. Ihre Radarverfolgung setzt bei 3,4 sm ein. Sie hat noch 20 Sekunden Flugzeit, und ein Flugkörper, wie Seawolf, kann gestartet werden, wenn sie 10 bis 13 Sekunden entfernt ist (ca. 2 sm). Dieser Zeitablauf ist kurz genug und erfordert vollautomatische Kontrolle. Tatsächlich wurden Besatzungen erst dann auf Gefechtsstationen befohlen, als die Seawolf-Flugkörper schon starteten. Ohne Computer wäre es zu spät gewesen. Eine SS-N-19, mit Mach 2,5 auf Wellenhöhe fliegend, würde die Abwehrzeit erheblich verringern. Von der Entdeckung auf 10 sm bis zum Einschlag vergingen 19 Sekunden. Die sowjetischen Schlachtkreuzer der Kirov-Klasse haben zwanzig

Oben: Ein Exocet-Seeziel-Flugkörper geht nach dem Start von der Fregatte D'Estienne d'Orves auf Kurs. Die beiden Startbehälter sind beidseits des Schornsteins montiert.

Unten: MM.40 Exocet wird von einem französischen Kriegsschiff gestartet. Länger und schwerer als der Vorgänger MM.38, hat MM.40 eine viel grössere Reichweite mit 38 sm (70 km) gegenüber 23 sm (43 km). Im Südatlantik-Krieg 1982 zeigte Exocet seine Fähigkeiten, als luft- wie bodengestartete FK Treffer auf britischen Schiffen erzielten. Luftgestartete wurden auch im Golfkrieg verwendet.

Oben: Der Seeziel-Fk OTO Melara Otomat hat eine Reichweite von 50 sm (91 km) und einen Sprengkopf von 200 kg. Mk 2 wird mit dem Teseo-System auf vielen italienischen Kriegsschiffen verwendet.

Unten: Ein Seeziel-Fk McDonnell Douglas Harpoon Block 1C wird aus einem Kanister-Starter von Bord der USS Leahy (CG 16) im Juni 1985 abgeschossen. Mehr als 3'000 Harpoon wurden geliefert.

Oben: Anti Navire Supersonique (ANS) wird gemeinsam von Aerospatiale (Frankreich) und MBB (BRD) als nächste Generation von Seeziel-Flugkörpern entwickelt. Der Markt hierfür ist gewaltig.

SS-N-19 in senkrechten Startrohren auf dem Vordeck, während die sowjetischen Kreuzer ihre Seeziel-Flugkörper an Deck in ca. um 20° geneigten Behältern mitführen. In keinem Fall scheint eine Nachladung möglich. Der SS-N-19 hat eine geschätzte Reichweite von 270 sm (500 km) und fliegt mit ca. 2,5 Mach. Eine externe Ziel- und Flugzeugerkennung scheint mit Trägheitsnavigation und Zielfindung kombiniert zu sein.
Der hauptsächliche Seeziel-Flugkörper der US Navy ist der RGM-84A Harpoon mit einem Turbojet-Marschmotor. Die Flugbahn ist niedriger als die des SS-N-19, und er kann im Endanflug die CIWS-Verteidigung ausmanövrieren. Nach dem Start brauchen vom Schiff keine Daten eingegeben zu werden; ein Computer führt den Flugkörper in die Nähe des Ziels, wo ein hochfrequentes Zielsuchradar die Endphase übernimmt.

Boden-Luft-FK

In den frühen 60er Jahren wurde klar, dass für Schiffe eine Zonenverteidigung notwendig ist. Schiffsgestützte Flugzeuge sollten die äussere Zone bilden, Langstrecken-Flugkörper die mittlere und eine Mischung aus Kurzstrecken-Flugkörpern und Geschützen im Nahbereich. Ironie in der gegenwärtigen Lage ist, dass durch die erfolgreiche Verteidigung angreifende Flugzeuge gezwungen werden, tief zu fliegen und ihre Flugkörper aus grosser Entfernung abzuschiessen, was dem Schiff noch schwerer zu bekämpfende Ziele verschafft, womit das Interesse an Geschützen wieder auflebt, die erhebliche Vorteile als Teil der Nahbereichs-Verteidigung bieten. Eine neue Bedrohung sind Sättigungsangriffe durch Überschall-Marschflugkörper aus grosser Höhe, die in dichter ECM-Umgebung abgeschossen, sehr steil und schnell ins Ziel fallen. Einer der am weitesten verbreiteten SAM im mittleren Bereich ist der Standard der US Navy.

Oben: Ein Standard SM-2 (ER) startet vom Kreuzer USS Ticonderoga (CG 47). Standard ersetzte die früheren Tartar-, Talos- und Terrier-Systeme der SAM durch die Versionen SM-1 (MR), SM-2 (MR) und SM-1 (ER). SM-2 (ER) kann auch Seeziele bekämpfen.

Standard RIM-66 Mittelzone und RIM-67 Fernzone sind mit konventionellen Sprengköpfen und Aufschlag- oder Annäherungs-Zündern ausgerüstet. Letzterer hat einen getrennten Start-Antrieb aus Festtreibstoff und einen Raketen-Marschmotor, ersterer einen Doppel-Axial-Motor. Alle elektronischen Schaltungen sind ohne bewegliche Teile und werden von Trockenbatterien versorgt, wodurch die Anwärmzeit von 26 Sekunden der Tartar auf 1 Sekunde verkürzt wurde. Sehr gute ECCM sind eingebaut, und das System wird laufend verbessert.
Die ursprüngliche Standard Missile-1 (SM-1) ist noch auf vielen Schiffen in Gebrauch. Die heutige Standard Missile-2 (SM-2) ist verbessert durch einen Monopuls-Empfänger, eine Trägheits-Navigations-Bezugseinheit zur Kurshaltung, Zwei-Wege-Telemetrie für die Flugkörper-Positions-Meldungen, Berichtigung der Zielposition und Zielfindungs-Korrektur, einen Digital-Computer und einen neuen halbautomatischen Empfänger zum Zielanflug. Die Navigations-Bezugseinheit ermöglicht dem Flugkörper, selbständig in die Nähe des Ziels zu gelangen, wo ein halbaktives Zielradar übernimmt. Das ergibt eine treibstoffsparende Flugbahn und mit gekuppeltem Autopilot verbesserte Leistung gegen stürzende, zickzack fliegende Objekte. Standard SM-1 kann auch gegen Seeziele eingesetzt werden.
Lange Zeit galt die Sowjetunion als führend in Luftverteidigungs-Systemen. Der SA-N-1 Goa zum Beispiel kam 1961 in Dienst und ist es noch auf fünf Klassen von Zerstörern und Kreuzern. Das neueste System basiert auf dem SA-N-6, mit dem die Schlachtkreuzer der Kirov- und der Slava-Klasse bewaffnet sind. Der Flugkörper hat einen einstufigen Motor mit Festbrennstoff, der 75 sm Reichweite und Mach 3 hergibt. Der Sprengkopf enthält entweder 91 kg hochexplosiven Sprengstoff oder einen Atomsprengkopf. Die Kirov-Klasse hat je Schiff 96 SA-N-6-Flugkörper in 12 senkrechten Startern, jeder mit einem Magazin von acht Zellen. Der SA-N-6 kann Marschflugkörper bekämpfen. Flugkörper-Systeme zur Nahbereichs-Verteidigung müssen sehr schnell, auf nächste Entfernung tief fliegende oder steil stürzende Flugzeuge oder Flugkörper

Luftabwehr-Flugkörper (SAM)

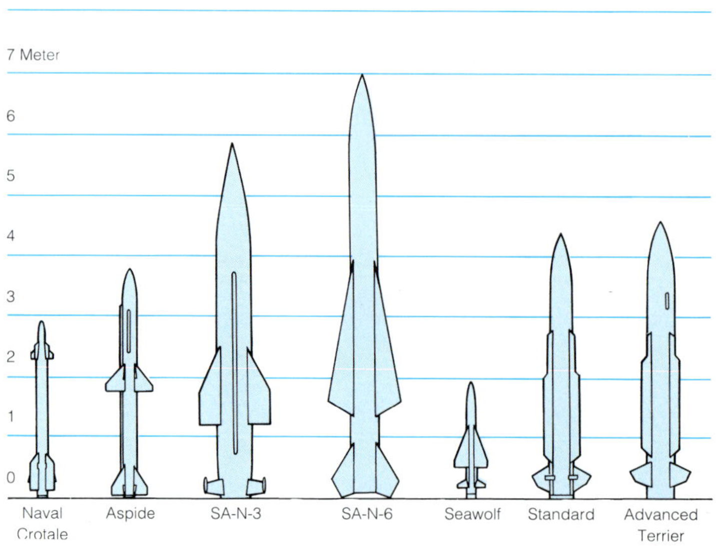

Oben: Lebensnotwendig sind die Luftverteidigungs-Systeme, vorzugsweise verstärkt durch ein Rohrwaffen-CIWS. Durch die Begrenzung der Reichweite der Überwachungsradare auf See müssen die FK schnell ansprechen und hohe Beschleunigung und Manövrierfähigkeit haben. Die Feuerleitung muss automatisch erfolgen.

Links: Das französische Luftverteidigungs-System Naval Crotale ist vom System der Landstreitkräfte abgeleitet. Wie manche moderne SAM ist es seezielfähig.

Oben: Abschuss einer Sea Sparrow. Das BPDMS und das spätere NATO-Sea-Sparrow-System benutzen den gleichen FK in unterschiedlicher Ausführung. Er hat eine halb-aktive Radar-Zielfindung.

Einsatz des Seawolf

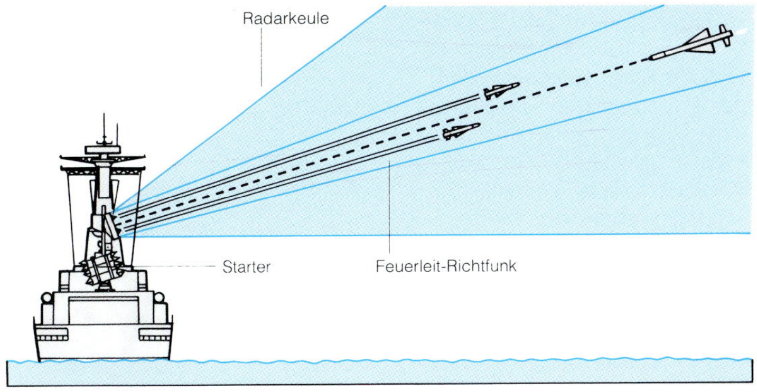

Oben: Grundelemente des Seawolf-Systems, das gleichermassen gegen stürzende Flugkörper und Sea-skimmer wirksam ist. Seawolf nutzt optische gewonnene Richtbefehle zusammen mit Radar- oder Fernseh-Verfolgung und Funkbefehlen. Irrtümliche Befehle, die auf Zielablage beruhen, werden im Prozessrechner korrigiert, der Flugkörper auf den richtigen Kurs zurückgeführt.

Unten: Das verbesserte BPDMS der US Navy setzt sich aus dem Mk-23-Zielerfassungs-System und dem Feuerleitsystem zusammen, dessen Schirmbilddarstellung hier gezeigt wird.

Oben: Das italienische 76-mm/62-Marinegeschütz OTO-Melara auf dem Versuchsstand.

bekämpfen. Die US Navy entwickelte in den 60er Jahren das Nächstbereichs-Verteidigungssystem gegen Flugkörper (BPDMS) und benutzte den Sparrow-III-Flugkörper mit modifiziertem Achtfach-Asroc-Starter auf einer modifizierten Geschützlafette. Die Vorrichtung war recht grobschlächtig. Ihr folgte die NATO-Sea-Sparrow, aufgebaut auf dem BPDMS, aber mit erheblichen Verbesserungen. Der RIM-7H-5-Flugkörper hat Faltflächen und ist im kompakten, leichten Starter Mk 29 installiert. Die grösste Verbesserung ist die Zielerfassung und Feuerleitung Hughes Mk 23, die ein L-Band-Impuls-Doppler-Radar mit einem IFF-System kombiniert, das 54 Ziele gleichzeitig verfolgen kann. Insgesamt sind 53 Schiffe der US Navy mit NATO-Sea-Sparrow ausgerüstet, ferner Fregatten Belgiens, der Niederlande, der Bundesrepublik Deutschland, Dänemarks, Italiens, Norwegens und Spaniens. Die japanische Marine beschafft dieses System. Die Nahbereichs-Verteidigungssysteme der sowjetischen Marine sind der SA-N-5, eine Marine-Version des tragbaren SA-7 Grail, und der SA-N-8 auf den Zerstörern der Udaloy-Klasse. Das fortgeschrittenste System ist das britische Seawolf, das selbst auf Schiffen von nur 1'000 ts aufgestellt werden kann. Es wird in Einheiten zu sechs oder vier Behältern gebaut und kann von Hand nachgeladen werden, vermutlich um Gewicht und ein komplexes automatisches System zu ersparen. Es gibt eine Zwillings-Ausführung im Standard-ISO-6-m-Container. Eine Einrichtung zum Senkrechtstart ist in Entwicklung.

Geschütze

Die Fürsprecher der Flugkörper-Bewaffnung wurden in einigen Flotten so mächtig, dass in den 60er und 70er Jahren Geschütze generell abgeschafft werden sollten, und einige Schiffe führten nur eine Pro-forma-Geschützbewaffnung, zum Beispiel hatte der britische Fregatten-Typ 22, 1. Gruppe, nur zwei 40-mm-Geschütze, doch die Torheit solchen Vorgehens hat sich wiederholt gezeigt, und die Notwendigkeit wenigstens eines wirksamen Geschützes wird nun akzeptiert. Glücklicherweise sind die modernen Marinegeschütze weitestgehend automatisiert und sehr kompakt. Beispielsweise wiegt das 127-mm/54-Geschütz Mk 54 der US Navy 25,4 t und feuert 20 Schuss/Min. Die sechs Mann Bedienung befinden sich nicht im Turm.

Eines der erfolgreichsten westlichen Geschütze ist die Einzelausführung des italienischen OTO Me-

lara 76 mm, das von 35 Marinen gekauft wurde. Die Schussfolge kann zwischen 10 und 85 Schuss/Min. gewählt werden. 80 Schuss sind ohne nachzuladen abzugeben. Es verschiesst eine Granate von 6,5 kg bei 18 km Reichweite, wiegt mit Unterbau 7,6 t. OTO Melara entwickelt ein neues Geschoss von grösserer Wirksamkeit bei gleichem Gewicht und gleichen ballistischen Eigenschaften. Eine Ladung von 630 g ist aus drei hochexplosiven Sprengstoffen zusammengesetzt und verschiesst 4'660 0,2 g schwere Tungsten-Kugeln. Ein Annäherungszünder lässt die Granate etwa acht Meter vom Ziel entfernt detonieren.
Das derzeit grösste Geschütz ist das Mk 7/0 406 mm/50 der US Navy auf den Schlachtschiffen der Iowa-Klasse. Die Reichweite beträgt 38'720 m mit einem Hochleistungs-Geschoss von 1'225 kg mit einer Sprengladung von ca. 18 kg. Dies gilt für panzerbrechende Geschosse. Die Werte für Sprenggranaten: 38'060 m, 862 kg mit 70 kg. 18'000 Granaten liegen in Depots. Die Herstellungsanlagen bestehen noch, doch dauert es sechs Monate bis Produktionsbeginn. So wirkungsvoll diese Geschütze sind, ist es doch unwahrscheinlich, dass solche Kaliber je wieder gebaut werden.
Sowjetarmee und -marine haben eine lange Tradition erfolgreicher Geschützkonstruktion und -fertigung, die grosse Reichweite mit Zielgenauigkeit und guter Wirkung verbindet. Die Marine erlag nicht den Versuchungen der Nur-Raketen-Lobby. Alle grossen Kriegsschiffe haben wenigstens einen Geschützturm, und ständig erscheinen neue Entwürfe. Die älteren Modell 1953/56 130-mm/60, die in Zwillingstürmen auf Schiffen wie der Kotlin-Klasse (Zerstörer) und den Kreuzern der Sverdlov-Klasse zu finden sind, haben 16'460 m Reichweite, 27 kg Geschossgewicht, verschiessen 15 Schuss/Min/Rohr. Der neue 130-mm-Zwilling auf der Frunze (ein Turm), der Slava-Klasse (zwei Türme) und der Sovremennyy-Klasse (zwei Türme) ist vollautomatisch, die Rohre wassergekühlt, und hat vermutlich eine Kadenz von 30 bis 35 Schuss/Min/Rohr. Es gibt auch ein 100-mm-Einzelgeschütz auf den Zerstörern der Udaloy-Klasse und dem Kreuzer Kirov.
Abgesehen von Gewichtsverminderung und Automatisierung, verstanden es die Konstrukteure, immer grössere Reichweiten herauszuholen. Viel Arbeit wurde in die Entwicklung der RAP gesteckt, geschossen mit Antriebshilfsraketen. Mit einigen ermutigenden Erfolgen geschah das in den USA während der 60er und 70er Jahre. Eine 127-mm-Granate kam statt auf 12'800 m auf 20'117 m, doch kostete das den Preis einer zu grossen Zielablage, und das Gewicht der Sprengladung sank von 3,58 kg auf 1,59 kg für das RAP, obgleich dieses 24,9 kg gegenüber dem Standard-Geschoss mit 19,3 kg wog. Bisher ist kein RAP bei der Marine eingesetzt.
Die Bedrohung durch Luftangriffe und Flugkörper in Wellenhöhe (sea skimmer) hat die Forderung nach CIWS für den «Grabenkampf» verstärkt, für den extrem kurze Reaktionszeiten und ein dichter Geschosshagel notwendig sind. Die Antwort der US Navy ist das Mk 15 Phalanx, das die 20-mm-Gatling-Rohrwaffe M61A1 mit sechs Läufen mit einem sehr raffinierten, selbständigen, vollautomatischen Leitsystem verbindet. Beide, das abgefeuerte Geschoss und der anfliegende Flugkörper werden von Radar verfolgt, und der Fehler im Zielwinkel wird zur Korrektur des nächsten Feuerstosses genutzt, denn das System versucht ununterbrochen Unterschiede auszugleichen.
Die Genauigkeit wächst mit der Annäherung des Ziels und erreicht bei 500 m die beste Leistung. Richtgeschwindigkeit Seite: 100°/Sek, Höhe 86°/Sek bei einem Höhenrichtwinkel von -25° bis +80°. Das System ist völlig unabhängig durch zwei Radarsender, die die gleiche Antenne im oberen Teil des Gehäuses benutzen.
1'000 Schuss Munition Mk 149 aus erschöpftem Uran, unterkalibriert, sind in einem Magazin neben dem Geschütz untergebracht. Schussweite 410 m bis 1'370 m. Im Gebrauch erwies sich Phalanx als erfolgreich und wurde von der Royal Navy angekauft.

Kompakt-System OTO Melara 76-mm/62

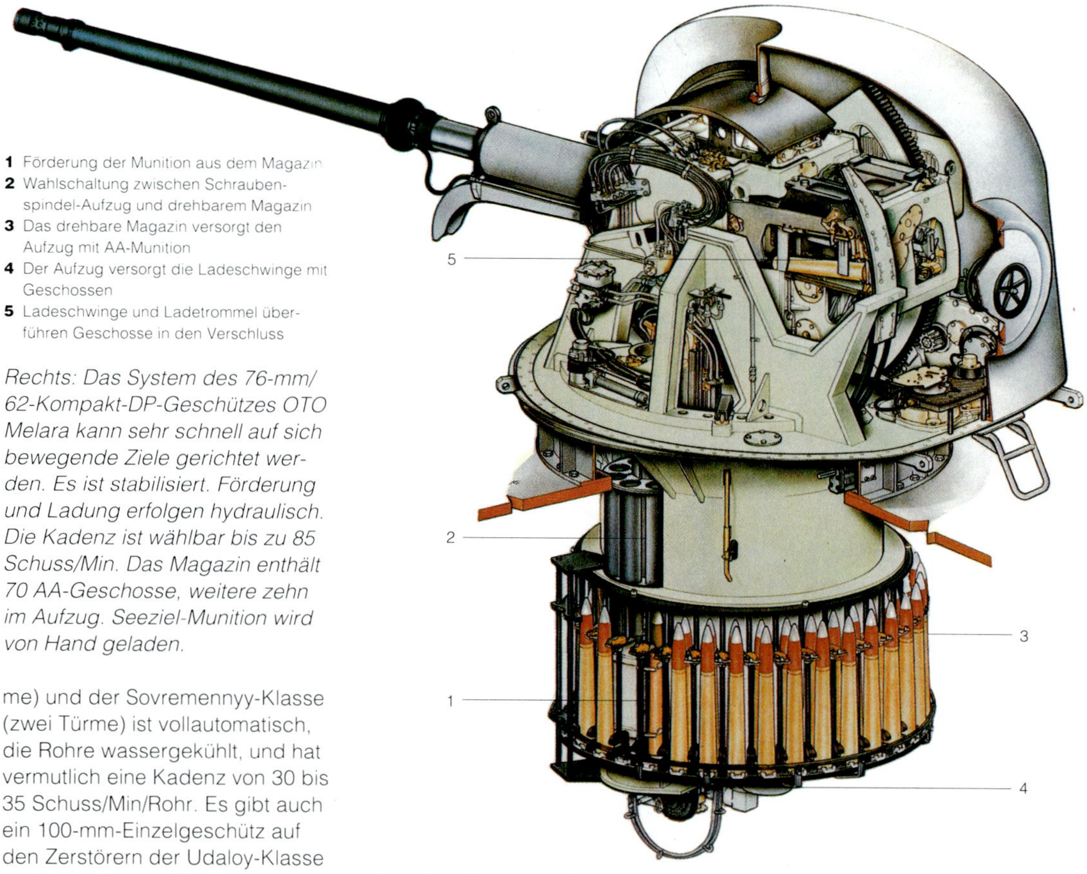

1 Förderung der Munition aus dem Magazin
2 Wahlschaltung zwischen Schraubenspindel-Aufzug und drehbarem Magazin
3 Das drehbare Magazin versorgt den Aufzug mit AA-Munition
4 Der Aufzug versorgt die Ladeschwinge mit Geschossen
5 Ladeschwinge und Ladetrommel überführen Geschosse in den Verschluss

Rechts: Das System des 76-mm/62-Kompakt-DP-Geschützes OTO Melara kann sehr schnell auf sich bewegende Ziele gerichtet werden. Es ist stabilisiert. Förderung und Ladung erfolgen hydraulisch. Die Kadenz ist wählbar bis zu 85 Schuss/Min. Das Magazin enthält 70 AA-Geschosse, weitere zehn im Aufzug. Seeziel-Munition wird von Hand geladen.

Unten: 406-mm-Drillingstürme auf den Schlachtschiffen der Iowa-Klasse bleiben in nächster Zukunft die grössten. Jedes Rohr hat 50 Kaliber Länge und wiegt 108,5 t.

Unten: Das CIWS Vulcan/Phalanx Mk 15 arbeitet völlig selbständig mit grösstem Erfolg. In der US Navy weithin im Gebrauch und an andere Marinen verkauft.

Kompakt-System Creusot-Loire 100 mm

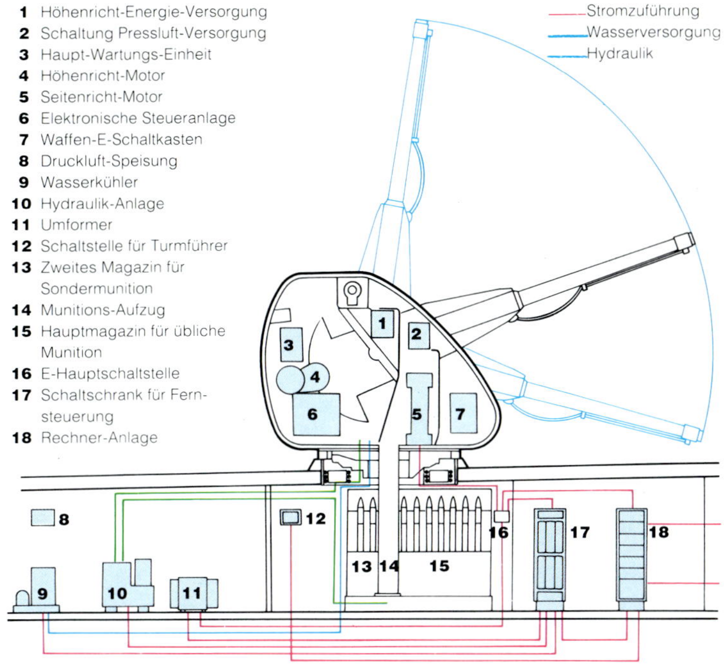

Oben: Die DP-Kanone Creusot-Loire 100 mm Compact hat ein doppeltes wassergekühltes Rohr mit mehr als 3'000 Schuss Lebensdauer, obwohl sie 90 Schuss/Min. Kadenz hat. Sie wiegt nur 17,3 t.

Unten: Creusot-Loire 100 mm Compact auf dem Vorderdeck einer Fregatte der D'Estienne-d'Orves-Klasse. Sie wurde für die AA-Zerstörer der Cassard-Klasse entwickelt.

Oben: Goalkeeper ist ein automatisches, selbständig arbeitendes CIWS, das gemeinsam von Hollandse Signaalapparaten und General Electric entwickelt wurde. Es benutzt die siebenrohrige GAU-8/A-30-mm-Gatling-Rohrwaffe.

Ein anderes selbständiges CIWS ist Goalkeeper, dessen siebenläufige 30-mm-Gatling-Rohrwaffe GAU-8/A eine Kadenz von 4'200 Schuss/Min. hat und weitestgehend nach dem gleichen Prinzip arbeitet. Goalkeeper sind auf den Fregatten der Kortenaer-Klasse zu finden und sind ebenfalls von der Royal Navy bestellt worden. Die sowjetische Marine brachte zwei CIWS heraus, die beide befriedigend arbeiten müssen, da sie auf vielen verschiedenen Schiffen installiert sind. Es gibt die Zwillingslafette 30 mm/65 im vollautomatischen Turm mit 3'000 bis 4'000 m Reichweite. Gemeinsame Kadenz sind etwa 1'000 Schuss/Min. Diese Waffe ist gewöhnlich mit dem Drum-Tilt-Feuerleitradar, manchmal mit dem Muff Cob verbunden. Ferner gibt es einen sechsläufigen Gatling-Typ von 30 mm, der in mancher Hinsicht dem US-Phalanx ähnelt, aber das separate Bass-Tilt-Radar nutzt. Jedenfalls ist es eine gute Ausführung, die auf mehr als zwanzig Klassen sowjetischer Kriegsschiffe steht, vom grossen Schlachtkreuzer der Kirov-Klasse bis zu den Schnellbooten von 210 ts.

Flugkörper-Abwehr durch Annäherungszünder der Bofors-Munition

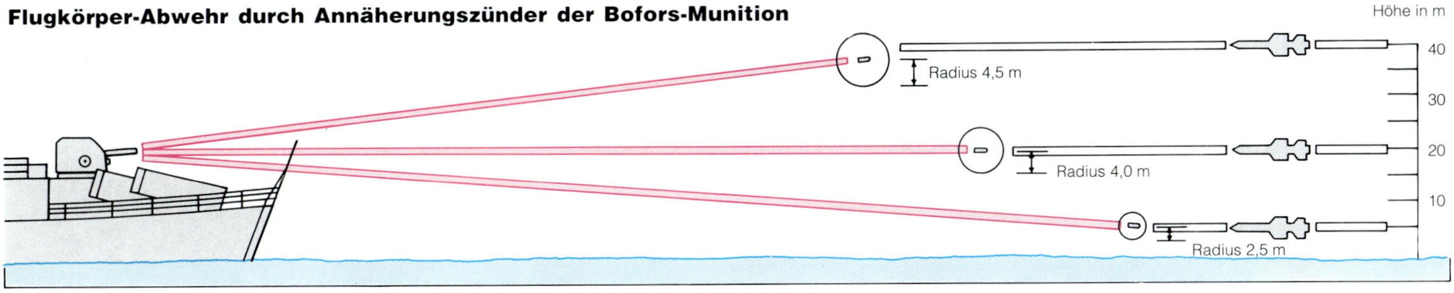

Oben: Eine Methode, anfliegende Seeziel-Flugkörper zu bekämpfen, ist direkter Beschuss durch Hochleistungs-Geschütze. Der Querschnitt der Flugkörper ist klein; bei der Exocet sind es nur 961 cm². *Es ist schwierig, ein solches Ziel bei mehr als Schallgeschwindigkeit, dicht über den Wellen, in sicherer Entfernung vom Schiff zu treffen. Doch gibt es Waffen, die dem entsprechen: Phalanx, Goalkeeper, Meroka (spanisch) und die sowjetische ADMG-630-Gatling. Das Diagramm zeigt den Zündradius für Bofors-PFHE-Mk-2-Munition, verschossen aus dem Breda-Zwilling 40 mm/70, der im Dardo-CIWS verwendet wird. Wegen der Seegangsreflexe (im Radar) muss der Radius klein gehalten werden. Je näher den Wellen der ASM fliegt, desto genauer muss der Annäherungszünder arbeiten.*

Waffen gegen Unterseeboote

Die Urform der ASW-Waffe des Zweiten Weltkriegs, die Wasserbombe, wird selten von Überwasser-Schiffen gebraucht, da es sehr gefährlich wäre, ein modernes Unterseeboot in Werfer-Reichweite (3,2 km) einlaufen zu lassen. Trotzdem werden Wasserbomben noch von einigen Schiffen, ASW-Flugzeugen und -Hubschraubern gebraucht. Zwei Beispiele von heute sind die britische Mk 11, die 81,6 kg Torpex enthält, und die chilenische AS-228.
Die andere Waffe aus dem Zweiten Weltkrieg ist der ASW-Werfer, der noch bei einigen Marinen in Dienst ist. Auf einer Anzahl Ex-Royal-Navy-Schiffen stehen Squid und Limbo, aber auch auf Nachkriegsbauten wie den ghanaischen Vosper-Mk-1-Korvetten. Die italienische Marine hat den Menon-Werfer auf einigen Fregatten.
ASW-Raketenwerfer sind wirkungsvoller und haben grössere Wurfweiten. Die schwedische Firma Bofors stellt Werfer für 375-mm-Raketen her. Die Rakete wiegt ca. 230 kg, der Gefechtskopf enthält 80 kg Hexotonal. Wurfweite für 30 m Tiefe sind 1'580 bis 3'625 m. Ältere Modelle haben vier Wurfrohre, die neuen zwei. Die französische Firma Creusot-Loire baut unter Bofors-Lizenz einen sechsrohrigen Werfer. Alle Systeme werden von zahlreichen Marinen verwendet.
Die Sowjetmarine hat eine Serie von 250-mm- und 300-mm-Werfern, die auf fast jedem Überwasser-Schiff zu finden sind. Die 250-mm-Wurfgranate wiegt geschätzt zwischen 180 und 200 kg, wovon der Gefechtskopf ca. 66 kg wiegt. Mit RBU oder MBU bezeichnet, haben diese Systeme ein numerisches Suffix, das die Wurfweite in Metern angibt: RBU-2500 hat also eine Wurfweite von 2'500 m. Die Anzahl Rohre in den Kombinationen variiert zwischen 5 und 16. RBU-6000, eines der neuen 300-mm-Systeme, hat automatische Nachladung. Die meisten neuen Schiffe sind damit bewaffnet. RBU-1000, ebenso 300 mm, ist eine sechsrohrige Waffe auf dem Achterdeck grösserer Schiffe wie der Kirov- und der Kresta-Klasse. Sie scheint zur Abwehr akustischer Torpedos bestimmt zu sein, sobald diese den Endanlauf auf die Schiffsschrauben einleiten. Bedeutend wirkungsvoller, aber mit grossen politischen Schwierigkeiten und daher möglicher taktischer Beschränkungen behaftet, ist die nukleare Wasserbombe, wie das US-Modell B57 Mod 1, deren Sprengkraft zwischen fünf und zehn kT betragen kann. Sie sind mit der S-3 Viking, P-3 Orion und dem SH-3 Sea King der US Navy einsetzbar und mit ähnlichen Flugzeugen und Hubschraubern britischer, niederländischer und bundesdeutscher Streitkräfte. (Die Bundesrepublik Deutschland hat auf den Einsatz jeglicher atomarer Waffen verzichtet.) Sie mag die einzige Waffe sein, die gegen die neuesten Unterseeboote mit ihren aussergewöhnlich starken Druckkörpern zum Erfolg führt.
Minen spielen in der ASW eine erhebliche Rolle, allein schon durch die Bedrohung, die von Ankertau- und Grundminen ausgeht. Minen-Warngeräte, wie die meisten U-Boote sie haben, verringern die Gefahr. Der Captor (verkapselter Torpedo) der US Navy ist möglicherweise wirksamer, da er zum ausschliesslichen Angriff auf Unterseeboote entwickelt wurde. Er ist ein Mk 46 Mod 4, durch ein Kapselrohr geschützt. Er kann durch U-Boote, Flugzeuge und Überwasser-Schiffe gelegt werden. Auf dem Meeresboden liegend, kontrolliert er den gesamten Seeverkehr durch ein passives Sonar mit etwa 1'000 m Reichweite, das den Oberflächenverkehr ausscheidet. Wird ein Unterwasser-Ziel erkannt, schaltet sich ein aktives Sonar ein, der ideale Startmoment wird errechnet und der Torpedo abgeschossen. Da kein IFF vorhanden ist, müssen eigene Boote Captor-Minenfelder meiden.
Um dem Problem zu begegnen, das U-Ziel zu treffen, bevor es seinen Jäger angreifen kann, wurde eine Reihe Abstandswaffen entwickelt, die eine Wasserbombe oder einen Torpedo mittels eines Trägers (Flugkörper oder Rakete) verschiessen. Die US-Asroc, eine Rakete gegen Unterseeboote, besteht aus dem Torpedo Mk 46, der

Flugkörper gegen Unterseeboote

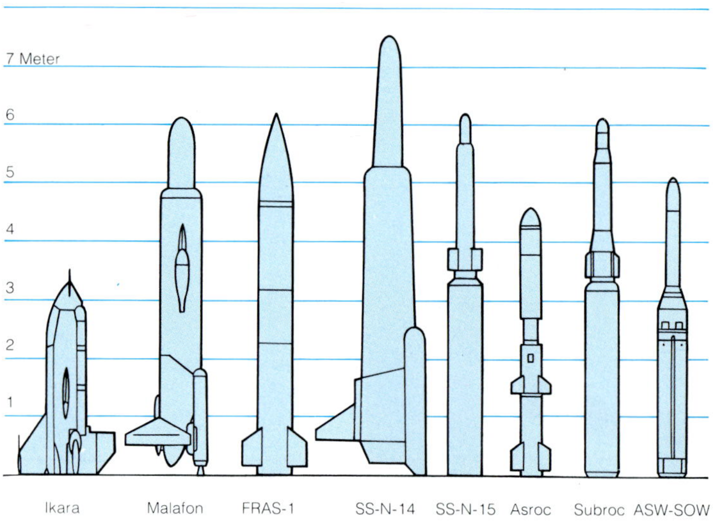

Oben: Torpedos gegen entfernte Ziele abzusetzen, ist ein kniffliges ASW-Problem. Unter eigener Kraft sind Torpedos zu langsam, haben zu kurze Laufstrecken und können geortet werden. Eine Antwort darauf ist, sie in die Nähe des Ziels zu bringen, entweder durch eine Rakete oder einen geflügelten Turbojet-Träger. Diese Träger werfen normalerweise den Torpedo per Fallschirm ab.

Oben: ASW-Raketenwerfer sind auf fast allen sowjetischen Kriegsschiffen. Dies ist einer von zwei RBU-6000 auf einer Fregatte der Petya-II-Klasse.

Unten: Eine Asroc RUR-5A der US Navy wird vom Achtfach-Starter Mk 112 verschossen. Geschätzte Weite 2 bis 12 km. Nutzlast ist der Torpedo Mk 46 mit akustischer Zielfindung.

Oben: Die Malafon-ASW-Waffe, ein geflügelter Träger und ein zielsuchender Torpedo, der durch zwei Raketen gestartet wird, die nach wenigen Sekunden ausbrennen; dann gleitet er zum Ziel.

Oben rechts: Die amerikanische Abstandswaffe ASW-SOW ist ein verkapselter Torpedo, der an die Oberfläche schwimmt. Dort zündet ein Raketenmotor und bringt ihn ins Zielgebiet.

Profil eines ASW-SOW-Angriffs

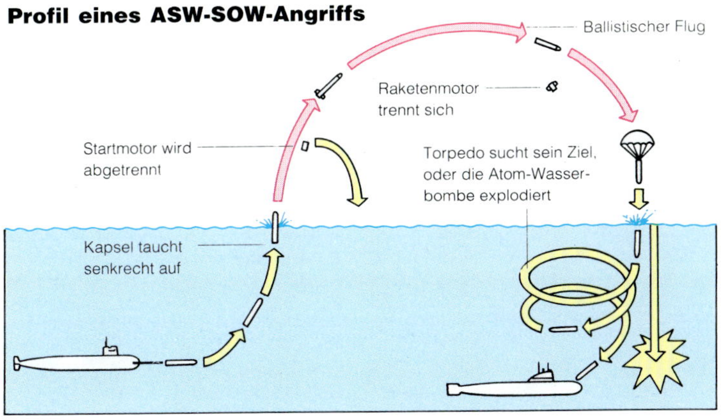

Oben: Nach Ausstoss aus dem TR steuern Ruder den ASW-SOW zur Oberfläche. Dort werden beide Kapselenden abgesprengt, der Raketenmotor zündet. Der Flugkörper folgt einer ballistischen Bahn und wirft den Raketenmotor ab, ehe er per Fallschirm zu Wasser geht. Nutzlast ist ein Leichtgewichtstorpedo.

einen Gefechtskopf von entweder 44 kg oder einen W44-Atomsprengkopf von 1 kT (nur für US-Navy-Versionen) hat, Zielfindung durch akustischen Suchkopf. Er wird von einem abwerfbaren Raketenmotor ins Zielgebiet getragen. Ähnliche Waffen werden in Frankreich (Malafon) und Australien (Ikara) hergestellt. Die UdSSR hat FRAS-1/SS-N-14. Die Reichweiten sind klein, werden bei Asroc auf zwei bis zehn Kilometer geschätzt. US-Subroc und die sowjetische SS-N-15/16 geben Unterseebooten eine ähnliche Möglichkeit. Sie werden unter Wasser aus den üblichen TR ausgestossen und steigen an die Oberfläche und in die Luft. SS-N-16 und Subroc haben Atomsprengköpfe, letztere W55 mit etwa 1 kT Sprengkraft; übliche Sprengköpfe gibt es hierbei nicht. Die US Navy will einen gemeinsamen Nachfolger für Asroc und Subroc herstellen, bezeichnet als ASW-Abstands-Waffe (ASW-SOW). Der Entwurf sieht den Kampf gegen die Bedrohung vor, die von Unterseebooten der sowjetischen Akula-, Mike- und Sierra-Klassen ausgeht; geschätzte Kampfentfernung 56 bis 160 km. Von Überwasserschiffen erfolgt der Abschuss senkrecht, von Unterseebooten aus den üblichen Torpedorohren. Das System soll ein gemeinsamer Träger für den fortgeschrittenen Leichtgewichts-Torpedo (ALWT) oder eine nukleare Wasserbombe sein. Letztere dürfte die Typen W55, B57 und W44 der US Navy ersetzen.

U-Boot-Waffen

Nach dem Zweiten Weltkrieg waren alle U-Boot-Geschütze abgeschafft. Für einige Dekaden blieb den Jagd- wie den Patrouillen-Booten nur der Torpedo. Also standen hochentwickelte SSN und SSBN mit Torpedos in See, deren Leistung kaum besser als jene aus dem Krieg war. Manche stammten sogar aus dieser Zeit. Die neuere Geschichte der Torpedos ist ausserordentlich. Viele Nationen gaben riesige Summen für einige extrem teure und dann fehlgehende Programme aus. Selbst heute ist die Höchstgeschwindigkeit der Torpedos nicht besser als die ihrer Beute. Der Mk 46 beispielsweise läuft 40 kn, weniger als die sowjetische Alfa-Klasse, was eine Aufholjagd ausser Frage stellt.

Mangelnde Geschwindigkeit und Reichweite der Torpedos wurde zum Teil von Überwasser-Schiffen durch den Einsatz von Hubschraubern und Abstandswaffen ausgeglichen, im Fall der Unterseeboote durch Subroc. Nach wie vor ist ein schnellerer Torpedo nötig. Das ADCAP-Programm der US Navy (Programm für fortgeschrittene Fähigkeiten) für den Torpedo Mk 48 wird dessen Geschwindigkeit auf 55 kn bringen, und vom britischen Tigerfish wird ähnliches berichtet. Die nächste Generation, der britische Spearfish, benutzt Gasturbinen und Wasserstrahl-Antrieb für noch höhere Geschwindigkeiten.

Ein anderes Problem der Unterseeboote, besonders der sowjetischen, ist die wachsende Grösse. Einige haben doppelte Druckkörper, die sie widerstands- und überlebensfähiger machen, und selbst kleine, konventionelle Boote werden aus stärkerem Material gebaut, um die Tauchtiefe zu vergrössern. Gleichzeitig verwenden Flugzeuge und Schiffe immer mehr den Leichtgewichtstorpedo für die U-Abwehr. Eine solche Waffe hat zwangsläufig einen Gefechtskopf begrenzten Gewichts. Der Mk 46, in westlichen Marinen verbreitet, wiegt 45 kg und schneidet schlecht ab im Vergleich zu 267 kg des Mk 48 oder 150 kg des französischen L 5.

Links: Ein Subroc der US Navy. Flugstrecke rund 56 km mit einem Sprengkopf W-55 von 1 kT nuklearer Wasserbombe.

Eine Lösung wäre, grössere Torpedos zu bauen, was aber Gewichts- und Raumprobleme mit sich brächte. Die bessere Lösung ist ein neuer Gefechtskopf mit gerichteter Energie (Hohlladung). Die Zielsuch-Systeme der Torpedos unterscheiden sich erheblich. Der Mk 46 der US Navy hat einen Aktiv/Passiv-Zielsuchkopf, der entweder dem vom Ziel ausgehenden Geräusch folgt oder, bei lautlosem Ziel, mit Sonar aktiv sucht. Der Mk 48 Mod 3 hat Drahtlenkung während der mittleren Laufstrecke und kann auch Sonar-Informationen an das Unterseeboot geben. In der Endphase schaltet er auf den Aktiv/Passiv-Kopf um. Das britische Stingray-Drahtlenksystem ist noch komplizierter. Beim Start arbeitet ein Aktiv/Passiv-Sonar passiv. Automatisch schaltet es auf aktiv, sobald es Anzeichen gibt, dass das Ziel den Angriff bemerkt hat. Wie beim Mk 48 Mod 3 werden nicht nur Befehle dem Torpedo gegeben, dieser gibt auch Sonar-Informationen zurück.

Allgemein bleiben die Leistungen der Torpedos hinter denen der Sonare, von denen sie unterstützt werden, zurück. Sie haben zuwenig Reichweite, sind langsam, geräuschvoll und oft unzuverlässig. Berichte vom Südatlantik-Krieg 1982 erzählen von Fehlfunktionen der Torpedos sowohl der britischen als auch der argentinischen Marine. Die UdSSR und einige andere Nationen experimentieren mit Elektromotoren. Gegenwärtig bauen sie Torpedos, die äusserst leise sind, aber langsam und mit kurzer Laufstrecke. Grössere Leistung kann nur durch Erweiterung der Batterie-Kapazität erreicht werden. Das bedeutet grössere Torpedos oder einen kleineren Gefechtskopf, also geringere Wirkung im Ziel. Auch die Torpedo-Sonare benötigen Verbesserungen. Die US-Agentur für fortgeschrittene Verteidigungs-Projekte (DARPA) arbeitet daran und zielt auf einen Torpedo-eigenen Impuls-Prozessor ab, der durch ein Zweiweg-Glasfaser-Kabel mit dem Unterseeboot verbunden ist. Ein weiteres Projekt will dieses System für ASW-Flugzeuge nutzen, bei dem das Kabel zu einer vom Flugzeug abgeworfenen Boje geht, die mit dem Flugzeug in Funkverbindung steht.

Neue Waffen befähigen das Unterseeboot zu atomaren oder konventionellen Einsätzen gegen Ziele tief im Binnenland. Seit einigen Jahren gibt es die von Unterseebooten gestarteten Marschflugkörper – die Sowjetunion hat dafür spezielle Träger-Unterseeboote.

Die US Navy war anderer Ansicht, entwickelte keine solchen Boote, sondern entschied sich für Waffen, die aus den TR ausgestossen werden können, die Sub-Harpoon- und Tomahawk-Flugkörper gegen Schiffe (T-ASM) und Landziele (T-LAM). Nach erheblichen Ausgaben stellte man fest, dass Tomahawk zuviel Platz in den Nachladeräumen einnahm und entschied, sie in senkrechten Rohren innerhalb der Hülle zwischen Bugsonar und vorderem Ende des Druckkör-

Angriffs-Schema einer Sub-Harpoon

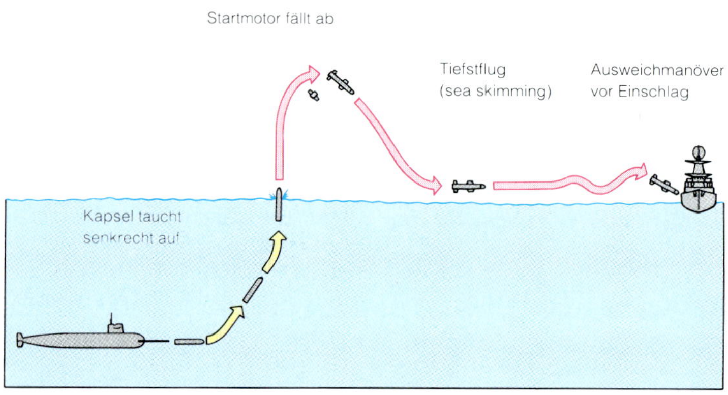

Oben: Die verkapselte Sub-Harpoon passt in die 533-mm-TR, aus denen sie mit 15,24 m/Sek. ausgestossen wird. Ruder steuern sie zur Oberfläche, wo die Kapselenden abgesprengt werden und die Rakete zündet. Nach drei Sekunden fällt der Motor ab, der Turbojet startet und der Flugkörper geht auf Seehöhe, um das Ziel anzufliegen.

Unten: Atom-Unterseeboote, viele Millionen Dollar teuer und hoch automatisiert, hängen dennoch vom Können und der Muskelkraft der Besatzung ab, wenn Torpedos durch die Luke in den Nachladeraum übernommen werden.

Unten: Die Wirkung eines drahtgelenkten Torpedos Marconi Tigerfish auf dem Zerstörer HMS Devonshire der County-Klasse der Royal Navy bei einem Test.

Oben: Ein SM.39-Exocet-Seeziel-Flugkörper wird von einem französischen Unterseeboot gestartet. Deutlich zu sehen ist, dass, entgegen vielen anderen verkapselten Flugkörpern, der SM.39 die Oberfläche mit voller Kraft durchbricht und erst in der Luft die Abtrennung der Kapselenden erfolgt; das spart wertvolle Angriffs-Sekunden.

Unten: Dem modernen Unterseeboot stehen nicht nur traditionelle Waffen wie der Torpedo zur Verfügung, sondern auch Seeziel-Flugkörper und Marschflugkörper mit Atomsprengköpfen.

Waffen-Systeme der Los-Angeles-Klasse

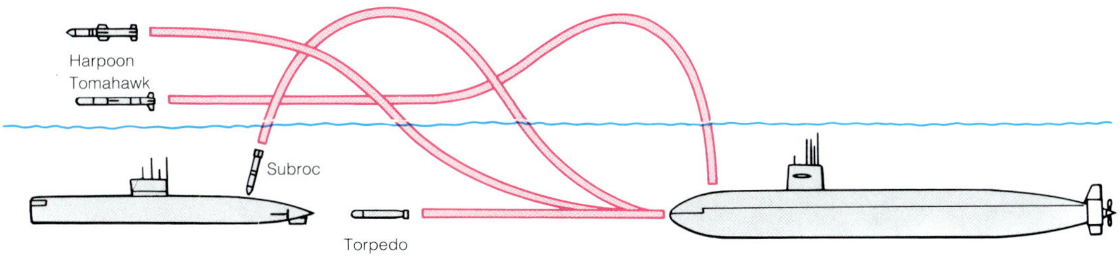

pers unterzubringen. So wurde mit geringen Kosten eine Verbesserung der Kampfkraft erreicht. Harpoon kann Schiffe auf 97 km (52 sm) angreifen, T-ASM auf 400 km (216 sm), während die T-LAM-Reichweite 2'200 km beträgt, egal ob mit nuklearem oder konventionellem Sprengkopf. Um die Fähigkeiten des T-LAM auszunutzen, bedarf es externer Zielinformationen. Das wird mit einem Outlaw Shark genannten System erreicht.
Der einzige andere Unterseeboot-gestützte Flugkörper gegen Schiffe ist der französische SM.39 Exocet, eine neue Version des im Falkland-Krieg sehr erfolgreichen Flugkörpers. Aus den üblichen Torpedorohren abgeschossen, erreicht er eine Weite von über 50 km (27 sm) oder etwas mehr.
Eine der grössten Bedrohungen des Unterseebootes ist das Flugzeug. Vor einigen Jahren wurden drei Unterseeboote IKL 540, als Version des Typs 206 in Lizenz bei Vickers gebaut, mit dem SLAM-System ausgerüstet. Das ist ein im Turm aufgestellter Vierfach-Starter für die Nahbereichs-SAM Short Blowpipe, ein Flugkörper zur Luftabwehr. Aus der UdSSR kamen Berichte, ein ähnliches System sei in der Entwicklung.

Minen

Der Minenkrieg zur See wird unterschiedlich bewertet. Während des Zweiten Weltkriegs verursachte er erhebliche Verluste und erforderte grosse Flotten von Suchfahrzeugen. Einer der erfolgreichsten Minen-Einsätze war derjenige gegen Japan im Jahre 1945, als 12'135 Minen in japanische und koreanische Gewässer gelegt wurden. 65 Kriegsschiffe und 605 Handelsschiffe mit 1,4 Millionen Bruttoregistertonnen der Japaner wurden versenkt.
Nach Kriegsende durchlief die Minenkriegführung eine Periode relativ geringen Interesses bei allen Marinen, vielleicht mit Ausnahme der Sowjetmarine. Dann aber führte die US-Marine einen Minenkrieg gegen Nord-Vietnam und verminte 1971 wohlüberlegt den Hafen von Haiphong. Andere Aktivitäten schlossen den angeblichen Versuch eines libyschen Handelsschiffes ein, 1984 das Rote Meer mit einer Anzahl Minen sowjetischer Bauart zu verseuchen. Eine internationale Operation wurde zur Minenräumung und Wiederherstellung dieses Seewegs durchgeführt. Eine Folge des wiederauflebenden Interesses am Minenkrieg ist ein merklicher Zuwachs der Typen und der Zahl der Verlegungen, Minensucher und -räumer sowie Minen-Jagd-Schiffe in vielen Marinen, speziell in der NATO.
Haupttypen der Minen sind Grundmine, Ankertau-, Treib- und aktive Mine. Grundminen (auf dem Meeresboden) sind überall im Gebrauch. Typisch ist die italienische MISAR MR-80 für Tiefen zwischen 8 und 300 Metern, die es in Ausführungen zwischen 600 kg und 1'139 kg gibt. Sie ist aus glasfaserverstärktem Kunstharz und hat eine Sprengladung von 400 bis 920 kg Tritolital, HBX-3 oder ähnlichem Sprengstoff. Die Mine ist zylindrisch und je nach Modell verschieden lang, aber der einheitliche Durchmesser von 53,3 cm erlaubt, sie aus den Torpedorohren von Unterseebooten zu legen. Auch Flugzeuge und Schiffe können sie verlegen. Sie sind gegen Schiffe und Unterseeboote gerichtet und werden über Druck-, Magnet- oder Geräusch-Sensoren gezündet. Ankertauminen gibt es in vielen Ausführungen. Die Torpedini A Rosario (TAR) ist für defensive Sperren bestimmt. Ein Kabel verbindet den Minenstuhl mit dem Minengefäss. In regelmässigen Abständen trägt das Kabel mehrere Explosivladungen als Räumschutz. TAR 16 kann bis 500 m Meerestiefe eingesetzt werden und trägt 16 solcher Sprengsätze, den untersten auf 300 m. Derart verteilte Sprengsätze schützen besser als eine einzelne Ladung gleichen Gesamtgewichts.
Die Sowjetmarine hat eine erhebliche Minenrüstung, um defensive ASW-Sperren zu errichten, aber auch um Unterseeboote und den Seeverkehr anzugreifen. Die raffinierteste Mine dürfte die Captor der US Navy sein, die weiter oben beschrieben wurde.

Links: Unterseeboote können ebenso Minen legen wie andere Schiffe oder Flugzeuge. Für eine Übung werden hier US-Captor-Minen in einen B-52 geladen. Sie werden mit Fallschirmen abgesetzt.

Kriegsschiffe hängen von ihren Radar-, Sonar- und und nichtakustischen Geräten, den Sensoren, vollkommen ab. Am wichtigsten ist Radar, um Flugzeuge und Seeziele zu orten, und es wird zur Navigation gebraucht. Das Luftverteidigungsradar wird möglichst hochgelegen montiert, um eine Rundum-Abdeckung und grösstmögliche Reichweite zu erzielen. Das See-Überwachungsradar ist in der Weite durch den Horizont begrenzt. Die Forschung verbessert auf diesem Gebiet Genauigkeit und Auflösungsvermögen, was mit einigen Geräten die Entdeckung eines Periskops ermöglicht. In vorderster Linie der Luft-/See-Radar-Technologie steht das US-Aegis-System. Es basiert auf dem SPY-1A mit elektronischer Abtastung und Festantenne. Eingesetzt wird es auf den Kreuzern der Ticonderoga-Klasse, deren zwei Paar Festantennen die mechanisch rotierenden Antennen überflüssig machen. Das System gibt auch die Zielansprache für Flugkörper-Verfolgung und Bahndaten für eigene Flugkörper weiter. Eine leichtere Ausführung, das SPY-1D, wird für die Arleigh-Burke-Klasse benutzt.

Wie ausgefeilt diese Systeme sein mögen, sie alle haben einen wunden Punkt: als aktive Sender sind sie von feindlichen Flugzeugen, Schiffen und Satelliten zu orten. Elektronische Techniken wie Breitband-Übertragung und Verfahrensweisen wie nur kurzzeitiger Einsatz des Radars können dem Gegner die Aufgabe erschweren, doch die einzige brauchbare Lösung scheint in Fernsensoren oder passiven Systemen zu liegen. Hierfür werden elektro-optische Geräte entwickelt, doch sind sie in ihrer Reichweite noch begrenzt und nicht fähig, zum Beispiel einen mit Überschall anfliegenden Flugkörper auf Wellenhöhe zu erfassen.

Die Unterseeboot-Überwachung ist ein Kuriosum heutiger friedlicher militärischer Aktivitäten. Es ist nötig, dass man soviel als möglich über die Unterseeboot-Aufstellung eines möglichen Gegners weiss, weil Änderungen auf einen Aufmarsch zum Krieg schliessen lassen. Um das zu erreichen, muss in der ASW Entdeckung und Identifizierung sozusagen auf Kriegszustand gehalten werden.

Für die meisten Überwasser-Schiffe sind Rumpfsonare die Hauptwaffe der ASW. Sie können aktiv oder passiv genutzt werden. Auf vielen Schiffen sind sie durch ein tiefenvariables Sonar ergänzt. Hauptproblem solcher Schiffe ist, dass Rumpfsonare nicht bei hohen Geschwindigkeiten benutzt werden können, während das tiefenvarible und das Schlepp-Sonar Geschwindigkeit und Manövrierfähigkeit behindern. Mit den ständig steigenden Geschwindigkeiten einiger Unterseeboote (die sowjetische Alfa-Klasse demonstrierte bei einem NATO-Manöver über 42 kn) verschlechtert sich die Lage. Das Problem kann durch Hubschrauber-Einsatz erleichtert werden. Auch über weite Entfernungen kann das feindliche Boot entdeckt und bekämpft werden. Nahezu alle Zerstörer und Fregatten haben deshalb mindestens einen Hubschrauber an Bord.

Radar

Das Wort Radar ist ein Akronym für radio detection and ranging (Funkmess-Ortung und -Entfernungsmessung). Im Prinzip werden Funkwellen gebündelt gesendet, die in gerader Linie mit Lichtgeschwindigkeit (300'000 km/Sek.) sich nach Erschöpfung der Sende-Energie verlieren oder ein Objekt oder das Ziel treffen. Das Ziel reflektiert einige der Wellen als Echo zu einem geeigneten, empfindlichen Empfänger, wo sie durch eine Kathodenstrahl-Röhre sichtbar gemacht werden. Die meisten Marine-Radare benutzen die höheren Frequenzen, die im allgemeinen für den Luftraum bei 1'200 MHz, den Seeraum bei 5'500 MHz und zur Feuerleitung bei 8'200 MHz liegen. Radar-Systeme übertragen Energie entweder pulsierend oder dauernd (CW). Bei pulsierender Übertragung schickt der Sender Funkwellen als Serie kurzer, kraftvoller Impulse aus, zwischen denen Pausen liegen, um das Echo zu empfangen. Die Echowellen sind zeitbezogen, um die Entfernung zum Ziel zu bestimmen. Eine Sende-Empfangsweiche (Duplexer) wird benutzt, um die ausgehenden Signale an die Antenne zu geben und rückkehrende Signale dem Empfänger zuzuleiten, wo sie verstärkt und sichtbar gemacht werden. CW-Radare (Dauerstrich-Funkmessgeräte) werden gegen sich bewegende Ziele verwendet, um deren Geschwindigkeit zu messen, und zur Flugkörper-Führung. Der Sender strahlt die Wellenenergie konstant ab aus der einen Antenne, empfängt mit der zweiten die Echo-Energie des sich bewegenden Ziels. Das Echo-

Rechts: Radar-Antennen auf einem französischen Zerstörer der Tourville-Klasse. Von vorn: DRBC-32D Artillerieleitung, DRBN-32 Navigation, Triton (Teil des Vega FCS), DRBV-26 Jupiter Luftüberwachung.

Signal wird mit einer Bezugsspannung der Sende-Frequenz verglichen, und die Differenz (Überlagerungs-Frequenz) ist die Doppler-Frequenzänderung, die das sich bewegende Ziel anzeigt. Impuls- und CW-Radare können im Impuls-Doppler-Radar kombiniert werden, das hochfrequente Dauerstriche in kurzen Perioden benutzt. Die Pulsfrequenz (prf) liegt viel höher als beim üblichen Impuls-Radar, die Pulslänge ist grösser. Dieser Radartyp misst sowohl Geschwindigkeit wie Entfernung.
Hauptaufgabe eines Luftüberwachungs-Radars ist es, Entfernung und Seitenrichtung eines weit entfernten Ziels zu bestimmen. Es benutzt niedrigere Frequenzen als ein Seeziel-Radar, um grosse Weiten und minimale Ungenauigkeiten zu erzielen. Grössere Impuls-Abstände steigern die Sendeenergie und helfen kleine Ziele in grosser Entfernung zu entdecken. Eine breite Radarkeule dient dazu, das überwachte Gebiet zu verbreitern und die Schiffsbewegungen auszugleichen.
Ein typisches Luftüberwachungs-Radar ist das französische TRS 3010 Jupiter, das auf den Zerstörern der Georges-Leygues-Klasse unter der Bezeichnung DBRV-26 in Gebrauch ist. Es arbeitet im D-Band (23 cm) mit 2 MW Spitzenleistung und einem Impuls von 2,5 Mikrosekunden bei 450 prf. Die Antenne, eine offene Drahtnetz-Konstruktion, misst 7,5 m Breite bei 3,0 m Höhe, wiegt etwa 1'000 kg und rotiert mit 7,5 bzw. 15 U/min. Bei einem Objekt von 2,0 m Durchmesser beträgt die Reichweite um 200 km.
Ein wichtiges Luftüberwachungs-Radar der Sowjetmarine ist Top Pair, das die Schlachtkreuzer der Kirov-Klasse und die Zerstörer der Sovremennyy-Klasse führen. Das System ist die Rücken-an-Rücken-Konstruktion zweier bereits bekannter Radare: Top Sail, ein dreidimensionales Luftüberwachungs-Radar im 1–2-GHZ-Band, bekannt von den Hubschrauber-Kreuzern der Moskva-Klasse, dessen Drehantenne, gitterförmig mit rhombischer Vorderansicht, beidseits 5,5 m misst und um 20° geneigt ist, und Big Net, ein D/E-Band-System für grosse Reichweite, installiert auf den Kreuzern der Kresta-I-Klasse und einigen Zerstörern der Kashin-Klasse. Diese massive kombinierte Anlage dürfte einige Tonnen wiegen und steht 48 m über der Wasserlinie. Bei der Stabilitätsrechnung dürfte es Schwierigkeiten gegeben haben.
Seeziel-Überwachungs-Radare sollen Entfernung und Richtung von Seezielen und tieffliegenden Flugzeugen ermitteln. Die grösste Weite ist durch den Radar-Horizont begrenzt, und hohe Frequenzen sind nötig, um maximale Echos von zum Beispiel Schiffsmasten und Unterseeboot-Periskopen zu empfangen. Typisch für sie sind vertikal weite Keulen, um niedrig fliegende Flugzeuge und Flugkörper zu entdecken und Schiffsbewegungen auszugleichen, und enge horizontale, um genaueste Seitenwinkel zu erhalten, gekoppelt mit kurzen Impulsen für kurze Weiten und Genauigkeit in der Entfernungsmessung.
Ein erfolgreiches Beispiel für ein solches Radars ist das ZW-06/1, verbreitet im Gebrauch auf mittleren Schiffen wie den Fregatten der brasilianischen Niteroi-Klasse, der niederländischen Kortenaer-Klasse und den argentinischen Zerstörern MEKO 360. Es arbeitet auf 8'000–9'500 MHz mit 19° vertikalem und 0,9° horizontalem Keulenwinkel. Die Antenne, ein 2,7 m breiter und 1,2 m hoher Parabol-Spiegel mit 24 U/min widersteht Windstärken von 185 km/h.
Feuerleitradare übernehmen von Überwachungs-Radaren entdeckte Ziele und messen genauestens Entfernung, Seitenwinkel und Höhe der Ziele. Sehr hohe Frequenzen werden benötigt, um eine schmale Keulenbreite mit vergleichsweise kleinen Antennenanlagen für genaue Zielbestimmung, geringe Ablage und Höhenfehler zu erreichen. Es gibt zwei Arten von Abtastung, die mechanische und die elektronische. Bei ersterer wird der Radarstrahl durch die Bewegung der Antenne gelenkt, wobei der Dipol in Bezug auf einen starren Reflektor bewegt werden kann, oder der Reflektor wird in Bezug zum Dipol bewegt. Die meisten Radarantennen rotieren, um 360° Abdeckung zu erreichen, aber Höhenmessungs-Radare schwanken, d. h. bewegen sich vor- und rückwärts in schaukelnder oder nickender Art. Eine Variante dieser Technik wird bei Feuerleitradaren gebraucht, um eine konische Abtastung zu erzielen, indem der Dipol nickt, während

Oben: Antennen des UdSSR-Trägers Minsk. Im Masttopp Top Knot Tacan, vor dem Mast Top Sail 3D Luftüberwachung und dahinter das Top Steer 3D, möglicherweise für Flugleitung.

Unten: Das LW-08-Fernbereichs-Luftzielortungs-Radar von Hollandse Signaal Apparaten auf Kortenaer. Vor dem Mast die runde Radarhaube des HSA-WM-25-Radar für gleichzeitige Suche und Verfolgung.

Unten: Die Insel des Trägers USS Enterprise nach dem Umbau 1979–81. Die grosse rechteckige Antenne in der Mitte gehört zum Fernbereichs-Luftüberwachungs-Radar SPS-48 C.

der Reflektor feststeht. So wird eine Radarkeule erzielt, die sehr schnell in konischer Form rotiert, wobei die Spitze der Keule im Mittelpunkt der Antenne liegt. Beim elektronischen Verfahren wird die Abtastung mit elektronischen Mitteln durchgeführt.

Eine Kombination beider wird ebenfalls bei einigen Anlagen benutzt. Als Beispiel hier das SPS-52C der US Navy, das eine dreidimensionale Erfassung aus einer einzelnen Antenne erbringt, wobei die elektronische Abtastung die Höhe, die mechanische Rotation der Antenne den Azimut erfasst. Die Antenne selbst ist eben und um 25° gekippt, um grosse Höhenwinkel zu erfassen, und besteht aus Reihen geschlitzter Hohlleiter mit Abstrahlungs-Elementen.

Das womöglich fortgeschrittenste Waffensystem Boden-Luft, das heute vorhanden ist, ist das Aegis der US Navy, in dem das SPY-1 ein Hauptbestandteil ist. Dieses Mehrfach-Radar hat eine Phasen-Abtastungs-Anlage von 3,65 x 3,65 m, steht paarweise auf den vorderen und achteren Deckshäusern, um eine Rundum-Abdeckung zu erreichen. Jede Anlage hat 4'100 einzelne Elemente, kontrolliert von UYK-1-Digital-Computern, um vielfache Radarkeulen zur Zielsuche zu erzeugen und zu steuern, entdeckte Ziele zu verfolgen. SPY-1 verfolgt auch eigene Flugkörper und gibt Zielbestimmungs-Daten an die Zielbeleuchter-Radare, von denen es vier auf jedem Schiff gibt, um Standard-Flugkörper mit aktiver Zielsuche zu lenken.

Das dreidimensionale SPY-1 sucht fortwährend mit einer einzelnen horizontalen Keule bis 45 sm Entfernung nach plötzlich auftauchenden Zielen, während es mehrmals pro Minute eine Halbkugel von 175 sm Radius überwacht. Ist ein Ziel entdeckt, kann der Kontroll-Computer des Radars innerhalb einer Sekunde ihm weitere Keulen zuweisen, und eine glatte Bahn zum Ziel wird in kürzerer Zeit erreicht, als eine mechanisch abtastende Radarantenne für eine Umdrehung braucht. Ist das mögliche Ziel aufgefasst, muss ohne Verzögerung festgestellt werden, ob es freundlich oder feindlich ist, wozu ein automatisches Erkennungssystem notwendig ist. Obgleich technisch kein Radarsystem, wird die Freund/Feind-Kennung (IFF) gewöhnlich in Verbindung mit Radar benutzt, um ein befreundetes Schiff oder Flugzeug automatisch zu erkennen. Ist mit dem Radar ein Ziel gefunden, sendet der Anfrager ein IFF-Signal. Ist das Ziel mit dem geeigneten Antwortgerät ausgerüstet und empfängt das codierte Signal, wird es automatisch codiert antworten.

Sonar

Einsatzaufträge für U-Boote folgen meist einem von drei Mustern, die vom Bootstyp und seiner Rolle abhängen. Aber alle Unterseeboote müssen aus einer Basis auslaufen, die sich zumeist an der Oberfläche befindet und durch Sicht, Funkaufklärung, Satelliten-Beobachtung und Sensoren auf dem Meeresboden auf oder neben den Auslaufkursen beobachtet werden kann. Wenn sie nicht auf ein Gebiet wie die Ostsee beschränkt sind, müssen sie die Flachwasser des Kontinental-Schelfs durchqueren, wo sie leicht zu entdecken sind, ehe sie das offene Meer erreichen. Einige, speziell sowjetische Unterseeboote, müssen Strecken durchqueren, die entweder in der Tiefe oder Breite Engpässe darstellen, in denen eine Entdeckung besonders leicht ist.

Nach Verlassen des Schelfs wird ein SSBN gewöhnlich auf Tiefe gehen und schnellstens, sofern mit seiner Sicherheit vereinbar, dem Einsatzgebiet zueilen. Dort wird es mit ca. 3 kn kreuzen und sich entsprechend den vorherrschenden ozeanischen Bedingungen in verschiedenen Tiefen zu verbergen suchen. Das SSBN muss sich bis zu einem gewissen Grad exponieren, wenn es sich mit heimatlichen Kommandobehörden verständigen oder sein Trägheits-Navigations-System überprüfen muss. SSN sind schneller und wendiger und operieren in grösseren Tiefen, aber auch sie müssen gelegentlich Kontakt mit ihrer Basis oder Kampfgruppe aufnehmen.

Dieselelektrische Boote müssen regelmässig auftauchen, um den Dieselmotoren Luft zuzuführen zur Batterie-Aufladung. Dazu brauchen sie nur den Schnorchelkopf über Wasser zu halten, aber schon damit bieten sie ein leichtes Ziel für heutige Radare und Infrarot-Sensoren, und die Auspuffgase können von den Riechgeräten der meisten ASW-Flugzeuge erfasst werden, falls sie nicht unter Wasser ausgestossen werden.

Ein typisches ASW-Gefecht, ob Schiff, Flugzeug oder anderes U-Boot, hat sechs Phasen: Suche, Kontakt, Annäherung, Angriff, Kampf und, im unentschiedenen Fall, Absetzen. In der Suchphase wird das jagende Subjekt entweder ein generelles Suchmuster ausführen oder, als Teil einer Kampfgruppe, im zugewiesenen Gebiet operieren. In letzterem Fall sind sowohl Unterseeboote wie Schiffe oft dadurch gehemmt, dass die Geschwindigkeit der Gruppe ausserhalb der idealen ASW-Such-Geschwindigkeit liegt. In diesem Stadium der Operation muss der Jäger vermeiden, entdeckt zu werden, und wird passive Sensoren einsetzen, vielleicht in Zusammenarbeit mit anderen Informationsträgern wie Satelliten und SOSUS.

Ein Kontakt sollte zwei Elemente umfassen, Entdeckung und Klassifizierung. Entdeckung ist ein Anzeichen, dass sich ein mögliches Ziel im Suchgebiet befindet. Klas-

Aegis-Kreuzer mit integrierten Waffen und Sensoren

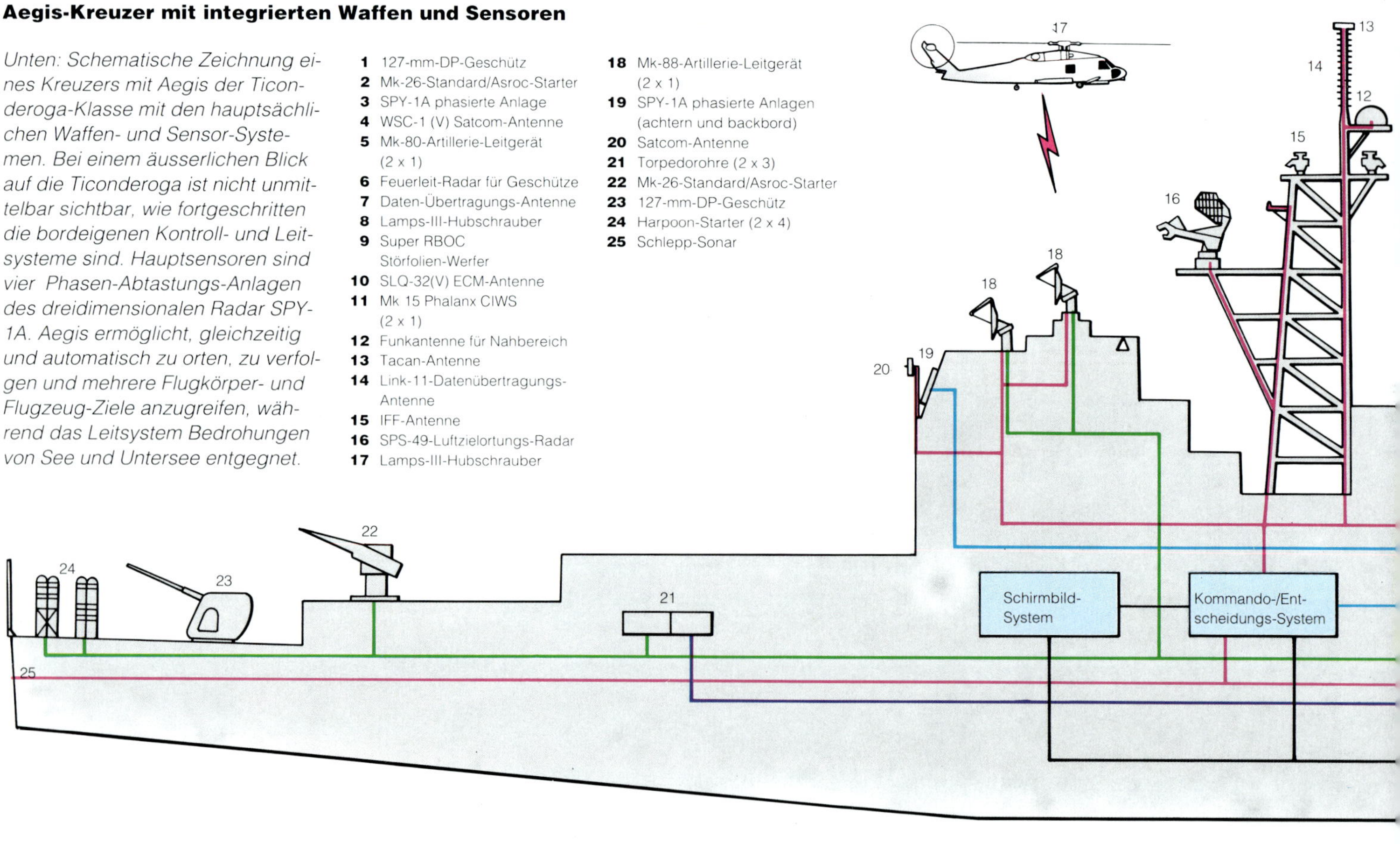

Unten: Schematische Zeichnung eines Kreuzers mit Aegis der Ticonderoga-Klasse mit den hauptsächlichen Waffen- und Sensor-Systemen. Bei einem äusserlichen Blick auf die Ticonderoga ist nicht unmittelbar sichtbar, wie fortgeschritten die bordeigenen Kontroll- und Leitsysteme sind. Hauptsensoren sind vier Phasen-Abtastungs-Anlagen des dreidimensionalen Radar SPY-1A. Aegis ermöglicht, gleichzeitig und automatisch zu orten, zu verfolgen und mehrere Flugkörper- und Flugzeug-Ziele anzugreifen, während das Leitsystem Bedrohungen von See und Untersee entgegnet.

1 127-mm-DP-Geschütz
2 Mk-26-Standard/Asroc-Starter
3 SPY-1A phasierte Anlage
4 WSC-1 (V) Satcom-Antenne
5 Mk-80-Artillerie-Leitgerät (2 x 1)
6 Feuerleit-Radar für Geschütze
7 Daten-Übertragungs-Antenne
8 Lamps-III-Hubschrauber
9 Super RBOC Störfolien-Werfer
10 SLQ-32(V) ECM-Antenne
11 Mk 15 Phalanx CIWS (2 x 1)
12 Funkantenne für Nahbereich
13 Tacan-Antenne
14 Link-11-Datenübertragungs-Antenne
15 IFF-Antenne
16 SPS-49-Luftzielortungs-Radar
17 Lamps-III-Hubschrauber
18 Mk-88-Artillerie-Leitgerät (2 x 1)
19 SPY-1A phasierte Anlagen (achtern und backbord)
20 Satcom-Antenne
21 Torpedorohre (2 x 3)
22 Mk-26-Standard/Asroc-Starter
23 127-mm-DP-Geschütz
24 Harpoon-Starter (2 x 4)
25 Schlepp-Sonar

sifizierung ist ein Verfeinerungsprozess, der bestätigt, dass der Kontakt wirklich ein Unterseeboot ist, nicht ein Handelsschiff, ein Wal oder sonst ein harmloses Objekt. Eine Überprüfung der akustischen Signatur durch die Datenbank des Jägers sollte wenigstens allgemein Aufschluss geben und kann endgültige Information über Typ, Klasse und unter Umständen ein bestimmtes Boot geben. Die Annäherungsphase beginnt mit der Verfolgung, normalerweise mit passiven Mitteln, um nicht vom Objekt bemerkt zu werden, gefolgt von der Lokalisierung, bei der sich der Jäger in eine Angriffsposition manövriert. In der Angriffsphase sollte der Jäger in der Lage sein, seine Waffen im Vertrauen darauf einzusetzen, dass das Ziel getroffen wird. Die meisten Unterseeboote werden auf halbe wirksame Torpedo-Laufstrecke (10 bis 12 sm) herangehen, bevor sie mit einer Trefferaussicht schiessen; das ist verhältnismässig nahe. Wenn auch die meisten Torpedos eigene akustische Sensoren und in vielen Fällen Draht-Verbindung zum Boot haben, gibt es viele Einschränkungen der Erfolgschancen.
Wenn der erste Angriff fehlgeht, wird ein Kampf auf nahe Entfernung folgen, eine Phase der ASW, in der die mechanische Zuverlässigkeit des Unterseeboots die Hauptrolle spielt. Gibt es in dieser Endrunde keine Entscheidung, heisst es sich abzusetzen und zurückzukehren zu den vormaligen Bedingungen leiser, unbeobachteter Operation. Das Finden, Jagen und Besiegen von Unterseebooten kann in vier Bereiche unterteilt werden, je nach Art des Jägers und Auftrags: Unterseeische ASW, ASW auf der See, ASW aus der Luft und Überwachungs-ASW. Alle sind ähnlichen Problemen unterworfen, deren grösstes die Natur der Ozeane selbst ist.

Akustische Energie kann unter Wasser bedeutende Entfernungen zurücklegen, und Geräuschübertragungen werden, wie Radar in der Atmosphäre, von festen Objekten reflektiert. Diese Echos können von geeigneten, empfindlichen Empfängern entdeckt werden. Die Entdeckung ist erst der Beginn eines mühevollen Verfahrens der Identifizierung und Klassifizierung, ein Verfahren, das durch die ozeanische Umgebung erschwert wird, dessen dynamische Art dem atmosphärischen Wetter gleicht, schwer vorherzusagen, zu kennzeichnen, da nur wenige Erscheinungsformen der Meere vom menschlichen Auge wahrgenommen werden können. Zwei der bekannteren Charakteristika der Meere sind der Gehalt an gelösten Stoffen und der mit zunehmender Tiefe wachsende Druck. Es gibt viele andere Faktoren, wie der unterschiedliche Salzgehalt, Temperaturunterschiede, unterseeische Ströme und Gegenströme und Wellen, Form und Beschaffenheit des Meeresbodens und das Vorhandensein von Makro- und Mikroorganismen. Dazu kommen natürliche Geräusche (Wellen) und vom Menschen erzeugte Geräusche (Schiffe, Bohrinseln und Häfen), die überraschend grosse Entfernungen zurücklegen. Alle diese Charakteristika haben Einfluss auf die akustischen und optischen Eigenschaften des ozeanischen Lebensraumes.
Aktive Sonargeräte übertragen akustische Impulse im hörbaren Frequenzband (ungefähr 5 bis 20 kHz) mit Pulsabständen von 12,5 bis 700 Millisekunden. Frequenz und Impulsfolge müssen veränderlich sein, um den vorherrschenden ozeanischen Bedingungen angepasst werden zu können. Aktive Sonare arbeiten in Unterseebooten, Schiffen und abgeworfenen Bojen. Sie werden auch in Torpe-

Oben: Die Doppelantenne des Mk-91-Feuerleitsystems auf USS Hewitt (DD 966) zur Zielverfolgung und Zielbeleuchtung für das Sea-Sparrow-Flugkörper-System.

Unten: Achterer Aufbau auf USS Ticonderoga mit einem der vier planaren SPY-1A, einem Mk-80-Artillerie-Leitgerät und einer AS-3018A-Satcom-Antenne.

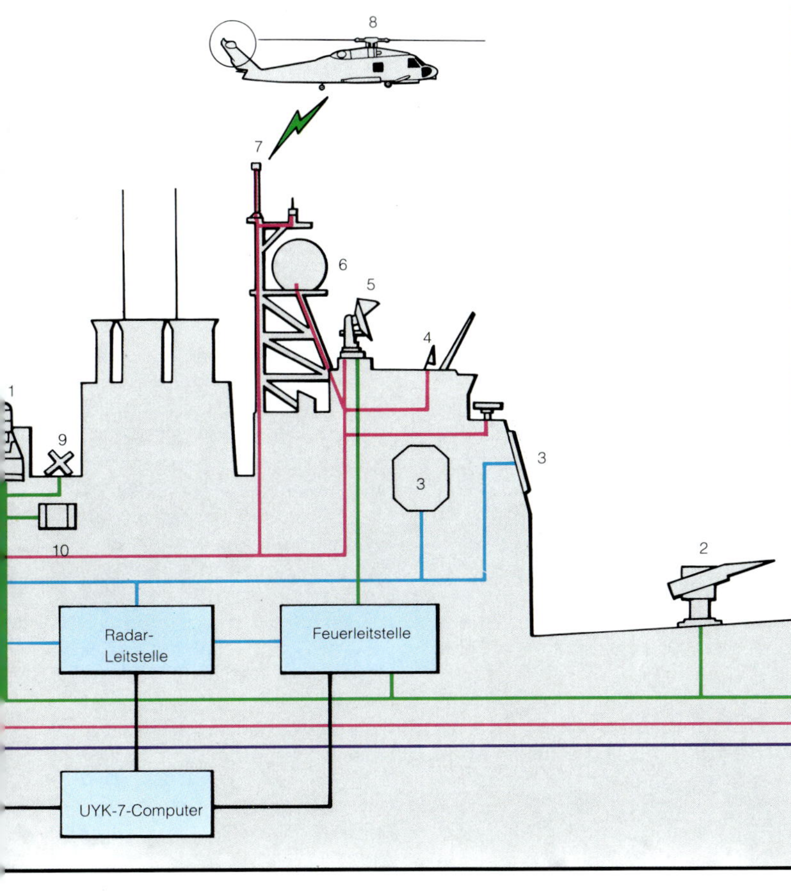

dos verwendet, aber mit einer höheren Frequenz (20 bis 35 kHz), da die kürzere Reichweite durch grössere räumliche Auflösung ausgeglichen wird.
Charakteristisch für alle sich bewegenden Unterwasser-Transduktoren ist, dass die relative Bewegung zwischen akustischem Sender/Empfänger und umgebendem Wasser Geräusch erzeugt. Eine weitere Erschwernis ist, dass die Übertragungs-Energie durch den Kavitationseffekt begrenzt wird, der Gasblasen an der Oberfläche des Sendergehäuses erzeugt. Wohl die grösste Schwierigkeit sind die Schwankungen der vorherrschenden Bedingungen, weshalb es meist notwendig ist, mehrere unterschiedliche Sonargeräte mitzuführen.
Das Hauptproblem des aktiven Sonars lag stets in seiner Eigenschaft, seine Gegenwart zu verraten, den Gegner aufmerksam zu machen und ihm Ausweichbewegungen zu ermöglichen. Das gilt besonders für Flugzeuge, deren Gegenwart für getauchte Unterseeboote sehr schwer festzustellen ist, bis eine Sonoboje sendet.
Aktive Sonarsysteme enthalten eine Vielzahl von Transduktoren in bestimmter Anordnung. Überwasser-Schiffe benutzen eine zweidimensionale Anordnung in Form von flachen Kreisen oder Rechtecken. Ein typisches heutiges System ist das SQS-26 der US-Marine. Es hat 576 Transduktoren (Quarzkristalle zur Ton-Erzeugung) in zylindrischer Anordnung, untergebracht in einer grossen gewölbten Haube hinter dem Stevenfuss. Solche Bugsonare sind meist durch einen weit ausladenden Bug kenntlich, so bei der Mehrzahl der ASW-Schiffe der US Navy. Ein weniger ausladender Bug, wie beispielsweise bei britischen Schiffen, deutet normalerweise auf ein Rumpfsonar (unter dem Kiel) hin. Zylindrische Anordnungen werden üblicherweise im Bug von Unterseebooten verwendet. Alle diese Geräte sind starr, und die Suchstrahlen werden elektronisch geformt, um eine Richtungsauflösung zu erzielen, während die Doppler-Frequenzverschiebung im Echo ein sich bewegendes Ziel anzeigt (MTI). Ein sehr langsam sich bewegendes Ziel mit niedrigem Doppler-Effekt in einer geräuschvollen oder sehr echoreichen Umgebung ist bekanntermassen schwer zu entdecken.
Gegenwärtig ist das wirksamste Unterseeboot-Aktiv-Sonar das BQQ-5 der US Navy, das auf den Booten der Los-Angeles-Klasse (SSN) installiert ist, und das britische Typ 2020 auf der Trafalgar-Klasse. Das BQQ-5 ist im Bug in Form einer Halbkugel montiert und durch SADS in andere Bordsysteme wie MIDAS, Unter-Eis-Systeme und das vorn aufgestellte winkelgetreue Sonar integriert. (SADS: Zusatzsystem zur aktiven Aufspürung von U-Booten, MIDAS: Gerät zur Minenortung und Umgehung).
Unterseeboote werden alle in ihrer Macht stehenden Mittel ausnutzen, um einer Entdeckung zu entgehen. Auf Tiefe gehen und die ozeanischen Bedingungen nutzen ist eine der Taktiken. Eine der möglichen Gegenmassnahmen des Unterseeboot-Jägers an der Oberfläche ist das tiefenvariable Sonar (VDS), dessen Sende-/Empfangs-Kopf unter die Temperaturschicht-Grenzen abgesenkt wird. Das französische DUBV 43B, ein typisches VDS-System, wird auf den neuesten ASW-Schiffen der französischen Marine, den Zerstörern der Georges-Leygues-Klasse, eingesetzt. Das am Heck befindliche VDS hat einen 5,5 m langen, 1,7 m breiten und 7'750 kg schweren Schwimmkörper. Das Sonar ist zylindrisch mit 192 Transduktoren in 24 waagerechten Stäben zu je acht. Es wird an einem 250 m langen Kabel ausgebracht und kann auf Tiefen zwischen zehn und 200 m gefahren werden. Das System braucht 96 kW auf Maximaltiefe.

Andere Sonar-Entwicklungen zielen auf Verbesserung der Aufspür-Fähigkeit ab, bei gleichzeitiger Minderung der charakteristischen, verräterischen Signatur. Eine Methode wird in den USA erprobt: die Breitband-Übertragung. Die Signal-Energie wird über einen breiten Frequenzbereich in einem Muster ausgebreitet, das nur dem Sender/Empfänger bekannt ist. Wenigstens in der Theorie soll sich das Signal auf diese Art im allgemeinen ozeanischen Geräusch verlieren. Das System hat dadurch einen weiteren Vorteil, dass es die Schwankungen des Schallweges, die der ozeanischen Umgebung eigen sind, zu überwinden hilft.
Parametrisches Sonar war ebenfalls Gegenstand vieler Untersuchungen. Das System beruht auf der Mischung zweier hoher Frequenzen, um eine Frequenz-Differenz (höhere abzüglich niedrigere)

Schallfortpflanzung

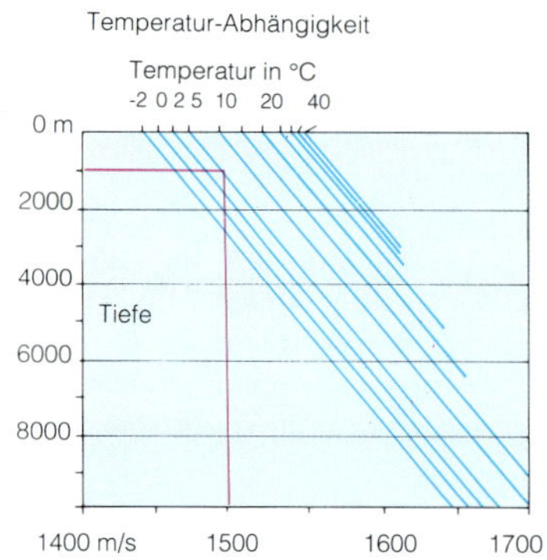

Oben: Akustische Energie wandert unter Wasser über grosse Entfernungen. Ihre Geschwindigkeit hängt von verschiedenen Faktoren ab, zum Beispiel vom Salzgehalt. Das Diagramm zeigt die Geschwindigkeit bei 3,5% Salzgehalt in 948 m Tiefe bei 5° C. Unter diesen Bedingungen beträgt sie 1'494 m/s.

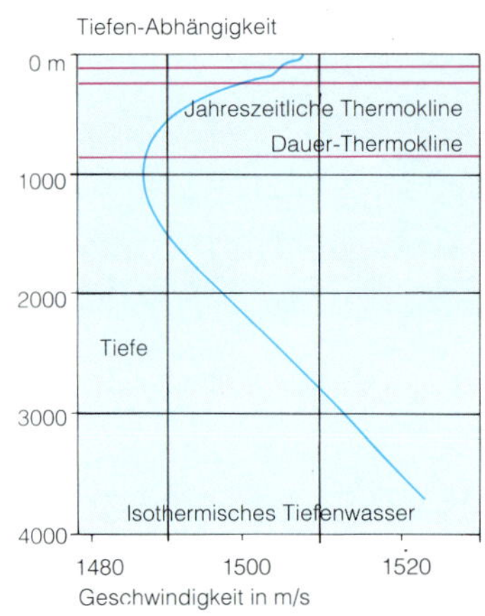

Oben: Die Grafik zeigt die Schallgeschwindigkeit in gemässigter Umgebung. Sie ist in der Dauer-Thermokline (auch als Tiefton-Kanal bekannt), deren Lage zwischen 300 und 400 m variiert, am geringsten.

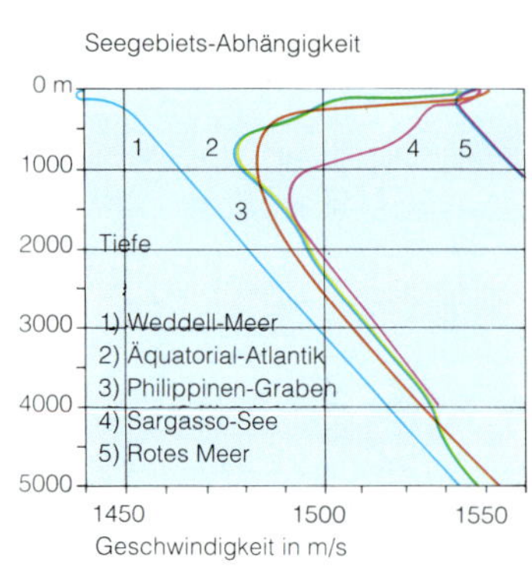

Oben: Die akustischen Charakteristika der Meere unterscheiden sich erheblich. Die Schallgeschwindigkeit ändert sich mit der Tiefe der verschiedenen Seegebiete. Solche Veränderungen sind für ASW-Flugzeuge von besonderem Interesse beim Abwurf von Sonobojen an weit voneinander entfernten Orten.

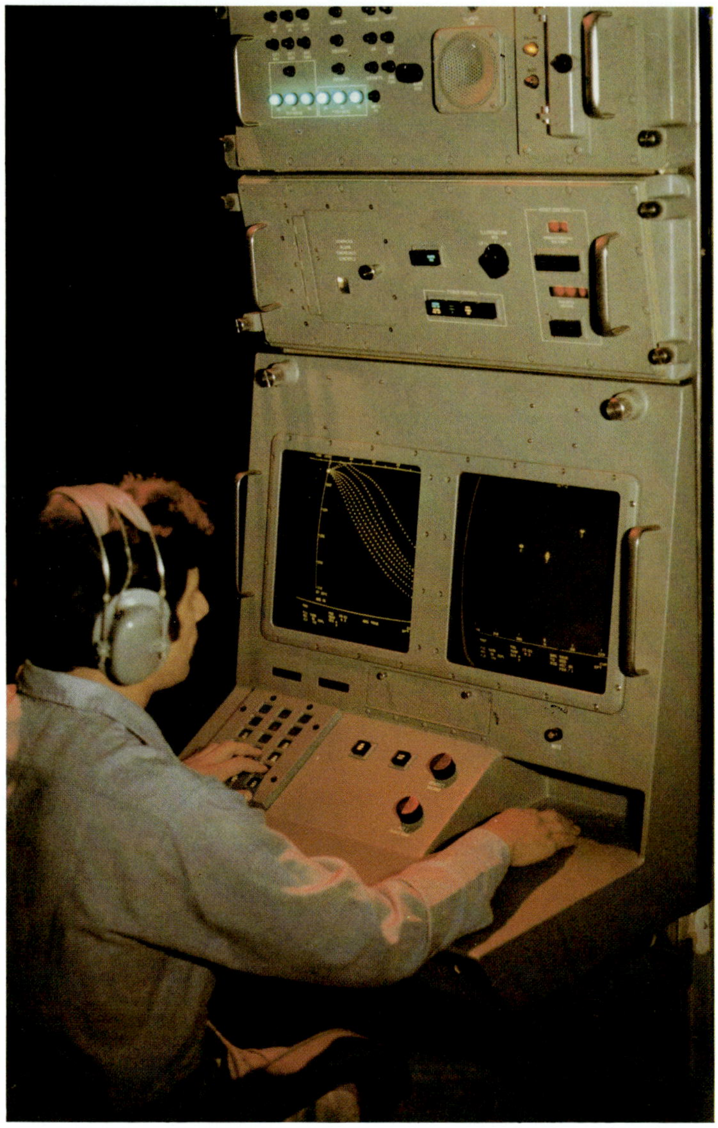

Oben: Bedienkonsole des EDO-780-Sonarsystems für kleine Schiffe. Die Darstellung links zeigt die vorhergesagten Übertragungswege unter Umgebungsbedingungen, wobei Salzgehalt, Temperatur usw. berücksichtigt sind. Rechts zeigt sich ein möglicher Kontakt.

zu erhalten, die dann für die Übertragung benutzt wird. Sorgfältige Wahl der beiden Grund-Frequenzen kann ein brauchbares Sonar-Signal ergeben, normalerweise im Bereich 100 bis 1000 Hz, das eine enge Bandbreite hat, ähnlich der originalen höheren Frequenz. Das ergibt eine bessere räumliche Auflösung, als mit den breiteren Bandbreiten und niedrigen Frequenzen üblicher Suchstrahlen erreicht werden kann. Obwohl das parametrische Sonar bereits bei der Minenjagd und zur Navigation gebraucht wird, ist es in seiner Anwendung beschränkt durch Probleme bei der elektronischen Abtastung und die Schwierigkeit, die Transduktoren in annehmbarer Grösse zu bauen.

Die Bedeutung des passiven Sonars wächst geschwind, da keine Sendeenergie die Position des Jägers verraten kann, sondern nur die Eigengeräusche des Zielobjekts empfangen werden. Als Detektor fungiert ein Hydrophon, ein sehr empfindliches Horchgerät, das auf Unterseeboot-Geräusche ausgelegt ist. Diese Unterwasser-Schallempfänger können den Aufgaben entsprechend in einer Vielzahl von Anordnungen aufgestellt werden; die entscheidenden Unterschiede liegen in der Signal-Auswertung. Passive im Rumpf geführte Sonare benutzen meist die gleichen Anlagen wie aktive. Mit einer halbkugeligen Anordnung auf einem Unterseeboot, bei Verwendung digitaler Aussteuerung, können horizontal 270° und vertikal 50° abgedeckt werden.

Es gibt zwei Arten der Verarbeitung und Auswertung, eine für Schmalband, eine für Breitband. Erstere braucht eine ausgeklügelte Technik mit Analysatoren für das Spektrum und hoher Computerleistung, um Informationen zu erhalten, obgleich Fortschritte bei Mikroprozessoren das Leistungsproblem verringern. Die USA ist darin führend auf der Welt, auf diesem Gebiet speziell vor der UdSSR.

Andererseits untersucht die Breitband-Verarbeitung das gesamte Spektrum einkommender Geräusche und trennt beständige, wie die Strömung am Unterseeboot, von gelegentlichen Geräuschen. Die Tendenz geht dahin, sie für die erste Entdeckung eines unterseeischen Ziels zu verwenden, seine Bewegung in Bezug auf das Suchfahrzeug zu analysieren. Am nützlichsten ist sie, wenn die vom Ziel ausgehenden Geräusche sich vom Geräuschpegel der Umgebung abheben. Die Verarbeitung von Flüchtig-Schall ist eine neue Technik, die das Erfassen und die Analyse plötzlicher Geräusche von kurzer Dauer zum Inhalt hat, wie zum Beispiel Start einer Waffe oder zufälliges Maschinengeräusch. Das trägt zum Nutzen der Breitbandverarbeitung bei.

Unterseeboote und Schiffe auf der Oberfläche benutzen geschleppte Sonar-Geräte, die bis zu mehrere hundert Hydrophone enthalten; sie werden an langen Kabeln hinter dem Schiff geschleppt.

Ein typisches geschlepptes Sonar, Teil des Systems BQQ-5, das auf den SSN der Los-Angeles-Klasse verwendet wird, hat ein 800 m langes, 9,5 mm dickes Kabel. Das Gerät mit einem Durchmesser von 82,5 mm enthält Hydrophone und Elektronik, darunter auch einen Multiplexer zur Verringerung der Leiter im Kabel. Es dürfte nicht überraschen, dass eine solche Anlage die Manövrierfähigkeit des schleppenden Schiffs behindert, zumal sie gerade ausgerichtet sein muss, um verständliche Signale zu erhalten. Ausserdem ist die Schleppgeschwindigkeit begrenzt, da das Gerät eigenfrequenten Schwingungen unterworfen ist, sobald es jenseits einer bestimmten Geschwindigkeit durch das Wasser bewegt wird. Einem geraden Kurs bei langsamer Geschwindigkeit zu folgen, macht das schleppende Schiff sehr verwundbar. Bei Überwasser-Schiffen wächst das Problem dann, wenn es sich von einer Kampfgruppe trennen muss, um eine hervorragende Sonar-Leistung zu erzielen. Wie die Erfahrungen der britischen Radar-Vorpostenschiffe 1982 im südatlantischen Krieg zeigen, sind solche Alleinfahrer höchst anfällig. Für Überwasser-Schiffe ist die Stauung geschleppter Geräte hauptsächlich eine Frage, Platz für die Ausrüstung auf dem Achterdeck zu finden. Für Unterseeboote sieht es noch schlimmer aus. Die Los-Angeles-SSN stauen ihre Geräte in Röhren zwischen Druck- und Hüllkörper mit der Winde im vorderen Ballasttank. Vorangehende Klassen mussten das Kabel in einer Halterung fahren, sobald sie den Hafen verliessen, und mussten es am Ende der Fahrt wieder aufnehmen, eine umständliche Einrichtung, obgleich sie den Vorteil hatte, die Zahl der benötigten Geräte klein zu halten. Ein Vorteil geschleppter Geräte für U-Boote ist, dass sie die einzige Möglichkeit sind, hinter sich aufzuklären.

Eine besondere Anwendung des passiven Sonars ist das Überwachungs-System (SOSUS). Es besteht aus Serien hydrophonischer Netzwerke auf dem Meeresgrund im Pazifik und Atlantik. Die FFQ-

Sonar-Ortung

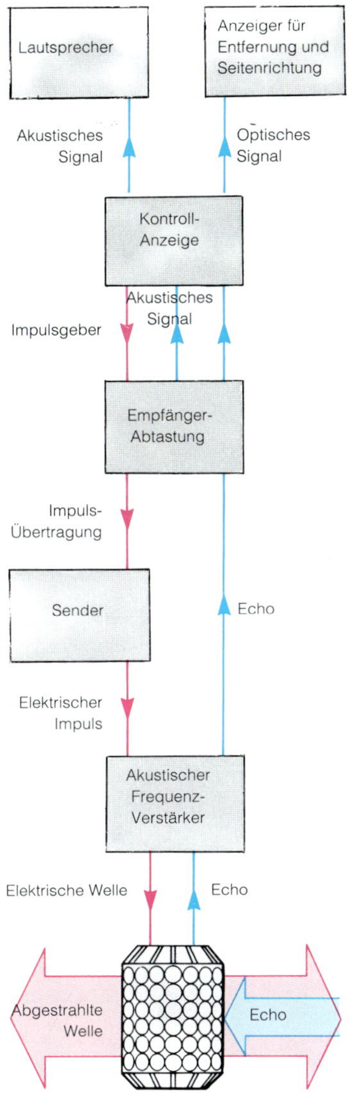

Oben: Die Haupt-Geräte in einem aktiven Sonar-System. Der Sender-Ausgang rot, der Empfänger-Eingang blau. Die Schwing-Kristalle sind hier zylindrisch angeordnet, aber auch andere Anordnungen werden benutzt. Der elektronisch geformte Sendestrahl gibt die Richtung an, das rückkehrende Doppler-Signal die Bewegung des Ziels.

Oben: SQR-18 TACTAS (geschleppter taktischer akustischer Sensor) der US Navy hat acht Modul-Hydrophon-Abschnitte. Hier auf einer Fregatte der Knox-Klasse vom Heck am Kabel geschleppt.

Unten: Bei der Sonar-Ortung von Hubschraubern aus wird ein getauchtes Sonar wie das US-AQS-13B, aktiv und passiv arbeitend, hier von einem AB 212 der italienischen Marine, verwendet.

10(V)-Sensor-Stationen liegen 8 bis 14 km auseinander und sind durch Kabel mit Küstenstationen verbunden. Sie sollen von Unterseebooten ausgehende Geräusche von den üblichen Hintergrundgeräuschen des Meeres unterscheiden. Kontakte durch SOSUS werden dann von ASW-Flugzeugen überprüft. Es sind landgestützte Typen wie die P-3 Orion, Nimrod MR.2 oder Atlantic, die schnellstens ins gemeldete Gebiet fliegen. Kein Zweifel, dass im Lauf der Jahre die Sowjetmarine diese US-Systeme wenigstens zum Teil lokalisiert hat, beispielsweise die an der Küste gelegenen Verarbeitungs-Stationen. Sie wird darauf vorbereitet sein, im Spannungs- oder Kriegsfall die Verbindungen zu unterbrechen. Wahrscheinlich hat auch die UdSSR Überwachungs-Systeme, die die Zugänge zu den Operationsgebieten der SSBN in der Barents-See und im Ochotskischen Meer sichern.
Weil SOSUS unbeweglich und verwundbar ist, wandte sich die US Navy einem neuen Konzept zu, der Überwachung durch Schleppsonar (SURTASS). Die geschleppte Anlage ist möglicherweise bis 5 km lang und wird von Spezialschiffen (T-AGOS) mit 3 kn geschleppt. 1987 bestand die T-AGOS-Flotte aus 24 Schiffen mit ziviler Besatzung von 29 Mann, die Überwachungsfahrten von 90 Tagen durchführen. Die akustischen Daten werden teils an Bord verarbeitet, ehe sie durch das Verteidigungs-Satelliten-Nachrichtensystem zur Küstenstation in Norfolk, Virginia oder Pearl Harbor, Hawaii, übertragen werden, wo die Weiterverarbeitung erfolgt.

Nicht-akustische ASW-Sensoren

Ein getauchtes Unterseeboot, das sich durch das Wasser bewegt, hinterlässt ein Kielwasser, und die-

Oben: Ein Taucher der US-Marine wirkt zwergenhaft neben der Sonar-Anlage, die er überprüft, ehe sie bei der Insel Andros (Bahamas) auf den Meeresgrund versenkt wird.

se Turbulenz, konisch in der Form, erreicht vielleicht die Oberfläche weit hinter dem Boot. Dort verursacht sie kleine Störungen im Wellenmuster. Solche Störungen können mit aktivem Sonar entdeckt werden, aber die USA, die UdSSR und weitere Länder experimentieren mit dem OTH-B, dem über den Horizont reichenden Echopegel-Radar. Eine Bemühung, viel weiter entfernte Erscheinungen zu entdecken. Diese Experimente müssen einigen Erfolg gehabt haben, denn im Februar 1986 wurde bekannt, dass die USA zwei OTH-Anlagen baut, eine auf der Insel Amchitka in den Aleuten, die zweite auf Guam in den Marianen, und eine dritte wird von den USA und Japan gemeinsam bei der Insel Okinawa errichtet. Drei dieser OTH-Anlagen werden dann auf weiteste Entfernung das Japanische Meer, das Ochotskische Meer und die sibirische Küste einsehen und sind offensichtlich hauptsächlich zur Entdeckung von Unterseebooten bestimmt.
Abhängig von der Tiefe und den ozeanischen Verhältnissen, kann die Kielwasser-Turbulenz kaltes Wasser nach oben treiben, wo es sich mit dem wärmeren Oberflächenwasser mischt. Das bewirkt einen Temperaturunterschied, der durch Sensoren von Satelliten oder Flugzeugen entdeckt werden kann. Fährt ein U-Boot nahe der Oberfläche, verursacht es eine geringe Anhebung des Wasserspiegels über dem Rumpf, und diese ist möglicherweise von Satelliten zu erfassen. Es ist bekannt, dass die UdSSR sich für diese Technik interessiert. Die USA haben wenigstens einen Satelliten (SEASAT), dessen Funkhöhenmesser mit einer vertikalen Genauigkeit von 10 cm arbeitet. Man kann annehmen, dass militärische Systeme ein noch besseres Auflösungsvermögen haben. Unterseeboote sind auch durch die elektrischen und Magnetfelder zu erkennen, die sie selbst schaffen. Einem sowjetischen Autor folgend, finden am Unterseeboot-Rumpf elektro-chemische Prozesse statt, die veränderliche elektrische Potentiale erzeugen, deren zwischen ihnen fliessenden Ströme Seewasser als leitendes Medium haben. Das Verhältnis des Wechsels der daraus resultierenden elektrischen und elektro-magnetischen Felder kann durch empfindliche Geräte, wie sehr grosse Spulen auf dem Meeresgrund, entdeckt werden.
Der Rumpf eines Unterseeboots ist hauptsächlich ein eiserner Körper, der sich durch die Kraftlinien des Magnetfelds der Erde bewegt, damit eine magnetische Anomalie schafft, die durch einen Magnet-Anomalie-Detektor (MAD) erfasst werden kann. Eine MAD-Ausrüstung ist als Ausleger hinter dem Leitwerk von Starrflüglern angebracht oder in aerodynamischen Körpern, bekannt als «Vögel», die am Kabel von Hubschraubern gezogen werden. Alle fortschrittlichen ASW-Flugzeuge sind mit solchen Anlagen ausgerüstet. MAD-Technik ist nicht zum Absuchen grosser Gebiete geeignet, denn seine Spürweite beträgt nur etwa 300 m, aber sie ist unschätzbar zur präzisen Lokalisierung von Unterwasser-Zielen, die von anderen Mitteln aufgespürt wurden. Die Verwendung von Titan-Rümpfen, wie in der sowjet. Alfa-Klasse, führt eine neue Überlegung ein, denn Titan ist antimagnetisch und kann so nicht entdeckt werden.
Seewasser ist ein starker Licht-Absorber, aber durchlässig für Licht im blau-grünen Anteil des sichtbaren Spektrums. Man hat sich angestrengt, diese Eigenheit zur Nachrichten-Übermittlung auszunutzen, indem ein blau-grüner Laserstrahl von Satelliten ins Zielge-

Unten: Eine topographische Reliefkarte der Ozeane der Welt, die 1982 vom US-SEASAT-System zusammengetragen wurde. Die Ergebnisse militärischer Satelliten dürften sehr viel genauer sein.

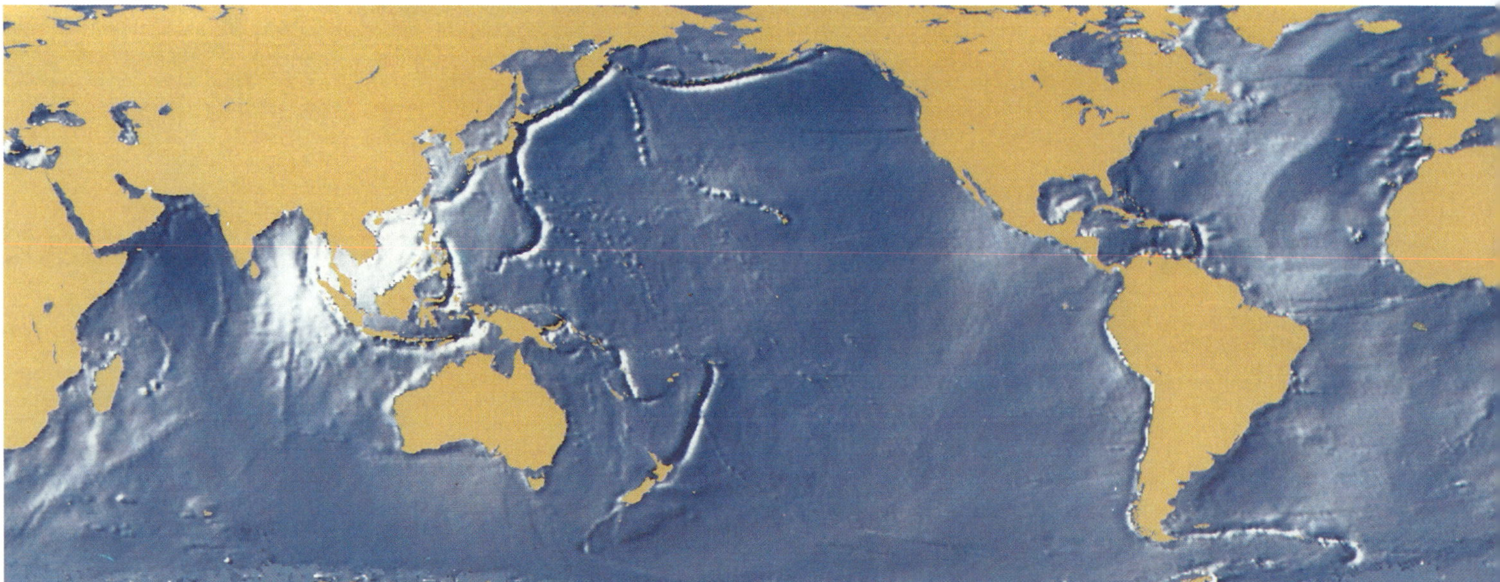

Oben: Unterwasser-Kontakte, die von Überwachungssystemen gemeldet werden, müssen auf ihre Richtigkeit überprüft werden, eine Aufgabe für LRMP-Flugzeuge wie diese Nimrod der RAF.

biet gerichtet wurde. Doch der Energiebedarf, die Zuverlässigkeit und Arbeitserfordernisse mögen das für die nächste Zeit ausschliessen. Eine weitere Möglichkeit ist ein erdgebundener Laser, dessen Übertragungsstrahl von einem Reflektor im Orbit zum gewünschten Meeresgebiet gespiegelt wird. Alle in Frage kommenden Gebiete können von drei Reflektoren, symmetrisch im geosynchronen Äquatorial-Orbit plaziert, abgedeckt werden. Die erforderliche Technologie gibt es als Weltraum-Teleskop der NASA, das mit einer Genauigkeit von 25 nanorad (Abweichung von 0,3 m auf 12'069 km) arbeitet. Eine ähnliche Technik ist beim Aufspüren von Unterseebooten brauchbar, entweder durch die Entdeckung momentaner Reflexe durch einen Satelliten-Sensor oder durch den Einbau eines blaugrünen Lasers und eines entsprechenden Detektors in ein ASW-Flugzeug.

Sensoren in Unterseebooten

Ein getauchtes Unterseeboot hängt völlig von seinen Sensoren ab, deren wichtigster das Sonar ist. Die meisten Boote haben im Bug ein grosses Gerät, und die SSN und SSBN der US Navy ausserdem ein Gerät für winkeltreue Projektion. Sie haben auch Hydrophone, meist mit Anlagen nahe dem Bug, mittschiffs und nahe dem Heck, um eine Rundum-Beobachtung zu sichern.
Ein wichtiger U-Boot-Sensor dient der Beobachtung eigener Geräusche. Die meisten Marinen benutzen Überwasser-Schiffe, um ihre Boote auf Geräusch-Emissionen abzuhorchen, ehe sie den Hafen verlassen, aber es ist notwendig, auch während der Einsatzfahrt die Beobachtung fortzusetzen, um sicher zu sein, dass auch ein neu auftretendes Geräusch bemerkt und behoben werden kann, um nicht sozusagen als Leitstrahl für ASW-Streitkräfte zu dienen.
Ebenso wichtig wie die Sensoren selbst ist die Fähigkeit, zu verarbeiten und zu programmieren für die Weitergabe. Auch zu diesem Gebiet trägt die moderne Technologie erheblich bei durch die Bereitstellung von Prozessoren, die fähig sind, ungeheure Mengen an Informationen zu bewältigen.
Die SSBN der Ohio-Klasse der US Navy haben eine umfassende Sensor-Ausrüstung, deren Einzelheiten geheim sind, aber es ist bekannt, dass das System das halbkugelförmige BQQ-6 einschliesst, einen passiven Transduktor im Bug, dann BQR-15-Schleppsonar mit BQR-19-Schallsignal-Prozessor und ein passives Sonar aus zwei linearen Anlagen an der Oberfläche der Hülle, ferner eine akustische Nachrichten-Verbindung, einen am Mast befindlichen BQR-19-Sonar-Empfänger, um Schiffe an einem vorgebenen Auftauchpunkt festzustellen, letztlich einen WLR-9A-Abhör-Empfänger.
Über das ältere BQQ-2-System sind mehr Einzelheiten bekannt. In den frühen 60er Jahren wurde es auf USS Tullibee (SSN 597) eingebaut. Das System hat das Aktiv-Sonar BQS-6, das Passiv-Sonar BQR-7 und die Computer/Anzeiger-Gruppe BQA-3, das sphärische Bugsonar BQS-6 mit der Frequenz 3,5 kHz. Dieses Sonar ist mit 4,57 m Durchmesser so gross, dass es nur im Bug aufgestellt werden konnte, wenn Torpedorohre und Nachladeraum ins Mittelschiff verlegt wurden. Alle nachfolgenden SSN behielten die Buginstallationen der TR.
Das passive winkeltreue Gerät BQR-7 hat 52 Gruppen zu je drei vertikal montierten Einheiten. In den frühen 60er Jahren bestätigte ein Forschungs-Modell, dass es auf 30–100 sm ein schnorchelndes Unterseeboot erfassen konnte und auf 10–50 sm die Kavitationsgeräusche eines getauchten Bootes. Auf Tullibee ist auch das passive Unterwasser Feuerleitsonar BQC-2 installiert (bekannt als PUFFS), das gleichzeitig bis zu vier Ziele verfolgen kann mit ständiger, sofortiger Entfernungsangabe. Das System hat drei Hydrophon-Anlagen in einer Sonar-Haube auf dem Rumpf. Spätere Ausführungen von PUFFS haben zwei gleichartige Anlagen auf dem Rumpf mit einer dritten in den Tiefenrudern am Heck.
Einen weiteren Sensor haben die meisten SSN der US Navy, ein Unter-Eis-Sonar, das notwendig ist, um eisfreie Stellen und ihre Grösse festzustellen, Eisberge zu erkennen, Lotungen auszuführen und die Dicke des über dem Boot liegenden Eises abzuschätzen. Ein hierfür typisches Gerät ist BQS-8 auf den SSN der Sturgeon-Klasse, das mit 200 W auf 24–32 kHz arbeitet.
Bemerkenswert wenig ist über sowjetische Unterseeboot-Sensoren bekannt, doch kann man annehmen, dass sie denen der US Navy ähnlich sind. Andere Marinen behalten Torpedos im Bug bei.

HSA SIASS-2

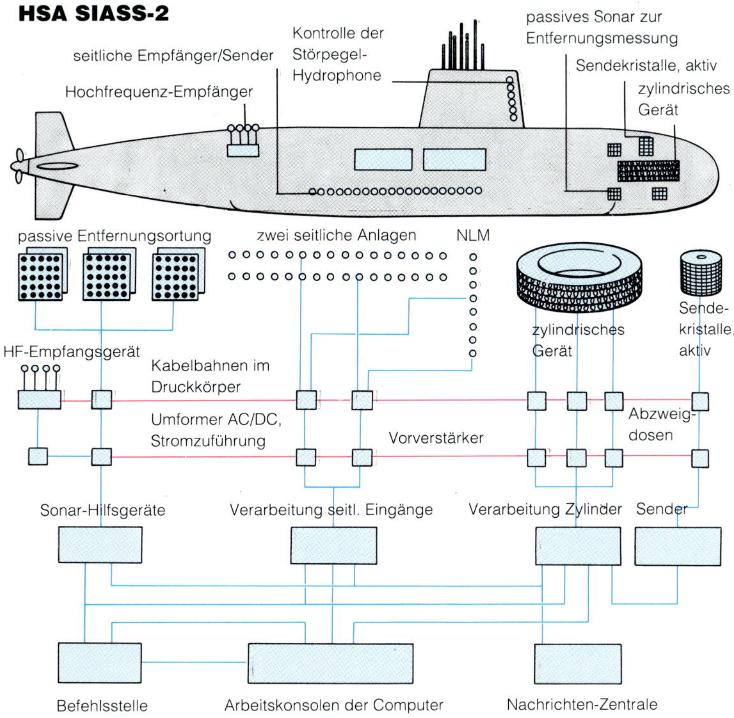

Oben: HSA SIASS-2, integriertes Angriffs- und Überwachungssonar für Unterseeboote. Die Sensoren des SEWACO-Systems umfassen aktive und passive Bugsonare, entsprechende Hydrophon-Anlagen und Schleppsonar, um möglichst viele Arten Ziele zu orten.

Links: Selbst der grösste Innenraum, wie auf den neuesten SSBN der US Navy, ist mit Instrumenten überfüllt, wie diese Sonar-Abteilung auf der Ohio-Klasse.

Oben: E-2C Hawkeye, Frühwarnflugzeug der US Navy mit dem auffälligen Rotodome (7,3 m Durchmesser) für das Radar APS-138. Die Antenne rotiert mit 6 U/min.

Luftgestützte Frühwarnung

Das taktische Erfordernis einer Frühwarnung vor einem Angriff duch Flugkörper oder feindliche Flugzeuge wurde schon früh begriffen, doch selten wurde es so dramatisch demonstriert wie im Südatlantischen Krieg 1982, als die Super-Etendard-Flugzeuge der argentinischen Marine sich den Schiffen der britischen Streitmacht so niedrig und schnell nähern konnten, dass ihr erstes Opfer ein Zerstörer wurde, der als Radar-Vorposten die britische Flotte vor eben jener Bedrohung schützen sollte. Hauptursache dafür war, dass sich die Super Etendard mit 965 km/h näherten und die Radar-Antenne des Schiffs sich mit den üblichen 6 U/min drehte. In den 30 bis 40 Sekunden, die nötig sind, den Kurs eines Flugzeugs zu erkennen, kommt es 10,6 km näher. Ironischerweise hatte die Royal Navy dieses Problem seit langem akzeptiert, und weil sie noch konventionelle Flugzeugträger verwendet, hat sie viel Mühe aufgewendet, ein AEW-Flugzeug zu entwickeln und zu bauen, die Fairey Gannet. Das erste spezielle AEW-Flugzeug hatte die US Navy, die 1945 davon 36 in Dienst hatte. Sie trugen ein Überwachungsradar, das zu seiner Zeit gross, sehr wirksam und, mindestens in der Theorie, fähig war, auch tief über Land oder See fliegende Maschinen zu erfassen.

Einige AEW-Flugzeuge benutzen noch Antennen, die unter dem Rumpf rotieren, doch die meisten Typen tragen sie über dem Rumpf. Die Briten haben mit dem Nimrod AEW ein System erprobt, dessen eine Antenne sich in der Nase, die andere am Schwanz befindet; jede deckt 180° ab. Aber anscheinend hat es unlösbare Probleme hinsichtlich der Koordinierung gegeben. AEW-Flugzeuge benötigen auch grosse Digital-Computer mit erheblicher Speicher- und Verarbeitungs-Kapazität, ein IFF-System und eine Echtzeit-Funkverbindung zu den Befehlshabern auf See.

Man sollte nicht annehmen, allein die Flughöhe zähle für ein AEW-Flugzeug und je höher es fliege, desto wirkungsvoller arbeite es. Ein Flugzeug ist für seine Erfassung am anfälligsten, wenn es den Radarhorizont kreuzt. Vorher kann es nicht aufgefasst werden und nachher kann es im Durcheinander der See untertauchen. Demnach hängt die günstigste Flughöhe eines AEW-Flugzeuges vom vorherrschenden Zustand der See ab und den Charakteristika der Radar-Anlage, und das mag weit unter Gipfelhöhe sein.

Zu den heutigen AEW-Flugzeugen gehört E-2 Hawkeye der US Navy, Shackleton der RAF, deren Nimrod und der einzige Hubschrauber für diese Aufgabe, Seaking Mk 2 der Royal Navy. Eine mögliche Alternative zu Hubschraubern ist für Marinen ohne Flugzeugträger die ferngesteuerte Drohne (RPV).

Die Grumman E-2C Hawkeye ist eines der effektivsten AEW-Systeme. Sie ist der einzige trägergestützte Starrflügler. Grumman war der Pionier der AEW über See, brachte die AF-2W Guardian und die E-1B Tracker in den 50er Jahren heraus. Der erste Flug des Prototyps E-2A fand 1980 statt, und die E-2C wird noch heute produziert. Sie ist die einzige Flugzeugzelle, die speziell auf die AEW-Rolle hin entworfen wurde, während andere Umbauten ziviler Verkehrsmaschinen sind oder, im Fall Shackleton, eines Bombers aus dem Zweiten Weltkrieg.

Das APS-125-Radar und das ARPS-System für fortgeschrittene Informations-Verarbeitung der E-2C gibt über Land und See gute Erkennung und Unterscheidung. Die Antenne ist in einem grossen Rotodome untergebracht, der alle zehn Sekunden eine Umdrehung ausführt. Er hat eine geringe positive Neigung, um soviel Auftrieb zu erzeugen, wie er wiegt. Das TRAC-A-System totaler Abstrahlungs-Öffnungs-Kontrolle der Antenne vergrössert die Reichweite, reduziert Nebenkeulen des Radars und gibt eine bessere ECCM-Leistung. E-2C-Einsätze dauern bis zu sechs Stunden. Bei 200 sm operativem Radius und 9'100 m Arbeitshöhe bleiben für den Auftrag am Ort vier Stunden.

Das APS-125, wird behauptet, kann ein fliegendes Ziel in einem Luftraum von mehr als 12,5 Millionen Kubikkilometern orten und tieffliegende Marschflugkörper auf 185 km Entfernung entdecken, Jagdflugzeuge bis 370 km und grössere Flugzeuge bis zu 465 km weit entdecken. Alle freundlichen und feindlichen Bewegungen auf See werden ebenfalls festgestellt.

Das passive Ortungs-System (PDS) ALR-73 gibt in vier Viertelkreisen 360° Abdeckung, indem es Antennen in der Nase, im Schwanz und in den beiden Enden der Höhenruder benutzt. Es kann elektronische Abstrahlungen im Mikrowellenbereich auf Entfernungen bis zu 644 km feststellen und sendet die Daten der Abstrahlung (u. a. Impulsdauer, Pulsamplitude und Frequenz) über seinen

Unten: Die erfolgreiche Lösung der RAF, als ihr trägergestützte AEW im Südatlantischen Krieg fehlten, war die Kombination von Sea-King-Hubschraubern mit Searchwater-Radar in der Träger-Aufhängung.

eigenen Prozessor zum Zentral-Prozessor der E-2C, dem AYK-14. Mittelpunkt der Befähigung der E-2C ist die bordeigene Datenverarbeitung, die gegenwärtig das Luftgestützte Taktische Daten-System (ATDS) ist. Es wird von drei Mann bedient, dem Gefechts-Leit-Offizier, dem Flieger-Leit-Offizier und dem Radargast. Das hohe Tempo der Datenverarbeitung ermöglicht der E-2C automatisch und gleichzeitig mehr als 250 Objekte zu beobachten und bis zu 30 Abfang-Begegnungen zu kontrollieren.
Wie erwähnt, befand sich die Royal Navy 1982 im Südatlantik in fataler Lage, da sie dauernd der Möglichkeiten der AEW entbehrte, von deren Wichtigkeit sie wusste. Nach dem Verlust von HMS Sheffield wurde ein Notprogramm entwickelt, indem Flugzeugzellen der Westland-Sea-King-Hubschrauber HAS Mk 2 mit einer geänderten Anlage aus dem Nimrod MR 2, dem Thorn-EMI-Searchwater-Radar, ausgerüstet wurden. Die Radarantenne wurde an einem Träger an der rechten Seite der Maschine in einer aufblasbaren Schutzhülle angebracht. War die Einrichtung ausser Betrieb, wurde sie um 90° nach rückwärts geschwenkt. Das Searchwater-Radar hat schnell zu wechselnde Frequenzen und eine Antennen-Stabilisierung gegen Stampfen und Rollen sowie ein IFF zur Abfrage von Schiffen, Hubschraubern und Flugzeugen.
Es hat die Fähigkeit, Anzeigen zu verarbeiten, um die Erfassung von Seezielen (Periskope eingeschlossen) bei rauher See auf weite Entfernung zu beschleunigen. Aufkommende Flugzeuge kann es auf 185 km entdecken und Oberflächenziele überwachen.

Oben: Der Zwang, Küstenzonen zu kontrollieren, erforderte einfache Maschinen wie diese Pilatus Britten-Norman Defender mit dem Thorn-EMI-Skymaster-Radar.

Weitere Sensoren

Radar ist in der Seekriegführung ein Hauptwerkzeug geworden. Aber es ist ein aktives Gerät, und als solches ist es zu orten und anfällig für Gegenmassnahmen. Besonders im elektronischen Krieg, der zunehmend als Mittel gegen auf Radar angewiesene Waffen-Systeme geführt wird, werden Störungen angewendet. Es ist jedoch möglich, ein Radar arbeitsfähig zu erhalten, wenn man die Technik schnellen Frequenzwechsels oder der Frequenzsprünge anwendet.
Derzeit strengt man sich an, andere Arten von Sensoren zu finden, idealerweise passive, die wenigstens das Radar unterstützen sollen, wenn schon nicht ersetzen. Verschiedene Technologien werden überprüft. Eine der ersten war Infrarot (IR), doch das ist ebenfalls ein aktives System und leicht zu entdecken. Trotzdem setzte die französische Marine kürzlich den Pirana-IR-Verfolger ein und verwendet auf den C-70-Zerstörern das Vampir-IR-Überwachungs-System. Die bildliche Darstellung von Wärmestrahlungen (TI) scheint praktikabler. Das Galileo-NCS2-Shipborne-TI wird jetzt auf den meisten grösseren italienischen Kriegsschiffen als Teil des elektrooptischen MM-39-Feuerleitsystems verwendet. Verschiedene Marinen nutzen Bildverstärker (II), wie es U-Boot-Periskope sind. Restlicht-Fernsehen (LLTV) wird als erfolgreicher Ersatz für die Ausgucks im Masttopp und Artillerie-Beobachter genommen. Neue Systeme tauchen auf, die verschiedene Techniken kombinieren.
Momentan scheint keine Technologie einen klaren Vorteil zu haben, doch entwickelt sich dieses Gebiet schnell. Die Zeit, in der Kriegsschiffe auf den Meeren kreuzen mit all ihrem Radar und Funkverbindungen, die sich verhalten wie elektromagnetische Ansteuerungs-Funkfeuer, ist bald vorbei.

Unten: Der Ruf nach AEW-Trägern, die billiger als die Boeing E-3 AWACS sind, führte zu mehreren Vorschlägen, deren einer die Zelle der P-3 Orion mit dem E-2C APS-138-Radar verbindet.

Unten: Video-Bild aus CCTV und IR-Sensoren auf dem Schirm eines schiffsgestützten BAE-Geschütz-Feuerleit-Systems SeaArcher. Hier die zentrierte automatische Verfolgung eines Flugziels. Ein Laser-Entfernungsmesser gehört dazu.

Infolge ihrer Kosten und des technischen Aufwands waren Flugzeugträger in den vergangenen Jahrzehnten nur bei wenigen westlichen Marinen zu finden. Die US Navy hatte Mitte der 80er Jahre fünf nuklear angetriebene (CVN) im Dienst, zwei weitere im Bau und zehn konventionell angetriebene Träger. 1946 bestand die britische Trägerflotte noch aus 18 Flotten- und sieben Geleitträgern, ferner sechs Flottenträgern im Bau; heute sind es noch drei: Invincible, Illustrious und Ark Royal.

Die französische Flotte hat zwei Leichte Flottenträger, Foch und Clemenceau, und plant, sie durch zwei atomgetriebene in den 90er Jahren zu ersetzen. Spanien und Italien haben je einen neuen Leichten Träger; die italienische Giuseppe Garibaldi führt nur Hubschrauber, kann aber auch STOVL aufnehmen. Drei ehemals britische Träger sind noch in Dienst: die Veinticinco de Mayo in Argentinien, die Minas Gerais in Brasilien und die Vikrant in Indien. Die Marinen Australiens, Kanadas und der Niederlande kapitulierten angesichts der wachsenden Kosten. Die vier Flugzeugträger der Sowjetmarine, die Kiev-Klasse, werden vom ersten atomgetriebenen, der 1985 vom Stapel lief, und einem in Bau befindlichen, ergänzt werden.

Lange sah die Rote Flotte die nuklear bewaffneten, trägergestützten Flugzeuge der NATO als Bedrohung der russischen Heimat an und schien nicht daran zu denken, dass sie selbst Flugzeugträger brauchen könnte. Schliesslich jedoch wurde die sowjetische Marine zu einer ständig wachsenden Seemacht mit einigen der verblüffendsten Flugzeugträger-Entwürfen der Nachkriegszeit. Admiral Gorschkow, einstiger Oberbefehlshaber, formulierte so: «Die sowjetische Marine wird nicht länger auf ihre Heimatgewässer beschränkt sein. Sie wird die Freiheit der Meere nutzen und durch ihre weltumspannende Gegenwart in Friedenszeiten den kommunistischen Einfluss jenseits der Grenzen der UdSSR verbreiten. Seemacht ohne Luftmacht ist sinnlos.» Die Bedeutung der Luftmacht wird am Beispiel des Südatlantischen Krieges von 1982 ersichtlich. Ohne Luftmacht, die durch die Flugzeugträger Hermes und Invincible zum Schauplatz gebracht wurde, wäre die Rückeroberung der Falkland-Inseln erfolglos geblieben.

Rechts: Der sowjetische Träger Kiev im Ostatlantik nach seiner Überholung 1982. Ka-27-Helix-Hubschrauber ersetzten die alten Ka-25 Hormone. Neue Windabweiser vermindern die Turbulenzen auf dem Flugdeck.

Rechts: Die Raumverteilung des neuen spanischen Flugzeugträgers Principe de Asturias. Seine Ausrüstung mit zwanzig Flugzeugen besteht aus Harrier, ASW- und Truppentransport-Hubschraubern. Der Entwurf basiert auf dem See-Kontroll-Schiff der US-Marine aus den frühen 70er Jahren. Einziger Nachteil ist die geringe Bewaffnung mit vier Meroka-CIWS. Das Schiff trägt bemerkenswert zu den Möglichkeiten der NATO bei und beweist den Ideenreichtum der spanischen Marine.

Raumverteilung der Principe de Asturias

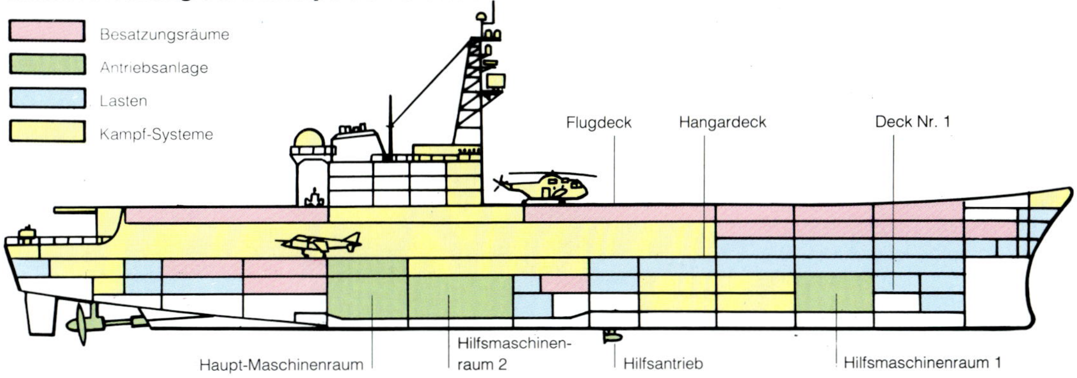

Flugzeugträger

Gegenwärtig gibt es vier Arten Flugzeugträger. Die grössten sind für konventionelle Starts und Landungen geeignet und rangieren in der Grösse vom mächtigen amerikanischen atomgetriebenen (CVN) mit 89'600 ts bis zu den Leichten Flottenträgern (ex RN) von 20'000 ts. Die Geschwader-Grösse entspricht der Tonnage. Die Typen dienen dem Angriff, der Verteidigung, der Aufklärung, AEW und ASW. Die Träger der US-Nimitz-Klasse, die jeder bis zu 85 Maschinen an Bord nehmen können, haben die neuen sowjetischen CVN von etwa 75'000 ts Höchstverdrängung als Gegner, deren erster Ende der 80er Jahre seine Probefahrten absolviert. Allerdings kann die Sowjetmarine auf die nächsten 40 oder 50 Jahre an Zahl nicht mit der US Navy gleichziehen, falls das ihre Absicht sein sollte. Die französische Marine hat sich auf eine Streitmacht von zwei Trägern festgelegt und baut den ersten nuklearen (PAH-1) von etwa 50'000 ts; der zweite (PAH-2) ist in Auftrag. Sonst hatte keine Marine bis Ende der 80er Jahre Pläne für CVN.

Wie auf anderen maritimen Gebieten expandieren die Kosten enorm. Die beiden nächsten Träger der Nimitz-Klasse werden jeder weit über 2 Milliarden US$ allein für die Schiffe kosten, die Geschwader nicht eingerechnet. Verschiedene Länder haben nach einem billigeren Weg zu maritimer Luftherrschaft gesucht. STOVL-Flugzeuge boten die einzige realistische Antwort. Resultat ist der nächste Typ, ein mittelgrosser Träger mit durchgehendem Flugdeck, der STOVL-Flugzeuge wie Sea Harrier oder Yak-38 Forger und Hubschrauber in grösserer Zahl führt. Die Grösse dieser Schiffe reicht von 14'700 ts bei der spanischen Principe de Asturias über 19'500 ts bei der britischen Invincible-Klasse zu 42'000 ts bei der sowjetischen Kiev-Klasse. In den frühen 70er Jahren stellte die US Navy fest, dass die ASW-Träger der Essex-Klasse veraltet waren. Im «Projekt 60» wurde ein neuer Träger-Typ geplant, der im Frieden in fernen Seegebieten auftreten würde, wodurch die hochwertigen CVN und CV bis zum Kriegsfall in risikoarmen Gebieten zurückgehalten werden könnten.

Dieser neue Typ, bekannt geworden als Sea Control Ship (SCS; Seeüberwachungs-Schiff), war ein einfacher Entwurf für 14 ASW-Hubschrauber SH-3 und drei STOVL-Flugzeuge AV-B Harrier.

Das SCS wäre mit etwa einem Achtel der Kosten eines CVN ein relativ billiges Schiff geworden. Doch bald nach Admiral Zumwalts Pensionierung 1974 verschwand das Projekt in der Ablage. Das SCS war bei den Fliegeroffizieren unpopulär, denn sie befürchteten, dass der Kongress ihre grossen, sehr teuren CVN nicht mehr finanzieren würde; Versuche mit USS Guam, vorübergehend vom LHA zum Proto-SCS umklassifiziert, erweckten den Eindruck, man könnte sich nicht gegen künftige sowjetische Bedrohungen wehren; die erhebliche Leistungssteigerung landgestützter ASW-Flugzeuge liess annehmen, sie wären besser geeignet, mit der ASW-Bedrohung fertig zu werden, besonders im Frieden. Greifbares Ergebnis des SCS-Projekts ist die Principe de Asturias der spanischen Marine, die an den SCS-Entwurf eng angelehnt ist, aber einige Ergänzungen aufweist, wie zum Beispiel die Startrampe. Die Frage der Träger-Kosten wurde in der US Navy einige Jahre später erneut diskutiert, als vom Staatssekretär für Verteidigung eine Studiengruppe beauftragt wurde, die Aussichten eines Trägers von ungefähr 50'000 ts als Alternative zum Weiterbau der Nimitz-Klasse zu prüfen. Das Projekt, als CVNX bekannt, ergab drei mögliche Entwürfe. Auch sie verschwanden schnell in der Ablage. Nur zwei Jahre später wurde diese Frage erneut gestellt, diesmal nach einem mittelgrossen konventionellen Träger unter der Bezeichnung CVV. Der Entwurf kam mit Unterstützung von Präsident Carter in die Haushaltsdebatte, aber der Kongress lehnte ihn ab. Statt dessen wurde USS George Washington (CVN-73) als sechster Träger der Nimitz-Klasse gebaut.

Der dritte Träger-Typ umfasst eine kleine Gruppe mit Flugdecks halber Länge für Hubschrauber. Beispiele dafür sind die zwei Schiffe der sowjetischen Moskva-Klasse (17'500 ts) und die italienische Vittorio Veneto (8'850 ts).

Schliesslich haben noch viele Kreuzer, Zerstörer und Fregatten Landeplätze für ASW- und OHT-Hubschrauber.

Links: Eine F/A-18 Hornet der pazifischen Flotte der US Navy, Trainings-Staffel VFA-125 Rough Riders, wird zum Start von USS Constellation während Träger-Erprobungen im Juli 1983 vorbereitet.

Es gibt vier Haupttypen Flugzeuge tragender Kriegsschiffe. Zunächst Fregatten, Zerstörer und Kreuzer. Ihre Landedecks für einen oder zwei Hubschrauber liegen achtern. Es folgen die ASW-Hubschrauber-Kreuzer mit üblichen Aufbauten, Bewaffnung im Vorschiff in Verbindung mit Flugdecks achtern, wie die Vittorio Veneto (Italien) und die Moskva-Klasse (UdSSR). In der Grössenordnung von 20'000 ts liegen die neuen Leichten Träger, die Invincible-Klasse, Giuseppe Garibaldi und Principe de Asturias. Sie tragen eine Mischung von STOVL-Flugzeugen und ASW-Hubschraubern, jedoch hat das italienische Schiff aus politischen Gründen noch keine Sea Harrier. Jedes hat eine Startrampe zur Vergrösserung der Nutzlast der Sea Harrier. Das ausgewinkelte Deck der Kiev-Klasse lässt Raum für schwere Bewaffnung im Vorschiff. Am oberen Ende der Skala stehen die Flottenträger wie die französiche Clemenceau-Klasse und die US-Typen. Der Entwurf des neuen sowjetischen Trägers Kremlin sieht konventionelle Starts und Landungen von Jagd- und Angriffs-Flugzeugen vor.

Flugdecks massgeblicher Flugzeugträger

Vittorio Veneto

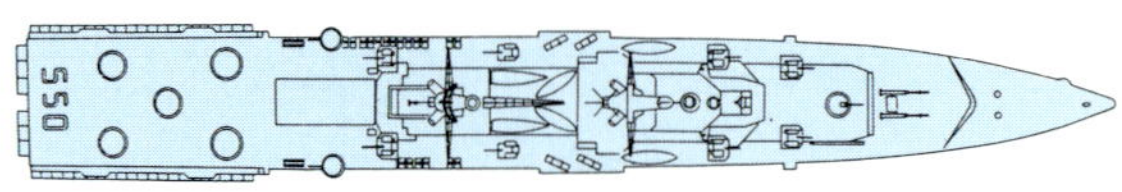

Vittorio Veneto (Italien). Gebaut in den 60er Jahren, trägt sie neun AB 212 oder vier SH-3D Sea King ASW-Hubschrauber und hat zwei Standard-SAM-Starter, Otomat-Seeziel-Flugkörper, Dardo-Nahzonen-Waffensystem.

Moskva-Klasse

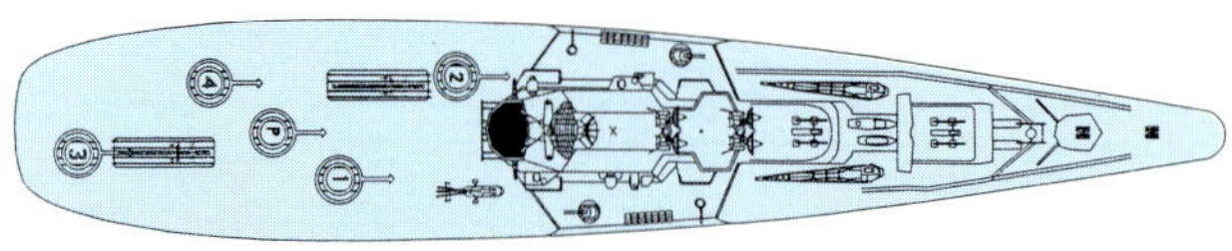

Moskva (UdSSR). Die beiden Schiffe der Moskva-Klasse wurden gebaut, um US-SSBN im Mittelmeer zu bekämpfen. Sie tragen 15 bis 18 Hormone-Hubschrauber und sind im Konzept der Vittorio Veneto ähnlich. Zu ihrer schweren Bewaffnung gehören SAM, ASW-Flugkörper und zwei 57-mm-Geschütze.

Giuseppe Garibaldi

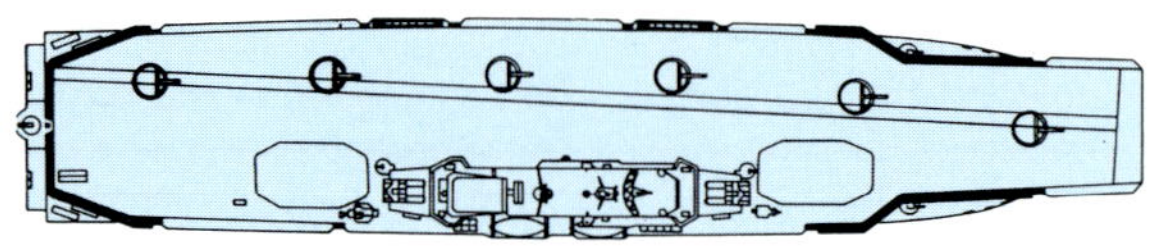

Giuseppe Garbaldi (Italien). 1985 in Dienst gestellt. Sie trägt zwölf Hubschrauber SH-3D Sea King, aber die italienische Marine hofft, Giuseppe Garbaldi werde auch STOVL-Flugzeuge tragen. Obwohl das Vordeck nicht für Waffen frei ist, trägt sie Aspide SAM, Otomat SSM und sechs 40-mm-Rohrwaffen zur Nahzonen-Verteidigung.

Principe de Asturias

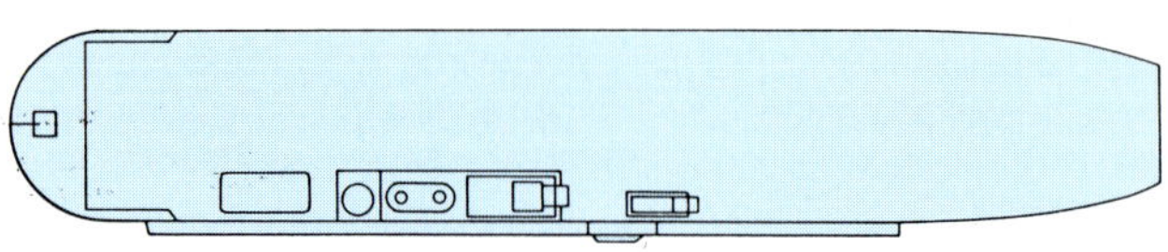

Principe de Asturias (Spanien). Nach dem Erfolg des Leichten Trägers Dedalo (ex-US), baute Spanien einen eigenen Träger, basierend auf dem Seekontroll-Konzept der US Navy. Sechs bis acht Harrier-Jäger und eine ähnliche Zahl Hubschrauber führt sie bei einer Bewaffnung von nur vier Meroka-CIWS. Meroka besteht aus zwölf 20-mm-Oerlikon in zwei Reihen zu sechs Rohren.

Invincible-Klasse

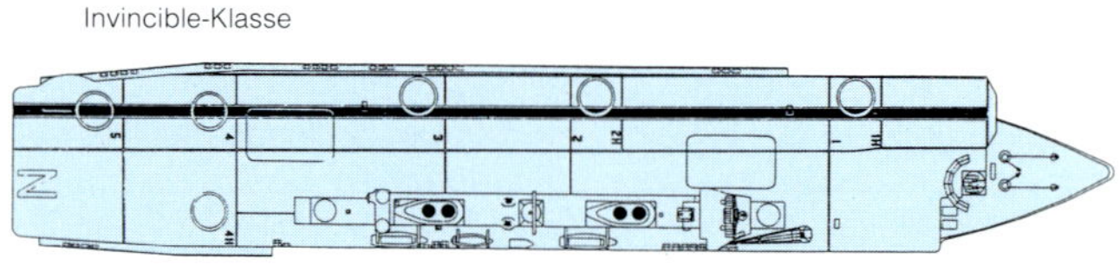

Invincible-Klasse (Grossbritannien). Alles was von der einst starken britischen Trägerflotte blieb, sind die drei der Invincible-Klasse. Sie tragen fünf Sea Harrier, neun ASW- und zwei AEW-Hubschrauber Typ Sea King. Bewaffnung: Sea Dart SAM und zwei Phalanx-CIWS.

Clemenceau-Klasse

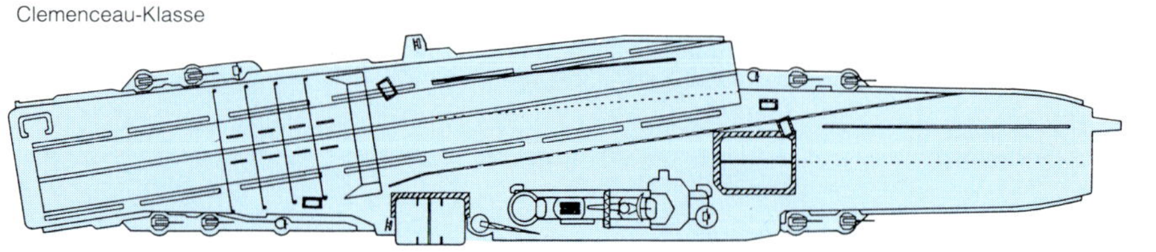

Clemenceau-Klasse (Frankreich). Die kleinsten der Flotten-Träger, Clemenceau und Foch (32'780 ts), tragen Super-Etendard-Jagdbomber, Alizé-ASW-Flugzeuge und Hubschrauber. Mit Winkeldeck (8°), Dampfkatapult und Flugdeck von 165,5 x 29,5 m haben sie sich als gute Investition erwiesen, denen in den 90er Jahren zwei atomgetriebene Träger von 50'000 ts nachfolgen sollen.

Nimitz-Klasse

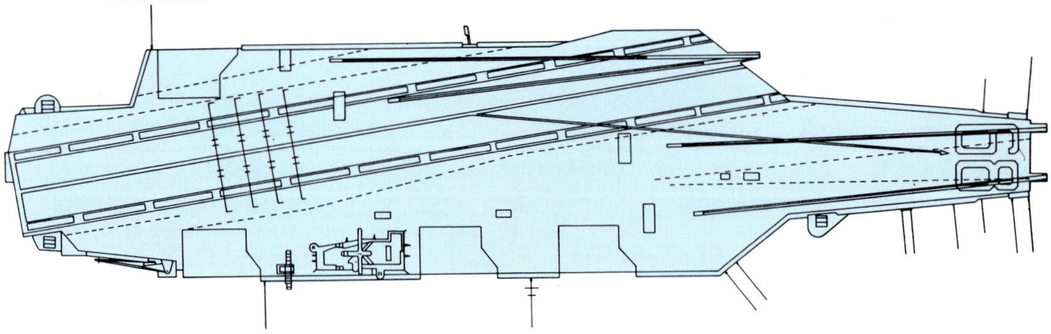

Nimitz-Klasse (USA). Die vier atomgetriebenen Schiffe von 91'400 ts sind die grössten Kriegsschiffe. Jedes trägt 24 F-14 Tomcat, 24 F/A-18 Hornet, 10 A-6E und vier KA-6D Intruder, vier E-2C Hawkeye, vier EA-6B Prowler, 10 S-3A Viking und sechs SH-3H Sea King, eine stärkere taktische Luftmacht, als manche Länder sie haben. Bewaffnet sind sie mit Sea Sparrow SAM und drei Phalanx-CIWS zur Nahbereichs-Verteidigung. Ihr wichtigster Schutz sind die patrouillierenden Jäger und die Begleitschiffe mit ASW-Systemen und SAM zur Zonen-Verteidigung.

Kitty-Hawk-Klasse

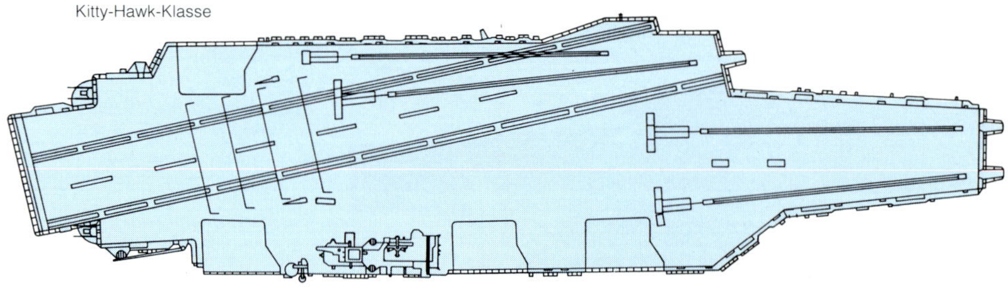

Kitty Hawk-Klasse (USA). Obwohl fast gleich gross wie jene Nimitz-Klasse und mit fast identischen Geschwadern, verdrängen die konventionell angetriebenen Schiffe etwa 10'000 ts weniger. Die riesige Fläche ihrer Flugdecks im Vergleich zu anderen Trägern ist augenfällig. Mit 318,6 m Länge und 76,9 m Breite können von ihnen aus alle Flugzeugtypen bei jedem Wetter operieren. Wie bei der Nimitz-Klasse ist die Bewaffnung nur leicht, dürfte aber in Zukunft verstärkt werden.

Kiev-Klasse

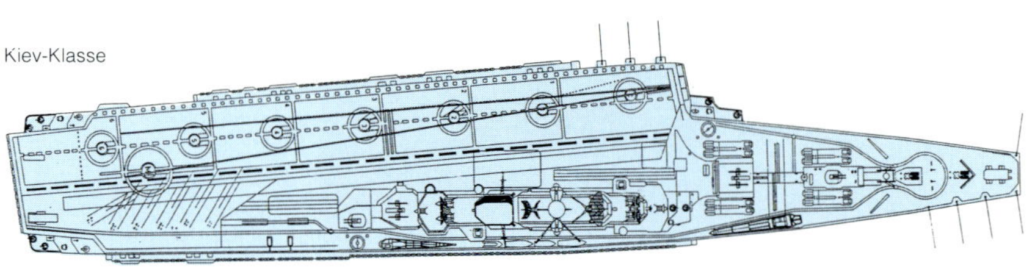

Kiev-Klasse (UdSSR). Hauptaufgabe dieser Schiffe ist die ASW. Hierfür sind 18 bis 21 Ka-15 Hormone an Bord. Durch das Winkeldeck ist für 12 Yak-36 Forger gesorgt. Diese Angriffs-Flugzeuge haben demonstriert, dass sie zu einem Rollstart fähig sind. Die Bewaffnung schliesst SAM, ASW- und SS-Flugkörper, CIWS und Torpedos ein.

Flugdeck-Entwurf

Der Entwurf des Flugdecks ist entscheidend für erfolgreiche Einsätze eines Flugzeugträgers, und seit dem Aufkommen der Düsenmaschinen gab es mehrere Neuerungen, eingeschlossen das Winkeldeck, automatische Anflug- und Landehilfen und das Dampfkatapult. Weitere Verbesserungen, wie Seitenaufzüge, stellen feinfühlige Schritte zur Erweiterung des Flugdecks dar. Der fehlgeschlagene Entwurf des britischen CVA-01 aus den 60er Jahren zeigt wohl noch immer die effizienteste Nutzung des Decksraumes.

Eine andere Lösung ist die Landebahn in Längsachse, die heutzutage nur für STOVL-Flugzeuge brauchbar scheint, und der Durchbruch auf diesem Gebiet wurde mit der Startrampe erzielt. Wie viele grosse Erfindungen ist sie billig und einfach. Sie ist leicht zu bauen und erfordert keine Änderungen am Flugzeug, die Piloten finden sie einfach zu benutzen und sicher. Startrampen wurden bereits bei folgenden Trägern eingebaut: dem britischen Hermes (12°; kürzlich an die indische Marine verkauft), Invincible und Illustrious (7°), Ark Royal (12°), bei der indischen Marine und der italienischen Giuseppe Garibaldi (6°) und bei der spanischen Principe de Asturias (12°).

Das US Marine Corps kaufte drei Rampen zum Training auf Flugplätzen, doch wurden bisher keine Vorschläge zum Einbau auf US-Schiffen gemacht. Die einzigartigen Fähigkeiten der Sea Harrier, kombiniert mit der Startrampe, führen zu einem völlig neuen Konzept, nach dem ein geeignetes Handelsschiff in wenigen Tagen in einen Flugzeugträger umgebaut werden kann. Nach dem Container-System SCADS werden 230 Standard-ISO-Container an Deck eines Container-Schiffes von 30'000 ts oder grösser aufgestellt, über die ein vorfabriziertes Flugdeck gelegt wird. Die Container können vielen Zwecken dienen, so als Flugkörper-Starter, Kerosen-Tanks, Flugzeug-Wartung, Unterkünfte, Leitstellen usw., um einen voll einsatzfähigen Flugzeugträger zu schaffen. Wenn man will, sind das Nachfolger der MAC-Schiffe des 2. Weltkriegs und ähneln dem Arapaho-System der US Navy, das von der Royal Navy auf RFA Reliant längere Zeit im Einsatz bei den Falklands mit Sea-King-Hubschraubern erprobt wurde.

Oben: Eine zweisitzige Harrier der BAe führt das Skyhook-Konzept vor. So könnten Sea Harrier von 500-ts-Schiffen aus operieren. Schwebeflug in nur 3 x 3 x 3 m Luftraum.

Eine andere Vorrichtung, die ein Flugdeck überflüssig macht, ist Skyhook (Himmelshaken), ein von British Aerospace vorgeschlagener Bordkran, der eine Sea Harrier aussenbords schwenkt und sie, wenn der Pilot startbereit ist, freigibt. Die Anbordnahme erfordert, dass das Flugzeug neben dem Kran in einem Raum von 3 x 3 x 3 m schwebt und mit der Schiffsgeschwindigkeit mitfliegt. Der raumstabilisierte, computergesteuerte Kran klinkt ein und hebt die Maschine an Bord. Das System sieht vor, dass alle an Bord befindlichen Flugzeuge auf mechanisch bewegten Gestellen transportiert werden. Das führt zu schnellerem Ablauf der Handhabung, besserer Raumausnutzung und spart Personal. Auf einem Schiff von 5'000 ts können mit diesem System vier Sea Harrier und zwei Sea King operieren. Sie geben damit dem Schiff eine Kampfkraft, die für einen so kleinen Rumpf unvorstellbar schien.

Links: BAe hat viele Demonstrationen der einzigartigen Fähigkeiten der Harrier/Sea Harrier durchgeführt. Hier umgibt eine Gruppe von Offizieren und Seeleuten auf dem Flugdeck des Hubschrauber-Kreuzers Jeanne d'Arc eine Harrier. Indien, Spanien, Grossbritannien und die USA fliegen sie.

Arbeitsweise des Skyhook

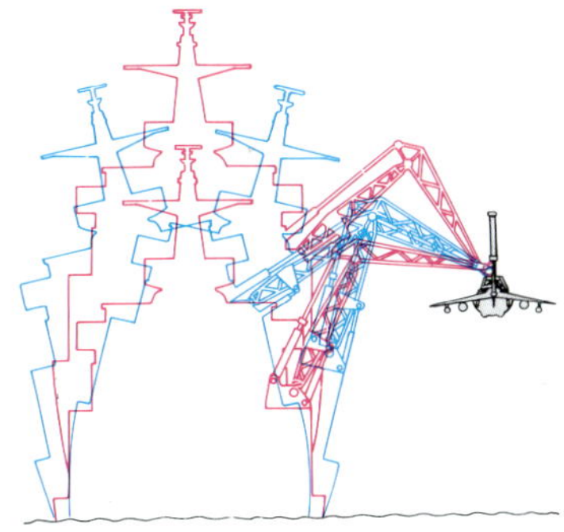

Oben: Der ausgefahrene Aufnahme-Kopf wird in Bezug auf die Schiffsbewegungen durch Sensoren und hydraul. Kolben 3fach stabilisiert.

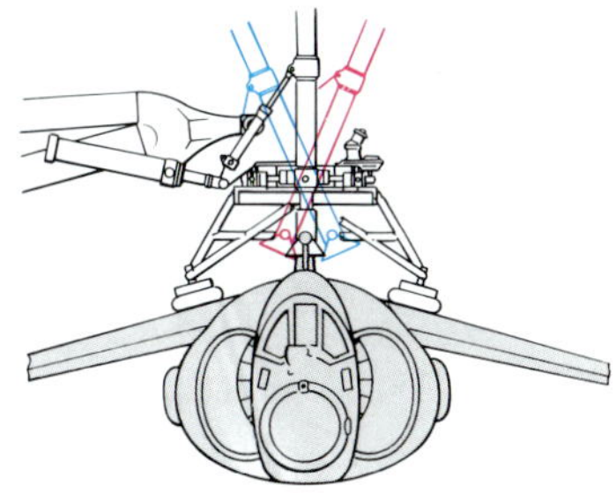

Oben: Skyhook-Aufnahmekopf. Das Flugzeug wird durch den Klemm-Sperriegel gehalten und gegen die Andock-Kissen gepresst.

Ein Zwischentyp-Flugdeck findet man in der Kreuzer-Grösse bei einigen Schiffen, vor allem, um viele Hubschrauber einsetzen zu können. Sie haben die üblichen Aufbauten und achtern ein grösseres Flugdeck. Schiffe wie die sowjetische Moskva-Klasse (17'500 ts), die italienische Vittorio Veneto (8'850 ts) und die französische Jeanne d'Arc (12'365 ts) führen die übliche Geschütz- und Flugkörper-Bewaffnung vorn und stärken dadurch erheblich ihre Selbstverteidigung, doch sind sie darauf beschränkt, Hubschrauber oder STOVL-Starrflügler einzusetzen, und zu CTOL-Operationen nicht fähig. Letztlich hat heute fast jeder Kreuzer, Zerstörer und die meisten Fregatten Landedecks für einen oder zwei Hubschrauber. Zu ihrer ASW-Fähigkeit trägt das erheblich bei. Wie im einzelnen beschrieben, erfordert die hohe Geschwindigkeit moderner Unterseeboote im Vergleich zu der von Schiffen und Torpedos, dass ein Hubschrauber die zeitliche Differenz über grössere Entfernung ausgleicht. Weiterhin benötigen einige neue Seeziel-Flugkörper-Systeme eine luftgestützte Relais-/Befehlsstation gegen Ziele hinter dem Horizont. Der kleinste Rumpf, der einen Hubschrauber führen kann, ist der der britischen Osprey-Klasse, deren Entwurf bisher nur für in Dänemark gebaute Fischerei-Schutzschiffe (505 ts) der Regierung von Burma verwendet wurde.

Oben: *Die kanadische Marine hat das Beartrap-System seit vielen Jahren in Gebrauch, um Hubschraubern auch auf kleinen Schiffen, besonders in den schweren Seen des Nordatlantiks, eine sichere Landung zu gewährleisten.*

Die neuen Zerstörer der Arleigh-Burke-Klasse der US Navy wurden mit einem Flugdeck gebaut, aber überraschenderweise ohne Hangar, während die japanischen Zerstörer der Hatakaze-Klasse keinerlei derartige Einrichtung haben. Beide müssen sich auf andere Schiffe des Verbandes verlassen, sobald sie Luftunterstützung brauchen. Dieses Verfahren dürfte kaum wiederholt werden. Die meisten westlichen Kreuzer und Zerstörer mit Flugeinrichtung haben grosse, auffällige Hangars. Die Sowjetmarine hat aber einen sehr kleinen, wahrscheinlich mechanisch sehr komplizierten Hangar entwickelt, der sich oben öffnet zur Aufnahme des Hubschraubers, wonach sich das Dach schliesst. Man findet ihn auf den Kara-, Kresta- und Udaloy-Klassen. Bei vielen Vorteilen dürfte der Raum für die Arbeit der Warte sehr eng sein. Einige Marinen entwickelten besondere Einrichtungen, um Hubschrauber auf kleinen Landedecks einzuholen und zu sichern. Verbreitet ist das kanadische Bear-Trap-System (Bärenfalle) in der Mitte des Landedecks. Während der Hubschrauber etwa 3 m über dem Deck schwebt, wird eine Verbindung hergestellt, die Maschine eingeholt und festgehalten. Die US Navy baut eine ähnliche Anlage, Rapid Hauldown and Traversing System (RAST), auf den Fregatten der Oliver-Hazard-Perry-Klasse (FFG 7) ein. Andere Flotten, obwohl sie in den gleichen Gewässern operieren wie Kanadier und Amerikaner, scheinen solche Anlagen nicht für notwendig zu halten und meinen, ihre Hubschrauber könnten auf sehr kleinen Decks bei jedem Seegang landen.

Waffen

Es gibt erheblich unterschiedliche Ansichten darüber, wie ein Flugzeugträger bewaffnet sein sollte, um gegenwärtigen Bedingungen gerecht zu werden. In den 60er Jahren schien die US Navy ihre Träger nicht mehr zu bewaffnen und entfernte zum Beispiel von den acht 127-mm-Geschützen der Forrestal-Klasse 1967 vier, die restlichen in den frühen 70er Jahren. Zwei Träger dieser Klasse wurden anschliessend mit je zwei Basic Point Defense Missile Systems (BPDMS) ausgerüstet, während die anderen beiden jetzt drei haben. Nachdem man sich einer Bedrohung sicherer wurde, besonders durch Sea skimmer, wurden während der Umbauten des Service Life Extension Program (SLEP) drei Phalanx-20-mm-CIWS eingebaut, doch USS Ranger (CV 61) wird sie nicht vor Mai 1994 bekommen. Die beiden französischen Flugzeugträger erhalten acht automatische 100-mm-Geschütze in Einzelaufstellung auf Auslegern des Flugdecks. Bei der nächsten Überholung werden vier durch das Flugkörper-System Naval Crotale ersetzt werden.

Sowjets und Italiener sahen das in den 60er Jahren anders. Das Flugdeck wurde so angelegt, dass das Vorderdeck für eine starke Waffen-Ausrüstung frei blieb. Vittorio Veneto trägt deshalb einen SAM-Zwillingsstarter, vier Teseo-SSM-Einzelstarter, acht 76-mm-Geschütze, sechs 40-mm-Zwillinge und zwei Drillings-TR. Die Schiffe der Moskva-Klasse haben zwei SAM-Zwillingsstarter, vier 57-mm-Zwillingsgeschütze, einen SUW-N-1-ASW-FK-Zwillingsstarter und zwei zwölfrohrige RBU-6000-Raketenwerfer.

Für die Nachfolgeklassen haben beide Marinen das Entwurfs-Konzept geändert. Die sowjetische Kiev-Klasse hat ein Winkeldeck, doch nicht um wie bei westlichen Flugzeugträgern das vordere Flugdeck für startende Flugzeuge freizuhalten, sondern für die Aufstellung schwerer Waffen. Tatsächlich ist die Kiev-Bewaffnung schwerer als die Waffenanlage einer Krivak-II-Fregatte.

Die italienische Marine hingegen musste die Startrampe für die vorgesehenen STOVL-Maschinen auf Giuseppe Garibaldi einbauen und übernahm das durchgehende Flugdeck. Dennoch kamen vier Teseo-Starter für Otomat SSM, zwei Albatros-SAM-Starter, sechs 40-mm-Rohrwaffen und sechs Torpedorohre zum Einbau.

Die Royal Navy baute die Leichten Flugzeugträger der Invincible-Klasse mit durchgehendem Deck, liess aber auf dem Vorschiff Raum für einen Sea-Dart-Doppel-Starter (SAM mit begrenzter SSM-Fähigkeit). Als Folge der Erfahrungen aus dem Südatlantischen Krieg 1982 wurden Phalanx-20-mm-CIWS, je zwei auf Invincible und Illustrious, drei auf Ark Royal aufgestellt. Alle drei haben jetzt zwei 20-mm-GAM-B01-Einzelgeschütze. Spaniens Principe de Asturias ist aber mit nur vier Meroka-20-mm-CIWS bewaffnet.

Um die Bewaffnung des sowjetischen Atom-Flugzeugträgers Kremlin, der 1985 vom Stapel lief, gab es viele Spekulationen. Verschiedene veröffentlichte Zeichnungen beruhen auf Spekulationen und stimmen nicht überein. Die einen zeigen ein bis zum Bug durchgehendes Flugdeck, wie bei den CVN und CV der US Navy, andere zeigen ein nach Backbord ausgewinkeltes Deck und Bewaffnung auf dem Vorschiff wie bei der Kiev-Klasse. Allerdings kann kein Zweifel daran bestehen, dass die Sowjetmarine die schwersten Waffen, die möglich sind, in diesem grossen Rumpf unterbringen wird.

Trägerflugzeuge

Maritime Luftmacht beruht auf fünf Hauptaufgaben: Kampf gegen Unterseeboote, Überfall/Angriff, Luftverteidigung, elektronische Kriegführung und luftgestützte Frühwarnung, während die Flugzeuge in drei Kategorien zu unterteilen sind: Start und Landung konventionell (CTOL), Kurzstrecken-Start und senkrechte Landung von Starrflüglern (STOVL) und Hubschrauber. ASW-Aufgaben werden von wenigen trägergestützten CTOL wie S-3 Viking und Alizé, jedoch von vielen Hubschraubertypen durchge-

Unten: Auf dem Bildschirm des Piloten einer F/A-18 Hornet zeigt die Zieleinrichtung des AAS-38-Voraus-Infrarot (FLIR)-Geräts das Ziel, ein Landungsschiff der Tarawa-Klasse.

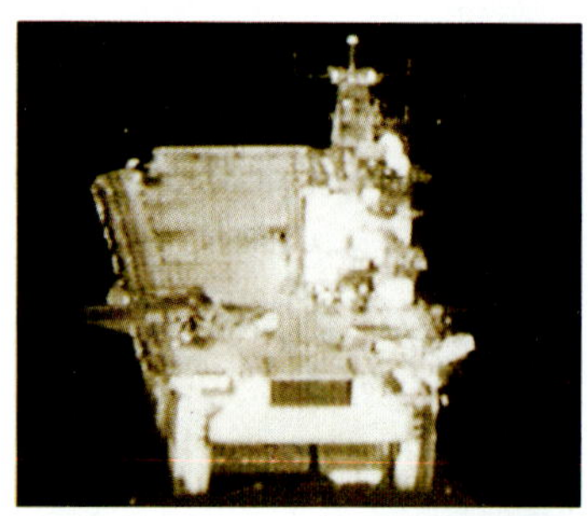

Ganz oben: Die S-3B Viking der US Navy hat eine umfangreichere Datenverarbeitung als die S-3A, bessere ESM und einen neuen Sonobojen-Empfänger.

Oben: Sikorsky SH-60B Seahawk. Unter den Sensoren befinden sich ein APS-124-Suchradar, im Bug das ALQ-142-ESM-System und 25 Sonobojen in Abwurf-Rohren.

Unten: Der Westland Lynx HAS Mk 2 der Royal Navy trägt einen ASW-Torpedo Mk 46 und den «Vogel», das MAD zur Aufspürung magnetischer Anomalie.

führt. CTOL-ASW-Flugzeuge müssen vom Träger aus schnell das Einsatzgebiet erreichen und dort eine möglichst lange Zeit verbleiben, während der sie suchen, orten, identifizieren und schliesslich das Ziel Unterseeboot zerstören sollen. Eine Vielzahl bordeigener Sensoren, einschliesslich Radar zur Entdeckung und Klassifizierung von Seezielen, voraus ortendes Infrarot (FLIR), zur Erkennung magnetischer Anomalie (MAD), Sonobojen und für elektronische Gegenmassnahmen (ECM) müssen sie mitführen. Alle Sensoren, verbunden mit Übermittlungen vom eigenen Flugzeugträger, anderen Schiffen und Flugzeugen, erbringen soviele Informationen, dass eine erhebliche Kapazität zur Datenverarbeitung nötig ist, um schnell und wirksam von ihnen Gebrauch zu machen. Um die Ziele angreifen zu können, braucht das Flugzeug eine Waffenzuladung, die Seeziel-Flugkörper, zielsuchende Torpedos, Raketen und konventionelle oder nukleare Wasserbomben umfassen sollte. Gegenwärtig ist das einzige CTOL-Flugzeug, das alle diese Möglichkeiten einschliesst, die S-3 Viking der US Navy. Aber einige ältere Maschinen von geringerer Kampfkraft, wie die S-2 Tracker und die Alizé, sind noch in Dienst. Die Sowjetmarine benötigt zur Ausrüstung ihrer neuen Träger der S-3 vergleichbare ASW-Flugzeuge, . doch hat sie, soweit bekannt, keine geeignete Maschine.

Alternative zum CTOL-ASW-Flugzeug ist der Hubschrauber. Die frühen ASW-Hubschrauber boten wenig mehr als ein schnelles Transportmittel für Torpedos als Gegenmassnahme zu den hohen Geschwindigkeiten der Atom-Unterseeboote. Doch mit der Zeit wurde der Hubschrauber zum autonomen Waffensystem. Ferner bot er den ausserordentlichen Vorteil, auch kleinen Schiffen, wie Fregatten, eine Luft-Waffe zu geben.
Die fortgeschrittensten ASW-Hubschrauber sind heute bei der US Navy der SH-60B Seahawk LAMPS III, der britische Sea King HAS.5 und Lynx HAS.3 und der sowjetische Ka-31 Helix. Für die Zukunft ist die wichtigste Entwicklung die der European Helicopter Industries, EH-101, eine britisch-italienische Ablösung des Sea King, ausgerüstet mit dem Ferranti-Blue-Kestrel-Suchradar, Marconi-Sonar-Systemen, Decca ESM und AQS-81 MAD, die alle in einer Ferranti-Datenverarbeitung zusammengefasst sind. Angriffs-Einsätze werden üblicherweise von Starrflüglern mit Flugkörpern, Bomben oder Raketen ausgeführt. Wie es im Südatlantischen Krieg so dramatisch demonstriert wurde, sind schnelle Jets mit Sea-skimming-Flugkörpern eine tödliche Kombination. Ähnliche Möglichkeiten bieten die A-6 Intruder und S-3 Viking mit Harpoon-Flugkörpern und die britische Sea Harrier mit Harpoon oder Sea Eagle.
Derzeit hat die Sowjetmarine keine entsprechende Kombination, aber es darf vermutet werden, dass sie eine solche für Einsätze von den neuen Trägern aus entwickeln wird. Auch Hubschrauber können Seeziel-Flugkörper tragen.
Die französische Super Frelon mit AM.39 Exocet wurde bereits im Golfkrieg vom Irak eingesetzt, während der britische Lynx Sea Skua gegen aufgetauchte Unterseeboote und Schiffe im Südatlantik-Krieg verwendete.
Luftverteidigung ist die Domäne der Starrflügler, deren technisch fortgeschrittenste die F-14 Tomcat und die F/A-18 Hornet sind. Ihre Basis sind CVN und grosse CV. Die F-14 kann auch als Aufklärungsflugzeug dienen, während die F/A-18 ebenso eine Bomber-Rolle übernehmen kann. Die Sea Harrier bewies ihre Fähigkeit zur Luftverteidigung im Südatlantik, wo sie im Luftkampf elf Mirage, acht A-4 Skyhawk und je eine Canberra IA-58 und C-130 Hercules abschoss. Das einzige trägergestützte sowjetische Flugzeug, das der Luftverteidigungs-Rolle annähernd gerecht wird, ist die Yak-38 Forger, ein STOVL-Starrflügler mit begrenzter Leistung. Das einzige spezialisierte EW-Flugzeug ist die EA-68 Prowler, ein

Oben: EH Industries wurde 1980 von Agusta (Italien) und Westland (Grossbritannien) gebildet, um einen Mehrzweck-Hubschrauber zu entwerfen und zu bauen. Der EH-101 wird den Flotten beider Länder bis in die 90er Jahre dienen.

Rechts: Ka-27 Helix der Sowjetmarine an Deck einer Kiev. Cockpit, Motoren und Rotorkopf sind gegen Salzwasser-Gischt abgedeckt.

Unten: Ein ASW-Hubschrauber SA.321G Super Frelon der französischen Marine startet einen Seeziel-Flugkörper AM.39 Exocet.

Oben: Sea Harrier beim Start von der 7°-Startrampe der HMS Invincible. HMS Ark Royal hat eine 12°-Rampe, die einen Kurzstart mit grösserer Zuladung ermöglicht.

Unten: Startvorbereitungen an Deck eines französischen Flugzeugträgers. Vorn stehen zwei Dassault-Etendard-IVP-Aufklärer. Die übrigen sind Super-Etendard-Jagdbomber.

bemerkenswerter Entwurf mit umfassender ECM/ESM-Fähigkeit. Im Südatlantik-Krieg erwies es sich, dass Radar-Vorpostenschiffe ein unangemessener, sehr verwundbarer Ersatz für Frühwarn-Flugzeuge sind. Das einzige taugliche Träger-AEW-Flugzeug ist derzeit die E-2C Hawkeye, doch die Briten haben eine AEW-Version des Westland-Sea-King-Hubschraubers gebaut, ausgerüstet mit einem Searchwater-Radar in aufblasbarer Schutzhülle. Wenngleich in Eile auf dem Höhepunkt des Krieges ersonnen, war das eine gute Lösung des Problems, doch weniger ökonomisch als ein CTOL-Starrflügel-Flugzeug.
Die sowjetische Praxis, landgestützte AEW zur Deckung ihrer Kampfgruppen heranzuziehen, würde sich im Krieg als unsachgemäss herausstellen. Die Sowjets werden ein trägergestütztes AEW-Flugzeug entwickeln müssen, um ihre neuen Kampfverbände aufzubessern. Für die französische Marine gilt das ebenso, weil ihre neuen Atom-Flugzeugträger erstrangige Ziele in jedem Konflikt auf See darstellen und ohne AEW-Flugzeuge allzu verwundbar sind.

Oben: Es gibt für EW in keiner Marine ein Gegenstück zur Grumman EA-6B Prowler der US Navy. Ein Verband von vier Prowler fliegt zur Unterstützung in jedem Träger-Geschwader.

Landgestützte Flugzeuge

Landgestützte Flugzeuge sind auch für maritime Operationen notwendig. Solche Maschinen werden in praktisch jedem Land von Marinefliegern geflogen, ausser in Grossbritannien, wo sie aus Tradition der RAF unterstehen. Hauptaufgaben dieser Flugzeuge sind die ASW-Patrouille und Unterstützung beim Kampf auf See durch den Angriff. Bei jedem Wetter können sie ihre Aufgabe durchführen, sind aber in der Reichweite behindert, wie sich 1982 im Südatlantik zeigte, als die Kampfgruppe der Royal Navy praktisch jenseits der Reichweite der auf Ascension stationierten Luftunterstützung stand.
Der vielleicht wichtigste landgestützte Typ ist das grosse ASW-Flugzeug, wie P-3 Orion, Nimrod, Atlantic, Shin Meiwa PS-1, Kawasaki P-2J, Il-38 May und Tu-20 Bear-F. Nur drei von diesen, die Atlantic, PS-1 und P-2J, wurden speziell für ASW-Einsätze entworfen, während die Nimrod, P-3 und Il-38 erfolgreiche ASW-Umbauten weniger erfolgreicher Zivilmaschinen sind. Bear-F ist ein abgewandelter strategischer Bomber.
Japans PS-1 basiert auf einer interessanten Idee. Es kann vom Wasser aus starten, um auf seinem ASW-Flug zu suchen und zu orten, wobei es eher sein sehr starkes Bord-Sonar benutzt, als

Oben: Sow. Il-38 May, landgestütztes ASW- und Seeüberwachungs-Flugzeug mit Bugradom und MAD-Ausleger auf einem Patrouillenflug.

Oben: Auftanken einer Tornado der Bundesmarine. Das betankte Flugzeug trägt zwei Kormoran-Seeziel-Flugkörper.

Sonobojen in Mengen auszustreuen. Bisher wurde die Idee nicht aufgegriffen, von keiner anderen Nation erprobt. Auch die Japaner selbst kehrten zum landgestützten ASW-Flugzeug zurück, verwenden viele P-2J (lizenzierte, modernisierte P-2 Neptune) und P-3 Orion. Landgestützte ASW-Maschinen führen weite, anstrengende Aufklärungs-Einsätze durch, um im Frieden Unterseeboote zu orten und zu verfolgen, in Kriegszeiten sie zu vernichten. Insbesondere werden Verfolgung und Klassifizierung von Kontakten verlangt, die durch das SOSUS der US Navy und SURTASS-Überwachungssysteme und ihrer sowjetischen Gegenstücke aufgespürt wurden. Ihre bordeigenen Sensoren umfassen Radar, Infrarot-Vorausortung (FLIR), Restlicht-Fernsehen (LLTV), raffinierte ECM-Anlagen und MAD, und auch sie setzen Sonobojen aus, die Funkverbindung haben, um dem Flugzeug Sonar-Ortung zu verschaffen. Ihre Waffen sind Torpedos, konventionelle und Atom-Wasserbomben und Seeziel-Flugkörper. In dieser Hinsicht ähneln sie den ASW-Flugzeugen der Träger, haben aber eine grössere Reichweite und Zuladung. Veröffentlichte Zahlen der Einsatzzeiten sind 18 Stunden für die Atlantic, 11 Stunden für Nimrod und May, 16 Stunden für die P-3 Orion, für die S-3 Viking etwas weniger als neun Stunden. Die Vertreter trägergestützter Luftmacht argumentieren, weil die Maschine bereits auf See sei, brauche die S-3 weniger Zeit für den Flug zum Einsatzort und habe für den Einsatz ebensoviel, wenn nicht mehr Zeit zur Verfügung. Jedenfalls haben nur wenige Flotten Flugzeugträger, die gross genug für diese Maschine sind. Einige Marinen benutzen an der Küste stationierte Hubschrauber, wie den Sea King, für ASW im Nahbereich. Die UdSSR hat für diese Aufgabe den einmaligen Typ Mi-14 Haze entwickelt. Andere an der Küste stationierte Flugzeuge mit maritimen Aufgaben sind der Tornado, Buccaneer und Tu-22M Backfire.

Die Briten verwenden Tornado und Buccaneer über dem Nordatlantik und den GIUK-Lücken, während die Bundesrepublik Deutschland die Tornado über der Ostsee einsetzt. Die sowjetische Marine-Luftwaffe (AV-MF) verteilt ihre mit AS-6 bewaffneten Tu-16 Badger-C/G auf die vier Hauptflotten. Sie werden unterstützt von etwa 70 Tankflugzeugen Tu-16 Badger-A, aber wie gut diese ältlichen und langsamen Flugzeuge auf Langstrecken-Einsätzen gegen Seeziele in feindlicher Umgebung überleben können, ist ungewiss. Die AV-MF setzt auch Tu-22 Blinder ein, die auf die Balten- und Schwarzmeer-Flotte verteilt sind, sowie eine wachsende Zahl Tu-22M Backfire, verteilt auf die Nord- und Pazifik-Flotte. Hauptziele der Backfire der Nordflotte dürften die NATO-Kampfgruppen in den Gebieten der GIUK-Lücken sein.
Die UdSSR entwickelte einen weiteren Spezialtyp, ein OHT-Flugzeug, das von Unterseebooten oder Schiffen gestarteten Flugkörpern, wie SS-N-3 und SS-N-12, Lenkungshilfe gibt. Die Tu-20 Bear-D hat gewiss diese Aufgabe, und die Tu-16 Badger-D dürfte die gleiche Funktion haben.
Die Bear-D hat im Waffenschacht ein grosses Radar und etwa vierzig Antennen, Kuppeln und Verkleidungen entlang des Rumpfes, am Schwanz und den Flügeln, und es scheint, der Einsatz erfolgt paarweise, aber die Überlebenschance und die zeitliche Koordinierung, mit Unterseebooten besonders, scheint gering.
Letztlich gibt es die an der Küste

Unten: Dassault-Breguet Atlantic der französischen Marine. Dieses landgestützte ASW-Flugzeug steht in fünf Ländern in Dienst. Für die französische Marine ist eine Neukonstruktion (Atlantique) im Bau.

Unten: Als landgestützter ASW-Hubschrauber für den Warschauer Pakt wurde der Mil Mi-14 Haze hergestellt. Er ist vom Mi-8 Hip abgeleitet und etwas grösser als der Sikorsky SH-3 Sea King.

Oben: *Die Tupolev Tu-22M Backfire der sowjetischen Marine-Luftwaffe ist ein landgestütztes Marineflugzeug mit variablen Tragflächen..*

Unten: Die Tu-20 Bear-D ist für Überwachungsaufgaben mit zahlreichen Sensoren ausgerüstet. Sie dient auch als Relais-Station.

stationierten, zur Minensuche eingesetzten Hubschrauber. Der Sikorsky RH-53D beispielsweise hat einen verstärkten Rumpf, stärkere Motoren und ist mit zwei Minenspür-Geräten (MCM) ausgerüstet, um Kontakt-, Magnet- und akustisch gezündete Minen zu räumen. Der Mi-8 Hip der Sowjets spielt die gleiche Rolle, und zwei davon sind auf dem ASW-Kreuzer Leningrad eingeschifft gewesen, als sie 1974 an der Räumung des Suez-Kanals nach dem Arabisch-Israelischen Krieg teilnahm.

Die Zukunft

Die Zukunft des grossen, atomgetriebenen Trägers scheint in den USA und der UdSSR gesichert, wobei die Amerikaner eine Flotte von 15, die Sowjets von wenigstens zwei Schiffen planen. Diese Träger tragen eine bedeutende Luftstreitkraft, aber sie sind teuer und trotz Geschwader, Bordbewaffnung und schützender Eskorte verwundbar. Die Erfahrungen der britischen Royal Navy mit der Streichung des CVA-01 und dass Australien, Kanada und die Niederlande ihre Träger aufgegeben haben, zeigt, dass derartige Machtmittel zu teuer sein können. Es scheint, dass die Technologie dahin gebracht werden muss, billigere und überlebensfähigere Träger für kleinere Marinen zu bauen, auch zum Vorteil der grossen Marinen. Die italienische und spanische Marine zeigen, was erreicht werden kann, wenn Ehrgeiz und operative Erfordernisse in vernünftigen Grenzen gehalten werden.
Für die Luftkomponente der Trägerflotten scheint es zwei wichtige Entwicklungsgebiete zu geben, STOVL-Flugzeuge mit mehr Fähigkeiten und eine AEW-Plattform, die nicht einen grossen CTOL-Träger für Unterbringung und Start braucht.
Am interessantesten ist das künftige Auftreten der sowjetischen Atom-Flugzeugträger und ihrer Geschwader. Satellitenfotos zeigten den ersten bereits beim Bau in Nikolajew und eine Flugdeck-Atrappe von 197 m Länge in Saki am Schwarzen Meer. Für die Geschwader der Kremlin sollen Marine-Versionen der Su-27 Flanker (Mehrzweck: Jäger/Bomber), MIG-29-Fulcrum-Abfangjäger und Su-25 Frogfoot zur Nahunterstützung in Entwicklung sein, zusammen mit einem Nachfolger des STOVL-Yak-38 Forger. Auch ein AEW-Typ müsste in Entwicklung sein, doch ist ungewiss, ob es ein Starr- oder ein Drehflügler sein wird.

Unten: Mit der Buccaneer sind RAF-Staffeln im Seeziel-Einsatz ausgerüstet. Das abgebildete Flugzeug ist mit vier Sea-Eagle-Seeziel-Flugkörpern ausgerüstet.

C^3 und der elektronische Kampf

Das Nachrichtenwesen gehört zu den kompliziertesten maritimen Systemen. Überwasser-, Unterwasser- und Handelsschiffe, Flugzeuge und weit entfernte militärische und zivile Dienststellen müssen sich untereinander verständigen können. Das erfordert eine Vielzahl von Verbindungsgliedern. Allein vom technischen Gesichtspunkt sind sie nur schwer unterzubringen. Doch die ektronischen Aspekte sind noch komplizierter, weil die Menge ausstrahlender Geräte, die mit dem Nachrichtenwesen, Sensoren und Waffensystemen verbunden ist, erhebliche Probleme elektromagnetischer Vereinbarkeit und wechselseitiger Störung schafft. Die ständige Zunahme der Waffensysteme und Sensoren bedeutet, dass der Umfang des Funkverkehrs wächst. Die entstehenden Schwierigkeiten sind keineswegs unüberwindbar, doch nur mit erheblichem Aufwand und entsprechenden Kosten zu lösen.

Nachrichtenverbindungen über Wasser

Ein gutes Beispiel für einen zeitgemässen Weg zur Bewältigung solcher Probleme ist das britische Marconi-System 3 für integrierte Nachrichtenverbindungen (ICS 3), das auf den Fregatten Typ 22 der Royal Navy verwendet wird. Auch Zerstörer Typ 42, Leichte Flugzeugträger der Invincible-Klasse und die Fregatten der Kortenaer-Klasse der RNN benutzen ICS 3 für aus- und eingehenden Funkverkehr aller Arten, Schiff-zu-Schiff, Schiff-zu-Luft und Schiff-zu-Küste für taktische und strategische Verbindungen in den VLF-, LF-, MF-, und HF-Bändern, wie auch VHF- und UHF- und Satcom-Schaltkreisen. Ein Funknachrichten-Verarbeitungs-System sortiert und ordnet die Nachrichten elektronisch; es hat Bildschirm-Darstellung und Ausdrucker.
Sende- und Empfangsanlagen werden mit Stimmen, Datenübertragung, Fernschreiben und Morsezeichen durch mehrere Schaltkreise im Bereich 10 kHz–30 MHZ fertig, indem sie Amplitudenmodulation, Seitenfrequenzbänder im oberen Bereich und voll entstörte Trägerfrequenzen benutzen. Die Senderstärke ist wählbar, 100, 250 oder 700 Watt. Das VHF- und UHF-Gerät ist der Typ 1203 aus der Plessey-PVS.1730-Geräte-Serie. Nachrichtenverbindung zu Unterseebooten wird durch den Typ-2008-Unterwasser-Telephon-Sender/Empfänger gehalten. Verbindungen mit Satelliten erfolgen über den SCOT-Terminal für Schiffe im 7–8-GHz-Band (SHF). Das ICS 3 kann die Frequenz wechseln, Empfangs- und Sendekanäle trennen und Abstrahlungsstörungen zwischen Nachrichten- und anderen elektronischen Systemen weitestgehend unterdrücken. Das Überwachungs-Untersystem hat drei Hauptfunktionen: Verteilung von Fernschreib-, Sprech- und Morse-Verbindungen zwischen der Funkausrüstung des Schiffs und ihren Benutzern; Kontrollmöglichkeit für Benutzer von Fernsteuerungen; zentrale Kontrolle und Überwachung durch das Nachrichtenverbindungs-System des Schiffes. Eine Hauptschaltzentrale ermöglicht jedem Benutzer sofortige Verbindung zu jedem UHF-, VHF- oder Satcom-Schaltkreis. Das telegrafische Untersystem verarbeitet alle Botschaften automatisch und macht alle Arten des Seefunkverkehrs sendefertig, wobei auf einem traditionell arbeitsintensiven Gebiet nur wenig Menschen gebraucht werden.

Unten: Zwei Scot-Terminals für Satelliten-Datenverbindung auf HMS Invincible. Links neben der Kuppel des FK-Feuerleit-Radars die Peitschenantennen für das ICS3-System integrierter Nachrichtenverbindung.

Unten rechts: Die Boeing E-6A wird die Lockheed EC-130 als luftgestützte VLF-Verbindung zwischen den Kommandobehörden der USA und den SSBN auf See ersetzen.

Nachrichtenverbindungen mit Unterseebooten

Dass Atom-U-Boote fähig sind, sich in den Tiefen der Ozeane zu verbergen, hat seine offensichtlichen Vorteile, bringt aber das Problem mit sich, durch verlässliche, sichere und nicht störbare Verbindungen mit den nationalen Befehlsstellen in Verbindung zu bleiben. Das gilt besonders für die SSBN der US Navy, die einen Erstschlag überstehen und zum Gegenschlag bereit sein müssen. Hauptsächliche, überlebenswichtige Verbindung zu den patrouillierenden SSBN stellt das TACAMO-System dar. Es beruht auf vier EC-130G- und 16 EC-130Q-Hercules-Flugzeugen, von denen ständig je eines über dem Atlantik und eines über dem Pazifik fliegt. Die Hauptverbindung zu getauchten Unterseebooten findet durch einen VLF-Sender von 100 kW mit einer 10 km langen geschleppten Drahtantenne statt. Zur Übertragung zieht das Flugzeug mit hängender Antenne enge Kreise. Die C-130-Typen werden durch 15 Boeing E-6A ersetzt, Nachbauten der zivilen Boeing 707, EMP-gehärtet und über 100 Millionen US-Dollar pro Stück teuer. TACAMO ist wichtig für die Fähigkeit zum Zweitschlag und wird gegenwärtig als überle-

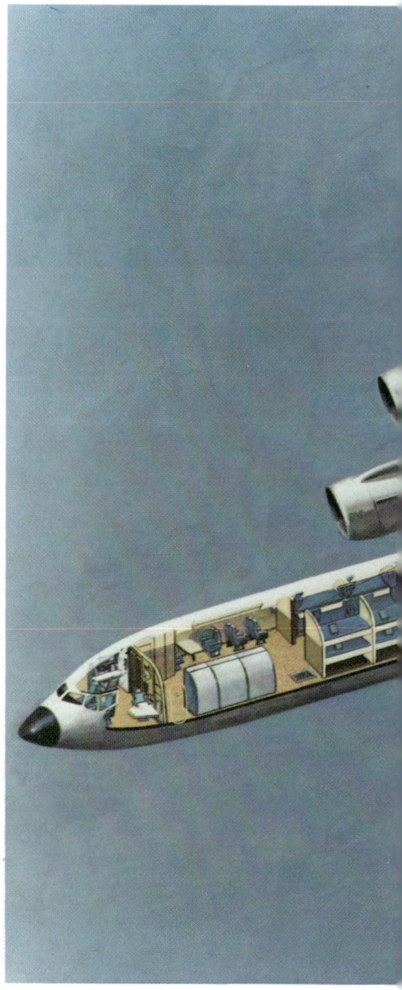

bensfähig angesehen, doch wird die UdSSR diese Flugzeuge als Ziele ersten Ranges ansehen und entwickelt zweifellos Satelliten, um sie aufzuspüren und zu verfolgen. Die Probleme der Nachrichtenverbindungen sind nicht auf die SSBN beschränkt. Oft ist es für SSN notwendig, mit ihren Kommandostellen Kontakt aufzunehmen. Ein zweites wichtiges System ist ELF, die Überlängstwelle im Bereich 0,3–3 kHz. Seine 200 km lange Antenne ist in Michigan unter der Erde.
US-SSBN haben ELF in Tiefen von etwa 100 m empfangen, doch der Nachteil dieser niedrigen Frequenzen ist die langsame Übermittlungsgeschwindigkeit.

Laser-Verbindungen zu Unterseebooten

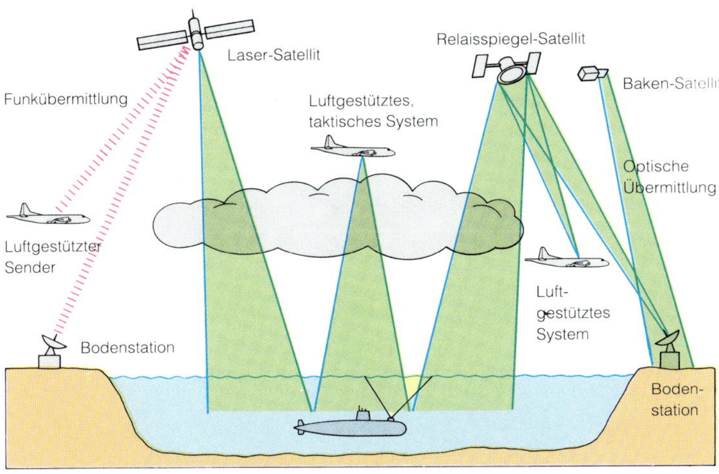

Oben: Der Gebrauch von Laser für die Verbindung mit getauchten U-Booten wird nun erforscht. Es gibt mehrere Möglichkeiten: Boden- oder luftgestützter Richtfunk kann durch im Raum stationierte Laser an Unterseeboote übertragen werden, oder Signale eines bodengestützten Lasers können von einem im Raum stationierten Spiegel reflektiert werden. Direkte Laser-Verbindungen sind gleichfalls möglich.

Elektronischer Kampf

Kriegsschiffe und Unterseeboote sind von elektronischen Systemen fast völlig abhängig; das betrifft Funktionen an Bord wie auch Entdeckung und Ortung von Bedrohungen, Start und Leitung entsprechender Waffen und Nachrichtenverbindungen innerhalb der Kampfgruppe wie auch mit den Basen. Wenn auch nur eine während längerer Zeit oder im kritischen Moment eines Gefechts unterbrochen wird, kann das den Verlust des Schiffes bedeuten.
Die von Kriegsschiffen benutzten elektronischen Systeme erstrecken sich über das gesamte elektromagnetische Spektrum vom Sonar und ELF-Funk in den hörbaren Frequenzbändern am äussersten unteren Ende bis zum Laser weit oben. Im Krieg und zunehmend im Frieden entsteht ein Kampffeld für Schlachten, Gefechte und Scharmützel, die tödlich sind, obgleich man keine Kugeln fliegen sieht.
Elektronische Kriegführung ist ein bedeutender Beitrag zu jeder Verteidigungszone, die die maritimen Kampfgruppen umgeben. Taktiken dieser EW-Kämpfe sind auf verschiedene Gebiete verteilt: Elektronische Spionage (Elint), elektronische Unterstützungsmassnahmen (ESM), elektronische Gegenmassnahmen (ECM) und Gegenmassnahmen gegen elektronische Gegenmassnahmen (ECCM).
Elint ist die Entsprechung zur Spionage auf allen anderen militärischen Gebieten und soll aufdecken, welchen Gebrauch der Gegner von den Möglichkeiten des elektronischen Spektrums macht. Hierfür gibt es Satelliten, landfeste Abhörstationen, Sonderflugzeuge, Schiffe, Ballons und RPV sowie verdeckte oder offene Sammlung von Nachrichten. Ziel der Elint ist, zu entdecken, welche aktiven und passiven elektronischen Geräte vorhanden sind, wo sie sind, was und wie sie arbeiten. Das bedeutet Aufspüren und Analysieren so vieler relevanter elektronischer Parameter als möglich, benutzte Frequenzen, Pulsfrequenz, Pulsabstände, Umdrehungszahlen, Modulationsart, Art der Mehrfach-Telegrafie usw.
Es gibt viele Möglichkeiten, Elint-Datenzentren zu errichten. Die UdSSR und die USA fliegen Elint-Satelliten-Aufträge, volkstümlich als «Spion» bekannt, die gegen elektronische Ziele zu Land und See gerichtet sind. Ähnlich verwenden beide Nationen, neben

Unten: Maritime Sensor-Systeme nutzen zunehmend raffinierte elektronische Techniken zur Bedienung. Ein Beispiel ist die Bedienungs-Konsole des israelischen ELINT-Bordsystems Elisra NS-9001.

vielen anderen, Flugzeuge wie die US-U-2R, die sowjetische Il-18 Coot-A und die britische Nimrod R.2. Auf den Meeren ist die auffälligste Elint-Aktivität die der Sowjetmarine, die eine Fülle von Nachrichtensammlern beschäftigt, angefangen bei umgebauten Trawlern von ca. 700 ts bis zur gut ausgerüsteten Balzam-Klasse von 4'000 ts, die speziell für diesen Zweck gebaut wurde. Man kann annehmen, dass auch andere Flotten ähnliche Unternehmungen mit üblichen Schiffen durchführen.
Der Elint entstammt ESM, das Auffangen gegnerischer elektronischer Ausstrahlungen und ihre Identifizierung, gewöhnlich durch Vergleich in einem Datenspeicher. ESM ist notwendigerweise passiv und kann deshalb vom Gegner nicht entdeckt werden.
ECM, die Art und Weise, wie die elektronischen Emissionen eines wirklichen oder möglichen Gegners zu behandeln sind, ist aktiv und vom Gegner zu erfassen. Eine der hauptsächlichen ECM-Aktivitäten ist die Störung der Signale, entweder im Breitband, das einen weiten Frequenzbereich abdeckt, oder Punkt-Störung auf einer einzelnen Frequenz. Die Entscheidung zur Störung kann nicht leicht gefasst werden. Es gibt viele Situationen, in denen Störung der Selbstzerstörung gleichkommt.
Wie auf anderen Gebieten mag eine Täuschung angebracht sein, beispielsweise durch Übertragung falscher Echos, um den Gegner oder den Zielsuchkopf eines Flugkörpers in die Irre zu führen.
ECCM schliesslich bezieht sich auf jene Schritte, die man unternehmen kann, um feindliche ECM zu überwinden. Wenn ein Gegner stört, kann man auf mehrere Arten reagieren. Man kann die Sendeleistung steigern, um die Störung zu überlagern, oder man wechselt die Frequenz.
Ein gutes Beispiel für ein besonders fortgeschrittenes ESM/ECM-System ist das SLQ-32(V) der US-Marine. Es besteht aus drei Ausrüstungs-Stufen: (V)1 ist die Grundstufe für Warnung, Identifizierung und Richtungsangabe bedrohender radargelenkter Seeziel-Flugkörper und ihrer Abschussanlage. Sie wurde auf den Fregatten der Knox-Klasse und anderen kleinen Kriegsschiffen installiert und hat an Back- wie Steuerbord Antennen-Anordnungen, die volle 360° Abdeckung ergeben und Empfänger haben, die sofort alle hauptsächlich bedrohlichen Frequenzen messen (IFM).
(V)2 fügt das Untersystem an Antennen und Empfängern hinzu, das nötig ist, noch weitere ESM-Frequenzen aufzufangen, um ihre Identifizierung zu ermöglichen, Richtungsbestimmung von Navigationsradars und IFF-Geräten des bedrohenden Schiffs vorzunehmen. (V)2 ist auf DDG, FFG und den Zerstörern der Spruance-Klasse zu finden.
(V)3, der ECM-Zusatz, enthält Sender, Sendeantennen, Hochspannungs-Versorgung, Röhren für Vielfach-Wanderwellen und Transponder, die die Störfähigkeit verstärken. Er ist ausgelegt, das Zielen oder den Start feindlicher Flugkörper zu verhüten oder zu verzögern oder, falls die Flugkörper bereits gestartet sind, sie von ihrem Zielanflug abzulenken. Dieses Gerät ist für Kreuzer und andere grosse Schiffsklassen bestimmt. Das System benutzt Vielfach-Antennen und Röhren für Miniatur-Wanderwellen, um die abgestrahlte Kraft besonders wirksam zu machen. Es ist nutzbar gegen Suchradar von Flugzeugen wie dem sowjetischen Badger oder Bear-D, um die Ortung von NATO Flotteneinheiten zu unterbrechen. Zur Verteidigung des eigenen Schiffs kontert das (V)3-Gerät anfliegende Flugkörper durch Ablenkung oder Täuschung des Flugkörper-Radar-Suchgeräts. Alle drei Versionen des SLQ-32 haben eine identische Darstellungs- und Befehls-Konsole in der Gefechts-Zentrale (CIC) des Schiffes, und alle arbeiten mit dem UYK-19-Computer, aber die Speicherkapazität wächst von 48K im (V)1 über 64K beim (V)2 zu 80K beim (V)3.
Alle Versionen steuern auch das weiter unten beschriebene Mk-36-Täuschkörper-Startsystem.
Ein britisches ESM-System, das von 18 Nationen übernommen wurde, ist die handgesteuerte Rascal-RDL-Serie. RDL-1BC zum Beispiel ist zum Einsatz auf kleinen Schiffen bestimmt, sogar auf Schnellbooten, und gibt sofort die Richtung an, hat automatische Impuls-Analyse, Frequenz-Messung und gibt Alarm. Die Ausrüstung nutzt bewährte Technologie und arbeitet in den E- bis I-Bändern. Eine wertvolle Eigenschaft ist, dass bis zu fünf Puls-Parameter von als feindlich bekannten Radar-Anstrahlungen im Gerät erfasst werden können, indem Steck-PCB verwendet werden. Wenn ein eingehendes Signal sich mit einem der Parameter deckt, wird das CIC sicht- oder hörbar alarmiert. Ein funktional identisches System ist RDL-1BCS zur Verwendung in U-Booten, und Zusatzgeräte können dem RDL-1BC weitere Möglichkeiten geben, um den Erfordernissen auf grossen Schiffen gerecht zu werden. Die RDL-2ABC-Baugruppe beispielsweise fügt Frequenzmessung hinzu, sichtbare Impuls-Analyse und RF-Verstärkung in der Analyse des Funkkanals, um grössere Reichweiten und bessere Analysen zu ermöglichen.
Mit dem Computer-kontrollierten Cutlass-System kann die Signaldichte auf bis zu 500'000 Impulse pro Sekunde erweitert werden. In den D- bis J-Bändern (1–18 GHz) werden mit Hilfe des eingebauten Bedrohungs-Speichers die Parameter von bis zu 2'000 Radargeräten automatisch verglichen. Dem Radargast wird dann eine Aufli-

Rechts: HSA Sphinx ESM-Antennen. Zwei von drei Frequenz-Antennen sind über dem kugelförmigen M-20 zu sehen. Darunter eine achtteilige kreisförmige Anordnung zur Richtungsbestimmung.

Oben: Raytheon SLQ-32 ist die neueste EW-Ausrüstung der US Navy. (V)1 wird auf kleinen Schiffen, (V)2 auf DDG und FFG, (V)3 auf Kreuzern verwendet.

Oben: SLQ-17 von Hughes auf einem US-Träger. Es täuscht der Zielortung anfliegender Marschflugkörper ein abseits gelegenes Radarbild vom Zielschiff vor.

stung der Identitäten und des Grades der Bedrohung vorgelegt. Die 15 gefährlichsten Bedrohungen werden automatisch dargestellt, und der Gast kann die nächsten 125 in absteigender Ordnung der Dringlichkeit abrufen. Cutlass hat einen IFM-Empfänger, der mit hoher Wahrscheinlichkeit auch ein ganz kurzes Signal, wie eines von einem Kampfflugzeug oder einem Unterseeboot, das zu einer taktischen Korrektur sein Radar nur kurz einschaltet, entdeckt.
Es wird nicht überraschen, dass nur wenig interne Details über EW-Systeme sowjetischer Kriegsschiffe bekannt sind. Allein schon die Überprüfung der Antennen-Systeme der Schiffe zeigt, dass auf diesem Gebiet die Sowjets es ernst

EW-Antennen auf Kiev und Novorossiysk

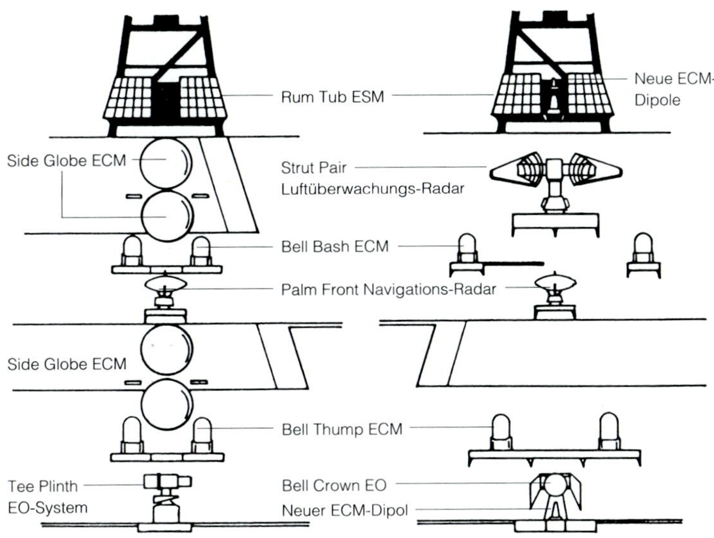

Oben: Eine Hälfte der ESM-Ausrüstung des sowjetischen Trägers Kiev umfasst zwei Rum-Tub-ESM-Antennen, zwei Bell-Bash-Störfunk-Antennen und zwei Bell-Thump-Störfunk-Antennen (unter dem zweiten Paar Side Globe).

Oben: Die ESM-Ausrüstung auf Novorossiysk umfasst Rum Tub, Bell Bash und Bell Thump. Side Globe ist nicht vorhanden. Seine Funktionen werden von einem anderen System ausgeführt. Das optronische Tin Man ersetzt das Tee Plinth der Kiev.

Unten: Die übliche Häufung von Antennen und Sensoren auf allen sowjetischen Kriegsschiffen; hier der Flugzeugträger Minsk. Links im Bild ein Paar Rum Tub, darunter zwei Paare Side-Globe-Antennen. Alle haben EW/ESM-Aufgaben.

nehmen. So hat die Kirov zwei Round-House-ECM-Antennen, acht Side-Globe-ECM/ESM-Antennen und vier Rum-Tub-ESM-Antennen sowie unterschiedliche DF-Antennen.

Täuschkörper gegen Flugkörper

Ein weiteres wertvolles bordeigenes System zur Abwehr von Seeziel-Flugkörpern ist die Radarstörfolie. Diese Technik hat im Zweiten Weltkrieg ihren Ursprung. Riesige Wolken dieser Folien-Streifen, Deckname «Window» («Düppel»), auf passende Längen geschnitten, in zweckentsprechenden Mustern abgeworfen, verwirrten die Radar-Bedienungen vollständig. Heutige maritime Störfolien arbeiten nach dem gleichen Prinzip, werden aber angewandt, um die Radar-Zielsuchköpfe der Flugkörper zu verwirren und abzulenken.
Es gibt drei hauptsächliche Anwendungsmethoden für maritime Störfolien. Sobald ein radargelenkter Seeziel-Flugkörper entdeckt wird, bevor sein Suchkopf sein Ziel gewählt hat, werden Folienwolken um das Schiff verteilt, die den Suchkopf veranlassen könnten, sich nach einem falschen Echo zu richten. Andererseits kann die ECM-Anlage des Schiffes Erfolg haben, den Suchkopf, der sein Ziel bereits aufgefasst hat, abzudrehen, und dann geben die Folien-Raketen dem Flugkörper ein falsches Ziel, an dem er sich festbeissen kann, die sogenannte Ablenkungs-Methode. Schliesslich hat das Schiff eine allerletzte Verteidigungs-Chance gegen einen erst im letzten Moment entdeckten Flugkörper: die schnellste Ausbreitung einer Folienwolke vor der Stelle, die der Suchkopf ansteuert,

Störfolien-Einsatz nach der Verführungs-Methode

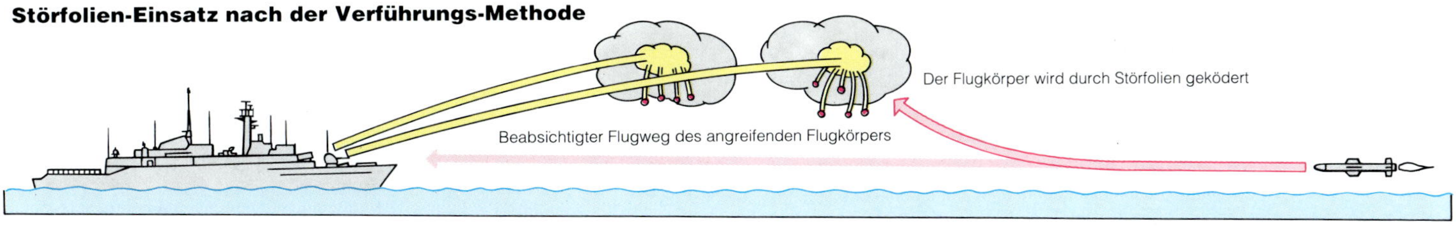

Störfolien-Einsatz nach der Verwirrungs-Methode

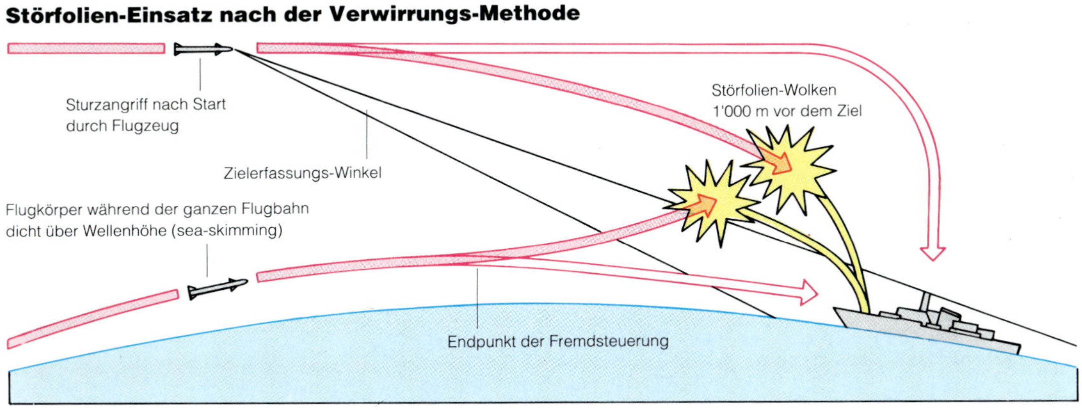

Beim Plessey-Shield-System werden ASM zum Angriff auf Störfolien verführt (oben). Bei der Verwirrungs-Methode sind vier Folien-Wolken in Entfernungen bis 2 km vorgesehen. Störfolien können in Höhen bis zu etwa 1'000 m verschossen werden, während das angeflogene Schiffsziel unter dem Radarhorizont des Flugkörpers ist (links). Flugkörper im Hochangriff zum Sturzflug (von der UdSSR allgemein angewandt) können durch die gleichen Folien-Wolken zum vorzeitigen Sturz verführt werden.

Oben: *Die US Navy benutzt jetzt Werfer Mk 36 RBOC (schnell sich aussenbords entfaltende Folien) als Gegenmassnahme auf vielen Schiffen. Diese eindrucksvolle Ansammlung von Startern steht auf dem Schlachtschiff USS Iowa.*

Oben: Das britische Irvin Replica ist ein schnell reagierendes maritimes Täuschungs-System. Jeder Starter an Deck hat zwei Behälter, deren jeder eine sich entfaltende Reflektor-Einheit enthält.

ein Versuch, den Flugkörper vom Schiff wegzulocken.
Alle Flotten benutzen im allgemeinen ähnliche Störmittel-Starter an Bord ihrer Schiffe. Das British-Vickers-Corvus-System zum Beispiel besteht aus zwei drehbaren achtrohrigen Startern für Plessey-Breitband-Folien (BBC), Geschosskaliber 76 mm. Die 16 Raketen genügen, um Schutz gegen drei angreifende Flugkörper zu bieten, ehe nachgeladen werden muss. Bei der Ablenkungs-Methode verteilt das System vier einzelne Wolken von Störfolien in etwas mehr als 1 km Entfernung vom Schiff. Die US Navy benutzt das RBOC-System, das aus einer Reihe von Werfern und Patronen besteht und mit entsprechenden Kommando- und Richtmitteln versehen ist. Das System Mk 33 für Zerstörer hat vier Starter zu sechs Rohren, die paarweise Erhöhungen von 55°, 65° und 75° aufweisen, während das System Mk 34 für kleinere Schiffe nur zwei Starter hat. Die Mk-171-Folien-Patronen explodieren 3,4 Sekunden nach Abschuss, und die Folien-Pakete werden strahlenförmig mit hoher Geschwindigkeit weggeschleudert, ehe die Folien sich verteilen. In diesem System können auch andere Patronen verwendet werden, nämlich das HIRAM-Täuschungsmittel (Hycor-Infrarot-Anti-Flugkörper), das am Fallschirm hängend Infrarot ausstrahlt, dazu einen Schwimmkörper, um die Infrarot-Abstrahlung eines grossen Kriegsschiffs darzustellen und dadurch IR-gelenkte Flugkörper vom Kurs zu bringen. Ferner die Gemini-Patrone, die ein grosses Radar-Echo und ebenfalls eine IR-Täuschung erzeugt.
Da ASM immer schneller und raffinierter werden, entwickeln einige Marinen Täuschungssysteme mit grösseren Reichweiten, um der Gefahr in früherem Stadium zu begegnen. Unvermeidlich führt das zu grossen, komplizierten Anlagen. British Aerospace/Brandt Sibyl erreichen mit 170-mm- und 263-mm-Raketen von 1,98 bzw. 2,44 m Länge bis zu 8 km Reichweite aus einem richtbaren 12-Rohr-Starter. Ein solches ARM-Täuschungsmittel umfasst sechs verschiedene Nutzlasten, hauptsächlich ein schwimmendes Gerät, das Radar-Abstrahlungen eines Schiffes vortäuscht, einen ferngesteuerten schwimmenden Störsender und einen Rauchentwickler.

Torpedo-Täuschung

Die zielsuchenden Torpedos von heute stellen für Überwasser-Kriegsschiffe wie Unterseeboote eine ernsthafte Bedrohung dar, denn sobald sie ihr Ziel angenommen haben, ist ein Ausweichen äusserst schwierig, aber es ist möglich, sie irrezuführen, indem man ihnen ein scheinbar attraktiveres Ziel in Form eines Täuschungsmittels anbietet.
Für Überwasserschiffe ist die übliche Methode ein nachgeschleppter Geräusch-Erzeuger, wie der amerikanische SLQ-25, der in der US-Marine und in anderen NATO-Ländern verbreitet ist, und der britische Graseby GI 738, eine Festkörper-Ausführung des Täuschungsmittel-Typs 182, der bei der Royal Navy viele Jahre verwendet wurde.

Oben: Die entfaltete Replica besteht aus zwei verbundenen schwimmenden Reflektoren, die dem angreifenden Flugkörper eine schiffsähnliche Signatur vermitteln.

Unten: Eine andere Art, anfliegende ASM zu täuschen, ist das Plessey-Shield-System, mit dem Störfolien und Infrarot-Täuschungsmittel mit Kurzstrecken-Raketen verschossen werden.

Im System GI 738 wird ein Körper von 2,0 m Länge, 533 mm Durchmesser und 74 kg Gewicht in 366 m Abstand hinter dem Schiff geschleppt, und im Schiff erzeugte Signale werden durch Kabel übertragen, um vom Schleppkörper ausgestrahlt zu werden. Es gibt zwei Arten Signale: simulierte Propeller-Geräusche zur Täuschung passiv ortender Torpedos hinter dem Schiff und Dauersignale, um ein Zielecho vorzutäuschen und so die Leiteinrichtung des Torpedos zu täuschen oder zu verwirren. Bei einem Zwischenfall im Südatlantik-Krieg 1982 schleppte der Flugzeugträger Hermes der Royal Navy ein Gerät vom Typ 182 nach, das von einem Torpedo eines zum Träger gehörenden Hubschraubers angegriffen wurde, als dieser einen ASW-Einsatz gegen einen gemeldeten U-Boot-Kontakt flog.
Unterseeboote, die sich auf Heimlichkeit verlassen, wollen sicherlich keine geräuscherzeugenden Geräte führen, die ständig senden. Unterseeboote streben danach, früher als Überwasser-Schiffe vor angreifenden Torpedos gewarnt zu sein und benutzen deshalb

Oben: Gefechtszentrale auf USS Spruance. Der Plotter Manager (Leitender Auswerter; sitzend) überwacht die einzelnen Vorgänge, die Teil des NTDS (Taktisches Daten-System der Marine) sind.

Oben: Bemannte Station des Geschütz-Zielgebers des Feuerleit-Systems Mk 66 für 76-mm-Geschütze auf USS Blue Ridge. Bemannte Stationen werden auf Kriegsschiffen zunehmend seltener.

Unten: Das Feuerleitsystem Sperry Mk 92 versorgt Schiffe mit integrierter Radar-Ortung, Befehlen, Kontrolle und der Fähigkeit zum Waffen-Einsatz. Eingebaut auf den FFG der Perry-Klasse.

reaktive Systeme wie Blasenerzeuger, die akustisch ortende Torpedos ablenken können. Auch können kleine Vorrichtungen vom U-Boot ausgestossen werden, deren akustischen Signale den Suchkopf irritieren und dem Unterseeboot ein Ausweichen erlauben.

Schiffsführung und Feuerleitung

Jede einzelne Waffe benötigt ein Leitsystem und eine Verbindung mit einem Sensor, und alle Waffensysteme, die in einer bestimmten Umgebung arbeiten, benötigen Kontrolle und Koordination von zentraler Stelle im Schiff. Schliesslich müssen die offensiven und defensiven Systeme eines Schiffs in die Kampfgruppe eingebunden werden. Die meisten Geschütze haben Feuerleit-Systeme (GFCS). Ein typisches, obwohl etwas älteres Beispiel ist das GFCS Mk 56 der US Navy, das auf zahlreichen Kriegsschiffen der US-Marine und anderer Marinen in Dienst steht. Es ist für die Feuerleitung von DP-Geschützen gebaut, also gegen Unterschall-Flugzeuge und Seeziele. Es soll Ziele verfolgen und die entsprechenden Richtwerte dem Geschütz übermitteln: Seitenrichtung, Erhöhung und Parallaxe sowie Zündereinstellung. Das System benutzt ein Radar-Untersystem (Mk 35 im I/J-Band) zur automatischen Verfolgung nach Entfernung, Seitenrichtung und Erhöhung für Vorhaltewinkel bis 30° auf eine Entfernung von 27'432 m gegen Bomber, 9'144 m gegen Zerstörer. Gleichzeitig verfolgt ein zweiter Richtschütze sichtbare Ziele optisch. Zwei elektro-mechanische Computer, ein Mk 42 für Haupt- und Sekundär-Ballistik und ein Mk 30 für die Richtbefehle, ergänzen das Radar. Das System wiegt komplett 8'685 kg.

Eines der neuesten GFCS der US Navy ist das Mk 86. Seine Hauptrolle ist das Richten des automatischen 127-mm-Leicht-Geschützes (L/54) und der Standard-Flugkörper. In den Versionen Mod 0–9 ist es auf den Kreuzern der Ticonderoga-, California- und Virginia-Klassen, den Zerstörern der Spruance- und Kidd-Klassen und grossen Landungsschiffen installiert, ebenso als Teil des DDG-19-Programms zur Kampfwertsteigerung. Hauptelemente des Systems sind zwei Radar, ein optisches System, Computer und Bildschirme. Das I-Band-Radar SPQ 9 kann ein Ziel halten, während es nach anderen sucht, ist gegen Seeziele und tieffliegende Angreifer vorgesehen, während das SPG-60 automatisch Luftziele bis zu 50 sm sucht und hält. Die optische Komponente reicht von der einfachen Farbfernseh-Kamera bis zu hochentwickelten elektro-optischen Sensor-Systemen. Das zugehörende Computer-System ist auf Mk 152 und UYK-7 aufgebaut, koordiniert die einzelnen Radar-Daten und kann mit den Systemen anderer Schiffe korrespondieren. Das Mk 86 GFCS nutzt alle Möglichkeiten des Radars und optisch überwachter Überwasser-Aktionen, dient indirekter Küstenbeschiessung, der Verteidigung gegen Seeziel-Flugkörper und Luftangriffe. Das System arbeitet im CIC und wird von einem Waffenleitoffizier und mehreren Dienstgraden bedient.

Die Kontrolle aller Sensor- und Waffensysteme des Schiffs wird durch das NTDS (Taktisches Daten-System der Marine) der US Navy erreicht und durch Aegis, bei der Royal Navy durch ADAWS (Kampf-Daten-System für automatisierte Waffen), in Frankreich durch SENIT (System zur Auswertung seetaktischer Informationen). Alle diese Systeme haben die Aufgabe, Sensoren, Computer, Feuerleitungssysteme so zu koordinieren, dass das System als Ganzes bestmöglich arbeitet, anstatt aus Sensoren und Waffen die höchstmögliche Leistung herauszuholen. Deshalb nimmt die US Navy in Anspruch, dass ein Schiff mit Aegis 60% mehr Reichweite aus einem Standard-Flugkörper herausholen kann als ein Schiff mit dem Tartar-D-Leitsystem, einfach weil Aegis den Flugkörper so programmieren kann, dass sein Flugprofil energiesparender ist. Mit der in der Reichweite gesteigerten Ausführung des Standard beträgt die Aufbesserung über 100 %.

Unten: Aegis-Kreuzer Vincennes (CG 49) der Ticonderoga-Klasse verschiesst einen Asroc-Flugkörper gegen Unterseeboote während seiner Probefahrten vor der Indienststellung am 6. Juli 1985.

Schiffe und ihre Waffen

Einführung

Die folgenden Seiten zeigen eine Auswahl repräsentativer neuerer Kriegsschiffe: Flugzeugträger, Schlachtschiffe, Kreuzer, Zerstörer, Fregatten und Schnellboote, dazu ballistische Flugkörper, Marschflugkörper, atomgetriebene Jagd-U-Boote und konventionelle Unterseeboote, die die Auffassung von maritimer Verteidigung von Belgien, Frankreich, Italien, Japan, den Niederlanden, der Sowjetunion, Grossbritanniens, der Vereinigten Staaten und der Bundesrepublik Deutschland repräsentieren. Jede farbige perspektivische Zeichnung wird von Details einiger Waffensysteme, die sie führen, ergänzt. Zusätzliche Seitenrisse zeigen die Aufstellung verschiedener Waffen- und Sensoren-Systeme. Wo es angebracht ist, zeigen weitere Risse Varianten des Grundentwurfs. Abmessungen, Verdrängung, Bewaffnung, Maschinenanlage, Sensoren werden angegeben, und eine Beschreibung der Entwicklung des Entwurfs jeder Klasse gibt deren Platz in der Entwicklung heutiger Kriegsschiffe an, sowohl in der allgemeinen Kriegsschiff-Konstruktion wie im Zusammenhang mit Erfordernissen und Tradition einzelner Flotten. Ein Blick in die Zukunft bringt bekannte Einzelheiten geplanter Erweiterungen jeder Klasse, festgelegte Kampfwertsteigerungen oder die Form bekannter oder geplanter Nachfolger.

Die Information, die in den Erklärungen zu den Seitenrissen gegeben wird, versteht sich weitgehend von selbst. Hergebrachtem folgend wird erst die Zahl der Lafetten angegeben, dann die Zahl der Rohre, sofern es sich um Geschütze oder Behälter oder Starter-Arme im Fall gelenkter Flugkörper handelt. So bedeutet 2x8 Sea Sparrow, dass zwei Lafetten an den angegebenen Positionen, üblicherweise an Back- und Steuerbord, geführt werden, jede mit acht Behältern.

Für die Planungsstäbe von Flotten ist es üblich, sich auf ihre eigenen Konstruktionsämter bei der Neuentwicklung von Kriegsschiffen zu verlassen oder Spezifikationen zu erarbeiten, auf deren Grundlage private Werften um Angebote gebeten werden. Es gibt auch kommerzielle Werften, die nach eigenen Entwürfen, meist für den Export, bauen. Beispiele hierfür sind die britische Firma Vosper Thornycroft und die deutsche Blohm + Voss und die Howaldtswerke, die durch die Fregatten der Niteroi-Klasse bzw. des Fregattentyps MEKO 360 und den Unterseeboot-Entwurf Typ 209 vertreten sind.

Solche Schiffe ermöglichen Nationen, deren Flotten sich nicht auf eine erfahrene einheimische Werftindustrie stützen können, moderne Kriegsschiffe in Dienst zu haben, die ihren besonderen Anforderungen entsprechen. Oft ist das mit Lizenzvergabe verbunden, wodurch spätere Einheiten der Klasse auf Werften des Käuferlandes gebaut werden können, eine Praxis, die auf leichte und preiswerte Art die Aneignung neuer Konstruktionstechnik ermöglicht.

Andererseits können es sich nur sehr wenige Nationen erlauben, ausgewachsene Flugzeugträger zu bauen und zu unterhalten, ganz abgesehen von Unterseebooten mit ballistischen Flugkörpern, die heute das entscheidende Macht-Potential darstellen, das in einer früheren Epoche etwa durch das Schlachtschiff Dreadnought repräsentiert wurde. Und niemand kann sich mit der enormen maritimen Macht der beiden Supermächte vergleichen. Eine einzige Träger-Kampfgruppe der Art, wie sie routinemässig von der US-Marine betrieben wird, hat eine grössere militärische Kapazität als die gesamten Streitkräfte der meisten souveränen Staaten, und das dramatische Wachstum der Sowjet-Marine in den letzten Jahrzehnten führte zu einer furchtbaren Bedrohung für die US-Marine und die Flotten der anderen NATO-Alliierten, hauptsächlich durch von Unterseebooten oder vom Festland gestartete Flugkörper.

Heutzutage, da selbst bescheide-

US-Marine: Kriegsschiff-Klassifizierung

Gattung	Typ	Klassifizierung	Schiffsklassen
Flugzeugträger	Mehrzweck	CV	Kitty Hawk, John F. Kennedy, Forrestal, Midway
	Mehrzweck, atomgetrieben	CVN	Nimitz, Enterprise
Schlachtschiff		BB	Iowa
Kreuzer	Geschütze	CA	Des Moines
	Lenkflugkörper	CG	Ticonderoga, Belknap, Leahy, Albany
	Lenkflugkörper, atomgetrieben	CGN	Virginia, California, Truxtun, Bainbridge, Long Beach
Zerstörer	Geschütze	DD	Spruance, Forrest Sherman, Hull
	Lenkflugkörper	DDG	Kidd, Coontz, Charles F. Adams, Forrest Sherman (abgewandelter Rumpf)
Fregatten	Geschütze	FF	Knox, Garcia, Glover, Bronstein
	Lenkflugkörper	FFG	Perry, Brooke
Jagd-U-Boote	Diesel-elektrisch betrieben	SS	Barbel
	Atomgetrieben	SSN	Los Angeles, Lipscomb, Sturgeon, Ethan Allen, Washington, Thresher, Tullibee, Skipjack, Seawolf, Skate
U-Boote für ballistische FK	Atomgetrieben	SSN	Ohio, Franklin
Landungsfahrzeuge	Allgemein	LHA	Tarawa
	Mehrzweck	LHD	Wasp
	Hubschrauber	LPH	Iwoa Jima
	Dockschiffe	LPD	Austin, Raleigh
	L-Führungsschiffe	LCC	Blue Ridge
Schiffe zur Minen-Kriegführung	Minensucher	MSO	Acme, Aggressive
	Minen-Bekämpfungs-Schiffe	MCM	Avenger
	Minenjäger	MSH	Cardinal

Das Klassifizierungssystem der US-Marine wird ebenso auf sowjetische Schiffe angewandt, wie obenstehend. Es gibt einige sowjetische Schiffstypen, für die es keine Entsprechung in der US-Marine gibt, zum Beispiel die Kirov.
Dementsprechend wird folgende Klassifizierung benutzt:

Gattung	Typ	Klassifizierung	Schiffsklassen
Schlachtkreuzer		BC	Kirov
U-Boote mit Marsch-FK	Diesel-elektrisch betrieben	SSG	Juliett
	Atomgetrieben	SSGN	Papa, Charlie, Oscar

nere Fregatten aus Ländern der Dritten Welt eine erhebliche Feuerkraft verkörpern und die Automation es ermöglicht hat, das Verhältnis von Besatzungsstärke zu Kampfkraft erheblich zu reduzieren, sind die Industrienationen genötigt, die Entwicklung neuer Waffensysteme und den Export zu subventionieren. Dadurch wurde eine Eigenart vieler hier gezeigter Kriegsschiffe gefördert, die multinationale Verbreitung von Waffen, Sensoren und Ausrüstungen, so dass es keine Überraschung ist, in ein und demselben Rumpf zum Beispiel einen britischen Antrieb, niederländisches Radar und italienische Geschütze mit schwedischer Munition und französische und amerikanische Flugkörper vorzufinden. Ausnahme ist hier natürlich die Sowjetunion, die auf jedem Gebiet ihre eigene Ausrüstung entwickeln musste, mit dem Resultat, dass sowjetische Schiffe sich in Konzeption und Ausführung von den Schiffen aller anderen Nationen merklich unterscheiden. Teils durch besondere strategische und taktische Erfordernisse, teils durch die eigene nationale Lösung der Probleme haben sowjetische Entwerfer einzigartige neue Lösungen für die Probleme des Kriegsschiffbaus gefunden.

Der auffallendste Aspekt der folgenden Illustrationen ist der grosse Fortschritt maritimer Technologie in den vergangenen vierzig Jahren. Fortschritt, verkörpert durch die Überfülle an Antennen für Nachrichtenverbindungen, Sensoren und Geräte zur elektronischen Kriegführung, durch die Verminderung der Geschütze und durch die Vorherrschaft des gelenkten Flugkörpers.

Links: Ein Standard-Boden-Luft-Flugkörper wird vom achteren Mk-10-Starter des Kreuzers USS England der Leahy-Klasse abgefeuert. Standard gehört zum weiträumigen Luftverteidigungs-System der US-Marine.

Oben: Die Entwicklung des Torpedos revolutionierte anfangs des neunzehnten Jahrhunderts die Kriegführung, denn sie gab kleinen Booten eine Waffe, mit der Linienschiffe versenkt werden konnten, rief aber gleichzeitig die Entwicklung des Torpedoboot-Zerstörers hervor. Lenkflugkörper hatten einen ähnlich einschneidenden Effekt auf die Seekriegführung, indem sie die Reichweiten bei Gefechtsbegegnungen gegenüber Torpedos und Geschützen dramatisch vergrösserten.

Sowjetische Marine: Kriegsschiff-Bezeichnungen

Sowjetische Bezeichnung	Übersetzung	NATO-Bezeichnung	Schiffsklassen
Atomnaya podvodnaya lodka	Atomgetriebenes U-Boot	Jagd-Unterseebot, atomgetrieben	November, Echo, Hotel, Yankee, Victor-I – III, Mike, Sierra, Uniform, Alfa
Atomnaya podlodka raketnaya ballisticheskaya	Atomgetriebenes U-Boot mit ballistischen FK	U-Boot mit ballistischen FK atomgetrieben	Hotel-II, III, Yankee-I, II, Delta-I, II, III, IV, Typhoon
Atomnaya podlodka raketnaya krylataya	Atomgetriebenes U-Boot mit Marschflugkörpern	N/A	Echo-II, Papa, Charlie-I, II, III, Oscar
Atomny raketny kreyser	Atomgetriebener Raketenkreuzer	Schlachtkreuzer	Kirov
Bolshoy desantny korabl	Grosses Landungsschiff	Landungsfahrzeug, Dock	Rogov, Repucha, Alligator
Bolshoy protivolodochny korabl	Grosses Schiff gegen Unterseeboote	Zerstörer	Kanin, Kashin, Udaloy, Kresta-II, Kara
Bolshoy raketny korabl	Grosses Flugkörper-Schiff	Zerstörer	Kildin, Sovremennyy
Eskadrennyy minonosets	Lenkwaffen-Zerstörer	Zerstörer	Skoryy, Kotlin
Kreyser	Kreuzer	Kreuzer	Sverdlov (ausser: Senyanin, Zhdanov)
Korabl upravleniy	Führungs-Schiff	Führungs-Schiff	Sverdlov-Mod. I, II
Korabl vogdushnogo	Radar-Überwachungs-Schiff	Fregatte	T 58/PGR, T 43/PGR
Maly nablyadenya protovolodochny korabl	Kleines ASW-Schiff	Fregatte	Grisha-I, II
Maly raketny korabl	Kleines FK-Schiff	FK-Korvette	Nanuchka, Pauk, Poti, SO 1
Podloka raketnaya krylataya	U-Boot mit Marschflugkörpern	U-Boot mit Marsch-FK, diesel-elektrisch betrieben	Juliett
Podvodnaya lodka	Unterseeboot mit Dieselantrieb	Unterseeboot, dieselelektrisch betrieben	Quebec, Whiskey, Romeo, Kilo, Zulu-IV, Foxtrot, Tango, Golf
Pogranichny storozhevoy korabl	Schiff für die Grenzwache	Fregatte	Grisha-II, T 58, Stenka
Protovolodochnyy kreyser	U-Boot-Abwehr-Kreuzer	ASW-Kreuzer/Hubschrauber-Kreuzer	Moskva
Raketny kater	Flugkörper-Kutter	Schnellboot, Tragflächen	Matka,Osa, Babochka
Raketny kreyser	Flugkörper-Kreuzer	Flugkörper-Kreuzer	Kynda, Kresta-I, Sverdlov-SAM, Slava
Storozhevoy korabl	Geleitschiff	Fregatte	Krivak, Mirka, Koni, Petya, Riga, T 58
Stredny desantny korabl	Mittleres Landungsschiff	Mittleres Landungsschiff	Polnochny
Takticheskoye avianosyy kreyser	Takt. Flugzeugtragender Kreuzer	Flugzeugträger	Kiev
Torpedny kater	Torpedo-Kutter	Torpedo-Schnellboot	Sherskhen, Turya

Arleigh-Burke-Klasse (DDG 51)

Herkunftsland: USA
Typ: Zerstörer (DDG)
Baujahr: 1984–
Anzahl: 9 im Bau, 9 in Auftrag, 15 geplant
Verdrängung: 8'400 ts Höchst
Abmessungen: Länge 142,1 m; Breite 18,3 m; Tiefgang 9,1 m über Sonarhaube
Antrieb: 2 Wellen, 4 Gasturbinen General Electric LM 2500; 80'000 PSw
Leistung: Geschwindigkeit 30+ kn; Fahrstrecke 8'000 sm/20 kn
Waffen: SSM: 2x4 Harpoon-Starter, 56 Tomahawk; SAM: Vertikalstarter Standard SM-2 (MR); Geschütze: ein 127 mm/54 Mk 45; zwei 20-mm-Phalanx-Mk-15-CIWS; ASW-Waffen: Asroc 2x3 Mk-32-TR; Vertikal-Startsystem: 2 Mk 41
Sensoren: Radar: SPY-1D (Aegis) Mehrzweck-Gerät, gleichphasig; SPS 67(V) Seeziel-Rundsuche; Mk 99 (3 Radar SPG 62) Feuerleitung; Sonar: SQS-53C; SQR-19 (TACTAS) geschleppt
Besatzung: 303
Geschichte: Die Arleigh-Burke-Klasse soll die Lenkwaffen-Zerstörer-Klassen Adams und Coontz ablösen, die seit den frühen 60er Jahren im Dienst stehen. Hauptaufgabe der DDG-51-Klasse wird die Luftverteidigung sein, wofür sie mit der SPY-1D-Version des Aegis-Systems ausgerüstet werden. Sie haben auch bedeutende Seeziel- und ASW-Kapazitäten.
Die ersten neun sind bereits bei den Bath Iron Works und bei Ingalls im Bau. Das erste Schiff sollte im Oktober 1989 in Dienst gestellt werden. Ab 1988 sollten jährlich fünf Schiffe in Auftrag gegeben werden, doch machte der Kongress Abstriche. Nach dem schweren Brand auf USS Belknap (CV 26) wird Aluminium nur noch für die Schornsteine verwendet, sonst nur Stahl. Nach den Erfahrungen der Royal Navy im Südatlantik-Krieg wurde wieder ein Panzerschutz eingeführt. Zum Schutz lebenswichtiger Räume wurden 71 t Kevlar verwendet. Die ersten Schiffe der Klasse erhalten die bewährten General-Electric-LM-2500-Gasturbinen, doch laufen Versuche mit dem Rankin-System zur Energie-Rückgewinnung im geschlossenen Kreislauf (RACER), wobei die Abgase zur Dampferzeugung über eine andere Turbine genutzt werden. Man schätzt, die Fahrstrecke um 1'000 sm erhöhen zu können. Das System wird auf der Admiral William Callaghan, Flaggschiff des Seetransport-Kommandos, erprobt. Bei Erfolg soll es im neunten Schiff (DDG 59) der Klasse installiert werden.
Ein kontrovers diskutierter Aspekt des Entwurfs ist die fehlende Hangar-Einrichtung, obgleich sie ein Landedeck haben, Hubschrauber auftanken und aufmunitionieren können. Diese Entscheidung wurde zunächst ungläubig aufgenommen. Gewiss werden dadurch die Einsatzmöglichkeiten des Einzelschiffes begrenzt. Das wird bereits bedauert, und die Nachfolgeklasse der Arleigh Burke wird Hangar-Einrichtungen bekommen. In mehreren westlichen Konstruktionsbüros beschäftigte man sich mit möglichen Vorteilen eines kürzeren, breiteren Rumpfs. Die US Navy scheint mit den Arleigh Burke diesem Trend zu folgen, der ein Breite : Länge-Verhältnis von 1:7,9 hat, verglichen mit 1:10,2 der Spruance-Klasse. Die kürzeren, völligeren Entwürfe sollen besseres Seeverhalten und Manövrierfähigkeit sowie mehr Nutzraum haben.

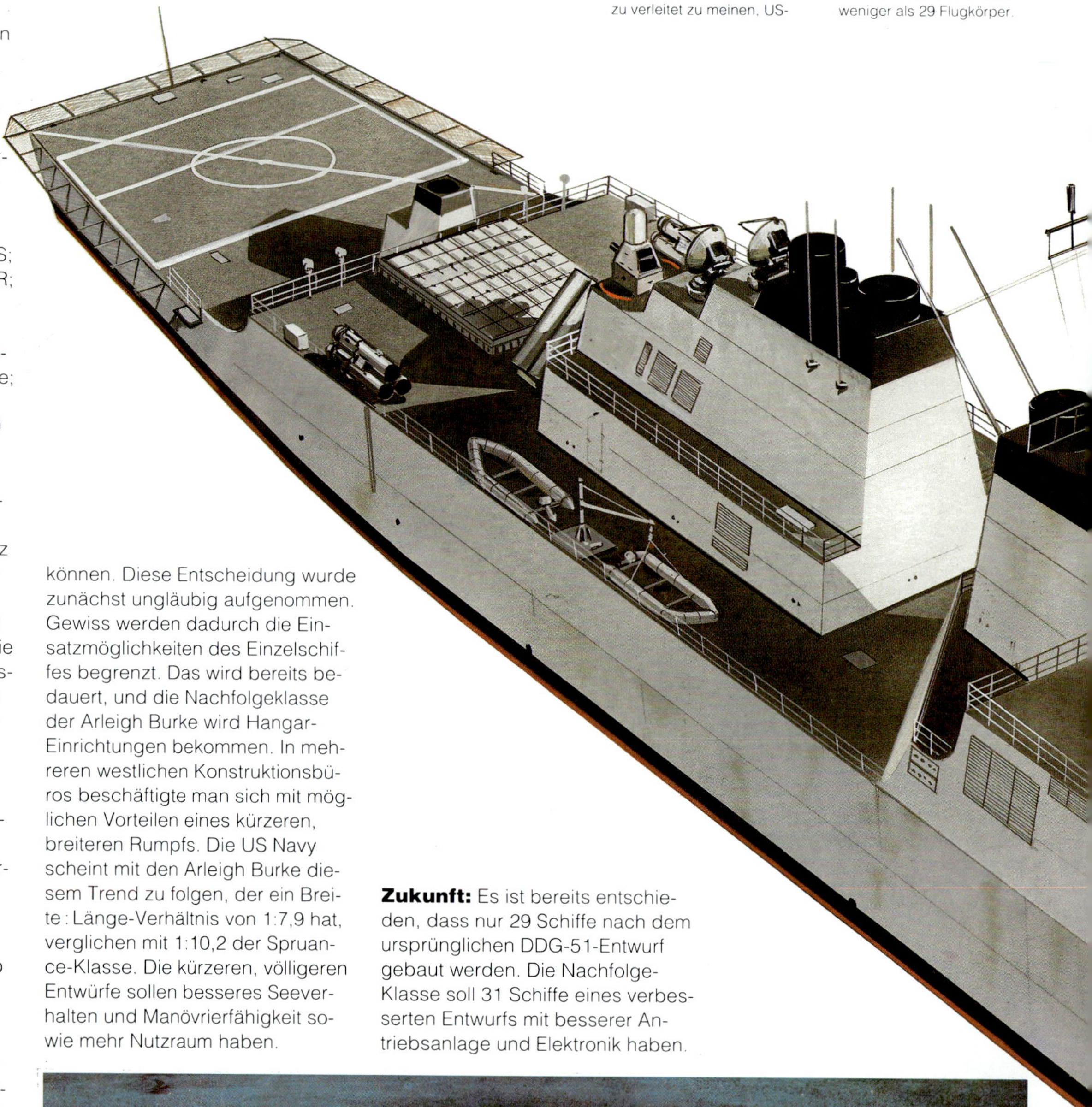

Unten: Die Arleigh Burke nach Konstruktion. Die grössere Breite des Entwurfs im Vergleich zu den Zerstörern und Fregatten der 60er und 70er Jahre geht aus der Zeichnung hervor. Eine andere klar ersichtliche Eigenschaft ist das freie Vordeck, das uninformierte Kritiker dazu verleitet zu meinen, US-Schiffe seien im Vergleich mit sowjetischen, wie der Krivak-Klasse, unterbewaffnet, denn deren Vordeck starrt vor Waffen. In Wahrheit ist die automatische 127 mm/54 ein Hochleistungsgeschütz mit grosser Dotierung unter Deck, und der vordere Vertikal-Starter Mk 41 hat nicht weniger als 29 Flugkörper.

Zukunft: Es ist bereits entschieden, dass nur 29 Schiffe nach dem ursprünglichen DDG-51-Entwurf gebaut werden. Die Nachfolge-Klasse soll 31 Schiffe eines verbesserten Entwurfs mit besserer Antriebsanlage und Elektronik haben.

Arleigh Burke (DDG 51)

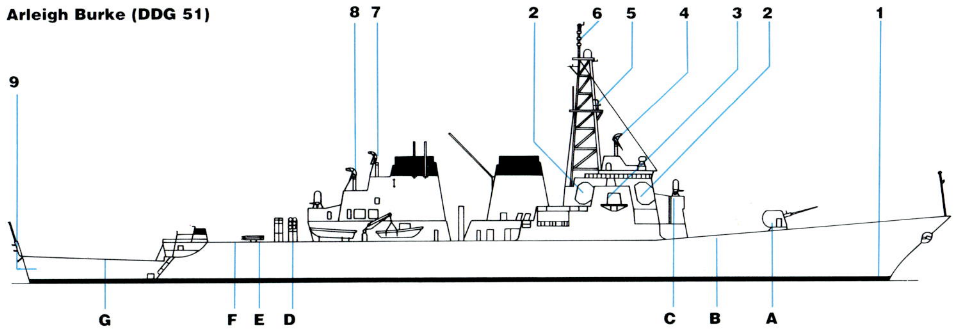

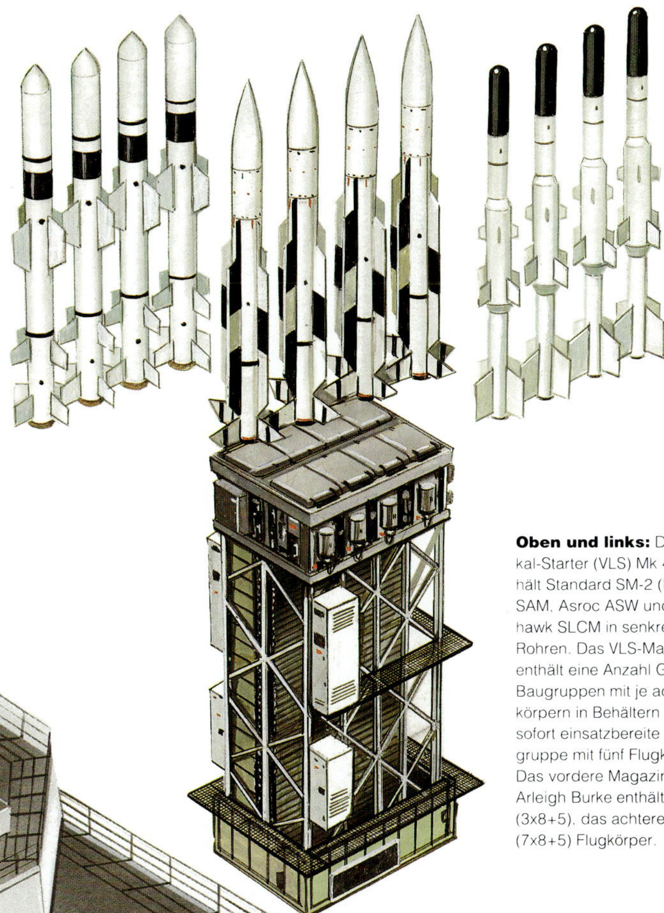

Waffen

- **A** 117 mm/54 Mk 45 Mod. 1 DP-Geschütz (1x1)
- **B** Mk 41 Mod. 0 Vertikal-Starter für 32 FK Standard SM-2 (MR) SAM, Tomahawk SSM und Asroc ASW
- **C** Mk 15 20 mm Vulcan-Phalanx CIWS (1x1)
- **D** Harpoon SSM
- **E** Mk 32 324-mm-ASW-TR (2x3)
- **F** Mk 41 Mod. 0 Vertikal-Starter für 64 Flugkörper
- **G** Landedeck für ASW-Hubschrauber LAMPS III

Elektronik

1. SQS-53C LF-Bugsonar
2. SPY-10 gleichphasiges Radar
3. SLO 32(V)2 EW-System (2x2)
4. SPG-62 Radar-Beleuchter (an Aegis gebunden) für Mk 99 Feuerleitsystem
5. SPS-67 Seeziel-Suchradar
6. SRN-25 Tacan-Antenne
7. SPG-62 Radar-Beleuchter
8. SPG-62 Radar-Beleuchter
9. SQR-19 Schleppsonar

Oben und links: Der Vertikal-Starter (VLS) Mk 41 enthält Standard SM-2 (MR) SAM, Asroc ASW und Tomahawk SLCM in senkrechten Rohren. Das VLS-Magazin enthält eine Anzahl Grund-Baugruppen mit je acht Flugkörpern in Behältern und eine sofort einsatzbereite Baugruppe mit fünf Flugkörpern. Das vordere Magazin der Arleigh Burke enthält 29 (3x8+5), das achtere 61 (7x8+5) Flugkörper.

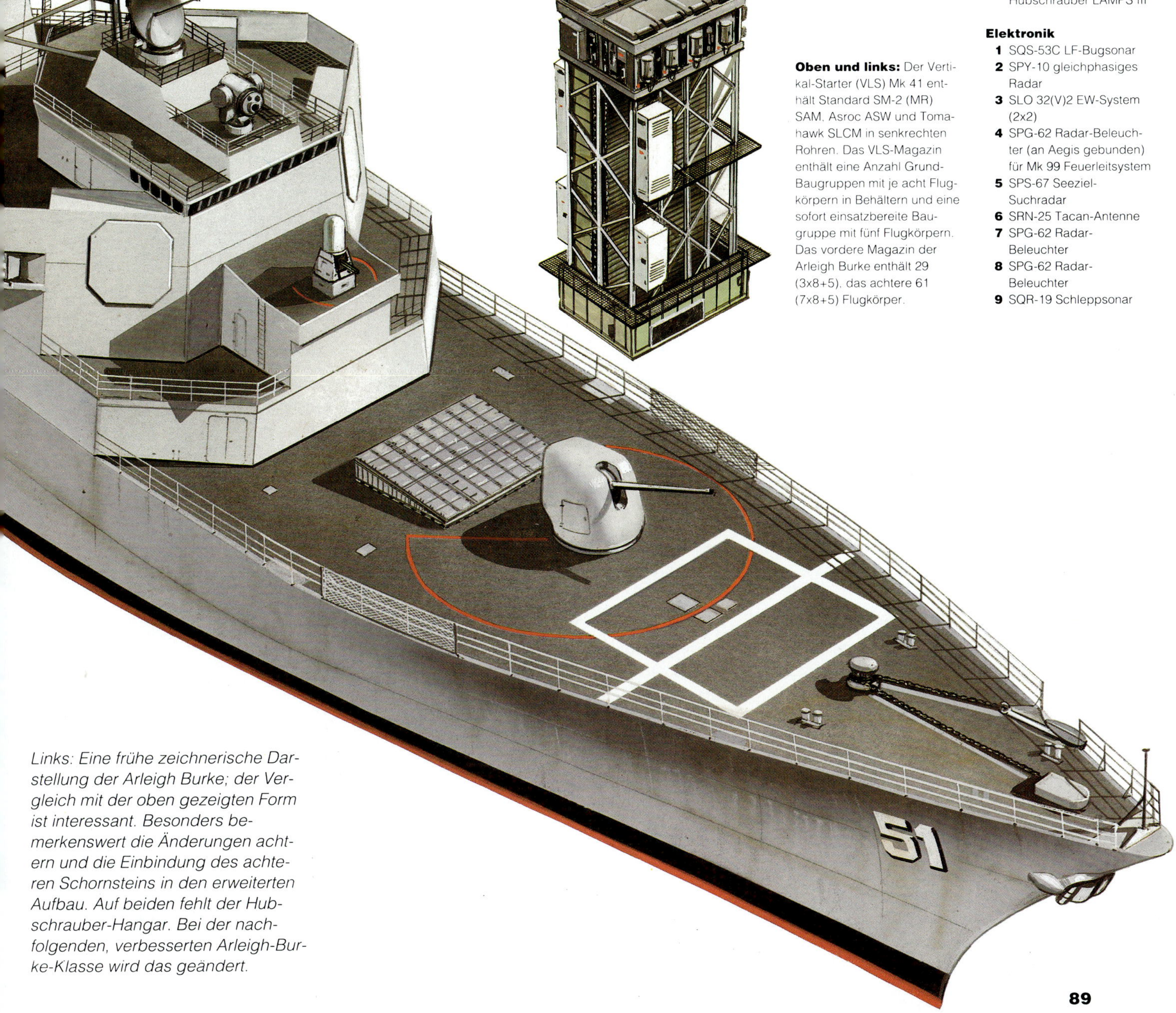

Links: Eine frühe zeichnerische Darstellung der Arleigh Burke; der Vergleich mit der oben gezeigten Form ist interessant. Besonders bemerkenswert die Änderungen achtern und die Einbindung des achteren Schornsteins in den erweiterten Aufbau. Auf beiden fehlt der Hubschrauber-Hangar. Bei der nachfolgenden, verbesserten Arleigh-Burke-Klasse wird das geändert.

Audace-Klasse

Herkunftsland: Italien
Typ: Zerstörer (DDG)
Baujahr: 1968–1972
Anzahl: 2
Verdrängung: 3'600 ts Standard, 4'400 ts Höchst
Abmessungen: Länge 136,6 m; Breite 14,5 m; Tiefgang 4,6 m
Antrieb: 2 Wellen, Turbinen auf Doppelgetriebe, 73'000 PSw
Leistung: 34 kn, Fahrstrecke 3'000 sm/20 kn
Waffen: SAM: 1 Mk-13-Starter für Standard-Flugkörper; Geschütze: 2x1 127 mm/54 Compact, 4x1 76 mm/62 Compact; TR: 2x3 Mk 32; 2x2 533 mm
Flugzeuge: 2 AB-212-Hubschrauber
Sensoren: Radar: SPS-25A Luftraum-Überwachung; 2 SPG-51 Zielverfolgung und FK-Lenkung; MM/SPS-768v1 Luftziel; SPQ-2D Seeziel; 3 Orion RTN-10X Feuerleitung; 3RM-7 Navigation; Sonar: CWE 610
Besatzung: 380
Geschichte: Die Impetuoso-Klasse waren die ersten in Italien entworfenen und gebauten Zerstörer nach dem Krieg, massgeschneidert für Mittelmeer-Verhältnisse, doch auch stark von amerikanischen Entwürfen beeinflusst, wie sich am Glattdeck und den zwei Schornsteinen zeigt. Sie waren mit US-Geschützen und US-Radar und Elektronik bestückt. Zusätzlich zu vier 127-mm-Geschützen in Zwillingstürmen vorn und achtern hatten sie 16 40-mm-AA-Geschütze und eine ASW-Bewaffnung mit dreirohrigem Menon-Werfer und ASW-TR und waren, wie alle italienischen Kriegsschiffe, schnell. Die zwei Schiffe der nächsten Klasse, Impavido, traten 1957 und 1959 in Dienst und waren eine vergrösserte und verbesserte Version der Impetuoso. Der achtere 127-mm-Turm wurde durch einen Mk-13-SAM-Starter ersetzt, geeignet für Tartar- oder Standard-FK. Die amerikanischen 40-mm-Geschütze wichen italienischen Brescia-76-mm-Einzelwaffen, aufgestellt beiderseits des Grossmasts. Sie haben keinen Hangar, führen aber einen einzelnen ASW-Hubschrauber Bell AB 204B auf einem Landedeck am Heck.
Die Audace-Klasse ist eine Weiterentwicklung der Impavido-Klasse. Der Rumpf ist etwas grösser, und der amerikanische 127-mm-Turm der Impavido wurde durch zwei einzelne 127-mm/54-Geschütze (2. überhöht) OTO Melara Compact ersetzt. AA-Bewaffnung sind vier 76-mm-OTO Melara Compact in Einzelaufstellung, je zu beiden Seiten der Schornsteine. Ein grosser Hangar und ein geräumiges Landedeck sind achtern für zwei Hubschrauber Agusta Bell AB 204B oder AB 212; es wurde diskutiert, sie durch zwei Sea King SH-3D zu ersetzen. Der Mk-13-SAM-Starter steht auf dem Hangar und hat ein Magazin für 36 Flugkörper. Die Schiffe sind mit amerikanischem Radar und niederländischem Sonar ausgesrüstet. Zwei verbesserte Audace DDG mit COCOG oder CODOG als Antrieb wurden 1986 bestellt.
Zukunft: Die italienische Marine orderte eine neue Zerstörer-Klasse eines verbesserten Audace-Entwurfs. Die Verdrängung wuchs auf 5'000 ts. Die zwei Bord-Hubschrauber werden die viel grösseren SH-3D Sea King sein. Die Hauptbewaffnung wird aus vier einzelnen 76-mm-OTO Melara Compact und vier Teseo SSM bestehen, während die Luftverteidigung durch den Mk-13-Standard-Starter weiträumig und zwei Albatros-Systeme mit Aspide SAM im Nahbereich erfolgen soll. Antrieb durch zwei Gasturbinen CODOG FIAT/General Electric LM 2500 und zwei Diesel GMT B230 20 DVM. Als Namen sind vorgesehen: Animoso und Ardimentoso. Obgleich sie erst 1986 geordert wurden, gibt es den Entwurf schon seit 1975. Finanzielle Grenzen waren für die Verzögerung des Baubeginns verantwortlich. Einige Kommentatoren halten deshalb den Entwurf für veraltet. Der gegenwärtige Trend deutet auf Vertikal-Starter für AA-Flugkörper und ein automatisches Feuerleitsystem Typ Aegis. Der Marine-Stab plant ein neues Programm, um die gegenwärtige Streitmacht recht moderner Schiffe zu erweitern.

Oben: Ardito mit ihren ausgewogenen Linien, die für italienische Kriegsschiffe typisch sind. Die Schiffe sind gut bewaffnet und mit genügend Sensoren ausgerüstet.

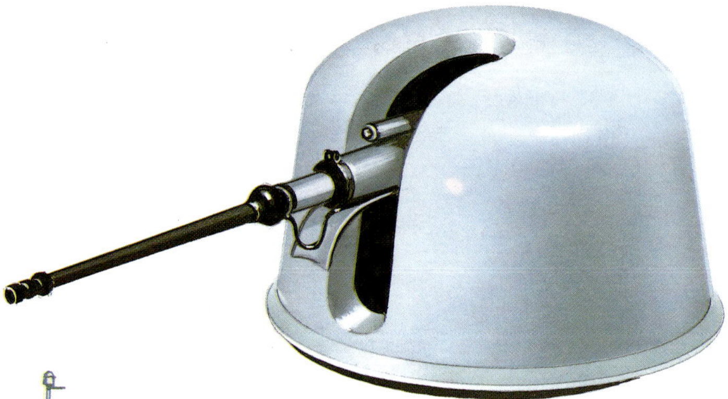

Oben: Einzelgeschütz 76 mm/62 Compact, eines aus den internationalen Erfolgen von OTO Melara, das in Lizenz in den USA, Japan und Spanien gebaut wird. Vier dieser Geschütze stehen mittschiffs.

Waffen

A 127 mm/54 OTO Melara DP automatischerTurm (1x1)
B 127 mm/54 OTO Melara DP automatischer Turm (1x1)
C 76 mm/62 OTO Melara Compact automatischer Turm (2x1)
D 76 mm/62 OTO Melara Compact automatischer Turm (2x1)
E 324-mm-Drillings-TR Mk 32 ASW (2x3)
F Starter Mk 13 für Standard SM-1 (MR) SAM
G Agusta Bell AB 212 ASW-Huhschrauber (2)
H 533-mm-ASW-TR im Spiegelheck (2x2)

Elektronik

1 CWE 610 Bugsonar
2 Orion RTN-10X Radar für Argo-Feuerleitsystem für 127-mm- und 76-mm-Geschütze
3 RAN-20S Luft-/See-Überwachungs-Radar
4 3RM20 Navigations/ Seeziel-Suchradar
5 SPQ-2D Seeziel-Such/ Luft-Lenkradar
6 SPS-52C 3D Luftüberwachungsradar
7 Orion RTN-10X Radar für Argo-Feuerleitsystem (2x1)
8 SPG-51D FK-Lenkradar für Standard
9 SPG-51D FK-Lenkradar für Standard

Unten: Audace (D 551), eine der grösseren Einheiten der stärker werdenden italienischen Marine. Zwei einzelne 127-mm-Türme in Positionen A und B auf dem Vorschiff und die 76-mm-Einzeltürme mittschiffs. Der einarmige Mk-13-Starter für Standard SAM zwischen dem Radar SPG-51D und dem Hubschrauber-Hangar.

Oben: Der Agusta-Bell AB 212 ist der einzige Bordhubschrauber mit Kufen. Audace und Ardito tragen jede zwei.

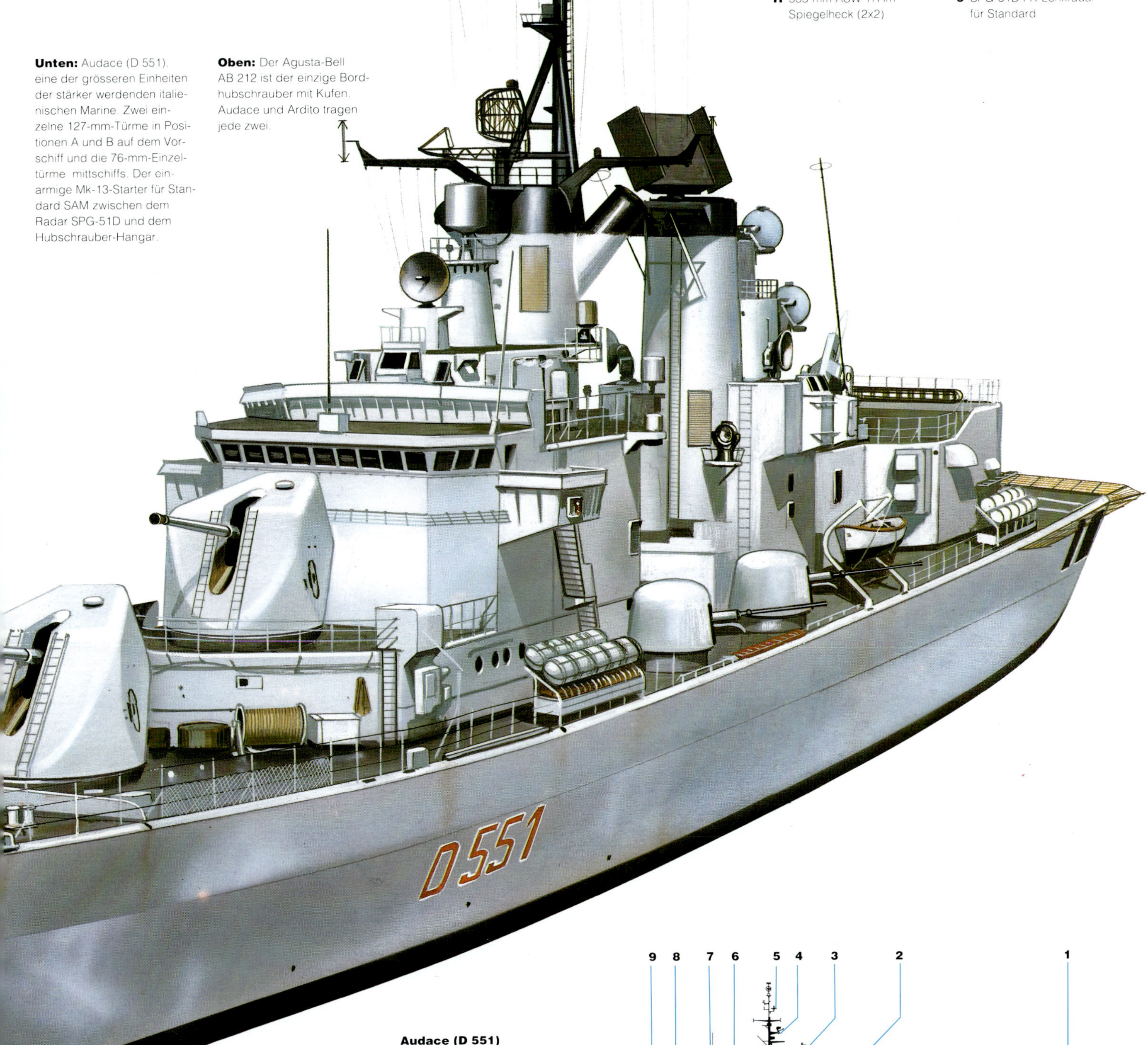

Audace (D 551)

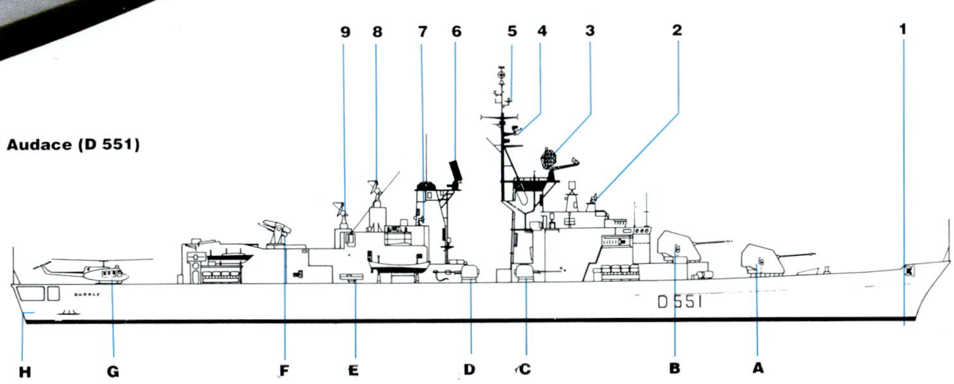

Broadsword-Klasse (Typ 22)

Herkunftsland: Grossbritannien
Typ: Fregatte (FF)
Baujahr: 1975–
Anzahl: 12 in Dienst; 2 im Bau
Verdrängung: (1. Gruppe) 3'500 ts Standard; 4'200 ts Höchst; (2. Gruppe) 4'100 ts/4'800 ts; (3. Gruppe) 4'200 ts/4'900 ts. Die letzten 12 von 26 geplanten werden mit 3'500/3'850 ts gebaut und bilden den Typ 23.
Abmessungen: (1) Länge 131,1 m; Breite 14,8 m; Tiefgang 6,0 m; (2 und 3) Länge 143,6 m; Breite 14,8 m; Tiefgang 6,4 m
Antrieb: (1 und Boxer, Beaver) 2 Wellen, COGOG (2 Gasturbinen Rolls-Royce Olympus TM3B/2 Rolls-Royce Tyne RM1C), 50'000/ 9'700 PSw; (Brave) 1 Welle, COGOG (2 Gasturbinen Rolls-Royce Spey SM1A/2 Rolls-Royce Tyne RM1C), 37'450/ 9'700 PSw; (London, Sheffield, Coventry, 3) 2 Wellen, COGAG (2 Gasturbinen Rolls-Royce Spey SM1A/2 Rolls-Royce Tyne RM1C), 37'540/9'700 PSw
Leistung: 30–32 kn Höchst; 18 kn mit Tyne; Fahrstrecke Gruppe 1 + Boxer, Beaver 4'500 sm/18 kn; Rest Gruppe 2 7'000 sm/18 kn; Gr. 3 7'500 sm/17 kn
Waffen: FK: 4 Exocet (1 und 2), 8 Harpoon (3), 2 Seawolf-Starter à 6 Behälter; Geschütze: ein 114 mm/ 55 (3.); zwei 40 mm einzeln (1 und 2); zwei 20 mm einzeln, GAM-BO1 (im Einbau); ein 30 mm Goalkeeper (3.); TR: 2x3 STWS für Mk 46 oder Stingray-Torpedos (ausser Broadsword und Battleaxe)
Flugzeuge: 2 Westland Lynx Mk 2 (meist nur einer an Bord); Brave und nachfolgende können Westland Sea King aufnehmen
Sensoren: Radar: Type 967 (967M ab Brave) und Typ 968 Überwachung; 2 Typ 910 (Marconi 805 ab Brave) SAM-Lenkung, Typ 1006 Navigation. Sonar: Typ 2050, Typ 2008, Typ 2031 Schleppsonar (2 und 3)
Besatzung: 1. Gruppe 224; 2. und 3. Gruppe 273.
Geschichte: Grossbritannien hatte ausserordentlichen Erfolg mit den ASW-Fregatten der Leander-Klasse, die in der Royal Navy einen guten Ruf hatten und Erfolg im Verkauf nach Übersee. Nach dem Misserfolg, mit den Niederlanden gemeinsam den Typ 22 zu bauen, wurde als erste dieser Fregatten HMS Broadsword am 7. 2. 1975 auf Kiel gelegt und am 3. 5. 1979 in Dienst gestellt. Danach trat jedes Jahr ein weiteres Schiff der 1. Gruppe in Dienst.
Steigende Anforderungen führten zur verlängerten 2. Gruppe, die zwischen 1981 und 1985 vom Stapel lief, und zur 3. Gruppe, die den verlängerten Rumpf der 2. Gruppe nutzte, aber mit einer Bewaffnung, die bereits die Erfahrungen aus dem Südatlantik-Krieg 1982 wiedergab. Im Verfolg dessen änderte sich der Typ 22 vom speziellen ASW-Schiff zu einem Mehrzweck-Zerstörer, und die 3. Gruppe ist grösser als der Zerstörer Typ 42.
Die Schiffe der 1. Gruppe, für ASW-Aufgaben bestimmt, haben zwei Drillings-TR Mk 31 für Mk-46- und Stingray-Torpedos und zwei Lynx-Hubschrauber. Ihre Abwehrkraft gegen Flugkörper und Flugzeuge ist durch die zwei Seawolf-Starter zu je sechs Behältern ausgezeichnet, und ihre Seeziel-Waffen mit zwei Doppelstartern für MM.39 Exocet auf dem Vorschiff ebenso. Dann wurde der Rumpf um 12,9 m verlängert, wodurch die Verdrängung um 600 ts stieg.
Diese 2. Gruppe, auch als Boxer-Klasse bezeichnet, unterscheidet sich von den Schiffen der 1. Gruppe hauptsächlich durch die erweiterte AIO-Anlage, die Daten des neuen Schleppsonars Typ 2031 verarbeiten kann. Nebenergebnisse der Verlängerung waren die Erweiterung der Fahrstrecke von 4'500 sm auf 7'000 sm und 2 kn mehr Höchstgeschwindigkeit (letzte Gruppe nur 28 kn). Die ersten beiden Schiffe der 2. Gruppe sind ansonsten mit der 1. Gruppe identisch, doch Brave als drittes Schiff hat Rolls-Royce Spey anstelle der Olympus-Turbinen in COGOG-Anordnung, während das vierte und fünfte Schiff Spey und Tyne in COGAG-Anordnung haben. Die Schiffe der 3. Gruppe haben den verlängerten Rumpf, Schleppsonar und die grössere AIO-Anlage der 2. Gruppe und die Spey/Tyne-COGAG-Anlage derselben. Nach dem Südatlantik-Krieg wurde entschieden, ein 114-mm-Vickers-Geschütz aufzustellen, die Exocet durch Harpoon zu ersetzen und zusätzlich das niederländische Goalkeeper-CIWS aufzustellen.
Zukunft: Es ist geplant, die ersten Einheiten der Klasse durch neue Waffen und Sensoren auf den neuesten Stand zu bringen und Schiffen der 1. Gruppe das Schleppsonar Typ 2031 zu geben. Vertikale Startrohre für Seawolf und Einrichtungen zum Betrieb des Sea King oder des EH-101-ASW-Hubschraubers werden eingebaut. Aus der 2. Gruppe erhielten 1988/89 Brave und London, aus der 3. Gruppe HMS Cornwall ein grösseres Landedeck für EH.101-Merlin-Hubschrauber.

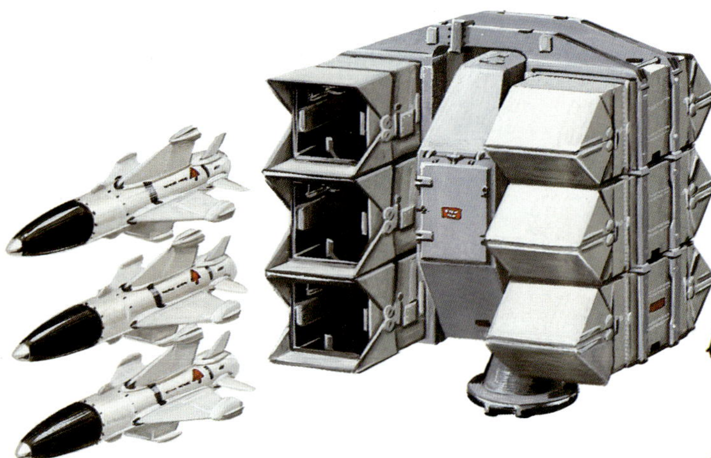

Oben: Der Luftabwehr-FK Seawolf GWS 25 Mod 3 wird aus Werfern mit sechs Behältern abgefeuert, von denen je zwei auf den Fregatten des Typs 22 montiert sind. Das System erwies sich im Südatlantik-Krieg als äusserst erfolgreich. Jetzt wird ein Vertikalstart-System entwickelt, das vor Jahren als Prototyp bestand, doch zugunsten des sechszelligen Werfers abgelehnt wurde.

Unten: HMS Battleaxe (F 89), zweite der Fregatten Typ 22 der Royal Navy nach Fertigstellung 1980.

Waffen

- **A** MM 38 Exocet ASM (4x1)
- **B** Seawolf GWS 25 SAM-Starter (1x6)
- **C** 40 mm/60 Mk 9 AA-Geschütz (2x1)
- **D** 324-mm-ASW-TR STWS-1 (2x3)
- **E** Seawolf GWS 25 Mod 3 SAM-Starter (1x6)
- **F** Westland Lynx HAS 2 ASW-Hubschrauber (2 an Bord)
- **G** Seawolf GWS 25 Mod SAM-Starter (1x6)
- **H** Seawolf GWS 25 Mod 3 SAM-Starter (1x6)
- **J** Vickers 114 mm/55 Mk 8 DP-Geschütz (1x1)
- **K** Harpoon (oder MM 40 Exocet) SSM (2x4)
- **L** Goalkeeper CIWS
- **M** Oerlikon 20 mm GAM-BO1 AA-Rohrwaffe (2x1)
- **N** 324 mm STWS 2 ASW-TR (2x3)
- **O** EH-101 ASW-Hubschrauber

Elektronik

- **1** Typ 2016 Bugsonar
- **2** Corvus Täuschungs-Raketen-Werfer (2x8)
- **3** Typ 910 Seawolf Radar/ Elektro-optischer Zielbildgeber/Feuerleitung
- **4** Typ 1006 Navigations-Radar
- **5** Typ 967/968 Überwachungs-Radar
- **6** SCOT Satcom-Terminal (2x1)
- **7** Typ 910 Seawolf Radar/ Elektro-optischer Zielbildgeber/Feuerleitung
- **8** Typ 911 Seawolf Radar/ Elektro-optischer Zielbildgeber/Feuerleitung
- **9** Typ 911 Seawolf-Radar/ Elektro-optischer Zielbildgeber/Feuerleitung
- **10** Typ 2031 geschlepptes lineares passives Sonar
- **11** Typ 2050 Bugsonar

Oben: ASW-Hubschrauber Westland Lynx HAS 2. Fregatten Typ 22 führen einen im Frieden, zwei im Krieg. Die gezeigte Maschine trägt vier Sea Skua ASM.

Typ 22, Gruppe 1
Broadsword (F 88)

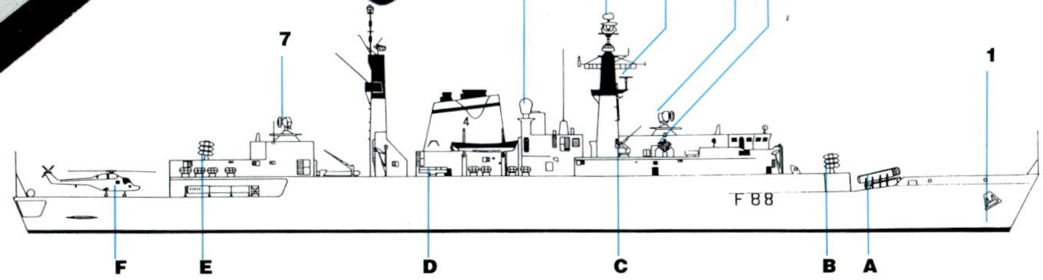

Typ 22, Gruppe 2
Boxer (F 92)

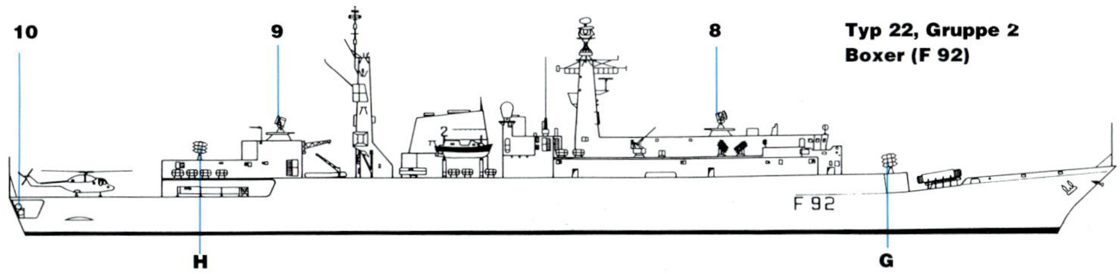

Typ 22, Gruppe 3
Cornwall (F 99)

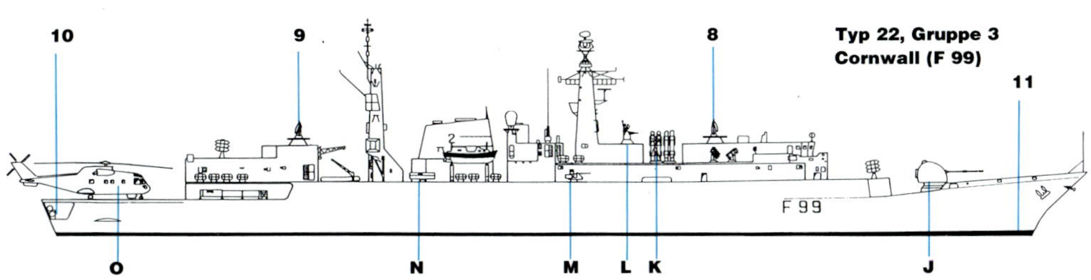

Oben: HMS Beaver (F 93), Fregatte Typ 22, Gruppe 2. Die Entwicklung des Typs 22 (rechts in den Seitenrissen gezeigt) ist Resultat der Erfordernisse für neue Waffen und Sensoren, Notwendigkeit verbesserter Seefähigkeit und Erfahrungen im Südatlantik. Das Resultat – Gruppe 3 – ist ein Schiff von beachtlicher Eleganz, obwohl der Trend heute zu kürzeren Schiffen geht. Die Exocet-FK sind auf den Gruppen 1 und 2 montiert, aber in Gruppe 3 ersetzt durch ein 114-mm-DP-Geschütz Mk 8. Die SSM der Gruppe 3 sind Harpoon, die unmittelbar hinter dem Radar Typ 911 auf dem Oberdeck stehen.

Clemenceau-Klasse

Herkunftsland: Frankreich
Typ: Flugzeugträger (CV)
Baujahr: 1955–1963
Anzahl: 2 in Dienst
Verdrängung: 27'307 ts Standard; 32'780 ts Höchst
Abmessungen: Länge 265 m; Breite 31,7 m; Tiefgang 8,6 m
Antrieb: 2 Wellen; 2 Satz Parsons-Getriebe-Turbinen, 126'000 PSw
Leistung: 32 kn, Fahrstrecke 7'500 sm/18 kn, 4'800 sm/24 kn
Waffen: SAM: 4 Naval Crotale bei nächster Werftliegezeit
Geschütze: acht 100 mm in Einzellafetten (vier sobald Naval Crotale eingebaut)
Sensoren: Radar: DRBV 50 Überwachung; DRBV 23B Luftüberwachung; DRBV 20C Warnung; DRBC 31 Feuerleitung (2); DRBI 10 Höhenmessung (2); Decca, NRBA Navigation
Sonar: SQS-503 Bugsonar
Besatzung: 1'338

Geschichte: Diese zwei Leichten Flottenträger wurden Mitte der 50er Jahre auf Stapel gelegt und enthielten alle Fortschritte der Träger-Entwürfe der Nachkriegszeit. Sie leisteten der französische Marine gute Dienste in europäischen und pazifischen Gewässern, in letzteren zur Unterstützung der verbliebenen französischen Kolonial-Gebiete und der Atom-Versuche. Auch im Mittelmeer gehören sie zu den stärksten Einheiten, und wenigstens ein Träger stand vor der Küste des Libanon, wann immer französisches Militär im Land stand als Teil der internationalen Friedenstruppen in Beirut. Nach der Ausserdienststellung des britischen Flugzeugträgers Ark Royal sind sie die grössten Einheiten aller europäischen Flotten. Das Flugdeck misst 165,5 zu 29,5 m und ist 8° ausgewinkelt. Der vordere Flugzeug-Lift ist nach Steuerbord versetzt mit einem der 52 m langen Katapulte an Backbord; der zweite Katapult ist im Winkeldeck. Der achtere Lift liegt an der Deckskante, um die Aufnahmefähigkeit des Hangars zu vergrössern. Der Hangar, nach Steuerbord versetzt, hat eine Stellfläche von 152 m zu 22–24 m und 7 m freie Höhe.

Eine neue Generation Flugzeuge wurde für den Einsatz von diesen Trägern aus entworfen. Zwei Staffeln zu je 10 Etendard-IVM-Jagdbomber (mit Aufklärungsfähigkeit) waren ursprünglich eingeschifft, dazu eine Staffel Alizé-Turboprop-ASW-Flugzeuge, während F-8E Crusader 1963 in den USA gekauft wurden und ab 1966 die Abfang-Staffel bildeten. Die Etendard IVM wurde kürzlich durch die Super Etendard ersetzt, die Exocet ASM trägt und zum Atomschlag fähig ist. Wegen den fehlenden Frühwarn-Flugzeugen (AEW), würden diese Schiffe dieselben Probleme haben wie der britische Kampfverband 1982 im Südatlantischen Krieg, wenn sie gegen einen wirklich klugen Gegner antreten müssten. Beide Träger führen normalerweise auch zwei Super-Frelon-ASW- und zwei Alouette-III-Hubschrauber mit.

Zukunft: Die französische Marine will zwei atomgetriebene Flugzeugträger der Charles-de-Gaulle-Klasse (PAN-1) bauen, deren erster im April 1989 auf Stapel gelegt wurde und 1997 in Dienst gehen soll. Mit 39'700 ts Höchstverdrängung werden diese Träger zwei unabhängige Reaktoren haben, die eine Höchstgeschwindigkeit von 28 kn erbringen. Die Waffenbestückung wird ein Luftverteidigungs-System (drei SADRAL-Abschuss-Einheiten mit Matra-Mistral-Flugkörpern) und ein noch unbekanntes System gegen Flugkörper einschliessen. Die PAN-1-Klasse trägt ein Kampfgeschwader, wahrscheinlich eine Mischung aus Super Etendard und einer Marine-Version der ACT, und von ihnen können AEW-Flugzeuge operieren. Nach gegenwärtigen Plänen soll Clemenceau 1997 ausser Dienst gestellt werden, gefolgt von Foch 1998, aber das hängt vom befriedigenden Fortschritt beim Bau der neuen Atom-Träger ab. Inzwischen erhalten beide bei den Liegezeiten eine Kampfwertsteigerung, die den Ersatz von vier 100-mm-Geschützen durch Naval-Crotale-SAM-Starter einschliesst.

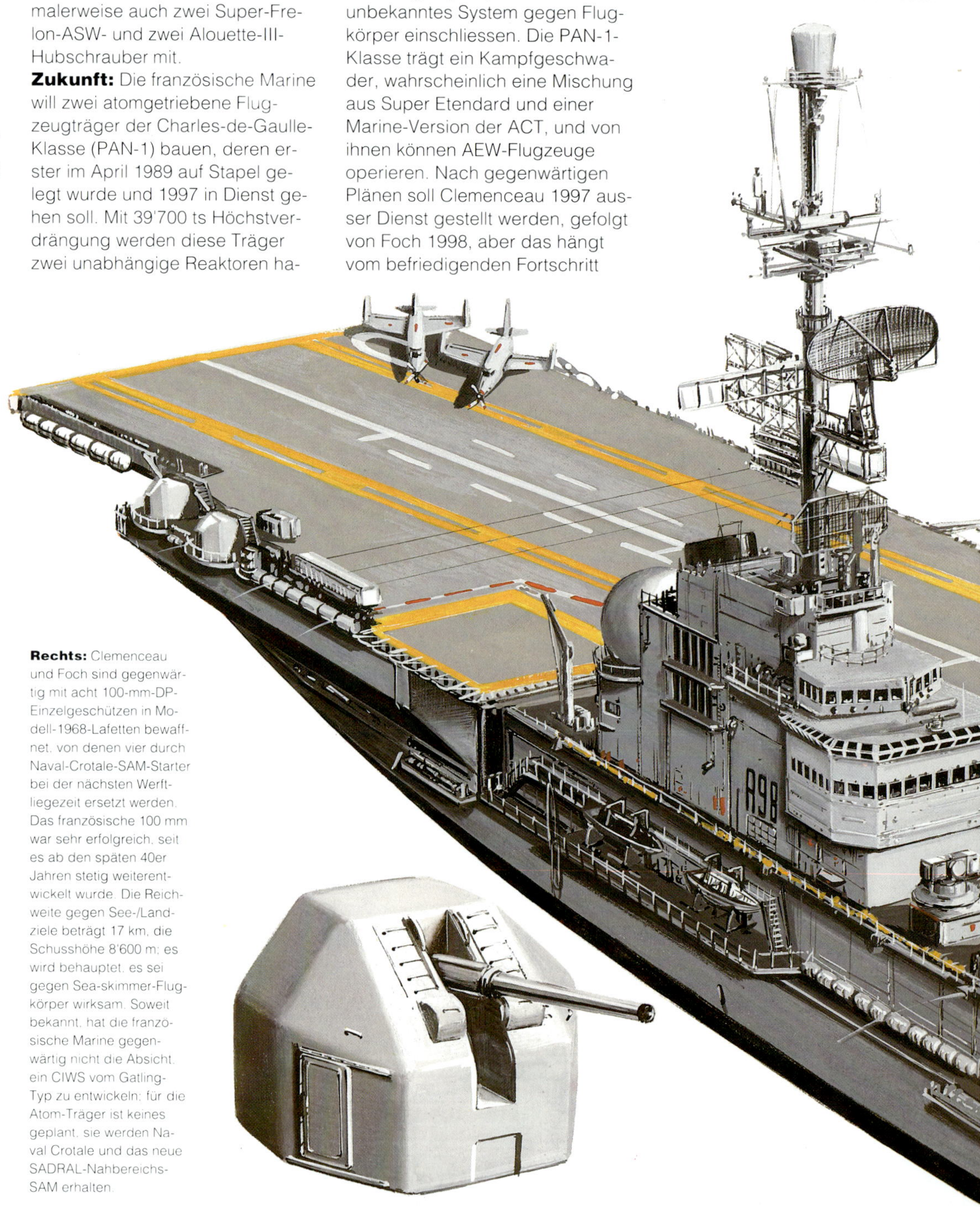

Rechts: Clemenceau und Foch sind gegenwärtig mit acht 100-mm-DP-Einzelgeschützen in Modell-1968-Lafetten bewaffnet, von denen vier durch Naval-Crotale-SAM-Starter bei der nächsten Werftliegezeit ersetzt werden. Das französische 100 mm war sehr erfolgreich, seit es ab den späten 40er Jahren stetig weiterentwickelt wurde. Die Reichweite gegen See-/Landziele beträgt 17 km, die Schusshöhe 8'600 m; es wird behauptet, es sei gegen Sea-skimmer-Flugkörper wirksam. Soweit bekannt, hat die französische Marine gegenwärtig nicht die Absicht, ein CIWS vom Gatling-Typ zu entwickeln; für die Atom-Träger ist keines geplant, sie werden Naval Crotale und das neue SADRAL-Nahbereichs-SAM erhalten.

Oben: Clemenceau. Die Flugzeug-Gruppe umfasst normalerweise 16 Super-Etendard-Jagdbomber, 3 Etendard-IVP-Aufklärer/Jäger, 7 Alizé-ASW-Flugzeuge, 2 Super-Frelon-ASW-Hubschrauber und 2 Alouette-Verbindungs-Hubschrauber.

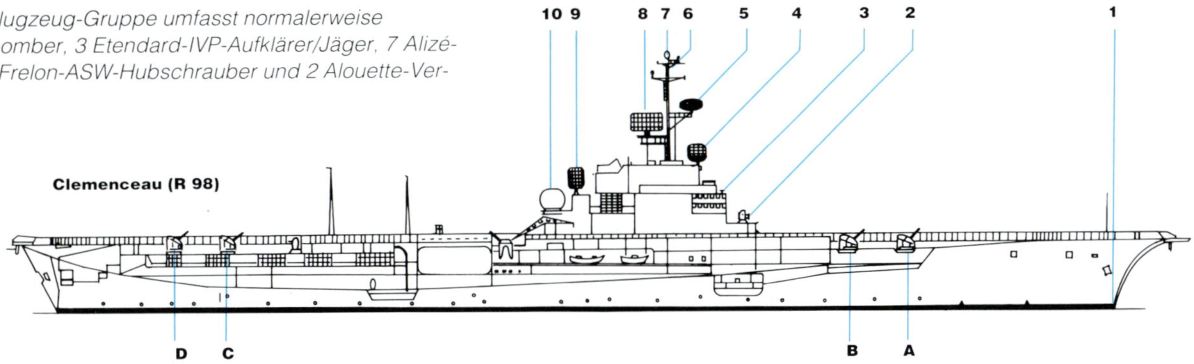

Waffen
- **A** 100-mm-DP-Geschütz Modell 1953 (2x1)
- **B** 100-mm-DP-Geschütz Modell 1953 (2x1)
- **C** 100-mm-DP-Geschütz Modell 1953 (2x1)
- **D** 100-mm-DP-Geschütz Modell 1953 (2x1)

Elektronik
- **1** SQS 505 Bugsonar
- **2** DRBC-32A Feuerleitradar für Geschütze
- **3** DRBN-32 Navigationsradar (Decca 1226)
- **4** DRBI-10C Höhenmessradar
- **5** DRBV-23B Luftüberwachungsradar
- **6** DRBV-50 Seeziel-Suchradar
- **7** SRN-6 Tacan-Antenne
- **8** DRBI-10C Höhenmessradar
- **9** DRBV-20C Langstrecken-Suchradar
- **10** Landeanflug-Kontrollradar

Links: Der Träger Clemenceau mit seinem für Mitte der 60er Jahre typischen Flugdeck mit 8°-Winkeldeck. Zwei Aufzüge, jeder 16 x 11 m, können ein 15-t-Flugzeug in neun Sekunden vom Hangar auf das Deck befördern. Zwei Mitchell-Brown-Dampfkatapulte sind installiert, einer im vorderen Flugdeck, einer im Winkeldeck. Die Schiffe werden in den 90er Jahren durch atomgetriebene Träger von 39'000 ts abgelöst.

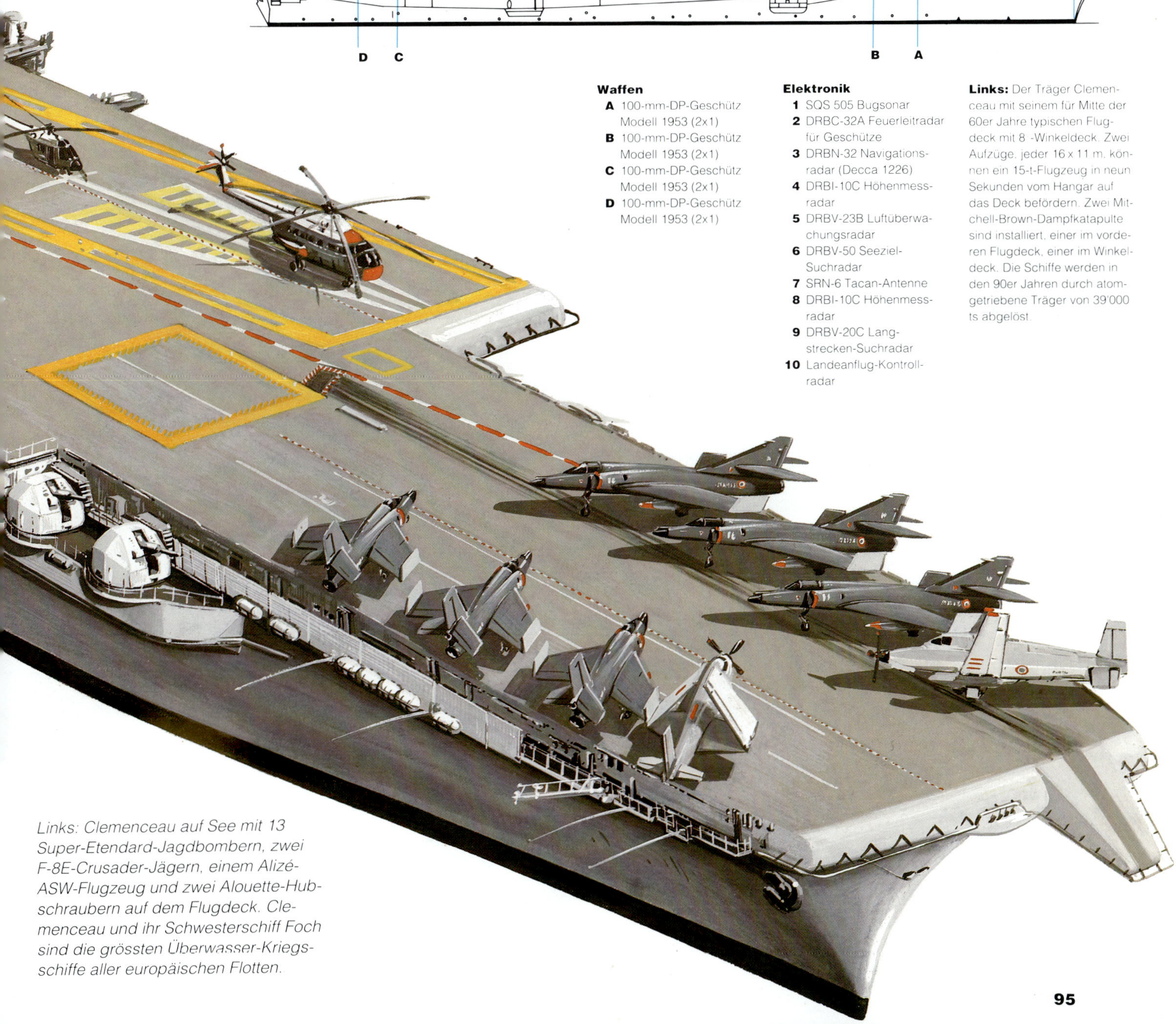

Links: Clemenceau auf See mit 13 Super-Etendard-Jagdbombern, zwei F-8E-Crusader-Jägern, einem Alizé-ASW-Flugzeug und zwei Alouette-Hubschraubern auf dem Flugdeck. Clemenceau und ihr Schwesterschiff Foch sind die grössten Überwasser-Kriegsschiffe aller europäischen Flotten.

Delta-Klasse

Herkunftsland: UdSSR
Typ: Atomgetriebenes U-Boot mit ballistischen Flugkörpern (SSBN)
Baujahr: Delta I 1973–77; Delta II 1973–75; Delta III 1976–; Delta IV 1984–
Anzahl: (I) 18 in Dienst; (II) 4 in Dienst; (III) 14 in Dienst, weitere im Bau; (IV) 2 in Dienst, weitere im Bau
Verdrängung: (I) 8'600 ts aufgetaucht, 10'000 ts getaucht; (II) 9'600 ts aufgetaucht, 11'400 ts getaucht; (III) 11'000 ts aufgetaucht, 13'250 ts getaucht; (IV) 12'000 ts aufgetaucht, 14'250 ts getaucht
Abmessungen: (I) Länge 136 m; Breite 11,6 m; Tiefgang 10,0 m; (II) Länge 152,7 m; Breite 11,8 m; Tiefgang 10,2 m; (III) Länge 155 m; Breite 12,0 m; Tiefgang 10,2 m; (IV) Länge 160,0 m; Breite 12,0 m; Tiefgang 10,2 m
Antrieb: 2 Wellen, atomgetrieben (2 Druckwasser-Reaktoren); 80'000 PSw
Leistung: 25 kn getaucht
Waffen: SLBM: (I) 12 SS-N-8; (II) 16 SS-N-8; (III) 16 SS-N-18; (IV) 16 SS-N-23. TR: 6 x 533 mm (12 in Reserve)
Sensoren: Radar: Snoop Tray über Wasser, Port Spring ECM, Brick Pulp ESM
Sonar: 1 LF-Bugsonar, Schleppsonar nur in (IV)
Besatzung: (I) 120; (II/III/IV) 132
Geschichte: Die US Navy hatte bis 1973 einen Vorsprung an Qualität und Leistungsfähigkeit der SLBM, als die Sowjetmarine den SS-N-8-Flugkörper einführte, der eine Reichweite von mehr als 7'720 km hatte und einen cep von nur 0,84 sm (1,55 km). Das übertraf die Poseidon der USA, doch hatte der sowjetische Flugkörper, im Gegensatz zum amerikanischen, keine MIRV und blieb beim füchtigeren flüssigen Brennstoff vorangegangener sowjetischer SLBM. Die ersten Versuche mit dem SS-N-8 wurden auf einem umgebauten Hotel-III-SSBN ausgeführt. Der weiterentwickelte FK wurde als operatives System zunächst auf den neuen SSBN Delta I eingesetzt, die hierfür entworfen worden waren, obwohl sie aus dem Grundentwurf der Yankee-Klasse abgeleitet wurden. Delta I trägt nur 12 Flugkörper in zwei Reihen zu sechs hinter dem Turm. Diese grossen und eindrucksvollen Boote wurden auf der Komsomolsk-Werft am Pazifik und in Severodvinsk in der Arktis gebaut, wo eine zweite Hellig gebaut wurde, um die Produktion zu beschleunigen. Auch die vier Delta II, etwas länger als ihre Vorgänger, wurden in Severodvinsk gebaut und tragen 16 Flugkörper, wie gegenwärtige westliche SSBN. Die Delta III sind noch etwas länger als ihre Vorgänger und tragen 16 Flugkörper des fortgeschritteneren Typs SS-N-18 mit 9'500 km Reichweite und MIRV-Köpfen. Infolge der grösseren Länge der SS-N-18-FK ist der Aufbau hinter dem Turm bei Delta III höher als bei I und II. Der hydrodynamische Übergang

Rechts: Delta III trägt 16 SS-N-18 in zwei Reihen zu acht. Es gibt drei Arten: Mod 1 mit drei 200-kT-MRV und 6'541 km Reichweite; Mod 2 mit einem 450-kT-RV und 8'616 km Reichweite; Mod 3 mit sieben MIRV und 6'541 km. Der Flugkörper ist 13,6 m lang, 0,6 m länger als der SS-N-8 der Delta I und II, weshalb ein höherer Aufbau zur Unterbringung benötigt wird. Dieser Flugkörper gibt der Sowjetmarine die Möglichkeit, gegen die USA einen Atomschlag zu führen – aus Gewässern, die sie aus gutem Grund zu beherrschen glauben, der Barents-See im Westen und dem Ochotskischen Meer im Osten.

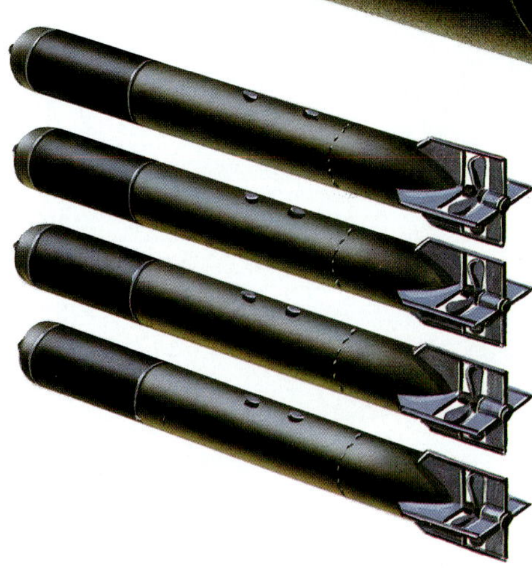

Oben: Es gibt vier Versionen des Delta-Grundentwurfs: Delta III ist hier abgebildet. Delta I war kürzer und trug zwölf SS-N-8. 18 wurden zwischen 1973 und 1976 gebaut. Dann kam Delta II mit 16 SS-N-8 mit vier Booten. Von Delta III wurden 14 gebaut. Als die ersten Boote der Typhoon-Klasse erschienen, dachte man im Westen, das sei die letzte Version, aber nun steht Delta IV im Dienst mit 16 SS-N-23. Die Zeichnung verdeutlicht die erhebliche Länge der Delta III, den schlechtgeformten Übergang vom Schildkröten-Rücken zum Turm und die Vielzahl freiflutender Öffnungen. Alles das macht ein recht geräuschvolles Boot aus, das dem ASW-Jäger seine Aufgabe erleichtert. Die Mehrzahl westlicher Unterseeboote hat jetzt nur eine grosse Schraube mit fünf oder sieben geformten Blättern. Eine solche Schraube kann relativ langsam gedreht werden, wodurch Kavitationsgeräusche minimal bleiben. Die Sowjets jedoch benutzen zwei Schrauben, die wiederum eine starke Geräuschquelle sind.

Links: Die Sowjetmarine hat verschiedene Torpedos. Der übliche ist der hier gezeigte 533-mm-Typ. Die Boote der Delta-Klasse haben hiervon sechs (geladene) Torpedorohre und zwölf Torpedos in Reserve, obgleich ein SSBN, das zum Überleben unauffällig sein muss, eine solche Waffe nur als letztes Mittel benutzt. Einige sowjetische Torpedos haben Atom-Köpfe. Die schwedische Marine entdeckte sie auf einem Boot der Whiskey-Klasse, das vor dem Kriegshafen Karlskrona 1981 auf Grund lief.

hat eine schlechte Formgebung. Das macht die Boote geräuschvoll und damit leicht zu entdecken und zu identifizieren. Überraschenderweise tauchte 1984 eine weitere Version auf, Delta IV, obgleich die ersten Boote der Typhoon-Klasse 1983 in Dienst gestellt worden waren. Delta IV trägt 16 eines anderen neuen Flugkörpers, SS-N-23 mit Flüssig-Treibstoff, einer Reichweite von 7'240 km und mit bis zu sieben MIRV. Eine Verkleidung auf dem Walrücken und ein Kragarm weiter achtern lassen an ein Schleppgerät denken, während der Turm verändert wurde und in Höhe und Form dem der Oscar-Klasse (SSGN) ähnlich ist. Die Ausgabe 1985 des «Soviet Military Power» zeigt ein Delta IV aufgetaucht im arktischen Eis beim Abfeuern von Raketen. Die Boote stellen eine erhebliche Gefahr für die USA dar, da sie Nordamerika von den Abschussgebieten im Ochotskischen Meer und der Barents-See aus treffen können. Dort sind die Boote ausserhalb jeder Gegenmassnahme. Von den 38 SSBN der Delta-Klassen, die in Dienst sind, stehen 18 bei der Nordflotte und 15 bei der Pazifik-Flotte. Nach üblicher Praxis der sowjetischen Marine sind nur jeweils einige im Einsatz.

Zukunft: Es scheint, dass die Delta noch einige Zeit weitergebaut werden, doch sicherlich ist ihr Nachfolger schon auf dem Reissbrett. Die SLBM SS-N-23 werden wohl auch in die Delta-III-Boote eingebaut werden, aber für I und II sind sie zu gross.

Links: Delta III SSBN, aufgenommen von einem ASW-Flugzeug der NATO. Solche Photos sind der einzig wirkliche Beweis für das Aussehen sowjetischer U-Boote. Die Sowjets veröffentlichen keine Bilder, ehe ein Boot nicht mindestens zehn Jahre im Dienst steht.

Waffen

- A 533-mm-TR (2x3), 12 Reserve-Torpedos
- B Starter für ballistische Flugkörper SS-N-8 (2x6)
- C Starter für ballistische Flugkörper SS-N-8 (2x8)
- D Starter für ballistische Flugkörper SS-N-8 (2x8)

Elektronik

1. LF-Bugsonar
2. Pert Spring, Antenne für Satelliten-Navigation
3. Mast für HF-Funkverbindung
4. Periskop
5. Snoop-Tray-Radar
6. Periskop
7. ESM-Mast für Brick-Gruppe

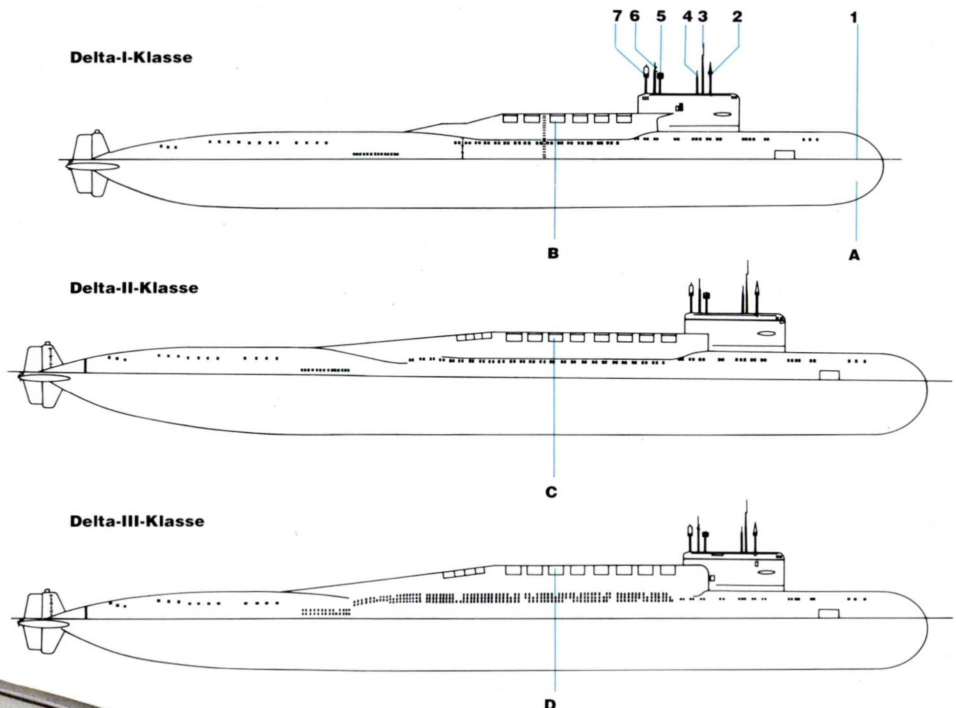

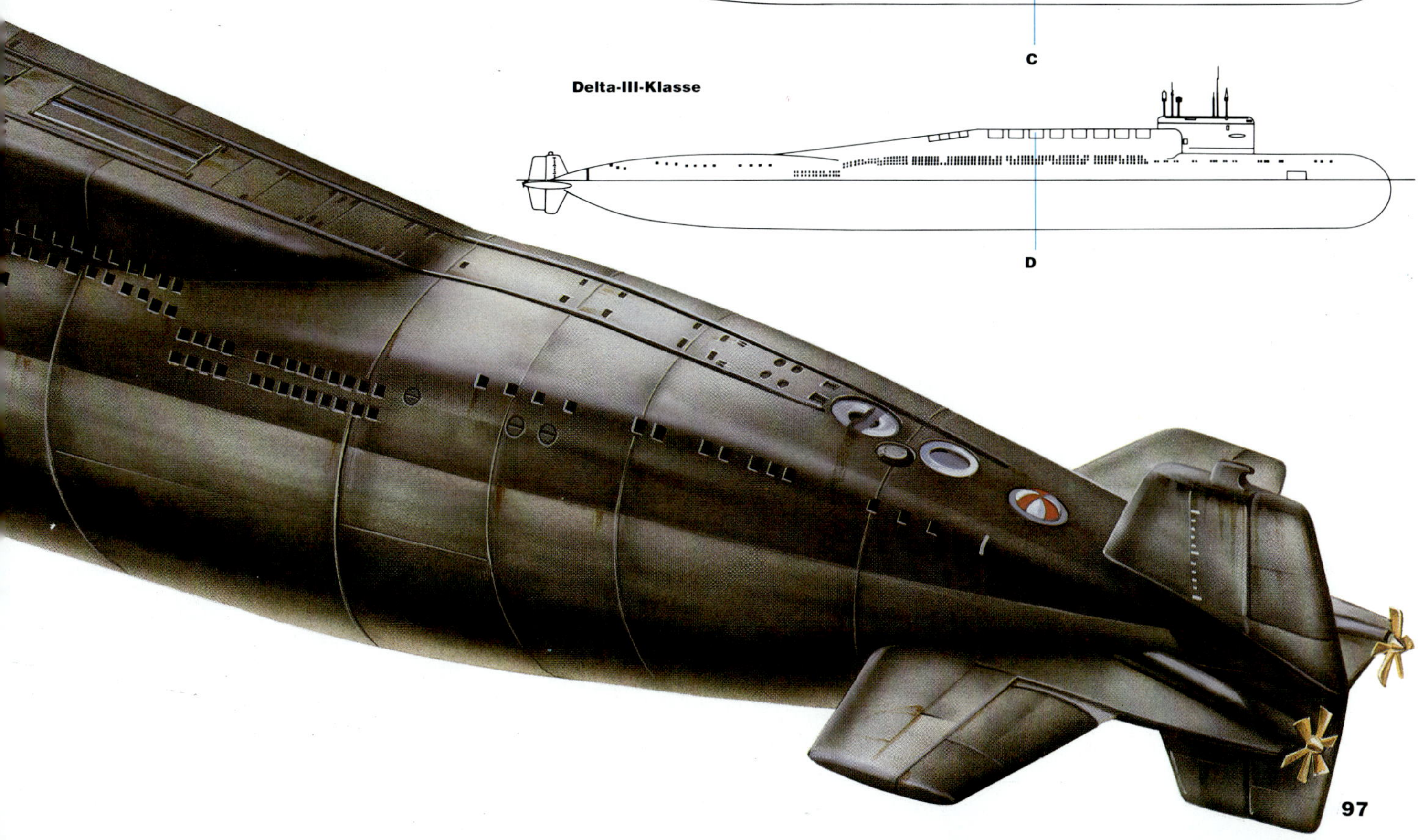

D'Estienne-D'Orves-Klasse (A69)

Herkunftsland: Frankreich
Typ: Fregatte (FF)
Baujahr: 1972–1984
Anzahl: Französische Marine: 23 im Dienst; argentinische Marine: 3 im Dienst
Verdrängung: 950 ts Standard; 1'170 ts Höchst
Abmessungen: Länge 76,0 m; Breite 10,3 m; Tiefgang 3,0 m
Antrieb: 1 Welle; 2 Diesel SEMT-Pielstick 12 PC2-V400; 12'000 PSw
Leistung: 23,5 kn; 4'500 sm/15 kn
Waffen: FK: 2 MM.38 Exocet SSM auf Schiffen in Übersee Geschütze: ein 100 mm, zwei 20 mm AA; ASW: ein 375-mm Raketen-Werfer Mk 54; TR: 4/6 TR 550 mm für L3- und L5-Torpedos
Sensoren: Radar: DRBV 51A See-/Luft-Suche; DRBC 32E Feuerleitung; DRBN 32 Navigation Sonar: DUBA 25 Bugsonar
Besatzung: 79
Geschichte: Die französische Marine baute zwischen 1951 und 1960 18 Geleitschiffe Le Corse (Typ E-50) und Le Normand (Typ E-62). Sie verdrängten um 1'290 ts, liefen 28 kn und waren mit drei 57-mm-Zwillingen und ASW-Waffen ausgerüstet; mit Dampfturbinen hatten sie eine vernünftige Reichweite.
Eine grössere Klasse, die Commandant Rivière (Typ E-55), war dieselgetrieben, lief 25 kn und erreichte bei 15 kn 7'000 sm. Ursprünglich hatten sie drei einzelne 100-mm-Geschütze, aber seither wurde das X-Geschütz durch vier einzelne MM.40 Exocet ersetzt. Die ASW-Bewaffnung umfasste einen Vierfach-Werfer im Turm und zwei Drillings-TR. Acht Schiffe dieser Klasse wurden zwischen 1957 und 1965 gebaut. Sie führen zwei Landungsboote und eine 80 Mann starke Kommando-Einheit zum Einsatz in französischen Kolonien. Die D'Estienne-D'Orves-Klasse, in der französischen Marine als Avisos bezeichnet, sind kleinere und spezialisiertere Fahrzeuge mit sehr begrenzter AA-Bewaffnung. In erster Linie sollen sie U-Boote in Küstengewässern bekämpfen und sind in fünf Divisionen zu drei Schiffen aufgeteilt; die 1. Div. ist in Cherbourg stationiert, die 2. und 4. in Brest, die 3. und 5. in Toulon. Das 100-mm-Einzelgeschütz ist vorn aufgestellt, unmittelbar vor der grossen Brücke, und der 375-mm-ASW-Raketenwerfer steht auf dem achteren Deckshaus. Frankreich hat noch immer beträchtliche überseeische Interessen, und die D'Estienne-D'Orves-Klasse nimmt einige der sich ergebenden Aufgaben wahr. Für diese wird beidseits des Schornsteins ein MM.38 Exocet SSM montiert, die eine kleine offensive Operationsfreiheit schaffen, obgleich ein solch kleines Schiff von anderen Schiffen oder Flugzeugen als Schutz gegen ernsthafte Luft- oder Seebedrohung abhängt. Doch diese kleinen und einfachen Schiffe können billig in grösserer Zahl gebaut werden als die mit Flugkörpern bewaffneten, Hubschrauber tragenden Schiffe der Georges-Leygues-Klasse.
Zwei Schiffe dieser Klasse wurden 1976 während des Baus an die Republik Südafrika verkauft, aber infolge des Embargos auf Waffenverkäufe der Vereinten Nationen kam das zu Fall. 1978 wurden sie an Argentinien verkauft und erhielten die Namen Drummond und Guerrico. Zwei Jahre später wurde von der gleichen Marine ein drittes Schiff, Granville, bestellt.
Zukunft: Diese Schiffe werden der französischen Marine noch viele Jahre dienen. Die ersten drei sollen 1996 ausser Dienst gestellt werden. Es folgt ein laufender Abbau, bis als letztes im Jahr 2004 Commandant Bouan ausscheidet. Noch ist kein Nachfolgetyp geplant. Während künftiger Umbauten sollen MM.40 Exocet, ein neuer Mast und neueste Elektronik an Bord kommen. Die letzten sechs Schiffe der Klasse erhielten zwei Dagaie-Störfolien-Werfer, und die ersten neun erhalten sie anstelle des ursprünglichen Syllex bei der nächsten Überholung.

Links: Die Fregatte (Aviso) Détroyat (F 784) ohne Exocet-Flugkörper.

Oben: Drogou (F 783) mit zwei MM.38 ASM. Deutlich zu sehen das DRBN-32-Navigations-Radar auf der Brücke, das DRBC-32E-Feuerleitradar vor dem Schornstein und das DRBV-51A-Suchradar im Masttopp.

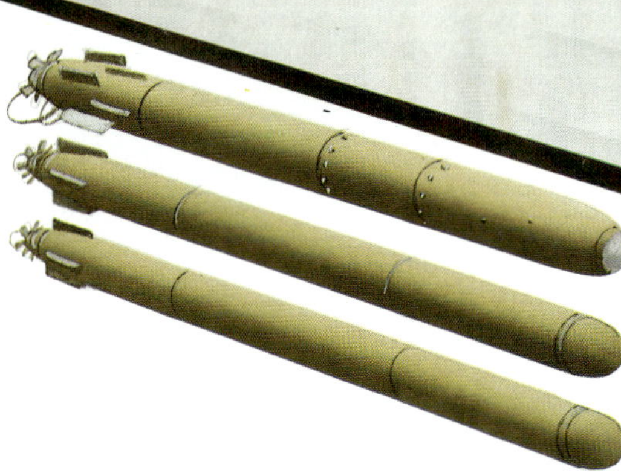

Rechts: Französische Torpedos für Überwasserschiffe sind der L3 (oben) und der L5 (beide untere). Der akustisch zielsuchende L3 hat einen Durchmesser von 550 mm und 5'500 m Laufstrecke gegen Ziele bis in 300 m Tiefe. Der L5 von 533 mm ist ein Mehrzweck-Torpedo mit 35 kn Geschwindigkeit; er hat einen Aktiv/Passiv-Suchkopf.

D'Estienne-D'Orves-Klasse
Amyot D'Inville (F 782)

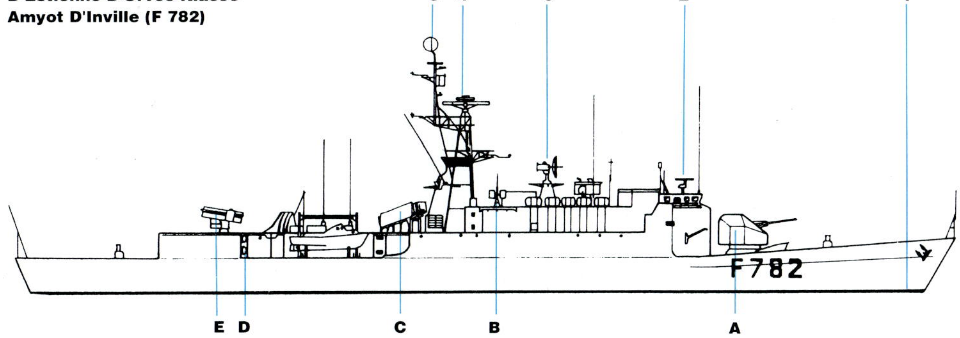

Waffen

- **A** Creusot-Loire 100-mm-DP-Geschütz, Modell 1968-II (1x1)
- **B** 20-mm-AA-Rohrwaffe (2x1)
- **C** MM.38 Exocet SAM-Starter (2x1)
- **D** 550-mm-TR (2x2) für L3 ASW- und L5-GP-Torpedos
- **E** Bofors 375-mm-ASW-Raketenstarter, Modell 1954 (1x6)

Elektronik

- **1** Thomson-CSF DUBA-25 Bugsonar
- **2** DRBN-32 Navigationsradar
- **3** DRBC-32E Feuerleitradar
- **4** DRBV-51A Rundsuchradar

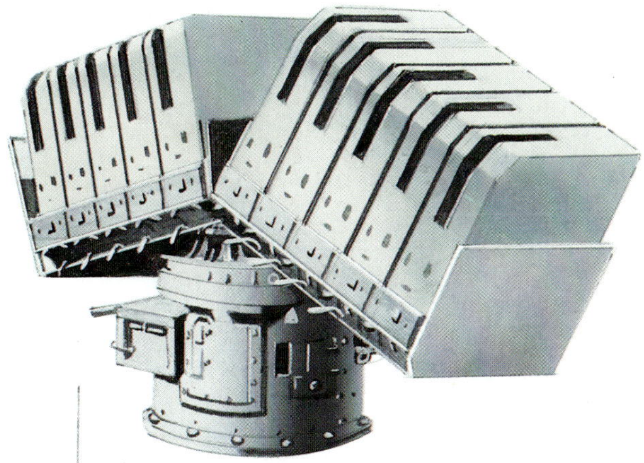

Oben: Zwei Dagaie-ECM-Systeme erhielten die letzten sieben Schiffe der Klasse (wie auch eine Reihe anderer französischer und fremder Kriegsschiffe). Der Starter besteht aus zehn auswechselbaren Behältern, jeder mit Störfolien oder Infrarot-Raketen geladen. Störfolien-Granaten und IR-Fackeln geben dem Schiff passiven Schutz gegen Flugkörper mit Radar- oder Hitze-Zielsuchkopf oder beidem. Das System wird aktiviert durch Radar, ESM oder optische Anlagen in einer Reaktionszeit von weniger als vier Sekunden. Die günstigste Schussrichtung errechnet ein Computer aus Zielkörper, Windrichtung und -geschwindigkeit und Kurs und Geschwindigkeit des Schiffs.

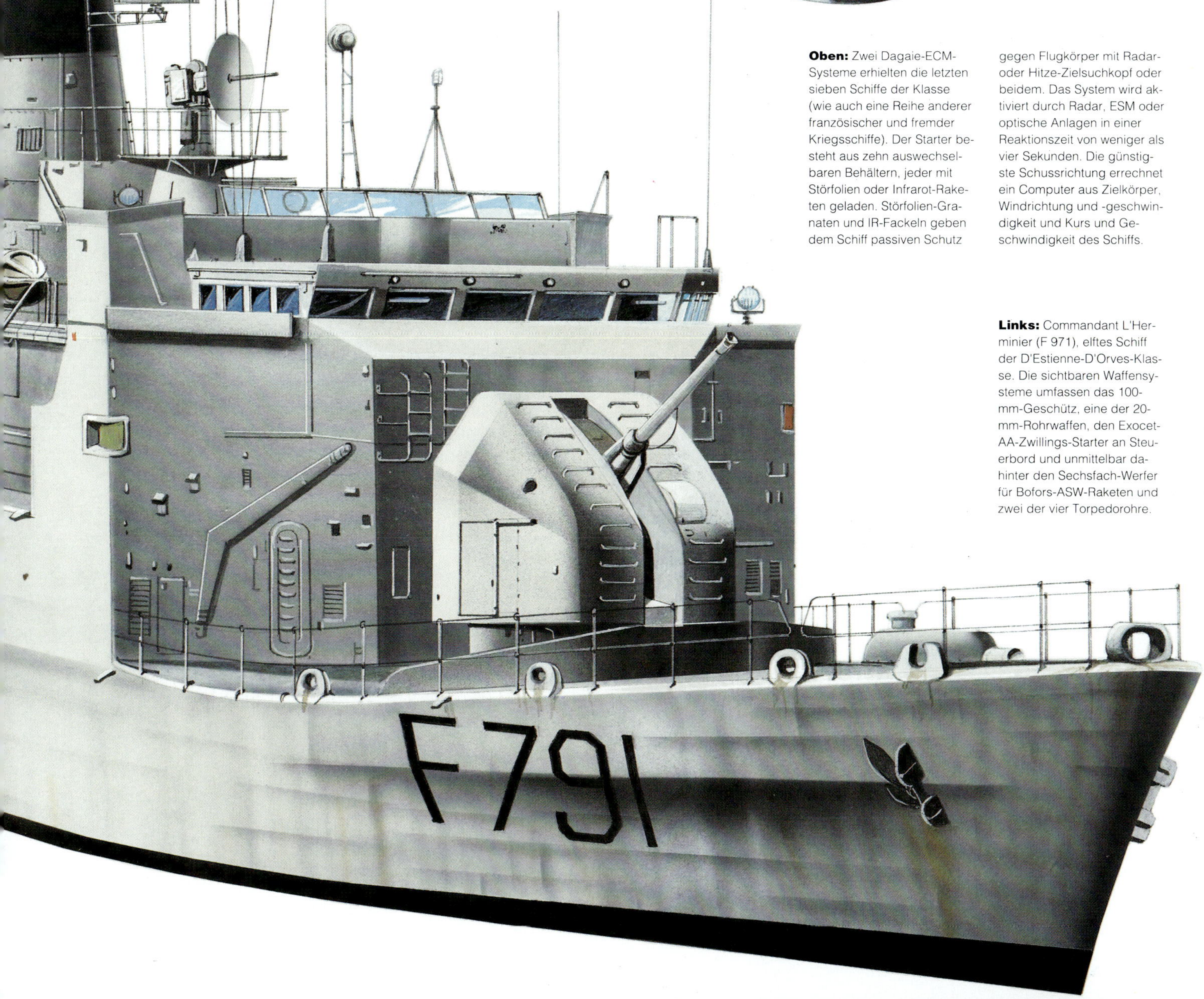

Links: Commandant L'Herminier (F 971), elftes Schiff der D'Estienne-D'Orves-Klasse. Die sichtbaren Waffensysteme umfassen das 100-mm-Geschütz, eine der 20-mm-Rohrwaffen, den Exocet-AA-Zwillings-Starter an Steuerbord und unmittelbar dahinter den Sechsfach-Werfer für Bofors-ASW-Raketen und zwei der vier Torpedorohre.

Georges-Leygues-Klasse (C 70)

Herkunftsland: Frankreich
Typ: Zerstörer (DG)
Baujahr: 1974–1994
Anzahl: (ASW) 5 im Dienst, 2 im Bau, (AA) 3 im Bau, 1 bestellt
Verdrängung: (ASW) 3'830 ts Standard, 4'170 ts Höchst, (AA) 4'300 Höchst
Abmessungen: Länge 139 m, Breite 14,0 m, Tiefgang 5,7 m
Antrieb: (ASW) 2 Wellen, CODOG mit 2 Gasturbinen Rolls-Royce Olympus, 2 Diesel SEMT-Pielstick 16 PA6 CV 280, 53'000/10'400 PSw, (AA) 2 Wellen, 4 Schnelläufer-Diesel SEMT-Pielstick 18 PA6, 42'000 PSw
Leistung: (ASW) 30 kn, 9'500 sm/18 kn auf Dieseln, (AA) 8'200 sm/17 kn, 5'000 sm/24 kn
Waffen: (ASW) SSM: 4 MM.38 Exocet (8 ab drittem Schiff); SAM: 1 Crotale-Starter (26 Flugkörper), Geschütze: 1 Modell 1968-II 100 mm (nur erste vier), 1 Creusot-Loire 100 mm Compact (fünftes Schiff), zwei 20 mm; TR: 2 feste Starter für L5-Torpedos (Dotation 10). (AA) SSM: 8 MM.40 Exocet, SAM: 1 Mk-13-Starter für Standard SM1 MR (Dotation 40), 2 Sadral PDMS. Geschütze: 1 Creusot-Loire 100 mm Compact, zwei 20 mm; TR: 2 feste Starter für L5-Torpedos (Dotation 10)
Flugzeuge: (ASW) 2 Lynx-Hubschrauber mit Mk-46-Torpedos. (AA) 1 SA 365 Dauphin
Sensoren: (ASW) Radar: DRBV-51C See-/Luft-Überwachung, DRBV-26 Luftsuch, DRBC-32D Feuerleitung, SPG-51C FK-Lenkung, 2 Decca 1226 Navigation; Sonar: DUBV-23D Bugsonar, DUBV-43B tiefenvariabel (nur erste vier), DSBV-61 Schleppsonar (ab fünftem Schiff).
(AA) Radar: DRBJ-11b Luft-/See-Überwachung, DRBV-26 Luft-Überwachung, DRBC-33 Feuerleitung, 2 SPG-551C FK-Lenkung, Decca 1229 Navigation; Sonar: DUBV-25A Bugsonar, DSBV-61 geschleppt
Besatzung: ASW 216, AA 200
Geschichte: Aus der Tourville-Klasse (F 67) entwickelt, sind die originalen C 70 die ASW der Georges-Leygues-Klasse, die in der französischen Marine als Korvetten bezeichnet werden, von denen fünf im Dienst stehen, zwei weitere geordert sind und eine achte aus finanziellen Gründen storniert ist. Die ersten vier sind die C-70(1)-Klasse; die fünfte, Primauguet (D 644) und die folgenden (C-70(2)-Klasse) sind mit dem Schleppsonar DSBV-61 anstelle des tiefenvariablen DUBV 43B ausgerüstet, dem neuen Naval-Crotale-EDIR-SAM-System, einem neuen 100-mm-Kompakt-Geschütz und dem Vampir-IR-Überwachungs-System. Auf Grund von Erfahrungen der ersten vier bei schlechtem Wetter wurde die Brücke um ein Deck höher gelegt. Die AA-Ausführung gibt Träger-Kampfgruppen und Handels-Konvois Schutz vor Flugzeugen und Flugkörpern. Manchmal auch als Cassard-Klasse bezeichnet, haben diese Schiffe eine sehr unterschiedliche Bewaffnung und ein anderes Antriebs-System im gleichen Rumpf. Die AA-Hauptbewaffnung, der Mk-13-Starter für Standard-Flugkörper achtern, wird von den Zerstörern der T-47-Klasse übernommen werden, sobald diese Ende der 80er Jahre ausser Dienst gestellt werden, aber zu gegebener Zeit will man ein SAM-Vertikalstart-System einbauen. Die Bewaffnung zur Luftverteidigung wird ergänzt durch das Sadral-System für den Nahbereich und ein Creusot-Loire-100-mm/55-DP-Geschütz auf dem Vorschiff und acht MM.40 Exocet SSM. Sonar ist vorhanden und es gibt zwei eingebaute fünfrohrige Starter für ASW-Torpedos.
Der Antrieb für die C 70 (AA) erfolgt durch vier Diesel SEMT-Pielstick 16PA6 mit niedriger Kompression. Man schätzt, sie seien so leicht wie Gasturbinen und so einfach zu bedienen, brauchen aber keine so umfangreiche Luftzuführung und Abgasführung.
Für die Aufbauten wurde sehr viel Aluminium verwendet, ein Schritt, den die französischen Konstrukteure angesichts der neuesten Erfahrungen mit Aluminium-Legierungen auf Kriegsschiffen bedauern mögen. Mit diesen gut entworfenen, leistungsfähigen Schiffen ist es den Konstrukteuren gelungen, zwei verschiedene Schiffe aus dem gleichen Rumpf zu entwickeln.
Zukunft: Die Streitmacht von sieben ASW- und vier AA-Einheiten wird bis ins nächste Jahrhundert gute Dienste leisten. Voraussichtlich werden die ASW-Schiffe ihre Laufbahn in den Jahren 2004, 2006 (zwei), 2008, 2011, 2012 und 2014 beenden, die AA-Schiffe 2013, 2015, 2016 und 2017.

Oben: Jean de Vienne (D 643), das vierte Schiff der C-70(ASW)-Klasse. Dieser Blickwinkel zeigt den Naval-Crotale-SAM-Starter, den Hangar, das geräumige Landedeck und das tiefenvariable Sonar DUBV-43B am Heck.

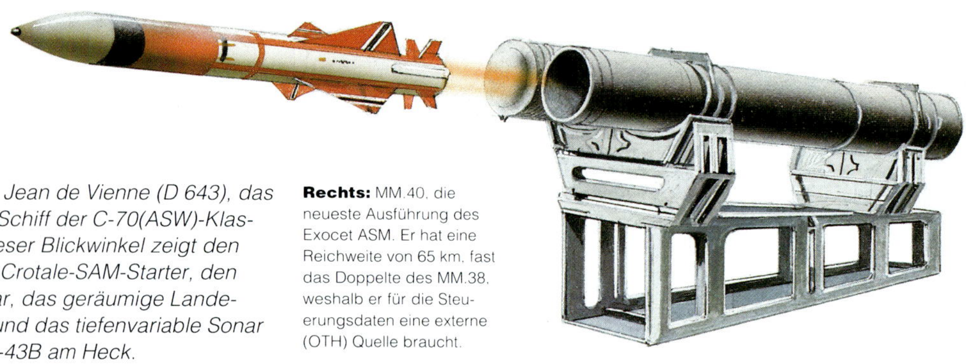

Rechts: MM.40, die neueste Ausführung des Exocet ASM. Er hat eine Reichweite von 65 km, fast das Doppelte des MM.38, weshalb er für die Steuerungsdaten eine externe (OTH) Quelle braucht.

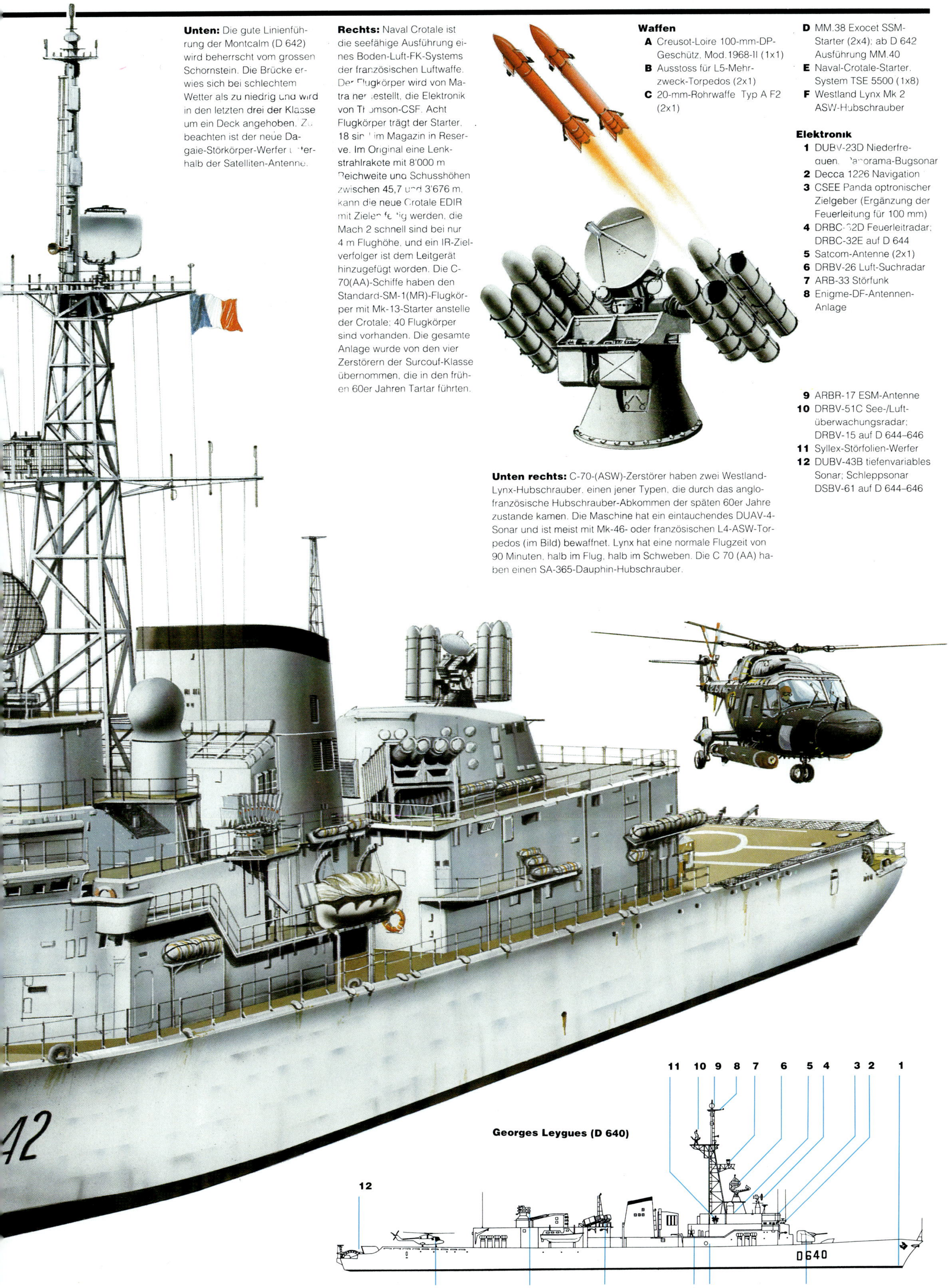

Unten: Die gute Linienführung der Montcalm (D 642) wird beherrscht vom grossen Schornstein. Die Brücke erwies sich bei schlechtem Wetter als zu niedrig und wird in den letzten drei der Klasse um ein Deck angehoben. Zu beachten ist der neue Dagaie-Störkörper-Werfer unterhalb der Satelliten-Antenne.

Rechts: Naval Crotale ist die seefähige Ausführung eines Boden-Luft-FK-Systems der französischen Luftwaffe. Der Flugkörper wird von Matra neu hergestellt, die Elektronik von Thomson-CSF. Acht Flugkörper trägt der Starter, 18 sind im Magazin in Reserve. Im Original eine Lenkstrahlrakete mit 8'000 m Reichweite und Schusshöhen zwischen 45,7 und 3'676 m, kann die neue Crotale EDIR mit Zielen fertig werden, die Mach 2 schnell sind bei nur 4 m Flughöhe, und ein IR-Zielverfolger ist dem Leitgerät hinzugefügt worden. Die C-70(AA)-Schiffe haben den Standard-SM-1(MR)-Flugkörper mit Mk-13-Starter anstelle der Crotale; 40 Flugkörper sind vorhanden. Die gesamte Anlage wurde von den vier Zerstörern der Surcouf-Klasse übernommen, die in den frühen 60er Jahren Tartar führten.

Waffen
- **A** Creusot-Loire 100-mm-DP-Geschütz, Mod. 1968-II (1x1)
- **B** Ausstoss für L5-Mehrzweck-Torpedos (2x1)
- **C** 20-mm-Rohrwaffe Typ A F2 (2x1)
- **D** MM.38 Exocet SSM-Starter (2x4); ab D 642 Ausführung MM.40
- **E** Naval-Crotale-Starter, System TSE 5500 (1x8)
- **F** Westland Lynx Mk 2 ASW-Hubschrauber

Elektronik
- **1** DUBV-23D Niederfrequenz-Panorama-Bugsonar
- **2** Decca 1226 Navigation
- **3** CSEE Panda optronischer Zielgeber (Ergänzung der Feuerleitung für 100 mm)
- **4** DRBC-32D Feuerleitradar; DRBC-32E auf D 644
- **5** Satcom-Antenne (2x1)
- **6** DRBV-26 Luft-Suchradar
- **7** ARB-33 Störfunk
- **8** Enigme-DF-Antennen-Anlage
- **9** ARBR-17 ESM-Antenne
- **10** DRBV-51C See-/Luftüberwachungsradar; DRBV-15 auf D 644–646
- **11** Syllex-Störfolien-Werfer
- **12** DUBV-43B tiefenvariables Sonar; Schleppsonar DSBV-61 auf D 644–646

Unten rechts: C-70-(ASW)-Zerstörer haben zwei Westland-Lynx-Hubschrauber, einen jener Typen, die durch das anglo-französische Hubschrauber-Abkommen der späten 60er Jahre zustande kamen. Die Maschine hat ein eintauchendes DUAV-4-Sonar und ist meist mit Mk-46- oder französischen L4-ASW-Torpedos (im Bild) bewaffnet. Lynx hat eine normale Flugzeit von 90 Minuten, halb im Flug, halb im Schweben. Die C 70 (AA) haben einen SA-365-Dauphin-Hubschrauber.

Georges Leygues (D 640)

Giuseppe Garibaldi

Herkunftsland: Italien
Typ: Leichter Flugzeugträger (CVS)
Baujahr: 1981–1985
Anzahl: 1 in Dienst
Verdrängung: 10'000 ts Standard, 13'000 ts Höchst
Abmessungen: Länge 80,2 m, Breite 23,4 m, Tiefgang 6,7 m
Antrieb: 2 Wellen, COGAG, 4 Gasturbinen FIAT/General Electric LM2500, 80'000 PSw
Leistung: 30 kn, 9'000 sm/20 kn
Waffen: SSM: 4 Zwillingsstarter Otomat Mk 2; SAM: 2 Achtfach-Starter Albatros für Aspide-Flugkörper; Geschütze: 3 Breda-Zwillinge 40 mm; TR: 2x3 Mk 32
Flugzeuge: 16 ASW-Hubschrauber SH-3D Sea King (4 an Deck, 12 im Hangar) oder 10 Sea Harrier bzw. AV-8B Harrier II
Sensoren: Radar: MM/SPS-768 Luftüberwachung mittlerer Weite, MM/SPS-774 Luftüberwachung grosser Weite, Selenia RAN-10S Nahbereichs-Luftsuche, SMA MM/SPS 702 Seezielsuche, NA-30 Feuerleitung für Albatros, SMA MM/SPS 703 Navigation; Sonar: Raytheon DE 1160 Bugsonar
Besatzung: 550 zuzüglich 230 Flugpersonal
Geschichte: Giuseppe Garibaldi ist der erste Träger mit durchgehendem Deck, der für die italienische Marine gebaut wurde. Er wurde in erster Linie für die Unterseeboot-Bekämpfung gebaut. Anstelle der Hubschrauber AB 204/212 hat er die grossen SH-3D Sea King. Er soll auch Bedrohungen durch Flugzeuge und Schiffe entgegentreten und kann amphibische Landungen ebenso durchführen wie bei Katastrophen Hilfsschiff sein.

Der Hangar liegt in der Mitte und misst 110x15 m bei 6 m Höhe. Im Mittelteil ist er infolge der Durchführungen für die Gasturbinen an Steuerbord etwas enger. Der Hangar wird durch Feuerschutzvorhänge in drei Teile geteilt und kann entweder 12 Sea King oder etwas weniger der neuen EH.101-Hubschrauber oder 10 Sea Harrier aufnehmen. Zwei achteckige Lifts sind, nach Steuerbord versetzt, unmittelbar vor und achtern der massiven Insel. Jeder misst 18 x 10 m und hat 15 t Tragfähigkeit. Das Flugdeck hat eine Startrampe von 6° für V/STOL-Flugzeuge.

Wichtigstes ASW-Waffensystem ist der SH-3D-Sea-King-Hubschrauber, der in der Überwasser-Kriegführung eine Rolle spielt, da er auf halbem Weg die schiffsgestarteten Otomat Mk 2 (Teseo) ASM kurskorrigiert. Vier Teseo-Zwillings-Starter sind nahe dem Heck beidseits aufgestellt, dazu ein Achtfach-Starter auf jedem Ende der Insel für das Selenia-Albatros-Nächstverteidigungs-System, das Aspide-Flugkörper verschiesst, während die Nahverteidigung bei dem Selenia-Elsag-Dardo-System mit den drei 40-mm-Breda-Zwillingen liegt. Die Garibaldi ist mit hydraulischen Franco-Tosi-Umkehrgetrieben ausgerüstet, die Festpropellern maximalen Vortrieb und minimales Geräusch verleihen. Jeder Propeller hat fünf Blätter und läuft mit 175 U/min.

Giuseppe Garibaldi stand in Italien im Mittelpunkt politischer Auseinandersetzungen, da das Schiff klar ersichtlich gebaut wurde, um V/STOL-Flugzeuge, wie die Sea Harrier, mitzuführen. Durch ein Gesetz von 1923 ist es der Marine nicht erlaubt, Starrflügler zu haben, und die italienische Luftwaffe weigerte sich, derartige Typen zugunsten der Marine einzuführen. Trotzdem schwimmt die Garibaldi als Flaggschiff der Flotte, und die höheren italienischen Marine-Offiziere kämpfen noch um die Befugnis, über Starrflügler zu gebieten. Es gibt nur zwei Flugzeuge, die die operativen Ansprüche erfüllen können, Sea Harrier von British Aerospace, Typ FRS.2, oder AV-B Harrier II von McDonnell Douglas. Falls einem Ankauf zugestimmt werden sollte, wird es längere Zeit brauchen, bis die italienische Marine die Starrflügler-Komponente beherrscht, denn sie hat keine Erfahrungen, weshalb in den Kauf technische Beratung einbezogen werden dürfte. Selbst ohne Starrflügler ist die Garibaldi ein kampfstarkes Schiff, das die Möglichkeiten der NATO-Flotte im Mittelmeer erweitert.

Zukunft: Das Schiff soll die Andrea Doria und Caio Duilio ersetzen. Es war sehr teuer, und die Starrflügler werden die Kosten noch erheblich steigern. Derzeit im Gespräch sind die Sea Harrier FRS.1 oder FRS.2 der Royal Navy mit besserem Radar und wirksamerer Waffenlast (FK A/M-120 AMRAAM) oder die Anglo-US-Harrier II, später die in Entwicklung stehende Harrier III. Es ist unwahrscheinlich, dass mehr als dieses eine Schiff der Klasse gebaut wird.

Oben: ASW-Hubschrauber Agusta-Sikorsky SH-3D der italienischen Marine. 16 dieser vielseitigen Maschinen operieren vom neuen Träger Giuseppe Garbaldi aus. Sie können unabhängig ASW-Einsätze fliegen, denn sie haben Bordradar, Tauchsonar und eine Bewaffnung von Torpedos, Wasserbomben oder ASM. Vorgesehen ist ein MAD-Sensor, der bisher aber noch nicht eingebaut wurde.

Links: Stapellauf der Giuseppe Garibaldi am 10. Juni 1983. Er verwirklichte einen Traum der italienischen Marine. Unglücklicherweise können durch den Streit zwischen Luftwaffe und Marine keine STOVL gekauft werden, für die der Träger gebaut wurde, wie die Linien der Startrampe im Bild eindeutig beweisen. Bemerkenswert die Grösse der Aufbauten.

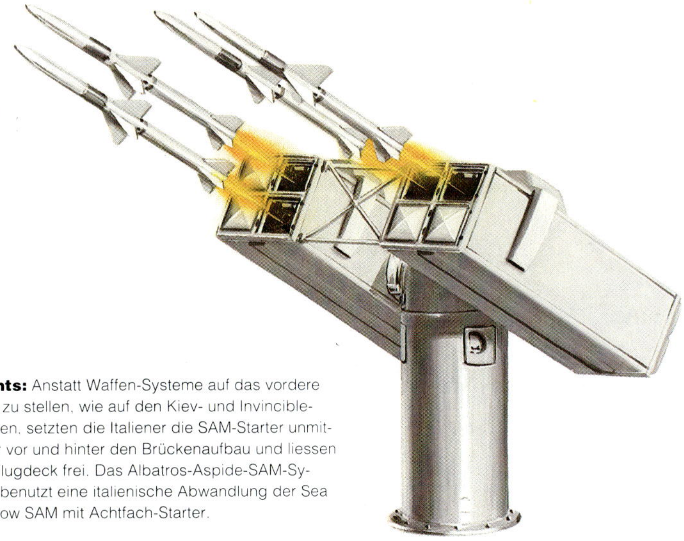

Rechts: Anstatt Waffen-Systeme auf das vordere Deck zu stellen, wie auf den Kiev- und Invincible-Klassen, setzten die Italiener die SAM-Starter unmittelbar vor und hinter den Brückenaufbau und liessen das Flugdeck frei. Das Albatros-Aspide-SAM-System benutzt eine italienische Abwandlung der Sea Sparrow SAM mit Achtfach-Starter.

Unten: Die Illustration zeigt den Vorteil des sauberen, handwerklichen Entwurfs des ersten italienischen Flugzeugträgers. Alle Waffensysteme, mit Ausnahme der Breda-Dardo-CIWS auf Schwalbennestern unterhalb des Flugdecks, sind auf dem Brückenaufbau konzentriert. Das ergibt ein Flugdeck ohne Hindernisse und erlaubt einen schnellen Umgang mit den Maschinen. Die Ausstattung mit Flugzeugen besteht aus 16 SH-3D/H-ASW-Hubschraubern oder 10 Starrflügler-STOVL-Flugzeugen, die nur Sea Harrier oder AV-8B sein können. Die Giuseppe Garibaldi verstärkt spürbar die trägergestützte Luftmacht der NATO im Mittelmeer.

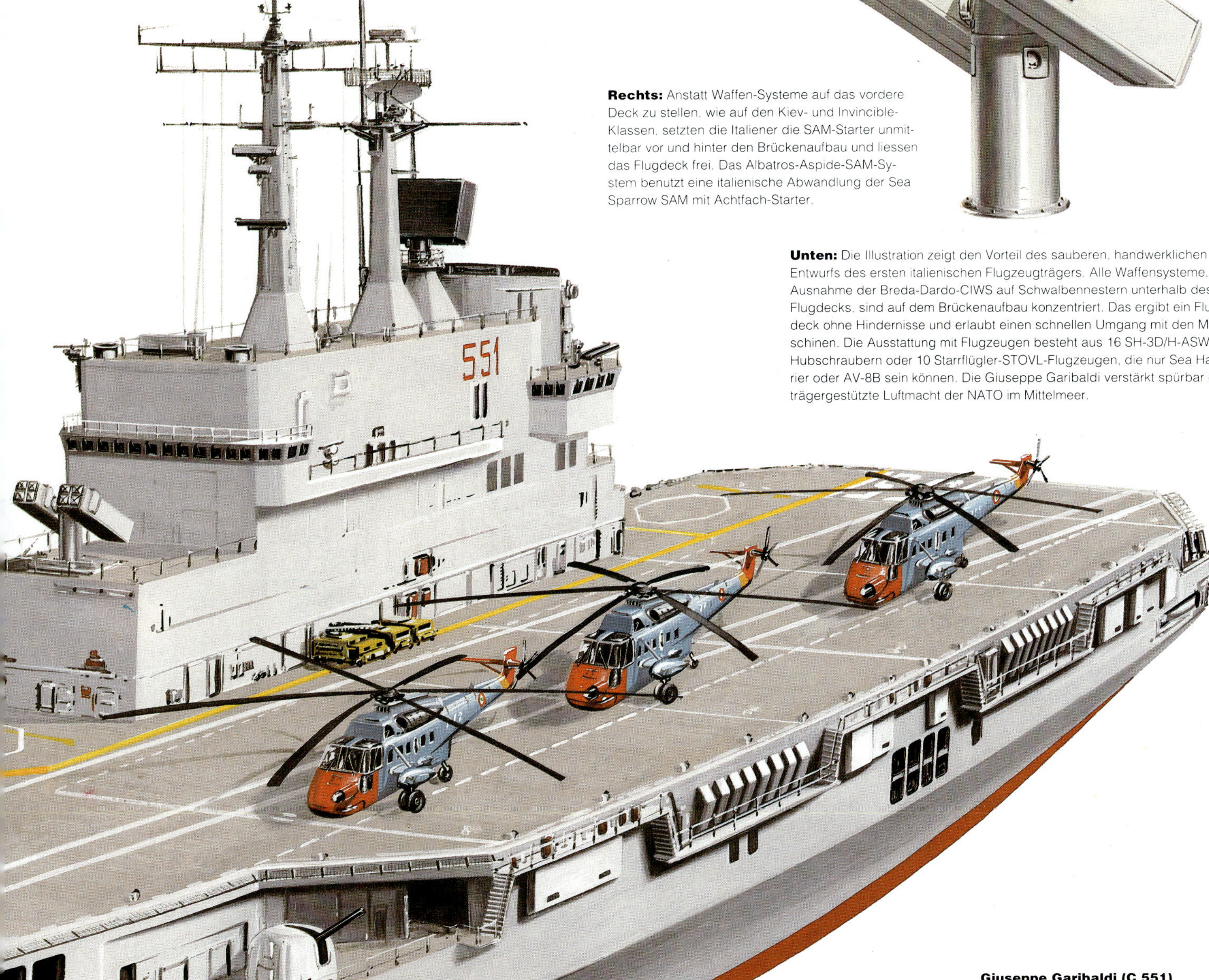

Giuseppe Garibaldi (C 551)

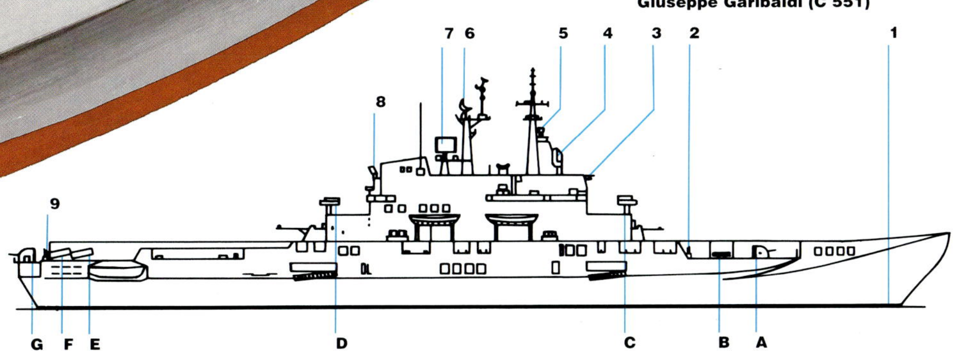

Waffen

- **A** Breda 40-mm-AA-Geschütz als Teil des Dardo-CIWS (2x2)
- **B** Mk 32 ASW-TR (2x3)
- **C** Aspide-SAM-Starter als Teil des Selenia-Albatros-Systems (1x8)
- **D** Aspide-SAM-Starter als Teil des Selenia-Albatros-Systems (1x8)
- **E** Teseo OTO Melara Otomat Mk II SSM-Starter (2x2)
- **F** Teseo OTO Melara Otomat Mk II SSM-Starter (2x2)
- **G** Breda 40-mm-AA-Geschütz als Teil des Dardo-CIWS (2x2)

Elektronik

1. Raytheon DE-1164 LF-Bugsonar
2. Selenia RTN-30X Feuerleitung für Dardo-CIWS (2x1)
3. SMA MM/SPN-703 (3RM20) Navigation
4. Selenia RAN-3L (MM/SPS-768) Luftüberwachung mittlerer Weite
5. SMA MM/SPS-702 Seeziel-Suche
6. Selenia RAN-10S (MM/SPS-774) See-/Luft-Suche im Nahbereich
7. Hughes RTN-30X für Albatros/Aspide-Lenkung
8. Selenia RTN-20X Feuerleitung für Dardo-CIWS
9. Selenia RTN-20X Feuerleitung für Dardo-CIWS

Hatsuyuki-Klasse

Herkunftsland: Japan
Typ: Zerstörer (DD)
Baujahr: 1983–1987
Anzahl: 12 im Dienst
Verdrängung: 3'050 ts Standard, 3'800 ts Höchst
Abmessungen: Länge 130 m, Breite 13,6 m, Tiefgang 4,1 m
Antrieb: 2 Wellen, COGOG, Gasturbinen: 2 Rolls-Royce Olympus TM3B/2 Rolls-Royce Spey RM1C, 45'000/13'600 PSw
Leistung: 30 kn
Waffen: Flugkörper: 2 Vierfach-Starter Harpoon, 1 Achtfach-Starter NATO-Sea Sparrow Mk 29; Geschütze: ein 76 mm/62 OTO Melara Compact, zwei 20-mm-Phalanx-CIWS (ab drittem Schiff), ASW-Waffen: 1 US-Mk-16-Achtfach-Werfer Asroc, 2x3 Typ 68 TR.
Flugzeuge: 1 ASW-Hubschrauber Mitsubishi HSS-2B
Sensoren: Radar: OPS-148 Luftsuche, OPS-18 Seezielsuche, GFCS-2 -21A Feuerleitung, MFCS-2-12A FK-Lenkung. Sonar: OQS-4(II) Bugsonar
Besatzung: 190
Geschichte: Japans strategische Position als Inselmacht vor der Küste Asiens, am westlichen Rand des pazifischen Ozeans, am Südrand des Bereichs sowjetischer SSBN im Ochotskischen Meer erfordert eine starke Flotte. Japans Verfassung verbietet Streitkräfte zu Angriffszwecken. Deshalb sind die Selbstverteidigungs-Streitkräfte der japanischen Marine (JMSDF) mit rein defensiven Aufgaben betraut. An der Spitze steht der Schutz der Seefahrts-Routen um Japan, der infolge des Mangels an Bodenschätzen ausserordentlich wichtig ist. Nachdem der Wiederaufbau der Flotte in den späten 50er Jahren begann, hat man sich konsequent an die Bekämpfung von U-Booten gehalten, doch eine neuere Einschätzung der Luftbedrohung führte zur Entwicklung einer Klasse von Luftabwehr-Zerstörern. Gegenwärtig stehen nicht weniger als 34 Zerstörer aus zehn Klassen im Dienst, zehn sind im Bau oder geplant, dazu 18 Fregatten und vier im Bau.
Die japanischen Zerstörer-Entwürfe gehen in zwei Entwicklungs-Richtungen. Zur ersteren gehören die Klassen Shirane, Haruna und Hatakaze von rund 6'000 ts Höchstverdrängung mit je zwei in jeder Klasse. Die Shirane und Haruna haben alle grosse Hangars für drei ASW-Hubschrauber Mitsubishi SH-3B (Sikorsky SH-3B Sea King) und grosse Landedecks. Die letzte (Hatakaze) Klasse hat aber keinen Hangar, nur das Flugdeck, eine überraschende Entwicklung, vor allem weil das Schiff nicht zu klein ist; eine interessante Parallele zur Arleigh Burke der US Navy. Eine weitere Entwicklung in der Hatakaze-Klasse werden zwei spezielle AA-Schiffe sein, die bereits im Plan für die Erweiterung der Verteidigung «59-Chyu Gyo» genehmigt sind. Sie werden wichtige Elemente des Aegis-Systems der US-Marine erhalten, um gleichzeitiger Bedrohung durch viele Angreifer standzuhalten. Die zweite Entwicklungs-Richtung geht zu kleineren Schiffen, deren neueste die Hatsuyuki-Klasse ist, zahlenmässig die grösste Zerstörer-Klasse der JMSDF mit 12 Schiffen. Ein verbesserter Entwurf ist im Bau. Hauptaufgabe der Hatsuyuki-Klasse ist die ASW, weshalb sie einen Mitsubishi-HSS-2B-Hubschrauber führen, der durch Asroc und zwei Drillingssätze TR Mk 68 unterstützt wird. Die Luftverteidigung erfolgt durch das Sea-Sparrow-System der NATO, dessen Starter Mk 29 nahe dem Heck steht, während auf dem Vorschiff ein OTO-Melara-DP-Geschütz steht. Verteidigung im Nächstbereich wird durch zwei 20-mm-Phalanx gewährleistet, wozu das erste Schiff der Klasse Hatsuyuki (DD 122) umgebaut werden musste, während Shirayuki (DD 123) zwar umgebaut wurde, aber die Waffe noch nicht hat. Die Seeziel-Bewaffnung sind zwei Vierfach-Starter Harpoon auf beiden Seiten des Schornsteins.
Es sind beeindruckende Schiffe, die beachtliche AA- und Seeziel-Waffen führen. Ein Vergleich mit der französischen Georges-Leygues-Klasse ist hinsichtlich Aussehen und Bewaffnung interessant. Der einzige grössere äusserliche Unterschied besteht darin, dass das Hubschrauber-Landedeck sich auf dem 1. Aufbaudeck befindet statt auf dem Hauptdeck, wie bei den französischen Schiffen.
Zukunft: Acht Schiffe der verbesserten Hatsuyuki-Klasse sind geordert oder bewilligt, das erste trat im Mai 1988 zur Flotte. Sie sind 6,5 m länger, 1,0 m breiter und haben einen um 0,4 m grösseren Tiefgang. Sie erhalten anstelle der COGOG-Anlage COGAG mit vier Gasturbinen Rolls-Royce Spey SM1A. Bessere Sensoren, SQR-19 TACTAS und ein tiefenvariables Sonar werden ihre ASW-Befähigung verbessern. Das geschleppte TACTAS-Gerät werden auch die Hatsuyuki erhalten. Die Entwicklung der JMSDF wurde im Westen weitestgehend ignoriert. Aber sie brachte eine Serie gut entworferner und in sich ausgewogener Schiffe in der Zerstörer-Kategorie. Aus politischen und historischen Gründen nehmen die Japaner fremde Waffensysteme wie Harpoon, Asroc, Vulcan/Phalanx und italienische Geschütze. Andererseits sind die Sensoren fast alle japanische Entwicklungen. Es wurde aber angekündigt, dass das Leit- und Kontroll-System für die Luftverteidigung der neuen 6'500 ts grossen AA-Zerstörer das SPY-1D-Aegis-System sein werde, da eine nationale Entwicklung zu teuer käme.

Oben: Hatsuyuki (DD 122), Namensgeber der Klasse, neuester ASW-Zerstörer der JMSDF, in See.

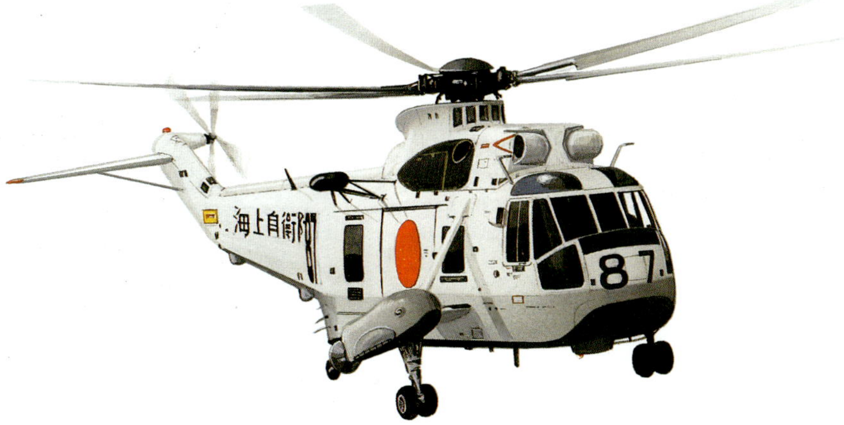

Links: Der von Mitsubishi gebaute HSS-2B ist gegenwärtig Standard-ASW-Hubschrauber der JMSDF auf Schiffen. Die nächste Generation wird eine Version des Sikorsky 60-B Seahawk der US Navy sein, die Mitsubishi unter der Bezeichnung SH-60J entwickelte. 1985 begann die Entwicklung, und die ersten werden Anfang der 90er Jahre von den JMSDF geflogen werden. Zelle und Motoren werden Standard sein, japanisch Sensoren und Elektronik.

Hatsuyuki

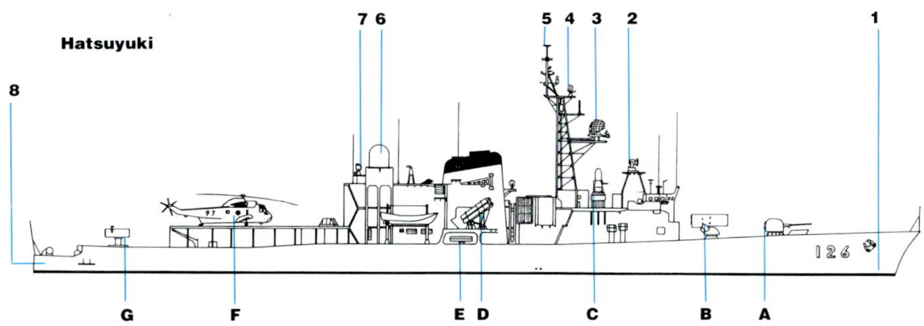

Verbesserte Hatsuyuki

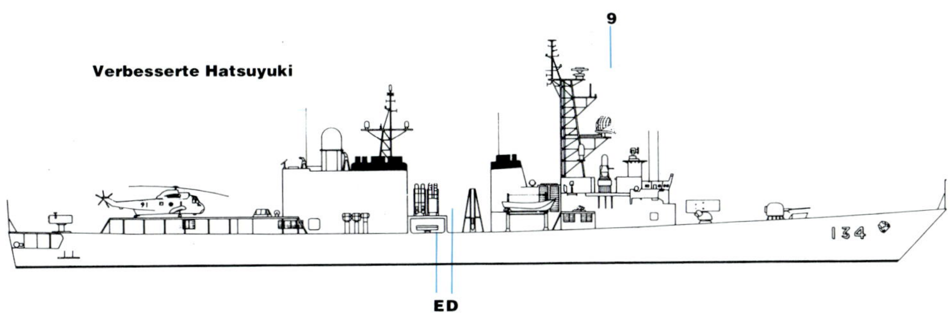

Waffen

- **A** 76 mm/62 OTO Melara Compact-DP, vollautomatisch (1x1)
- **B** Asroc-ASW-FK-Starter (1x8)
- **C** Mk 15 20 mm Vulcan/Phalanx AA CIWS (2x1)
- **D** Harpoon SSM (2x4)
- **E** Mk 68 ASW-TR (2x3)
- **F** Mitsubishi HSS-2B Sea King ASW-Hubschrauber
- **G** Starter Mk 29 für Sea Sparrow SAM (1x8)

Elektronik

- **1** OQS-4 LF Bugsonar
- **2** GFCS-1 oder -1A Feuerleit-Radar
- **3** OPS-14B Luftraumüberwachung
- **4** OPS-18 Luftsuch-Radar
- **5** URN-25 TACAN-Antenne
- **6** GFCS-2 Feuerleit-Radar, Systemeinspeisung
- **7** GFCS-1 oder -1A Feuerleit-Radar
- **8** SQR-19 TACTAS Schleppsonar (wird bei nächster Überholung installiert)
- **9** OPS-28 Seeziel-Suchradar

Oben: Hamayuki (DD 126). Trotz des amerikanischen Einflusses auf die japanischen Entwürfe nach dem Krieg sieht diese Klasse sehr europäisch aus. Sensoren sind japanischen, Waffen amerikanischen und italienischen Ursprungs, der Antrieb ist britisch.

Invincible-Klasse

Herkunftsland: Grossbritannien
Typ: Leichter Flugzeugträger (CVS)
Baujahr: 1973–1985
Anzahl: 3 im Dienst
Verdrängung: 16'000 ts Standard, 19'500 ts Höchst
Abmessungen: Länge 206,6 m, Breite 27,5 m, Tiefgang 8,0 m
Antrieb: 2 Wellen, 4 Gasturbinen Rolls-Royce Olympus TM3B
Leistung: 28 kn, 5'000 sm/18 kn
Waffen: SAM: 1 Sea-Dart-Zwillings-Starter (kann auch SSM starten). Geschütze: zwei (Invincible, Illustrious) bzw. drei (Ark Royal) 20-mm-Phalanx-CIWS
Flugzeuge: 7 Sea King HAS.5, 2 Sea King AEW, 8 Sea Harrier FRS.1
Sensoren: Typ 1022 Überwachungsradar, Typ 992 R Suchradar, 2 Typ 909 Sea Dart Feuerleitungsradar, 2 Typ 1006 Navigationsradar
Besatzung: 670 zuzüglich 284 Flugpersonal
Geschichte: Mitte der 60er Jahre fiel die politische Entscheidung, keine neue Klasse Angriffs-Träger für die Royal Navy zu bauen. Entwürfe zu einem grossen ASW-Kreuzer mit Flugzeug-Bestückung begannen. Er sollte im NATO-EASTLANT-Einsatzraum operieren. Der Entwurf erfuhr mehrere Änderungen. Ursprünglich nur für grosse Hubschrauber vorgesehen, sollte das Schiff in späteren Stadien Sea Harrier STOVL führen, die zum Abfangen feindlicher Aufklärer und ASW-Flugzeuge nötig waren. Eine letzte Änderung 1976/77 stellte die Forderung auf, es auch zum Flaggschiff auszubauen. Die Bezeichnung Glattdeck-Kreuzer (ursprünglich aus politischen Gründen gewählt) wurde 1980 fallen gelassen, und er bekam die zutreffendere eines ASW-Flugzeugträgers.
Die Invincible-Klasse hat ein offenes Backdeck, das für Waffensysteme genutzt wird, gegenwärtig ein Zwillings-Starter Sea Dart GWS.30 SAM mit 22 Flugkörpern im Magazin und als Erfahrung aus dem Südatlantik-Krieg ein Phalanx-20-mm-CIWS. Auf Invincible und Illustrious ist das erste Phalanx auf dem Backdeck neben dem Sea-Dart-Starter, das zweite am Ende des Flugdecks an Steuerbord aufgestellt. Ark Royal, letztes fertiggestelltes der drei, hat drei Phalanx, das erste zwischen den Klüsen, das zweite an Steuerbord vor dem Flugdeck, das dritte in einem Schwalbennest an Backbord unterhalb des Flugdeck-Endes. Ark Royal hat auch zwei Zwillings-Lafetten BMARC 30 mm, eine auf einem Schwalbennest an Steuerbord in Höhe des Hauptmastes auf Flugdeck-Ebene, die zweite auf einem grösseren Schwalbennest in Höhe des Hangardecks an Backbord. Das 167,8 m lange und 13,4 m breite Flugdeck ist ein wenig nach Backbord ausgewinkelt und hat eine 12°-Startrampe am vorderen Ende, 7° auf Invincible und Illustrious. Unter dem Flugdeck ist der Flugzeug-Hangar, der in der Mitte verengt ist zur Durchführung der Abgasschächte der Gasturbinen an Steuerbord. Für die Unterbringung der Hubschrauber bedeutet das keine Erschwernis, aber für die der Sea Harrier. In Friedenszeiten sind 17 Maschinen an Bord, neun Sea King, acht Sea Harrier. Nach den Erfahrungen im Südatlantik sind zwei Sea King unvermeidlich AEW-Maschinen. Im Krieg werden Abstellplätze an Deck benutzt, wodurch 13 Sea Harrier eingeschifft werden können.
Da diese Schiffe Führungsschiffe für ASW-Kampfgruppen sind, ist ihre Gefechtszentrale entsprechend ausgerüstet. Ihren hohen Stellenwert hat sie in vielen NATO-Manövern bewiesen. Die der Invincible bewies ihren Wert bereits bei der Operation Corporate, der britischen Wiederinbesitznahme der Falkland-Inseln. Zuvor hatte die britische Regierung geplant, das Schiff der Königlich Australischen Marine zum Kauf anzubieten, doch als der Wert dieser Klasse damit klar wurde, verschwand der Plan nach Kriegsende vom Tisch. Die Ark Royal unterscheidet sich von den anderen beiden auch durch besseren Werkstätten-Raum, grössere Lasten und bessere Unterbringung der Besatzung. Der Hangar ist zur Aufnahme der anglo-italienischen Hubschrauber EH.101 ausgerüstet, die in den 90er Jahren zulaufen; ebenso ist die Elektronik verbessert worden.
Zukunft: Diese Schiffe leisteten der Royal Navy bereits gute Dienste, und nach den Ereignissen im Südatlantik 1982 war es so gut wie sicher, dass die Invincible zur Kampfgruppe treten würde. Alles Zusätzliche der Ark Royal werden ihre Vorgängerinnen beim nächsten Umbau erhalten. Nach zweieinhalb Jahren Umbauzeit trat Invincible 1989 wieder zur Flotte. Sie hat jetzt neun Sea Harrier, zwölf Sea King (9 ASW, 3 AEW), doch für die kommende EH.101 Merlin wäre ein weiterer Umbau notwendig. Die zwei Phalanx-CIWS wurden durch drei Goalkeeper ersetzt. Sie kann nun für 48 (statt bisher 24) Stunden Flug-Treibstoff mitführen, wobei sich ihre Fahrstrecke nur geringfügig verringert hat. Eine stärkere Besatzung wurde in besseren Räumen untergebracht. Sie erhielt ein Radar 996 3D. Die geplante 12°-Startrampe mit 12 m Verlängerung fand auch Platz. Es ist anzunehmen, dass der Umbau der Illustrious ähnlich ausfallen wird.

Links: Sea Dart (GWS.30) ist ein SAM-System mittlerer Reichweite, das auf den Trägern der britischen Invincible-Klasse und Zerstörern der Typen 42 und 82 aufgestellt wurde. Höchstreichweite 56.3 km. Abfangbereich zwischen 30 m und 18'300 m. Feuerleitradar Typ 909.

Links: HMS Illustrious. An beiden Enden des Flugdecks die Vulcan/Phalanx-CIWS sowie die SCOT-Antennen hinter dem Schornstein.

Rechts: HMS Ark Royal auf der Werftprobefahrt. Sie hat die volle 12°-Startrampe gegenüber 7° auf ihren beiden Schwesterschiffen.

Unten: HMS Illustrious (R 06), zweites der drei Schiffe der Invincible-Klasse, von der zwei jederzeit einsatzbereit sind, während das dritte überholt wird. Das Flugdeck ist 183 m lang und 13,5 m breit. Die 7°-Startrampe auf Invincible und Illustrious werden durch den 12°-Typ der Ark Royal ersetzt, die auch 12 m länger ist. Die Seitenrisse zeigen die alte und die neue Startrampe im Vergleich.

Invincible-Klasse, Ark Royal (R 09)

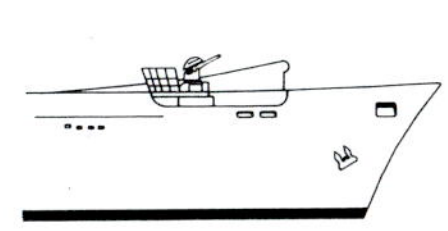

Invincible (R 05)

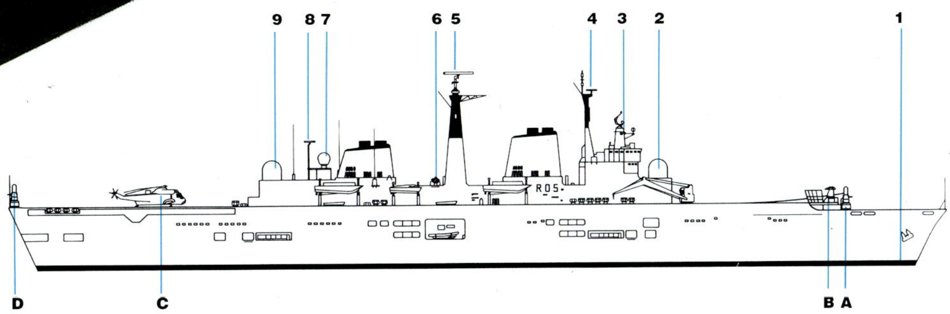

Waffen

- **A** Mk 15 20 mm Vulcan/Phalanx CIWS (1x1)
- **B** GWS.30 Starter für Sea Dart SAM (1x1)
- **C** Westland Sea King HAS.5 Hubschrauber (9 bzw. 12 eingeschifft)
- **D** Mk 15 20 mm Vulcan/Phalanx CIWS (1x1)

Elektronik

- **1** Typ 2016 Bugsonar
- **2** Typ 909 FK-Feuerleitradar
- **3** Typ 1022 Fernbereichs-Luft-Suchradar
- **4** Typ 1006 Navigationsradar
- **5** Typ 922R Suchradar
- **6** Starter für Corvus-Störkörper-Raketen (2x8)
- **7** SCOT Satelliten-Terminal (2x1)
- **8** Typ 1006 Navigationsradar
- **9** Typ 909 Feuerleitradar

Iowa-Klasse (BB 61)

Herkunftsland: USA
Typ: Schlachtschiff (BB)
Baujahr: 1940–1944
Anzahl: 3 in Dienst, 1 Reaktivierung
Verdrängung: 45'000 ts Standard, 58'000 ts Höchst
Abmessungen: Länge 270,4 m, Breite 33,0 m, Tiefgang 11,6 m
Antrieb: 4 Wellen, Getriebeturbinen, 212'000 PSw
Leistung: 30 kn, 5'000 sm/30 kn, 15'000 sm/17 kn
Waffen: SSM: 4 Zwillingsstarter Mk 43 für Tomahawk, 4 Vierfachstarter für Harpoon. Geschütze: 9 406 mm (3x3), 12 127 mm/38 (Iowa und New Jersey), 20 127 mm/38 (Missouri, Wisconsin), vier 20-mm-Mk-15-Phalanx-CIWS (New Jersey, Iowa, Missouri)
Flugzeuge: 4 Hubschrauber LAMPS II oder III
Sensoren: Seeziel-Suchradar SPS-67(V), LN-66 Navigationsradar, Luftsuchradar SPS 49(V)
Besatzung: 1'606
Geschichte: 1938 wurde mit der Konstruktion einer neuen Klasse schneller Schlachtschiffe begonnen, die der im Bau befindlichen South-Dakota-Klasse folgen sollte. Bewaffnet mit neun 406-mm/50-Geschützen in Drillingstürmen und 20 127-mm/38-DP-Geschützen, hatten diese Schiffe sehr starke Maschinen, die ihnen eine Höchstgeschwindigkeit von 33 kn gaben. Sie waren ausserordentlich gut gepanzert, mit 307 mm in der Wasserlinie, um bei direkter Begegnung mit japanischen Schlachtschiffen, die gerüchteweise 457-mm-Geschütze haben sollten, zu bestehen. 1943–44 in Dienst gestellt, nahmen alle vier am Krieg im Pazifik teil und wurden dann in den späten 40er Jahren in die Reserve überstellt. Während des Korea-Krieges 1950–53 wurden sie reaktiviert für Küstenbeschiessungen, dann ausser Dienst gestellt. Nur die New Jersey kehrte 1967 anlässlich des Vietnam-Krieges in den Dienst zurück, wurde aber 1969 zum drittenmal ausser Dienst gestellt. Das Erscheinen sowjetischer Schlachtkreuzer der Kirov-Klasse führte zu einer Neubewertung der alternden Schiffe, und man beschloss ihre Reaktivierung mit der Aufgabe, «eine wertvolle Ergänzung der Trägerstreitkräfte durch ihr Auftreten und ihre Kampfaufgaben zu bilden, wobei Fähigkeit zu maritimer Artillerie-Unterstützung in der Ausübung von Macht und bei amphibischen Angriffen grundsätzlich anwächst». (Caspar Weinberger, US-DoD-Jahresbericht vor dem Kongress, Finanzjahr 1985). Am 28. 12. 1982 trat USS New Jersey zur pazifischen Flotte und begann ihren ersten operativen Einsatz am 9. 6. 1983. Sie fuhr erst vor Mittelamerika, später vor dem Libanon, ehe sie am 5. 5. 1984 nach einem der längsten Friedenseinsätze der US-Marine in die USA zurückkehrte. In 322 Seetagen lief sie 76'000 sm (122'307 km). Die Iowa wurde im April 1984 wieder in Dienst gestellt, gefolgt von Missouri im Juli 1986 und Wisconsin im Januar 1988. Das Programm der Reaktivierung brachte eine Modernisierung der elektronischen und nachrichtentechnischen Ausrüstung mit sich, Renovierung der Unterkünfte und dazugehörender Einrichtungen nach neuestem Standard, Umstellung auf ein neues Heizöl der US Navy, Umbau des Achterdecks zur Aufnahme von vier LAMPS-Hubschraubern und Entfernung überflüssiger Einrichtungen wie dem Flugzeugkran. Hauptbewaffnung blieben die 406-mm-Geschütze, deren panzerbrechende Geschosse von 1'225 kg eine Schussweite von 38'720 m bei theoretisch 2 Schuss/Min. je Rohr haben. Rohre und Munition werden längst nicht mehr hergestellt, doch 34 Geschützrohre und mehr als 20'000 Granaten und Kartuschen lagern in Arsenalen. Die Zweitbewaffnung besteht aus 127-mm-Geschützen, aber vier der ursprünglich zehn Zwillingstürme mussten Vierfach-Startern für Tomahawk Mk 143 SLCM weichen. Zwei Vierfach-Starter Harpoon SSM und vier Phalanx-CIWS wurden eingebaut.
Zukunft: Die Reaktivierung der Schiffe zu Kosten pro Schiff, die unter einer neuen Oliver-Hazard-Perry-Fregatte liegen, ist ein Triumph. Die Royal Navy könnte wirklich bedauern, dass HMS Vanguard, vollendetstes aller britischen Schlachtschiffe, erst 1946 zur Flotte, 1960 verschrottet wurde. Wäre sie noch vorhanden, könnte sie einer ebenso kostengünstigen, kampfwertsteigernden Verjüngung unterzogen werden.

Links: USS New Jersey (BB 62) nach ihrer Wiederherstellung und Rückkehr in den Dienst. Ein weitsichtiger Marine-Verwaltungsbeamter sicherte Jahre zuvor, dass diese Schiffe erhalten blieben, anstatt, wie bei anderen Flotten, verschrottet zu werden. Neu ausgerüstet und modernisiert, zu geringeren Kosten als denen einer neuen Oliver-Hazard-Perry-Fregatte, sind die Schiffe ein bedeutender Zuwachs für die Aufgaben der US Navy. Aufallend die vier Vulkan/Phalanx-CIWS und an Backbord die Tomahawk-SSM-Starter zwischen den Schornsteinen.

Unten: Mittelartillerie der Iowa-Klasse ist der 127-mm/38-Zwilling Mk 12 Mod 1, eine halbautomatische DP-Waffe auf Lafette Mk 32. Die höchste wirksame Schussweite beträgt 13'000 m gegen Seeziele und 8'000 m Schusshöhe gegen Flugzeuge. Bei gut eingespielter Mannschaft werden je Rohr 18 Schuss/Min. erreicht.

Iowa-Klasse
New Jersey (BB 62)

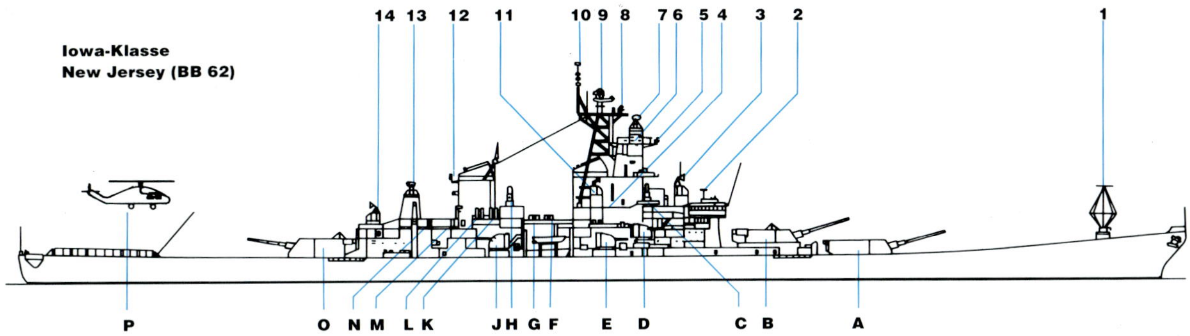

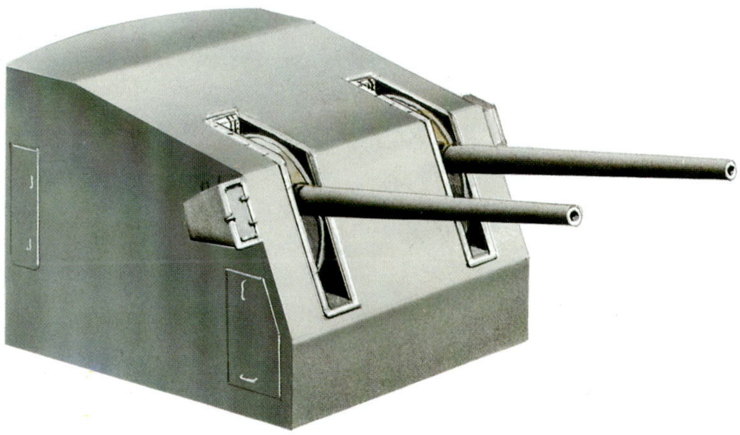

Waffen

- **A** Turm 406 mm/50 Mk 7 (1x3)
- **B** Turm 406 mm/50 Mk 7 (1x3)
- **C** Mk 15 20 mm Vulcan/Phalanx CIWS (2x1)
- **D** 127 mm/38 Mk 32 Lafette (2x2)
- **E** 127 mm/38 Mk 32 Lafette (2x2)
- **F** Mk 143 Starter für Tomahawk SSM (2x4)
- **G** Mk 143 Starter für Tomahawk SSM (2x4)
- **H** Mk 15 20 mm Vulcan/Phalanx CIWS (2x1)
- **J** 127 mm/38 Mk 32 Lafette (2x2)
- **K** Harpoon SSM-Starter (2x4)
- **L** Harpoon SSM-Starter (2x4)
- **M** Mk 143 Starter für Tomahawk SSM (2x4)
- **N** Mk 143 Starter für Tomahawk SSM (2x4)
- **O** Turm 406 mm/50 Mk 7 (1x3)
- **P** Sikorsky SH-60B Hubschrauber, 4 eingeschifft

Elektronik

- **1** Konische Monocone-Sendeantenne, HF 2-30mc/s, Nachrichten-Verbindung
- **2** SPS-53 Navigationsradar
- **3** Mk 37 Feuerleitsystem mit Mk 25 Radar
- **4** Mk 36 SRBOC Störfolien-Werfer (2x2)
- **5** SSC-3-Antenne für WSC-3 Satcom-Terminal
- **6** SLQ-23(V)3 EW-Gerät
- **7** Mk 13 Feuerleitgerät mit Mk 38 Radar
- **8** SPF-10F Seeziel-Suchradar
- **9** SPS-49 Luftraum-Überwachungs-Radar
- **10** URN-25 Tacan-Antenne
- **11** Mk 37 Feuerleitsystem mit Mk 25 Radar
- **12** SSC-3-Antenne für WSC-3 Satcom-Terminal
- **13** Mk 13 Feuerleitgerät mit Mk 38 Radar
- **14** Mk 38 Feuerleitgerät mit Mk 25 Radar

Oben: USS New Jersey (BB 62). Auf dem Vorderdeck sind sechs der neun 406-mm-Geschütze Modell 1936. Jeder Drillingsturm wiegt bis 1'735 t und hat 77 Mann Besatzung, weitere bis zu 36 in den Munitionskammern. Schussfolge ist 2 pro Minute und Rohr. Die Schussweite beträgt bei Panzersprenggranaten 38'720 m; Geschossgewicht 1'225 kg, womit 9,0 m Stahlbeton durchschlagen werden. Die Sprenggranate hat eine Schussweite von 38'040 m.

Kiev-Klasse

Herkunftsland: UdSSR
Typ: Flugzeugträger (CVSG)
Baujahr: 1975–1985
Anzahl: 4 in Dienst
Verdrängung: 30'000 ts Standard, 38'000 ts Höchst
Abmessungen: Länge 273,0 m, Breite 32,7 m, Tiefgang 10,0 m
Antrieb: 4 Wellen, 4 Dampfturbinen, 200'000 PSw
Leistung: 32 kn, 13'500 sm/18 kn, 4'000 sm/30 kn
Waffen: SSM: 4 Zwillinge SS-N-12 (16 Nachladungen); SAM: 2 Zwillinge SA-N-3 (72 FK), 2 Zwillinge SA-N-4 (40 FK). Geschütze: 4 Zwillinge 76 mm, acht 30-mm-Gatling; TR: 10 x 533 mm; ASW: 1 Zwillingswerfer SUW-N-1 für FRAS 1, 2 zwölfrohrige Werfer RBU-6000
Flugzeuge: 12 Yak-38 Forger A, 1 Yak-38 Forger B, 16 Ka-25 Hormone-A o. Ka-27 Helix, Hormone-B
Sensoren: 3D-Suchradar Top Sail; Luft-/Seeziel-Suchradar Top Steer; Feuerleitradar Trap Door (SS-N-12), 2 Headlight C (SA-N-3), 2 Owl Screech (76 mm), 2 Pop Group (SA-N-4),4 Bass Tilt (Gatlings), Top Knot Anflugradar, Don Kay Navigationsradar (aber Novorossiysk 2 Don 2), Novorossiysk ausserdem Palm Front und 2 Strut Pair; Sonar: 1 LF-Bugsonar,1 MF-Rumpfsonar, 1 MF tiefenvariabel.
Besatzung: 1'200, zuzüglich Flugpersonal
Geschichte: Von der sowjetischen Marine als Takticheskye avianochtny kreysera (Taktische, Flugzeuge tragende Kreuzer) bezeichnet, verkörpern die vier Schiffe der Kiev-Klasse die Lehren, die man aus der Moskva-Klasse gezogen hat, denn sie sind mit einem Winkeldeck ausgerüstet, was den Einsatz von V/STOL-Flugzeugen ermöglicht. Wie bei den Moskva ist der vordere Teil des Schiffes Geschütz- und FK-Systemen vorbehalten, die den Kiev eine einzigartige Träger/Kreuzer-Konfiguration verleihen. Das Grundkonzept der Kiev-Klasse stammt aus den 60er Jahren, als die Hauptbedrohung der Sowjetunion von den Polaris-Unterseebooten ausging (SSBN der US-Marine). Daher ist ASW die wichtigste Aufgabe der Kiev-Klasse. Die Schiffe haben eine Ausrüstung an Waffensystemen, die mit der Moskva-Klasse fast identisch ist: eine Staffel von etwa 16 Hubschraubern Ka-25 Hormone-A, einen SUW-N-1-Starter für FRAS-1-Flugkörper, zwei Raketenwerfer gegen Unterseeboote und zwei Fünflings-Sätze TR. Zieldaten ermitteln ein LF-Bugsonar und ein tiefenvariables Sonar am Heck, die durch Daten von den ASW-Hubschraubern der Kampfgruppe ergänzt werden.
Die Luftverteidigung ist umfangreicher als bei der Moskva und zwischen Vorschiff und achterem Ende des Aufbaus aufgeteilt, um eine Rundum-Verteidigung zu erzielen. Die CIWS-Bewaffnung ist besonders stark, acht 30-mm-Gatling sowjetischer Bauart. Die Abwehr von Seezielen erfolgt durch vier Paare SS-N-13-Starter auf dem Vorschiff mit einer Nachladeeinrichtung dazwischen. Das Flugdeck ist 4,5° ausgewinkelt, mit sieben Hubschrauber-Stellplätzen und einem grossen Kreis achtern für landende Yakolev Yak-38 Forger markiert. Der ausgewinkelte Teil des Flugdecks und die Abstellfläche achtern sind mit hitzebeständigen Kacheln ausgelegt, um die Hitze der zwei vertikalen Hubantriebe der Forger zu absorbieren. Unter dem Flugdeck verläuft ein Hangar, dessen vorderer Teil etwa 15 m breit ist und sich nach achtern auf ca. 21 m erweitert, wodurch 35 Flugzeuge untergebracht werden können. Es gibt zwei Flugzeug-Lifte, einen grösseren mittschiffs zwischen Winkeldeck und Insel und einen kleineren hinter der Insel. Ferner gibt es Lifte für Deck-Traktoren, Personal und Munition. Alle vier Schiffe dieser Klasse, Kiev, Minsk, Novorossiysk und Baku, sind im Dienst und geben der sowjetischen Marine eine grosse Hochsee-Einsatzfähigkeit. Beispielsweise lief im April 1985 eine aus der Novorossiysk, drei Kara-I-, einem Kresta-II-Kreuzer, einer Krivak-I- und einer Krivak-II-Fregatte bestehende Träger-Kampfgruppe von Wladiwostok aus in den Pazifik. Unter Zurücklassung der Fregatten liefen die grösseren Schiffe anfangs mit 14 bis 18 kn, bei der Rückkehr durch die Tsushima-Strasse 20 kn. Die Operation war erfolgreich und eindrucksvoll, obgleich die Trägergruppe ihren Versorgungstankern davonlief, was im Krieg zu schweren logistischen Problemen geführt hätte.
Zukunft: Die erste ihrer Klasse, die Kiev, beendete kürzlich ihre erste Überholung; alle Details der Änderungen wurden nicht bekanntgegeben. Es wurde beobachtet, dass ihre Forger-A Rollstarts vom Standard-Deck aus durchführten, nicht, wie einmal vorhergesagt, mit Hilfe einer Startrampe. Baku erhielt bei der Werftliegezeit ein gleichphasiges Radar am Brückenaufbau, anstelle der N-4-Starter Vertikalstarter für SA-N-9; statt acht SS-N-12 hat sie jetzt zwölf. Es scheint, dass die Sowjets diese vier Schiffe noch lange in Dienst halten und nach Notwendigkeit verbessern werden. Der Bau scheint mit dem vierten Schiff beendet zu sein, und alle Anstrengungen konzentrieren sich jetzt auf die atomgetriebenen neuen Träger der Kremlin-Klasse, deren erster 1983 auf Kiel gelegt wurde und 1985 in Nikolayev vom Stapel lief. 1988 begannen ihre See-Erprobungen im Schwarzen Meer.

Oben: Novorossiysk, drittes der vier Schiffe der Kiev-Klasse, den grössten zur Luftmacht fähigen Schiffen der Sowjetmarine, zeigt auf dem Vorderdeck eine beachtliche Waffen-Ansammlung.

Oben: Im Gegensatz zu einigen anderen Flotten behielt die sowjetische stets die Notwendigkeit der Luftnahverteidigung auch gegen Sea-skimmer im Auge, und wirklich, alle modernen Schiffe sind mit CIWS ausgerüstet. Die Kiev-Klasse hat die sechsrohrige 30-mm-Gatling ADMG-630, die mit hoher Feuergeschwindigkeit und einer Vielzahl Geschosse auf kurze Entfernung die anfliegenden Ziele abschiessen soll.

Rechts: Die Schiffe der Kiev-Klasse tragen üblicherweise vier Flugzeug-Typen, 12 Forger-A-Jagdbomber und einen Forger-B (zweisitziger Trainer), dazu 16 ASW- und drei OTH-Hubschrauber. Letztere sind Hormone-A oder B, aber auch eine Mischung von Hormone und dem neueren Helix ist bekannt. Es wird kein AEW-Flugzeug geführt.

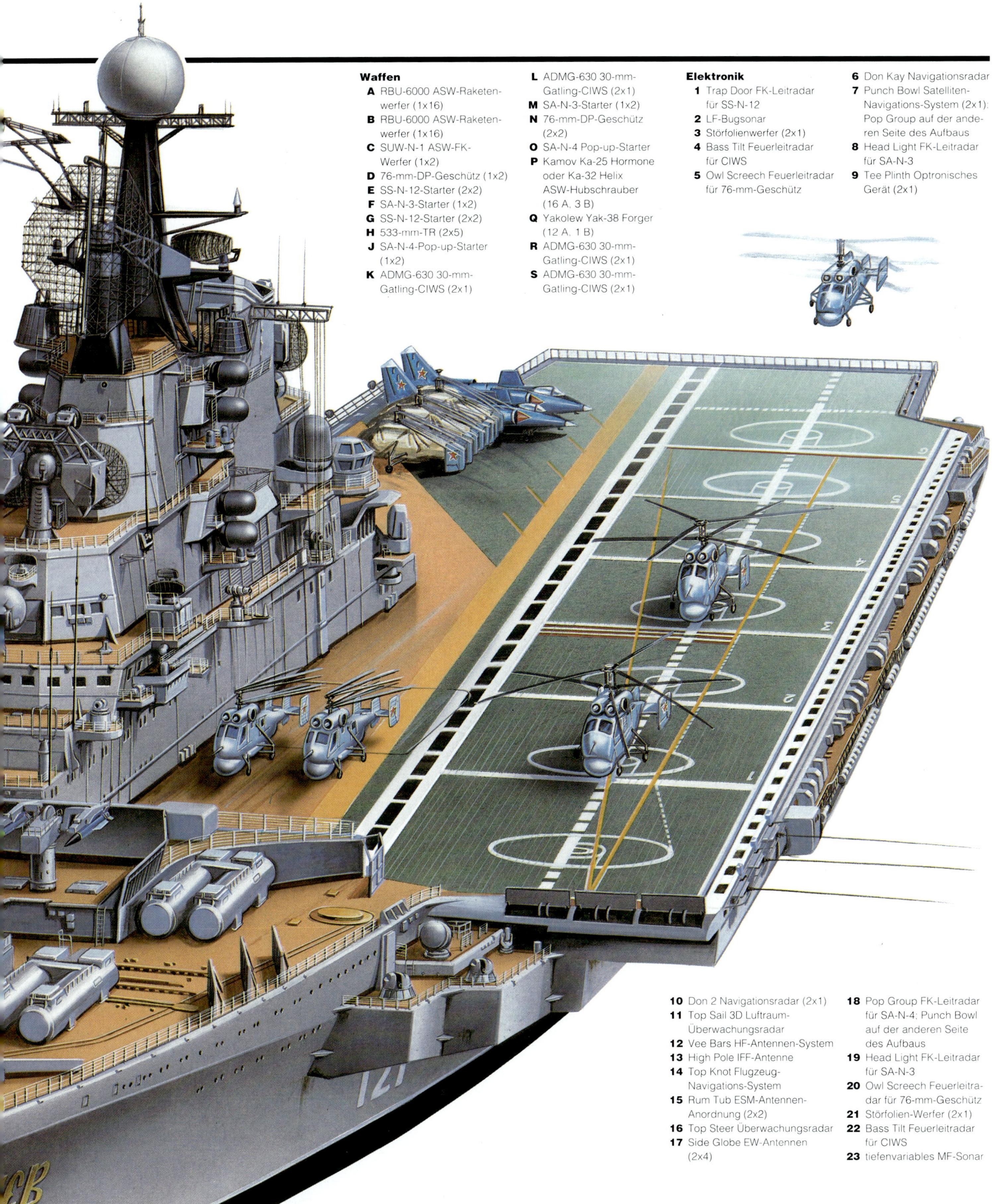

Waffen

- **A** RBU-6000 ASW-Raketenwerfer (1x16)
- **B** RBU-6000 ASW-Raketenwerfer (1x16)
- **C** SUW-N-1 ASW-FK-Werfer (1x2)
- **D** 76-mm-DP-Geschütz (1x2)
- **E** SS-N-12-Starter (2x2)
- **F** SA-N-3-Starter (1x2)
- **G** SS-N-12-Starter (2x2)
- **H** 533-mm-TR (2x5)
- **J** SA-N-4-Pop-up-Starter (1x2)
- **K** ADMG-630 30-mm-Gatling-CIWS (2x1)
- **L** ADMG-630 30-mm-Gatling-CIWS (2x1)
- **M** SA-N-3-Starter (1x2)
- **N** 76-mm-DP-Geschütz (2x2)
- **O** SA-N-4 Pop-up-Starter
- **P** Kamov Ka-25 Hormone oder Ka-32 Helix ASW-Hubschrauber (16 A, 3 B)
- **Q** Yakolew Yak-38 Forger (12 A, 1 B)
- **R** ADMG-630 30-mm-Gatling-CIWS (2x1)
- **S** ADMG-630 30-mm-Gatling-CIWS (2x1)

Elektronik

- **1** Trap Door FK-Leitradar für SS-N-12
- **2** LF-Bugsonar
- **3** Störfolienwerfer (2x1)
- **4** Bass Tilt Feuerleitradar für CIWS
- **5** Owl Screech Feuerleitradar für 76-mm-Geschütz
- **6** Don Kay Navigationsradar
- **7** Punch Bowl Satelliten-Navigations-System (2x1); Pop Group auf der anderen Seite des Aufbaus
- **8** Head Light FK-Leitradar für SA-N-3
- **9** Tee Plinth Optronisches Gerät (2x1)
- **10** Don 2 Navigationsradar (2x1)
- **11** Top Sail 3D Luftraum-Überwachungsradar
- **12** Vee Bars HF-Antennen-System
- **13** High Pole IFF-Antenne
- **14** Top Knot Flugzeug-Navigations-System
- **15** Rum Tub ESM-Antennen-Anordnung (2x2)
- **16** Top Steer Überwachungsradar
- **17** Side Globe EW-Antennen (2x4)
- **18** Pop Group FK-Leitradar für SA-N-4; Punch Bowl auf der anderen Seite des Aufbaus
- **19** Head Light FK-Leitradar für SA-N-3
- **20** Owl Screech Feuerleitradar für 76-mm-Geschütz
- **21** Störfolien-Werfer (2x1)
- **22** Bass Tilt Feuerleitradar für CIWS
- **23** tiefenvariables MF-Sonar

Kiew

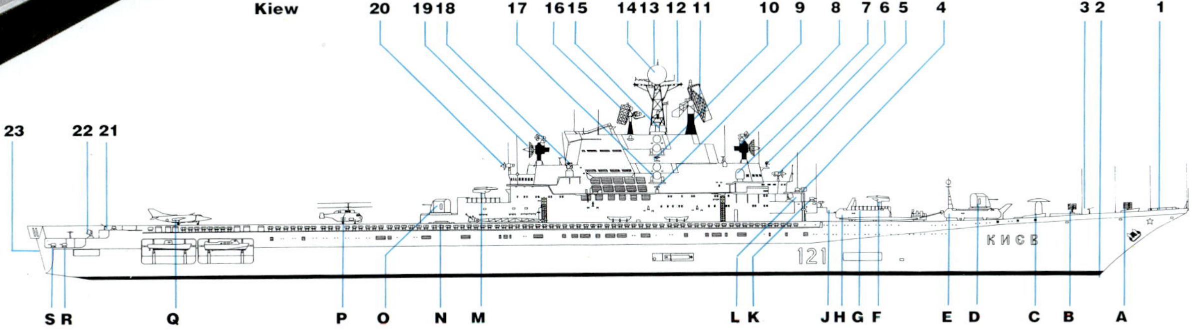

Kilo-Klasse

Herkunftsland: UdSSR
Typ: Unterseeboot (SS)
Baujahr: 1976, Bau dauert an
Anzahl: Bisher 15 in Dienst
Verdrängung: 2'500 ts aufgetaucht, 3'200 ts getaucht
Abmessungen: Länge 70,0 m, Breite 9,0 m, Tiefgang 7,0 m
Antrieb: 1 Welle, diesel-elektrisch (2 Diesel, 1 E-Motor)
Leistung: 12 kn aufgetaucht, 16 kn getaucht
Waffen: 6 x 533-mm-TR für Torpedos und Minen
Sensoren: Sonar: 1 LF-Bugsonar; Radar: 1 im Turm
Besatzung: 55–60
Geschichte: Seit langer Zeit glaubt die Sowjet-Marine fest an den Wert von U-Booten. Zeitweilig hat man im Westen vergessen, dass die UdSSR in den Zweiten Weltkrieg mit der grössten Untersee-Flotte aller Marinen eintrat. Nach dem Krieg wurden erbeutete deutsche Entwürfe, ihre Konstrukteure und die Boote selbst zum Wiederaufbau und der Modernisierung dieser Flotte herangezogen. Der ursprüngliche Plan, zwischen 1950 und 1965 1'200 Boote bei 78 pro Jahr zu bauen, erwies sich als zu ehrgeizig, aber es wurden doch genügend Boote gebaut, um dem Westen in den späten 50er und frühen 60er Jahren einen scheusslichen Schock zu versetzen, als der Umfang sowjetischer Bauprogramme allmählich zutage trat. Die Fern-U-Boote waren die Zulu-Klasse (28 gebaut), später von der Foxtrot-Klasse (62) gefolgt, während die Flotte für mittlere Reichweite 20 Romeo und 240 Boote der Whiskey-Klasse umfasste. Trotz der Entwicklung atomgetriebener Boote verharrte die Rote Flotte, im Gegensatz zu den USA, bei der Konstruktion konventioneller Lang- und Mittelstrecken-Boote. Die Tango-Klasse (3'700 ts Verdrängung getaucht) erschien 1972 und wurde mit zwei pro Jahr gebaut, bis 1982 das 18. Boot zur Flotte getreten war. Einer der Zwecke, für die die sowjetische Flotte konventionelle Boote baute, kam zutage, als ein Boot der Whiskey-Klasse auflief und die Weltpresse über den Vorfall bei der schwedischen Flottenbasis Karlskrona im Oktober 1981 berichtete. Der Bau der Kilo-Klasse begann 1979 mit einem Boot pro Jahr, hat sich aber jetzt verdoppelt. Im Gegensatz zu den vorangegangenen konventionellen Booten hat die Kilo-Klasse einen tropfenförmigen Rumpf für höhere Unterwasser-Geschwindigkeit, leisere Fahrt und bessere Manövrierfähigkeit. Die Aussenhülle ist mit echolosen Kacheln (Cluster Guard) beklebt. Die einzige bisher identifizierte Bewaffnung besteht aus sechs konventionellen TR, für die eine Sortierung an freilaufenden, drahtgelenkten und zielsuchenden Torpedos mitgeführt wird. Möglich ist, dass Flugkörper, wie SS-N-15 oder SS-N-16, an Bord sind. Wie alle sowjetischen Unterseeboote können sie Minen aus den TR legen. Alle Kilo-Boote entstanden auf der Amur-Werft in Komsomolsk im Fernen Osten und stehen bei der sowjetischen Pazifikflotte.
Zukunft: Die Kilo haben die Tango ersetzt, und es scheint, dass sie mit zwei Booten pro Jahr weitergebaut werden, bis ein neuer Entwurf sie ersetzt. Bemerkenswert ist, dass weder die Tango- noch die Kilo-Klasse exportiert wurde, obgleich für konventionelle Boote dieser Grösse ein guter Markt besteht.

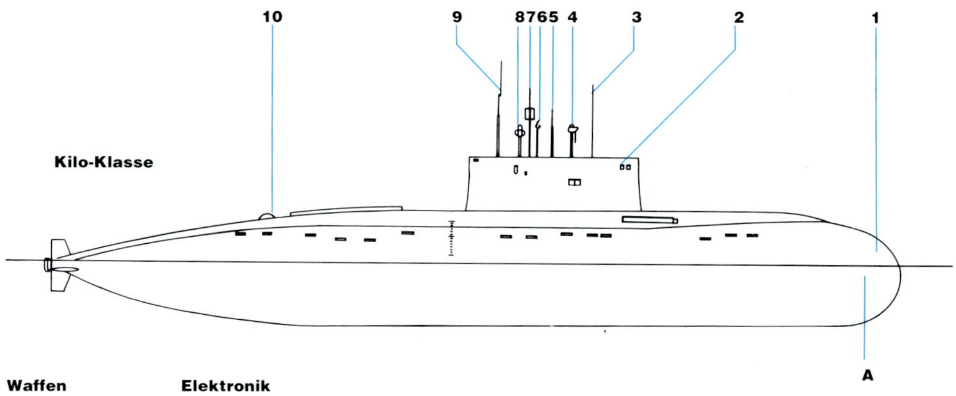

Kilo-Klasse

Waffen
A 6 x 533-mm-TR

Elektronik
1 Bugsonar
2 Turm-Sonar
3 HF-Antenne
4 Schnorchel
5 Periskop
6 Snoop Tray Radar
7 Peilrahmen
8 Brick Pulp ESM-Antenne
9 Periskop
10 Funkverbindungs-Boje

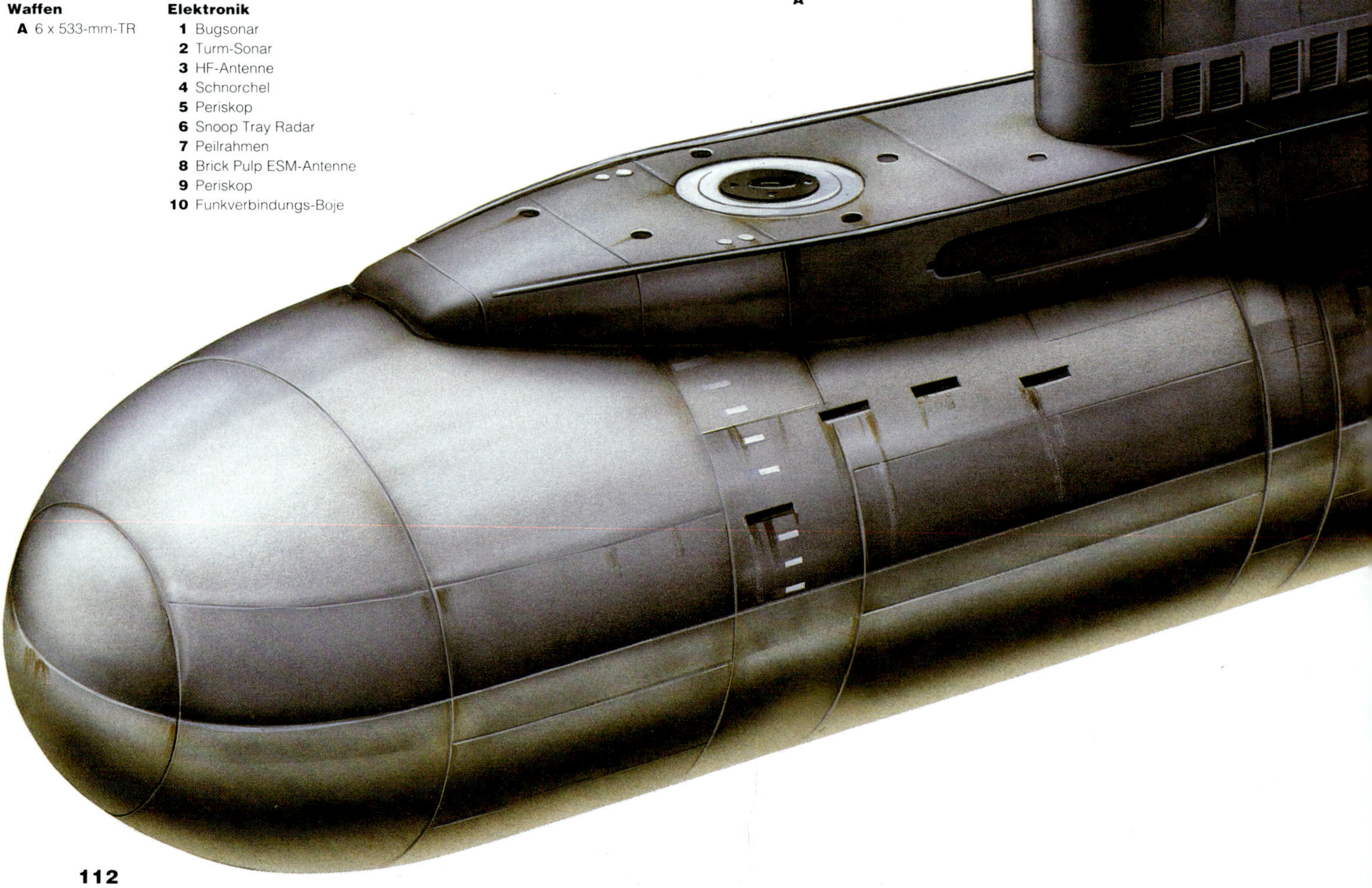

Oben: Diesel-elektrisches Boot der Kilo-Klasse im Pazifik in seiner völlig neuen Form, die mehr westlichen Typen gleicht als jedem vorangegangenen sowjetischen Unterseeboot. Bugwelle und Wellenmuster erinnern an die der US-Unterseeboote, lassen auf eine ähnliche Bugform schliessen. Kilo ist auch das erste konventionell betriebene sowjetische Kampfboot mit nur einer Welle und Schraube.

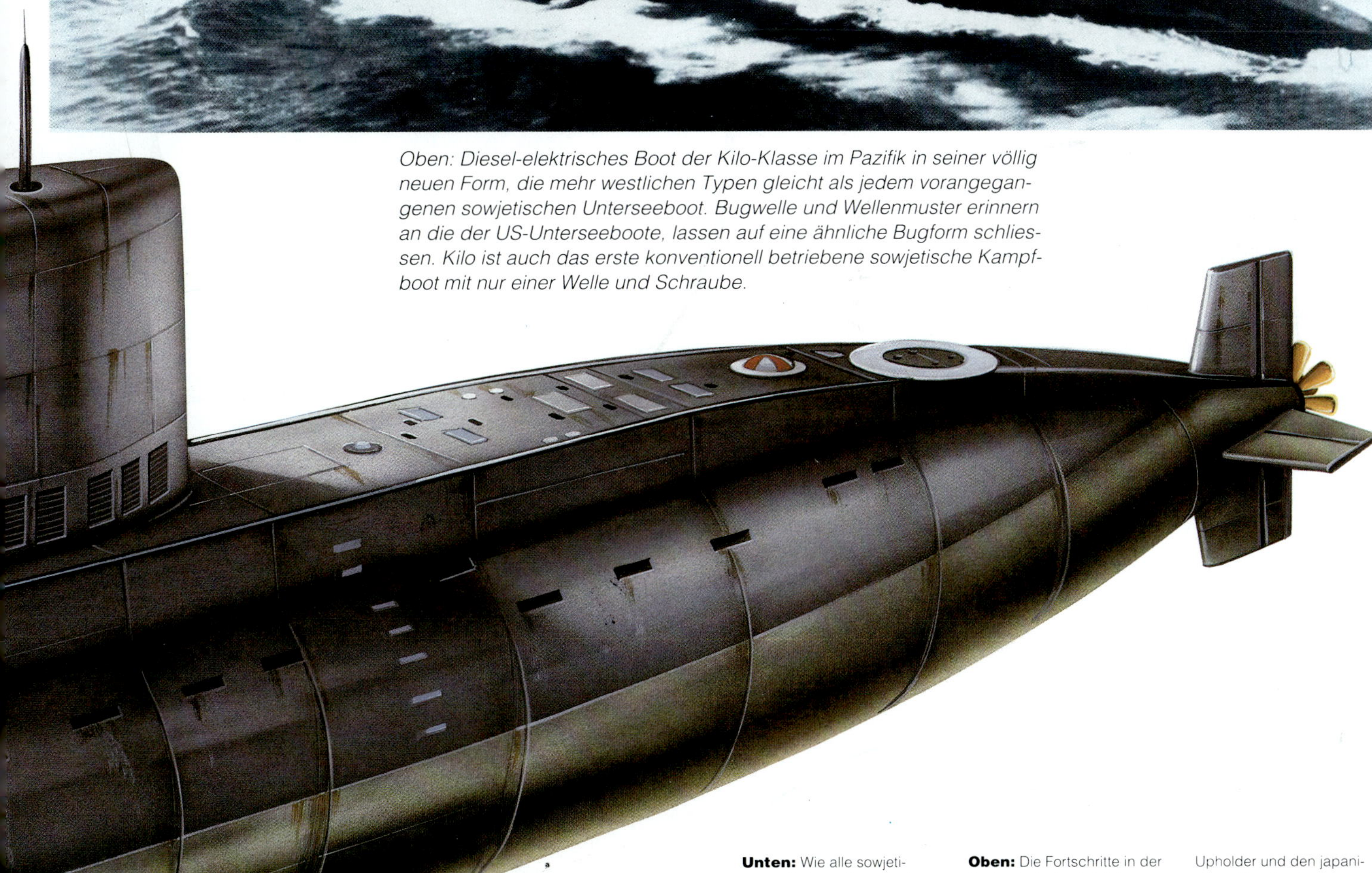

Unten: Wie alle sowjetischen Unterseeboote haben die Kilo 533-mm-Torpedorohre für freilaufende, drahtgelenkte und zielsuchende Torpedos (hier gezeigt) und Minen. Es ist möglich, dass die Kilo auch die aus TR zu startenden Flugkörper SS-N-15 und SS-N-16 führen.

Oben: Die Fortschritte in der Technologie hinsichtlich sowjetischer U-Boot-Rümpfe zeigt diese Zeichnung der Kilo-Klasse. Die traditionelle lange, dünne Rumpfform wurde in der Sowjet-Marine bis zur Tango-Klasse fortgeführt, den Nachfolgern der Kilo-Klasse. Doch liess man das jetzt fallen. Der voll gerundete Bug und ein viel grösseres Länge-zu-Breite-Verhältnis, Einzelschraube und glattere, mit echolosen Kacheln verkleidete Aussenhaut, ergeben ein viel leistungsfähigeres Boot. Obwohl diese Entwicklungen sicherlich Resultat des sehr ausgedehnten U-Boot-Forschungsprogramms der sowjetischen Marine sind, ähneln die Hauptcharakteristika sehr den niederländischen Walrus, den britischen Upholder und den japanischen Yuushio. Das erweckt den Eindruck, dass verschiedene nationale Forschungsprogramme zu gleichen Schlüssen kommen. Unbekannt ist, ob die Sowjets Fortschritte auf dem wichtigsten Gebiet machen, der Lebenserhaltung und des Antriebssystems, die nicht-nuklearen U-Booten erlauben würden, für weit ausgedehntere Perioden getaucht zu operieren und damit die Risiken einer Versogung an der Oberfläche zu vermeiden.

Kirov-Klasse

Herkunftsland: UdSSR
Typ: Atomgetriebener Flugkörper-Kreuzer (CBN)
Baujahr: 1978–
Anzahl: 2 im Dienst, 1 im Bau
Verdrängung: 24'000 ts Standard, 28'000 ts Höchst
Abmessungen: Länge 248,0 m, Breite 28,0 m, Tiefgang 8,8 m
Antrieb: 2 Wellen, CONAS, 2 Atomreaktoren, 2 Dampfturbinen, 130'000 PSw
Leistung: 33 kn, CONAS, 3'000 sm/33 kn, nur Atomantrieb: 150'000 sm/25 kn
Waffen: FK-Starter: 20 SS-N-19 (20 FK), 12 SA-N-6 (96 FK), 2 Zwillinge SA-N-4 (40 FK), aber Frunze, Kalinin 16 SA-N-8 (128 FK); Kalinin auch Kurzstrecken-SAM.
Geschütze: Kirov 2 einzelne 100 mm, Frunze, Kalinin ein 130-mm-Zwilling, Kirov, Frunze acht 30-mm-CIWS, Kalinin neues PDMS mit erwähnten Kurzstrecken-SAM, anderes CIWS, doch vermutlich wieder mit 30-mm-Gatling; ASW-Waffen: 1 Zwilling SS-N-14 (nur Kirov), 1 RBU-6000, 2 RBU-1000; 2 x 5 533-mm-TR
Sensoren: Radar: Top Pair 3D Luftraumüberwachung, Palm Frond Navigation
Sonar: LF-Bugsonar, LF tiefenvariables Sonar
Flugzeuge: 3 Hubschrauber Ka-25 Hormone oder Ka-27 Helix
Besatzung: 900
Geschichte: Die Kirov-Klasse stammt von den Schlachtkreuzern ab, einem widersprüchlichen Konzept aus den frühen Jahren dieses Jahrhunderts für grosse, schwer bewaffnete und schnelle, aber nur leicht gepanzerte Kriegsschiffe. Die zwei nun auf See befindlichen, Kirov und Frunze, zeigen einige wichtige Unterschiede in der Bewaffnung: bei Frunze (und Kalinin) scheint die Luftabwehr betont, während Kirov für ASW besser ausgerüstet ist. Möglicherweise beruhen diese Unterschiede auf der Absicht, die operativen Möglichkeiten zu erproben. Anstelle der schweren Geschütze früherer Grosskampfschiffe haben dle Kirov eine starke Batterie von 20 Langstrecken-SS-N-19 mit Vertikalstartern (womöglich gepanzerten) im Vorschiff. OTH-Zieldaten für diese Flugkörper mit 555 km Reichweite werden von einer Küstenstation via Satellit, direkt vom Überwachungs-Satelliten oder durch die Bordhubschrauber des Schiffes vermittelt. Die Kirov haben auch ein ausgefeiltes Luftverteidigungs-System. Der Flugkörper SA-N-6 ist ein neues Modell von Höchstleistung, dessen TVM-Leitsystem (Lenkung über den Flugkörper) dem Schiff ermöglicht, mehrere Flugkörper auf verschiedene Ziele gleichzeitig zu lenken. Der Flugkörper hat mehr als 80 km Reichweite und fliegt mit Mach 5 bis 6. Jeder der 12 Starter wird aus einem drehbaren Magazin mit acht Flugkörpern nachgeladen. Das FK-System für Nahbereichs-Luftverteidigung ist der SA-N-4-Starter in einem Magazin-Behälter mit 20 Flugkörpern. Frunze (wohl auch Kalinin) hat auch die SA-N-6. Da alle SAM-Starter auf Kirov auf dem Vorschiff liegen, ist der achtere Quadrant etwas ungeschützt. Das wurde bei der Frunze korrigiert, indem zwei vierrohrige SA-N-8-Starter auf dem Achterdeck anstelle der 30-mm-Gatling-CIWS aufgestellt und diese auf die achteren Aufbauten zurückgesetzt wurden.
Die Kirov hat zwei 100-mm-DP-Geschütze achtern. Auf Frunze und Kalinin wurden sie durch einen 130-mm-Zwillingsturm ersetzt, wie ihn auch die Sovremennyy- und Slava-Klassen führen. Der Nahbereichsverteidigung auf den ersten beiden Schiffen gegen Flugkörper dienen vier Paare 30-mm-Gatling (auf Kalinin die in der Kurzbeschreibung aufgeführten Systeme). Die Gatling an Steuer- und Backbord vorn und achtern, bilden eine Rundum-Verteidigung.
Die Schiffe müssen sich gegen Unterseeboote selbst verteidigen können, obwohl sie durch Zerstörer und Fregatten geleitet werden dürften. Die Kirov hat einen nachladbaren Starter für SS-N-14-ASW-Flugkörper auf dem Vorschiff, und alle Schiffe haben Raketenstarter, TR und drei Hubschrauber Kamov Ka-26 Hormone-A/B (oder Ka-32 Helix) zur ASW und FK-Lenkung. Im Bug ist ein grosses langwelliges Sonar-Gerät und ein ebensolches tiefenvariables Sonar am Heck. Die umfangreiche Elektronik-Ausrüstung umfasst zwei grosse 3D-Luftraum-Überwachungs-Radargeräte, Top Pair und Top Steer, mehrere Feuerleitgeräte für Geschütze und Flugkörper. Die Kirov ist mit ECM/ESM nach Standard der 70er Jahre bestückt mit acht Side-Globe-Breitband-Störfunk- und vier Rum-Tub-ESM-Antennen um die Spitze des Gefechtsturms, aber keines dieser Systeme ist bei der Frunze zu finden. Jedes wurde durch einen anderen Typ unter glockenförmigen Radomen ersetzt, was auch auf Kalinin zutreffen dürfte.
Die Nachrichtenverbindungen in den neueren Schiffen wurden ebenfalls geändert, am sichtbarsten durch den Austausch der Vee-Tube C auf der Kirov durch kuppelgeschützte grosse Satelliten-Antennen. Das zeigt den logischen Wechsel von der Kurzwelle für grosse Entfernungen, die bekanntermassen für Abhören und Stören anfällig ist, zu Satelliten-Verbindungen, die sowohl sicherer sind als auch ein grösseres Funkaufkommen bewältigen können.

Zukunft: Es ist bekannt, dass zumindest ein Schiff der Kirov-Klasse noch ausgerüstet wird. An Waffen und Sensoren mag es, über hier Erwähntes hinaus, weitere Verbesserungen erfahren. Über die Pläne der Sowjetmarine gibt es keine Informationen, doch kann angenommen werden, dass weitere, womöglich grössere Arten Kriegsschiffe gebaut werden dürften.

Unten: Die Grösse dieser Schiffe wird durch einen Vergleich mit dem schwebenden Hubschrauber ersichtlich.

Links: SA-N-6 ist die Marine-Version des SA-10, von dem die Schiffe je zwölf Vertikal-Starter mit je einem Achtfach-Magazin haben. Top Dome ist das zugehörige Radar.

Links: Marschflugkörper SS-N-19. 20 werden in angewinkelten Startrohren im Vorschiff geführt. Mit konventionellem oder atomarem Sprengkopf haben SS-N-19 555 km Reichweite.

Kirov-Klasse
Frunze

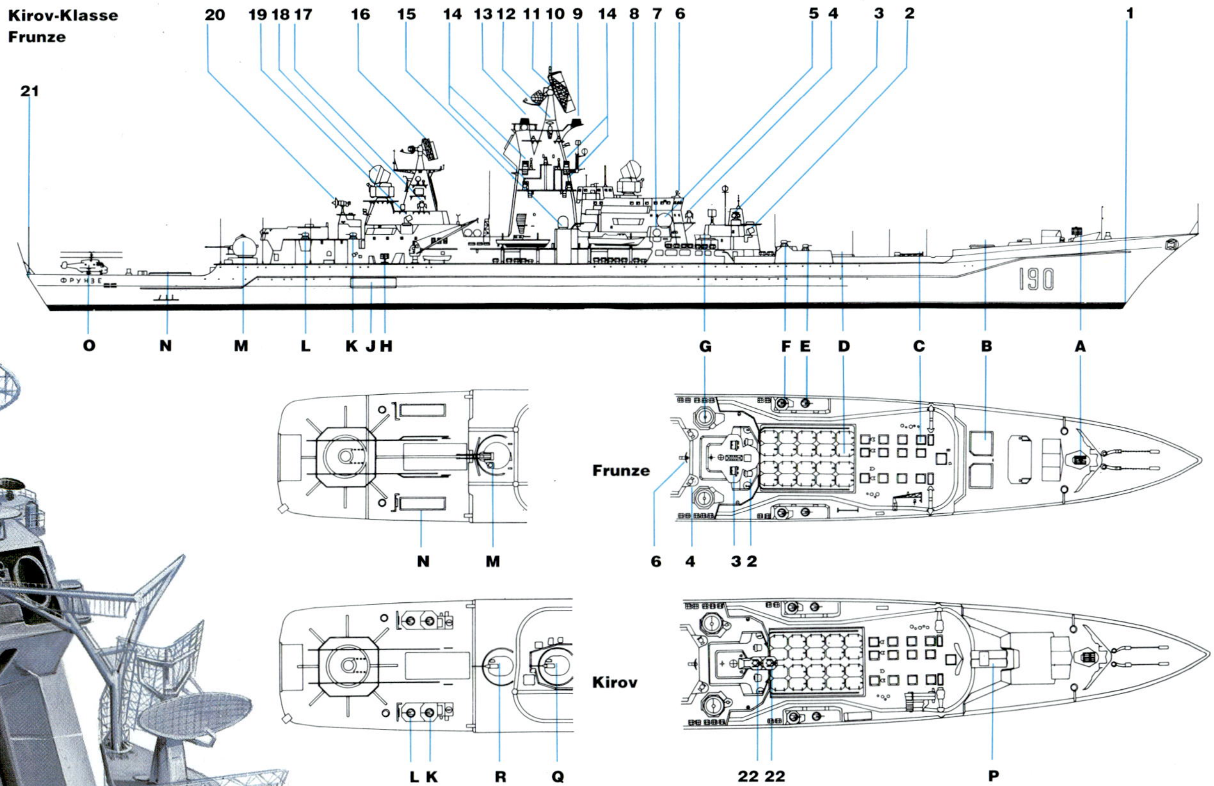

Elektronik

1 LF-Bugsonar
2 Bass Tilt Feuerleitradar für ADMG-630 CIWS (2x1)
3 Pop Group FK-Verfolgungs- und Leitradar für SA-N-4 (2x1)
4 Tin Man optronisches Gerät (2x1)
5 Palm Frond Navigationsradar
6 Big Ball Satcom-Antenne (2x1)
7 Foot Ball (Radom unbekannten Zwecks) (2x1)
8 Top Dome Flugkörper-Feuerleitradar für SA-N-6
9 Round House Tacan-Antenne
10 High Pole-B IFF-Antenne
11 Top Pair 3D-Luftraum-Überwachungs-Radar (Kombination aus Top Sail und Big Net)
12 Palm Frond Navigationsradar (2x1)
13 Round House Tacan-Antenne
14 Neue, glockenförmige Radome für ESM (4x2)
15 Punch Bowl Satcom-Antenne (2x1)
16 Top Steer Überwachungs-Radar
17 Tin Man optronisches Gerät (2x1)
18 Top Dome Flugkörper-Feuerleitradar für SA-N-6
19 Bass Tilt Feuerleitradar für ADMG-630 CIWS (2x1)
20 Kite Screech Feuerleitradar für 130-mm-Geschütze
21 tiefenvariables LF-Sonar
22 Eye Bowl Feuerleitradar für SS-N-14

Waffen

A RBU-6000 ASW-Raketenstarter (1x12)
B SA-N-8 Vertikal-Startsystem (2x4)
C SA-N-6 Vertikal-Startsystem (12x8)
D SS-N-19 Vertikal-Startsystem (20x1)
E ADMG-630 30-mm-Gatling-CIWS (2x1)
F ADMG-630 30-mm-Gatling-CIWS (2x1)
G SA-N-4-Pop-up-Starter (2x2)
H RBU-1000 ASW-Raketenstarter (2x6)
J 533-mm-TR M-57 ASW (2x5)
K ADMG-630 30-mm-Gatling-CIWS (2x1)
L ADMG-630 30-mm-Gatling-CIWS (2x1)
M automatisches 130-mm/7D-DP-Geschütz
N SA-N-8 Vertikal-Startsystem (2x4)
O Kamov Ka-25 Hormone Hubschrauber (3 an Bord)
P SS-N-14-Starter (1x2)
Q automatisches 100-mm/60-DP-Geschütz
R automatisches 100-mm/60-DP-Geschütz

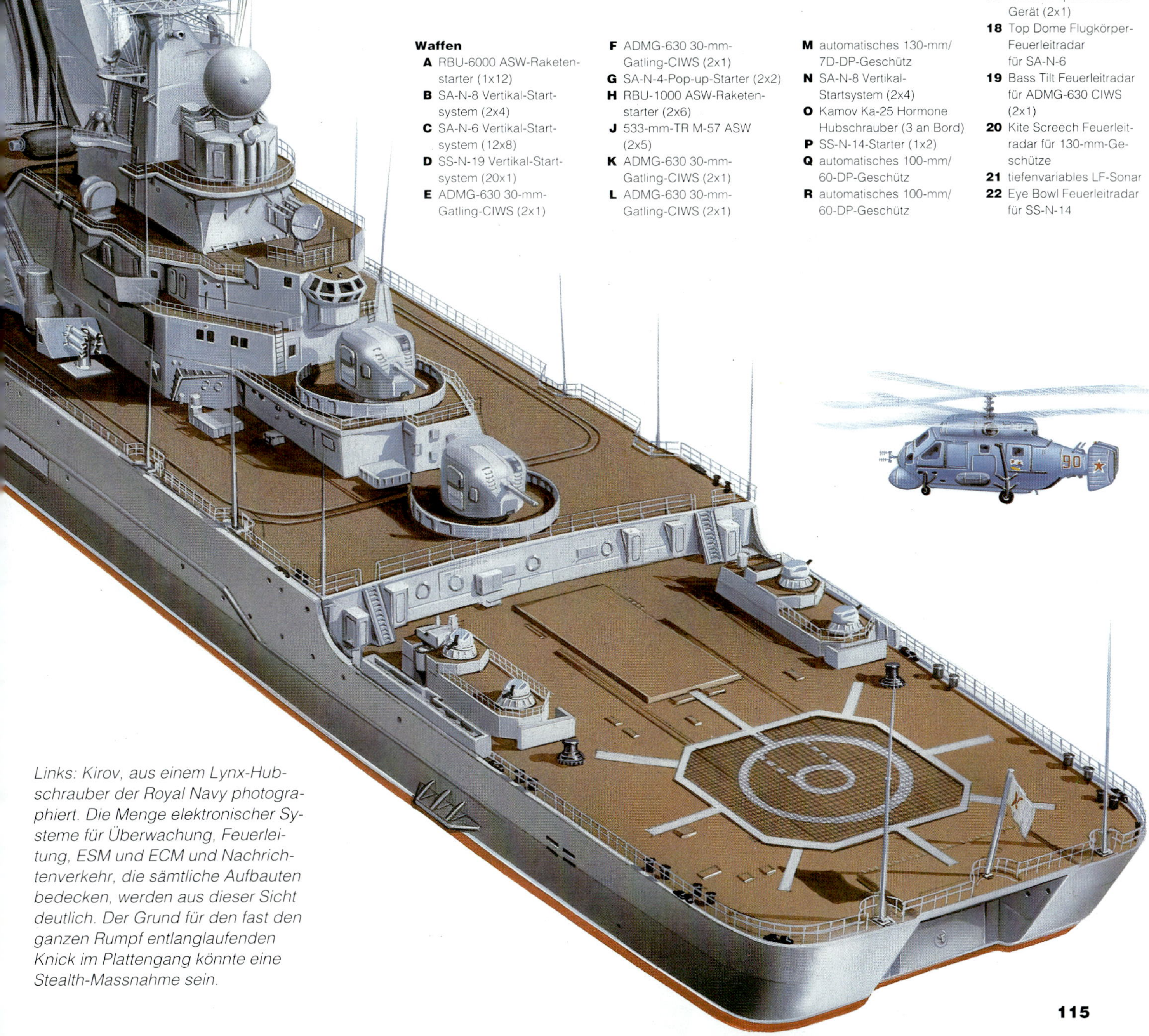

Links: Kirov, aus einem Lynx-Hubschrauber der Royal Navy photographiert. Die Menge elektronischer Systeme für Überwachung, Feuerleitung, ESM und ECM und Nachrichtenverkehr, die sämtliche Aufbauten bedecken, werden aus dieser Sicht deutlich. Der Grund für den fast den ganzen Rumpf entlanglaufenden Knick im Plattengang könnte eine Stealth-Massnahme sein.

Kitty-Hawk-Klasse (CV 63)

Herkunftsland: USA
Typ: Mehrzweck-Flugzeugträger (CV)
Baujahr: 1956–1968
Anzahl: 4 im Dienst
Verdrängung: 60'100–61'000 ts Standard, 79'724–81'773 ts Höchst
Abmessungen: Länge 318,8 bis 320,7 m, Breite 39,6 m, Tiefgang 11,3 m
Antrieb: 4 Wellen, 4 Westinghouse-Getriebeturbinen, 280'000 PSw
Leistung: 30 kn
Waffen: SAM: 3 Mk-29-Starter für NATO-Sea Sparrow; Geschütze: drei 20-mm-Phalanx-Mk-15-CIWS
Flugzeuge: 24 F-4 Phantom oder F-14 Tomcat, 24 A-7 Corsair II oder F/A-18 Hornet, 10 S-3 Viking, 6 SH-3 Sea King, 4 EA-6B Prowler, 4 KA-6 Intruder, 4 E-2 Hawkeye, 1 C-2A Greyhound
Sensoren: Luft-Suchradar: (CV 63, 66) SPS-49(V) und SPS-48 (3D); (CV 64) SPS-37A, SPS-48C (3D). Seeziel-Suchradar: SPS-10-Serie. Feuerleitradar: Mk 91 MFCS für Sea Sparrow
Besatzung: 2'000, zuzüglich 2'150 Flugpersonal
Geschichte: Zwischen den beiden ersten fertiggestellten Flugzeugträgern, Kitty Hawk (CV 63) und Constellation (CV 64), und den späteren, America (CV 66) und John F. Kennedy (CV 67), gibt es grössere Unterschiede. Trotzdem sind die Schiffe in einer Klasse durch das gemeinsame Antriebssystem und die Aufteilung des Flugdecks. Kitty Hawk und Constellation wurden als verbesserte Forrestal-Klasse geordert und schliessen einige wichtige Änderungen ein. Das Flugdeck wurde vergrössert und die Lage der Lifts geändert zur leichteren Handhabung der Flugzeuge. Auf den Forrestal liegt der Backbord-Lift am vorderen Ende des Winkeldecks, weshalb er während Landungen unbenutzbar ist. Deshalb wurde er auf den Kitty Hawk in das achtere Ende des Überhangs verlegt, wo er die Flugvorgänge nicht stört. Der Mittellift an Steuerbord wurde vor die Insel gelegt, so dass zwei Lifte die vorderen Katapulte bedienen können. Auch die Lifte selbst wurden geändert, indem an der vorderen Kante ein Stück ausgewinkelt wurde, um auch längere Flugzeuge aufzunehmen. Diese Einrichtung war so erfolgreich, dass alle nachfolgenden US-Träger sie bekamen.
Das dritte Schiff der Klasse, USS America (CV 66), wurde vier Jahre

Unten: USS Constellation (CV 64), zweites Schiff dieser Klasse, nach der Fertigstellung. Die riesige Ausdehnung des Flugdecks sollte mit der der französischen Clemenceau verglichen werden. Die drei Lifte liegen abseits aller Flugbewegungen, der Backbord-Lift am achteren Ende des Überhangs, die beiden an Steuerbord bedienen die beiden vorderen Katapulte und liegen vor der Insel. Die relativ schmale Landefläche lässt eine Menge Decksfläche für den Start und das Bewegen der Flugzeuge.

Oben: USS America (CV 66) im Indischen Ozean mit F-14 Tomcat, A-6 Intruder, S-3 Viking, E-2 Hawkeye und anderen Typen auf dem Flugdeck. Das Geschwader ist etwa 90 Maschinen stark. Einer der drei Mk-29-Starter für SAM Mk 57 NATO-Sea Sparrow ist im vorderen Schwalbennest an Steuerbord zu sehen, und die unverkennbare weisse Haube des CIWS Mk 15 Vulcan/Phalanx ist gerade noch über dem vorderen Backbord-Nest zu erkennen.

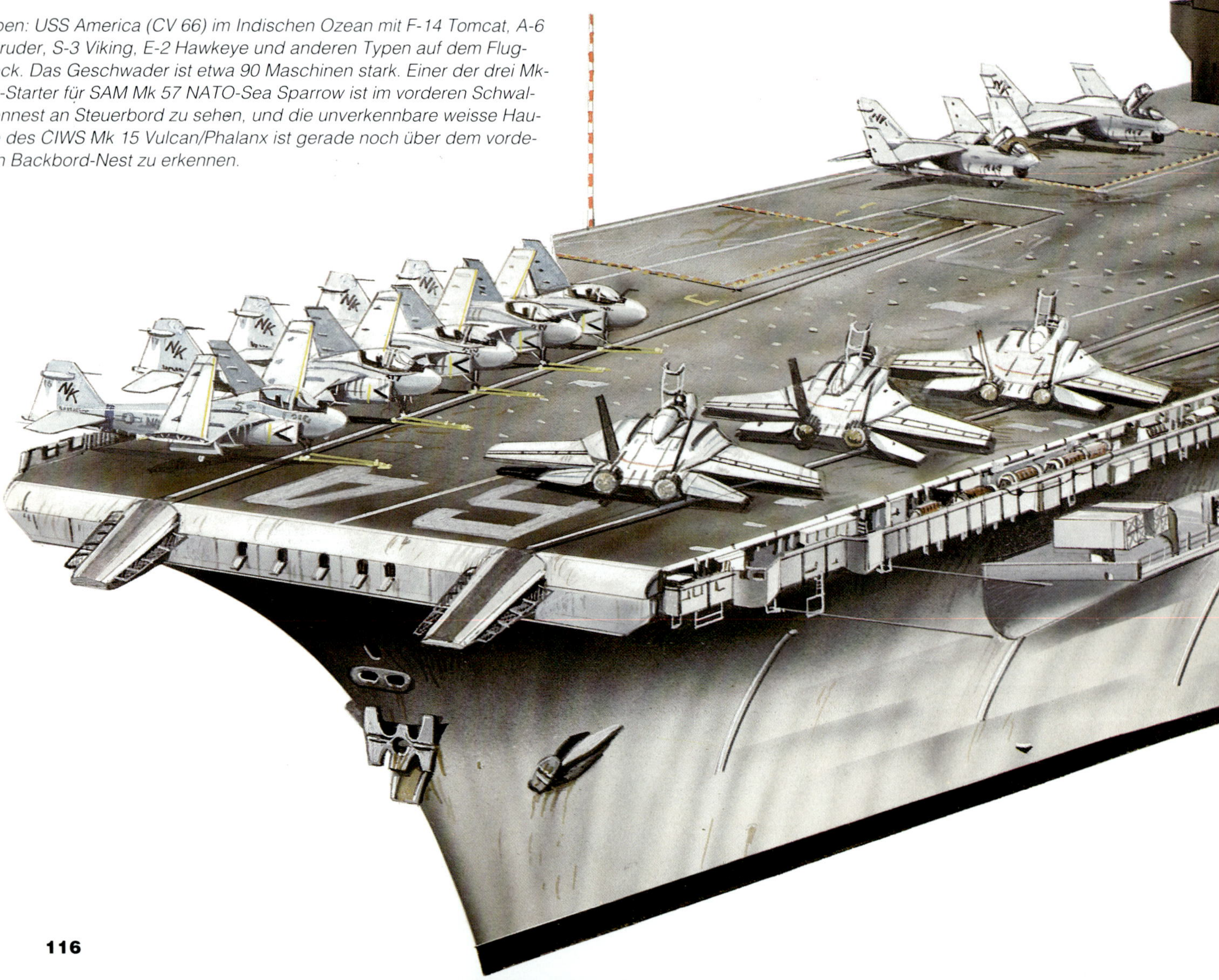

nach der Constellation auf Stapel gelegt. Ihr Rauchabzug ist schmaler, und sie erhielt einen Buganker im Hinblick auf das spätere SQS-23-Sonar. 1963 wurde entschieden, dass der vierte Träger im Finanzjahr 1984 Atomantrieb erhalten solle, aber der Kongress sperrte die Mittel, und schliesslich wurde das Schiff nach dem abgewandelten Kitty-Hawk-Entwurf mit konventionellem Antrieb gebaut.

Grösster sichtbarer Unterschied ist der eckige Schornstein, schräg nach aussen geneigt, um das Flugdeck frei von korrodierenden Abgasen zu halten. Das Flugdeck ist vorn etwas anders geformt. Das Terrier-FK-System, das wertvollen Platz auf dem Flugdeck einnahm und durch ähnliche Verteidigungs-Systeme an Bord der Geleitschiffe eigentlich überflüssig war, entfiel zugunsten des NATO-Sea-Sparrow-FK-Systems Mk 57 und wurde später auch von den anderen drei Schiffen entfernt.

Diese vier Schiffe sind machtvolle Kampfeinheiten und stehen nur den atomgetriebenen Trägern der US Navy an Kampfkraft nach. Und doch haben alle letzten US-Kongresse für Atomantrieb bei Schiffen dieser Grösse votiert, wiesen 1979 Vorschläge für einen CVV und 1980 für eine modifizierte John F. Kennedy ab und erzwangen schliesslich den Auftrag für einen vierten CVN-Träger der Nimitz-Klasse im Programm des Finanzjahres 1980.

Deshalb sieht es so aus, als seien diese vier Schiffe die letzten konventionell angetriebenen Flugzeugträger, die die US-Marine gebaut hat.

Zukunft: Die Träger sollen gemäss Dienstzeit-Verlängerungs-Programm (SLEP) modernisiert werden: Kitty Hawk vom 21. 7. 1987 bis 29. 11. 1989 (717 Millionen US$), Constellation ab Oktober 1989 bis Februar 1992, America April 1994 bis August 1996 und Kennedy Juli 1996 bis November 1998. Der Umbau wird das Leben jedes Trägers um 10 bis 15 Jahre verlängern. Das Arbeitsprogramm enthält neue, stärkere Katapulte, modernisierte flugtechnische Einrichtungen und Elektronik und die Überholung von Rumpf, Antriebsanlage und Elektrik.

Kitty-Hawk-Klasse
America (CV 66)

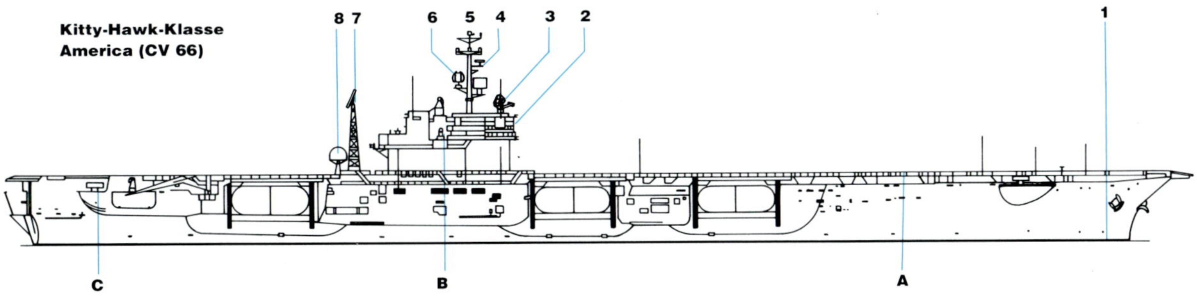

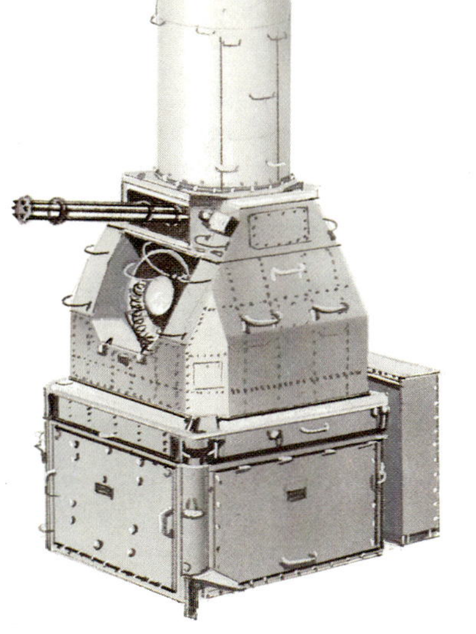

Rechts: Das 20-mm-Vulcan/Phalanx-Nächstbereichs-Waffensystem (CIWS) war sehr erfolgreich und ist auf vielen Schiffen der US Navy zu finden. Es hat zwei Radar, eines über der Rohrwaffe zur Zielverfolgung, ein zweites unter der Waffe, das die Geschosse verfolgt. Ein Bordcomputer bringt den Weg des Ziels und die Bahn der Geschosse in Übereinstimmung. Die ersten wurden 1980 aufgestellt (an Bord der USS America), und die verbesserte Block-1-Ausführung mit mehr Munition und höherer Feuergeschwindigkeit kam 1983 in Dienst. Mit Block 1 wurde auch die Mk-149-Munition aus erschöpftem Uran eingeführt.

Waffen
- **A** Starter Mk 29 für NATO-Sea Sparrow. An Backbord (hier dem Blick verborgen) 20-mm-Mk-15 Vulcan/Phalanx-CIWS
- **B** 20-mm-Vulcan/Phalanx-CIWS (2x1)
- **C** Starter Mk 29 für NATO Sea Sparrow (2x8)

Elektronik
- **1** SQS-23 Aktiv/Passiv-LF-Sonar (nur auf CV 66)
- **2** Marconi LN-66 Navigationsradar
- **3** SPS-49A Langstrecken-Luft-Suchradar
- **4** SPS-1OF Seeziel-Suchradar
- **5** URN-25 Tacan-Antenne
- **6** SPN-35A Landehilfe-Radar
- **7** SPS-48C FRESCAN 3D-Luftraum-Überwachungsradar
- **8** OE-82 Antenne für Satelliten-Nachrichtenverbindung
- **9** Mk 91 Mod 1 Feuerleitradar für NATO-Sea Sparrow

Kortenaer-Klasse

Herkunftsland: Niederlande
Typ: Fregatte (FG)
Baujahr: 1975–1983
Anzahl: 10 in Dienst, Griechenland 2 in Dienst, Bundesrepublik 6 in Dienst (nach verändertem Entwurf), 2 in Bau
Verdrängung: 3'050 ts Standard, 3'630 ts Höchst
Abmessungen: Länge 130,5 m, Breite 14,6 m, Tiefgang 6,2 m
Antrieb: 2 Wellen, COGOG, 2 Gasturbinen Rolls-Royce Olympus TM3B/2 Rolls-Royce Tyne, 50'000/8'000 PSw
Leistung: 30 kn, 4'000 sm/18 kn
Waffen: FK: 1 SAM-Starter NATO-Sea Sparrow, 8 Harpoon SSM; Geschütze: 1 x 76 mm/62 OTO Melara Compact, 1 x 40 mm; ASW: zwei Zwillings-TR Mk 32 für Mk-46-Torpedos
Flugzeuge: 2 Lynx-Hubschrauber
Sensoren: Radar: LW-08 Luftsuche, DA-05 Seezielsuche, STIR Feuerleitung, ZW-06 Navigation; Sonar: SQS-505 Bugsonar
Besatzung: 176
Geschichte: Die Königlich Niederländische Marine nahm eine Neubeurteilung ihrer Aufgaben und Organisation zwischen 1975 und 1983 vor mit dem Ziel, eine geschlossene, wirksame und ausgewogene Streitmacht zu schaffen. In dem entstehenden Plan waren drei Kampfgruppen das Herzstück, jede mit einem Flaggschiff, sechs ASW-Fregatten und einem logistischen Versorger. Zwei Gruppen werden dem NATO-Kommando CINCEASTLANT, die dritte CINCHAN unterstellt. Ursprünglich sollten die 18 ASW-Fregatten die sechs der Van-Speijk-Klasse (geänderte Leander) und 12 Schiffe der neuen Kortenaer-Klasse umfassen. (Die letzten zwei Van Speijk sind inzwischen an Indonesien verkauft worden.) Zwei der Flaggschiffe würden Zerstörer der bereits bestehenden Tromp-Klasse sein, das dritte eine abgeänderte Kortenaer. Damit wäre der Auftrag auf 13 dieser Schiffe gestiegen. Dieser Plan zerfiel, als die griechische Marine eine Kortenaer-Fregatte bestellte; der Vertrag wurde am 15. September 1980 unterzeichnet. Und sie wollte ihr Schiff schnell haben. Die Niederländer reagierten flexibel, nahmen die sechste Fregatte ihres Auftrags und lieferten sie am 16. 11. 1981 an die griechische Marine ab. Am 7. 6. 1981 wurde ein zweites Schiff geordert. Die siebente niederländische Einheit wurde zugeteilt und der griechischen Marine im Oktober 1982 geliefert. Die griechischen Schiffe sind im Grund die gleichen, ausser dass sie auf dem Dach des Hangars ein zweites 76-mm-Geschütz tragen und der Hangar 2,0 m länger ist, um Agusta-Bell-AB.212-Hubschrauber unterzubringen. Die Bundesmarine ersetzt die drei Zerstörer der Lütjens-Klasse (ex US-Fletcher-Klasse) und die sechs Fregatten der Köln-Klasse durch einen abgewandelten Kortenaer-Entwurf. Das neue Typschiff Bremen wurde 1982 abgeliefert, das achte soll 1990 folgen (Klasse 122). Sie werden auf deutschen Werften gebaut. Die wichtigste Änderung ist der Antrieb. Zwei General-Electric-Gasturbinen LM 2500 mit 51'600 PS und zwei Diesel MTU 20V 956 TB92 mit 10'400 PS treiben im CODAG-System 2 Wellen. Entsprechend den anderen Aufgaben der Bundesmarine haben sie auch eine andere Sensor-Ausrüstung.
Nachdem die Niederländer zwei Schiffe ihres Auftrags den Griechen überliessen, bestellten sie für die eigene Marine zwei Schiffe nach, die als Jacob-van-Heemskerck-Klasse bezeichnet wurden und als Flagg- wie AA-Schiffe ausgelegt wurden. Hauptwaffensystem ist der Standard SM1 (MR) SAM mit Starter Mk 13 anstelle des 76-mm-Geschützes auf der Back. Überraschenderweise waren keine Einrichtungen für Hubschrauber vorgesehen.
Ein Auftrag der portugiesischen Marine über drei Kortenaer-Fregatten wurde am 29. 8. 1984 zurückgezogen.
Die Kortenaer ist eine der wichtigsten Typen im NATO-Arsenal. Der Entwurf zeigt eine gute Balance zwischen schwerer Bewaffnung und geringer Besatzung. Die Bewaffnung umfasst ein 76-mm-Geschütz auf der Back, einen Sea-Sparrow-Starter, zwei Harpoon-Starter mittschiffs und vier TR, während eine Nahbereichsverteidigung auf dem Hangar-Dach steht. Das ursprüngliche 40-mm-Geschütz (2 auf Pieter Florisz) wurde durch Signaal Goalkeeper ersetzt. Im Hangar finden zwei Lynx-Hubschrauber Platz, aber nur einer wird im Frieden mitgeführt.

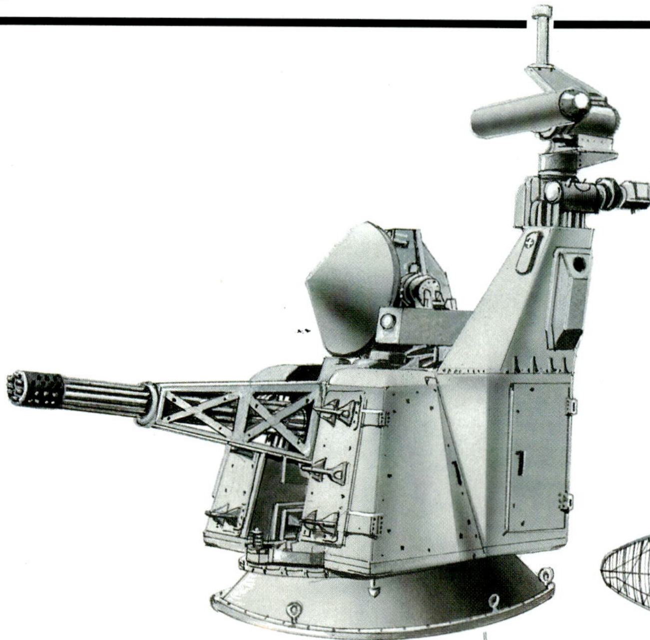

Links: Das vollautomatische Goalkeeper-CIWS benutzt die siebenrohrige 30-mm-Gatling General Electric GAU-8/A in Verbindung mit einem HSA-Feuerleitsystem, das während der Zielsuche gleichzeitig ein anderes Ziel bekämpfen kann. Feuergeschwindigkeit: 4'200 Schuss/Min. bei 1'190 Patronen im gliederlosen System (Zerfallgurtung).

Zukunft: Im Hinblick auf die NATO-Standard-Fregatte wurde der Bau dieser ausgezeichneten Fregatten eingestellt. Die ältesten vier werden nicht einmal modernisiert.

Kortenaer-Klasse, Piet Hein (F 811)

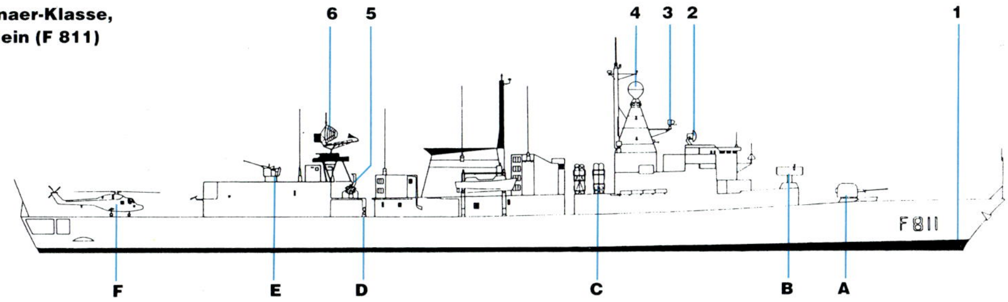

Modifizierte Kortenaer-Klasse Jacob van Heemskerck (F 812)

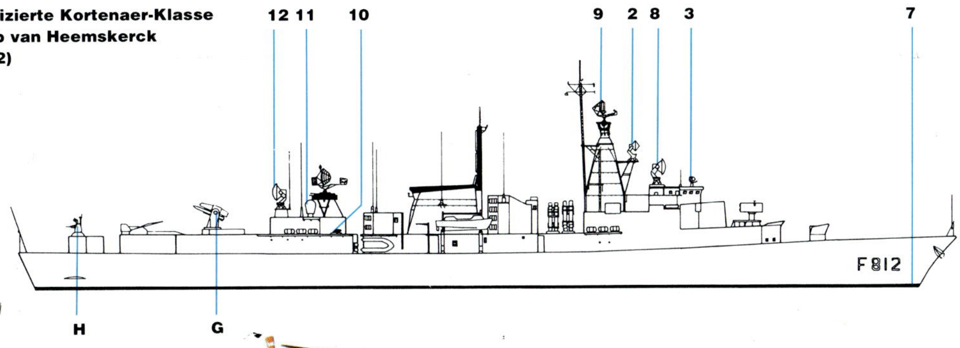

Waffen
- **A** 76-mm-DP-Geschütz OTO Melara (1x1)
- **B** Starter Mk 29 für NATO-Sea Sparrow SAM (1x8)
- **C** Starter Harpoon SSM (2x4)
- **D** 324-mm-ASW-TR Mk 32 (2x2)
- **E** 40-mm-AA-Rohrwaffe (1x1). Ersatz durch 30-mm-Goalkeeper-CIWS
- **F** Westland Lynx Mk 27 ASW-Hubschrauber (2 an Bord)
- **G** Starter Mk 13 Mod 4 für Standard SM-1 (MR) SAM
- **H** 30-mm-Goalkeeper-CIWS

Elektronik
- **1** SQS-505 Bugsonar
- **2** HSA STIR Feuerleitradar
- **3** HSA ZW-06 Navigations- und Seeziel-Suchradar
- **4** HSA WM-25 Feuerleitradar (gleichzeitig Ziel haltend und suchend)
- **5** Corvus Störfolienwerfer (2x8)
- **6** HSA LW-08 Luftsuch-radar
- **7** HSA PHS-36 Bugsonar
- **8** Modifiziertes HSA STIR Feuerleitradar für Standard
- **9** HSA DA-06 3D Luftraum-Überwachungsradar
- **10** Super RBOC Störfolien-werfer (4x6)
- **11** Satcom-Antennen-System
- **12** Modifiziertes HSA STIR Feuerleitradar für Standard

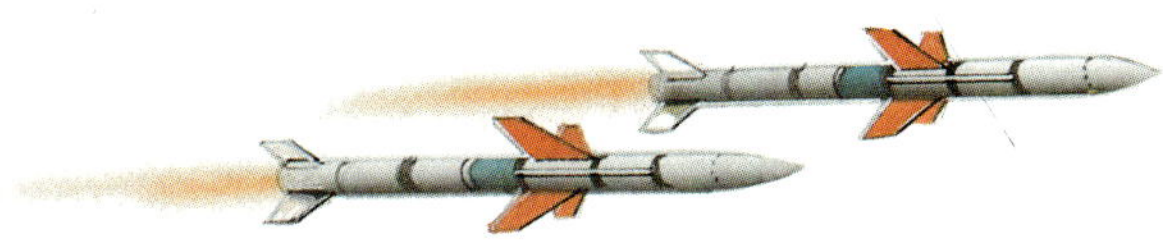

Oben: NATO-Sea Sparrow hat RIM-7M-Flugkörper im achtzelligen Starter und das Feuerleitradar Mk 91.

Ganz oben: Der Westland Lynx steht bei NATO- und einigen anderen Marinen im Dienst. Antrieb durch zwei Rolls-Royce Gem mit einer Flugdauer von 90 Minuten (davon 50% Schwebeflug). Er hat Torpedos Mk 44 oder 46 oder Sea Skua ASM.

Unten: Die Waffenausstattung der Kortenaer umfasst ein 76-mm-Compact-Geschütz OTO Melara auf der Back und acht Harpoon SSM, hier dem Blick durch den Brückenaufbau verborgen. Luftverteidigung durch einen achtzelligen NATO-Sea-Sparrow-Starter und CIWS. ASW-Systeme sind die vier TR und der Lynx-Hubschrauber.

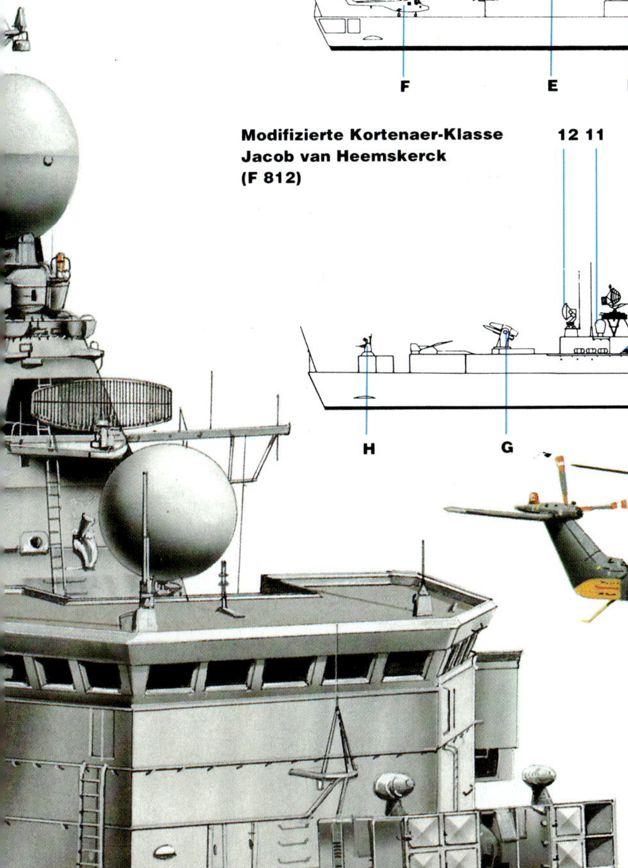

Links: Van Kinsbergen (F 908), drittes Schiff der Klasse, 1982 vor der dänischen Küste. Diese tadellos entworfenen Schiffe erwiesen sich als sehr erfolgreich und fahren in der griechischen (Elli-Klasse) und der bundesdeutschen Marine (Typ 122).

Krivak-Klasse

Herkunftsland: UdSSR
Typ: Fregatte (FFG)
Baujahr: Krivak I 1968–1983, Krivak II 1973–1982, Krivak III 1981–
Anzahl: im Dienst: (I) 21, (II) 11, (III) 4, mindestens 2 im Bau
Verdrängung: 3'100 ts Standard, 3'800 ts Höchst
Abmessungen: Länge 123,5 m, Breite 14,0 m, Tiefgang 5,0 m
Antrieb: 2 Wellen, COGAG, 2 Gasturbinen für Marschfahrt, 2 für Höchstfahrt, 14'000 PSw/55'000 PSw
Leistung: 32 kn, 4'500 sm/16 kn, 700 sm/30 kn
Waffen: FK: 1 Vierfach-Starter SS-N-14 SSM (I, II), 4 Zwillings-Starter SA-N-4 SAM (I, II), 1 Zwillings-Starter SA-N-4 (III); Geschütze: 2 76-mm-Zwillinge achtern (I), 2 100 mm einzeln achtern (II), 1 100 mm Backdeck (III), 2 30-mm-Gatling (III).; TR: 2x4 533 mm M 57 (I, II, III); ASW: 2 zwölfrohrige Werfer RBU-6000 (I, II, III); Minen: 20 (I) , 50 (II)
Flugzeuge: 1 Hubschrauber Kamov Ka-25 Hormone oder Ka-27 Helix (III)
Sensoren: Radar: Head Net C Suche, 2 Eye Bowl SS-N-14 Feuerleit (I, II), Pop Group SA-N-4 Feuerleit (I, II), 1 Pop Group (III), 1 Owl Screech Feuerleitradar Artillerie (I), 1 Kite Screech Feuerleit Artillerie (II, III); Don Kay, Palm Frond A/B, Don 2 Navigation; Sonar: 1 MF-Bugsonar, 1 tiefenvariables MF
Besatzung: 220
Geschichte: Die Krivak wurde von westlichen Beobachtern erstmals 1970 gesehen. Obwohl sie der Kashin-Klasse chronologisch folgte, war sie ein völlig neuer Entwurf, schmaler, einfacher zu bauen und mit einem weit besseren ASW-System ausgestattet. Die Einfachheit der Konstruktion machte es möglich, kleinere Werften an der Ostsee und am Schwarzen Meer zum Bau heranzuziehen, wodurch grössere Werften sich auf grosse Schiffe konzentrieren konnten. (Die Oliver-Hazard-Perry-Klasse der US-Marine wurde aus ähnlichen Erwägungen vergeben.) Aufgabe der Krivak ist der Kampf gegen Unterseeboote. Wichtigste Waffe ist der SS-N-14 in einem ziemlich plumpen Starter auf dem Vorschiff, der durch zwei RBU-6000 vor der Brücke und zwei Vierlings-TR mittschiffs, Bugsonar und VDS am Heck unterstützt wird. Die Ausstattung mit ASW-Flugkörpern ist nach westlichem Standard gering, doch der vielleicht kritischste Mangel der Krivak I und II ist der fehlende Hubschrauber. Auch die Fähigkeiten zur Luftverteidigung und ECM scheinen für offene Meere ungenügend zu sein. Dennoch entsprechen die Schiffe den Anforderungen des sowjetischen Marine-Oberkommandos. Die Krivak II bekamen zwei einzelne 100-mm-Geschütze anstelle der zwei 76-mm-Zwillinge. Der schlimmste Mangel der Krivak I und II wurde bei der Krivak III, die 1984 auftrat und anscheinend für die Grenz-Bewachungs-Einheiten am Pazifik bestimmt ist, behoben, denn sie bekam eine Hubschrauber-Ausrüstung. Hangar und Landedeck liegen achtern anstelle der 100-mm-Geschütze, von denen eines auf dem Vorschiff in der Position der SS-N-14-Starter aufgestellt wurde.

Waffen
A SS-N-14 (1x4)
B SA-N-4, Gehäuse für Pop-up-Zwillingsstarter
C RBU-6000 (2x12)
D 533-mm-TR M-57 (2x4)
E SA-N-4 (1x2)
F 76-mm/59-Zwillings-Geschütz
G 76-mm/59-Zwillings-Geschütz
H Minenschienen (maximal 50 Minen)
J 100-mm/60-Geschütz (1x1)
K 100-mm/60-Geschütz (1x1)
L 30-mm-Gatling ADMG-630 CIWS (2x1)
M Kamov Ka-32 Helix

Elektronik
1 MF-Bugsonar
2 Bell Shroud ESM-Antenne
3 Don 2 Navigationsradar
4 Pop Group Feuerleitradar für SA-N-4
5 VHF-Peitschenantenne
6 Eye Bowl Feuerleitradar für SS-N-14

Zukunft: Ein Drittel der Krivak I und II sind als ASW-Schiffe ist in der Ostsee stationiert. Die übrigen Schiffe dienen bei den anderen drei Flotten. Es scheint, der Bau der I und II wurde eingestellt, aber wenigstens vier III wurden gebaut. Eine neue Klasse dürfte bald auftreten.

7 Eye Bowl Feuerleitradar für SS-N-14
8 Don Kay/Palm Frond Navigationsradar
9 Head Net C Luftraum-Überwachungsradar
10 High Pole IFF-Antenne
11 Pop Group Feuerleitradar für SA-N-4
12 Owl Screech Feuerleitradar für 76-mm-Geschütz
13 VHF-Peitschenantenne
14 VHF-Peitschenantenne
15 Störfolien-Werfer
16 MF-VDS
17 Spin Trough Navigationsradar
18 Kite Screech Feuerleitradar für 100-mm-Geschütz
19 High Pole B IFF-Antenne
20 Bass Tilt Feuerleitradar für 30-mm-CIWS

Krivak-I-Klasse

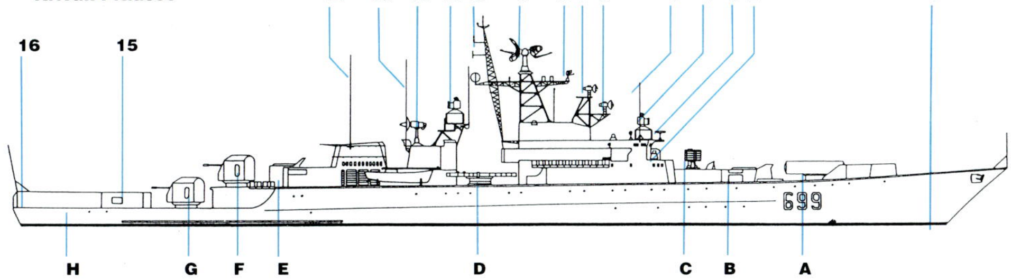

Krivak-II-Klasse

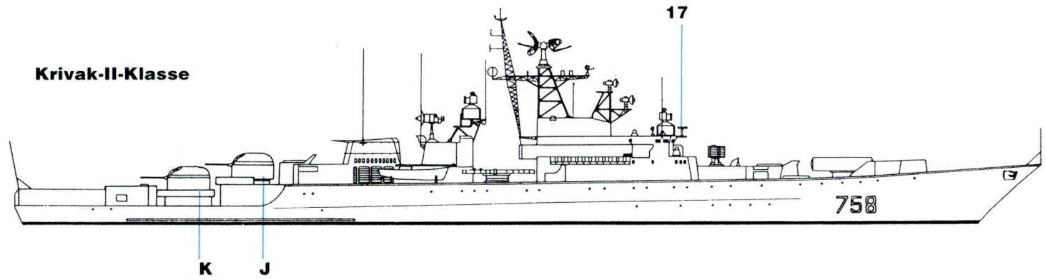

Krivak-III-Klasse Menzhinsky

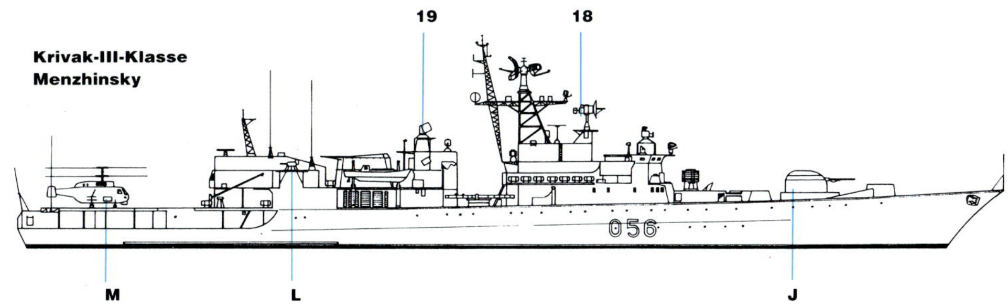

Unten: Silnyy der Krivak-I-Klasse mit 76-mm/59-Zwillings-Geschützen, die für diese Untergruppe typisch sind. Deutlich ist auf dem Achterdeck die Verkleidung des VDS und hinter den Geschützen der runde Deckel für die SA-N-4 zu sehen.

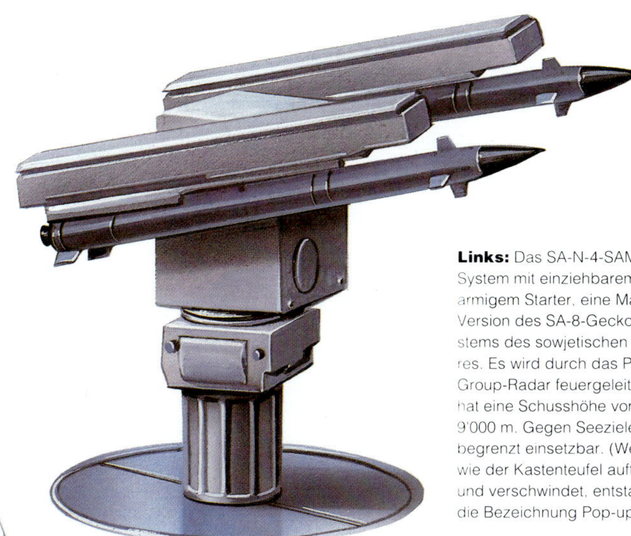

Links: Das SA-N-4-SAM-FK-System mit einziehbarem zweiarmigem Starter, eine Marine-Version des SA-8-Gecko-Systems des sowjetischen Heeres. Es wird durch das Pop-Group-Radar feuergeleitet und hat eine Schusshöhe von 9'000 m. Gegen Seeziele ist es begrenzt einsetzbar. (Weil es wie der Kastenteufel auftaucht und verschwindet, entstand die Bezeichnung Pop-up).

Links: Eine Krivak-II-Fregatte der Sowjetmarine. Die Aufnahme entstand im September 1981 durch die US Navy. Der ansprechende Entwurf und die gefällige Linienführung der Klasse werden in westlichen Marinekreisen weithin bewundert.

Le-Redoutable-Klasse

Herkunftsland: Frankreich
Typ: Atomgetriebenes Unterseeboot mit ballistischen Flugkörpern (SSBN)
Baujahr: 1967–1985
Anzahl: 5 im Dienst
Verdrängung: 8'045 ts aufgetaucht, 8'940 ts getaucht
Abmessungen: Länge 128,7 m, Breite 10,6 m, Tiefgang 10,0 m
Antrieb: 1 Welle, 1 Druckwasser-Reaktor, Getriebeturbinen, 1 Turbo-Wechselstromgenerator, 1 E-Motor, 16'000 PSw
Leistung: 20 kn aufgetaucht, 25 kn getaucht
Waffen: FK: 16 MSBS M-20 (erste fünf Boote), 16 M-4 TN-70 auf L'Inflexible (eigentlich sechstes Boot der Klasse, aber gesondert geführt). Ausser Le Foudroyant erhalten alle beim Umbau diese Waffe. TR: 4 x 550 mm mit 18 L5- und L7-Torpedos. SM.39-Flugkörper sollen nachgerüstet werden.
Sensoren: Sonar: DUUV 23 Panorama und DUUX 21 E-Messung (erste fünf Boote), DSUX 21 Mehrzweck (L'Inflexible, erste fünf bei Nachrüstung)
Besatzung: 135

Oben: Le Redoutable, erstes SSBN der französischen Marine. Die Bugwelle macht deutlich, dass die französischen Konstrukteure eine ganz andere Rumpfform als bei anderen Marinen üblich entwarfen. Hingegen befinden sich die Tiefenruder nach amerikanischer Art am Turm.

Geschichte: Wie die Briten entschieden auch die Franzosen, es sei notwendig, atomgetriebene Unterseeboote mit ballistischen Flugkörpern zu bauen, um eine nationale atomare Abschreckungspolitik zu sichern. Im Gegensatz zu den Briten mit ihren Polaris- und Trident-Unterseebooten wurde die französische Force de Dissuasion fast völlig unabhängig von den USA entwickelt, gewiss mit manch stiller Hilfe. Die SSBN der Le-Redoutable-Klasse folgen dem Stil der USA mit zwei Reihen zu je acht Flugkörpern hinter dem Turm. Die Franzosen hatten aber keine SSN, deren Rümpfe verlängert werden konnten zur Aufnahme der

Le Redoutable (S 611)

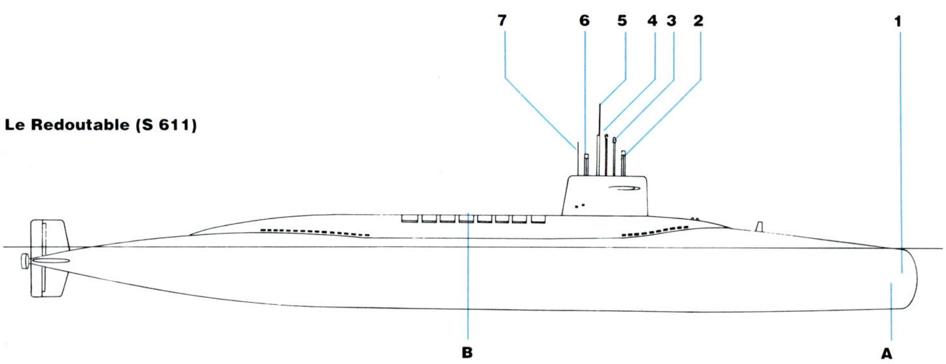

Waffen
- **A** 533-mm-TR (2x2) für L3-, L5-, L7-Torpedos und SM.39-Exocet-Flugkörper Gesamt-Dotation 18
- **B** Startbehälter für ballistische Flugkörper MSBS M-20 (2x8); M-20 werden durch M-4 ersetzt

Elektronik
- **1** DUUV-23 passives Sonar
- **2** ESM-Mast
- **3** Periskop
- **4** DRUA-30 Calypso Radar
- **5** Periskop
- **6** ESM-Mast
- **7** HF-Antenne

FK-Sektion. Die französischen SSBN haben Druckwasser-Reaktoren und turboelektrischen Antrieb sowie zwei Hilfsdiesel, die aufgeschaltet werden können, sollte das Primärsystem ausfallen. Für 5'000 sm ist Brennstoff vorhanden. Die vorderen Tiefenruder sind nach US-Vorbild am Turm.

Nach französischer Auffassung sollen stets drei SSBN einsatzfähig sein, von denen zwei auf See operieren sollen. Deshalb wurde das sechste Boot, L'Inflexible, 1979 in Auftrag gegeben und kam 1985 in Dienst. Dieser Entwurf einer Zwischenstufe ist im Grunde eine verbesserte Le Redoutable mit Änderungen, die den Erfahrungen mit vorangegangenen Booten und neueren technologischen Entwicklungen nachkommen. Zum Beispiel kann L'Inflexible 100 m tiefer tauchen als ihre Vorgänger. Wegen der kurzen Reichweite früherer Typen Flugkörper hatte die französische Marine taktische Probleme. Der MSBS (ballistischer Flugkörper Meer-Land) M-1 SLBM, mit dem die ersten beiden Boote bestückt waren, reichte nur 2'400 km weit. Schrittweise wurde das bei nachfolgenden FK-Entwicklungen verbessert. Die ersten vier Boote wurden zur Aufnahme des MSBS M-2 umgerüstet und führen nach weiterer Umrüstung den M-20. Das fünfte Boot wurde von vornherein so gebaut. Ein noch besserer Flugkörper, M-4 mit MIRV-Gefechtskopf, wurde 1985 auf L'Inflexible eingesetzt. Er hat eine Reichweite von über 4'000 km und sechs der neuen 150-kT-Sprengköpfe TN 70. Le Tonnant, fünftes Boot der Klasse, wird bei der nächsten Werftliegezeit auf M-4 umgerüstet. Später folgen die anderen Boote, ausser dem ersten, der Le Redoutable, die als zu alt erachtet wird. Alle Boote sind auch mit vier 533-mm-Bug-TR und 18 Torpedos bestückt.

Die Klasse ist mit dem I-Band-Navigations- und Gefechts-Radar Calypso sowie dem DSUX-21-Bugsonar ausgerüstet.

Das französische Programm der SSBN/SLBM wurde ein grosser nationaler Erfolg, jedoch um einen hohen Preis.

Zukunft: Am 13. 11. 1981, nachdem Präsident Mitterand auf Le Tonnant gefahren war, kündigte er den Auftrag eines siebenten SSBN (ebenfalls nach dem Zwischenentwurf) an, das Mitte der 80er Jahre abgeliefert werden sollte. Das Boot ging 1988 auf Stapel und dürfte Mitte der 90er Jahre fertig werden.

Zwischen 1990 und 2000 sollen alle fünf Boote der ersten Generation, beginnend mit Le Redoutable, durch eine völlig neue Klasse ersetzt werden.

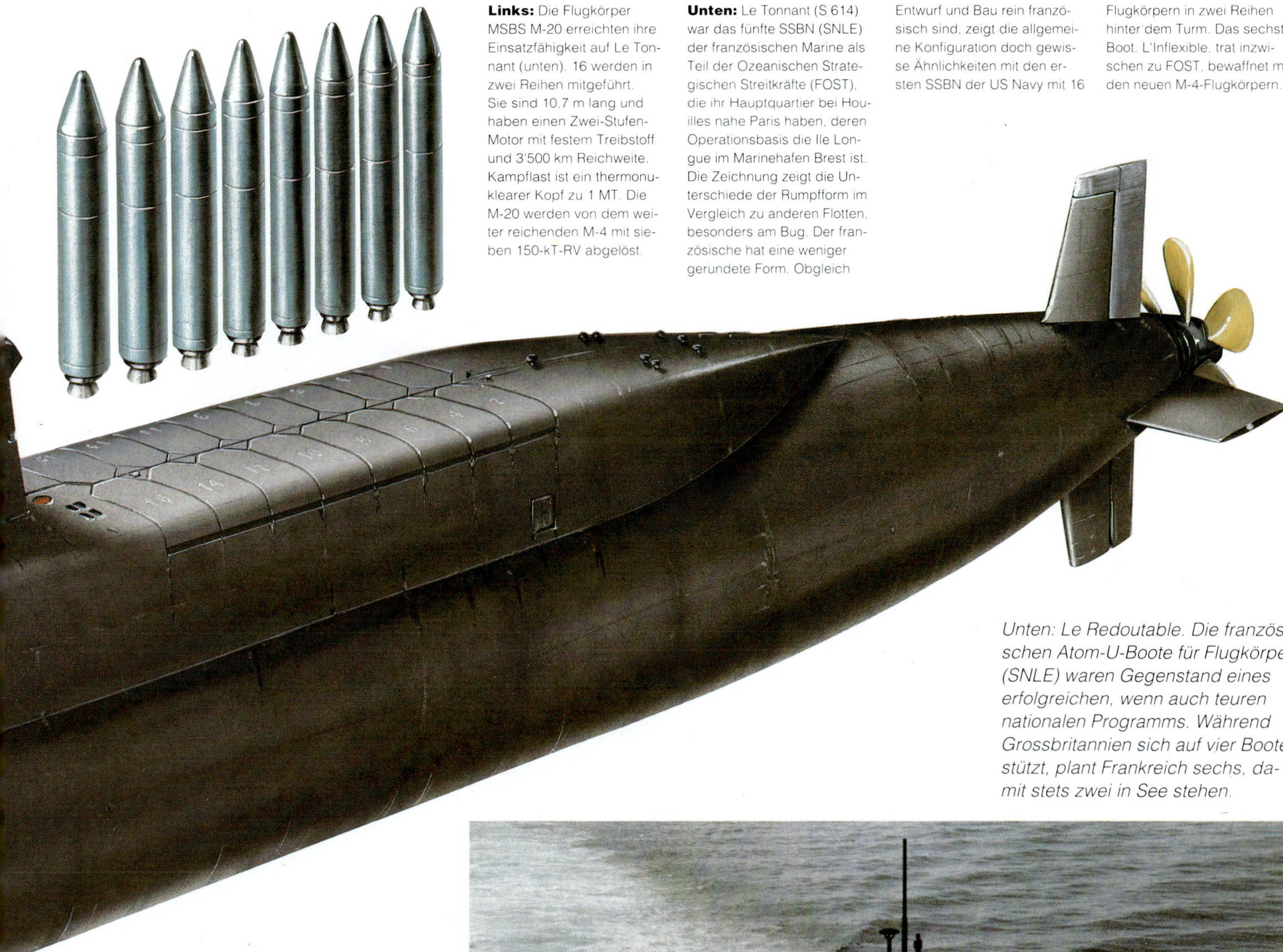

Links: Die Flugkörper MSBS M-20 erreichten ihre Einsatzfähigkeit auf Le Tonnant (unten). 16 werden in zwei Reihen mitgeführt. Sie sind 10.7 m lang und haben einen Zwei-Stufen-Motor mit festem Treibstoff und 3'500 km Reichweite. Kampflast ist ein thermonuklearer Kopf zu 1 MT. Die M-20 werden von dem weiter reichenden M-4 mit sieben 150-kT-RV abgelöst.

Unten: Le Tonnant (S 614) war das fünfte SSBN (SNLE) der französischen Marine als Teil der Ozeanischen Strategischen Streitkräfte (FOST), die ihr Hauptquartier bei Houilles nahe Paris haben, deren Operationsbasis die Ile Longue im Marinehafen Brest ist. Die Zeichnung zeigt die Unterschiede der Rumpfform im Vergleich zu anderen Flotten, besonders am Bug. Der französische hat eine weniger gerundete Form. Obgleich Entwurf und Bau rein französisch sind, zeigt die allgemeine Konfiguration doch gewisse Ähnlichkeiten mit den ersten SSBN der US Navy mit 16 Flugkörpern in zwei Reihen hinter dem Turm. Das sechste Boot, L'Inflexible, trat inzwischen zu FOST, bewaffnet mit den neuen M-4-Flugkörpern.

Unten: Le Redoutable. Die französischen Atom-U-Boote für Flugkörper (SNLE) waren Gegenstand eines erfolgreichen, wenn auch teuren nationalen Programms. Während Grossbritannien sich auf vier Boote stützt, plant Frankreich sechs, damit stets zwei in See stehen.

Links: Alle französischen SSBN haben vier 550-mm-Bug-TR. Zur Zeit verschiessen sie französische L5-Torpedos (hier gezeigt), doch werden nächstens auch SM.39-Exocet-Flugkörper verwendet. Der L5 ist ein elektrisch angetriebener Torpedo, der als Mod 3 in anderen Unterseebooten verwendet wird. Er wiegt 1'300 kg, läuft 35 kn bei 9,25 km (5 sm) Reichweite und ist mit einem Aktiv/passiv-Zielsuchsystem Thomson CSF ausgerüstet, das auf mehrere Einsatzarten programmiert ist, Direkt-Angriff und Programm-Suche eingeschlossen. Der SM.39 ist die Untersee-Variante des erfolgreichen und verbreiteten Luft-Seeziel-Flugkörpers Aerospatiale AM.39 Exocet und hat eine Reichweite von 39 sm (72 km). Sein Gefechtskopf wiegt 165 kg.

Los-Angeles-Klasse (SSN 688)

Herkunftsland: USA
Typ: Atomgetriebenes Angriffs-Unterseeboot (SSN)
Baujahr: 1972–
Anzahl: 44 im Dienst, 7 im Bau oder Auftrag, 7 geplant
Verdrängung: 6'000 ts Standard, 6'900 ts getaucht
Abmessungen: Länge 109,7 m, Breite 10,1 m, Tiefe 9,8 m
Antrieb: 1 Welle, 1 S6G-Druckwasser-Reaktor, 2 Getriebe-Turbinen, 35'000 PSw
Leistung: getaucht über 30 kn
Waffen: 4 x 533-mm-TR für konventionelle Torpedos, Subroc und Mk-48-A/S-Torpedos; aus TR gestarte Tomahawk SLCM ab SSN, 688, im Vertikalstart ab 719
Sensoren: Sonar: BQQ-5 für weite Entfernungen, BQS-15 für kurze Entfernungen, BQR-15 geschleppt. Radar: BPS-15
Besatzung: 127
Geschichte: In den späten 60er Jahren zog die US Navy zwei Arten SSN in Betracht, ein schnelles Boot für Angriff und ASW und einen sehr leisen Typ für Operationen in den Sperren. Letztere Anforderung führte zur USS Glenard P. Lipscomb (SSN 685), letztes Glied eines Entwicklungsprogrammes für leise Boote, das auf USS Tullibee (SSN 597) in den frühen 60er Jahren zurückgeht. Die Lipscomb, 1973 vom Stapel, hat viele beachtliche Eigenheiten für leise Fahrt, von denen einige in die Los-Angeles-Klasse übernommen wurden. Wie die Tullibee wird Lipscomb durch einen Druckwasser-Reaktor über eine turbo-elektrische Anlage angetrieben. Damit entfällt das Getriebe, eine Hauptquelle für Geräusche in Atom-U-Booten. Doch man entschloss sich, dass die Los-Angeles-Klasse beiden Rollen gerecht werden sollte, anstatt erhebliche Sonderkosten für zwei Klassen aufzubringen. Wenn auch Lipscomb im Dienst bleibt, wurde der turbo-elektrische Antrieb nicht für die Los-Angeles-Klasse übernommen. Die USS Los Angeles (SSN 688) wurde 1976 in Dienst gestellt, heute (1989) sind 44 im Dienst und 14 im Bau oder vom Kongress genehmigt, wovon drei für die Finanzjahre 1991/92 noch unsicher sind. Das Ziel des Pentagons, 55 Boote bis Ende 1989, war finanziell nicht tragbar. Sie sind viel grösser als alle vorhergehenden SSN der USA. Der Rumpf ist auf höchste Unterwasser-Geschwindigkeit ausgelegt und hat einen sehr schmalen, kleinen Turm. Unglücklicherweise können die Tiefenruder am Turm nicht senkrecht gestellt werden, weshalb diese Boote Eis nicht durchbrechen können. Ab SSN 751 San Juan sind die Tiefenruder wieder zum Bug verlegt, womit der Durchbruch durch Eis wieder möglich ist.

In die Sensor-Ausrüstung ist das Bugsonar BQQ-5 und ein passives, taktisches, geschlepptes Sonar eingeschlossen. Kabel und Winde dafür befinden sich in Tauchtanks, das Gerät selbst liegt unter einer Abdeckung, die fast die ganze Rumpflänge einnimmt. Bemerkenswert ist die Bewaffnung dieser Boote: sie sind mit Subroc und Sub-Harpoon wie auch mit konventionellen und drahtgelenkten Torpedos ausgerüstet. Ab SSN 688 können alle Boote bis 18 Tomahawk aus den TR verschiessen; sie führen acht als Teil der Torpedo-Dotation mit, ab 719 sind es 20, die vertikal gestartet werden. Die Starter liegen zwischen Bug und Druckkörper in der Aussenhülle, wodurch wieder volle Torpedo-Kapazität erreicht wurde. Zwar ist ihre Hauptaufgabe die Jagd anderer Unterseeboote und der Schutz der SSBN, doch kann ohne Umrüstung jedes Überwasser-Schiff auf weite Entfernung mit dem Sub-Harpoon versenkt werden, während Tomahawk den Ein-

Rechts: Die Los-Angeles-Klasse erwies sich als einer der grössten Erfolge der US-Marine. 44 Boote stehen zur Zeit im Dienst, sieben sind im Bau oder Auftrag und sieben in der Planung. Mit ihrem Stückpreis sind sie eines der kostspieligsten Programme der Militärgeschichte. Sie sind die ausgefeiltesten Angriffs-Unterseeboote jeder Marine. Ihre ASW-Bewaffnung umfasst Torpedos (Mk 48 eingeschlossen) und Subroc, während die Tomahawk-Marschflugkörper eine Kapazität gegen Ziele an der Oberfläche sowohl taktisch wie strategisch darstellen. Die SSN 688–718 führen die aus TR zu startende Bauart, von SSN 719 an stehen 20 Tomahawk in senkrechten Schächten zur Verfügung. Dadurch haben sie wieder ihre volle Torpedo-Zuladung. Der Rumpf ist fast frei von Vorsprüngen. Die vorderen Tiefenruder am Turm anzubringen, rief Kritik hervor, besonders weil das sie unfähig machte, Eis zu durchbrechen. Bei künftigen Entwürfen sollen die Ruder wieder an die übliche Bugposition zurückverlegt werden. Ein Wertsteigerungsprogramm für die Los-Angeles-Klasse umfasst die Rückverlegung der Torpedorohre in den Bug, eine Verdoppelung von vier auf acht Torpedorohre und Verbesserungen der Kommando- und Feuerleit-Einrichtungen. Es ist möglich, dass zum ersten Mal in den USA echomindernde Kacheln angebracht werden, obwohl die Briten und Sowjets das seit einiger Zeit praktizieren. Der Rumpf, besonders die Bugform, steht in bemerkenswertem Gegensatz zu den sowjetischen Oscar- und Sierra-Klassen.

satz gegen strategische Ziele tief im Binnenland ermöglicht. Es war daran gedacht worden, sie ab 1985 auch zum Minenlegen zu verwenden, doch ist darüber nichts bekannt geworden.
Die Boote sind sehr teuer. 1976 kostete das erste Boot 221,25 Millionen, 1981 kostete ein Boot (bei zwei gebauten) 495,8 Millionen und heute bereits über 650 Millionen Dollar.

Zukunft: Die Reagan-Regierung beschleunigte das Bauprogramm ab 1982 auf zwei Boote pro Jahr, ab 1986 auf drei; auch das Tomahawk-Programm wurde angekurbelt. Die Boote der neuen SSN-21-Klasse, die gegenwärtig in Entwicklung stehen, bei denen Geräuschreduzierung Hauptsache ist, sind noch stärker bewaffnet, haben verbesserte Sensoren und können unter Eis besser operieren. In den Haushaltjahren 1991/92 sollen fünf in Bau gegeben werden. Für das Typschiff ist der Name Seawolf vorgesehen.
Es gab viel Kritik über die komplizierten und teuren Boote des Los-Angeles-Entwurfs, und es wurden viele Opfer gebracht, um eine so hohe Geschwindigkeit zu erreichen. Unter dem Druck des Kongresses erwog man 1980 ein billigeres und kleineres SSN. Wenn auch die Idee schnell wieder verschwand, heisst das nicht, dass sie nicht wieder aufkommt, vor allem, sobald sich herausstellt, dass die Seawolf-Klasse teurer kommt als die Los-Angeles-Klasse, was gut möglich ist. Inzwischen gibt es Pläne, die Los-Angeles-Boote zu verbessern. Sensoren, Waffen und Leitsysteme sind im Gespräch. Die TR sollen zurück in den Bug, ihre Zahl auf acht erhöht werden. Die Los-Angeles-Boote sollen auch als erste US-U-Boote einen schallschluckenden Belag bekommen.

Links: USS Salt Lake City (SSN 716) auf einer Probefahrt. Die lange Abdeckung an Steuerbord enthält das Schleppsonar BQR-15. SSN 716 ist eine der frühen Einheiten der Klasse mit Tomahawk-Start aus den TR. Ab SSN 719 ist der Vertikalstart eingebaut.

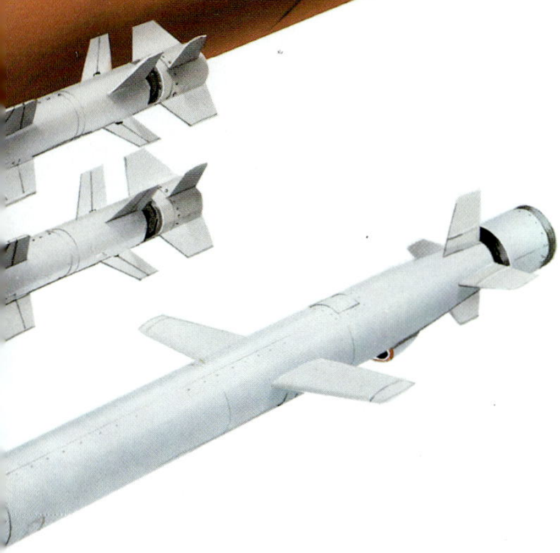

Los-Angeles-Klasse

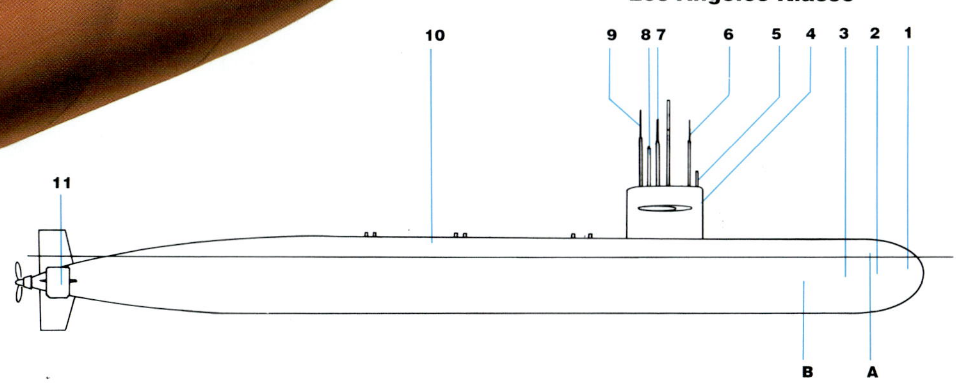

Links: Unter den Waffen, die die SSN der Los-Angeles-Klasse führen sind UUM-44A-2 Subroc (links aussen), UGM-84 Sub-Harpoon (Mitte) und BGM 109-Tomahawk für U-Boot-Start (rechts). Ferner kann jeder Torpedo aus dem Bestand der US Navy verwendet werden. Dieses sind die am schwersten bewaffneten U-Boote, die es je gab.

Waffen
- **A** Vertikal-Startsystem (VLS) für Tomahawk ASM (ab SSN 719)
- **B** 533-mm-TR (2x2) für Harpoon SSM (4 an Bord), Tomahawk SSM (8 an Bord), Subroc-ASW-FK (werden von Sea Lance ASW/SOW abgelöst), Mk-48-ASW-Torpedos, insgesamt 25 Waffen.

Elektronik
- **1** BQQ-5(A) 1 kugelförmige Mehrzweck-Sonaranlage
- **2** Schallempfänger (Horchgerät)
- **3** BQR-21 DIMUS, winkeltreues Sonar
- **4** BQS-15 Kurzstrecken-Sonar
- **5** BPS-15 Sonar für Oberflächen-Beobachtung
- **6** BRA-34 Mehrzweck-Antennengruppe
- **7** BRA-34 Mehrzweck-Antennengruppe
- **8** Übersichts-Periskop Typ 15B Mod 1
- **9** BRD-7 Funkpeil-Antenne
- **10** BRQ-15 Schleppsonar, Abdeckung
- **11** Schallempfänger (Horchgerät)

MEKO-360-Typ

Herkunftsland: BRD
Typ: Fregatte (FG) Nigeria, Zerstörer (DG) Argentinien
Baujahr: 1980–1982
Anzahl: 1 in Dienst (Nigeria), 4 in Dienst (Argentinien)
Verdrängung: 2'970 ts Standard, 3'630 ts Höchst (FG); 2'900 ts Standard, 3'630 ts Höchst (DG)
Abmessungen: Länge 125,6 m, Breite 15,0 m, Tiefgang 4,3 m, (DG 5,0 m)
Antrieb: (FG) 2 Wellen, CODOG, 2 Gasturbinen Rolls-Royce Olympus TM3B , 2 Diesel MTU 20V 956 Tb92; 56'000/10'000 PSw
(DG) 2 Wellen, COGOG, 2 Rolls-Royce Olympus TM3B, 2 Rolls-Royce Tyne, 56'000/10'680 PSw
Leistung: (FG) 30 kn, 4'500 sm/18 kn,
(DG) 30,5 kn, 4'000 sm/18 kn
Waffen: (FG) SSM: 8 x 1 Otomat-Starter; SAM: 1 Achtfach-Starter Aspide (24 FK); Geschütze: 1 127-mm-OTO-Melara, 4 x 2 40-mm/70-Breda-Bofors; 2 x 3 324-mm-TR.
(DG) SSM: 2 x 4 Exocet-MM.40-Starter; SAM: 1 Achtfach-Starter Aspide (24 FK); Geschütze: 1 127-mm-OTO-Melara, 4 x 2 40-mm/70-Breda-Bofors; TR 2 x 3 ILAS-3; Raketenwerfer: 2 Elsag-105-mm-SCLAR
Flugzeuge: (FG) 1 Lynx-Hubschrauber; (DG) 2 Lynx-Hubschrauber oder AB 212. Alle ASW.
Sensoren: (FG) Radar: Plessey-AWS-5 See-/Luft-Überwachung, WM 25 und STIR Feuerleitung, Decca 1226 Navigation; Sonar: KAE80 Rumpfsonar. (DG) Radar: HSA DA-08A See-/Luft-Überwachung, 2 HSA LIROD Funk/Optronik-Feuerleitung, HSA ZW-06 und Decca 1226 Navigation; Sonar: KAE80 Rumpfsonar
Besatzung: (FG) 230, (DG) 200
Geschichte: Zahlreiche Konstrukteure haben versucht, Kriegsschiffe in Zerstörer- oder Fregattengrösse zu schaffen, um durch verschiedene Waffenarten und elektronische Ausrüstungen in einem Standard-Rumpf die unterschiedlichen Käuferwünsche zufriedenzustellen, wodurch eine grössere Serie und damit geringere Kosten erreicht würden. Basis des MEKO-Konzepts ist eine Reihe von Standard-Rümpfen, in die standardisierte, funktional selbständige Module der MEKO/FES-Serie mit standardisierten Anschlüssen eingebaut werden können. Dieses geniöse System ermöglichte es Blohm + Voss, Kriegsschiffe von Zerstörer- oder Fregatten-Grösse auch Marinen anzubieten, die sich sonst keine so grossen Schiffe leisten können. Derzeit werden die Typen 140, 140 H, 200, 200 Mod, 360 H1, 360 H2 und 360 Mod 3 angeboten. Funktionseinheiten für Waffen gibt es für Geschütze, SAM- und SSM-Starter und ASW-Raketenwerfer, CIWS usw. Diese Einheiten sind in eine Fundament-Einheit eingelassen unter Benutzung einer Kunstharz-Verbindung, die statische und dynamische Kräfte auf die Konstruktion des Schiffes überträgt. Im Angebot stehen zum Beispiel Otomat SAM, Aspide SSM, 127-mm-Gschütze, 40-mm-DP Breda Bofors, Phalanx, Goalkeeper und andere.
Elektronik-Funktionseinheiten für Überwachungs-Radar, Feuerleitgeräte, ESM- und ECM-Systeme, Sonar, Nachrichtenverbindungen, Datenverarbeitung befinden sich in Containern in vier internationalen Standardgrössen zwischen 4,1 x 3,5 m und 9,3 x 6,5 m. Palletten werden für Konsolen, taktische Darstellungen und Hilfsgeräte verwendet. Es sind auch verschiedene Antriebe erhältlich.
Die MEKO 360 ist, 360 Mod 3 ausgenommen, gegenwärtig die grösste im Angebot, ein allgemeiner Zerstörer, der weltweit unter allen klimatischen Bedingungen operieren kann. Er kann mit verschiedenen Antriebs-Systemen einschliesslich CODOG und COGOG auf zwei Wellen gefahren werden, die Verstellpropeller haben. Gegenwärtig fahren MEKO 360 in Argentinien (Almirante Brown, i. D. 1982, La Argentina 1983, Heroina 1983, Sarandi 1984) und Nigeria (Aradu 1982). Die argentinischen Schiffe, die eine beträchtliche neue Seemacht im Südatlantik darstellen, sind vor allem für Chile und Grossbritannien von Bedeutung.
Die Türkei bestellte die kleinere MEKO 200 T von 2'740 ts Konstruktionsverdrängung. Sie sind bewaffnet mit acht Harpoon SSM, einem NATO-Sea Sparrow SAM, einem 127-mm-Geschütz, drei einzelnen vierrohrigen Oerlikon Zenith 25-mm-CIWS, 2 x 3 324-mm-TR für ASW sowie einem Hubschrauber AB 212. Zwei wurden in der BRD gebaut, zwei sind auf der Staatswerft Gölcük in der Türkei im Bau. Argentinien hat auch im eigenen Land zwei MEKO 140 A 16 gebaut und im Dienst, vier weitere stehen an. Der Entwurf ist eine verkleinerte 360 mit 1'790 ts Höchstverdrängung. Bekannt als Espora-Klasse führen sie vier Exocet MM.38 oder -40, ein 76-mm-Geschütz OTO Melara (DP), zwei 40-mm-Zwillinge, 2 x 3 324-mm-TR und einen Hubschrauber. Die ersten drei haben einen Teleskop-Hangar, den die anderen ebenfalls erhalten werden. Portugal lässt in der Bundesrepublik drei Fregatten MEKO-200 P bauen, die anfangs des

Oben: Aradu (F 89) der nigerianischen Marine auf Probefahrt.

Oben: Nahbereichsverteidigung durch vier 40-mm/70-Zwillinge Breda-Compact. Schussfolge ist 300 je Min/Rohr.

nächsten Jahrzehnts fertig werden sollen, die Vasco-da-Gama-Klasse mit ca. 3'000 ts Höchstverdrängung, 8 Harpoon, einem 100-mm-Geschütz, Phalanx, Sea Sparrow, 6 UTR sowie zwei Hubschraubern.

Zukunft: Ausser den argentinischen Schiffen und dem nigerianischen ist kein Auftrag mehr für MEKO 360 erteilt worden. Laut Gerüchten soll Argentinien aus finanziellen Gründen sogar zwei der 360 verkaufen wollen.

Links: Die nigerianische und die argentinischen MEKO 360 haben British-Westland-Lynx-ASW-Hubschrauber, aber der Südatlantische Krieg 1982 führte zu einem Umdenken. Es sollten Agusta-Bell-AB-212-ASW-Hubschrauber beschafft werden, die A-244/S-Leichttorpedos und AS-12-ASM tragen. Der AB 212 hat auch ein starkes Suchradar, ein Tauchsonar und Sonobojen.

Waffen:

- **A** OTO Melara 127-mm/54-DP-Geschütz (1 x 1)
- **B** Breda Bofors 40-mm-Zwillings-AA-Geschütz (2 x 2)
- **C** MM 40-Exocet-SSM-Starter (2 x 4)
- **D** 324-mm-ILAS-3-ASW-TR (2 x 3)
- **E** Albatros-Starter für Aspide SAM (1 x 8)
- **F** Elsag 105-mm-SCLAR-Störfolien-Starter (2 x 20)
- **G** Breda Bofors 40-mm-Zwillings-AA-Geschütz (2 x 2)
- **H** 2 ASW-Hubschrauber, Lynx oder Agusta Bell AB 212
- **J** Otomat Mk 1 SSM-Starter (2 x 2)
- **K** Plessey STWS-1B 324-mm-TR (2 x 3)
- **L** Otomat Mk 1 SSM-Starter (2 x 2)
- **M** Westland Lynx Mk 86 ASW-Hubschrauber (2)

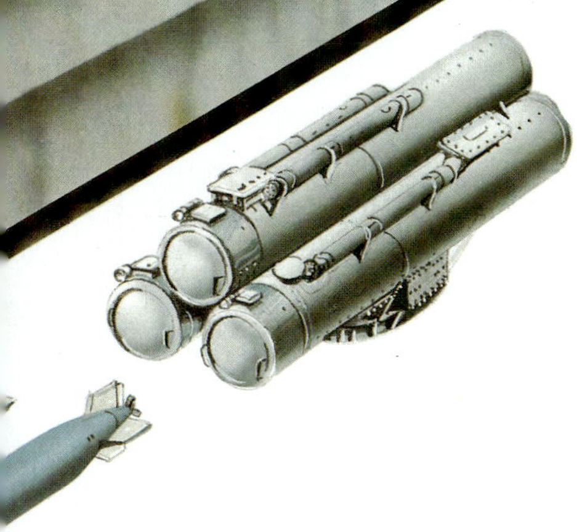

Oben: Almirante Brown (D 10), einer der vier MEKO-360-Zerstörer im argentinischen Dienst. Insgesamt bedeuten sie eine ziemliche Wertsteigerung dieser Marine und sind ein wichtiger Faktor für Einsätze der britischen Flotte im Südatlantik.

Elektronik

- **1** Krupp Atlas-Elektronic KAE 80 Rumpfsonar
- **2** HSA ZW 06 Seezielsuch- und Navigationsradar
- **3** Decca 1226 Navigationsradar
- **4** HSA LIROD elektro-optische Geschütz-Feuerleitung
- **5** HSA WM-25-Feuerleitradar für Luftverteidigung in niedrigster Höhe
- **6** HSA DA 08 F-Band Warnung und Waffensteuerung
- **7** HSA STIR Signal-Verfolgung und Radar-Beleuchter
- **8** HSA LIROD elektro-optische Geschütz-Feuerleitung

MEKO 360 H2 (Argentinien)
Almirante Brown (D 10)

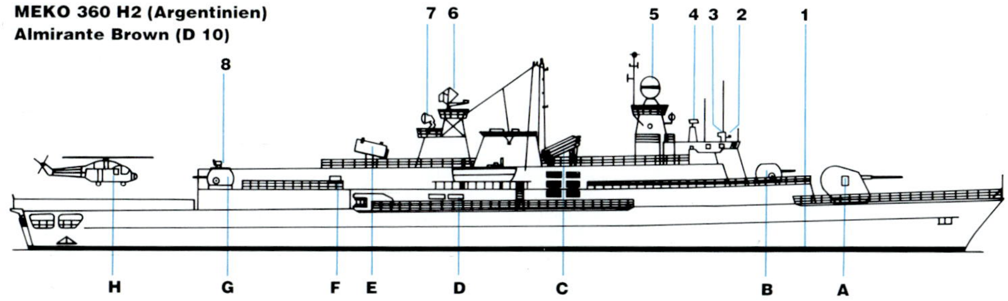

MEKO 360 H 1 (Nigeria)
Aradu (F 89)

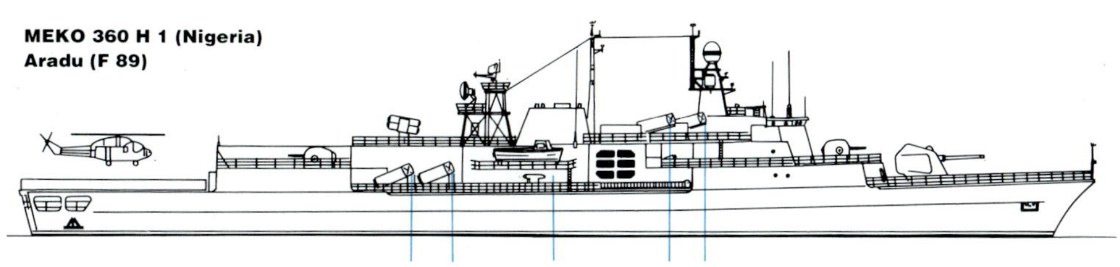

Moskva-Klasse

Herkunftsland: UdSSR
Typ: Hubschrauber-Kreuzer (CVS)
Baujahre: 1962–1969
Anzahl: 2 im Dienst
Verdrängung: 15'500 ts Standard, 19'200 ts Höchst
Abmessungen: Länge 189,0 m, Breite 34,0 m, Tiefgang 8,5 m
Antrieb: 2 Wellen, Getriebeturbinen, 100'000 PSw
Leistung: 31 kn, 4'500 sm/19 kn
Waffen: SAM: 2 Zwillingsstarter SA-N-3 (48 FK); Geschütze: 4 Zwillinge 57 mm/70; ASW: 1 Zwillingsstarter SUW-N-1 (24 SS-N-16-FK), 2 zwölfrohrige RBU-6000
Flugzeuge: 16 Ka-25 Hormone-A, 2 Hormone-B
Sensoren: Suchradar: Top Sail 3D, Head Net C 3D; Feuerleitradar: 2 Head Light C (SS-N-16 FK), 2 Muff Cob (57 mm); Navigationsradar: 3 Don 2; Sonar: 1 LF-Bugsonar, 1 MF tiefenvariabel
Besatzung: 840, zuzüglich Flugpersonal
Geschichte: In der sowjetischen Marine als Protovolodochny Kreyser (Kreuzer gegen Unterseeboote) bezeichnet, trat die Moskva erstmals 1967 auf, gefolgt von Leningrad 1969, die beide auf der Nosenko-Werft in Nikolajew gebaut worden waren. Der Entwurf der Schiffe mag durch die französischen und italienischen Hubschrauber-Träger Jeanne d'Arc und Vittorio Veneto beeinflusst worden sein, die in den frühen 60er Jahren gebaut wurden, aber die sowjetischen Schiffe sind viel grösser und führen bis zu 18 Maschinen mit.
An der wichtigsten Aufgabe für diese zwei Schiffe gibt es keinen Zweifel, sie wurden entworfen, um die Polaris SSBN der US Navy zu jagen und zu vernichten, vornehmlich im Mittelmeer. Sie spielten bei der Einführung gross angelegter Luftoperationen der sowjetischen Marine eine wichtige Rolle und dienten der Ausbildung von Offizieren, Mannschaften und Flugpersonal in der Technik, mit vielen Maschinen gleichzeitig von einem Schiff aus zu operieren. So dienten sie als Vorstufe zu der Kiev und letztlich den Flugzeugträgern der Kremlin-Klasse.
Ihre Luftmacht besteht aus 15 bis 18 Ka-25 Hormone, die in einem geräumigen Hangar unter dem die halbe Schiffslänge einnehmenden Flugdeck untergebracht sind. Es wird durch zwei Lifte bedient, die etwas eng sind und daher die Möglichkeiten auf die Hormone beschränken. Das wurde deutlich demonstriert, als die Leningrad im Sommer 1974 zur Minenräumung zum Suez-Kanal entsandt worden war und ihre Mi-8 Hip an Deck bleiben mussten. Wichtigstes ASW-Waffensystem ist der Ka-25-Hubschrauber, normalerweise der Hormone-A, obgleich auch die B-Ausführung an Bord ist. Im Gegensatz zu westlichen Flugzeugträgern, die es zur Zeit des Moskva-Entwurfs gab, wird die vordere Hälfte der sowjetischen Schiffe durch vielfältige ASW- und AA-Waffen eingenommen. Ein Zwillingsstarter SUW-N-1 (ASW-FK) steht auf der Back; vor ihm zwei RBU-6000-Raktenwerfer fast am Bug. Ein SA-N-3-Luftraum-Verteidigungssystem steht auf dem 1. und 2. Aufbaudeck, und zwei Zwillinge 57-mm-DP-Geschütze scheinen wie nachträglich eingefügt. ASW-Sensoren sind ein LF-Bugsonar und ein tiefenvariables Sonar. Anfangs hatten die Schiffe im Rumpf unterhalb der Brücke knapp über der Wasserlinie TR. Sie wurden ausgebaut, denn zweifelsfrei waren sie bei auch nur geringem Seegang nicht einzusetzen. Der pyramidenförmige Aufbau enthält die Brücke, den Schornstein und zahlreiche Funk-, Radar- und ESM-Antennen. Die Moskva führte 1973 Träger-Versuche für die Yak-36 Forger durch. Bisher liess sich aber kein operativer Einsatz dieses V/STOL-Flugzeugs feststellen.
Zukunft: Moskva und Leningrad leisteten der Sowjet-Marine gute Dienste. Trotzdem scheint das Interesse an mittelgrossen Trägerschiffen zugunsten der viel grösseren Kiev-Klasse zu schwinden.

Oben: Moskva (aufgenommen, bevor die TR ausgebaut und die Öffnung überplattet wurde) mit dem einzigartigen Pyramiden-Aufbau, den zahlreichen Sensoren, vor allem dem Headlight-A-FK-Leitradar.

Rechts: Flugkörper SA-N-3 Goblet mit Zwillingsstarter. Der Flugkörper hat eine Reichweite von 30 km und eine Abfanghöhe zwischen 91 m und 24'400 m. Die FK-Lenkung erfolgt durch Headlight-A-Radar.

Unten: Moskva mit fünf Kamov Ka-25 an Deck. Zu beachten ist der Hubschrauber-Führungsstand am Schornstein, das Tor zum schmalen Hangar und der enge Lift, der die Einschiffung grosser Maschinen unmöglich macht.

Rechts: Sowjetische Flugzeug-Konstrukteure erhalten für ihre Arbeit Anerkennung und Aufmerksamkeit. Die Konstrukteure von Schiffen aber bleiben anonym, obwohl sie wagemutig und voller neuer Ideen sind. Ein frühes Beispiel ihres Könnens ist die Moskva-Klasse, ein ASW-Kreuzer mit Flugdeck, der sein grosses, freies Deck achtern mit einer schweren und wirkungsvollen Bewaffnung auf dem Vorschiff kombiniert und eine mannigfaltige und offensichtlich umfassende Sensor-Ausrüstung hat. Aus der Zeichnung geht auch die ungewöhnliche Form des Rumpfs hervor, eioder tropfenförmig in der Aufsicht. Sie mag ein grosses Flugdeck ergeben, aber wohl ebenso ungewöhnliche Bewegungen im Seegang.

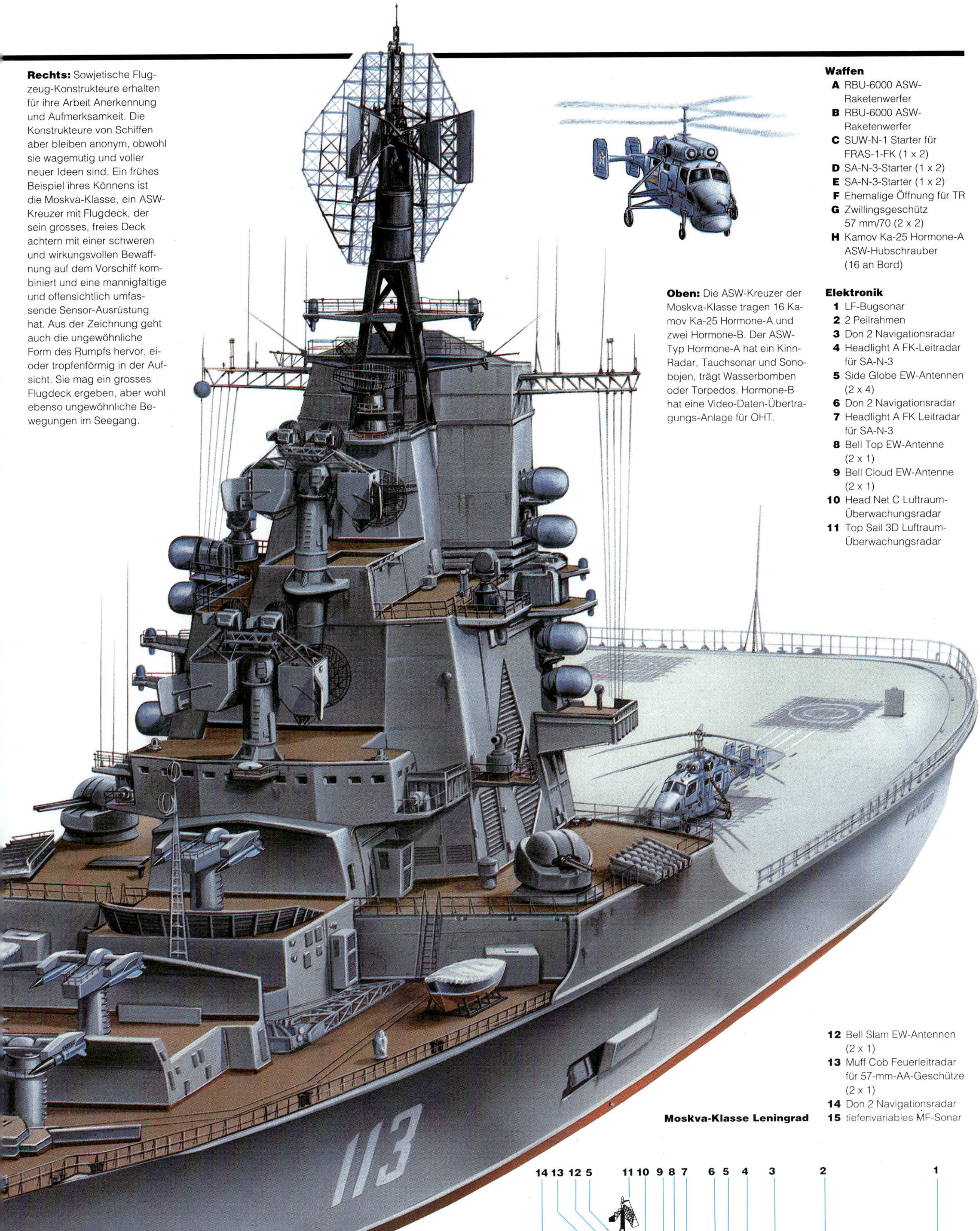

Oben: Die ASW-Kreuzer der Moskva-Klasse tragen 16 Kamov Ka-25 Hormone-A und zwei Hormone-B. Der ASW-Typ Hormone-A hat ein Kinn-Radar, Tauchsonar und Sonobojen, trägt Wasserbomben oder Torpedos. Hormone-B hat eine Video-Daten-Übertragungs-Anlage für OHT.

Waffen

- **A** RBU-6000 ASW-Raketenwerfer
- **B** RBU-6000 ASW-Raketenwerfer
- **C** SUW-N-1 Starter für FRAS-1-FK (1 x 2)
- **D** SA-N-3-Starter (1 x 2)
- **E** SA-N-3-Starter (1 x 2)
- **F** Ehemalige Öffnung für TR
- **G** Zwillingsgeschütz 57 mm/70 (2 x 2)
- **H** Kamov Ka-25 Hormone-A ASW-Hubschrauber (16 an Bord)

Elektronik

- **1** LF-Bugsonar
- **2** 2 Peilrahmen
- **3** Don 2 Navigationsradar
- **4** Headlight A FK-Leitradar für SA-N-3
- **5** Side Globe EW-Antennen (2 x 4)
- **6** Don 2 Navigationsradar
- **7** Headlight A FK Leitradar für SA-N-3
- **8** Bell Top EW-Antenne (2 x 1)
- **9** Bell Cloud EW-Antenne (2 x 1)
- **10** Head Net C Luftraum-Überwachungsradar
- **11** Top Sail 3D Luftraum-Überwachungsradar
- **12** Bell Slam EW-Antennen (2 x 1)
- **13** Muff Cob Feuerleitradar für 57-mm-AA-Geschütze (2 x 1)
- **14** Don 2 Navigationsradar
- **15** tiefenvariables MF-Sonar

Moskva-Klasse Leningrad

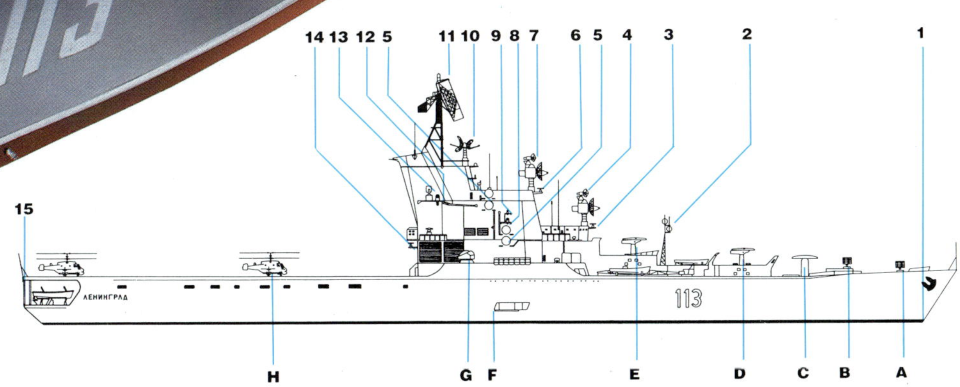

Nimitz-Klasse (CVN 68)

Herkunftsland: USA
Typ: Atomgetriebener Flugzeugträger (CVN)
Baujahr: 1968–
Anzahl: 4 im Dienst, 1 im Bau, 1 bewilligt, 2 geplant
Verdrängung: (Nimitz) 72'798 ts Leerverdrängung, 90'944 ts Höchst; (übrige) 72'916 ts Leerverdrängung, 91'487 ts Höchst
Abmessungen: Länge 332,9 m, Breite 40,8 m, Tiefgang 11,3 m
Antrieb: 4 Wellen, 2 A4W/A1G-Druckwasser-Reaktoren, 4 Getriebeturbinen, 280'000 PSw
Leistung: über 30 kn
Waffen: Geschütze: 3 20-mm-Phalanx-CIWS (Nimitz, Eisenhower); 4 20-mm-Phalanx-CIWS (übrige). SAM: 3 Nächstbereich-FK-Verteidigungssysteme (BPDMS), Starter für Sea Sparrow
Flugzeuge: 24 F-14A Tomcat, 24 A-7E Corsair oder F/A-18 Hornet, 10 A-6E Intruder, 4 KA-6D Intruder, 4 E-2C Hawkeye, 4 EA-68 Prowler, 10 S-3A Viking, 6 SH-3H Sea King
Sensoren: Radar: SPS-48 3D Luftsuche, SPS-43A Luftsuche (Nimitz, Eisenhower); SPS-49(V) Luftsuche (übrige); SPS-10F Seezielsuche (Nimitz, Eisenhower, Vinson); SPS-67(V), SPS-64 Seezielsuche (übrige); LN-66 Navigation
Besatzung: 3'300 und 3'000 Flugpersonal

Rechts: USS Carl Vinson (CVN 70) läuft in Pearl Harbor ein, mit fast allen Maschinen und nahezu der gesamten Besatzung an Deck für die Ehrenbezeigung beim Einlaufen.

Geschichte: Die Flugzeugträger der Nimitz-Klasse sind die mächtigsten und maschinell stärksten Kriegsschiffe der Geschichte. Jeder trägt etwa 90 Flugzeuge, deren Fähigkeit vom Atom-Angriff über Abfangjagd und Tiefangriff bis zum Schutz vor Unterseebooten reicht, eine stärkere und ausgeglichenere Luftmacht als die mancher nationalen Luftwaffe. Jeder Träger hat eine Besatzung von 3'300 Mann, mit weiteren 3'000 für die Geschwader. Ihre Atom-Reaktoren haben Brennelemente, die es ermöglichen, dreizehn Jahre ununterbrochen zu fahren, was einer Million Seemeilen entspricht. Diese ausserordentlichen statistischen Daten werden dann herausgefordert werden, wenn die sowjetischen Atom-Super-Träger in den 90er Jahren in Dienst gehen. In der Tat hat die durch die Nimitz-Klasse empfundene Bedrohung eine massive Entwicklung der Sowjetflotte in den letzten rund 20 Jahren ausgelöst.
Erster Atom-Träger war USS Enterprise (CVN 65), der 1961 in Dienst gestellt wurde. Er wurde in der bemerkenswert kurzen Zeit von 45 Monaten gebaut und war so erfolgreich, dass Atomkraft als Antriebsmittel den Vorzug erhielt, als die Träger der Midway-Klasse ersetzt werden sollten. Inzwischen führte der Fortschritt von den acht A2W-Reaktoren der Enterprise mit je 35'000 PSw zu den nur zwei A4W, die jeder etwa 130'000 PSw erbringen. Zudem müssen die Brennelemente seltener ersetzt werden als jene der Enterprise. Die geringere Zahl Reaktoren machte viele Verbesserungen der Raumaufteilung unter dem Hangardeck möglich. Auf der Enterprise war das gesamte Mittelschiff von den Maschinenräumen eingenommen, Flugtreibstoff und FK-Magazine wurden an die Enden des Schiffes verbannt. Auf Nimitz aber ist die Antriebsanlage in zwei getrennte Abschnitte unterteilt, mit Magazinen dazwischen. Die verbesserte Raumaufteilung erbrachte Platz für etwa 20% mehr Flugtreibstoff und mehr Raum für Munition, Lasten usw. Die Aufteilung des Flugdecks ist fast gleich wie auf der John F. Kennedy (CV 67) der Kitty-Hawk-Klasse.
Die Zuteilung defensiver Waffen und Sensoren auf den ersten beiden (Nimitz, CVN 68 und Eisenhower, CVN 69) war die gleiche wie auf John F. Kennedy (CV 67), obgleich das dritte Schiff, Carl Vinson (CVN 70), NATO-Sea Sparrow und Phalanx anstelle der BPDMS-Starter früherer Schiffe führt. Theodore Roosevelt (CVN 71) hat die gleiche Ausstattung; bei den weiteren wird es ähnlich sein. Die Verstärkung der Bewaffnung zur Abwehr gleicht der bei Trägern anderer Flotten. Vinson und Roosevelt haben eine ASW-Leitzentrale und Einrichtungen zur Wartung der S-3 Viking. Auf Nimitz und Eisenhower werden sie nachgerüstet.
Bei der Bauausführung entstanden Probleme auf der Werft, die die Kosten in die Höhe trieben, und in den späten 70er Jahren versuchte die Regierung Carter erfolglos die für den vierten Träger bewilligten Mittel zu blockieren zugunsten eines konventionell angetriebenen Entwurfs von 50'000 ts, bekannt als CVV. Bei der Marine war der CVV niemals populär, und die Regierung Reagan hat sich zur Fortführung des CVN-Programms entschlossen. Zur Zeit stehen Nimitz und Eisenhower im Atlantik, Vinson und Roosevelt im Pazifik.
Zukunft: Abraham Lincoln (CVN 72) und George Washington (CVN 73), die 1990/91 zur Flotte treten sollen, lösen den letzten Träger der Midway-Klasse ab, USS Coral Sea (CV 43), seit 1947 im Dienst, der dann Ausbildungs-Flugzeugträger werden soll.

Nimitz (CVN 68)

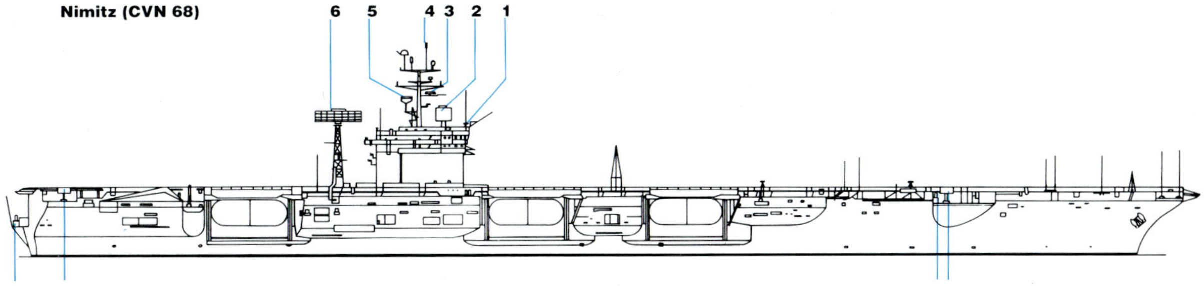

Waffen

A Mk 29 Starter für NATO-Sea Sparrow SAM (1 x 8)
B Mk 15 20-mm-Vulcan/ Phalanx-CIWS (2 x 1)
C Mk 29 Starter für NATO Sea Sparrow SAM (2x 8)
D Mk 15 20-mm-Vulcan/ Phalanx-CIWS (2 x 1)

Elektronik

1 LN-66 Navigationsradar
2 SPS-48B-3D Langstrecken-Luftraumüberwachungs-Radar
3 SPS-10F Seeziel-Suchradar
4 URN-20 Tacan-Antenne
5 SPS-49 2D Luft-Suchradar
6 SPS-43A Langstrecken-Luftsuchradar

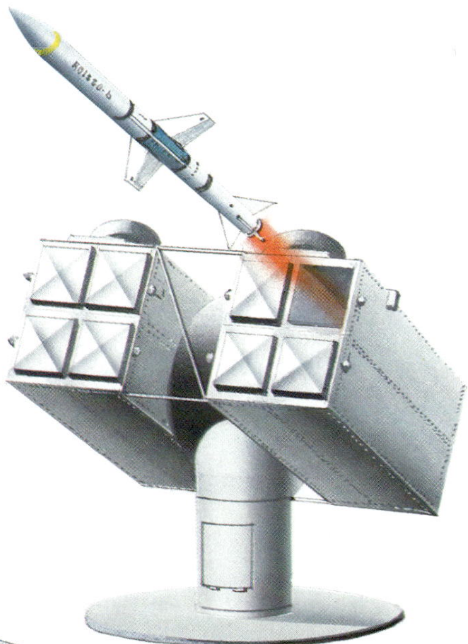

Rechts: Ein Sea-Sparrow-FK Raytheon RIM 7H wird aus einem Mk-29-Leichtgewichts-Starter abgefeuert. Mk-25-Starter sind auf Eisenhower (CVN 69) aufgestellt. Das Nächstbereichs-Verteidigungs-System (BPDMS) Sea Sparrow benutzte Asroc-Starter und die RIM-7E-Version des AIM-7E-Sparrow-FK.

Unten: Die Grösse dieses Atom-Trägers ist allein schon an den zwergenhaft wirkenden Flugzeugen auf dem Flugdeck zu ermessen. Das Träger-Geschwader jedes dieser CVN ist grösser und ausgewogener als viele nationale Luftstreitkräfte. Das CAW setzt sich meist zusammen aus 24 F-14 Tomcat, 24 F/A-18 Hornet, 10 A-6E Intruder, 4 KA-6D-Intruder-Betankungsflugzeugen, 4 E-2C-Hawkeye-AEW-Flugzeugen, 10 S-3A-Viking-ASW-Flugzeugen, 6 SH-3H-Sea-King-Hubschraubern und Transport- und Verbindungsflugzeugen.

Niteroi-Klasse

Herkunftsland: Grossbritannien
Typ: Fegatte (FF)
Baujahr: 1972–1980
Anzahl: 6 (in Brasilien)
Verdrängung: 3'300 ts Standard, 3'900 Höchst
Abmessungen: Länge 129,9 m, Breite 13,5 m, Tiefgang 5,5 m
Antrieb: 2 Wellen, CODOG, 2 Gasturbinen Rolls-Royce Olympus TM3B/4 MTU-Diesel, 56'000/15'670 PSw
Leistung: 30 kn (Gasturbinen), 5'300 sm/17 kn (2 Diesel)
Waffen: FK: 2 Zwillingsstarter Exocet SSM (GP-Version), 2 Dreifach-Starter Seacat (GP und ASW); Geschütze: 2 114 mm/55 Vickers Mk 8 (GP-Version), 1 114 mm/55 Vickers Mk 8 (ASW-Vers.), 2 40 mm/70 Bofors (ASW); ASW-Waffen: 1 Ikara-Starter (10 FK) (ASW), 1 Bofors 357-mm-Raketenstarter, 1 Wasserbomben-Ablaufgestell; TR: 2 Drillinge Plessey STWS-1
Flugzeuge: 1 Westland Lynx
Sensoren: Radar: Plessey AWS-2 Luftwarnung, HSA ZW-06 Seezielwarnung, 2 Selenia-RTN-10X-Feuerleitung; 1 Ikara Verfolger (ASW); Sonar: EDO 610 E Bugsonar, EDO 70 E tiefenvariabel
Besatzung: 209
Geschichte: Einige europäische und amerikanische Werften versuchten Kriegsschiffe zu entwerfen, die für kleinere Seemächte durch eine Kombination von Kampfkraft und Wirtschaftlichkeit sowohl an Kapitaleinsatz wie Unterhalts- und Besatzungskosten akzeptabel wären. Französische, italienische, westdeutsche und britische Werften waren auf diesem Gebiet besonders aktiv. In den letzten 30 Jahren sind viele Entwürfe veröffentlicht worden, von denen die Vosper-Thornycroft-Serie aufeinander abgestimmter Korvetten und Fregatten, mit Mk 10 als gegenwärtig grösstem Typ, äusserst erfolgreich war.
Das Vosper-Thornycroft-Konzept wurde begünstigt durch einige technische Entwicklungen, besonders durch das Aufkommen der Gasturbine mit dem guten Verhältnis von Leistung zu Gewicht und eine Generation von Waffen und Feuerleitsystemen, die bei geringerer Grösse und Gewicht mehr leisten als ihre Vorgänger. Seeziel-FK, die jedes Kriegsschiff ernsthaft beschädigen können ohne umständliches und teures Leitsystem, ermöglichten selbst einem kleinen Schiff eine Feuerkraft, die vormals einen grossen Rumpf erfordert hätte. Diese Fakten verbessern nicht nur Kampfkraft und Geschwindigkeit, sie verringern auch die Besatzung. Ohne letzteres wäre kein annehmbarer praktischer Entwurf zustande gekommen. Jeder Mann im Schiff benötigt durchschnittlich 5 m² Fläche. Deshalb ist es nur mit einer drastischen Reduzierung der Mannschaft möglich, kleinere und kostengünstigere Schiffe zu bauen. Der Entwurf Mk 1 war eine 500-ts-Korvette mit einem 102-mm-Geschütz und einem Squid-Mörser; zwei wurden 1964/65 an Ghana geliefert, eine 1976 an Libyen. Mk 3 war mit 660 ts etwas grösser, hatte 2 102-mm-Geschütze, 2 40-mm- und 2 20-mm-Bofors-Rohrwaffen; 1972 gingen zwei an Nigeria.
Mk 1 und 3 waren zu klein für Gasturbinen, aber bei der Mk-5-Fregatte wurde ein CODOG-Antrieb praktikabel. Mit 1'540 ts war sie auch erheblich grösser und wurde mit Sea Killer SSM, Seacat SAM, einem 114-mm-Hauptgeschütz und 2 35-mm-Oerlikon-Rohrwaffen bestückt, vier wurden als Saam-Klasse von der Kaiserlich Iranischen Marine gekauft und 1971/72 in Dienst gestellt. Eine einzelne Fregatte Mk 7 (1'780 ts) mit einem 114-mm-, zwei 40-mm-, einem 35-mm-Zwilling, einem Seacat-Starter und einem Mk-10-ASW-Mörser wurde von Libyen geordert. Als nächste erschien die Korvette Mk 9, von der Nigeria zwei bestellte und 1980/81 in Dienst stellte. Diese Klasse von nur 780 ts Verdrängung hat dennoch Seacat, ein 76-mm-Hauptgeschütz, ein 40-mm-Bofors, zwei 20-mm-Rohrwaffen und einen Bofors-Raketenstarter. Der vielleicht grösste Erfolg war ein Auftrag der Royal Navy über acht Fregatten Typ 21, Amazon-Klasse, mit einer Verdrängung von 3'250 ts und einer Bewaffnung mit einem 114-mm-Geschütz, vier MM.38 Exocet und anderem.
Die Fregatte Mk 10, wie sie die brasilianische Marine kaufte, ist die grösste der Serie. Im brasilianischen Dienst als Niteroi-Klasse bezeichnet, sind sie schwer bewaffnete und verhältnismässig grosse Schiffe, haben aber nur 209 Mann Besatzung. Diese sechs Schiffe umfassen zwei für allgemeine Zwecke, Constituçião und Liberal, und vier speziell für ASW, die Niteroi, Defensora, Independencia und União.
Zukunft: Die Vosper-Thornycroft-Fregatte Mk 10 ist ein ausgewogener und vielseitiger Entwurf. Inzwischen wurde die Klasse Mk 9 verbessert, eine leichte Fregatte Mk 18 kam hinzu, aber bis zum Herbst 1989 kamen keine Verkäufe mehr zustande. Die beiden letzten ASW-Fregatten wurden in Rio de Janeiro gebaut (und auch ein kleineres Schulschiff, die Brazil). Geplant sind zwei in Brasilien zu bauende Fregatten, die sich an den Niteroi-Entwurf anlehnen.

Rechts: SAM-FK Short Seacat auf den brasilianischen Fregatten, ein leichtgewichtiger Starter mit drei FK. Die maximale Wirkungsreichweite liegt bei 5'500 m.

Unten: Das australische Branik-ASW-System verwendet einen Ikara-FK, der einen Torpedo trägt (meist Mk 44 oder 46). Ein Computer errechnet den Abwurfpunkt.

Links: Liberal (F 43), eine der beiden GP-Versionen der Vosper Thornycroft Mk 10 für die brasilianische Marine. Von den vier ASW-Schiffen unterscheiden sie sich durch ein zweites 114-mm-Geschütz achtern anstelle des Branik-ASW-FK-Werfers und vier MM.38-Exocet-Starter vor dem Hauptmast. Es sind kampfstarke, gut bewaffnete Einheiten mit entsprechender Sensor-Ausrüstung.

Unten: Die brasilianische ASW-Fregatte Niteroi (F 40), Typschiff dieser Klasse. Beachtenswert die Seacat-Starter auf dem Hangardach, der Lynx-ASW-Hubschrauber auf dem Landedeck, der Branik-ASW-Flugkörper-Starter auf dem Quarterdeck und das EDO-700E-VDS im Heck. Die ASW-Bewaffnung ist besonders stark durch den Bofors-Raketenwerfer, einen Hubschrauber, das Branik-System, ASW-Torpedos und Wasserbomben. Die meisten westlichen ASW-Fregatten haben nur einen Hubschrauber und Torpedos.
Diese Schiffe repräsentieren die lange Entwicklungslinie bei Vosper Thornycroft. Sie gehören zu den stärksten und modernsten ASW-Einheiten ihrer Grösse und würden sich in jedem südamerikanischen Konflikt zu behaupten wissen.

Waffen
- **A** Vickers 114 mm/55 Mk 8 automatisches DP-Geschütz (1 x 1)
- **B** Bofors 375-mm-ASW-Raketenwerfer (1 x 2)
- **C** Bofors 40-mm-AA-Geschütz (2 x 1)
- **D** 324-mm-ASW-TR STWS-1 (2 x 3)
- **E** Short-Seacat-SAM-Starter (1 x 3)
- **F** Westland Lynx Mk 21 ASW-Hubschrauber
- **G** Ikara ASW-Flugkörper-Starter
- **H** Wasserbomben-Gestell (6 WB)
- **J** MM.38 Exocet SSM (2 x 2)
- **K** Vickers 114 mm/55 Mk 8 automatisches DP-Geschütz (1 x 1)

Elektronik
1. EDO 610 E Bugsonar
2. Branik Verfolgungs- und Leitradar für ASW-System
3. Selenia Orion RTN-10X Feuerleitradar
4. HSA ZW-06 Seeziel-Suchradar
5. Plessey AWS-2 Luft-Suchradar
6. Selenia Orion RTN-10X Feuerleitradar
7. EDO 700 E tiefenvariables Sonar

Niteroi (F 40)

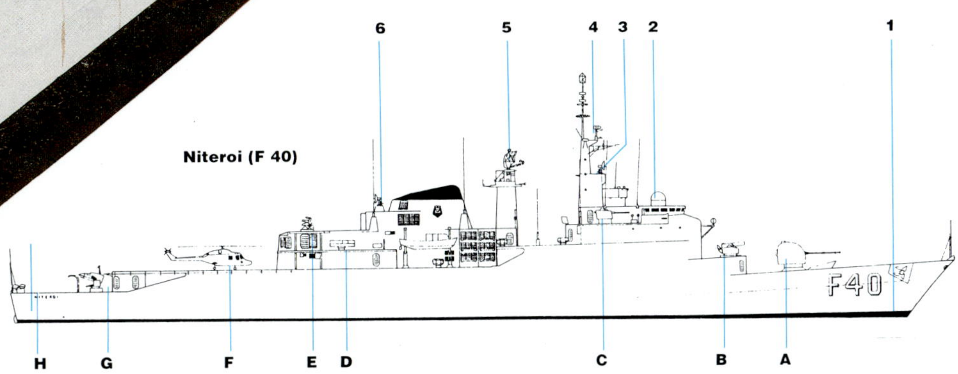

Niteroi-Klasse GP-Version Liberal (F 43)

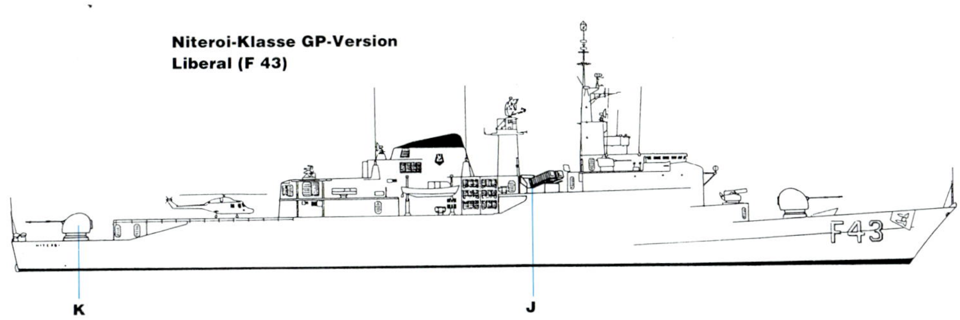

Ohio-Klasse

Herkunftsland: USA
Typ: Atomgetriebenes Unterseeboot mit ballistischen FK (SSBN)
Baujahr: 1976–
Anzahl: 8 im Dienst, 2 im Bau, 3 Autrag erteilt, 3 geplant
Verdrängung: 16'000 ts aufgetaucht, 18'700 ts getaucht
Abmessungen: Länge 170,7 m, Breite 12,8 m, Tiefgang 10,8 m
Antrieb: 1 Welle, 1 S8G-Druckwasser-Reaktor, 2 Getriebeturbinen
Leistung: über 30 kn getaucht
Waffen: SLBM: 24 Trident I oder II; TR: 4 x 533 mm
Sensoren: Sonar: BQQ-5, passives Bugsonar, Schleppsonar (?)
Besatzung: 133
Geschichte: Mit der Weiterentwicklung der Polaris-FK-Unterseeboote der US-Marine zu den Poseidon-FK tragenden in den 70er Jahren begann die Entwicklung eines völlig neuen SLMB. Das Ergebnis, die Trident I C-4, hat eine Reichweite von 7'100 km und steht nun auf 12 Booten der umgebauten Lafayette-Klasse im Dienst (SSBN). Um aber alle Vorteile des FK auszunutzen und die etwas grössere Trident II D-5 verwenden zu können, sollte eine neue Klasse grösserer SSBN gebaut werden. Ausserdem sollten die neuen Boote 24 statt 16 FK aufnehmen können und mit der neuesten Technik ausgerüstet werden. Der Kongress scheute erst einmal die enormen Kosten des neuen Systems, aber als die Sowjetmarine ihre eigenen Langstrecken-SLBM mit der SS-N-8 (6'700 km) mit der Delta-Klasse einführte, war die Reaktion in den USA, schleunigst das Tridentprogramm zu genehmigen und gar anzukurbeln. Die ersten drei Boote der Ohio-Klasse gingen 1976/77 in Bau, das erste am 10. 4. 76. 1986 waren acht für die Trident gebaute Boote im Dienst.
Die endgültige Anzahl Trident-U-Boote hängt von zwei Faktoren ab, dem Ergebnis der Verhandlungen zur Verminderung der strategischen Rüstung zwischen USA und UdSSR (START) und den Kosten des Programms. 1989 sind daher nur zwei weitere Boote im Bau und je drei genehmigt und geplant. Geplant waren einst 24, je 10 sollten der Pazifik- und der Atlantik-Flotte zugeteilt werden. Bei einer angenommenen Verfügbarkeit von 65% würden stets 15 Boote mit 360 FK in See stehen.
Der grosse Vorteil der heutigen Generation amerikanischer und sowjetischer SLBM ist, dass sie in Heimatgewässern gestartet werden können. Das macht die Entdeckung der Abschussplattform und die Zerstörung von U-Boot oder FK sehr schwierig, wenn nicht unmöglich, und erhöht ihren Abschreckungswert.
Die SSBN der Ohio-Klasse haben 24 senkrechte Startbehälter hinter dem Turm. Die in Dienst stehenden acht führen Trident-I-SLBM, die nachfolgenden Boote erhalten die Trident II. Die SSBN der Ohio-Klasse haben im Bug auch vier TR für konventionelle Torpedos. Sensoren sind das BQQ-5-Bugsonar und sehr wahrscheinlich ein taktisches geschlepptes Sonar, für das Winde und Kabel in Tauchtanks liegen dürften.
Zukunft: Die Trident II D-5 wird mit dem neunten Boot eingesetzt, die ersten acht werden nachgerüstet. Die Trident II D-5 trägt eine grössere Nutzlast und ist zielgenauer als Trident I. Sie versetzt die

Rechts: Der Trident I C-4 SLBM wurde 1978 einsatzfähig. Zwölf umgebaute Boote der Lafayette/Franklin-Klasse tragen je 16, die ersten Ohio 24. Sie werden alle auf Trident II D-5 umgerüstet. Der Trident I C-4 hat 7'100 km Reichweite und trägt bis zu acht MIRV zu je 100 kT nomineller Sprengwirkung. Trident II hingegen hat eine Reichweite von 11'100 km, er trägt 8 MIRV à 300–475 kT.

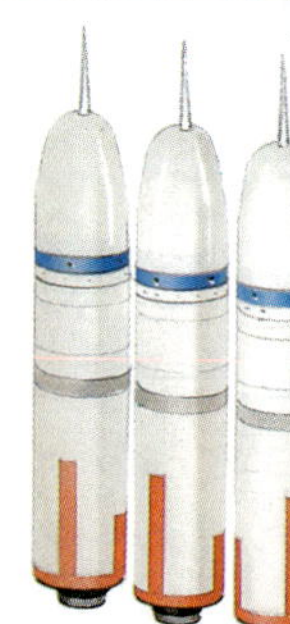

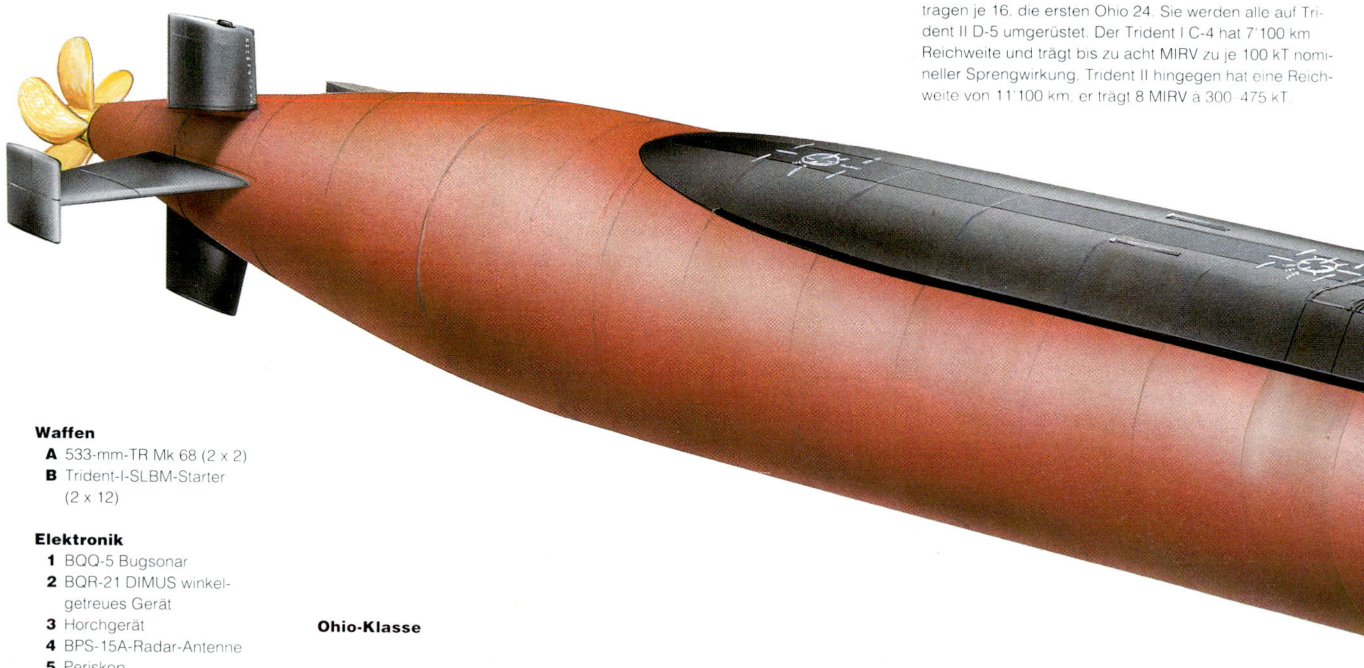

Waffen
A 533-mm-TR Mk 68 (2 x 2)
B Trident-I-SLBM-Starter (2 x 12)

Elektronik
1 BQQ-5 Bugsonar
2 BQR-21 DIMUS winkelgetreues Gerät
3 Horchgerät
4 BPS-15A-Radar-Antenne
5 Periskop
6 Periskop
7 WLR-8(V) ECM-Mast
8 BRA-34 Mehrzweck-Antennengruppe
9 BQR-19 Top hat Sonar-Empfänger zur Aufspürung von Schiffen an der Meeresoberfläche
10 Schwimmendes Breitband-Antennen-Kabel
11 Horchgerät
12 Horchgerät
13 BQR-15 Schleppsonar wahrscheinlich

Ohio-Klasse

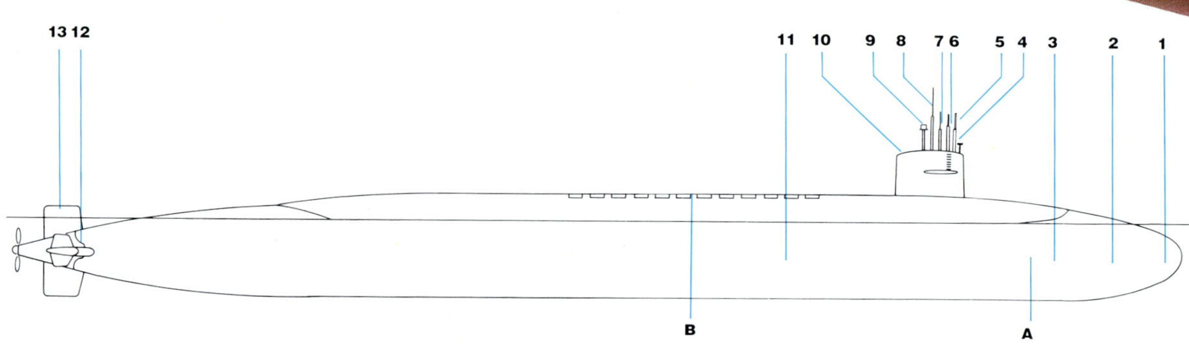

SSBN-Streitkräfte in die Lage, auch sogenannte gehärtete Ziele anzugreifen.
In den späten 90er Jahren wird das letzte der umgebauten Lafayette-Boote ausser Dienst gestellt. Dies ist bereits heute Gesprächsthema in den USA. Wie immer ist der Druck vorhanden, eine billigere Alternative zu finden. Bereits 1985 kostete ein Unterseeboot dieser Klasse 1,8 Milliarden Dollar. Sicher wird auch in Betracht gezogen werden müssen, dass die Technik es sicher bald ermöglichen wird, ein Boot aus dem Weltraum aufzuspüren. Dadurch würden die SSBN ihre relative Immunität verlieren.

Links: USS Ohio (SSBN 726) zeigt die meisten der Periskope und Maste für Sensoren. Die Ansicht verdeutlicht, wie gut der Flugkörper-Teil in den Rumpf übergeht. Das ermöglicht höhere Geschwindigkeiten und verringert die Geräusche. Mit 24 Trident I C-4 SLBM tragen die Ohio 192 RV von 100 kT, total 19,2 MT Sprengkraft.

Rechts: USS Michigan (SSBN 727) mit deutlich markierten Rettungsluken und den für die US-Marine typischen Tiefenrudern am Turm.

Links: USS Ohio (SSBN 726) ist 170.7 m lang und ausnehmend glatt in der Form; das Fehlen der Flutschlitze ist besonders bemerkenswert. Die meisten sowjetischen U-Boote haben sie noch. Zu beachten ist ebenso der grosse siebenflüglige Propeller, der langsam dreht, ein Gegensatz zu den meisten sowjetischen Booten mit zwei Propellern. Die FK stehen senkrecht in zwei Reihen zu zwölf und werden aus geheimgehaltener Tiefe nacheinander abgefeuert. Die achteren Tiefenruder haben senkrechte Stirnplatten, die nicht nur steuern helfen; sie sind auch Teil der Horchanlage. Diese SSBN haben eine vorgesehene Einsatzzeit von 70 Tagen, gefolgt von 25 Tagen Überholung. Nach jeweils neun Jahren ist eine einjährige grosse Werftliegezeit eingeplant, eine Einsatzbereitschaft von 66% gegenüber 56% der Lafayette/Franklin. Zwei Besatzungen je Boot sind notwendig, um diese teuren Boote optimal ausnutzen zu können.

Rechts: SSBN der Ohio-Klasse, mit vier TR Mk 68 bestückt, verschiessen zur Selbstverteidigung Mk-48-Torpedos aus dem Bug bis höchstens 38 km (20.5 sm) mit 55 kn.

Oliver-Hazard-Perry-Klasse (FFG 7)

Herkunftsland: USA
Typ: Fregatte (FFG)
Baujahr: 1975–
Anzahl: (US-Marine) 47 im Dienst, 1 im Bau; (Königlich Australische Marine) 4 im Dienst, 2 im Bau; (Königlich Spanische Marine) 1 im Dienst, 3 im Bau
Verdrängung: 2'770 ts leer, 3'660 ts Höchst
Abmessungen: Länge 135,6 m, Breite 13,7 m, Tiefgang 4,5 m (über Kiel), 7,5 m (über Sonar)
Antrieb: 1 Welle, 2 Gastrubinen General Electric LM 2'500, 40'000 PSw
Leistung: 29 kn, 4'500 sm/20 kn
Waffen: FK: 1 Mk-13-Starter für Harpoon SSM (Dotation 4) und Standard SAM (Dotation 36); Geschütze: 1 76 mm Mk 75, 1 20-mm-Phalanx-CIWS; TR: 2 x 3 Mk 32
Flugzeuge: 2 LAMPS-Hubschrauber
Sensoren: Radar: SPS-49 Langstreckensuche, SPS-55 Seezielsuche und Navigation, STIR (abgewandeltes SPG-60) Feuerleitung; Sonar: SQS-56 Bugsonar, SQR-19 TACTAS, geschleppt (US Navy FFG 36–43, 45–60)
Besatzung: 185
Geschichte: Die Oliver-Hazard-Perry-Klasse hatte ihren Ursprung im Programm der Patrouillen-Fregatten, das den Zweck verfolgte, eine grosse Anzahl Geleitfahrzeuge eingeschränkter Leistung zu entsprechend niedrigerem Preis bereitzustellen. Sie sollten kostenausgleichend wirken, angesichts der teuren, spezialisierten ASW- und AA-Schiffe, deren Hauptaufgabe der Schutz von Trägern sein sollte. Die Schiffe vom Typ FFG 7 sind auf kleinen Werften gebaut worden, indem einfache Konstruktionsmöglichkeiten genutzt wurden und weitestgehend mit ebenen Platten und Schotten und möglichst geradlinigen Verkehrsgängen gearbeitet wurde. Ausserdem wurden Rumpfsektionen unterschiedlicher Grösse (35, 100, 200 oder 400 t) vorgefertigt, um den Werften zu ermöglichen, die passende Grösse für ihre Kapazität auszusuchen.
Wie die vorangegangenen Fregatten-Klassen der US-Marine haben auch die Perry nur eine Schraube, aber die Verwendung von Gasturbinen ergab kompakte Maschinenräume. Es sind die gleichen Turbinen wie in der Spruance-Klasse, und sie stehen Seite an Seite im gleichen Maschinenraum. Eine ungewöhnliche Einrichtung sind zwei einziehbare Antriebs-Aggregate hinter dem Sonardom als Notantrieb und für Hafenmanöver. Jede Maschine hat 325 PS; beide zusammen verleihen dem Schiff eine Geschwindigkeit von 10 kn.
Die Bewaffnung mit Schwergewicht auf Luftabwehr besteht aus einem Mk-13-Starter vor dem Aufbau für Standard (MR) SAM und Harpoon ASM und einem 76-mm-Geschütz OTO Melara (US Navy Mk 75) auf den Aufbauten. Asroc ist nicht vorhanden, aber achtern ein grosser Hangar für zwei LAMPS-Hubschrauber.
Ab USS Underwood (FFG 36) wurde das Schnell-Einholsystem (RAST) installiert, was eine Verlängerung um 2,4 m notwendig machte. Das wurde ohne Verlängerung der Wasserlinie erreicht, indem der Spiegel um 45° nach aussen geknickt wurde. RAST, TACTAS und LAMPS III sind als unterstützende Einrichtungen ab FFG 36 auf allen Neubauten vorhanden. RAST und LAMPS III werden (jedenfalls zur Zeit) nicht in die früheren Schiffe (FFG 7, 9–16, 19–34) installiert, die weiterhin LAMPS I führen (auf FFG 8 wurden die Versuche mit LAMPS III durchgeführt). Das SQS-56-Sonar, am Bug in einer Gummihülle montiert, ist eine Neukonstruktion und viel weniger kompliziert als das SQS-26. Es war geplant, die Perry-Fregatten gemeinsam mit anderen Fregatten, die das SQS-26 haben, operieren zu lassen, um von diesen Zielinformationen beziehen zu können.
Der Erfolg des Entwurfs kann an der grossen Zahl gemessen werden, die für die US-Marine gebaut wurden und daran, dass sie auch von der australischen und spanischen Marine bestellt wurden. Erstere hat vier in USA gebaute im Dienst und baut zur Zeit zwei auf inländischen Werften, letztere legte alle vier in Spanien auf Stapel.
Zukunft: Die FFG 7 sind darauf zugeschnitten, dass sie nur Systeme verwenden, die in naher Zukunft zulaufen, zum Beispiel den SH-60 LAMPS III, das taktische Schleppsonar SQR-19, Flossen-Stabilisatoren, Link-11-Datenübertragung und Phalanx-CIWS. Ist das alles installiert, bleiben noch 50 t für weitere Einbauten frei.
47 stehen gegenwärtig im Dienst bei der US Navy, eine ist im Bau. Die Royal Australian Navy baut, zusätzlich zu den vier in den USA gebauten, zwei nach leicht geändertem Entwurf in Australien, die 1991 und 1993 in Dienst gehen sollen. Vier werden bei Bazan in Ferrol in Spanien gebaut; die erste trat 1986 zur Flotte, die anderen sollten bis 1990 folgen.

Unten: USS Robert E. Bradley (FFG 49). Diese Schiffe haben einen guten Schutz gegen Trümmerbruch und Splitterschäden durch 19 mm starkes Kevlar über den lebenswichtigen Teilen.

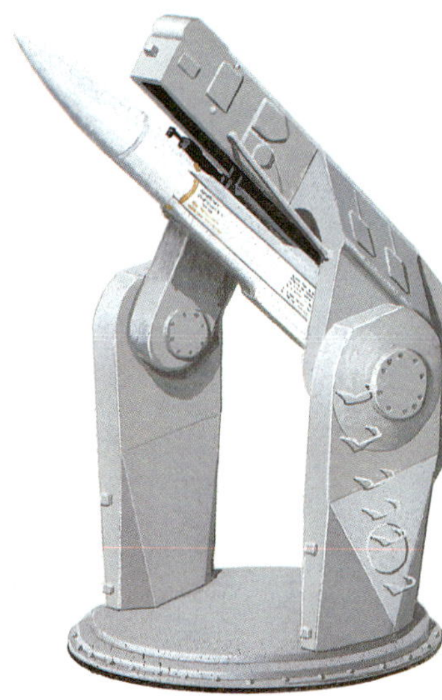

Rechts: Der Flugkörper RIM-66B Standard SM-1 (MR) hat eine Reichweite von 25 sm (46,3 km) und halbaktive Zielsuche. Die Fregatten der Perry-Klasse führen jetzt SM-1 (MR) Block 6 mit Digital-Computer und Monopuls-Radar; 36 Geschosse sind unter Deck im Magazin. SM-1 (MR) wird aus dem Einzelstarter Mk 13 abgefeuert, der ebenso Harpoon-Flugkörper gegen Schiffe verschiessen kann, wovon vier im gleichen Magazin untergebracht sind. Feuerleitung für die SAM und das 76-mm-DP-Geschütz Mk 75 ist das System Mk 92 Mod 4, wobei eine STIR-Antenne und ein in USA gebautes HSA-WM-28 Radar benutzt werden.

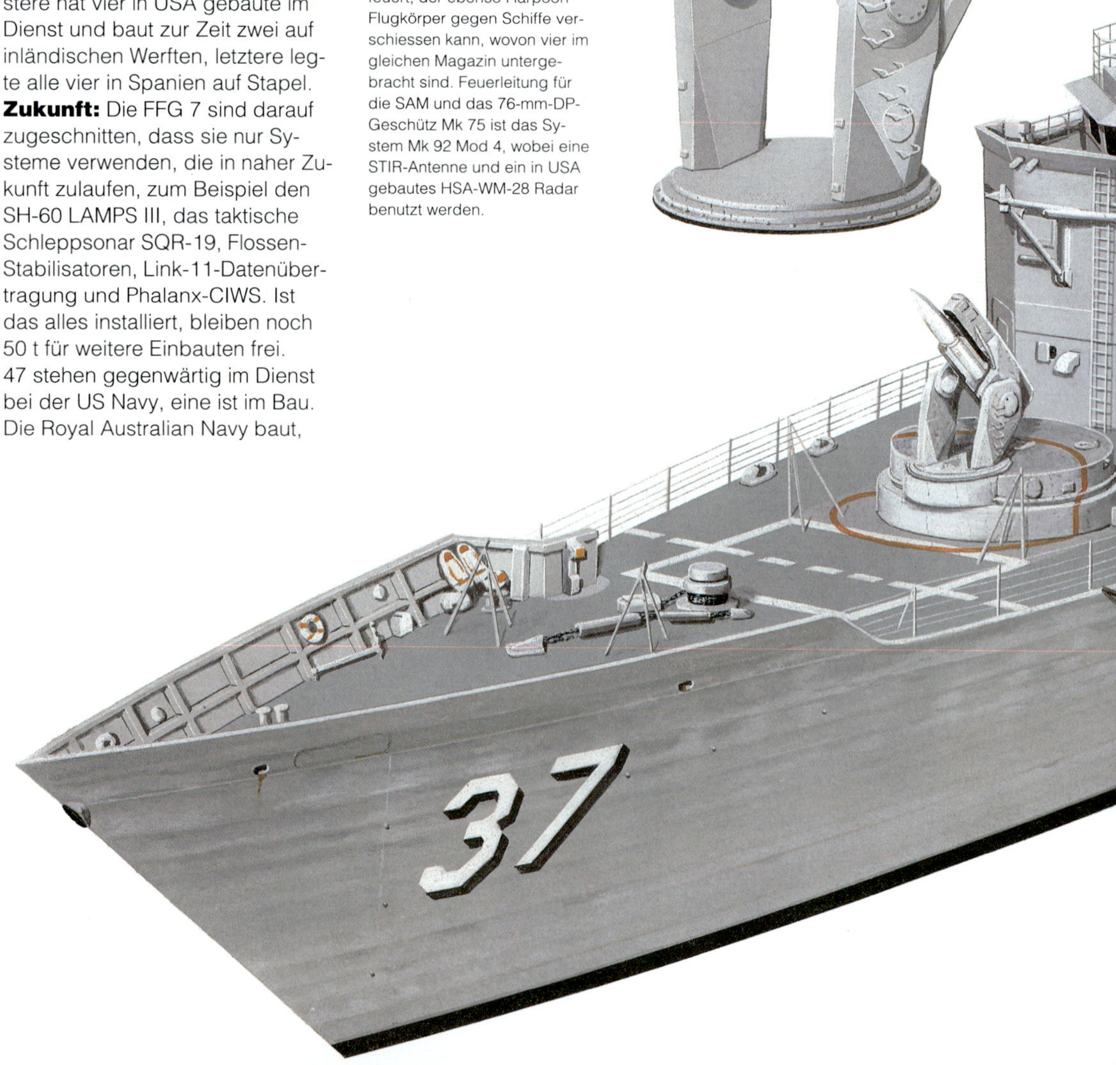

Unten: USS Crommelin (FFG 37). Der grosse, kastenähnliche Aufbau wurde mit der Absicht entworfen, Baukosten zu sparen, ergibt aber auch beträchtlichen Innenraum.

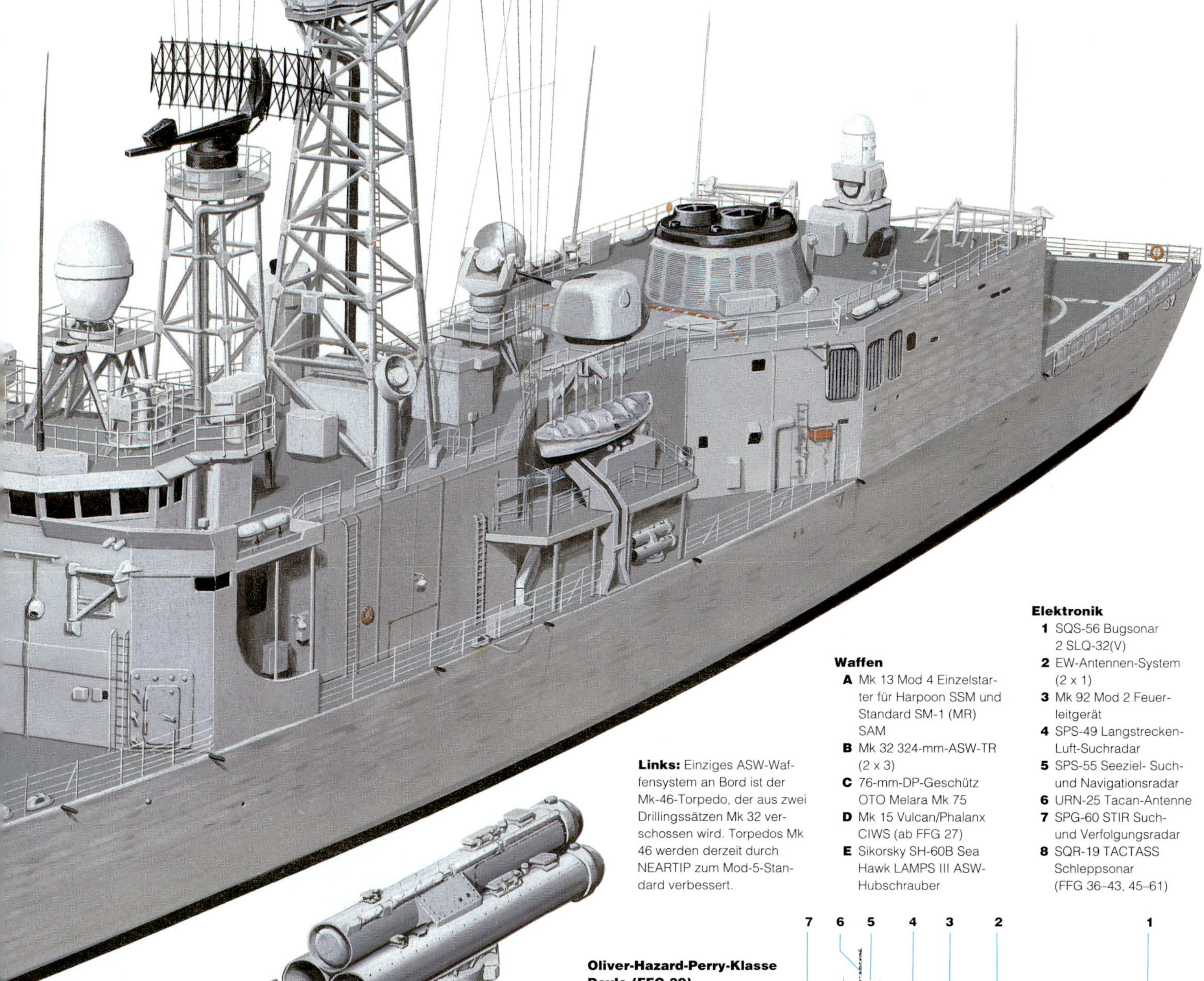

Unten: ASW-Hubschrauber Sikorsky SH-60 Sea Hawk LAMPS III, von denen zwei auf den späteren Fregatten der Perry-Klasse mitgeführt werden. FFG 7 bis FFG 35 (ohne FFG 8) haben keine Einrichtungen für LAMPS III und behalten den Kaman SH-2F Sea Sprite LAMPS I. FFG 8, das Versuchsschiff, und ab FFG 36 haben einen längeren Achtersteven, Flossen-Stabilisatoren und andere Einrichtungen für LAMPS III, während das RAST-System auch FFG 61 und folgende erhalten sollen. Der SH-60B hat 25 Sonobojen und zwei Mk-46-Torpedos an Bord und ist mit ASQ-81 (V)2 MAD und dem ALQ-42-ESM-System ausgerüstet. Alle Sensoren geben über Datenübertragung in Echtzeit ihre Ergebnisse an das Schiff.

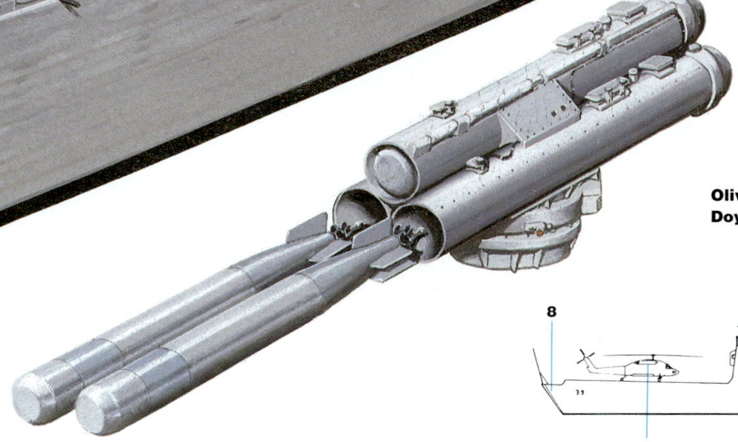

Links: Einziges ASW-Waffensystem an Bord ist der Mk-46-Torpedo, der aus zwei Drillingssätzen Mk 32 verschossen wird. Torpedos Mk 46 werden derzeit durch NEARTIP zum Mod-5-Standard verbessert.

Waffen
- **A** Mk 13 Mod 4 Einzelstarter für Harpoon SSM und Standard SM-1 (MR) SAM
- **B** Mk 32 324-mm-ASW-TR (2 x 3)
- **C** 76-mm-DP-Geschütz OTO Melara Mk 75
- **D** Mk 15 Vulcan/Phalanx CIWS (ab FFG 27)
- **E** Sikorsky SH-60B Sea Hawk LAMPS III ASW-Hubschrauber

Elektronik
- **1** SQS-56 Bugsonar 2 SLQ-32(V)
- **2** EW-Antennen-System (2 x 1)
- **3** Mk 92 Mod 2 Feuerleitgerät
- **4** SPS-49 Langstrecken-Luft-Suchradar
- **5** SPS-55 Seeziel- Such- und Navigationsradar
- **6** URN-25 Tacan-Antenne
- **7** SPG-60 STIR Such- und Verfolgungsradar
- **8** SQR-19 TACTASS Schleppsonar (FFG 36–43, 45–61)

Oliver-Hazard-Perry-Klasse Doyle (FFG 39)

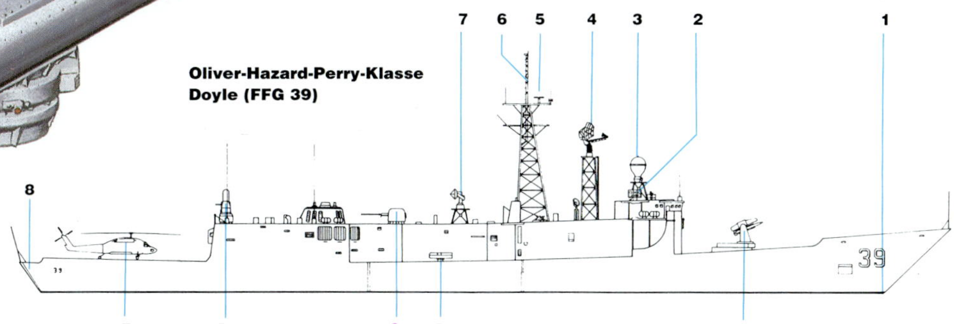

Oscar-Klasse

Herkunftsland: UdSSR
Typ: Atom-Unterseeboot für Marschflugkörper (SSGN)
Baujahr: 1978–1987, Weiterbau fraglich
Anzahl: 4 im Dienst
Verdrängung: 11'500 ts aufgetaucht, 14'500 ts getaucht
Abmessungen: Länge 150,0 m Breite18,3 m, Tiefgang 11,0 m
Antrieb: 2 Wellen, 2 Reaktoren, 2 Dampfturbinen, 60'000 PSw
Leistung: 35 kn getaucht
Waffen: FK: 24 SS-N-19 SLCM; TR: 6 x 533 mm/650 mm, 18 Torpedos; zum Minenlegen eingerichtet
Sensoren: Sonar: LF aktiv/passiv, MF aktiv; Radar: Snoop Tray
Besatzung: 130
Geschichte: Die Unterseeboote mit Marschflugkörpern der Sowjetmarine entstanden als Projektidee in den 50er Jahren als Antwort auf die Bedrohung durch die Träger-Kampfgruppen der US-Marine. Einige primitive Umbauten von Booten der Whiskey-Klasse wurden gefolgt von der zweckmässig entworfenen, atomgetriebenen Echo- und der konventionell betriebenen Juliett-Klasse. Erstere wurden aus den SSN der November-Klasse adaptiert, und die ersten Boote trugen sechs SS-N-3C-FK. Diese Echo I wurden schon bald von den grösseren Echo II mit acht SS-N-3A-FK überholt, von denen 28 noch im Dienst stehen (10 von ihnen bekamen inzwischen SS-N-12). Derzeit wird die Klasse in SSN umgebaut. Die zweite Generation der Charlie-Klasse, die zuerst 1968 gesichtet wurde, stellt eine bedeutende Verbesserung dar. Sie ist kleiner, leiser und schneller und trägt acht SS-N-7-Marsch-FK in verschlossenen Startbehältern im Vorschiff; sie können vom getauchten U-Boot verschossen werden. Die früheren SSGN mussten zum Abschuss auftauchen. Das erste SSGN der Papa-Klasse wurde vom Westen 1973 beobachtet; soweit bekannt, blieb es das einzige Exemplar. Es scheint eine Entwicklung aus der Charlie-Klasse zu sein, aber etwas grösser mit eckigerem Turm, flacherem Oberseitenprofil und eckigen Luken über den Behältern. Es mag als Versuchsboot gebaut worden sein, eventuell als Vorläufer der Oscar-Klasse. Sein Druckkörper soll aus Titan sein.
Das Jahr 1980 sah den Stapellauf zweier Giganten der sowjetischen Marine in Gestalt des ersten SSBN der Typhoon-Klasse und des ersten SSGN der Oscar-Klasse. Die Oscar von 14'000 ts sind mit 24 SS-N-19-Seeziel-FK bewaffnet, die unterseeisch abgeschossen werden können. Mit einer Geschwindigkeit von weit mehr als 30 kn können die SSGN der Oscar-Klasse die Vorhut einer sowjetischen Kampfgruppe bilden, dazu fähig, grössere Kriegsschiffe auch ausserhalb der 200 bis 250 sm Reichweite, die man dem FK zuschreibt, anzugreifen.
Wichtigstes Ziel der sowjetischen SSGN, so nimmt man an, dürften die Träger-Kampfgruppen der NATO sein. Die Oscar-Klasse könnte dazu bestimmt sein, dem verstärkten Schutz der Träger-Gruppen der US Navy durch die SSN der Los-Angeles-Klasse und die trägergestützten ASW-Flugzeuge S-3

Rechts: An dem aufgetauchten Oscar sind die rechteckigen FK-Luken und der lange, gedrungene Turm deutlich zu sehen.

Waffen
A 533-mm-TR für ASW-Torpedos und SS-N-15/16 FK (2 x 3)
B SS-N-19-Marschflugkörper-Startbehälter (2 x 12)

Elektronik
1 Sonar
2 Periskop
3 Nicht indentifiziertes Sensor-Gehäuse
4 Periskop
5 HF-Antenne
6 Schleppsonar

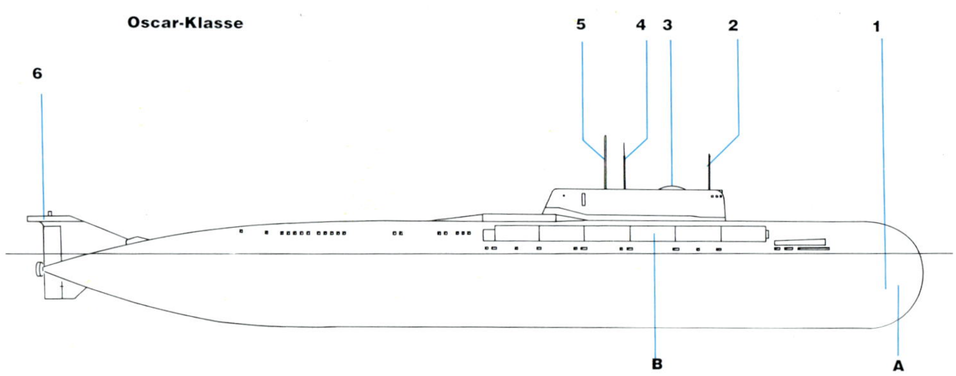

Unten: Dieser Blick auf ein Oscar gibt einen ausgezeichneten Eindruck seiner Form, kann aber seiner Grösse nicht gerecht werden. Sie beträgt 150,0 m bei 18,3 m Breite und 11'500 ts Verdrängung; ein grosses Schiff. Der Buckel hinter dem 32 m langen Turm (wahrscheinlich der längste aller Unterseeboote) ist ebenso ein Geheimnis wie die ovale Abdeckung auf dem Turm. Unter den Luken beiderseits des Turms liegen Zwillingsstarter der SS-N-19.

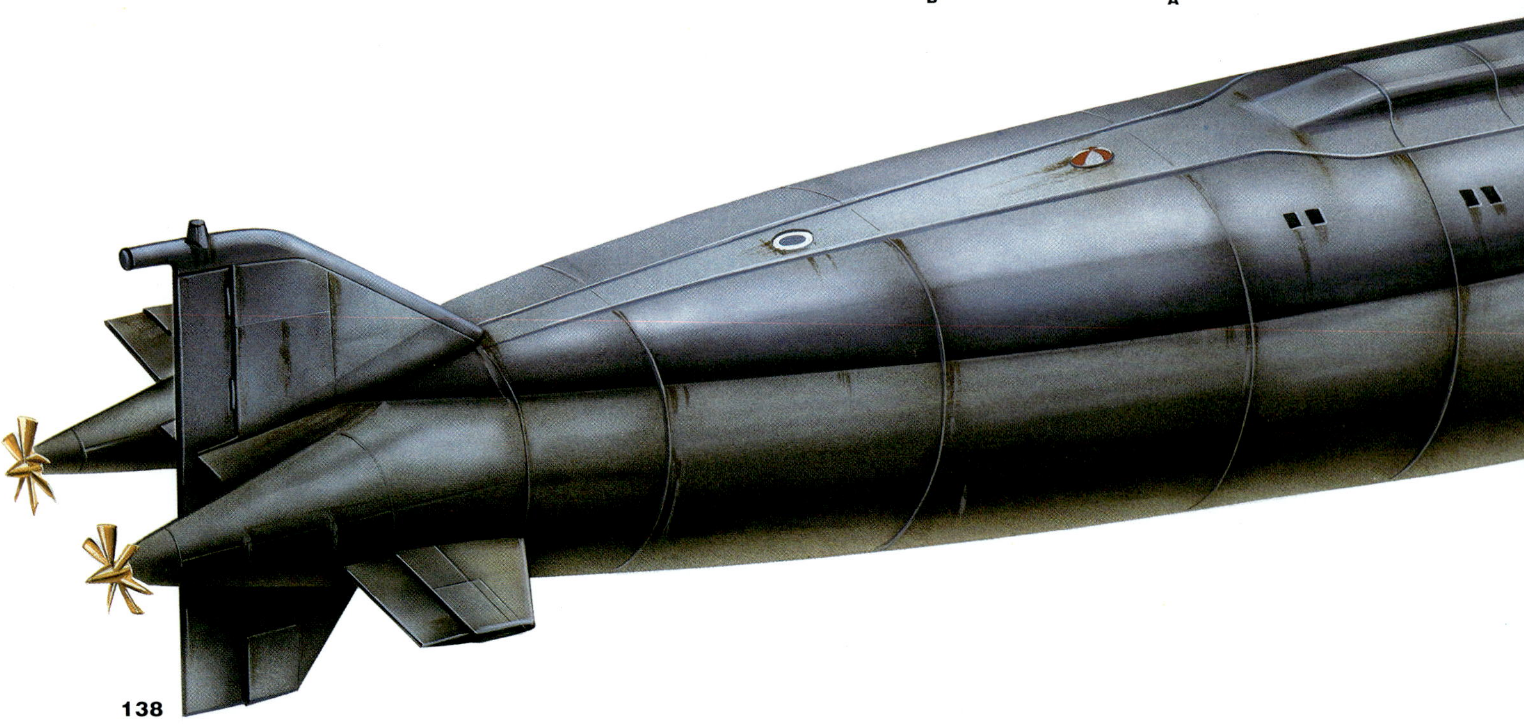

Viking entgegenzutreten. Die Möglichkeit hierzu ist gewachsen durch die SS-N-19 mit vermuteter Reichweite von 200–250 sm. Der FK wird auf 10 m Länge geschätzt und wird aus vertikal stehenden Behältern gestartet, auf Kirov, einem Überwasser-Kriegsschiff, oder vom getauchten Unterseeboot. Die erhebliche Anzahl FK auf Oscar-Klasse-Booten lässt schliessen, dass ein Angriff durch gleichzeitigen Abschuss mehrer FK ausgeführt wird. Die Unterseeboote der Oscar-Klasse haben Aussen- und Innenrumpf, zwischen denen auf jeder Seite 12 FK-Behälter stehen. Der Rumpf ist, bei den Sowjets üblich, viel breiter im Querschnitt. Eine auffällige rohrförmige Anlage oben auf dem Seitenruder mag eine Vertäuungseinrichtung für ein Schleppsonar sein.

Zukunft: Vier Oscar stehen nun im Dienst. Das erste machte im Juni 1981 seine Probefahrten, ehe es zur Nordflotte trat. Ein zweites wurde auf einem Satellitenphoto erkannt, längseits einer Pier im Kriegshafen Wladiwostok. Manche Quellen schreiben von zwei weiteren Booten, obgleich die Entwicklung von Langstrecken-Marschflugkörpern, die aus TR verschossen werden können, die Sowjets den Bau spezieller SSGN überdenken lassen dürften.

Oben: Die echolosen Kacheln der Oscar sind auf ähnliche Art angebracht wie die hitzeabweisenden beim Space Shuttle. Das Problem der Verklebung scheint ebenfalls ähnlich. Der Zweck des Buckels hinter dem Turm ist unbekannt.

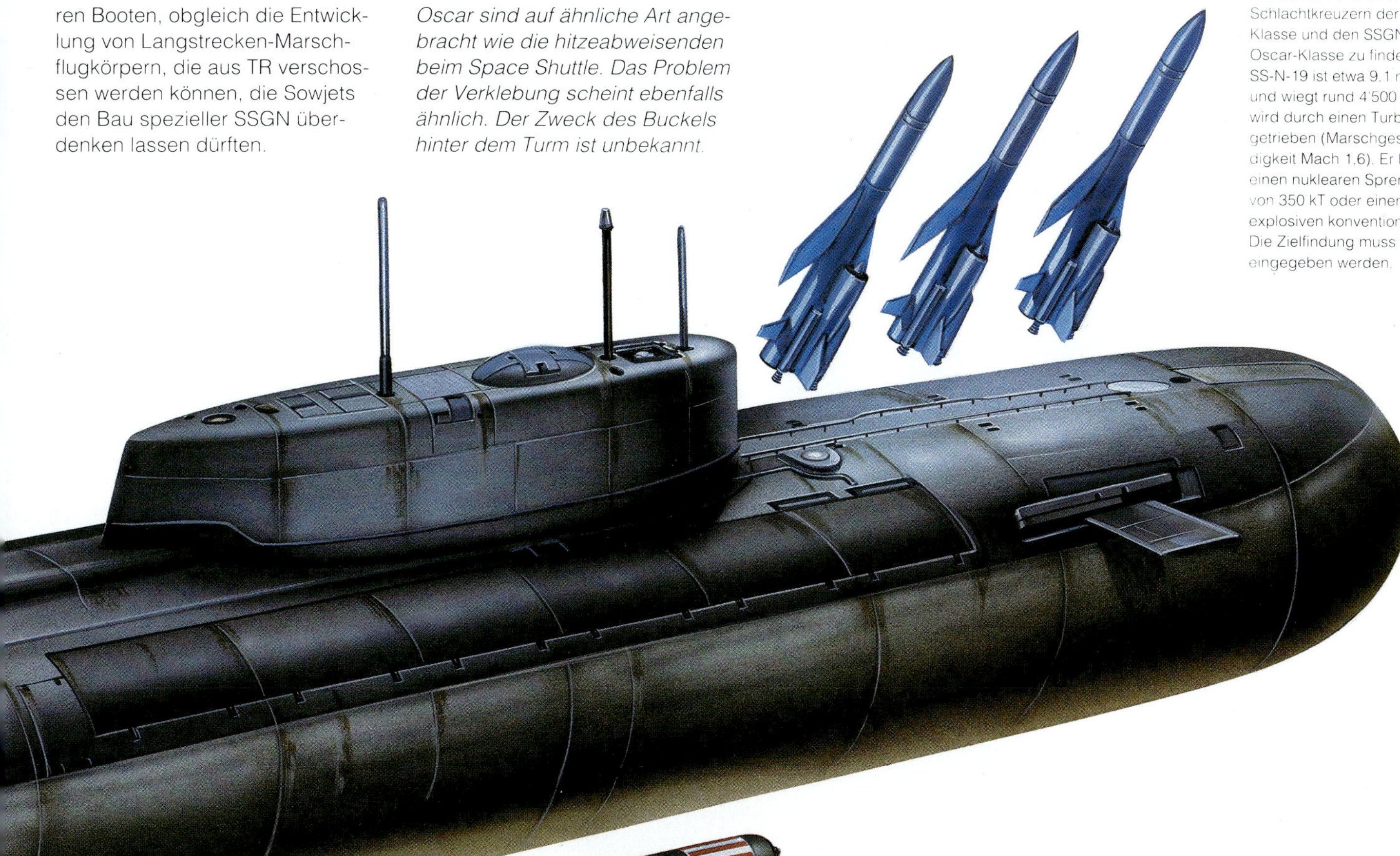

Links: SS-N-19 sind auf den Schlachtkreuzern der Kirov-Klasse und den SSGN der Oscar-Klasse zu finden. Der SS-N-19 ist etwa 9,1 m lang und wiegt rund 4'500 kg und wird durch einen Turbojet angetrieben (Marschgeschwindigkeit Mach 1,6). Er hat einen nuklearen Sprengkopf von 350 kT oder einen hochexplosiven konventionellen. Die Zielfindung muss extern eingegeben werden.

Links: Die Boote der Oscar-Klasse sollen mit sechs 533-mm-Standard-TR der Sowjet-Marine bestückt sein. Auch Rohre grösseren Durchmessers mögen auf einigen Unterseebooten (vielleicht auch der Oscar-Klasse) zu finden sein. Manche Quellen schreiben von 650 mm. Ein solch grosser Torpedo hat ca. 20% mehr Raum für einen stärkeren Motor, eine grössere Reichweite und einen wirkungsvolleren Sprengkopf als die 533-mm-Waffe.

Pauk-Klasse

Herkunftsland: UdSSR
Typ: Schnellboot (PG)
Baujahr: 1977
Anzahl: 15 im Dienst, weitere im Bau
Verdrängung: 480 ts Standard, 580 ts Höchst
Abmessungen: Länge 57,2 m, Breite 10,5 m, Tiefgang 2,5 m
Antrieb: 2 Wellen, Dieselmotoren, 20'000 PSw
Leistung: 28–32 kn
Waffen: FK: ein SA-N-5-SAM-Starter (18 FK); Geschütze: ein 76 m/60, ein 30 mm ADMG-630 Gatling; ASW-Waffen: 4 x 1 406-mm-TR gegen Unterseeboote, 2 RBU-1200, 2 Wasserbomben-Ablaufgestelle (12 WB)
Sensoren: Radar: Peele Cone kombiniertes Suchgerät, Bass Tilt Feuerleitung, Spin Trough Navigation; Sonar: ein MF-Bugsonar, ein Eintauchsonar im Achtersteven
Besatzung: 40

Geschichte: Die sowjetische Marine hat auf Grund ihrer umfassenden Erfahrungen beim Schutz der sehr langen Küsten der UdSSR Serien kleiner Kriegsschiffe für den Schutz im Nahbereich entwickelt. Sie reichen von 200-ts-Schnellbooten der Stenka-Klasse bis zu 1000-ts-Korvetten wie die Petya- und Grisha-Klassen. Der neueste Typ zwischen beiden Extremen ist die Pauk-Klasse (NATO-Code). Von der Sowjetmarine als Maly protovolodochny korabl (Kleines ASW-Schiff) bezeichnet, ist der Pauk-Entwurf besonders bemerkenswert als eines der kleinsten ASW-Schiffe.

Die Ausrüstung mit ASW-Sensoren und -Waffen ist so umfassend als nur möglich bei einem Rumpf dieser Grösse. Ausser einem Bugsonar hat es am Spiegelheck ein eintauchendes Sonar, wodurch Pauk das kleinste Schiff ist, das ein solches Gerät führt. Hauptsächliche ASW-Waffen sind vier 406-mm-Torpedos mittschiffs, elektrisch angetrieben, akustisch zielsuchend. Ferner sind zwei 250-mm-ASW-Mörser RBU-1200 für den abschliessenden Angriff vorhanden und zwei Ablaufgestelle für je sechs Wasserbomben am Heck beidseits des Sonar-Behälters. Der Rumpf ist identisch mit dem der Tarantul-Klasse. Das Tauchsonar befindet sich in einem in das Heck eingelassenen Gehäuse von 3,2 m Länge, 3,2 m Breite, 4,2 m Höhe und 1,3 m Überhang. An Steuerbord, neben dem Mast, ist ein sonderbares Seitendeck, das möglicherweise einem zukünftigen Waffensystem dienen wird. Der sowjetischen Vorliebe für immer schwerere Waffen folgte man auch auf Pauk, das ein einzelnes 76-mm-DP-Geschütz auf dem Vorschiff trägt. Der Luftnahverteidigung dient ein sechsrohriges Gatling ADMG-630 auf dem achteren Aufbau zusammen mit einem Starter für SA-N-5 Grail SAM auf dem Achterdeck darunter. Dieses Luftabwehrsystem wird durch ein einzelnes Bass-Tilt-Gerät geleitet, das auf einem Podest hinter der Brücke steht. Der Antrieb besteht aus Dieselmotoren, deren Auspuffrohre in den Rumpfseiten enden. Der Pauk-Klasse begegnete man bisher nur in der Ostsee und im Pazifik. Man glaubt, einige unterstünden dem KGB als Patrouillenboote. Wie in so vielen anderen Klassen, haben es die sowjetischen Kostrukteure geschafft, eine ganze Menge in den kleinen Rumpf zu packen, und diese Klasse stellt einen erheblichen Zuwachs der ASW-Streitkräfte im Küstenbereich dar. Sie wird zweifellos in grossen Stückzahlen gebaut werden.

Zukunft: Die Pauk-Klasse wird auf drei Werften gebaut, Jaroslawl, Chaborowsk und einer dritten. Da dieser Typ sich bewährt hat, wird er noch einige Jahre gebaut werden, denn die Poti-Klasse, die er ersetzen soll, zählte 59 Schiffe.

Oben: Schnellboot der Pauk-Klasse der Sowjetmarine in der Ostsee. Das Bild zeigt die klaren Linien dieses Typs und wie dieser durchdachte Entwurf ermöglichte, eine erhebliche Ausrüstung an Waffen und Sensoren in den relativ kleinen Rumpf einzubringen. Pauk ist typisch für die grosse Anzahl kleiner (unter 1'000 ts), aber wirksamer Überwasser-Einheiten der Sowjetmarine und der KGB-Grenzwache für Aufgaben im Küstenvorfeld.

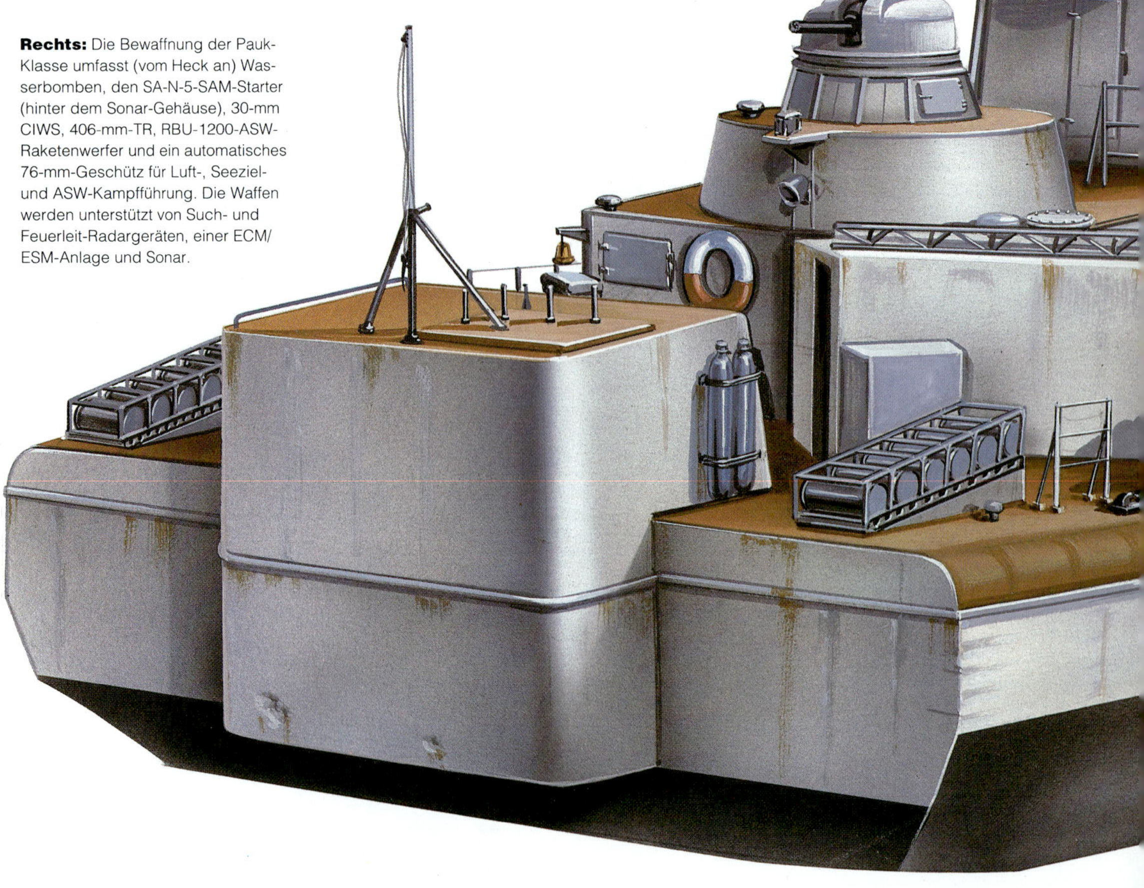

Rechts: Die Bewaffnung der Pauk-Klasse umfasst (vom Heck an) Wasserbomben, den SA-N-5-SAM-Starter (hinter dem Sonar-Gehäuse), 30-mm CIWS, 406-mm-TR, RBU-1200-ASW-Raketenwerfer und ein automatisches 76-mm-Geschütz für Luft-, Seeziel- und ASW-Kampfführung. Die Waffen werden unterstützt von Such- und Feuerleit-Radargeräten, einer ECM/ESM-Anlage und Sonar.

Pauk-Klasse

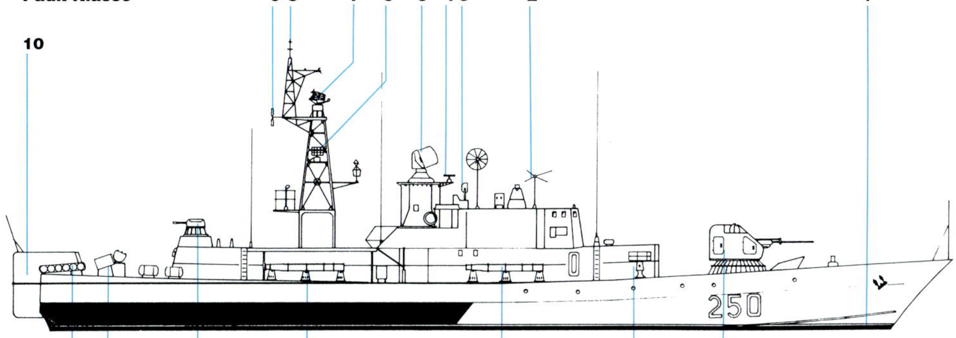

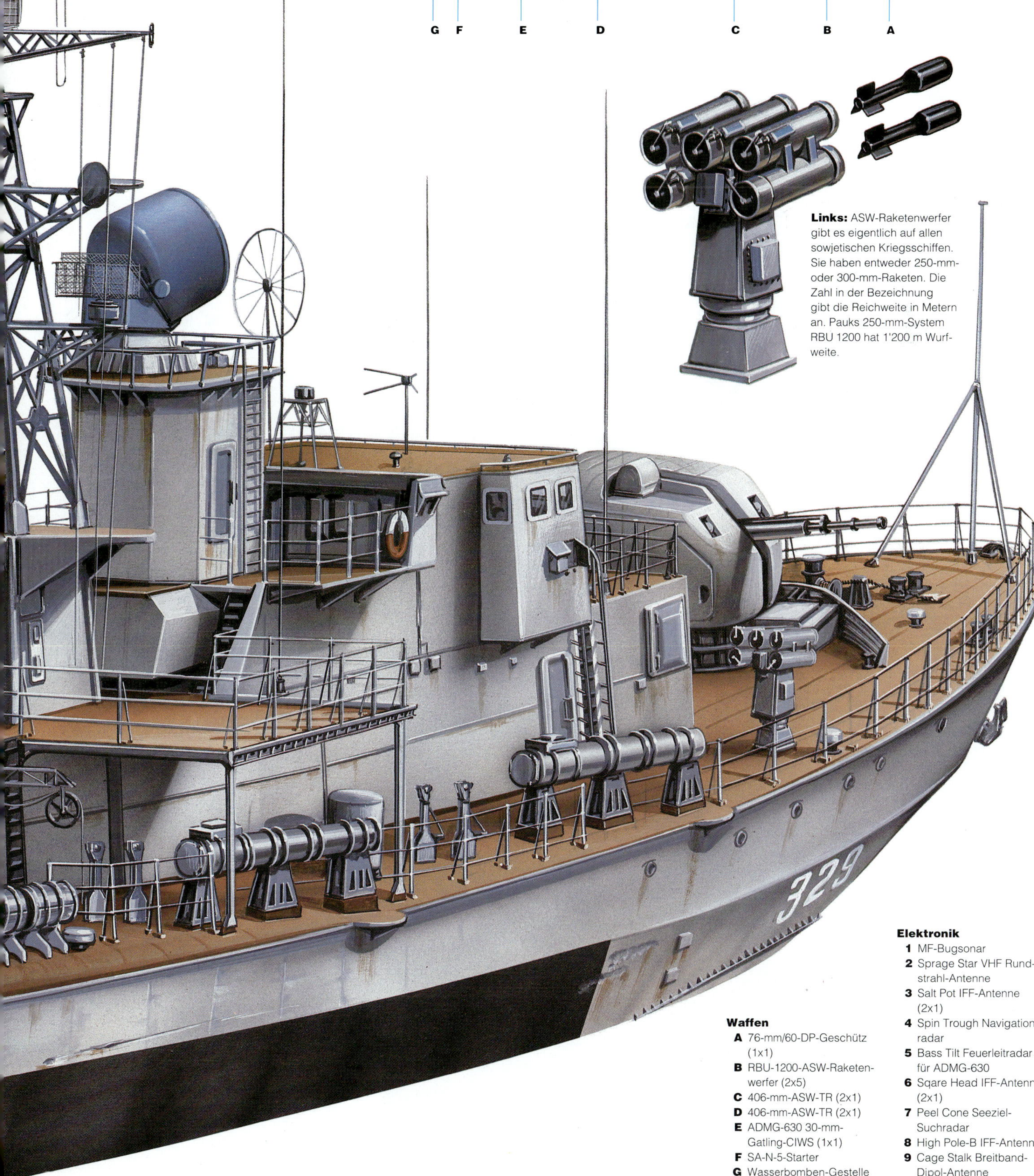

Links: ASW-Raketenwerfer gibt es eigentlich auf allen sowjetischen Kriegsschiffen. Sie haben entweder 250-mm- oder 300-mm-Raketen. Die Zahl in der Bezeichnung gibt die Reichweite in Metern an. Pauks 250-mm-System RBU 1200 hat 1'200 m Wurfweite.

Waffen
- **A** 76-mm/60-DP-Geschütz (1x1)
- **B** RBU-1200-ASW-Raketenwerfer (2x5)
- **C** 406-mm-ASW-TR (2x1)
- **D** 406-mm-ASW-TR (2x1)
- **E** ADMG-630 30-mm-Gatling-CIWS (1x1)
- **F** SA-N-5-Starter
- **G** Wasserbomben-Gestelle (2x6)

Elektronik
- **1** MF-Bugsonar
- **2** Sprage Star VHF Rundstrahl-Antenne
- **3** Salt Pot IFF-Antenne (2x1)
- **4** Spin Trough Navigationsradar
- **5** Bass Tilt Feuerleitradar für ADMG-630
- **6** Sqare Head IFF-Antenne (2x1)
- **7** Peel Cone Seeziel-Suchradar
- **8** High Pole-B IFF-Antenne
- **9** Cage Stalk Breitband-Dipol-Antenne
- **10** MF-Tauchsonar

Resolution-Klasse

Herkunftsland: Grossbritannien
Typ: Atom-Unterseeboot mit ballistischen Flugkörpern
Baujahr: 1966–1969
Anzahl: 4 im Dienst
Verdrängung: 7'600 ts aufgetaucht, 8'500 ts getaucht
Abmessungen: Länge 129,5 m, Breite 10,1 m, Tiefgang 9,1 m
Antrieb: 1 Welle, 1 Druckwasser-Reaktor, 1 Getriebeturbine, 15'000 PSw
Leistung: 20 kn aufgetaucht, 25 kn getaucht
Waffen: FK: 16 Polaris A-3 TK SLBM; TR: 6 x 533 mm
Sensoren: Sonar: Typ 2001, Typ 2007; Radar: I-Band-Suche
Besatzung: 143
Geschichte: In den späten 50er Jahren plante die britische Regierung, dass die Royal Air Force während der 60er und 70er Jahre die nationale strategische atomare Abschreckungsstreitmacht mit V-Bombern, bewaffnet mit den US-Skybolt-FK, sein sollte. Es kam anders. Einseitig und sehr unerwartet fiel in den USA die Entscheidung, Skybolt aufzugeben. Auf der eilig 1962 nach Nassau einberufenen Konferenz stimmte Präsident Kennedy zu, Polaris-A-3-FK für den Einbau in Unterseeboote bereitzustellen, die die Briten bauen sollten. Ein wichtiger Punkt des Übereinkommens war, dass die Briten ihre eigenen Atomsprengköpfe und Wiedereintrittskörper bauen sollten. Von fünf geplanten wurden vier Boote gebaut; das letzte wurde 1965 gestrichen anlässlich der Verteidigungs-Konferenz. Viel technische Hilfe der USA wurde in Anspruch genommen, und die Resolution-Klasse wurde weitgehend den SSBN der Lafayette-Klasse ähnlich, obgleich der eigentliche Entwurf der Resolution aus den britischen SSN der Valiant-Klasse entwickelt worden war, indem zwischen Zentrale und Reaktor-Raum eine FK-Abteilung hinzugefügt worden war. Das erste Boot trat am 2. 10. 1967 in Dienst, das vierte und letzte am 4. 12. 1969. Durch die Notwendigkeit, dass stets ein Boot überholt wird, kann die Royal Navy nur für ein Boot im Operationsgebiet garantieren, denn man rechnet mit 2/3 der Boote auf An- oder Rückmarsch. Viele

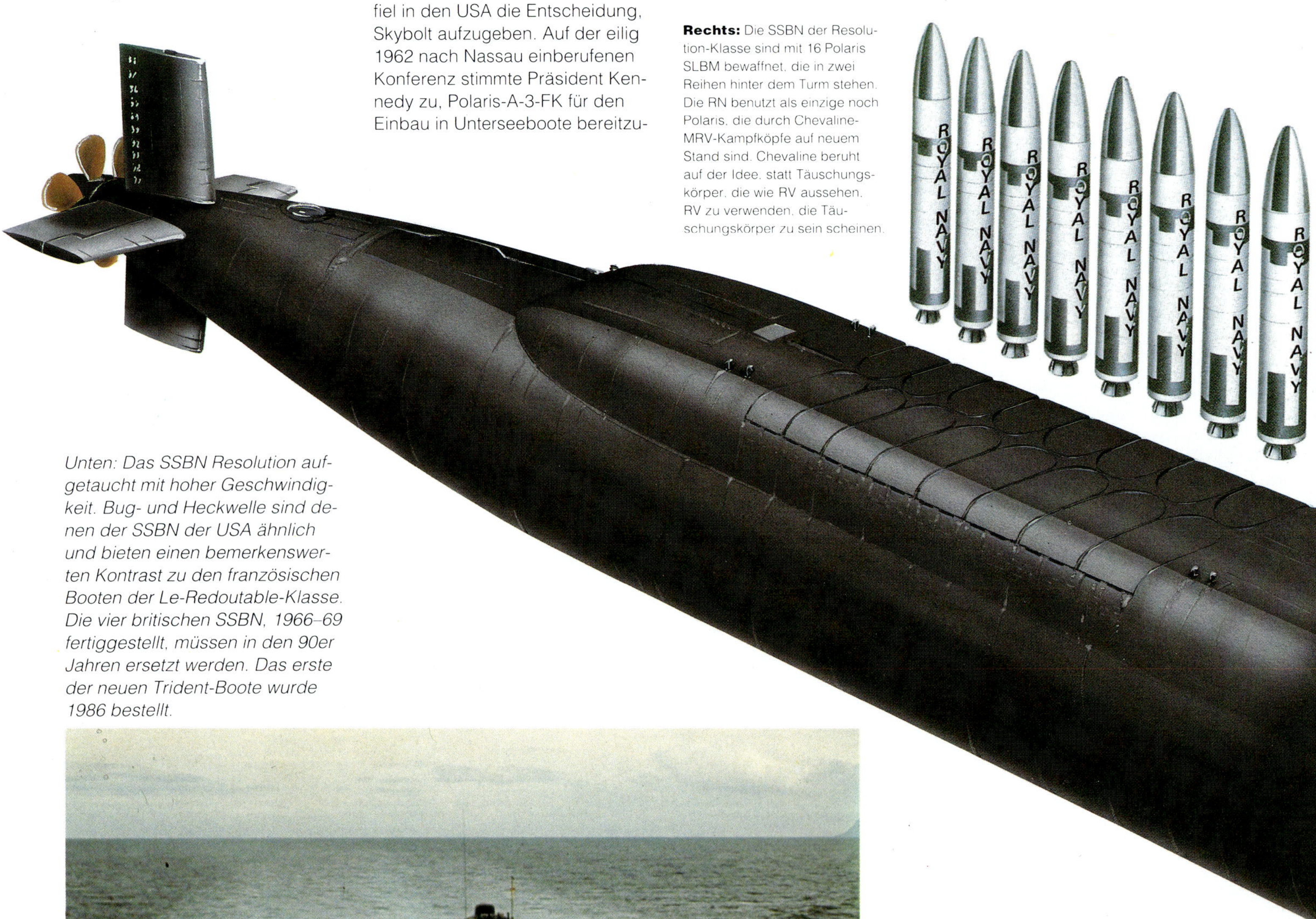

Rechts: Die SSBN der Resolution-Klasse sind mit 16 Polaris SLBM bewaffnet, die in zwei Reihen hinter dem Turm stehen. Die RN benutzt als einzige noch Polaris, die durch Chevaline-MRV-Kampfköpfe auf neuem Stand sind. Chevaline beruht auf der Idee, statt Täuschungskörper, die wie RV aussehen, RV zu verwenden, die Täuschungskörper zu sein scheinen.

Unten: Das SSBN Resolution aufgetaucht mit hoher Geschwindigkeit. Bug- und Heckwelle sind denen der SSBN der USA ähnlich und bieten einen bemerkenswerten Kontrast zu den französischen Booten der Le-Redoutable-Klasse. Die vier britischen SSBN, 1966–69 fertiggestellt, müssen in den 90er Jahren ersetzt werden. Das erste der neuen Trident-Boote wurde 1986 bestellt.

Oben: Die SSBN der britischen Resolution-Klasse wurden aus dem Entwurf für die Valiant-Klasse (SSN) entwickelt. Sie bekamen eine FK-Abteilung zwischen Zentrale und Reaktor-Abteilung eingefügt. Das Ergebnis wurde zur erfolgreichen Klasse, die ihren zwanzigsten Geburtstag hinter sich hat, denn am 22. 6. 1967 fand der erste operative Einsatz statt. Jedes Boot hat zwei Besatzungen (Gold und Silber). Jeweils ein Boot der Klasse liegt in längerer Werftliegezeit, eines in kurzer Überholung, eines steht in See. Das vierte ist gewöhnlich, doch nicht stets, auch in See. Es wurde vielfach bedauert, dass das fünfte Boot nicht gebaut wurde. Die neuen SSBN der Trident-Klasse werden etwa 14'800 ts Verdrängung haben, 150 m lang sein bei 12,8 m Breite. Das erste, Vanguard, wird auf der Vickers-Werft in Barrow-in-Furness gebaut und wird seinen Dienst in den frühen 90er Jahren aufnehmen, bewaffnet mit Trident II D-5 SLMB. Das ganze Programm hat in Grossbritannien beträchtliche Kontroversen ausgelöst, sowohl von der politischen Opportunität her, als auch darüber, ob es in den 90er Jahren für die Briten militärisch die beste Wahl sei. Gewiss wird es sehr teuer werden, aber wenn Grossbritannien nicht ganz aus der strategisch-nuklearen Mitsprache aussteigen will, scheint es keine andere praktikable Lösung zu geben, die es sich leisten kann.

Probleme wären vermieden worden, wäre das fünfte Boot gebaut worden. Die Franzosen, in ähnlicher strategischer Position, planten fünf Boote und bauten noch ein sechstes.
Die SSBN der Resolution-Klasse haben 16 vertikale Startbehälter hinter dem Turm. Die ersten Polaris A-3 wurden von den USA gekauft, aber infolge Alterung wurden neue Motoren notwendig. Die drei Wiedereintrittskörper (RV) mussten auch ersetzt werden, um die neuen sowjetischen Verteidigungsmassnahmen zu überwinden. Auf Grund des Erfordernisses der Autonomie führten die Briten das Programm für den Ersatz national durch unter dem Stichwort Chevaline zu Kosten von über 1'000 Millionen £. Die Gesamtzahl der neuen lenkbaren Wiedereintrittskörper (MRV) soll bei drei pro Flugkörper liegen. Ihre Sprengwirkung soll bei etwa 40 kT liegen.

Zukunft: Nach langen Debatten, die die Erwägung anderer Lösungen einschlossen, verkündete die britische Regierung ihre Absicht, Trident-II-D-5-Flugkörper aus den USA zu kaufen. Wie die Polaris-Flugkörper werden auch sie einen rein britischen Kampfkopf tragen und so die nationale Kontrolle des Systems sichern. Abgesehen vom Ersatz der alten Polaris-Flugkörper, muss die Royal Navy auch die SSBN der Resolution-Klasse ersetzen, die zwar sehr zuverlässig und erfolgreich sind, aber Anfang der 90er Jahre veralten. Damit könnten dann die neuen Flugkörper auf neuen, von Briten entworfenen und gebauten SSBN aufgestellt werden. Vier sind gegenwärtig geplant, von denen erst eines im Bau ist, doch ist es wie mit der Resolution-Klasse, die Entscheidung über ein fünftes soll erst später fallen, was unter dem Aspekt steigender Kosten des Programms bedeuten könnte, dass die Geschichte sich wiederholt und das fünfte Boot nicht gebaut werden wird.

Rechts: HMS Resolution (S 22) unter der Strassenbrücke des Firth of Forth auslaufend zu neuem Einsatz, Teil der endlosen Wache, die notwendig ist, Frieden im gegenwärtigen Gleichgewicht der Kräfte zu bewahren.

Resolution-Klasse

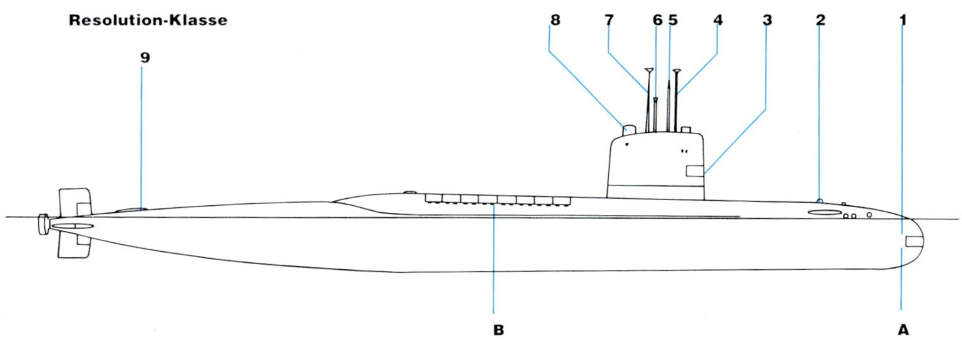

Waffen
- **A** 533-mm-TR (2x3)
- **B** Startbehälter für ballistische Flugkörper Polaris A-3 TK mit Chevaline-Kampfkopf (2x8)

Elektronik
- **1** Typ 2001 passives Sonar
- **2** einziehbares Sonar
- **3** Sonar
- **4** ESM-Mast
- **5** Periskop
- **6** Periskop
- **7** Typ 1003 Radar
- **8** Sonar
- **9** Typ 2023 passives Schleppsonar

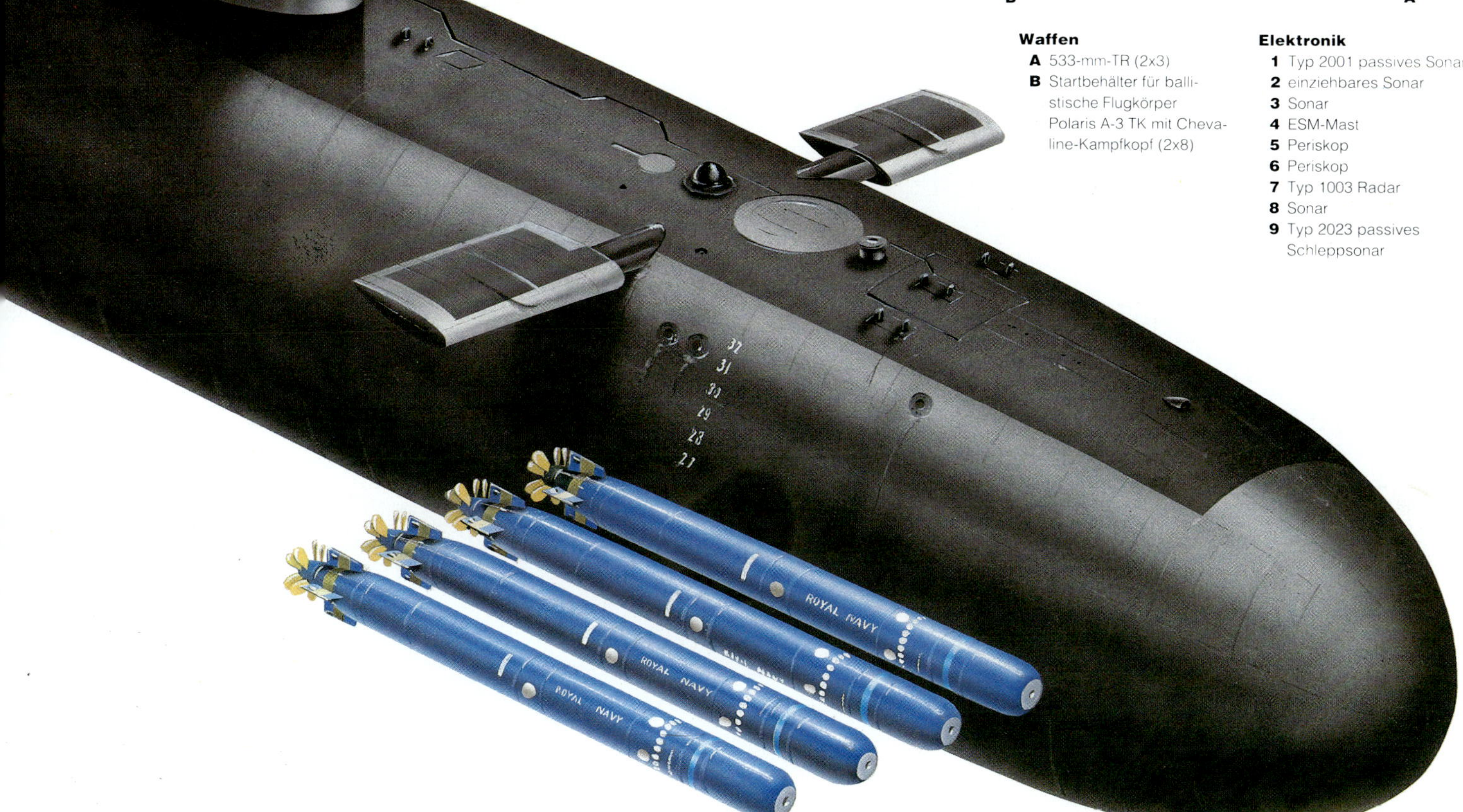

Rubis-Klasse (SNA 72)

Herkunftsland: Frankreich
Typ: Atomgetriebenes Angriffs-Unterseeboot (SSN)
Baujahr: 1976–1991
Anzahl: 3 im Dienst, 1 in Bau; 2 etwas vergrösserte im Bau und 2 geplant
Verdrängung: 2'385 ts aufgetaucht, 2'670 ts getaucht; 2. Gruppe: 2'400 ts aufgetaucht, 2'600 ts getaucht
Abmessungen: Länge 72,1 m (73,6 m), Breite 7,6 m (7,6 m), Tiefgang 6,4 m (6,4 m)
Antrieb: 1 Welle, ein 48-MW-Atomreaktor, 1 Turbowechselstromgenerator, 1 Hauptmotor (Gruppe 2 noch unbekannt)
Leistung: (Gruppe 1) 25 kn getaucht, 300 m Tauchtiefe
Waffen: TR: 4 x 550 mm, Dotation 14 gemischt L 17 und L 5 Mod 4 und FK SM.39 (2. Gruppe angeblich gleich)
Sensoren: Sonar: DSUV 22 passiv, DUUA 2B aktiv, DUUX 2 oder DUUX 5 Entfernungsmessung; Radar: Calypso IV für Navigation aufgetaucht (2. Gruppe gleich)
Besatzung: 66 (2. Gruppe gleich)
Geschichte: Da das Programm für die französischen SSBN viele Jahre lang alle verfügbaren Mittel verschlang, konnte sich die französische Marine erst ab 1974 mit atomgetriebenen SSN befassen. Das erste seiner Klasse, Rubis (S 601), das zunächst La Provence heissen sollte, wurde im Dezember 1976 auf Kiel gelegt, lief am 7. 7. 1979 vom Stapel und trat am 28. 2. 1983 nach ausgiebigen Erprobungen zur Flotte. Die Boote der Rubis-Klasse sind die kleinsten SSN. Der Rumpfentwurf folgt ziemlich genau der konventionellen Agosta-Klasse, aber ein grösserer Turm mit Tiefenrudern auf etwa zwei Drittel seiner Höhe charakterisiert sie. Zur Konstruktion eines so kleinen Atom-U-Boots kann die französische Marine nur durch einen bedeutenden Fortschritt im Reaktorbau fähig gewesen sein. Allgemein wird angenommen, dass dies eine Folge der Kühlung des Reaktors durch Flüssigmetall sei. Bewaffnung, Sonar und Feuerleit-Systeme basieren auf jenen, die in der Agosta-Klasse verwendet wurden, einschliesslich der 550-mm-TR. Seit 1985 wurde die Rubis-Klasse mit dem SM.39, einer Abart des sehr erfolgreichen Seeziel-FK MM.38 Exocet, ausgerüstet, der aus den TR eines getauchten Boots verschossen werden kann. Für jedes Unterseeboot gibt es zwei Besatzungen zu je neun Offizieren und 57 Mann, so dass die Boote aufs äusserste genutzt werden. Nach Schätzung dauert eine Einsatzfahrt im Schnitt 45 Tage. Rubis und ihre zwei Besatzungen wurden 1985 auf ihre Möglichkeiten getestet, als sie rund um die

Rubis-Klasse

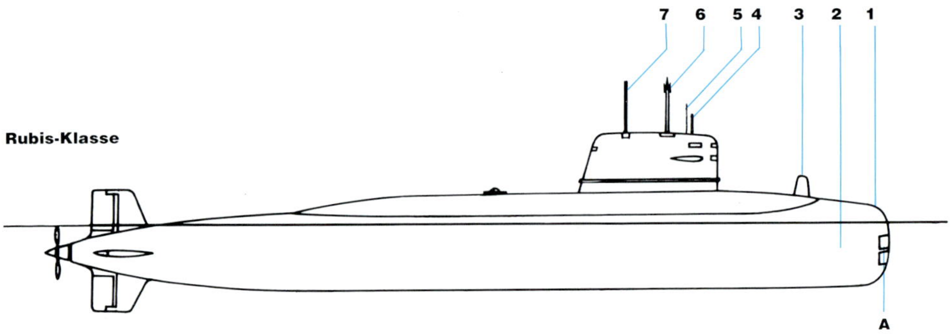

Waffen
A 550-mm-TR (4x1)

Elektronik
1 DUUA-2 aktiv/passiv Sonar
2 DSUV-22 Horchgerät
3 DUUX-2 passives Sonar
4 Angriffs-Periskop
5 Rundblick-Periskop
6 ECM/ESM-Mast
7 DRUA-33 Calypso IV Seeziel-Suchradar

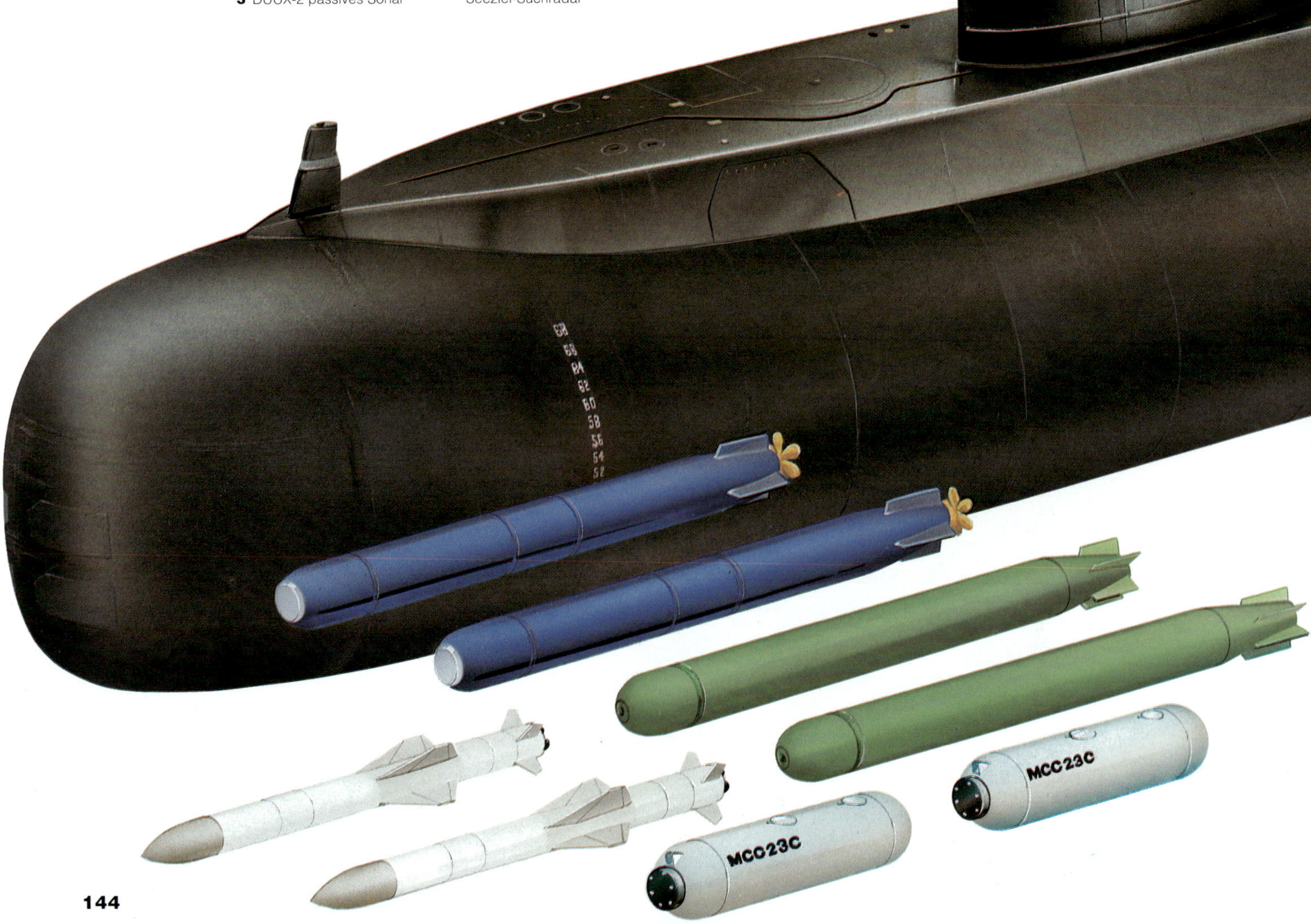

Welt fuhren. Am 25. 3. liefen sie aus Toulon aus und trafen in Noumea, Süd-Kaledonien, am 10. Mai ein. Nach drei Wochen routinemässiger Wartung und Besatzungswechsel nahmen sie an einem internationalen Flottenmanöver im Pazifik teil und liefen am 28. 7. aus Tahiti aus. Als sie am 4. 9. nach Toulon zurückkehrten, hatte das Boot 33'000 sm getaucht zurückgelegt.

Zukunft: Die französische Marine beabsichtigt, zunächst acht dieser Boote zu bauen, die in Toulon und Lorient ihre Heimathäfen haben sollen. Das vierte Boot der 1. Gruppe und die vier der 2. Gruppe sollen zwischen 1990 und 1995 in Dienst kommen.

Oben: Das erste SSN der französischen Marine auf See, Rubis (S 601). Sie ist das kleinste aller derzeitigen SSN. Das wird allgemein einem bedeutenden Fortschritt in der französischen maritimen Technologie für Atomantriebe zugeschrieben. Der Rumpf ist im Entwurf und der Grösse ähnlich dem der konventionellen Agosta-Klasse. Dies half, die Entwicklungszeit einer neuen Klasse zu verkürzen. Acht Boote in zwei Gruppen sind geplant.

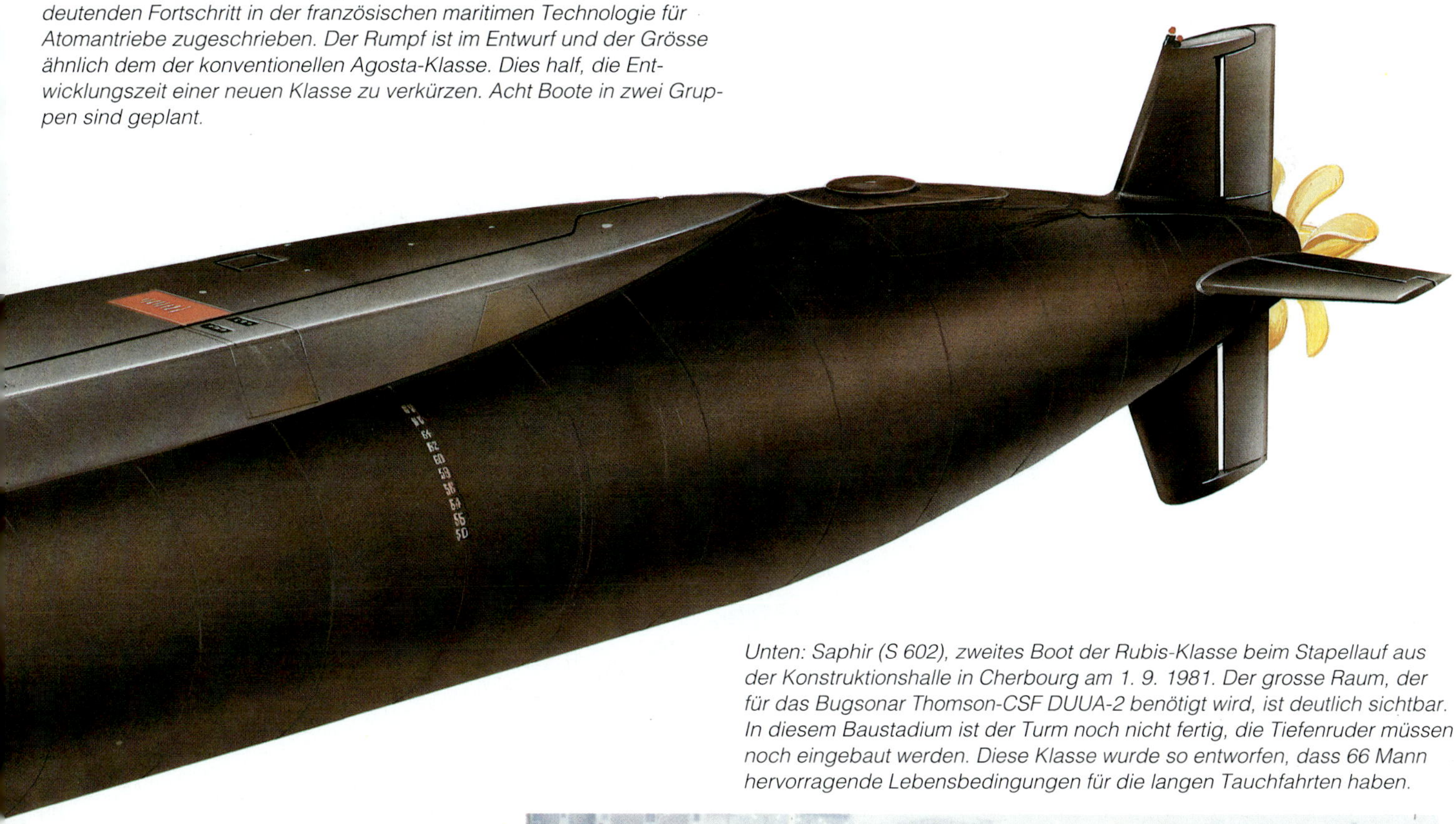

Unten: Saphir (S 602), zweites Boot der Rubis-Klasse beim Stapellauf aus der Konstruktionshalle in Cherbourg am 1. 9. 1981. Der grosse Raum, der für das Bugsonar Thomson-CSF DUUA-2 benötigt wird, ist deutlich sichtbar. In diesem Baustadium ist der Turm noch nicht fertig, die Tiefenruder müssen noch eingebaut werden. Diese Klasse wurde so entworfen, dass 66 Mann hervorragende Lebensbedingungen für die langen Tauchfahrten haben.

Links: Die SSN der Rubis-Klasse sind mit vier TR bewaffnet, für die 14 Torpedos und Flugkörper mitgeführt werden können. Die F 17 (oben links) sind zum Einsatz gegen Überwasser-Schiffe bestimmt, werden drahtgelenkt oder suchen selbst das Ziel, wobei sie schnell zwischen beiden Arten wechseln können. Der L 5 Mod 4 (nicht abgeb.) ist ein Torpedo gegen Unterseeboote. Der Flugkörper SM.39 Exocet wird aus Behältern heraus, die in den TR liegen (Mitte), ähnlich den Sub-Harpoon der US Navy abgeschossen. Verschiedene Minenarten können gelegt werden, einschliesslich der Thomson-CSF TSM 35 10 (MCC-23C), einer Meeresboden-Waffe, die über verschiedene Sensoren zündet.

Oben: Rubis ist typisch für die moderne französische Praxis mit ihrem stumpfen, geraden Bug, der zylindrischen Hülle, dem kantigen Oberdeck, am Turm installierten vorderen und kreuzförmigen achteren Rudern und einem einzelnen, langsam drehenden Propeller grossen Durchmessers. Die Bugform mit der viel runderen anderer zeitgemässer Boote zu vergleichen, wie Trafalgar und Walrus, ist aufschlussreich und steht in völligem Gegensatz zu dem wulstigen Bug bei den Sowjets, zum Beispiel der Oscar-Klasse. Verglichen mit der Agosta-Klasse, ist der Turm viel grösser, und die vorderen Tiefenruder sitzen am Turm.

Sheffield-Klasse (Typ 42)

Herkunftsland: Grossbritannien
Typ: Zerstörer (DDG)
Baujahr: 1972–1985
Anzahl: (Gruppe 1) 4 im Dienst, (2) 4 im Dienst, (3) 4 im Dienst
Verdrängung: (Gruppe 1 und 2) 3'500 ts Standard, 4'100 ts Höchst, (Gruppe 3) 4'775 ts Höchst
Abmessungen: (1 und 2) Länge 125,0 m, Breite 14,3 m, Tiefgang 5,8 m; (3) Länge 141,1 m, Breite 14,9 m, Tiefgang 5,8 m
Antrieb: 2 Wellen, COGOG, Gasturbinen: 2 Rolls-Royce Olympus TM3B und 2 Rolls-Royce Tyne RM1C; 50'000/9'700 PSw
Leistung: (1 und 2) 29 kn, (3) 30 kn, (1, 2, 3) 4'000 sm/18 kn
Waffen: 1x2 Sea-Dart-Starter (24 FK), (Gruppe 3 40 FK); Geschütze: 1 x 114 mm /55 Mk 8, 2 Zwillinge 30 mm, vier 20 mm (IV. und VIII. Schiff mittschiffs 2 Phalanx-CIWS); (Gruppe 3) zwei 20-mm-Oerlikon GAM-B01; 2x3 324-mm-TR
Flugzeuge: 1 Hubschrauber Lynx Mk 2
Sensoren: Radar: Typ 1022 Seeziel-Suche, Typ 992 Q/R Überwachung und Zielanzeige, 2 Typ 909 Sea Dart Feuerleitung, Typ 1006 Navigation; Sonar: Typ 184 M Bugsonar (bei jüngeren Schiffen Typ 2016)
Besatzung: (1/2) 253, (3) 301
Geschichte: Die Luftraum-Verteidigung für Träger-Gruppen der Royal Navy oblag in den 60er und 70er Jahren den Zerstörern der County-Klasse, die mit Sea Slug SAM bewaffnet waren. Diesen folgten die Lenkwaffen-Zerstörer der Bristol-Klasse (Typ 82). Sie wurden für den kleineren, leistungsfähigeren Sea Dart SAM entworfen, trugen ferner ein 114-mm-Geschütz Mk 8 und einen Ikara-Starter auf dem Vorschiff. Hohe Kosten und die Streichung des Trägers CVA-01 führten zur Streichung der ganzen Klasse; nur das Typschiff Bristol (D 23) wurde fertiggebaut.
Die Typ-42-Klasse, als kleinere, billigere und einfachere Version der Bristol entworfen, sind vielseitige und äusserst automatisierte Schiffe. Sie haben einen Rolls-Royce-Olympus/Tyne-COGOG-Antrieb, der seinerzeit Standard-Antrieb für Überwasser-Kriegsschiffe der Royal Navy war, einen Hangar achtern mit Landedeck für einen Lynx-ASW-Hubschrauber. Der SAM Sea Dart hat eine begrenzte SSM-Fähigkeit. Der Starter steht zwischen Geschütz und Brücke. Die hässliche und äusserst unpopuläre Abgasführung des Schornsteins der Sheffield, die Strömungsprobleme der Rauchgase beseitigen sollte, wurde bei keinem anderen Schiff wiederholt.
Die Sheffield sank am 4. 5. 82 nach einem bereits einige Tage zuvor bei einem Luftangriff empfangenen Exocet-Treffer, während die Coventry nach einigen Bombentreffern im Maschinenraum und Nahtreffern unter Verlust von 19 Menschenleben kenterte.
Die 3. Gruppe dieser Klasse wurde nach einem veränderten Entwurf mit grösserer Länge und Breite fertiggestellt, um Geschwindigkeit und Seeverhalten zu verbessern und mehr Platz zu gewinnen für Waffen, obwohl man gegen die neuere Auffassung von kürzeren, völligeren Schiffen handelte. Diese späteren Schiffe sind auf Grund der Erfahrungen im Südatlantischen Krieg vielfach verbessert worden.
Zukunft: Die Verluste dieser Klasse führten zu einer Neubeurteilung der Waffenausrüstung, weshalb nach Erfordernis zusätzliche Waffen auf allen Schiffen montiert werden können. Üblicherweise werden das zwei BMARC-30-mm-Zwillinge sein und zwei zusätzliche 20-mm-GAM-B01 beidseits des vorderen Endes des Hangars. Eine Anlage für den Vertikalstart des Sea Wolf wurde in Betracht gezogen. Falls das möglich ist, soll Birmingham (1. Gruppe) damit ausgerüstet werden; bisher scheint man aber keine Lösung gefunden zu haben.
Hinsichtlich der Entwürfe künftiger britischer Überwasser-Kriegsschiffe der Zerstörer-/Fregatten-Kategorien gab es grössere Kontroversen zwischen den Anhängern der traditionellen Lang-und-Dünn- und der neueren Kurz-und-Dick-Auffassung. Sie heizten sich derart auf, dass ein inoffizielles Komitee unter Vorsitz des vormaligen Leiters des Verteidigungsstabes, Flottenadmiral Lord Hill-Norton, eingesetzt wurde, die Auffassungen zu überprüfen. Im Juni 1986 berichtete es, die kürzere, breitere S-90-Fregatte (entworfen von Thornycroft, Giles und Partner) könnte für 73,8 Millionen £ gebaut werden im Gegensatz zu 100 Millionen £ des amtlichen Entwurfs Typ 23.

Rechts: Der Westland Lynx HAS-2 hat sich als ausgezeichnete ASW-Waffe erwiesen. Er trägt zwei ASW-Torpedos Mk 44 oder Mk 46 oder bis zu vier Sea Skua ASM.

Rechts: Die Royal Navy folgte dem allgemeinen Trend und reduzierte in den 60er und 70er Jahren schrittweise die Luftabwehr im Nahbereich. 1982 erkannte sie reumütig den Mangel an solchen Waffen. Hastig wurden diese beschafft, darunter Vulcan/Phalanx-CIWS, die zuerst auf die Träger kamen. Die Einzel-Rohrwaffe Oerlikon 20 mm Typ GAM-B01 und der Oerlikon-30-mm-Zwilling GCM-A02 (nebenstehend) gehörten dazu. Acht der letzteren wurden angekauft und alle auf Zerstörern Typ 42 aufgestellt. Auf lange Sicht wird ein radargesteuertes, mehrrohriges System, wie das niederländische Goalkeeper, benötigt.

Links: Der Lenkwaffen-Zerstörer HMS Glasgow (D 88), Typ 42, Gruppe 1, der während der Ausrüstung in Brand geriet, wodurch die Fertigstellung verzögert wurde. Die 114-mm-DP Mk 8 teilt sich das Vorschiff mit dem Lenkwaffen-System Sea Dart GWS-30 Mod 2. Zu beachten sind das grosse, zweigeteilte Radar Typ 965M und die Hauben für das Feuerleitradar Typ 909 für die Sea-Dart-FK und das Geschütz. Zwei Schiffe der Klasse, Sheffield (D 80) und Coventry (D 118), gingen im Südatlantischen Krieg verloren.

Waffen

- **A** Vickers 114 mm/55 Mk 8 DP automatisches Geschütz (1x1)
- **B** GWS 30 Mod 2 Sea Dart SAM-Starter (1x2)
- **C** 20-mm-AA-Rohrwaffe (2x1)
- **D** 324-mm-TR STWS-1 ASW (2x3)
- **E** Westland Lynx HAS-2 ASW-Hubschrauber
- **F** Oerlikon GCM-A02 AA-Rohrwaffe 20 mm (2x2)
- **G** Oerlikon GAM-B01 AA-Rohrwaffe 20 mm (2x1)

Elektronik

- **1** Typ 162M Sonar
- **2** Typ 184M Sonar
- **3** Typ 909 Feuerleitradar für Sea Dart und Geschütz
- **4** Typ 965M Langstrecken-Luftsuchradar
- **5** SCOT Antenne für Satelliten-Nachrichten-verbindung
- **6** Typ 1006 Navigations-radar
- **7** Typ 992Q See-/Luftziel-Radar (Ziel-Information)
- **8** Corvus Störkörper-Starter (2x8)
- **9** Typ 909 Feuerleitradar für Sea Dart und Geschütz
- **10** Mk 36 Super-RBOC-Starter für Störfolien (2x6)
- **11** Typ 2016 Sonar
- **12** Typ 1002 Luft-Such-radar

Typ 42, Erste Gruppe
Birmingham (D 86)
nach Fertigstellung 1976

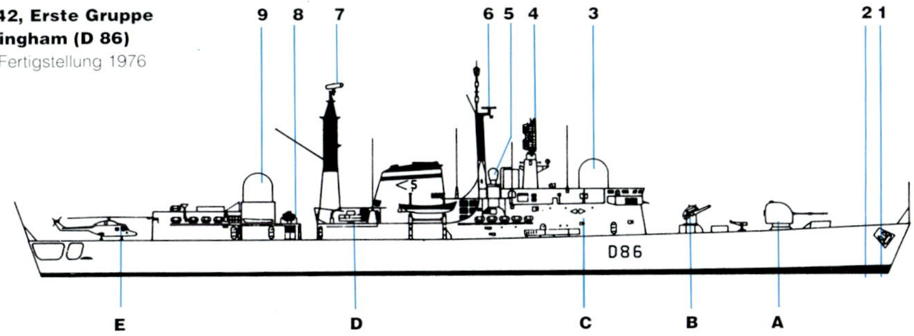

Typ 42, Zweite Gruppe
Cardiff (D 108)
nach Falkland 1982

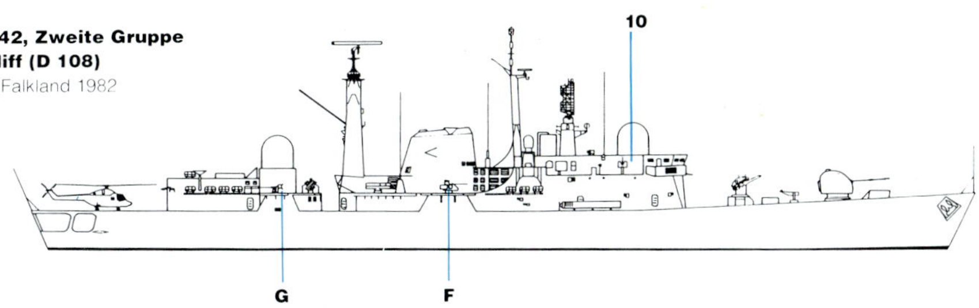

Typ 42, Dritte Gruppe
Manchester

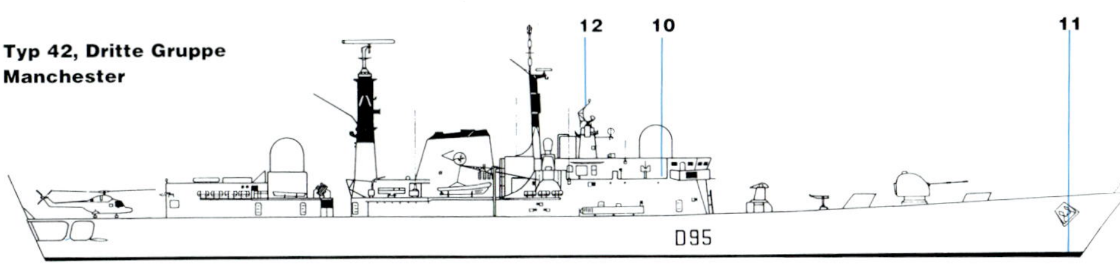

Links: HMS Gloucester (D 96), zweiter der vier der 3. Gruppe, die verbesserte Seefähigkeit, Fahrstrecke und Wohnlichkeit haben sollte. Etwas überraschend war, dass die grössere Länge keine stärkere Bewaffnung ergab.

Sierra-Klasse

Herkunftsland: UdSSR
Typ: Atomgetriebenes Angriffs-(Jagd-) Unterseeboot (SSN)
Baujahr: 1982–1988
Anzahl: 2 im Dienst, soll angeblich weitergebaut werden
Verdrängung: 8'400 ts getaucht
Abmessungen: Länge 110,0 m, Breite 11,0 m, Tiefgang 7,4 m
Antrieb: 1 Welle, 2 Atomreaktoren, 1 Dampfturbine; ca. 40'000 PSw
Leistung: 32 kn
Waffen: FK: SS-N-15, SS-N-16 und SS-N-21; TR: 6 x 533 mm
Sensoren: Sonar: 1 LF-Bugsonar
Besatzung: annähernd 85
Geschichte: 1986 waren drei Klassen SSN (Mike, Sierra und Akula), zwei Klassen SSBN (Delta IV und Typhoon) sowie Oscar-Klasse-SSGN und Kilo-Klasse-SSK gleichzeitig im Bau, eine finanzielle und industrielle Kapazität, die der gesamte Westen nicht aufbringen kann. Die ersten sowjetischen SSN, die November-Klasse, kamen zwischen 1958 und 1963 in Dienst. Sie hatten einen langen, wenig leistungsfähigen Rumpf mit vielen Flutschlitzen, die sie sehr geräuschvoll und leicht zu entdecken machten. Die darauf folgende Victor-Klasse war ein erheblicher Fortschritt mit tropfenförmigem Rumpf und neuem Reaktor. Die 16 Victor I, die zwischen 1965 und 1974 gebaut wurden, hatten sieben Victor II als Nachfolger (1970–78), deren Rümpfe um 9 m verlängert worden waren, um das SS-N-15-ASW-FK-System aufzunehmen. Der Entwurf wurde weiter zur Victor-III-Klasse (1978–84) verbessert, deren erste 20 in Leningrad, die restlichen in Komsomolsk gebaut wurden. Von den diversen Verbesserungen ist am auffälligsten der tropfenförmige Körper auf dem oberen Seitenruder, der mit ziemlicher Sicherheit ein Schleppsonar enthält. Danach erschien die eindrucksvolle Alfa-Klasse. Diese Boote mit Titan-Druckkörper haben eine Tauchtiefe von 700 m und eine Geschwindigkeit unter Wasser von mehr als 42 kn. Diese spektakulären Leistungen wurden bei einem NATO-Manöver demonstriert. Es scheint, die Boote der Alfa-Klasse wurden als operative Test-Fahrzeuge benutzt, denn ihr Bau ging langsam vonstatten, und mindestens ein Boot wurde nach nur wenigen Dienstjahren verschrottet. Diese Entwicklungslinie führte zu der neuen Mike-Klasse.

Das erste Boot der Sierra-Klasse lief im Juli 1983 vom Stapel und ging 1984 in See. Es war grösser und schneller als die Victor III und hatte einen ähnlichen «Tropfen» auf dem Seitenruder. Zunächst könnte man ein Schleppsonar vermuten, aber ebensogut könnte es eine Antriebsart sein, die mit einem magnetohydrodynamischen (MHD) Generator zusammenhängt. Verglichen mit Victor III liegen die vorderen Tiefenruder

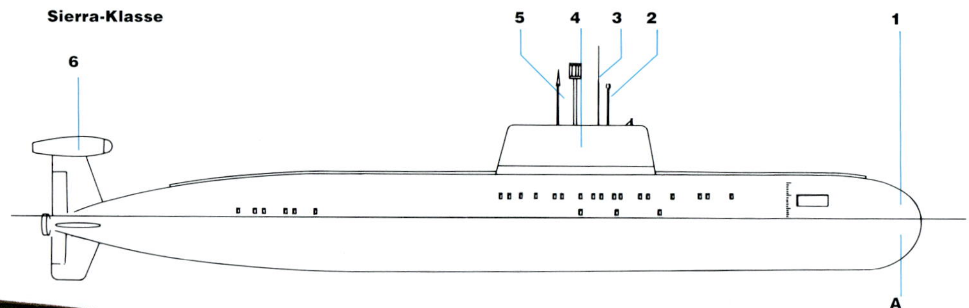

Unten: Ein SSN der Sierra-Klasse bei langsamer Fahrt; die vorderen Tiefenruder sind eingezogen. Der grosse Körper auf dem senkrechten Seitenruder ist im Vorderteil ähnlich den nicht leitenden Radarnasen mancher Flugzeuge geformt. Der Sinn wird im Westen weidlich diskutiert. Es kann ein Behälter für Winde und Verankerung eines Schleppsonars sein oder ein magnetohydrodynamisches Antriebssystem (MHD) für geringe Geschwindigkeit oder einen gänzlich neuen Sensor enthalten.

Waffen
A 533-mm-TR für ASW-Torpedos und SS-N-21 (2x3)

Elektronik
1 LF-Bugsonar
2 ESM-Mast
3 Periskop
4 Radar
5 Pert Spring Satcom-Mast
6 Schleppsonar (?)

Oben: Die SSN der Sierra-Klasse sind das Resultat langjähriger Unterwasser-Forschung sowjetischer Konstrukteure (denen die Spionage im Westen half). Sie entwickelten eine Rumpfform, die stark an einen grossen Wal erinnert. Die vorderen Tiefenruder sind eingezogen für Überwasserfahrt; sie könnten auch getaucht bei wachsender Geschwindigkeit allmählich eingefahren werden.

etwas tiefer, der Turm ist etwas eckiger, aber merklich niedriger als bei westlichen SSN. Ohne Zweifel sind es höchst leistungsfähige Boote, speziell für den Einsatz gegen andere Unterseeboote gebaut. Kein westlicher Experte weiss mit Sicherheit, weshalb die Sowjetmarine gleichzeitig drei Typen atomar getriebener Jagd-Unterseeboote baut. Möglich ist, dass die Mike-Klasse das obere Ende des technologischen Spektrums darstellt, während die Sierra erprobte, mässig fortschrittliche und vertrauenswürdige Technik nutzen. Ähnlich sah es bei den fortgeschrittenen Schlachtkreuzern der Kirov-Klasse und der konventionellen Slava-Klasse aus, die gleichzeitig in Bau gingen, wobei letztere als Sicherheit gegen eine mögliche technologische Fehlentwicklung diente. Andererseits ist es möglich, dass eines der zwei Boote ein Versuchsschiff ist, wie es bei dem einzelnen SSGN der Papa-Klasse der Fall war, das in den frühen 70er Jahren gebaut worden war.

Zukunft: Es ist noch nicht klar, auf welche Weise die Mike-, Sierra- und Akula-Klassen in die Pläne der Sowjetmarine passen. Wie dem sei, scheint es unmöglich, dass selbst sowjetische Mittel auf die Dauer den Bau drei ganz unterschiedlicher Typen SSN gleicher Grösse und offenbar gleicher Einsatzfähigkeit erlauben.

Rechts: Ein stilliegendes SSN der Sierra-Klasse. Der Sinn der doppelten Gleisspur auf dem Oberdeck ist unklar. Die geringe Höhe des Turms bedeutet bei Fahrt in Sehrohrtiefe, dass die Oberseite des Boots und auch der Körper auf dem Seitenruder sich dicht unter der Oberfläche befinden. Für jeden Unterseeboot-Jäger zur See oder in der Luft wird damit eine Entdeckung relativ leicht gemacht. Der tropfenförmige Körper ist etwa 9 m lang und hat einen Durchmesser von 2,5 m.

Oben: Der Marschflugkörper SS-N-21 wird aus den üblichen 533-mm-TR verschossen. Er ist dem Tomahawk ähnlich, tiefliegend, knapp unter der Schallgeschwindigkeit.

Slava-Klasse

Herkunftsland: UdSSR
Typ: Kreuzer für Lenk-FK (CG)
Baujahr: 1979–
Anzahl: 3 im Dienst, 1 im Bau
Verdrängung: 7'375 ts Standard, 10'300 ts Höchst (westliche Fachleute schätzen 10'000/12'500 ts)
Abmessungen: Länge 185,3 m, Breite 20,5 m, Tiefgang 6,4 (7,0) m
Antrieb: 2 Wellen, COGOG, 4 Gasturbinen, 121'000 PSw
Leistung: 33 kn, 10'000 sm/16 kn
Waffen: 16 SS-N-12-, 8 SA-N-6-Vertikalstarter (werden durch 16 SDA-N-6 ersetzt) 64 (?) FK, 2 Zwillingsstarter SA-N-4 (40 FK); Geschütze: ein 130-mm/70-Zwilling, 6 ADMG-630-30-mm-CIWS; ASW: 2 RBU-6000, 2x5 533-mm-M/57-TR
Flugzeuge: 1 Hubschrauber Ka-25 Hormone-B oder Ka-27 Helix
Sensoren: 3D-Überwachungsradar, Top Pair, Top Steer, Feuerleitradar Front Door/Front Piece für SS-N-11, Top Dome für SA-N-6 (für SDA-N-6 möglicherweise ein anderes), 2 Pop Group (SA-N-4), 3 Bass Tilt (30-mm-Gatling), Kite Screech (130 mm), 3 Palm Frond Navigationsradar. 1 MF-Bugsonar, 1 tiefenvariables MF-Sonar
Besatzung: 480
Geschichte: In westlichen Marine-Kreisen löste es Überraschung aus, als in den 60er Jahren die Sowjets Kreuzer der Kresta-II-Klasse mit acht festen Startern, je vier beiderseits der Brücke, herausbrachten. Man spöttelte, die sowjetischen Entwerfer würden die gesamte Bewaffnung ins «Schaufenster stellen». Noch grösser war die Überraschung, als die Slava mit ihrer einzigartigen Batterie von 16 SS-N-12 in festen Startern, hintereinander zu beiden Seiten der Brücke aufgestellt, erschien.
Die Slava-Klasse wurde im Westen zunächst BLACKCOM 1 (BLACK Sea COMbatant) und für eine kurze Zeit Krasina-Klasse genannt, bis das erste Schiff auf See gesehen und die sowjetische Klassenbezeichnung Slava bekannt geworden war. Der Sinn dieses Entwurfs liegt wahrscheinlich darin, dass eine möglichst grosse Zahl Flugkörper ohne die vielfältigen automatischen Nachladeanlagen verfügbar sein sollte. Die SS-N-12-Starter stehen fest mit einer Neigung von etwa 8° und haben keine Nachladung. Zwei Reihen zu vier SA-N-6-Silos stehen senkrecht zwischen Schornstein und Hangar. (Die SDA-N-6 sind am gleichen Ort, bilden aber zwei Kreise zu je acht Flugkörper). Beidseits des achteren Endes des Hangars stehen je ein Zwillingssilo SA-N-4.
Der automatische 130-mm-Zwilling steht auf dem Vordeck, und sechs 30-mm-Gatling bilden die Verteidigung im Nächstbereich, zwei auf den vorderen Aufbauten und je zwei beidseits vor dem Schornstein. Als ASW-Waffen sind beiderseits je fünf feststehende 533-mm-TR und zwei RBU-6000-Raketenwerfer vor der Brücke. Die bei der sowjetischen Marine übliche, sehr umfangreiche Sensor-Ausrüstung schliesst am Heck ein tiefenvariables Sonar ein, wie es auch die Kirov- und Udaloy-Klassen haben.
Die Schiffe zeigen im Entwurf nichts Revolutionäres. Man stimmt darin überein, dass sie als Sicherheit gegen eine mögliche technologische Fehlentwicklung der viel wagemutigeren Schlachtkreuzer der Kirov-Klasse gebaut wurden.
Zukunft: Die Slava-Klasse scheint ein Zwischentyp zu sein. Nachdem drei Schiffe gebaut worden waren, glaubte man, die Klasse würde nicht weitergebaut werden, aber inzwischen wurde doch ein viertes Schiff auf Stapel gelegt.

Oben: Die Slava im Mittelmeer am 26. 1. 1986. Die Kenn-Nummer unterscheidet sich von der auf der Hauptzeichnung, denn die Sowjets vergeben die Nummern nach taktischen Gesichtspunkten; ändert sich der Einsatz, ändert sich auch die Nummer.

Unten: Slava, Typschiff der Klasse. Die Startbehälter der SS-N-12 und die Punch-Bowl-Satcom-Antenne über dem hintersten Paar fallen ins Auge. Links im Bild die ECM/ESM-Anlagen mit den senkrechten Reihen von vier Side-Globe-EW-Antennen, flankiert von zwei Rum Tub.

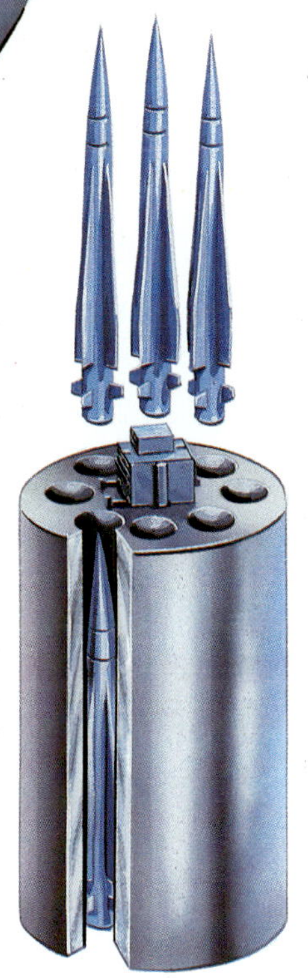

Oben: Der allgegenwärtige und erfolgreiche Hubschrauber Kamov Ka-25 ist für die SS-N-12 wichtig, da er über eine Echtzeit-Datenverbindung die OHT- und FK-Lenkung gewährleistet. Er wurde von 1966 bis 1975 gebaut, ist etwas überaltert und wird deshalb vom Kamov Ka-27 Helix abgelöst, der in einer ASW-Ausführung (Helix-A) und einer OHT-Ausführung (Helix-B) gebaut wird.

Links: Der SA-N-6, eine Marine-Version des landgestützten SA-10-SAM-Systems, ist auf den CG der Slava-Klasse (8 Starter) und auf den Schlachtkreuzern der Kirov-Klasse (12 Starter) eingebaut. Acht Flugkörper stehen senkrecht in einem drehbaren Magazin. Es wird berichtet, dass das Lenksystem des Top-Dome-Radars nach dem TVM-Prinzip (Flugkörper als Relaisstation) arbeitet. Die USA stufen den SA-10 als strategische Waffe ein, da er in der Lage sein könnte, einige strategische ballistische Flugkörper abzufangen. Die USA behaupten auch, gegen tieffliegende Ziele mit geringem Radar-Querschnitt, wie Marschflugkörper, sei er begrenzt einzusetzen. Es ist anzunehmen, dass der SA-N-6 auf ähnliche Art gegen hochfliegende Flugzeuge und Flugkörper wie auch gegen Sea-skimmer und ASM, wie Exocet, Tomahawk oder Harpoon, einzusetzen ist.

Slava-Klasse

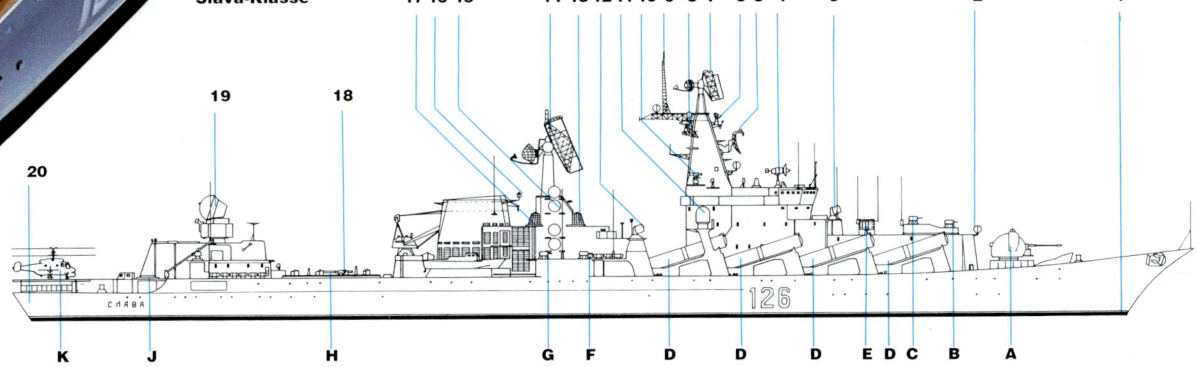

Oben: Die Slava-Klasse wurde von den Schlachtkreuzern der Kirov-Klasse überschattet, weshalb in Vergessenheit gerät, dass die Kreuzer der Slava-Klasse zu den grössten modernen Überwasser-Kriegsschiffen (ausser Trägern) gehören und eine äusserst kampfkräftige Bewaffnung haben. Deutlich wird hier die einzigartige Aufstellung der 16 SS-N-12 gezeigt, ferner der 130-mm-DP-Zwilling, die RBU-6000-ASW-Raketenwerfer, die zahlreichen 30-mm-CIWS. Hinter den Zwillings-Schornsteinen sind einige der SA-N-6-Starter zu sehen, die runden Abdeckungen der SA-N-4-Starter befinden sich an Backbord am vorderen Ende des Landedecks. Die zahlreichen Sensoren, die rechts in der Aufstellung erklärt werden, die grosse Brücke und die geräumigen Aufbauten, die viel Raum für C^3-Einrichtungen vorsehen (sie dürften im Gefecht gefährdet sein), sind alle leicht zu erkennen.

Waffen
- **A** 130-mm/70-DP-Zwilling (1x2)
- **B** ADMG-630 30-mm-Gatling-CIWS (1x1)
- **C** ADMG-630 30-mm-Gatling-CIWS (1x1)
- **D** Sandbox-Zwillingsstarter SS-N-12 (8x2)
- **E** RBU-6000 ASW-Raketenstarter (2x12)
- **F** ADMG-630 30-mm-Gatling-CIWS (2x1)
- **G** ADMG-630 30-mm-Gatling-CIWS (2x1)
- **H** SA-N-6 Vertikal-Starter (8x1) oder SDA-N-6 Vertikal-Starter (2x8x1)
- **J** SA-N-4 Pop-up-Starter (2x2)
- **K** Kamov Ka-25 Hormone-B FK-Lenkungs-Hubschrauber

Sensoren
- **1** LF-Bugsonar
- **2** Peilrahmen
- **3** Bass Tilt Feuerleitradar für ADMG-630
- **4** Kite Screech Feuerleitradar für 130 mm
- **5** Front Door/Front Piece Flugkörper-Leitradar für SS-N-12
- **6** Palm Frond Navigationsradar
- **7** Top Steer Überwachungsradar
- **8** Palm Frond Navigationsradar (2x1)
- **9** High Pole-B IFF-Antenne
- **10** Tee Plinth elektrooptisches Feuerleitsystem
- **11** Punch Bowl Satelliten-Navigations-Antenne
- **12** Bass Tilt Feuerleitradar für ADMG-630
- **13** Rum Tub EW-Antenne (2x1)
- **14** Top Pair (kombinierte Top Sail und Big Net) Radar-Antenne
- **15** Side Globe EW-Antennen (1x4)
- **16** Rum Tub EW-Antennen (2x1)
- **17** Disc Cone-2 Antenne
- **18** Störkörper-Werfer (2x1)
- **19** Top Dome Feuerleitradar für SA-N-6
- **20** tiefenvariables MF-Sonar

Sovremennyy-Klasse

Herkunftsland: UdSSR
Typ: Zerstörer (DDG)
Baujahr: 1978–
Anzahl: 9 im Dienst, 3 im Bau
Verdrängung: 6'000 ts Standard, 7'900 ts Höchst
Abmessungen: Länge 156,0 m, Breite 17,3 m, Tiefgang 6,6 m
Antrieb: 2 Wellen, Dampfturbinen, 110'000 PSw
Leistung: 32 kn, 6'500 sm/20 kn
Waffen: SSM: 2x4 SS-N-22; SAM: 2 SA-N-7 (44 FK); Geschütze: 4 130 mm/70 A (2x2), vier 30-mm-Gatling; ASW: 2 sechsrohrige RBU-1000 (120 Raketen); TR: 2x2 533-mm-TR M-57; Minen: Höchstzuladung 100
Flugzeuge: ein Hubschrauber Ka-27 Helix
Sensoren: Radar: Top Steer Überwachung, ein Bänd Stand (SS-N-22) und 6 Front Dome (SA-N-7) FK-Feuerleitung, ein Kite Screech (130 mm) und zwei Bass Tilt (30-mm-Gatling) Feuerleitung, drei Palm Frond Navigation; Sonar: ein Bug, ein Rumpf, aktiv MF
Besatzung: 320
Geschichte: Die erste dieser Klasse, die Sovremennyy, lief im November 1978 vom Stapel und wurde von westlichen Beobachtern im August 1980 in See gesehen, als sie auf der Ostsee noch ohne Waffen Maschinen-Erprobungen durchführte. Im folgenden Winter wurden Geschütze und FK-Systeme installiert, und im Januar 1982 trat sie zur Baltenflotte. Sie wurde gleichzeitig mit der Udaloy-Klasse gebaut, doch ist Sovremennyy zur Seekriegführung (Udaloy für ASW) bestimmt. Das umfangreiche Raumvolumen, erheblich grösser als das früherer Schiffe der sowjetischen Flotte, aber kleiner als bei entsprechenden westlichen, wie der Spruance, zeigt an, dass sie für überseeische Kriegführung bestimmt ist. Sie hat eine schwere Bewaffnung von acht SS-N-22, die in zwei Gruppen beiderseits der Brücke stehen. Der SS-N-22 ist eine verbesserte Ausführung des SS-N-9 mit einer Reichweite von etwa 70 sm. Die 130-mm-Geschütze sind automatisch und haben wassergekühlte Rohre, was für eine hohe Schussfolge spricht; sie sind in einem neuartigen Turm lafettiert. Die FK-Bewaffnung zur Luftverteidigung besteht aus zwei Startern SA-N-7 (44 Flugkörper) und vier 30-mm-Gatling. Ein Hubschrauber Kamov Ka-27 Helix wird mitgeführt. Der Hangar ist von neuer, teleskopischer Art und wurde bis dahin auf sowjetischen Kriegsschiffen nicht beobachtet. Etwas überraschend ist, dass diese Klasse von konventionellen Dampfturbinen angetrieben wird, nicht von Gasturbinen, wie sie seit den frühen 70er Jahren in viele wichtige Klassen sowjetischer Kriegsschiffe eingebaut wurden. Es gibt Hinweise darauf, dass diese Klasse eine automatische Einspritzfeuerung hat, wie sie ähnlich in den Kresta-Klassen eingebaut wurde und die eine hohe Beschleunigung erzielt (10 bis 32 kn in weniger als zwei Minuten). Es sind moderne, höchst ausgereifte Schiffe, fähig zu längeren Einsätzen auf den Meeren mit ausgezeichneter Luft- und See-Verteidigung, aber sie müssen in Gemeinschaft mit ASW-Schiffen operieren, um gegen eine starke Bedrohung durch Unterseeboote aufzukommen.
Zukunft: Neun dieser Zerstörer, von denen ein Name noch unbekannt ist, stehen im Dienst, drei weitere kommen bald hinzu. Bisher stehen sie alle bei der Nordflotte und bleiben anscheinend auch dort. Nach bisheriger Praxis der sowjetischen Marine hätte die Klasse nur acht Schiffe umfasst, gefolgt von einer neuen Klasse.

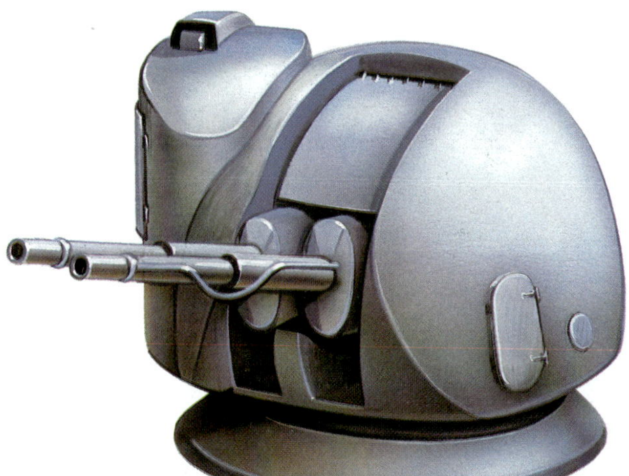

Oben: Die neue 130-mm-DP-Zwillingslafette wurde zuerst in den späten 70er Jahren auf den Zerstörern der Sovremennyy-Klasse gesehen. Durch die Wasserkühlung ist eine Schussfolge von 65 Schuss/Min. möglich. Die Schussweite liegt bei 23'300 m.

Unten: Die Zerstörer der Sovremennyy-Klasse führen eine umfangreiche Bewaffnung gegen See-, Luft- und Unterwasserziele.

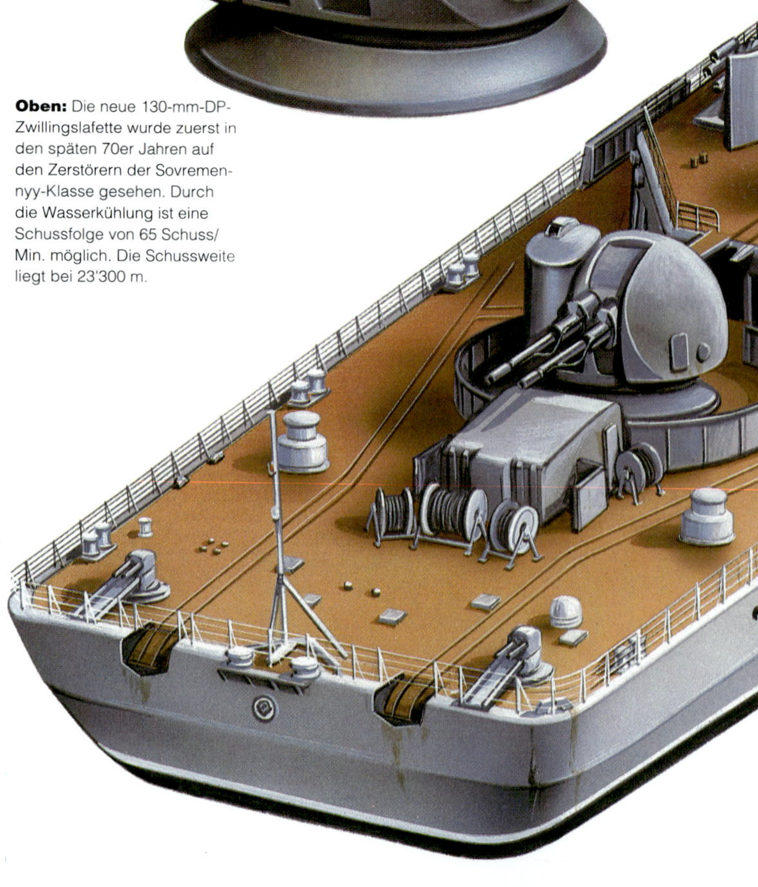

Links: Die Sovremennyy gab der Klasse ihren Namen. Sie ist das sowjetische Gegenstück zur Spruance-Klasse der US Navy, gross, gut bewaffnet, sinnvoll eingeteilt und reich an Sensoren. Nicht bekannt ist, ob die C³-Einrichtungen so umfangreich und raffiniert sind wie jene der amerikanischen Schiffe.

Unten: Zerstörer der Sovremennyy-Klasse. Minenschienen und Abwurfbühnen kommen in dieser Zeichnung ebenso deutlich heraus wie die achtere Zwillingslafette der 130-mm-Geschütze und der Starter für SA-N-7. Das Landedeck hat keine Hindernisse, und der Hangar ähnelt denen auf den Kreuzern der Slava-Klasse und fügt sich gut in die Rückseite des Schornsteins ein. Die ASW-Bewaffnung dient nur der Selbstverteidigung. Diese Schiffe sind unter den anderen sowjetischen etwas ungewöhnlich, weil sie kein tiefenvariables Sonar am Heck haben und kein LF-Bugsonar. Sie begnügen sich mit einem Rumpfsonar (neuere Quellen: Bugsonar).

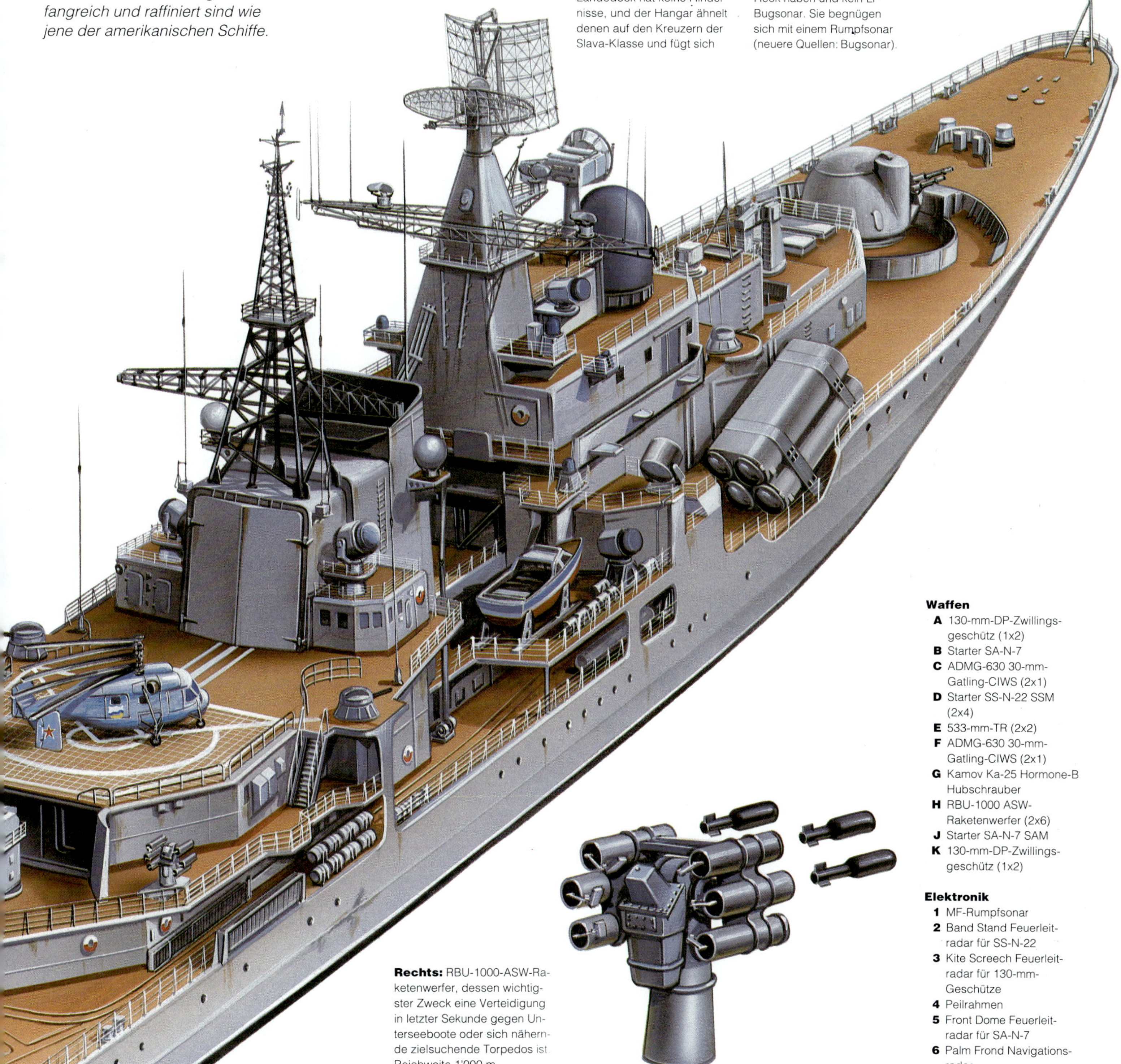

Rechts: RBU-1000-ASW-Raketenwerfer, dessen wichtigster Zweck eine Verteidigung in letzter Sekunde gegen Unterseeboote oder sich nähernde zielsuchende Torpedos ist. Reichweite 1'000 m.

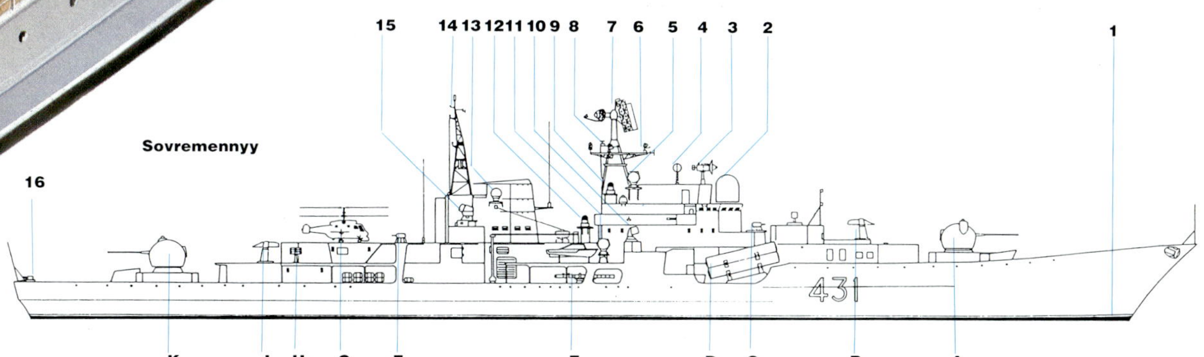

Waffen

- **A** 130-mm-DP-Zwillingsgeschütz (1x2)
- **B** Starter SA-N-7
- **C** ADMG-630 30-mm-Gatling-CIWS (2x1)
- **D** Starter SS-N-22 SSM (2x4)
- **E** 533-mm-TR (2x2)
- **F** ADMG-630 30-mm-Gatling-CIWS (2x1)
- **G** Kamov Ka-25 Hormone-B Hubschrauber
- **H** RBU-1000 ASW-Raketenwerfer (2x6)
- **J** Starter SA-N-7 SAM
- **K** 130-mm-DP-Zwillingsgeschütz (1x2)

Elektronik

- **1** MF-Rumpfsonar
- **2** Band Stand Feuerleitradar für SS-N-22
- **3** Kite Screech Feuerleitradar für 130-mm-Geschütze
- **4** Peilrahmen
- **5** Front Dome Feuerleitradar für SA-N-7
- **6** Palm Frond Navigationsradar
- **7** Top Steer 3D-Luft-Suchradar
- **8** Palm Frond Navigationsradar (2x1)
- **9** Bell Squat EW-Antenne (2x1)
- **10** Bass Tilt Feuerleitradar für ADMG-630
- **11** Front Dome Feuerleitradar für SA-N-7
- **12** Bell Shroud EW-Antenne (2x1)
- **13** Shot Rock EW-Antenne (2x1)
- **14** High Pole-B IFF-Antenne
- **15** Front Dome Feuerleitradar für SA-N-7
- **16** Störfolienwerfer (2x2)

Spruance-Klasse (DD 963)

Herkunftsland: USA
Baujahr: 1972–1983
Anzahl: 31 Spruance und 4 Kidd im Dienst
Verdrängung: 5'770 ts leicht, 7'810 Höchst; Kidd 9'750 Höchst
Abmessungen: Länge 171,7 m, Breite 16,8 m, Tiefgang 8,8 m über Sonar, 5,8 m über Kiel (Kidd-Klasse 9,8/6,8 m)
Antrieb: 2 Wellen, Gasturbinen, 4 General Electric LM 2500, 80'000 PSw
Leistung: 33 kn, 6'000 sm/20 kn; Kidd-Klasse 30 kn, sonst gleich
Waffen: SSM: 2x4 Harpoon-Starter; SAM: ein Starter NATO-Sea Sparrow Mk 29; Geschütze: 2x1 127 mm/54 Mk 45, zwei 20-mm-Phalanx-Mk-15-CIWS; ASW-Waffen: ein achtrohriger Starter Asroc (24 FK), 2x3 Mk 32 TR (14 Torpedos)
Flugzeuge: ein SH-3-Sea-King- oder zwei SH-2D-LAMPS-II-Hubschrauber
Sensoren: Radar: SPS-55 und SPS-40 Suche (SPS-49(V) in DD 997), SPG-60 und SPQ-9A Feuerleitung; Sonar: SQS-53 oder SQS-53C Bugsonar, SQR-19 TACTAS Schleppsonar
Besatzung: 296, Kidd-Kl. 350
Geschichte: Eine der Nachkriegsklassen, die heftige Debatten, besonders im US-Kongress, auslösten, war die Spruance-Klasse, die entworfen wurde, um die im Krieg gebauten Zerstörer der Gearing- und Sumner-Klassen abzulösen, die trotz der Modernisierungsprogramme sich in den frühen 70er Jahren dem Ende einer nützlichen Laufbahn näherten. Die Spruance sind typisch für die Entwurfsauffassung der US-Marine in den 70er Jahren, grosse Rümpfe, blockartige Aufbauten, viel Innenraum. Sie sollten mit einer Maschinenanlage ausgerüstet werden, die leicht zu warten oder zu ersetzen war, und mit einem hochtechnisierten, leicht zu ergänzenden oder zu ersetzenden Waffensystem. Um die Waffenplattform billig zu halten zugunsten grösserer Ausgaben bei den Waffen, wurde die Klasse bei einer einzigen Werft (Litton/Ingalls) bestellt, die daraufhin in ihre Produktionsanlagen in Pascagoula hohe Summen investierte und die fortgeschrittenste Sektionsbau-Technik nutzte. Die einzigen sichtbaren Waffensysteme der Spruance waren die zwei 127-mm-Einzelgeschütze Mk 45 in Leichtlafette und der Starterkasten der Asroc vor der Brücke. Die fortschrittlichen ASW-Fähigkeiten der Schiffe aber liegen verborgen im Rumpf und den umfangreichen Aufbauten. Unter dem Asroc-Starter, zum Beispiel, befindet sich ein Magazin mit 24 Nachladungen, während der grosse Hangar an Backbord des achteren Schornsteins zwei LAMPS-II-Hubschrauber aufnehmen kann, und Schiebetüren zu beiden Seiten des Aufbaus verbergen die Drillingssätze der Mk-32-TR und die Torpedo-Arbeitsräume. Noch bedeutungsvoller sind die fortschrittlichen Anlagen zum Aufspüren der Unterseeboote. Das Bugsonar SQS-53C kann mit unterschiedlichen aktiven und passiven Methoden arbeiten, auf direktem Weg, durch Bodenecho und in der Konvergenz-Zone. Das System erwies sich als so erfolgreich, dass das ursprünglich vorgesehene VDS SQS-35 nicht eingebaut wurde. Der Antrieb ausschliesslich durch Gasturbinen General Electric LM 2500, paarweise gestaffelt, wurde in erster Linie deshalb ausgewählt, weil er leicht zu warten ist und wenig Personal erfordert. Gasturbinen haben auch den Vorteil geringer Geräuschemissionen unter Wasser. Die Spruance sind zu fast lautlosen ASW-Operationen in der Lage. Sie sind mit dem neuesten computerisierten Datensystem ausgestattet und haben mit dem Geschütz-Feuerleitsystem Mk 18 und dem Unterwasser-System Mk 116 die neuesten digitalen Feuerleitsysteme. Die Schiffe der Spruance-Klasse wurden dafür entworfen, eine Reihe weiterer, seinerzeit noch in Entwicklung befindlicher Waffensysteme zu erhalten.
So haben inzwischen alle Schiffe das Sea-Sparrow-System zur Nahverteidigung (PDMS), Harpoon ASM hinter dem vorderen Schornstein, drei Whiskey-3-(WSC-3-) Sender/Empfänger für Satelliten-Nachrichtenverbindung und SLQ-32(V)2 ECM erhalten. Die Flexibilität des Spruance-Entwurfs war derart gross, dass er zur Grundlage der neuen Aegis-Kreuzer der Ticonderoga-Klasse wurde. Die Kidd-Klasse stammt ebenso vom Spruance-Entwurf ab und war ursprünglich für die iranische Marine bestimmt, in der Bewaffnung mehr für allgemeine Zwecke als für ASW ausgelegt. Nach der Revolution im Iran wurde der Auftrag über die vier Schiffe widerrufen, und die Schiffe wurden von der US Navy angekauft und so vollendet, wie sie entworfen waren, wodurch sie die stärksten Zerstörer der Flotte wurden. Hauptsächlicher Unterschied zwischen Spruance und Kidd ist, dass letztere zwei Zwillingsstarter Mk 26 für Standard/Asroc haben.
Zukunft: Vom Finanzjahr 1985 an begannen die Überholungen. Grössere Verbesserungen lassen die Spruance weiterhin sehr effektive ASW-Einheiten bleiben. Die Verbesserungen bringen auch das RAST mit sich, das Schnellsicherungs-System für Hubschrauber. Eine verbesserte Ausführung des 127-mm-Geschützes wird in Betracht gezogen, und das Tomahawk-System werden alle Schiffe dieser Klasse erhalten wie auch das Vertikal-Starter-System Mk 41 mit 61 Flugkörpern im Magazin anstelle von Asroc.

Oben: USS Deyo (DD 989).

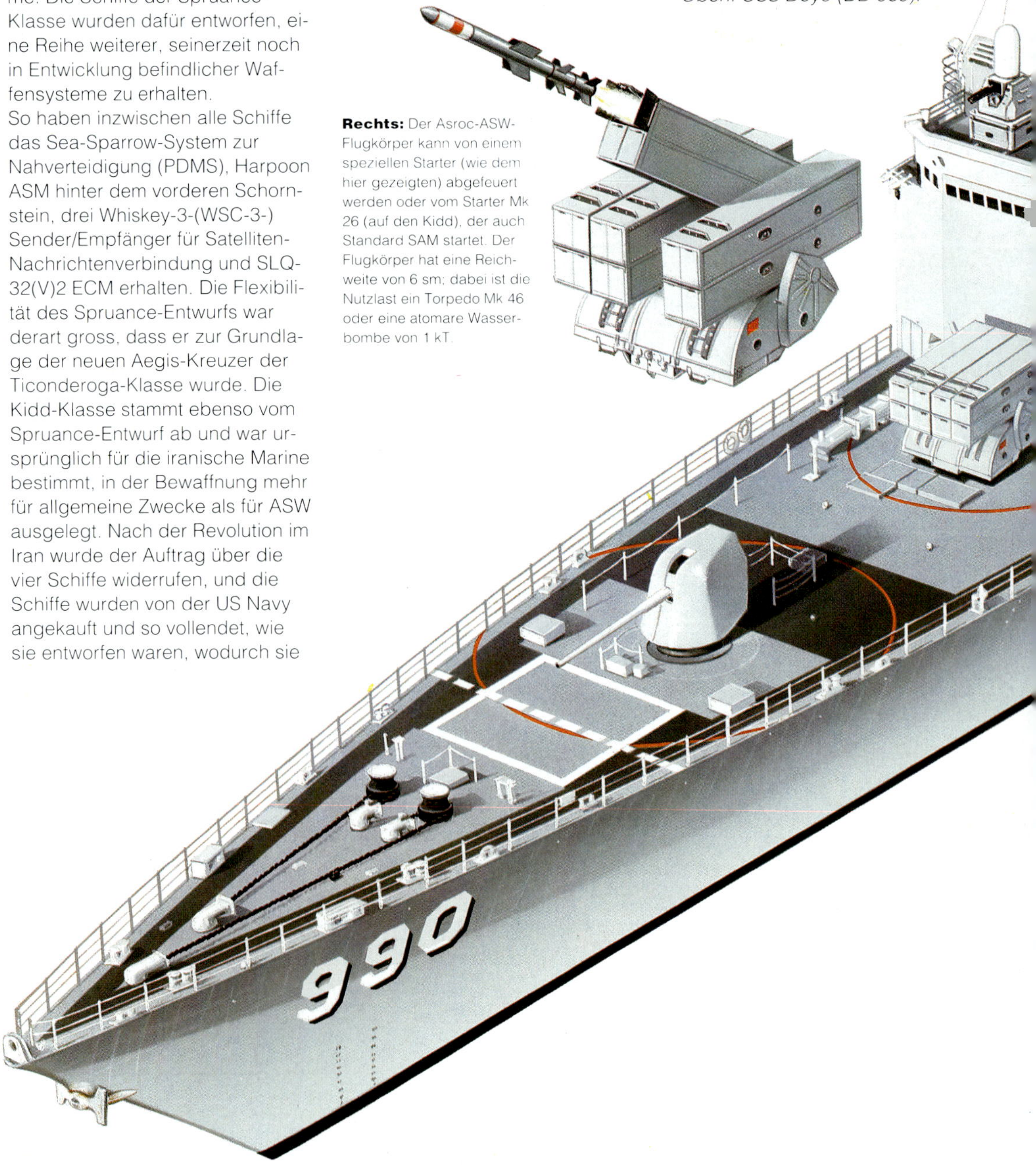

Rechts: Der Asroc-ASW-Flugkörper kann von einem speziellen Starter (wie dem hier gezeigten) abgefeuert werden oder vom Starter Mk 26 (auf den Kidd), der auch Standard SAM startet. Der Flugkörper hat eine Reichweite von 6 sm; dabei ist die Nutzlast ein Torpedo Mk 46 oder eine atomare Wasserbombe von 1 kT.

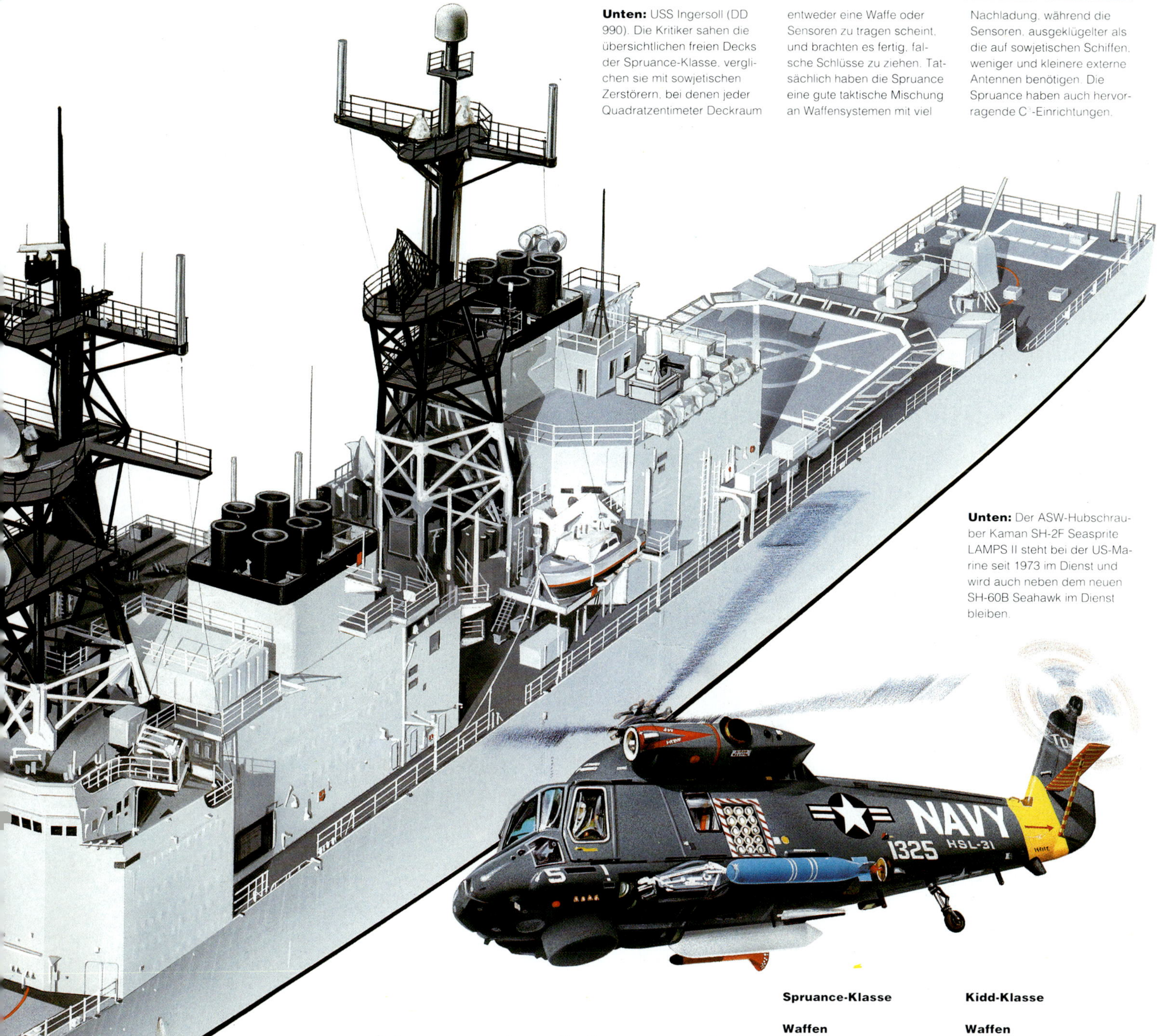

Unten: USS Ingersoll (DD 990). Die Kritiker sahen die übersichtlichen freien Decks der Spruance-Klasse, verglichen sie mit sowjetischen Zerstörern, bei denen jeder Quadratzentimeter Deckraum entweder eine Waffe oder Sensoren zu tragen scheint, und brachten es fertig, falsche Schlüsse zu ziehen. Tatsächlich haben die Spruance eine gute taktische Mischung an Waffensystemen mit viel Nachladung, während die Sensoren, ausgeklügelter als die auf sowjetischen Schiffen, weniger und kleinere externe Antennen benötigen. Die Spruance haben auch hervorragende C³-Einrichtungen.

Unten: Der ASW-Hubschrauber Kaman SH-2F Seasprite LAMPS II steht bei der US-Marine seit 1973 im Dienst und wird auch neben dem neuen SH-60B Seahawk im Dienst bleiben.

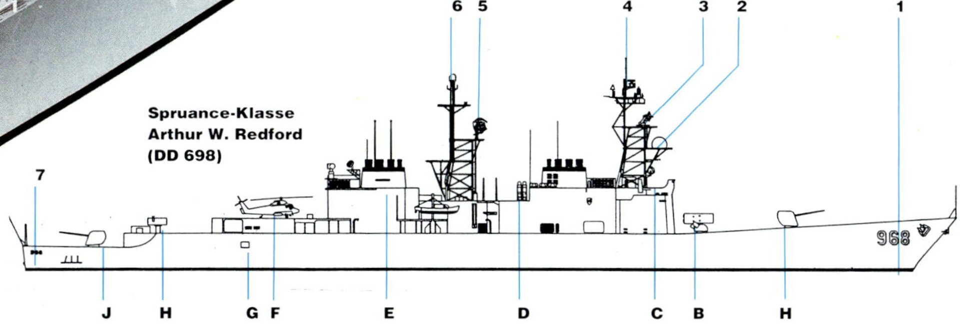

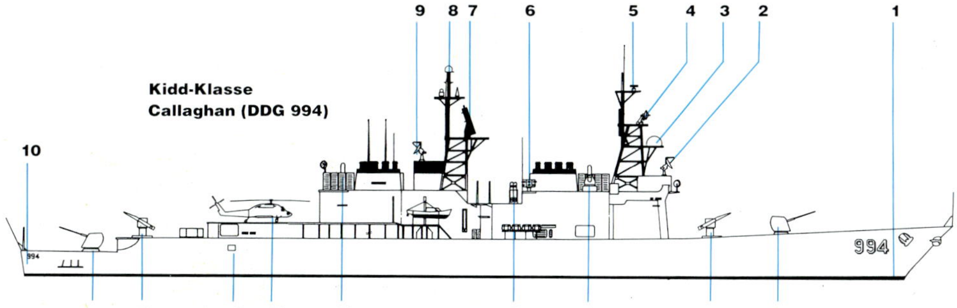

Spruance-Klasse

Waffen

- **A** 127 mm/54 Mk 45 DP-Geschütz (1x1)
- **B** Asroc-Starter (1x8)
- **C** Mk 15 20-mm-Vulcan/Phalanx CIWS (1x1)
- **D** Starter Harpoon SSM (2x4)
- **E** Mk 15 20-mm-Vulcan/Phalanx CIWS (1x1)
- **F** Kaman SH-2F Seasprite LAMPS II
- **G** Mk 32 324-mm-ASW-TR (2x3)
- **H** Starter Mk 29 für NATO-Sea Sparrow SAM (1x8)
- **J** 127 mm/54 Mk 45 DP-Geschütz (1x1)

Elektronik

1. SQS-53 Bugsonar
2. SPQ-9A (Verfolgen während Suche) Radar für Feuerleit-System Mk 68
3. SPG-60 Radarbeleuchter für Feuerleit-System Mk 68
4. SPS-55 Suchradar
5. SPS-40B/C/D Luftsuchradar
6. URN-20 Tacan-Antenne
7. SQR-19 TACTAS Schleppsonar

Kidd-Klasse

Waffen

- **A** 127 mm/54 Mk 45 DP-Geschütz (1x1)
- **B** Starter Mk 26 für Standard SM-1 (MR) SAM (1x2)
- **C** Mk 15 CIWS (1x1)
- **D** Starter Harpoon SSM (2x4)
- **E** Mk 15 CIWS (1x1)
- **F** Sikorsky SH-60B Sea Hawk LAMPS III
- **G** Mk 32 324-mm-ASW-TR (2x3)
- **H** Starter Mk 26 für Standard SM-1 (MR) und Asroc (1x2)
- **J** 127 mm/54 Mk 45 DP-Geschütz (1x1)

Elektronik

1. SQS-53A Sonar
2. SPG-55D FK-Leitradar
3. SPQ-9A Radar
4. SPG-60 Radar
5. SPS-55 Suchradar
6. SLQ-31(V)2 EW-System
7. SPS-48A 3D-Radar
8. SRN-25 Tacan-Antenne
9. SPG-55D FK-Leitradar
10. SQR-19 TACTAS Schleppsonar

Ticonderoga-Klasse (CG 47)

Herkunftsland: USA
Typ: Lenkwaffen-Kreuzer (CG)
Baujahr: 1980–
Anzahl: 13 im Dienst, 3 im Bau, 8 geplant
Verdrängung: 7'200 ts Standard, 9'600 ts Höchst
Abmessungen: Länge 172,8 m, Breite 16,8 m, Tiefgang 9,5 m über Sonar
Antrieb: 2 Wellen, Gasturbinen, 4 General Electric LM 2500, 80'000 PSw
Leistung: 30 kn, 6'000 sm/20 kn
Waffen: SSM: 8 Harpoon, ab CG 52 30 Tomahawk; SAM: zwei Zwillingsstarter Mk 26 mit 88 Standard SM-2 (MR)/Asroc, ab CG 52 2 Vertikal-Starter Mk 41 für 122 Standard SM-2 (MR)/Asroc, einschl. 12 Tomahawk, 52–55 keine Asroc; Geschütze: 2x1 127 mm/54 Mk 45 DP, zwei Phalanx 20 mm/76 Mk 16 CIWS, 2 40-mm-Salutgeschütze; TR: 2x3 Mk 32 324 mm
Flugzeuge: zwei Hubschrauber LAMPS I oder II, ab 51 LAMPS III
Sensoren: Radar: SPY-1A phasengleiches Gerät, ab 59 SPY-1B, SPS-49(V) Luftsuche, SPS-55 Seeziel-Suche; SPQ-9 Feuerleitung, LN-66 Navigation, ab 54 SPS-64 Navigation; Sonar: SQS-53A Bugsonar, ab 54 SQS-53B, ab 54 auch SQR-19 TACTAS Schleppsonar, ab 56 SQQ 89 ASW-System
Besatzung: 375
Geschichte: Die US-Marine hat sich daran gewöhnt, dass ihre neuen Schiffe öffentlich kritisiert werden, besonders vom Kongress. Die Klassen Spruance, Oliver Hazard Perry und Virginia bekamen ihren Teil ab. Ganz selten aber wurden so viele fehlinformierte, geradezu feindliche Kommentare gegen eine der Klassen gerichtet, wie gegen die Ticonderoga. Die Schiffe und ihre elektronischen Systeme rechtfertigten sich jedoch in einer Serie rigoroser Versuche und in sehr erfolgreichen operativen Einsätzen. Heute gehören sie zu den schlagkräftigsten Kriegsschiffen. Das Aegis Combat System ist einer der wichtigsten Durchbrüche in maritimer Technologie der letzten Jahre. Es war die Antwort auf die Drohung durch FK-Sättigungs-Angriffe, die die Grundlage sowjetischer Taktik gegen Träger-Kampfgruppen noch in den 90er Jahren darstellen. Die üblichen, sich drehenden Radargeräte sind sowohl in der Fähigkeit der Datenverarbeitung wie auch hinsichtlich der Anzahl der zu verfolgenden Flugkörper begrenzt. Die Lösung, die man im Aegis-System fand, war die Verwendung vier feststehender, ebener Geräte an den Aufbauten des Schiffs, die zu je zwei am vorderen und achteren Deckshaus angebracht sind. Jedes der vier Geräte hat 4'100 ausstrahlende Elemente, die von einem UYK-1-Computer kontrolliert werden. Die entdeckten Ziele werden ausgewertet, nach dem Grad der von ihnen ausgehenden Bedrohung aufgelistet und dann automatisch bekämpft. Die Zielbezeichnungsdaten werden einem Raytheon-Zielbeleuchtungs-Radar übermittelt, das die halbaktive Radar-Zielsuche der Standard SM-2 (MR) steuert. Luftziele in grösserer Entfernung werden von SM-2-FK bekämpft, die von einem der zwei Mk-26-Starter abgefeuert werden. Bis zu 18 Flugkörper werden auf ihrem Flug unter Kontrolle gehalten, zusätzlich vier weitere in der Endphase des Zielanflugs durch die Mk-99-Zielbeleuchter, die computergesteuert blitzschnell von einem Ziel zum anderen wechseln. Die Nahbereichsverteidigung obliegt den zwei 127-mm/54-Geschützen, während der Nächstbereich durch die zwei Phalanx CIWS geschützt wird. Ursprünglich war vorgesehen, dieses hochleistungsfähige System den atomgetriebenen Geleitschiffen an Bord zu geben, aber die enormen Kosten des Systems, gekoppelt mit denen des Atomantriebs, verboten sich von selbst. Man rechnete auf jede der zwölf Träger-Gruppen zwei Aegis-Geleitschiffe, und da nicht alle der betroffenen Träger atomgetrieben waren, entschied man sich, in das wachsende Potential des von Gasturbinen getriebenen Spruance-Entwurfs die notwendige Elektronik einzubauen.
Ticonderoga und ihre Schwestern sind als Flaggschiffe entworfen und haben deshalb eine vollendete Gefechtszentrale, vorgesehen für zusätzliche Stabsfunktionen und in der Lage, von anderen Schiffen und Flugzeugen des Verbandes Daten zu empfangen und zu koordinieren. Während des Einsatzes der Ticonderoga vor Beirut führte der kommandierende Admiral von diesem Schiff aus. Weil das Aegis-System so ausgezeichnet funktionierte, war er in der Lage, den Einsatz der Luftkampfgruppen zu vermindern, ein bedeutender Beitrag zur Leistungsfähigkeit des Verbandes.
Zukunft: In der Praxis werden diese Kreuzer mit speziellen ASW- und AAW-Zerstörern der Spruance- und Arleigh-Burke-Klassen zusammenarbeiten. 27 Kreuzer waren vorgesehen, die Planung geht jetzt aber nur bis zum 24. Was der Abrüstungswille der Supermächte nach 1989 noch erbringt, muss abgewartet werden. Die UdSSR hat eine Verringerung der Seerüstung verkündet.

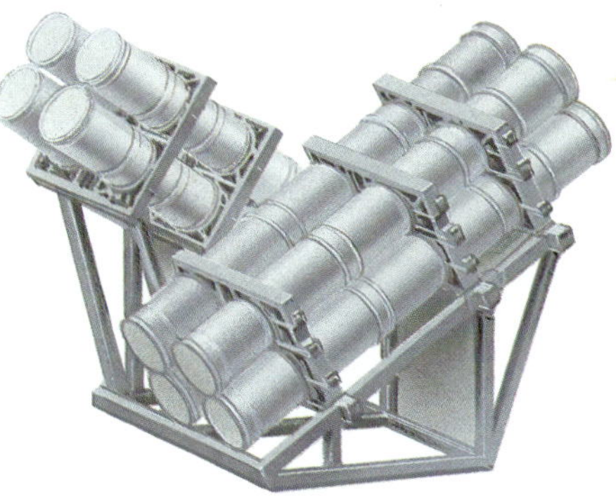

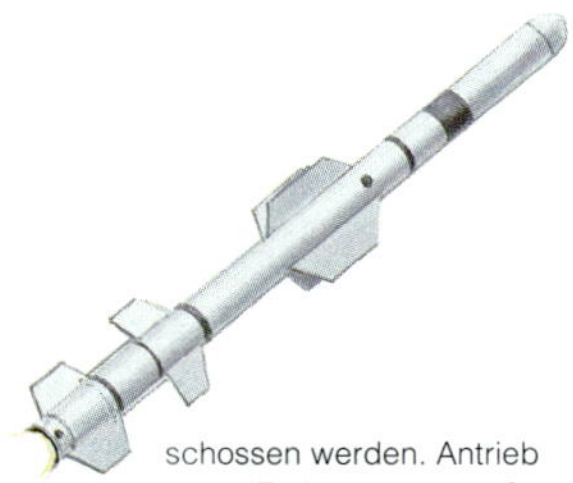

Unten: Über 2'000 McDonnell Douglas Harpoon wurden für die US- und fremde Marinen gebaut. Der Flugkörper kann als AGM-84 von Flugzeugen, als UGM-84 von Unterseebooten, von anderen Schiffen als RGM-84A verschossen werden. Antrieb durch Turbojet und bei Schiffen und Unterseebooten zusätzlich durch Starthilfsrakete, Marschgeschwindigkeit Mach 0,85, Reichweite 60 sm (111 km) original, verbesserte Ausführung Block 1 85 sm (156 km). Externe Leithilfe durch Hubschrauber ist erforderlich, um Ziele hinter dem Horizont zu treffen. Schiffsgestützt wird sie aus einem einfachen Behälter gestartet. Bei aller Robustheit steht auf den Ticonderoga der Starter exponiert und leidet bei Seegang.

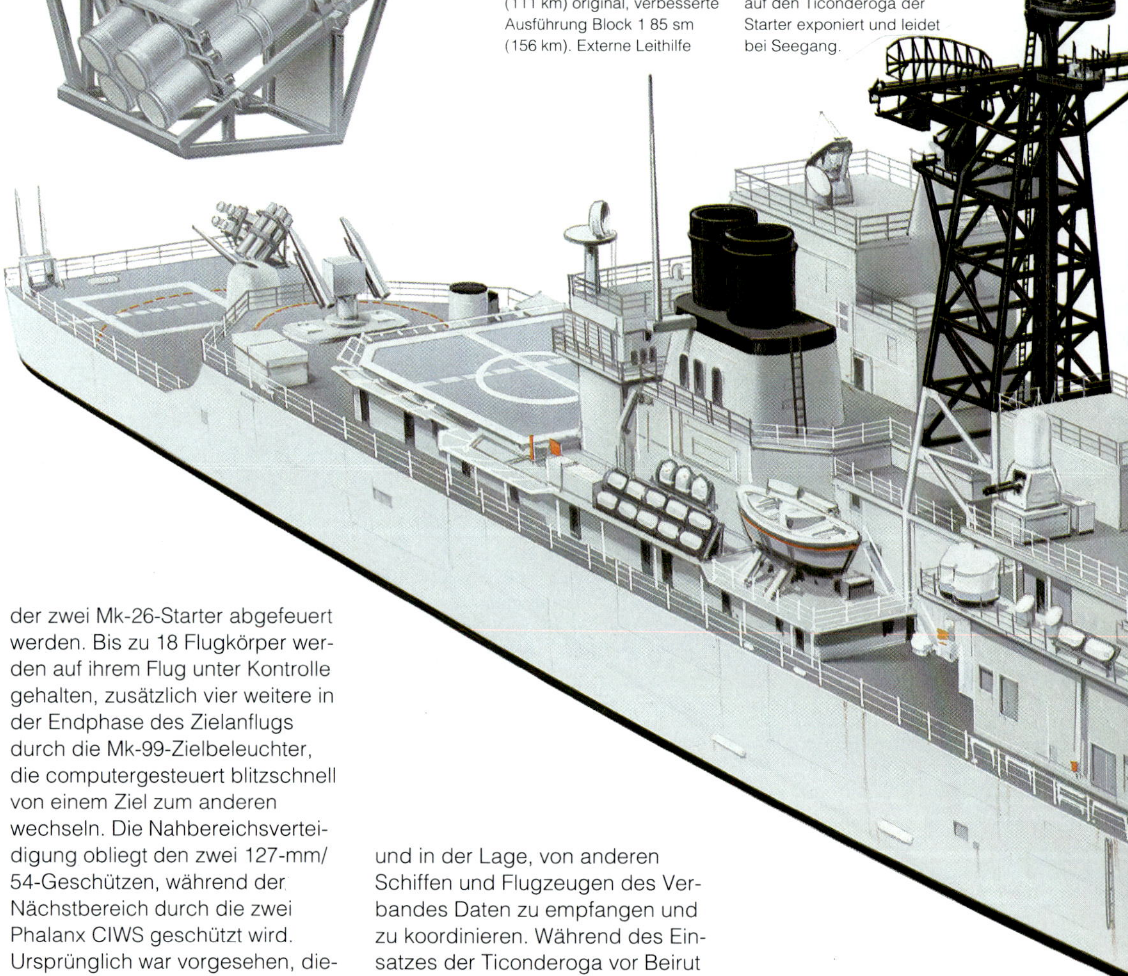

Rechts: USS Vincennes (CG 49). AB CG 49 wurde ein Dreibein-Grossmast eingeführt und die Aufbauten niedriger gehalten, was im Bild kaum auffällt. Zu beachten die zwei Mk-80-Radar-Beleuchter über der Brücke mit der kugelförmigen Hülle der SPQ-9-Antenne des Feuerleitradars darüber. Der Rumpf der Ticonderoga-Klasse ist mit dem der Spruance-Klasse identisch, was zu finanzieller Ersparnis führte.

Waffen

A 127 mm/54 Mk 46 DP-Geschütz
B FK-Starter Mk 26 Mod 1 (1x2) für Standard SM-2 (MR) SAM und Asroc ASW-FK
C 20 mm/76 Mk 15 Vulcan/Phalanx CIWS (2x1)
D Sikorsky SH-60B Sea Hawk LAMPS III ASW-Hubschrauber (2 an Bord)
E Mk 32 324-mm-ASW-TR (2x3) für Mk-46-Topedos
F FK-Starter Mk 26 Mod 1 (1x2) für Standard SM-2 (MR) SAM und Asroc ASW-FK
G 127 mm/54 Mk 45 DP-Geschütz
H Starter Mk 141 für RGM-84A Harpoon SSM (2x4)

Elektronik

1 SQS-53 Bugsonar
2 SPY-1A phasengleiches Radar vorn und an Steuerbord (SPY-1B ab CG 59)
3 WCS-1V Antenne für Satelliten-Verbindung
4 Mk 80 Radarbeleuchter mit SPG-62-Radar
5 SPQ-9 Feuerleitradar
6 SPS-55 Seeziel-Suchradar
7 URD-1 Peilantenne
8 SLQ(V)3 Störfunk (2x1)
9 Nachrichten-Funkantenne
10 UPX-29 IFF-Anfrage (Rundum-Gerät)
11 SPS-49(V)6 Luft-Suchradar
12 Mk 80 Radarbeleuchter mit SPG-62-Radar
13 Mk 80 Radarbeleuchter mit SPG-62-Radar
14 SPY-1A phasengleiches Radar achtern und an Backbord (SPY-1B ab CG 59)
15 SQR-19 TACTAS-Schleppsonar (erst ab CG 54)

Ticonderoga-Klasse

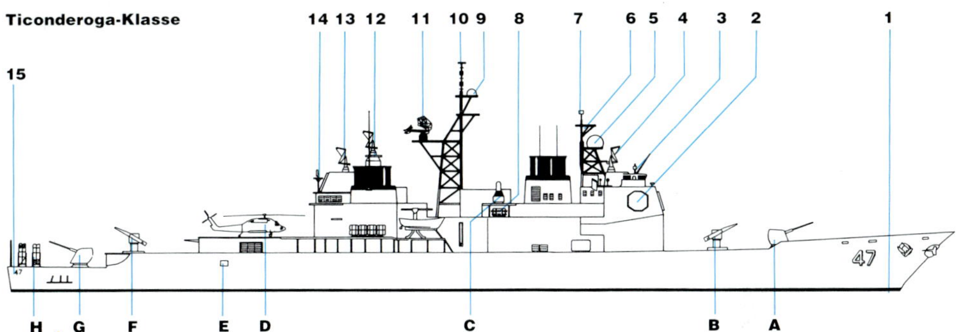

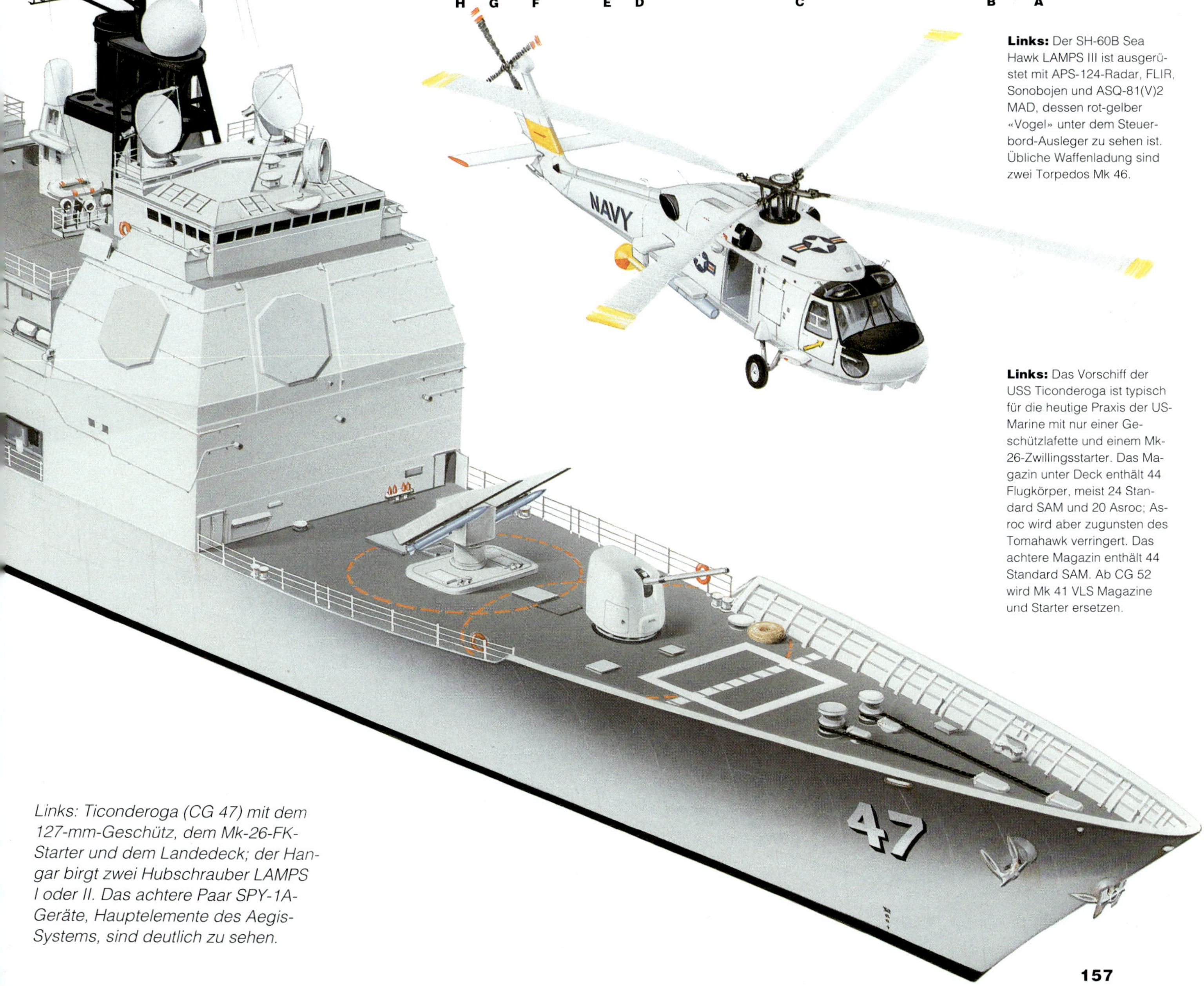

Links: Der SH-60B Sea Hawk LAMPS III ist ausgerüstet mit APS-124-Radar, FLIR, Sonobojen und ASQ-81(V)2 MAD, dessen rot-gelber «Vogel» unter dem Steuerbord-Ausleger zu sehen ist. Übliche Waffenladung sind zwei Torpedos Mk 46.

Links: Das Vorschiff der USS Ticonderoga ist typisch für die heutige Praxis der US-Marine mit nur einer Geschützlafette und einem Mk-26-Zwillingsstarter. Das Magazin unter Deck enthält 44 Flugkörper, meist 24 Standard SAM und 20 Asroc; Asroc wird aber zugunsten des Tomahawk verringert. Das achtere Magazin enthält 44 Standard SAM. Ab CG 52 wird Mk 41 VLS Magazine und Starter ersetzen.

Links: Ticonderoga (CG 47) mit dem 127-mm-Geschütz, dem Mk-26-FK-Starter und dem Landedeck; der Hangar birgt zwei Hubschrauber LAMPS I oder II. Das achtere Paar SPY-1A-Geräte, Hauptelemente des Aegis-Systems, sind deutlich zu sehen.

Trafalgar-Klasse

Herkunftsland: Grossbritannien
Typ: Atomgetriebenes Angriffs-(Jagd-)Unterseeboot (SSN)
Baujahr: 1978–
Anzahl: 5 im Dienst, 2 im Bau
Verdrängung: 4'200 ts leicht, 4'780 ts aufgetaucht, 5'210 ts getaucht
Abmessungen: Länge 85,4 m, Breite 9,8 m, Tiefgang 8,2 m
Antrieb: 1 Welle, 1 Druckwasser-Reaktor, 2 General-Electric-Getriebeturbinen, 15'000 PSw; 2 Paxman-Diesel, 4'000 PSw
Leistung: 32 kn getaucht
Waffen: FK: Sub-Harpoon (Start aus TR), TR: 5 533 mm, 20 Nachladungen Spearfish- oder Tigerfish-Torpedos; Minen: Sea Urchin oder Shellfish
Sensoren: Sonar: Typen 2007, 2020, 183, 2024 Schleppsonar
Besatzung: 130
Geschichte: Die britische Royal Navy hat nun ihre vierte Klasse SSN im Bau; 17 Boote stehen im Dienst. HMS Conqueror der Valiant-(Churchill-)Klasse ist das einzige atomgetriebene Unterseeboot, das im Ernstfall ein Überwasser-Kriegsschiff versenkte, den argentinischen Kreuzer Belgrano am 2. Mai 1982. Die folgende Swiftsure-Klasse wurde ab 1969 gebaut und hat eine kürzere, völligere Form und einen etwas niedrigeren Turm, der die Sehrohrtiefe verringert. Die Swiftsure sind mit echofreien Kacheln belegt, die sie, zusammen mit anderen geräuschmindernden Massnahmen, leiser als jede vergleichbare Klasse SSN laufen lassen. Das erste Trafalgar-Boot lief am 1. 7. 1981 vom Stapel und wurde am 27. 5. 1983 in Dienst gestellt. Einzelheiten über diese Klasse sind rar, aber logischerweise sind sie eine Weiterentwicklung der Swiftsure-Klasse mit sehr ähnlichem Rumpf, ausser dass die Parallel-Abteilungen um 2,5 m verlängert wurden. Der Durchmesser des Druckkörpers blieb unverändert, doch wuchs die getauchte Verdrängung über die 4'500 ts der Swiftsure hinaus. Der Reaktorkern ist neueren Typs, und die Maschinenanlage ist durch sogenannte Flösse (meist durch Gummielemente gefederte Rahmen) vom Rumpf isoliert, um die Geräuschsignatur zu verringern. HMS Trafalgar hat eine siebenblättrige Schraube, spätere Boote erhielten ein umkleidetes Wasserstrahl-System (pump-jet). 1976 betrugen die Baukosten der Swiftsure (stets in Pfund Sterling) 37,1 Millionen, Superb 41,3, Sceptre 58,9 und Spartan 68,9 Millionen. Die Kosten des vierten Trafalgar-Boots, Torbay, einschliesslich Waffen und Ausrüstung, 175 Millionen; Triumph, das siebente, wird mehr als 200 Millionen kosten. Diese Summe soll geringer sein als die für das sechste Boot!
Die Boote der Trafalgar-Klasse seien, meint die Royal Navy, die leisesten in Dienst stehenden Unterseeboote, leiser als selbst die diesel-elektrischen der Oberon-Klasse. Bemerkenswert ist, dass trotz der grossen, erfolgreichen Flotte von SSN die Royal Navy weiterhin diesel-elektrische Unterseeboote in Dienst stellt. Das erste des neuen Vickers-Typs 2400, der Upholder-Klasse, ist bereits übernommen; drei weitere werden folgen. In dieser Hinsicht folgt die Royal Navy der sowjetischen Einstellung, ganz im Gegensatz zu den USA.
Zukunft: Folgt man dem bisherigen Grundsatz, ist eine neue Klasse als Nachfolger der Trafalgar-Klasse die logische Entwicklung, die dann in den 90er Jahren erscheinen dürfte.

Unten: Unterseeboot der Trafalgar-Klasse. Der Rumpf ist etwas voller als der anderer SSN, hat also viel Platz im Inneren. Die Zeichnung zeigt das Boot mit konventionellem Propeller, aber es gibt Berichte aus gut unterrichteten Kreisen, die über einen verkleideten Wasserstrahl-Antrieb berichten. Geräusche wären dadurch geringer, der Vortrieb aber ebenfalls. Der Hüllkörper ist mit echolosen Kacheln verkleidet, und die Maschinenanlage steht auf einem isolierenden Gestell, um den Rumpf vor Vibrationsübertragungen zu bewahren und damit die Geräuschsignatur zu vermindern. Die Trafalgar werden durch die konventionellen Boote der Upholder-Klasse ergänzt.

Unten: HMS Trafalgar, Namensschiff der Klasse. Dieses Bild zeigt die Eigenheiten, durch die sie sich von der Los-Angeles-Klasse unterscheidet: der typische Rumpfabfall, die flache Oberseite und die vorderen Tiefenruder am Bug.

Rechts: Linke Reihe oben drei Tigerfish-Torpedos, darunter zwei Sub-Harpoon-Hülsen und eine Stonefish-Mine, in der rechten Reihe eine Sea-Urchin-Mine und zwei Sub-Harpoon-Flugkörper. Der Tigerfish hat Drahtlenkung und akustische Zielsuche. Dieser von Unterseebooten zu verschiessende ASW-Torpedo hat einen Elektromotor und zwei gegenläufige Schrauben, die ihm etwa 50 kn und eine Reichweite von 21 km (über 11 sm) geben. Sub-Harpoon ist die von Unterseebooten auszustossende Version des erfolgreichen US-Flugkörpers gegen Schiffsziele. Sea Urchin und Stonefish sind Grundminen britischen Entwurfs.

Rechts: HMS Trafalgar bei aufgetauchter Fahrt. Die Royal Navy verfolgte eine sehr erfolgreiche Politik gradueller Verbesserungen ihrer SSN, beginnend mit der Dreadnought, 1963 fertiggestellt, über die Valiant (Churchill), Swiftsure zu den heutigen Trafalgar. Eines der früheren SSN, HMS Conqueror (S 48), hat als erstes SSN ein Kriegsschiff im Ernstfall versenkt, den argentinischen Kreuzer General Belgrano am 2. 5. 1982 im Südatlantik.

Trafalgar-Klasse

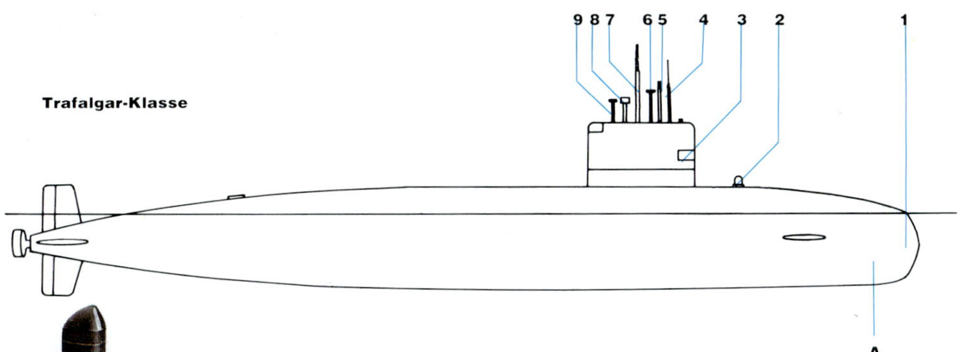

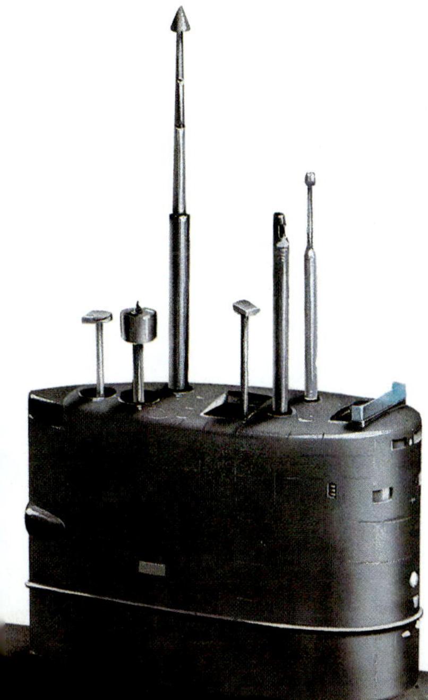

Waffen
- **A** 533-mm-TR (5x1)

Elektronik
- **1** Typ 2000 passives Sonar
- **2** einziehbares Sonar
- **3** Sonar
- **4** Rundblick-Periskop (Sehrohr)
- **5** ESM-Antenne
- **6** Typ 1006 Radar
- **7** Angriffs-Periskop
- **8** Schnorchel-Mast
- **9** Diesel-Abgas-Mast

Typ 209

Herkunftsland: BRD
Typ: Unterseeboot (SS)
Baujahr: 1970–
Anzahl: 32 im Dienst, 3 im Bau, 8 geplant
Verdrängung: (meistgebauter Typ 209/1, auf den sich auch die weiteren technischen Angaben beziehen, geringe Abweichungen von Land zu Land) 1'180 ts aufgetaucht, 1'285 ts getaucht
Abmessungen: Länge 55,9 m, Breite 6,3 m, Tiefgang 5,5 m
Antrieb: 1 Welle, 4 MTU-Dieselgeneratoren je 550 PS, 1 Siemens-E-Motor 5'000 PS
Leistung: 11,5 kn aufgetaucht, 22 kn getaucht; 11'300 sm/4 kn, getaucht 460 sm/4 kn, 28 sm/20 kn
Waffen: 8 TR (Dot. 14) 533 mm
Sensoren: aktive und passive nach Bedarf der jeweiligen Marine
Besatzung: 33
Geschichte: Deutschland hat seinen besonderen Platz in der Geschichte der U-Boote und beendete den 2. Weltkrieg mit einigen hervorragenden Entwürfen. Aber erst 1954 wurde der Bundesrepublik erlaubt, das Küsten-U-Boot vom Typ 205 zu entwerfen, von dem zwölf, hauptsächlich zum Einsatz in der Ostsee, gebaut wurden. Zwei verbesserte Boote Typ 205 wurden in Dänemark (Narvhalen-Klasse), weitere 15 für Hochsee-Einsätze verbesserte 205, als Typ 207 bezeichnet, in Deutschland für Norwegen gebaut (Kobben-Klasse). Danach begann die Entwurfsarbeit an der Klasse 206 mit 500 ts anstelle der 450 ts, denn die Batteriekapazität musste für die steigende Zahl elektrischer und elektronischer Geräte vergrössert werden, ohne Unterwasser-Geschwindigkeit oder Ausdauer zu beeinträchtigen. Auch diese Boote wurden aus einem antimagnetischen Stahl gebaut, hatten aber nicht die Korrosionsprobleme des Typs 205 und leisteten gute Dienste. Man nahm die Gelegenheit wahr, bessere Sonar- und Feuerleit-Geräte einzubauen, und zum erstenmal erhielten deutsche U-Boote drahtgelenkte Torpedos. Mit Zustimmung der Alliierten wurde die Tonnagegrenze für deutsche U-Boot-Entwürfe auf 1'000 ts angehoben und damit der sehr erfolgreiche Typ 209 ermöglicht. Er traf das Bedürfnis vieler Marinen nach einem neuen Boot, das konventionell angetrieben war, dessen Sensoren, Waffen und Elektronik auf dem neuesten Stand waren, doch wenig hochqualifiziertes Personal erforderten. Gegenwärtig sind sie bei folgenden Flotten zu finden (Tonnage aufgetaucht): 209/0, 990 ts, Griechenland 4; 209/1, 1'000 ts, Griechenland 4, Argentinien 2, Peru 6, Kolumbien 2, Türkei 2 und 3 im Land gebaut, 1 im Bau, 2 geplant, Süd-Korea 1 im Bau, 1 im Land im Bau, 2 geplant; 209/2, 1'100 ts, Venezuela 2, Ecuador 2, Indonesien 2; 209/3, 1'150 ts, Chile 2, Brasilien 1 im Land im Bau, 2 geplant, Türkei 2 geplant (evt. 1'400 ts). Vom bisher grössten Typ 1500 hat Indien 2 und 2 im Bau, Kolumbien 4. Mit wachsender Grösse waren auch bessere Sensoren und andere Geräte unterzubringen.
Der Typ 209 ist in Form und Raumaufteilung dem Typ 205 ähnlich, hat aber grössere Abmessungen, eine grössere Batterie-Kapazität und einen stärkeren Antrieb. Der Rumpf ist glatt, die vorderen Tiefenruder am Bug sind einziehbar, die achteren Ruder sind kreuzförmig. Eine Einzelschraube, der sorgfältige Rumpfentwurf und starke Motoren sorgen für eine Spit-

Oben: Bugansicht des Typs 209, die die ausnehmend glatte Form zeigt. Der Typ 209 entstammt einer langen Reihe westdeutscher Nachkriegsboote, die viele Neuerungen der letzten Klassen des Zweiten Weltkriegs einschliessen. Er wurde an viele Staaten verkauft, und ein argentinisches Boot nahm am Südatlantischen Krieg 1982 teil.

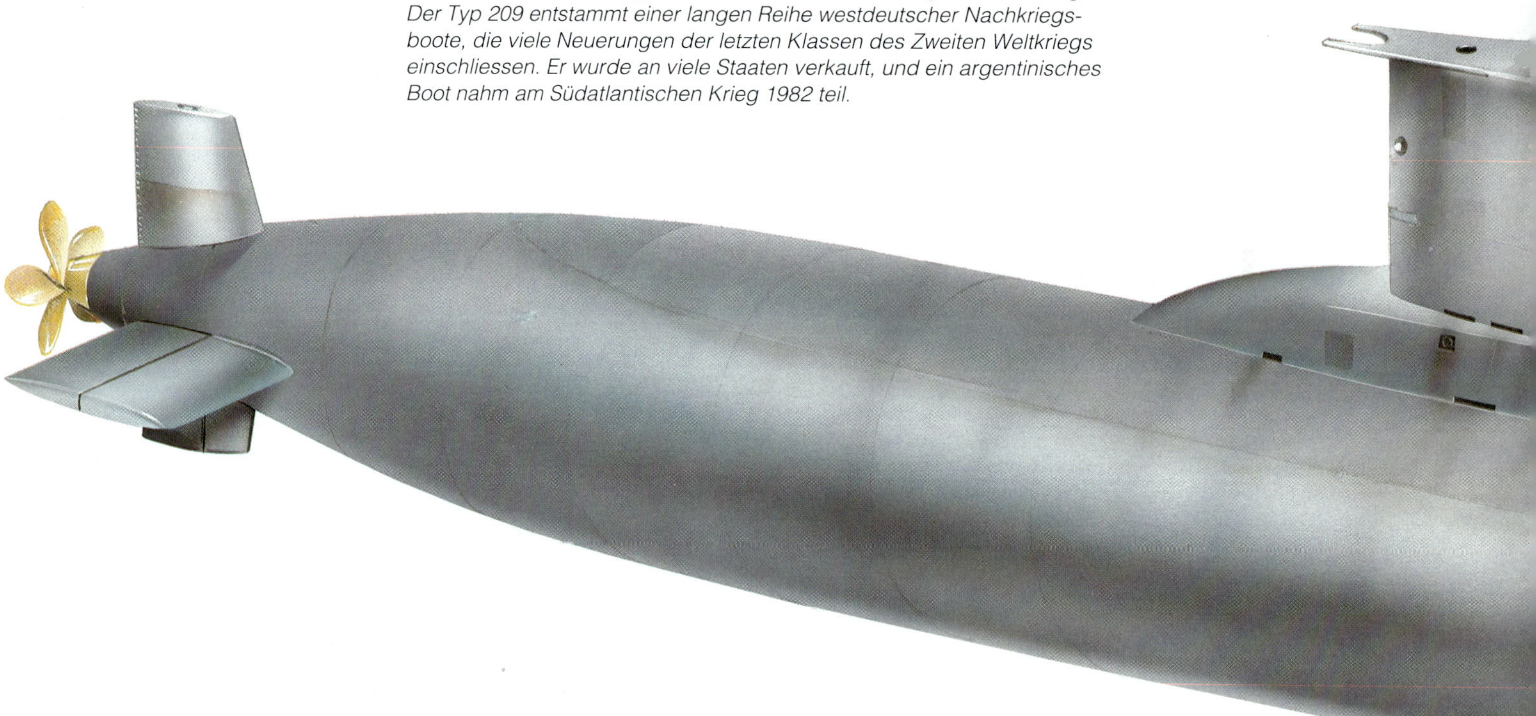

Oben: San Luis (S 32), Unterseeboot Typ 209 der argentinischen Marine, gebaut bei Howaldtswerke, Kiel, 1970 bis 1973. Mitte der 60er Jahre wurde es vom IKL entworfen als Hochsee-U-Boot mit 50 Tagen Ausdauer, doch die relativ kurze Länge befähigt es auch zum Küsten-Einsatz. Wie die Zeichnung zeigt, ist es absolut glatt, und kellenartige Flossen werden anstelle üblicher vorderer Tiefenruder verwendet. Die Boote haben eine Höchstgeschwindigkeit von 22 kn getaucht, aber nur für kurze Zeit. Der Entwurf erwies sich als bemerkenswert anpassungsfähig, und IKL hat zahlreiche Änderungen auf Kundenwünsche hin vorgenommen. Zum Beispiel wurden für Chile Turm und Ausfahrgeräte um 50 cm erhöht, um sie den grösseren Wellenhöhen im Südpazifik und -atlantik anzupassen. Nach Erfordernissen der Kunden werden die Sensoren eingebaut. Meistens werden französische Radar- und französische oder westdeutsche Sonar-Geräte verwendet. Die Zeichnung zeigt auch die Gliederung der acht TR mit sechs im Halbkreis und zwei in der Mitte. Sechs Nachladungen sind an Bord. Dieses spezielle Boot, San Luis, wurde im Südatlantischen Krieg 1982 gegen die Royal Navy eingesetzt und bereitete der Kampfgruppe einige Sorgen. Wie erfolgreich es wirklich war, wird kontrovers beurteilt, besonders, was die Qualität der Torpedos betrifft, denn versenkt hat es nichts. Das Schwesterboot, Salta, lag während des Konflikts in Überholung.

Rechts: Der Typ 209 kann unterschiedliche 533-mm-Torpedos mitführen; von vielen wird der westdeutsche AEG-Telefunken SST-4 verwendet. Er ist eine internationalisierte Art der Seeschlange-Baureihe der Torpedos der Bundesmarine, ist drahtgelenkt und hat einen eigenen Computer, so dass er vom Boot aus gesteuert werden kann oder mit seinem Aktiv-/Passiv-Zielsuchkopf selbst steuert. Er hat Aufschlag- und Magnetzündung.

zengeschwindigkeit von 22 kn getaucht für kurze Zeit. Sie können 50 Tage in See stehen. Die Boote sind mit acht 533-mm-TR bewaffnet, denen alle notwendigen Sensoren verfügbar sind. Sie stellen einen der erfolgreichsten U-Boot-Entwürfe unserer Zeit dar, und während des Südatlantik-Krieges 1982 behandelte die Royal Navy die argentinische San Luis vom Typ 209 mit grösstem Respekt. IKL (Ingenieurkontor für Schiffbau Lübeck) hat es verstanden, die Kundenwünsche mit bemerkenswerter Genauigkeit zu erfüllen.

Zukunft: Der Bau des Typs 209 wird fortgesetzt, darunter zunehmend der vergrösserte Typ 1400 mit 1'450 ts Standard-Verdrängung und 40 Mann Besatzung. Zwei Boote sollen als Vorläufer in Deutschland, vier weitere in Indien gebaut werden. Die Türkei hat sich zwölf Boote zum Ziel gesetzt, Indonesien will sechs Boote haben.

Oben: Unterseeboot Typ 209, aufgetaucht. Der Bau dieser Boote wird bis weit in die 90er Jahre fortgeführt, sowohl in der Bundesrepublik bei HDW als auch auf Werften der Kunden. Mit 32 in Dienst stehenden Booten, drei im Bau befindlichen, acht geplanten und weiteren beabsichtigten ist er einer der erfolgreichsten Nachkriegs-Entwürfe für Unterseeboote.

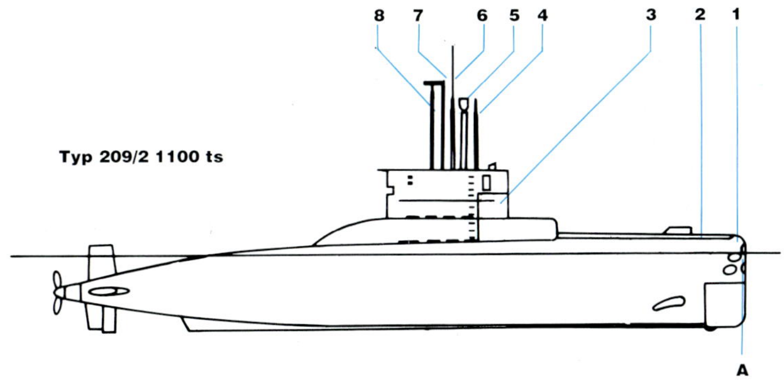

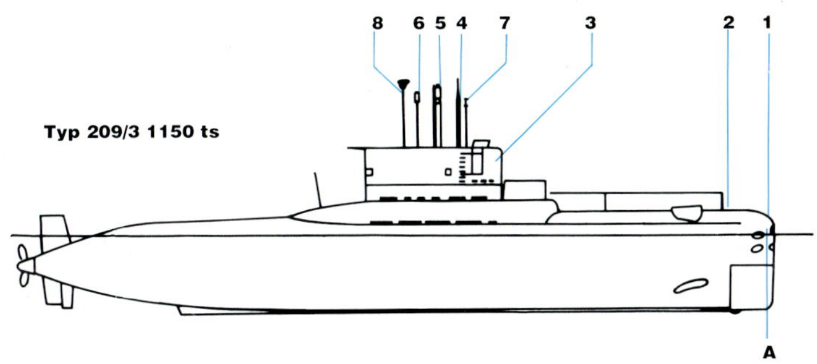

Waffen
- **A** 8 x 533-mm-TR (6 Nachladungen)

Elektronik
- **1** Krupp-Atlas AN-526 passives Sonar
- **2** Thomson-CSF DUUX-2 passives Sonar
- **3** Krupp-Atlas CSU AN-407 A9 aktives Sonar
- **4** Rundblick-Sehrohr
- **5** Schnorchel
- **6** Funkmast
- **7** Angriffs-Sehrohr
- **8** Thomson-CSF Calypso Seeziel-Suchradar

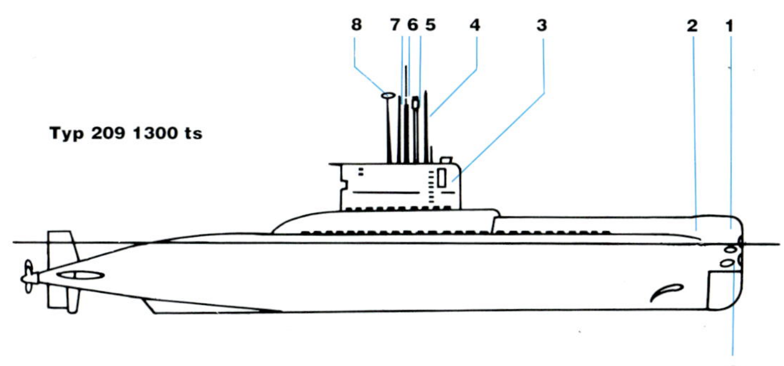

Typhoon-Klasse

Herkunftsland: UdSSR
Typ: Atomgetriebenes Unterseeboot mit ballistischen FK (SSBN)
Baujahr: 1978–
Anzahl: 6 im Dienst, 1 im Bau
Verdrängung: 15'000 ts getaucht (geschätzt)
Abmessungen: Länge 171 m, Breite 23 (25?) m, Tiefgang unbekannt
Antrieb: 2 Wellen, 2 Atom-Reaktoren, Dampfturbinen
Leistung: 25–30 kn (geschätzt)
Waffen: FK: 20 SS-N-20 SLBM, (möglicherweise) aus TR zu startende SS-N-15, SS-N-16 oder SS-N-21; TR: 6 x 533 mm
Sensoren: Unbekannt
Besatzung: (etwa) 150
Geschichte: Anhaltende Gerüchte in westlichen Militärkreisen bestätigten sich im November 1980, als die NATO bekanntgab, die UdSSR hätte ihr erstes SSBN der Typhoon-Klasse zu Wasser gelassen. Dieses Ereignis erregte viel Interesse, weil, ungleich der Delta-Klasse, die eine fortgeschrittene Entwicklung der Yankee-Klasse war, die Typhoon das erste sowjetische SSBN seit 20 Jahren mit völlig neuem Entwurf war. Von besonderem Interesse war allein schon die Grösse dieses gewaltigen Fahrzeugs, dessen Länge und getauchte Verdrängung sie zu dem grössten jemals gebauten Unterseeboot machte. Unter den vielen ungewöhnlichen Eigenheiten befindet sich die ausserordentliche Breite. Das normale Verhältnis Länge zu Breite bei SSBN liegt bei 13:1, ist bei der Typhoon mit 7:1 aber fast halbiert. Das mag auf einen erheblichen Abstand zwischen Hülle und Druckkörper (bis zu 4,6 m) hinweisen oder einfach auf einen gewaltigen Druckkörper, aber die meisten Fachleute stimmen überein, dass es vermutlich zwei Druckkörper sind, die Seite an Seite liegen und von einer gemeinsamen Druckhülle umschlossen werden, ein Konzept, das ähnlich schon bei den niederländischen Unterseebooten der Dolfijn-Klasse mit im Dreieck angeordneten drei Druckkörpern in den 50er Jahren angewendet wurde. Eine weitere auffallende Abweichung von der bisherigen Praxis ist, dass die 20 FK-Startrohre vor dem Turm stehen. Es kann sein, dass die Antriebsanlage so schwer und so gross ist, dass die FK-Abteilung zum Ausgleich nach vorn verlegt werden musste. Man meinte auch, das hinge mit der Fähigkeit der Typhoon, unter Eis zu fahren, zusammen, doch die Delta IV operieren ebenfalls unter dem Eis und haben die übliche FK-Aufstellung hinter dem Turm. Hauptbewaffnung der Typhoon ist der ballistische Flugkörper SS-N-20, von dem zwei Reihen zu zehn Behältern vorhanden sind. Der SS-N-20 hat sechs bis neun MIRV-Kampfköpfe und eine Reichweite von 8'300 km. Vor der FK-Abteilung befinden sich die TR, aus denen konventionelle Torpedos wie auch Marschflugkörper SS-NX-21 verschossen und Minen gelegt werden können, Waffen, die sehr nützlich werden können, falls die Typhoon in überseeischen Gewässern eingesetzt werden. Einen Vorteil hat diese ungewöhnliche Anordnung, die alle Waffen vor dem Turm konzentriert: sie befinden sich vor der Gefechtszentrale.
In den offenen Ozeanen scheint dieses Unterseeboot für gegnerische ASW-Streitkräfte relativ leicht zu entdecken zu sein, allein durch die Grösse. Andererseits erleichtert das grosse Rumpfvolumen die Geräuschverminderung, eines der Hauptprobleme beim SSBN-Entwurf. Vielleicht aber sollen die Typhoon nur eine unverwundbare Flugkörper-Startbasis sein, die nur kurz die Barents-See quert und sich unter der arktischen Eiskappe aufhält. Die Zeit des Aufenthalts ist nur von der Ausdauer der Besatzung abhängig, deren Unterbringung geräumiger und komfortabler sein dürfte als in allen bisherigen SSBN.
Eine weitere Möglichkeit ist die, dass die Typhoon entworfen wurde, um lange Zeit weit entfernt von Stützpunkten zu operieren. Die Reichweite der SS-N-20 würde einen Einsatz von den südlichen Ozeanen aus möglich machen und damit für die USA eine Bedrohung aus völlig neuen Richtungen darstellen, was eine kostspielige Neuorientierung der Radarsysteme zur Folge hätte.
Über die Geschwindigkeit der Typhoon wurde im Westen viel diskutiert. Man vermutet zwei Atomreaktoren, zwei Schrauben und 25 bis 30 kn getaucht. Es könnte aber

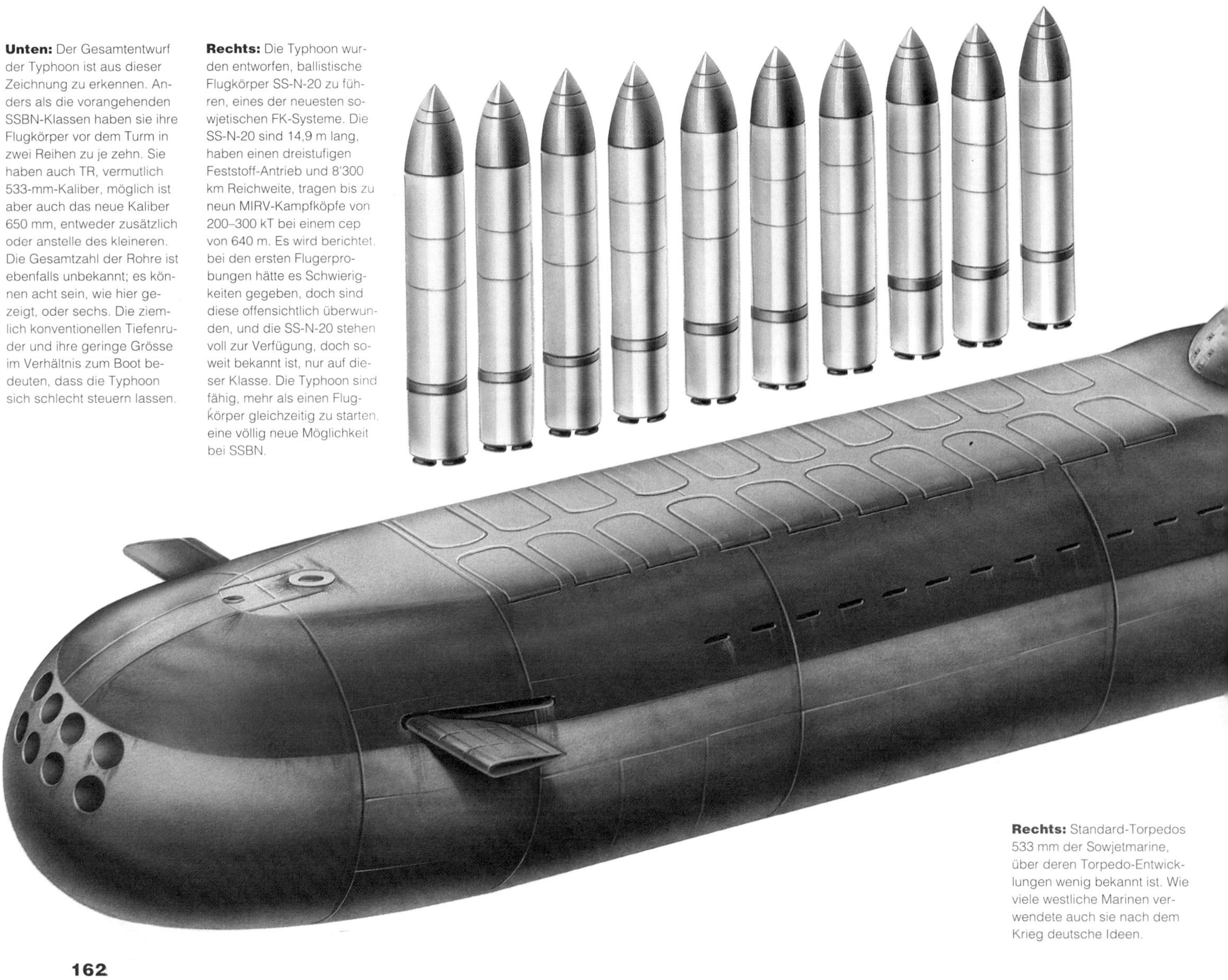

Unten: Der Gesamtentwurf der Typhoon ist aus dieser Zeichnung zu erkennen. Anders als die vorangehenden SSBN-Klassen haben sie ihre Flugkörper vor dem Turm in zwei Reihen zu je zehn. Sie haben auch TR, vermutlich 533-mm-Kaliber, möglich ist aber auch das neue Kaliber 650 mm, entweder zusätzlich oder anstelle des kleineren. Die Gesamtzahl der Rohre ist ebenfalls unbekannt; es können acht sein, wie hier gezeigt, oder sechs. Die ziemlich konventionellen Tiefenruder und ihre geringe Grösse im Verhältnis zum Boot bedeuten, dass die Typhoon sich schlecht steuern lassen.

Rechts: Die Typhoon wurden entworfen, ballistische Flugkörper SS-N-20 zu führen, eines der neuesten sowjetischen FK-Systeme. Die SS-N-20 sind 14,9 m lang, haben einen dreistufigen Feststoff-Antrieb und 8'300 km Reichweite, tragen bis zu neun MIRV-Kampfköpfe von 200–300 kT bei einem cep von 640 m. Es wird berichtet, bei den ersten Flugerprobungen hätte es Schwierigkeiten gegeben, doch sind diese offensichtlich überwunden, und die SS-N-20 stehen voll zur Verfügung, doch soweit bekannt ist, nur auf dieser Klasse. Die Typhoon sind fähig, mehr als einen Flugkörper gleichzeitig zu starten, eine völlig neue Möglichkeit bei SSBN.

Rechts: Standard-Torpedos 533 mm der Sowjetmarine, über deren Torpedo-Entwicklungen wenig bekannt ist. Wie viele westliche Marinen verwendete auch sie nach dem Krieg deutsche Ideen.

sein, dass die sowjetischen Experimente zur Beherrschung der Grenzschicht (der Hülle) Früchte getragen haben. In diesem Fall könnten starke Maschinen eine viel höhere Geschwindigkeit erbringen, und es ist bemerkenswert, dass einige US-Behörden der Typhoon etwa 64 kn unter Wasser zubilligten, ein Fortschritt, der nur durch erhebliche neue Erkenntnisse im Entwurf oder der Antriebstechnik erreicht werden kann. Allein die Grösse der Typhoon verursachte im Westen viele Kommentare. Doch die Sowjets zeigen immer wieder einen Hang zur Grösse und bauen seit vielen Jahren extrem grosse Flugzeuge und Schiffe.

Zukunft: Sechs Typhoon stehen im Dienst, eines ist im Bau, 1990 sollten es insgesamt acht sein. Eine zielgenauere Version der SS-N-20 ist im Erprobungsstadium. Nicht nur steigende Kosten, auch das Abwarten der Ergebnisse der Konferenzen zur Abrüstung auf dem Gebiet ballistischer Fernraketen hat das Tempo verlangsamt – im Osten und im Westen.

Oben: Die SSBN der Typhoon-Klasse sind die grössten Unterseeboote der Welt. Sie sind etwa gleich lang wie die SSBN der Ohio-Klasse der US-Navy, aber doppelt so breit. Echolose Kacheln bedecken den ganzen Rumpf.

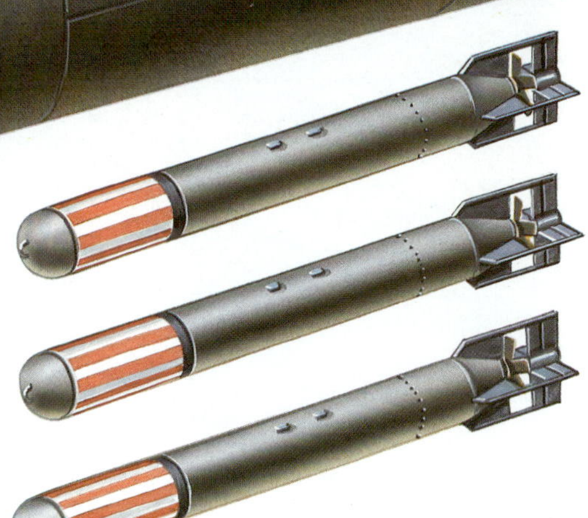

Elektronik
1 LF-Bugsonar
2 Periskop
3 nicht identifizierter Mast
4 Periskop
5 ESM-Antenne
6 Antenne für Satellitenverbindung
7 geschleppte ELF-Funkantenne
8 Schleppsonar (unbestätigt)

Waffen
A 533-mm-TR (2x4)
B SS-N-20-Startbehälter (2x10)

Typhoon-Klasse

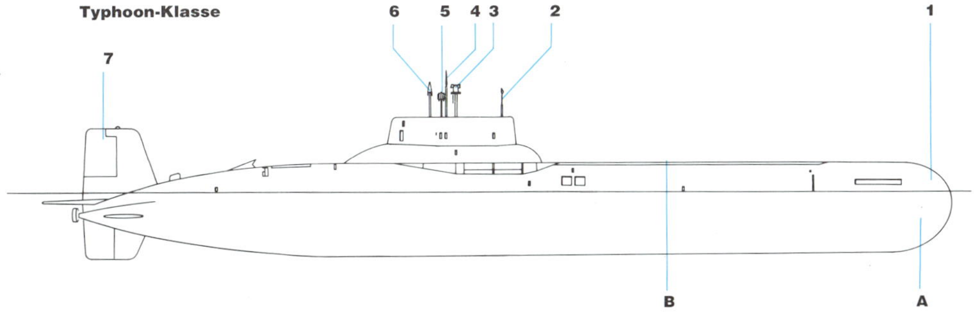

Udaloy-Klasse

Herkunftsland: UdSSR
Typ: Zerstörer (DDG)
Baujahr: 1978–1989 (Weiterbau?)
Anzahl: 10 im Dienst
Verdrängung: 6'500 ts Standard, 7'900 ts Höchst
Abmessungen: Länge 182 m, Breite 19,3 m, Tiefgang 6,2 m
Antrieb: 2 Wellen, COGOG, 4 Gasturbinen, 120'000 PSw (gesamt)
Leistung: 35 kn, 2'500 sm/32 kn, 5'000 sm/20 kn
Waffen: SSM: 2x4 Starter SS-N-14; SAM: 8 Starter SA-N-9 PDMS mit 64 Flugkörpern; Geschütze: 2x1 100 mm, 4 ADMG-630 30-mm-Gatling-CIWS; TR: 2x4 533 mm M-57; ASW-Waffen: 2 zwölfrohrige RBU-6000; Minenschienen vorhanden
Flugzeuge: 2 Hubschrauber Ka-27 Helix-A
Sensoren: Radar: 1 Strut Pair (1 Top Plate ab 3. Schiff) Überwachung, 2 Eye Bowl FK-Feuerleitung, Kite Screech (100 mm) und 2 Bass Tilt (CIWS) Feuerleitung, Palm Frond Navigation; Sonar: aktives LF-Bugsonar, VDS
Besatzung: 300

Oben: Der Zerstörer Udaloy, Namensgeber der Klasse. Der scharf ausfallende Bug und die Form der Bugwelle sind Hinweis auf ein Bugsonar. Die Udaloy-Klasse ist für ASW ausgelegt und dient vielleicht als Ergänzung zu den Sovremennyy, der Überwasser-Komponente in Geleitgruppen für die derzeitigen Träger der Kiev-Klasse oder den CVN der Kremlin-Klasse, sobald letztere ab Mitte der 90er Jahre in den Einsatz gehen.

Geschichte: Die Udaloy sind von grossem Interesse, da sie für die ASW-Kriegführung ausgelegt sind. Sie sollen die ASW-Komponente einer gemischten Kampfgruppe um einen Flugzeugträger herum bilden und entfernt vom Stützpunkt operieren, vermutlich im Nord- und Mittelatlantik oder entsprechenden pazifischen Gewässern. Die ASW-Bewaffnung ist ausnehmend stark. Zu beiden Seiten der Brücke stehen die Vierfach-Starter der SS-N-14, zwei RBU-6000-Raketenwerfer und zwei TR-Vierlinge mittschiffs und zwei getrennte Hangars für ihr Paar ASW-Hubschrauber; sie sind die ersten sowjetischen Zerstörer, die mehr als einen führen. Die ersten drei der Klasse hatten Ka-25 Hormone-A, die späteren Ka-27 Helix bei grösserem Landedeck, doch liegt der Hangarboden ein Deck tiefer; eine Rampe gleicht den Höhenunterschied aus. Der Ausfall des Bugs, der selbst für sowjetische Verhältnisse ungewöhnlich scharf ist, und die Lage des Bugankers deuten auf einen besonders grossen Sonardom (LF oder MF) hin, der sich darunter befindet, und dies wird durch die Charakteristika der Bugwelle bestätigt. Am Heck befindet sich ein VDS, das entsprechend der Praxis der sowjetischen Marine über die Heckkante geführt wird.
Ansonsten ist die Bewaffnung etwas begrenzt. Die einzelnen 100-mm-DP-Geschütze in Positionen A und B sind altbewährt. Es ist etwas überraschend, dass nicht der neue 130-mm-Zwilling aufgestellt wurde, wie auf der Sovremennyy-Klasse. Es gibt vier 30-mm-Gatling-CIWS für die Luftverteidigung und acht SAM-Starter für die neuen SA-N-9 PDMS mit einer Abdeckung von je 1,83 m ø, vier auf dem Vorschiff, je zwei zwischen den TR und auf dem vorderen Teil des achteren Deckshauses. Luft- und Seeziel-Überwachungs-Radarantennen sind nach sowjetischem Standard kaum vorhanden. Es könnte aber gut möglich sein, dass die sowjetischen Elektronik-Ingenieure raffiniertere Mehrzweck-Systeme entwickelt haben, als es auf westlichen Schiffen gibt.
Angesichts der Ähnlichkeit der Abmessungen im Vergleich zur Sovremennyy-Klasse, die zur selben Zeit gebaut wurde, jedoch für die Überwasser-Rolle ausgelegt ist, überrascht es, dass die beiden Klassen nicht den gleichen Rumpf haben. Bei den meisten westlichen Flotten wäre es der Fall, aber die politischen und wirtschaftlichen Beschränkungen der Sowjetmarine sind geringer, und ihr wurde erlaubt, die bestmögliche Rumpfform zu bauen. Auch die Antriebsart ist unterschiedlich: Dampfturbinen bei den Sovremennyy, Gasturbinen bei den Udaloy, denn letztere sind für ASW besonders praktisch.
Diese Schiffe werden von den Sowjets als Bolshoy protivolodochny korabl (Grosse ASW-Schiffe) bezeichnet, von der NATO als DDG. Von der Grösse her würde die Bezeichnung Kreuzer besser passen.
Zukunft: Die Schiffe werden in Kaliningrad (Yantar-Werke) und Leningrad (Zdanov-Werft) gebaut. Zehn stehen im Dienst (davon zwei 1989); es scheint, der Bau von zwölf sei beabsichtigt. Dieses Bauprogramm, der übrigen Bautätigkeit der Sowjetmarine hinzugerechnet, ist bezeichnend für die enormen Mittel, die der Vergrösserung der Marine zugute kommen.

Oben: Dieses wassergekühlte 100-mm-Geschütz ist vollautomatisch, dient gegen See- und Luftziele auf der Kirov-Klasse (ausser Frunze), der Udaloy-Klasse, den Fregatten der Krivak-II-Klasse. Schussfolge ist 80 pro Minute.

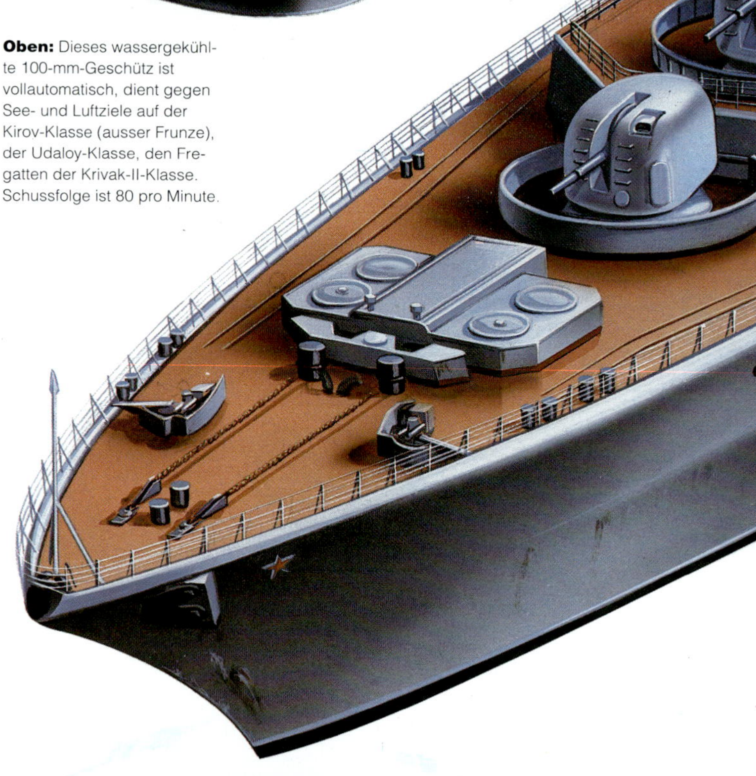

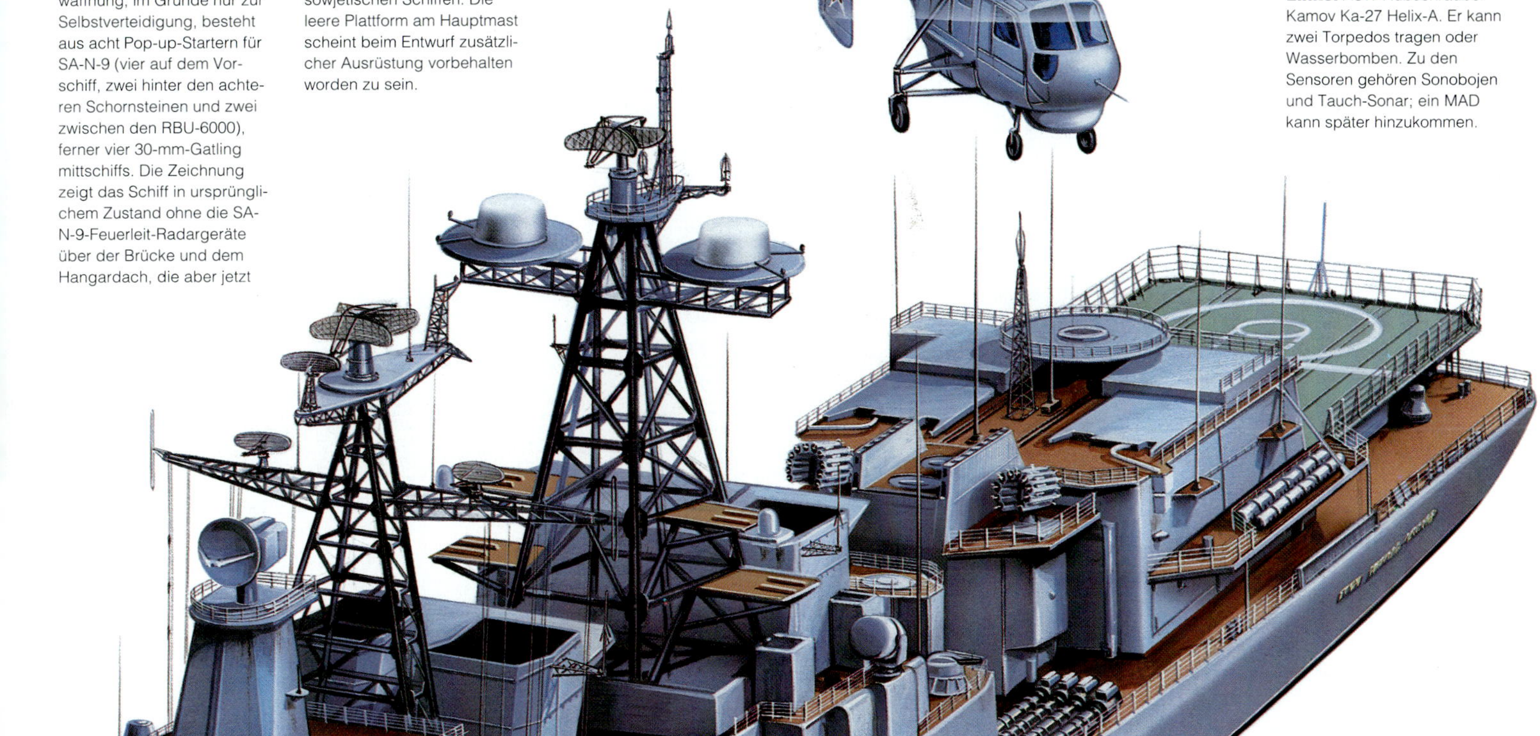

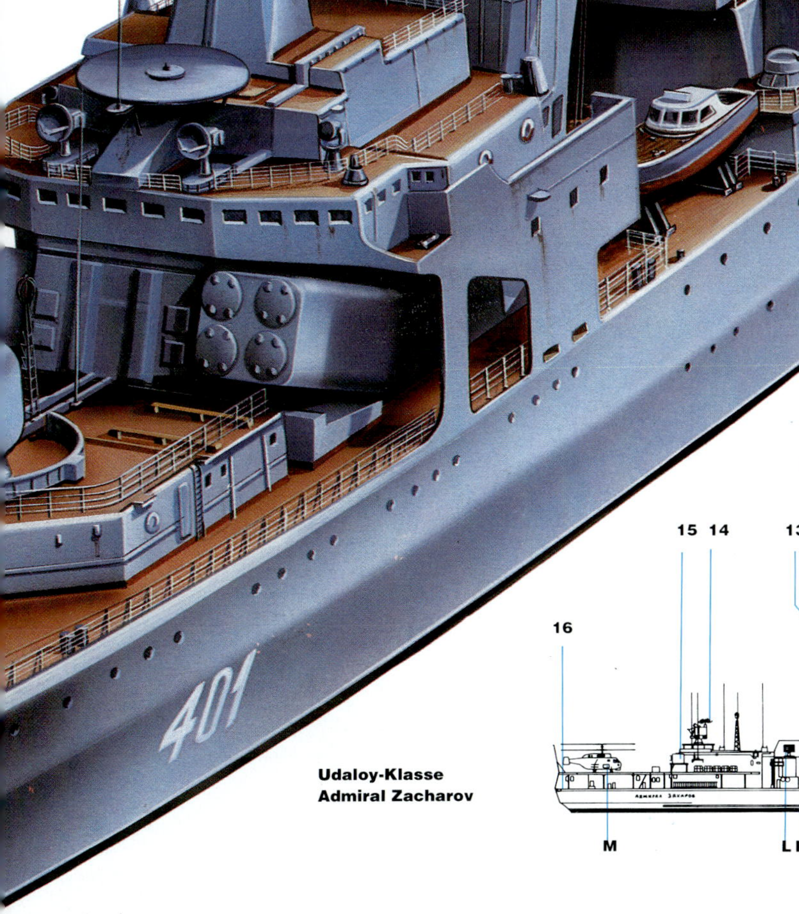

Unten: Vitse-Admiral Kulakov, zweites Schiff der Udaloy-Klasse. Die Haupt-Waffensysteme dienen der ASW und bestehen aus zwei Hubschraubern Kamov Ka 27 Helix-A, 2x4 TR und zwei zwölfrohrigen RBU-6000-Raketenwerfern. Die AA-Bewaffnung, im Grunde nur zur Selbstverteidigung, besteht aus acht Pop-up-Startern für SA-N-9 (vier auf dem Vorschiff, zwei hinter den achteren Schornsteinen und zwei zwischen den RBU-6000), ferner vier 30-mm-Gatling mittschiffs. Die Zeichnung zeigt das Schiff in ursprünglichem Zustand ohne die SA-N-9-Feuerleit-Radargeräte über der Brücke und dem Hangardach, die aber jetzt installiert sind und eine Verzögerung der Entwicklung anzeigen. Die Seeziel-Bewaffnung setzt sich aus acht Startern SS-N-14 unterhalb der Brücke und zwei 100-mm-DP-Geschützen zusammen. Die einzelnen Sensoren sind an Zahl geringer als auf früheren sowjetischen Schiffen. Die leere Plattform am Hauptmast scheint beim Entwurf zusätzlicher Ausrüstung vorbehalten worden zu sein.

Links: ASW-Hubschrauber Kamov Ka-27 Helix-A. Er kann zwei Torpedos tragen oder Wasserbomben. Zu den Sensoren gehören Sonobojen und Tauch-Sonar; ein MAD kann später hinzukommen.

Links: Haupt-Waffensystem für die ASW an Bord der Udaloy-Klasse sind acht 533-mm-TR in Vierlingssätzen. Dazu kommen zwei RBU-6000-Raketenwerfer gegen Unterseeboote.

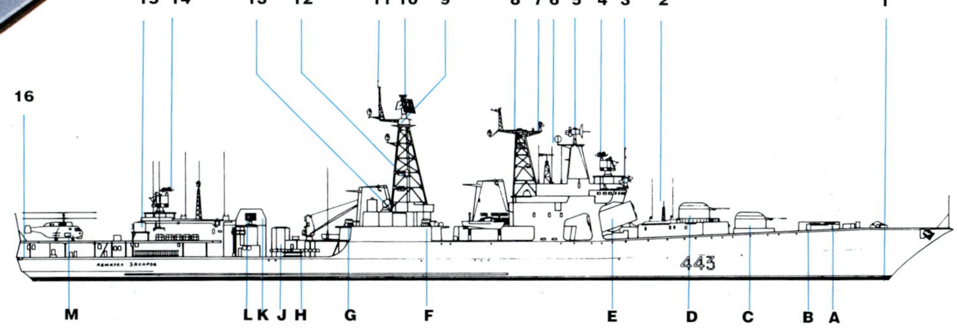

Udaloy-Klasse Admiral Zacharov

Waffen
- **A** SA-N-9 Nächstverteidigungs-FK-System (PDMS) (2x1)
- **B** SA-N-9 PDMS (2x1)
- **C** 100-mm/60-Lafette (1x1)
- **D** 100-mm/60-Lafette (1x1)
- **E** SS-N-14 ASW-Startbehälter (2x4)
- **F** ADMG-630 CIWS (2x1)
- **G** ADMG-630 30-mm-CIWS (2x1)
- **H** 533-mm-TR M-57 (2x4)
- **J** SA-N-9 PDMS (2x1)
- **K** SA-N-9 PDMS (2x1)
- **L** RUB-6000 ASW-Raketenwerfer (2x12)
- **M** Kamov Ka-27 Helix-A ASW-Hubschrauber (2 an Bord)

Elektronik
- **1** LF-Bugsonar
- **2** Peilrahmen
- **3** Eye Bowl FK-Feuerleitradar für SS-N-14 (2x1)
- **4** FK-Feuerleitradar für SA-N-9 (NATO-Bezeichnung unbekannt)
- **5** Kite Screech Feuerleitradar für 100-mm-Geschütze
- **6** Peilrahmen
- **7** Palm Frond Navigationsradar
- **8** Palm Frond Navigationsradar (2x1)
- **9** Round House Tacan-Antenne (2x1)
- **10** Top Plate Überwachungsradar
- **11** High Pole IFF-Antenne
- **12** Salt Pot ECM-Antenne (2x1)
- **13** Bass Tilt Feuerleitradar für ADMG-630 (2x1)
- **14** Feuerleitradar für SA-N-9 (NATO-Bezeichnung unbekannt)
- **15** Fly Screen-B Landehilfe-Radar für Hubschrauber
- **16** Gehäuse für VDS

Virginia-Klasse (CGN 38)

Herkunftsland: USA
Typ: Atomgetriebener Kreuzer (CGN)
Baujahr: 1972–1980
Anzahl: 4 im Dienst
Verdrängung: 8'523 ts Leicht, 10'400 ts Höchst (CGN 38), 11'300 ts Höchst (CGN 39, 40, 41)
Abmessungen: Länge 178,4 m, Breite 19,2 m, Tiefgang 9,0 m (über Sonar)
Antrieb: 2 Wellen, 2 General-Electric-Druckwasser-Reaktoren, 2 Getriebeturbinen, 70'000 PSw
Leistung: 30+ kn
Waffen: SSM: 4 Zwillingsstarter Harpoon; SAM: 2 Zwillingsstarter Mk 26 für Standard SM-2 (MR); Geschütze: 2x1 127 mm/54 Mk 45, zwei 40-mm-Salutgeschütze Mk 11, zwei 20-mm-Phalanx-CIWS; ASW: Asroc; TR: 2x3 Mk 32 324 mm
Flugzeuge: 2 Hubschrauber SH-2F LAMPS I
Sensoren: Radar: SPS-48A 3D Luftsuche, SPS-40B Luftsuche, SPS-55 Seezielsuche; Feuerleitung: SPG-51, SPG-600, SPQ-40A; LN-66 Navigation (nur CGN 39, 41); SQS-53A Bugsonar
Besatzung: 530
Geschichte: Die vier Schiffe der Virginia-Klasse wurden ursprünglich als Lenkwaffen-Fregatten (DLGN) eingestuft, aber noch bevor das erste in Dienst kam, wurde das in Lenkwaffen-Kreuzer (CGN) geändert. Die Bauform ist der ihrer beiden Vorgänger der California-Klasse ähnlich, weist aber Abweichungen auf, wie der Ersatz der Einzelstarter Mk 13 durch den Zwillingsstarter Mk 26 für Asroc und der Hubschrauber-Hangar im Heck.
Bei früheren Lenkwaffen-Kreuzern und -Zerstörern wurden Flugkörper mit Starthilfe-Raketen, wie die Terrier, ringförmig horizontal im Magazin gestaut und kürzere Flugkörper, wie Tartar, in zylindrischen Magazinen. Die Magazine zum Mk-26-Starter haben ein Förderband-System mit senkrecht gestauten Flugkörpern; sie enthalten unterschiedliche Arten Flugkörper. Das machte einen gesonderten Asroc-Starter überflüssig, und die Standard SM-2 (MR) SAM und Asroc werden gemeinsam im vorderen Magazin gestaut. Der Wegfall des Asroc-Starters und seiner Beladungskammer ermöglichte eine Rumpfkürzung um 3,35 m. Der Hubschrauber-Hangar misst 12,8 x 4,3 m und ist durch teleskopisch verschiebbare Lukendeckel abgedeckt. Ein elektro-mechanischer Aufzug bringt die Hubschrauber an Deck. Diese Einrichtung auf einem Schiff, das kein Flugzeugträger ist, wurde erstmals wieder seit den Kreuzern der Des-Moines-Klasse Mitte der 40er Jahre angewendet.
Die elektronische Ausrüstung ähnelt der California-Klasse, aber das SQS-53A-Bugsonar mit kontaktloser Elektronik hat das SQS-26 ersetzt, das digitale Mk-116-ASW-Feuerleitsystem ersetzte das ältere analog arbeitende Mk 114, und die Einführung des Standard SM-2 (MR), der nur in der Endphase des Anflugs Zielbeleuchtung benötigt, liess die drei vorn aufgestellten Verfolger/ Beleuchter SPS-51 entfallen. Seit die Schiffe in Dienst gestellt wurden, haben sie bei Werftliegezeiten Harpoon bekommen, später zwei Phalanx-CIWS und erst kürzlich acht Tomahawk.
Der ursprüngliche Plan, von dieser Klasse 11 Schiffe zu bauen, was zusammen mit CGN vorheriger Klassen für jeden der projektierten CVN vier atomgetriebene Geleitschiffe erbracht hätte, wurde nach Kiellegung der vierten Einheit fallengelassen, weil dem Konzept des CSGN (Strike Cruiser) und später eines abgeänderten Virginia-Entwurfs mit Aegis mehr Beachtung geschenkt wurde. Aber im Januar 1979 wurde auch letzteres gestrichen, zwar im März 1981 wieder vorgebracht, doch im Februar 1983 (wohl endgültig) erneut abgelehnt. Die Projekte entfielen zugunsten der konventionell getriebenen Ticonderoga-Klasse. Virginia (CGN 38) und Mississippi (CGN 40) stehen bei der Atlantik-Flotte, Texas (CGN 39) und Arkansas (CGN 41) bei der Pazifik-Flotte. Jedes Paar ist Teil einer atomgetriebenen Kampfgruppe um einen CVN herum.
Zukunft: Die vier Kreuzer der Virginia-Klasse werden bei Liegezeiten im Kampfwert gesteigert. Die Tomahawk-Starter Mk 143 sind gepanzert. Die bereits vorhandene Kevlar-Panzerung soll etwas erweitert werden. Durch die Aufstellung zweier Phalanx-Mk-15-CIWS wurde die Luftverteidigung im Nächstbereich verbessert. Solche leichten Waffen dürften im Ernstfall vermehrt aufgestellt werden.

Oben: USS Virginia dient bei der Atlantik-Flotte als Geleitschiff und verteidigt mit ihren Standard- und Asroc-FK die Atom-Flugzeugträger, das Herz jeder Kampfgruppe.

Rechts: Zwei dieser Starter Mk 26 Mod 1 für Standard SM-2 (MR) (im Bild) und Asroc-FK stehen an Bord jeden Kreuzers der Virginia-Klasse. Mod 1 stehen auch auf den anderen Atom-Kreuzern, Mod 3 und 4 auf den DDG der Arleigh-Burke-Klasse, Mod 5 auf den Kreuzern der Ticonderoga-Klasse. Die Bezeichnung «Mod» bedeutet, ob 24, 44 oder 64 FK im Magazin mitgeführt werden können.

Rechts: Der Hubschrauber Kaman SH-2F Seasprite LAMPS I auf dem Landedeck war viele Jahre für die US Navy in vorderster Linie der Hubschrauber-Streikräfte der ASW und wurde erst vor wenigen Jahren durch den Sea Hawk Sikorsky SH-60B ergänzt. Der SH-2F trägt über zwei Tonnen Spezial-Ausrüstung. Darunter sind das starke Kinnradar Canadian Marconi LN-66HP zur Überwachung, DIFAR- und DISCASS-Sonobojen, das geschleppte MAD-Gerät AQS-81 von Texas Instruments, ALR-66-ESM-Empfänger, Navigations- und Funkausrüstung sowie Torpedos Mk 44 oder Mk 46. Vom ersten Modell SH-2 wurden rund 190 geliefert, die alle den Standard der frühen 70er Jahre erhielten (SH-2D) und später zu SH-2F aufgerüstet wurden. 88 neue SH-2F wurden in den 70er Jahren gebaut, und 1981 wurden nochmals weitere 18 SH-2F auf Band gelegt.

Unten: Das Einzelgeschütz der US Navy 127 mm/54 Mk 45 wurde von der Northern Ordnance Division der FMC Corporation entwickelt. Es wurde auf den California-, Virginia- und Ticonderoga-Klassen (Kreuzer), den Zerstörer-Klassen Spruance, Kidd und Arleigh Burke und den amphibischen Angriffs-Transportern der Tarawa-Klasse aufgestellt. Nur sechs Mann sind nötig, von denen keiner sich in der Lafette befindet. Mit einem Gesamtgewicht von 22 t ist es das leichteste seines Kalibers jeder Marine. Um die gewünschte einfache Bedienung und Zuverlässigkeit zu erreichen, mussten Kompromisse geschlossen werden. So wurde die Erhöhung auf 65°, die Feuergeschwindigkeit auf 20/min, die Schussweite auf 23'700 m und die Schusshöhe auf 14'840 m begrenzt. Eine lasergelenkte Granate ist in der Entwicklung; sie hat einen zusätzlichen Raketenantrieb, der ihr 44'500 m Schussweite verleihen soll.

Unten: USS Texas (CGN 39), zweiter Kreuzer der Virginia-Klasse. Diese Schiffe werden durch zwei Druckwasser-Reaktoren General Electric D2G angetrieben. Man nimmt an, dass sie zehn Jahre mit einer Brennelemente-Füllung auskommen. Für ihre Grösse sind sie schwer bewaffnet. Ihre offenen Wetterdecks mit scheinbar wenig Waffen verbergen grosse Magazine, die eine erhebliche Kampfdauer ergeben. Die Aufstellung von zwei gepanzerten Startbehältern für je vier Tomahawk wird die Kampfkraft steigern. Der Hubschrauber Kaman SH-2F hat ein grosses Landedeck auf der Schanze mit dem Hangar darunter. Ein Lift bringt die Maschine an Deck.

Waffen

- **A** Starter Mk 26 für Standard SM-2 (MR) SAM und Asroc (1x2)
- **B** 127-mm-DP-Geschütz Mk 45 (1x1)
- **C** Harpoon-SSM-Starter (2x4)
- **D** 20-mm-Vulcan/Phalanx-CIWS Mk 15 (1x1)
- **E** 324-mm-TR Mk 32 für ASW (2x3)
- **F** 127-mm-DP-Geschütz Mk 45 (1x1)
- **G** Starter Mk 26 für Standard SM-1 (MR) SAM und Asroc (1x2)
- **H** Kaman SH-2F LAMPS I ASW-Hubschrauber

Elektronik

1. SQS-53A Bugsonar
2. Marconi LN-66 Navigationsradar
3. SPG-60D Feuerleitradar FK/Artillerie
4. SPQ-9A Artillerie-Feuerleitradar
5. SPS-55 Seeziel-Suchradar
6. SPS-40B Luft-Suchradar
7. SLQ-32(V)3 EW-System (2x1)
8. SPS-40B Luft-Suchradar
9. SPG-51D Mess- und Leitradar (Verfolger/Beleuchter)
10. SPG-51D Mess- und Leitradar (Verfolger/Beleuchter)

Virginia-Klasse
Texas (CGN 39)

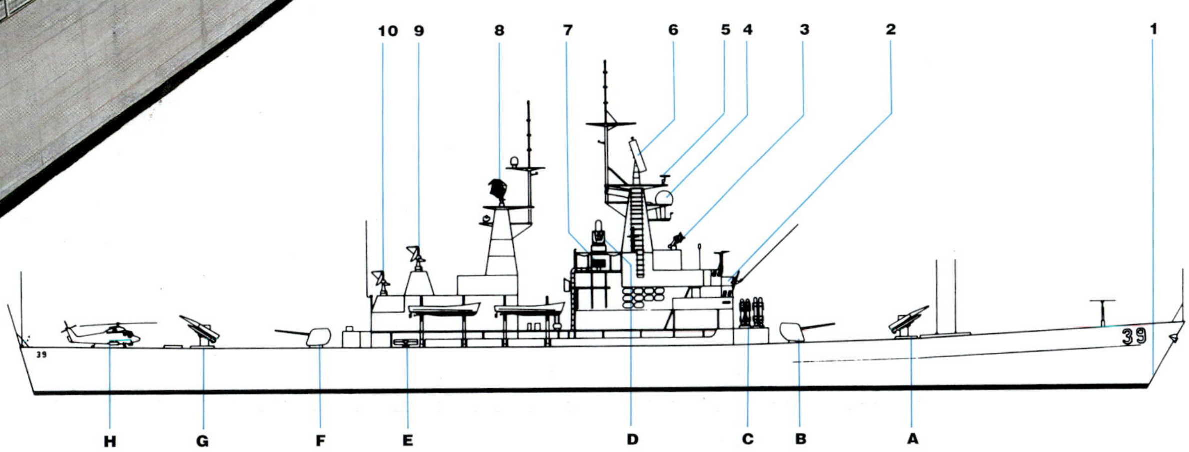

Vittorio-Veneto-Klasse

Herkunftsland: Italien
Typ: Leichter Flugzeugträger (CVS)
Baujahr: 1965–1969
Anzahl: 1 im Dienst
Verdrängung: 7'500 ts Standard, 8'850 ts Höchst
Abmessungen: Länge 179,5 m, Breite 19,4 m, Tiefgang 6,0 m
Antrieb: 2 Wellen, 2 Tosi-Turbinen mit Doppel-Untersetzungsgetriebe, 73'000 PSw
Leistung: 32 kn, 5'000 sm/17 kn
Waffen: SSM: 4 Teseo-Starter; SAM: ein Zwillingsstarter Mk 10 für Asroc/Standard (40 FK); Geschütze: acht 76 mm/62 einzeln (Argo-System), sechs Zwillinge 40 mm/70 (Dardo-System); TR: 2x3 Mk 32 für A/S-Torpedos
Flugzeuge: neun AB 212 oder vier SH-3 Sea King
Sensoren: SPS-40 Langstrecken-Suchradar, SPS-52C Luftsuchradar, MM/SPS-702 Seeziel-Suchradar, SPS-70 Suchradar, SPG-55C Feuerleitradar für Standard, vier Orion Feuerleitradar für Argo 76 mm, zwei RTN-20X für 40-mm-Dardo
Besatzung: 550
Geschichte: Die italienische Marine ist bekannt für ihre einfallsreichen und eleganten Kriegsschiff-Entwürfe, deren Hauptzweck es war, kampfstarke Einheiten für das Mittelmeer zu schaffen. Nach dem Zweiten Weltkrieg wurden nacheinander eine Reihe Flugzeuge tragender Kreuzer entwickelt, beginnend mit der Andrea-Doria-Klasse in den 50er Jahren bis zur Giuseppe Garibaldi. Die ersten dieser Reihe, Andrea Doria und Cai Duilio, waren recht klein (6'500 ts Höchstverdrängung) und hatten die üblichen Einrichtungen für Hubschrauber mit einem grossen Doppelhangar im achteren Aufbau, der sich direkt auf die Schanze öffnete, die hier Landedeck war. Infolge ihrer Grösse konnten sie nur vier ASW-Hubschrauber AB 204 führen.
Auf der Vittorio Veneto, die im Juni 1965 auf Stapel gelegt wurde, sind die Anlagen erheblich verändert worden durch ein grosses Deck achtern mit Hangar (27,4 x 15,2 m) darunter. Die Vittorio Veneto war ursprünglich für neun ASW-Hubschrauber AB 204 entworfen worden, die alle im Hangar Platz fanden, doch sie wurden durch den besseren AB 212 ersetzt. Für die alternative Bestückung mit vier Sea King ist der Hangar zu klein; deshalb müssen sie an Deck bleiben. Vier Hubschrauber-Aufsetzflächen sind auf dem geräumigen Flugdeck markiert, das durch einen grossen Lift in der Mitte hinter dem Aufbau bedient wird. Zwei Sätze Stabilisierungsflossen sorgen für eine ruhige Lage bei Hubschrauber-Einsätzen. Es gibt keinen Grund, weshalb Vittorio Veneto keine VTOL-Flugzeuge führen könnte, wie Sea Harrier, obgleich das Fehlen einer Startrampe die Maschinen auf den Senkrechtstart und damit die Zuladung und/oder Reichweite beschränken würde. Wie die sowjetische Marine mit ihren Flugzeuge tragenden Entwürfen der Moskva- und Kiev-Klassen, versicherte sich die italienische Marine, dass ihre Schiffe eine wirksame Selbstverteidigung haben. Anfänglich hatte die Vittorio Veneto eine Kreuzer-Bewaffnung, ähnlich der Andrea-Doria-Klasse, mit einem SAM-Zwillingsstarter Mk 10 vorn und 76-mm-Einzelgeschützen symmetrisch um die Aufbauten verteilt. Zwischen 1981 und 1984 wurde das Terrier-Systems für den Start von Standard-FK SM-1 (ER) modifiziert, und die vorderen und achteren 76-mm-Geschütze wurden durch 40-mm-Breda ersetzt.
Zukunft: Nachdem Giuseppe Garibaldi zur Flotte trat, ist es klar, dass nach dem Vittorio-Veneto-Entwurf kein Schiff mehr gebaut werden wird. Trotzdem bleibt Vittorio Veneto für die Mittelmeer-Flotten der NATO noch viele Jahre ein sehr brauchbares Schiff.

Unten: Vittorio Veneto (C 550). Neben ihrer schweren Luft- und Seeziel-Bewaffnung trägt sie neun AB-212- oder vier SH-3D-Hubschrauber. Der Entwurf dieser Klasse beeinflusste die sowjetische Moskva.

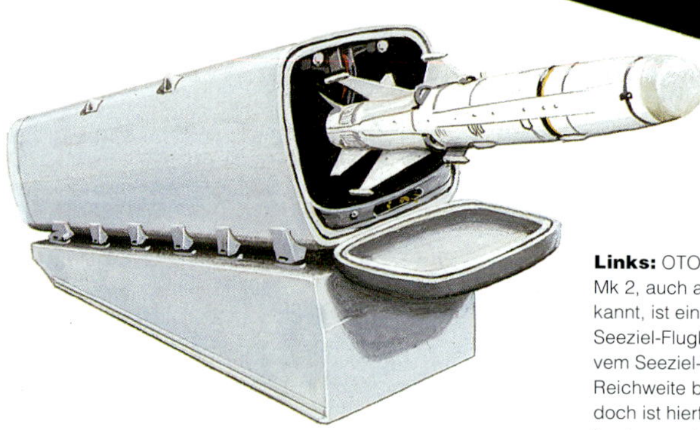

Links: OTO Melara Otomat Mk 2, auch als Teseo bekannt, ist ein Sea-skimming-Seeziel-Flugkörper mit aktivem Seeziel-Suchkopf. Seine Reichweite beträgt 150 km, doch ist hierfür externe OTH-Lenkung notwendig.

Unten: Vittorio Veneto mit ihren wesentlichen Waffen. Sie umfassen acht Einzel-DP-Geschütze OTO Melara 76 mm/62 (Argo-System), Zwillingsstarter Mk 10 für Asroc-ASW-FK und Standard SAM (Aster-System) und vier SSM-Starter Otomat Mk 2 (Teseo). Die zwei Radargeräte über der Brücke sind SPG-55C für SAM-Feuerleitung, und das planare Gerät auf dem vorderen Mack ist die Antenne für das Luftraum-Überwachungsradar SPS-52C 3D.

Vittorio Veneto (C 550)

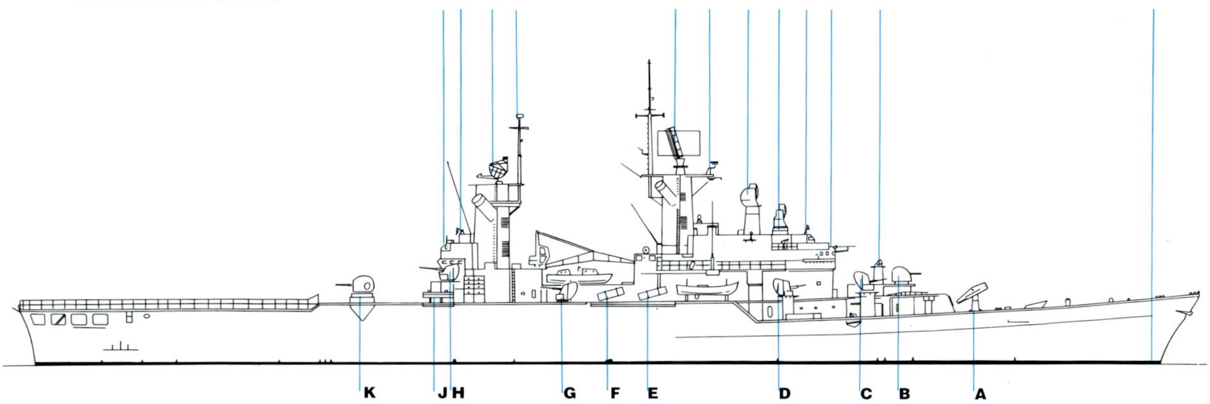

Oben: Der Agusta Bell AB 212 ist eine sehr gut ausgerüstete ASW-Maschine, die hier beim Fieren ihres Tauchsonars AQS-13B gezeigt wird. Die Waffen umfassen zwei zielsuchende Torpedos Mk 44/46 (gelbes Gerät über Kufen) oder vier AS 12 ASM. Die Maschine hat Geräte zur Lenkung der vom Schiff gestarteten Teseo-FK (Otomat Mk 2).

Waffen

- **A** Mk 20 Mod 7 Aster Startsystem für Asroc- und Standard-FK
- **B** Breda 40-mm-Geschütz, Komponente des Dardo-CIWS (1x2)
- **C** Lafette 76-mm-DP-Geschütz OTO Melara (2x1)
- **D** Lafette 76-mm-DP-Geschütz OTO Melara (2x1)
- **E** Starter OTO Melara Otomat Mk II (Teseo) SSM (2x1)
- **F** Starter OTO Melara Otomat Mk II (Teseo) SSM (2x1)
- **G** Lafette 76-mm-DP-Geschütz OTO Melara (2x1)
- **H** Lafette 76-mm-DP-Geschütz OTO Melara (2x1)
- **J** 324-mm-ASW-TR ILAS-3 (2x3)
- **K** Breda 40-mm-Geschütz, Komponente des Dardo-CIWS (2x1)

Elektronik

- **1** SQS-23G Bugsonar
- **2** Selenia RTN-20X Feuerleitradar für CIWS
- **3** SMA 3RM7 Seeziel-Suchradar
- **4** Selenia RTN-10X Feuerleitradar für Albatros-System
- **5** SPG-55C SAM-Leitradar
- **6** SPG-55C SAM-Leitradar
- **7** MM/SPS 768v1 Zielansprache
- **8** Hughes SPS-52C Langstrecken-Überwachungsradar
- **9** URN-20A Tacan-Antenne
- **10** RAN-20X Luftsuch- und Überwachungsradar
- **11** Selenia RTN-10X Feuerleitradar für Albatros-System
- **12** Selenia RTN-20X Feuerleitradar für CIWS

Walrus-Klasse

Herkunftsland: Niederlande
Typ: Unterseeboot (SS)
Baujahr: 1979–
Anzahl: 2 im Dienst, 2 im Bau
Verdrängung: 1'900 ts Standard, 2'450 ts aufgetaucht, 2'800 ts getaucht
Abmessungen: Länge 67,7 m, Breite 8,4 m, Tiefgang 6,6 m
Antrieb: 1 Welle, 3 Diesel-Generatoren SEMT-Pielstick 12 PA4-V200, 1 Holec-E-Motor
Leistung: 13 kn aufgetaucht, 20 kn getaucht, 10'000 sm/9 kn getaucht mit Schnorchel
Waffen: vier 533-mm-TR für Mk-48-Torpedos, verkapselte Sub-Harpoon und Minen; 20 Torpedos oder Flugkörper an Bord
Sensoren: Sonar: Thomson-CSF; Radar: Decca Navigation
Besatzung: 50
Geschichte: Die Niederlande sind bekannt für fortschrittliche Unterseeboot-Entwürfe. Es war ein niederländischer Ingenieur der Marine, der Mitte der 30er Jahre den Schnorchel erfand – als Belüftungseinrichtung für U-Boote in den Tropen. So ist es nicht überraschend, dass die Niederländer bei ihrer ersten Nachkriegsklasse Dolfijn/Potvis mit einem ungewöhnlichen neuen Konzept kamen. Herausragendes Merkmal dieser Klasse waren im Dreieck miteinander verbundene Rümpfe mit gemeinsamer Aussenhaut, wobei ein kürzerer Druckkörper die Spitze des Dreiecks war, in dem Besatzung und Ausrüstung untergebracht waren. Die Maschinenanlage, Vorräte etc. lagen in den beiden unteren Druckkörpern. Obgleich baulich ein Erfolg, war die Klasse räumlich beengt, kompliziert und unter Wasser zu langsam. Das Konzept wurde nicht wiederholt. Die nächste Klasse, Zwaardvis (2 gebaut), wurde 1972 vollendet und hatte die Tropfenform der USS Albacore. Das mag mit dem Technologie-Transfer in der NATO zusammenhängen, denn die Niederländer nutzten viele Merkmale des Barbel-Entwurfs der US Navy. Zwei verbesserte Zwaardvis wurden an Taiwan geliefert, aber weitere zwei kamen auf politischen Druck der Volksrepublik China nicht in Bau.
In den späten 70er Jahren musste die Königlich Niederländische Marine den Ersatz der Dolfijn-Klasse Mitte der 80er Jahre ins Auge fassen. Ein Versuch eines gemeinsamen Programms mit der Royal Navy kam nicht zustande. Deshalb

Oben: Die Walrus wird für den Stapellauf am 28. 10. 1985 bei der Rotterdamsche Droogdok Maatschappij vorbereitet. Das zweite Boot der Klasse, Zeeleuw, rechts daneben im Bau. Die auffallendste Änderung im Vergleich zur vorangegangenen Zwaardvis-Klasse ist das X-förmige Ruder. Auch eine neue Antriebsanlage und einen fünfblättrigen Propeller erhielt die neue Klasse.

Walrus-Klasse

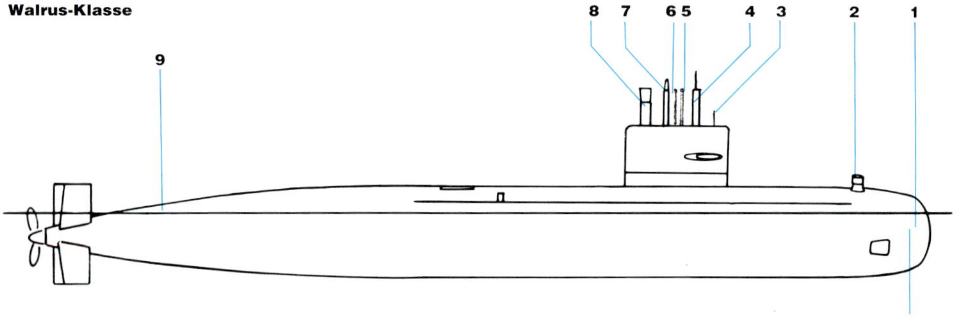

Waffen
A 533-mm-TR für Mk-48-Torpedos und Sub-Harpoon

Elektronik
1 Thomson-CSF aktives Sonar
2 Thomson-CSF passives Sonar
3 Periskop
4 ECM-Mast
5 Periskop
6 Decca Radar
7 Funk-Mast
8 Schnorchel
9 Typ 2026 Schleppsonar

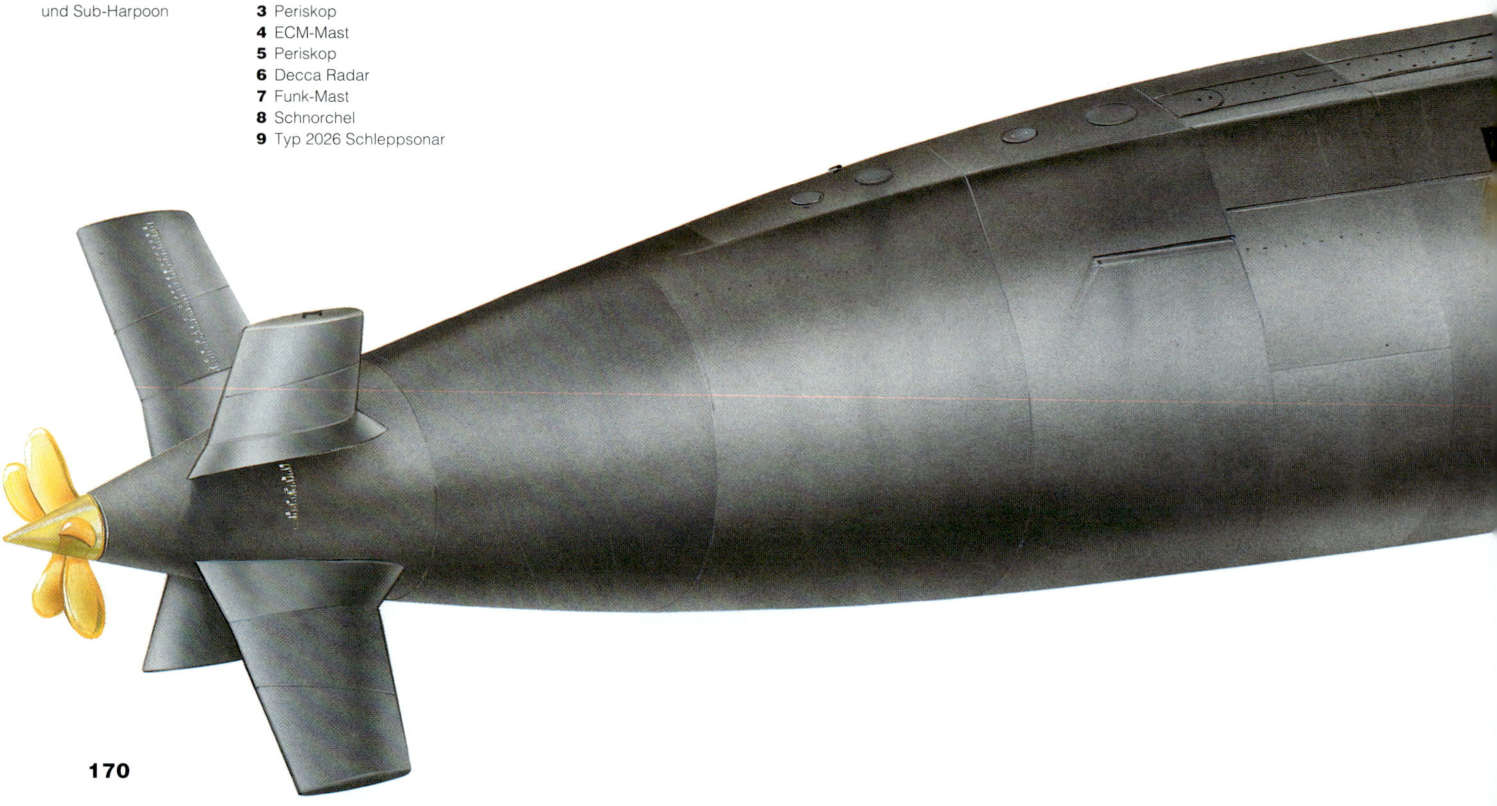

wurde der Zwaardvis-Entwurf verbessert, wobei die Unterschiede so zahlreich sind, dass die neuen Walrus-Boote als eigene Klasse angesehen werden können. Äusserlich ist der auffallendste Unterschied das X-förmige Seiten/Tiefenruder, das die grösstmögliche Ruderfläche ergibt, aber nicht über die Aussenmasse des Rumpfs hinausgeht, was Fahrten dicht über dem Meeresboden erleichtert, doch ist die Wechselwirkung zwischen den vier Rudern so komplex, dass eine Computer-Steuerung notwendig ist. Die Diesel-Generatoren, die denen der Kortenaer-Klasse sehr ähnlich sind, stehen nebeneinander im breitesten Teil des Rumpfs auf einem Podest, um Geräuschübertragungen auf die Hülle zu verringern. Die Boote sind aus französischem, hochfestem Marel-Stahl gebaut, und die Zahl geschweisster Verbindungen und Öffnungen wurde auf ein Minimum reduziert. Nur vier TR wurden eingebaut, aber aus ihnen können auch Sub-Harpoon verschossen werden, und die Geräumigkeit des Nachladeraums erlaubt schnelles Arbeiten. Erhebliche Anstrengungen wurden hinsichtlich aller Leit- und Kontroll-Systeme gemacht, vieles automatisiert. Von den 67 Mann Besatzung der Zwaardvis-Boote konnte man auf 50 zurückgehen.

Zukunft: Die Königlich Niederländische Marine hatte erst zwei Boote geplant, wollte dann vier weitere bauen lassen, doch wurden inzwischen zwei davon wieder gestrichen, so dass die Zwaardvis-Klasse noch nicht ersetzt werden kann. Das Feuer, das im August 1986 die im Bau befindliche Walrus verwüstete, führte zur Verzögerung der Ablieferung bis 1989. Zeeleuw ist im Dienst, Dolfijn und Bruinvis werden bald zur Flotte treten.

Oben: Nach dem Stapellauf wurde Walrus in einem Schwimmdeck der Werft ausgerüstet, als mittschiffs oben ein Feuer ausbrach und ausgedehnten Schaden anrichtete. Mit geschätzten Kosten von 136 Millionen £ ist die Walrus das teuerste Schiff, das je für die Königlich Niederländische Marine gebaut worden ist. Die Reparaturen werden es noch erheblich verteuern und die Indienststellung verzögern.

Unten: Die Zeichnung zeigt die sauberen Linien der Walrus-Klasse, hier die Zeeleuw (S 803). Die vorderen Tiefenruder sind hoch am Turm angesetzt, die achteren Ruder sind kreuzförmig konstruiert, was die Manövrierfähigkeit verbessert; sie stehen auch nicht unter dem Kiel hervor. Aber die Wechselwirkungen zwischen den vier Rudern sind so komplex, dass ein Computer sie kontrollieren muss. Das dicke, röhrenförmige Gerät ist der Schnorchel-Ansaugmast, ursprünglich eine niederländische Idee.

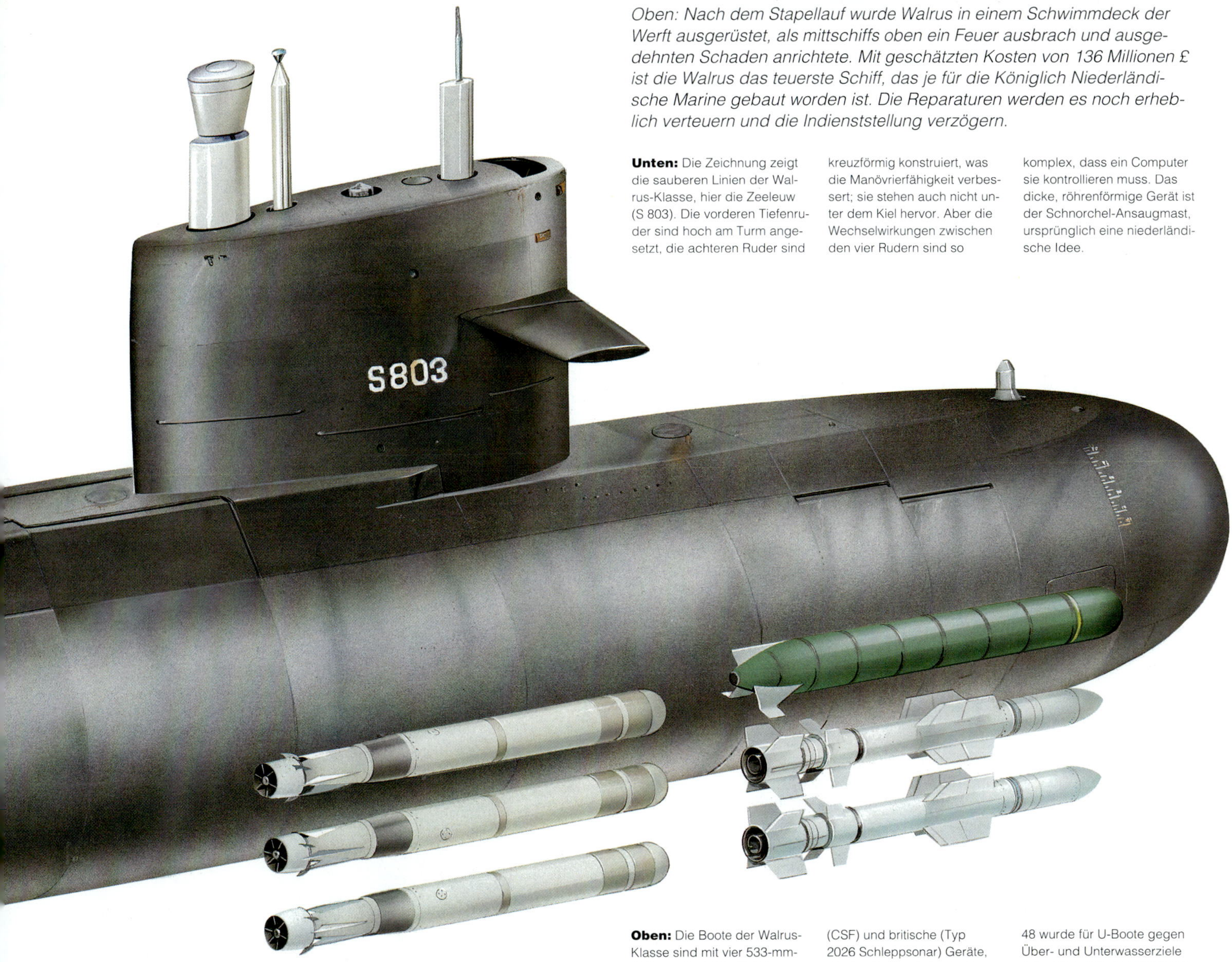

Oben: Die Boote der Walrus-Klasse sind mit vier 533-mm-TR bewaffnet. Die übliche Waffenzuladung besteht aus einer Mischung von Mk-48-Torpedos, Sub-Harpoon und Minen, die durch die TR ausgestossen werden können. Sensoren sind französische (CSF) und britische (Typ 2026 Schleppsonar) Geräte, die durch das niederländische SEWACO VIII (Sensor Weapon Command and Control; Sensor-Waffen-Leitung und -Kontrolle) von Hollandse Signaalapparaten gesteuert werden. Der US-Torpedo Mk 48 wurde für U-Boote gegen Über- und Unterwasserziele entworfen, hat eine Reichweite von etwa 50 km bei ca. 50 kn. Er hat Drahtlenkung oder benutzt den eigenen Aktiv/Passiv-Zielsuchkopf.

Wielingen-Klasse (E 71)

Herkunftsland: Belgien
Typ: Fregatte (FF)
Baujahr: 1974–1978
Anzahl: 4 im Dienst
Verdrängung: 1'880 ts Leicht, 2'283 ts Höchst
Abmessungen: Länge 103,4 m, Breite 12,3 m, Tiefgang 5,6 m
Antrieb: 2 Wellen, CODOG, 1 Gasturbine Rolls-Royce Olympus TM3B, 2 Diesel Cockerill CO-240 V-12, 28'000/12'000 PSw
Leistung: 29 kn, 4'500 sm/18 kn, 6'000 sm/16 kn
Waffen: FK: vier MM.38 Exocet SSM, ein Achtfach-Starter NATO-Sea Sparrow SAM; Geschütze: eine Lafette 100 mm/55 Mod 1968 DP-Zwilling, (ein 20-mm-Goalkeeper-CIWS geplant); TR: 2x1 L5; ASW: Sechsrohr-Starter Creusot-Loire 375 mm mit Bofors-Raketen
Sensoren: Radar: HSA WM-25 Luftüberwachung, HSA DA-05, Raytheon TM 1645/X Navigation; Sonar: Canadian Westinghouse SQS 505A Bugsonar
Besatzung: 160
Geschichte: Zwischen 1949 und 1953 erwarb die belgische Marine von der Royal Navy acht Schiffe der Algerine-Klasse als Minensucher und Geleitschiffe gegen U-Boote. Eigentlich hätten sie 1969 ausser Dienst gestellt werden müssen. Der Stab der belgischen Marine formulierte seine Anforderungen für die Ersatz-Klasse so, dass sie «in enger Zusammenarbeit mit alliierten Seestreitkräften den Schutz für alliierte und nationale Handelsschiffahrt in der Nordsee, dem Englischen Kanal und den Westlichen Zufahrten bereitstellen sollten». Die Einheiten sollten deshalb volle ASW-Fähigkeit erhalten und mit begrenzten Luft- und Seeziel-Waffen ausgerüstet werden. Um dieses Unternehmen in noch zu bewältigenden Massen zu halten, stellte die belgische Marine drei Grundsätze auf: Nur Einrichtungen, die für den Geleitschutz und für die Selbstverteidigung notwendig sind; nur Waffen, Sensoren und andere Ausrüstung, die bei anderen NATO-Marinen standardisiert oder zumindest vorhanden sind; nur von belgischen Werften zu bauen. Das waren recht hohe Anforderungen. Am 23. 6. 1971 wurde dem Programm zugestimmt, die Entwurfsstudien waren im Juli 1973 fertig, und die Aufträge wurden im Oktober des gleichen Jahres vergeben. Frankreich und die Niederlande halfen bei den Entwürfen, während die Nationen, die Waffen oder Sensoren lieferten, bei der Konstruktion assistierten. Zwei Schiffe wurden auf der Boelwerf, Temse, zwei bei Cockerill, Hoboken, gebaut. Das erste Schiff jeder Werft wurde im Januar 1978 in den Dienst übernommen, die anderen beiden im Oktober des gleichen Jahres. Angesichts dessen, dass dies das grösste Kriegsschiff-Bauprogramm war, das jemals in Belgien ausgeführt wurde, ist der reibungslose Ablauf besonders beachtlich.
Die Wielingen-Klasse ist ein kompakter und gut bewaffneter Entwurf mit einer guten Mischung an AA-, SS- und ASW-Fähigkeiten, die man von einem Rumpf dieser Grösse nur erwarten kann. Der einzige grössere taktische Nachteil ist das Fehlen eines ASW-Hubschraubers, aber das hätte einen grösseren und teureren Schiffskörper erfordert. Heutzutage ist ein Nächstbereichs-Waffensystem (CIWS) unabdingbar, besonders gegen Flugkörper. Die belgische Marine schloss sich der Entscheidung der Niederlande an und wählte das Goalkeeper-System, das die Klasse im Lauf der Zeit erhalten wird.
Zukunft: Die vier Schiffe der Wielingen-Klasse (Wielingen, Westdiep, Wandelaar, Westhinder) werden bei den üblichen Werftzeiten im Kampfwert gesteigert werden. Ende der 90er Jahre werden sie ersetzt werden müssen, doch zur Zeit gehen alle Mittel der belgischen Marine in das Minenjäger/-räumer-Programm, an dem Belgien, Frankreich und die Niederlande arbeiten. 1985 wurde das erste belgische Fahrzeug, Aster, in Dienst gestellt. 15 sollen allein in Belgien gebaut werden, auch die Niederlande und Frankreich wollen je 15 bauen, aber Frankreich hat die Zahl bereits auf 10 begrenzt.

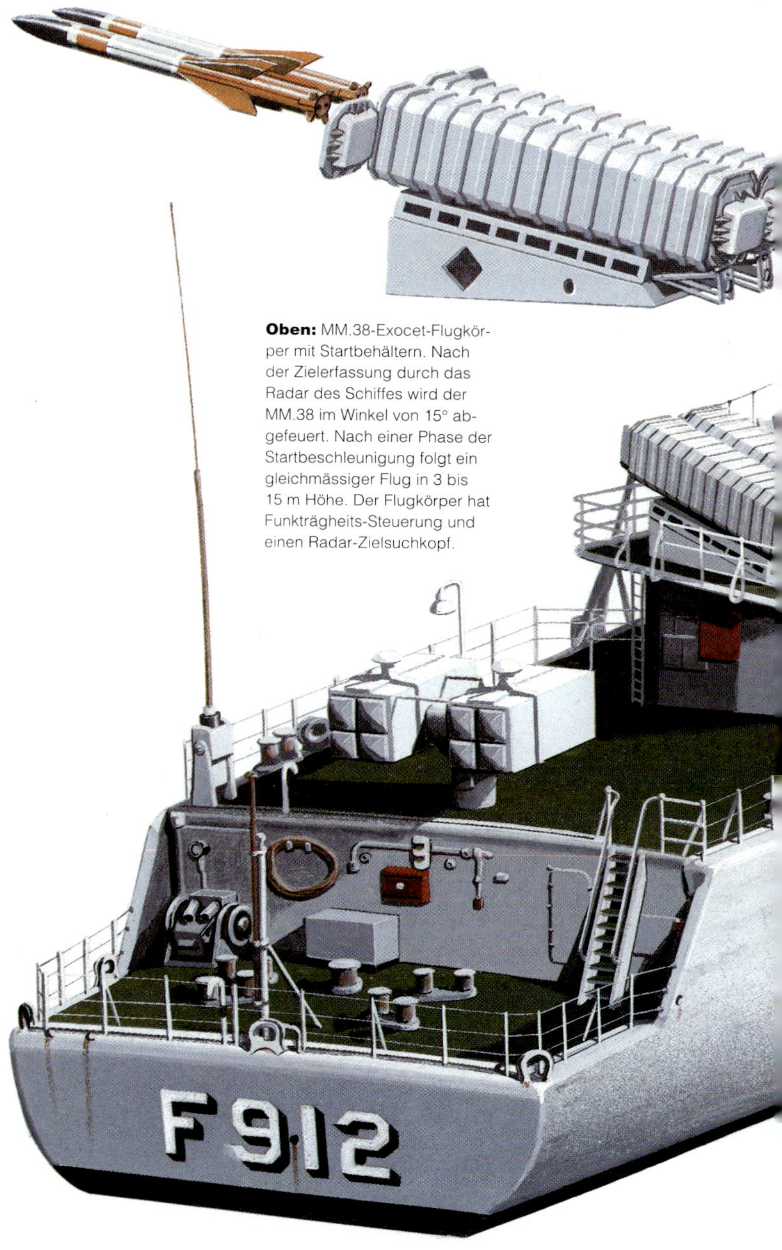

Oben: MM.38-Exocet-Flugkörper mit Startbehältern. Nach der Zielerfassung durch das Radar des Schiffes wird der MM.38 im Winkel von 15° abgefeuert. Nach einer Phase der Startbeschleunigung folgt ein gleichmässiger Flug in 3 bis 15 m Höhe. Der Flugkörper hat Funkträgheits-Steuerung und einen Radar-Zielsuchkopf.

Links: Wielingen (F 910), Typschiff einer sehr erfolgreichen Klasse von vier in Belgien entworfenen und gebauten ASW-Fregatten. Zur Zeit der Aufnahme waren die vier MM.38 Exocet noch nicht an Bord.

Unten: Die Wielingen-Klasse gehört zu den ASW-Typen, die Creusot-Loire-Starter für 375-mm-Bofors-Raketen führen. Die Sechsfach-Starter werden in senkrechter Position nachgeladen und verschiessen Salven oder ein Geschoss pro Sekunde. Die 375-mm-Raketen von Bofors haben unterschiedliche Kampfköpfe und drei verschiedene Motoren-Arten für unterschiedliche Entfernungen. Die Raketen haben eine flache Flugbahn zur Verkürzung der Flugzeit, wodurch das Ziel eine geringere Ausweichmöglichkeit hat, haben Zeitzünder, Annäherungs- und Aufschlagzünder. Die Reichweite liegt je nach Antriebs-Art zwischen 355 und 850 m, 655 und 1'635 m, 1'580 und 3'625 m. Vom Ziel empfangene Sonarimpulse samt Standort-Veränderung werden einem Computer eingegeben.

Unten: Wandelaar (F 912). Deutlich zu sehen der Starter für NATO-Sea Sparrow SAM und die vier Startbehälter für MM.38 Exocet. Zwischen den Exocet und dem Schornstein steht das Luft-/See-Überwachungs-Radar HSA DA-05. Vor der Brücke ist der Creusot-Loire-ASW-Raketenwerfer und ein 100-mm-DP-Geschütz. Eine Nachrüstung mit dem niederländischen Goalkeeper-CIWS ist vorgesehen. Eines der beiden Ausstossrohre für die französischen L5-Torpedos (ASW) ist an Steuerbord achtern zu erkennen. Zwei Cockerill-Diesel und eine Rolls-Royce-Turbine in CODOG-Anordnung ergeben bis 14 bzw. 28 kn Geschwindigkeit.

Waffen

- **A** DP-Geschütz-100-mm/55 Mod 1968-3 (1x1)
- **B** Creusot-Loire-Starter für 375-mm-Bofors-ASW-Raketen (1x6)
- **C** Starter für MM.38 Exocet ASM (1x2)
- **D** Starter für MM.38 Exocet ASM (1x2)
- **E** Ausstoss-Öffnung für L5-ASW-Torpedos (2x1)
- **F** Starter für NATO-Sea Sparrow SAM (1x8)

Elektronik

- **1** SQS-505A Bugsonar
- **2** Raytheon TM 1645/9X Navigationsradar
- **3** HSA WM-25 Luft-/See-Überwachungs- und Verfolgungs-Radar
- **4** HSA DA-05 Luft-/See-Überwachungsradar

Wielingen-Klasse
Westdiep (F 911)

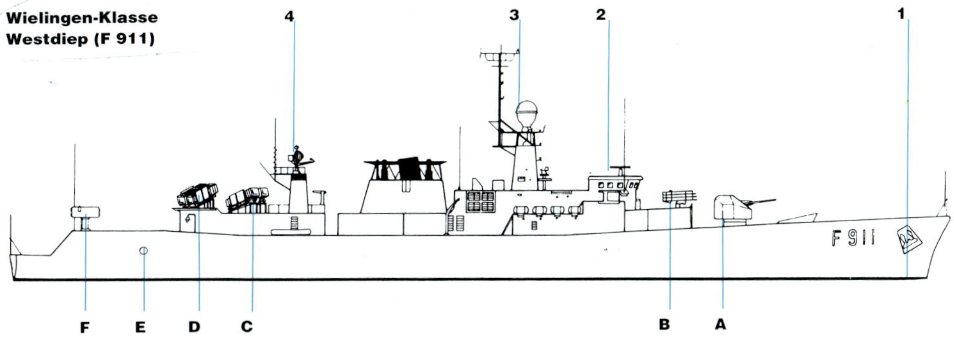

Unten: Ein Mitglied der Schiffsführung bringt ein Luftlage-Schaubild auf den neuesten Stand. Ständige, genaueste Information ist in der maritimen Führung lebensnotwendig.

Maritime Taktiken

Einleitung

Die Ozeane und Randmeere der Welt bedecken 71% der Erdoberfläche, und die drei grossen Ozeane, Atlantik, Pazifik und Indik, umfassen über 320 Millionen Quadratkilometer. In ihren physikalischen Eigenschaften unterscheiden sich die drei Ozeane voneinander, insbesondere in Temperatur und Salzgehalt, die waagerecht und in der Tiefe variieren und in der Wassermasse Schichten hervorbringen, die Schall verzerren können und damit Unterseebooten Schutz vor den suchenden Sonaren von Schiffen und Flugzeugen gewähren.

Selbst der Meeresboden wechselt seine Form rasch, besonders in Landnähe, wo zahlreiche Untiefen durch Sandbänke und Felsen eine stete Gefahr für den Seemann darstellen. Die Kontinentalschelfe erstrecken sich bis zu 40 sm vor den Küsten; hier ist das Wasser weniger als 130 m tief. Dieses Gebiet umfasst zwar nur etwa 5% der Ozeane, und seewärts der Schelfe ist der Abhang, wo die Tiefe rasch zunimmt zwischen 130 und 2'000 m. Jenseits dieser Formation flachen sich die Kontinentalsockel allmählich bis auf Tiefen zwischen 4'000 und 6'000 m ab. Dieses Gebiet zeigt eine zerrissene und vielfältige Oberfläche. Hier gibt es Gräben bis 11'000 m Tiefe mit Temperaturen von −2° C und einem Druck von 30 t/m². Man könnte annehmen, ein Mensch sei nicht dazu in der Lage, solche Abgründe aufzusuchen, doch am 23. 1. 1960 tauchten Jacques Piccard und Lt. Donald Walsh, US Navy, im Bathyscaph Trieste bis fast auf diese Tiefe. Ein heutiges SSN, wie die der sowjetischen Alfa-Klasse, hat eine geschätzte Tauchtiefe von 610 bis 915 m, und die Tieftauchfähigkeit wird zunehmend wichtiger in den taktischen Erwägungen, da die ASW-Technik immer raffinierter wird.

Die Ozeane sind ständig in Bewegung, beeinflusst durch die täglichen Gezeiten (Anziehungskraft

Oben: Ein Zerstörer der Charles-F.-Adams-Klasse bei schwerem Wetter. Die See kann für Menschen und ihre Ausrüstung eine feindliche Umgebung sein.

Unten: Dieses Bild des Starts einer A7-E Corsair von Deck der USS Saratoga im Januar 1986 im Mittelmeer gibt einen Eindruck von der Weite der Ozeane.

von Mond und Sonne), durch Strömungen und die grossen Meeresströme, die oft bis 250 km pro Tag schnell sind. Strömungen gibt es in allen Tiefen, am stärksten nahe der Oberfläche. Ihr Umlauf vollzieht sich in drei Dimensionen, so dass jede Strömung in jeder Tiefe auch eine vertikale Komponente hat. Hauptursache der Oberflächenströmungen ist der Wind. Dazu kommen die klimatischen Bedingungen, die vom Tropensturm und Wasserhosen bis zur absoluten Windstille reichen. Innerhalb von Stunden kann die Wellenhöhe von wenigen Zentimetern bis auf 25, 30 m anwachsen, der Wind Geschwindigkeiten über 160 km/h erreichen. Ebenso können die Sichtverhältnisse von einem Moment auf den nächsten so sehr wechseln, dass der Mann auf der Brücke eben noch bis zum Horizont Sicht hatte, und beim Aufziehen von Nebel oder Sturm plötzlich nichts mehr sieht. Das also ist die Umgebung, in der die Menschheit seit Jahrtausenden blutigste Schlachten ausgetragen hat. Damit die Taktiken heutiger hochtechnisierter Flotten besser verstanden werden können, ist es notwendig, sich mit der Entwicklung der Seekriegführung über die Jahrhunderte vertraut zu machen. Trotz aller technischer Fortschritte ist es sehr wahrscheinlich, dass Admiral Woodward, britischer Oberbefehlshaber im Falkland-Krieg 1982, ähnliche Überlegungen anstellte wie Nelson und viele Admiräle vor ihnen. Zwei Gedanken herrschen vor: Wo ist der Gegner? Wie sind die örtlichen Bedingungen?

Allgemein sollte man bedenken, dass die See und das Kriegsschiff ihre ganz eigenen Charakteristika haben, die maritimen Operationen bestimmte Voraussetzungen auferlegen, deren wichtigsten die geographische und die juristische sind. Wichtigstes Merkmal der Geographie der See ist die Gleichförmigkeit der Oberfläche, ohne Tal und Hügel, keine Gegenden dichter Bevölkerung, keine Grenzen und Strassen; Freund und Feind können gehen wohin und wie immer sie wollen.

Das Seerecht wird hauptsächlich durch Übereinkünfte bestimmt. Nationale und internationale Rechte werden berücksichtigt, doch infolge der Weite der Meere sind sie, wenn es darauf ankommt, nur schwer durchzusetzen. Unbehinderte Fahrt auf den offenen Ozeanen (die Freiheit der Meere), ein anerkanntes und manchmal eifersüchtig verteidigtes, allen zustehendes Rechtsgut, gibt viel Handlungsspielraum und führte zu dem Prinzip, «Gewohnheitsrechte» einzuführen als Vorläufer gängigen Rechts. Das bedeutet auch, dass Seestreitkräfte im Frieden in allen Teilen der Welt aufkreuzen können, ohne notwendigerweise eine Reaktion hervorzurufen, und dass dieses Auftreten von den meisten grossen Flotten allgemein praktiziert wird.

Daraus ersieht man, dass Streitkräfte auf See aufeinanderstossen können, ohne dass es zu jenen weitergehenden Folgen kommt, die ein gleichartiger Zusammenstoss auf festem Land haben würde. Die Grenzen zwischen Frieden, Krise und Krieg sind hingegen bedeutend weniger klar.

Unten: Die waagerechte Temperatur-Verteilung auf einer Reihe von Stationen entlang eines Meridians im Atlantik. Dicht an der Oberfläche heizt die Sonneneinstrahlung das Wasser auf. Unter der Oberflächenschicht fällt die Temperatur mit weiteren Tiefenschichten, die manchmal nur 5–10 cm stark sind, bis zur Thermokline, dann schneller bis zur Stabilisierung, schliesslich bis zum Meeresboden langsam abnehmend. Die Wechsel haben einen erheblichen Einfluss auf die ASW, da sie die Geschwindigkeit des Schalls beeinflussen und Sonar-Übertragungen verzerren.

Vertikale Temperatur-Verteilung

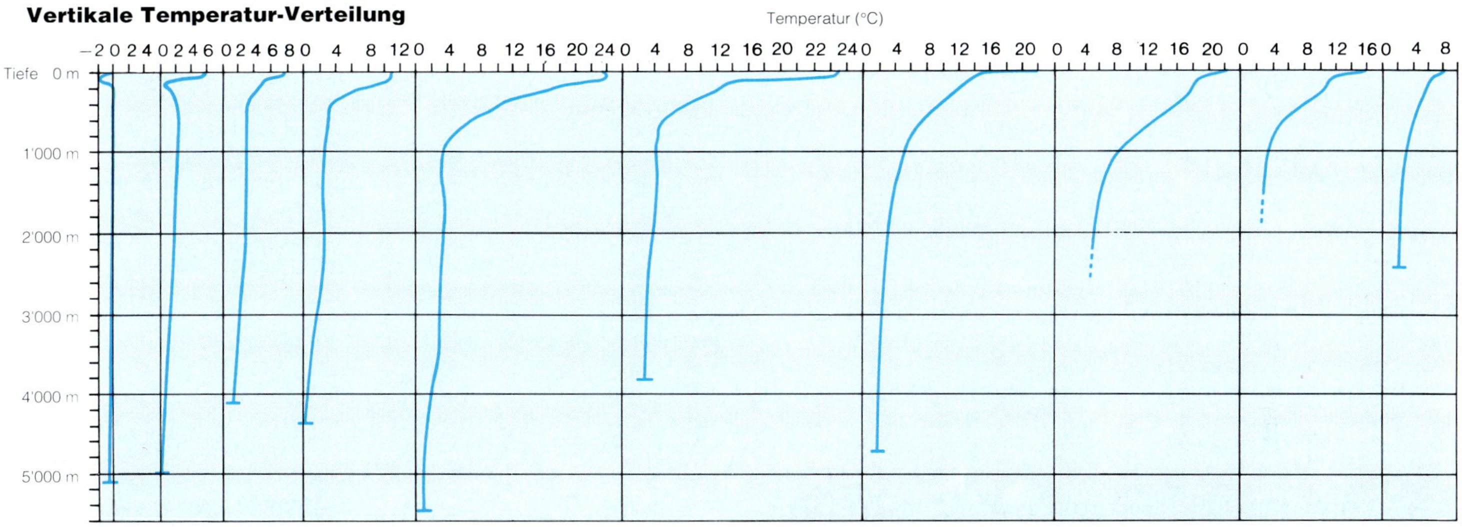

Links: Für die direkte Messung der Schallgeschwindigkeit gibt es Instrumente wie den Verbrauchbaren Schallgeschwindigkeitsmesser (XSV), die benutzt werden, um Schallprofile für ASW-Operationen zu gewinnen.

Rechts: USS Georgia der atomgetriebenen Ohio-Klasse, mit Trident bewaffnet, kehrt von einem Einsatz zurück. 90 Tage lang war sie in den Tiefen der Weltmeere unsichtbar verborgen.

Die Entwicklung maritimer Taktiken

Seit der Morgendämmerung der Geschichte waren sich Staaten der Bedeutung des Handels untereinander bewusst und dessen, dass das Wunschdenken stets wachsenden Wohlstands die Möglichkeit ungehinderten Seeverkehrs erfordert – im heutigen strategischen Jargon bekannt als Offenhalten der Seeverbindungen (SLOCS). Der erste berichtete Gebrauch von Kriegsschiffen ereignete sich vor rund 5'000 Jahren auf dem Nil, als um 2900 v. Chr. Pharao Snafru 40 bewaffnete Schiffe nach Byblos entsandte, um Zedernholz zu kaufen. Weitere 1'700 Jahre mussten vergehen, bis Schiffe speziell dafür gebaut wurden, andere Schiffe anzugreifen. Als Biremen bekannt, waren sie die Vorläufer der Galeeren, die 2'000 Jahre lang die Kriegführung beherrschten.

Der Rammsporn war die erste besondere Seekriegswaffe, dazu bestimmt, ein gegnerisches Schiff an der verwundbarsten Stelle an oder unterhalb der Wasserlinie zu treffen. Die Taktik des Rammens hielt sich durch die Geschichte bis zu Beginn dieses Jahrhunderts, indem Schiffe gebaut wurden, deren Bug hierfür speziell gestaltet war. Während des Ersten und Zweiten Weltkriegs gab es zahlreiche Vorfälle, bei denen man sich zur Rammung des Gegners entschloss, besonders beim Angriff auf Unterseeboote, oder falls die Feuerkraft des Angegriffenen höher als die des Angreifers eingeschätzt wurde und man glaubte, eine überlegte und kontrollierte Kollision könnte mehr Schaden als Geschützfeuer verursachen.

Erst jüngstens wieder, 1976, bei der Konfrontation zwischen Grossbritannien und Island über Fischereirechte innerhalb der von der isländischen Regierung erklärten Wirtschaftszone von 200 sm vor der Küste, wurde im sogenannten Kabeljau-Krieg zwar von keiner beteiligten Marine ein Schuss abgefeuert, aber den Schiffen beträchtlicher Schaden durch wohlüberlegte Kollisionen zugefügt.

1571: Lepanto

Die Taktik der Galeeren-Kämpfe war nichts anderes als eine Fortsetzung der Landkriegführung. In ihrer letzten grossen Schlacht bei Lepanto trafen die Flotten wie Armeen aufeinander. Ihre Formation war starr, die Befehle die eines Landheeres. Während die Seeleute ihre Schiffe in Stellung brachten, führten die Generäle und ihre Soldaten die Schlacht. Der Sieg fiel den Christen zu, da sie 35 spanische Reserve-Galeeren geschickt erst im Höhepunkt des Kampfes einsetzten – und durch sechs Galeassen, Galeeren, die von der üblichen Bauart dadurch abwichen, dass jede 60 Kanonen in der Breitseitaufstellung führte. Diese Geschütze zerschlugen die türkische Flotte und legten die Grundlage für den Sieg durch Entern und Aufbringen. Die stete Suche nach technischen Neuerungen, um taktische Vorteile zu gewinnen, war über Jahrhunderte der wichtigste Aspekt maritimer Taktik. Bei der Marine geht der Fortschritt langsam vonstatten, was an einem natürlichen Konservativismus der Seeleute liegen mag.

Der Gebrauch von Kanonen, die auf beiden Längsseiten eines Schiffes aufgestellt werden, und die Einführung des Segelschiffs führten zur Taktik der nächsten 300 Jahre. Kämpften die Schiffe einst nebeneinander, änderte sich ihre Formation nun zum Hintereinander. Die Linie sollte einem Kriegsschiff möglich machen, das Feuer bereits zu eröffnen, bevor es an der eigentlichen Aktion teilnahm. Die Ungenauigkeit der frühesten Geschütze und ihre kurze Reichweite liessen aber eine Feuereröffnung kaum vor Kernschussweite zu.

Die Schlacht von Lepanto, 1571

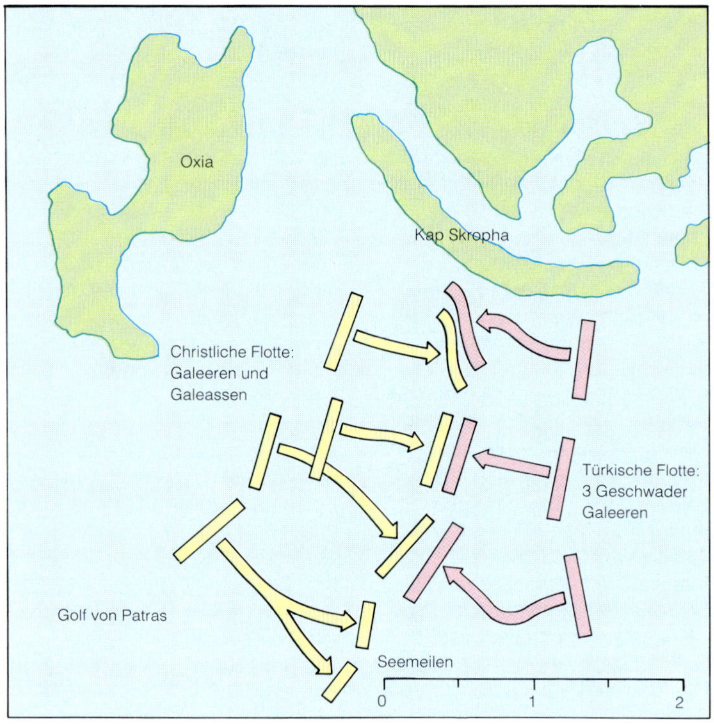

Oben: In der Morgenfrühe des 7. 10. 1571 kamen die mächtigsten Flotten, die sich je auf See trafen, am Eingang zum heute so genannten Golf von Patras, westlich des grösseren Golfs von Korinth, einander auf Sichtweite nah. Die christliche Flotte gewann die Schlacht durch geschickten Einsatz der Kanonen der Galeassen.

Das Aufkommen der Segelschiffe beeinflusste Strategie und Taktik gründlich, denn sie waren die ersten wirklich ozeanfähigen Schiffe. Galeeren waren auf einigermassen ruhige Gewässer beschränkt und verbrachten normalerweise sogar die Nacht im Hafen. Das Segelschiff war ausdauernd, jedoch im Gegensatz zu den Galeeren vom Wind und den Gezeiten abhängig. Diese Abhängigkeit und dazu die geringe Reichweite und der begrenzte Schwenkbereich der Kanonen mit glattem Rohr verlangte zunehmend eine bessere Seemannschaft, mit dem Resultat, dass die Kunst des Seekriegs vom Soldaten auf den Seemann übertragen wurde.

Bis Ende des 19. Jahrhunderts waren die europäischen Kriegsschiffe in Entwurf und Grösse praktisch gleich. Es gab nicht einmal einen entscheidenden Geschwindigkeitsunterschied, der zum taktischen Vorteil einer Nation über die andere herangezogen werden konnte. Deshalb war die Fähigkeit, so dicht als möglich am Wind zu segeln und dadurch eine überlegene Position zu gewinnen, so ausserordentlich wichtig. Es gab aber auch Nachteile, im Aufwind zu stehen, da die leeseitige Linie der Schiffe die Wahl hatte, abzudrehen und das Gefecht zu

Unten: Während des Kabeljau-Krieges 1976 zwischen Grossbritannien und Island kehrten die sich gegenüberstehenden Schiffe zur Rammtaktik zurück. Das isländische Kanonenboot Baldur schwingt sein Heck gegen HMS Diomede.

Unten: Der Schaden an HMS Diomede nach der Rammung ist deutlich zu sehen. Aus politischen Gründen wurde in diesem Konflikt von keiner der beiden Seiten ein Schuss abgefeuert. HMS Diomede lief zur Reparatur in die Heimat.

verweigern. Bevor eine Schlacht beginnen konnte, vergingen deshalb oft viele Tage mit Segelmanövern. Nach etablierter Taktik jener Tage, üblich Gefechtsanweisungen genannt, sollten die Schiffe in gerader Linie fechten, aber für die Praxis war das zu starr. Bei zahlreichen Gelegenheiten, bei denen man sich daran hielt, fielen keine Entscheidungen. Es schien in der Tat so, als ob überlegene Siege nur dann errungen wurden, wenn die Reihen sich auflösten und der Feind verfolgt wurde bis zum allgemeinen Durcheinander.
Trotz dieser Erfahrungen bestand die Linien-Formation als taktische Doktrin bis zur letztmaligen Anwendung, mit unentschiedenen Ergebnissen, in der Schlacht vor dem Skagerrak 1916. Endgültig musste diese Idee dann durch den Einsatz von Luftstreitkräften aufgegeben werden. Es liegt Ironie darin, dass die europäischen Flotten über hundert Jahre brauchten, das zu begreifen, was Nelsons Taktik so klar bei Trafalgar demonstriert hatte.

1805: Trafalgar

Trafalgar wird allgemein als grösste aller Schlachten zwischen Segelschiffen angesehen. Sie begann am Morgen des 21. Oktober 1805, als Nelsons Flotte die französischen und spanischen Schiffe unter dem Kommando des Admirals Villeneuve angriff. Nelson hatte angenommen – zu recht, wie sich herausstellte –, dass die feindliche Flotte in Linie voraus vorgefunden werden würde. Sein Plan war es, die britische Flotte in drei Geschwader zu gliedern. Er selbst übernahm die Führung des am Wind liegenden, das leewärtige sein Stellvertreter Collingwood. Jedes der beiden sollte aus 16 Schiffen bestehen, während eine Vorhut von acht seiner schnellsten Schiffe die dritte Zinke des Angriffs darstellte. Sein Plan sah eine Kräfte-Konzentration in der Mitte der gegnerischen Linie vor, wo das Schiff des kommandierenden Admirals sein müsste. Was wirklich geschah, ist typisch dafür, wie taktische Pläne vom Seebefehlshaber oft radikal verändert werden müssen, um sich den Umständen anzupassen, die bei Beginn der Schlacht vorherrschen. Anstelle der 40 Schiffe, auf die er gehofft hatte, hatte Nelson nur 27. Daher konnte er keine Vorhut entsenden, um die Spitze der feindlichen Linie daran zu hindern, kehrt zu machen, um ihrem kommandierenden Admiral zu Hilfe zu eilen.
Der Kampf selbst wurde eine erbittert ausgetragene Artillerie-Schlacht mit hohen Verlusten auf beiden Seiten. Vier Stunden dauerte sie, 18 Schiffe waren erobert,

Oben: Eine Szene an Deck von HMS Victory im Höhepunkt der Schlacht bei Trafalgar. Etwa 1.15 Uhr nachmittags wurde Nelson von der Kugel eines Scharfschützen hoch in der Takelage des französischen Linienschiffs Redoutable (74 Geschütze) in die Schulter getroffen.

Unten: Nelsons Plan für Trafalgar war, die gegnerische Linie an zwei Stellen gleichzeitig anzugreifen. Das war neu und gewagt, und das Element der Überraschung führte ihn zum Sieg.

Die Schlacht bei Trafalgar, 1805

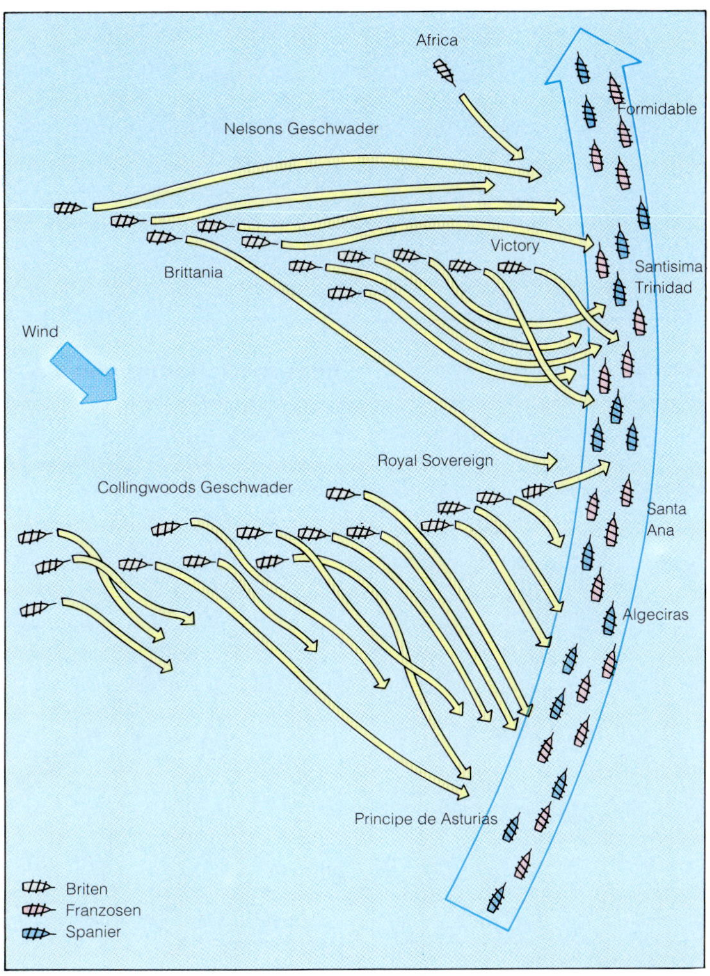

die französische Achille in die Luft geflogen, bis endlich dem sterbenden Nelson der Sieg gemeldet werden konnte, errungen in der letzten grossen Seeschlacht des Zeitalters der Segelschiffe.
Die Dampfmaschine gab den Schiffen mehr taktische Beweglichkeit. Die Einführung der Explosiv-Granate, der Züge im Geschützrohr und die Entwicklung des Panzers führte Ausgang des 19. Jahrhunderts zum Bau der ersten neuzeitlichen Kriegsschiffe. Eine neue Taktik bahnte sich an. Die neuen Schiffe waren in der Lage auf ständig wachsende Entfernung zu kämpfen. Im Krieg zwischen USA und Spanien 1898 wurde in der Manila-Bucht das Feuer bei 4'500 m eröffnet. Im Mai 1905, als die Japaner einer russischen Flotte eine schwere Niederlage bereiteten, betrug die Anfangsentfernung 6'700 m.
Ein anderer Faktor, der zum Anwachsen der Kampfentfernung beitrug, war die Einführung des Torpedos.
1906 führte HMS Dreadnought eine völlig neue Aera im Kriegsschiffbau ein, denn sie war das erste Schlachtschiff (Linienschiff) der Welt mit 30,5-cm-Geschützen, bei einer Wasserverdrängung von 17'000 ts. Nur 35 Jahre später liess die japanische Marine Yamato und Musashi mit 72'000 ts vom Stapel, jedes mit einer Hauptbewaffnung von neun 46-cm-Geschützen. Dreadnoughts Geschütze verfeuerten Granaten von 363 kg auf 17'150 m. Die 1'400 kg wiegenden Granaten der Yamato flogen 43'500 m weit. Doch diese grossen Schlachtschiffe des Zweiten Weltkrieges waren die letzten

dieser Entwicklung. Der Grund liegt bei den Flugzeugträgern und der schnellen Entwicklung der Marineflugzeuge.

1916: Skagerrak

Die grosse Seeschlacht des Ersten Weltkriegs fand in der Nordsee vor der jütländischen Küste am 31. 5. 1916 statt. Es war die letzte grosse Schlacht, in der das Geschütz die Hauptrolle spielte. Luftschiffe, Seeflugzeuge, Unterseeboote, Minen und Torpedos waren zwar vorhanden, spielten aber keine grössere Rolle. Die angewandten Taktiken waren gänzlich traditionell. Rund 250 Schiffe insgesamt standen auf beiden Seiten zu langen Linien formiert. Da es Radar noch nicht gab, entwickelte sich die Schlacht zu einer Reihe einzelner Gefechte, so, wie sich die Schiffe zufällig sichteten. Mehr als jede andere Schlacht in der Seefahrtsgeschichte war diese am Skagerrak voller Gegensätze.

Britische und deutsche Befehlshaber schienen zahlreiche Möglichkeiten zu übersehen, den Gegner schwer zu schädigen. Insgesamt erlitten die Deutschen den schwereren Schaden, obgleich sie nur zehn Schiffe verloren. Die britischen Verluste umfassten drei Schlachtkreuzer, drei Kreuzer und acht Zerstörer.

Der britische Oberbefehlshaber, Admiral Sir John Jellicoe, verlor dreimal während der Schlacht seinen taktischen Vorteil. Das erste Mal mit der Entwicklung der Grand Fleet in sechs parallele Kolonnen, die Schlachtkreuzer an der Spitze und die Schlachtschiffe der Queen-Elizabeth-Klasse als Nachhut. Ein 11,3 km langer Wall von 35 Schlachtschiffen, der der deutschen Hochsee-Flotte vor den Bug dampfte.

Der deutsche Oberbefehlshaber, Admiral Reinhard Scheer, warf seine Schiffe auf Gegenkurs, ein Manöver, das Jellicoe nicht erkannte, vielleicht weil die Deutschen ihre Absicht durch einen gleichzeitigen Angriff der Torpedoboote verschleierten, der die Briten zum Abdrehen zwang. Eine halbe Stunde später ging Scheer abermals auf Gegenkurs, wodurch das britische Oberkommando in Verwirrung geriet. Mit einem dritten Manöver gelang es den Deutschen, ins

Unten: Das britische 1. Schlachtgeschwader in der Nordsee. Das Schlachtschiff Royal Sovereign führt HMS Resolution und Revenge. Die dicht aufgeschlossene Linienformation geht auf die Zeit der Segelschiffe zurück und ist typisch für den Mangel an taktischer Vorstellung.

Die Schlacht vor dem Skagerrak, 31. Mai 1916: Gefecht der Schlachtkreuzer

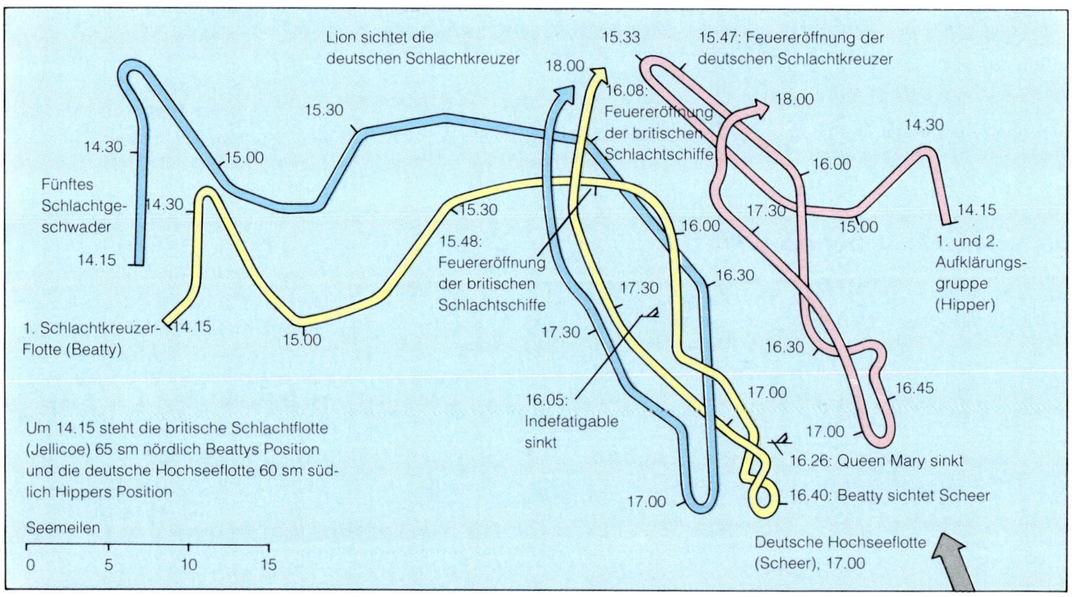

Links, unten links und unten: Die Schlacht vor dem Skagerrak kann in drei Phasen unterteilt werden. Das Schlachtkreuzer-Gefecht wurde durch eine zufällige Begegnung ausgelöst. Die ersten Schüsse fielen um 15.47 Uhr. Zu dieser Zeit standen die zwei Schlachtflotten noch 90 sm (167 km) voneinander entfernt, liefen aber mit einer (addierten) Geschwindigkeit von 40 bis 50 kn aufeinander zu. Am späten Nachmittag gingen die Briten schliesslich zur Schlachtformation in Linie über. Die deutsche Flotte lief in diese Falle, und um 18.17 Uhr eröffnoten dic Britcn das Feuer. Unter Schwarzqualmen und mit einem Torpedoangriff drehte die deutsche Flotte ab. Während der Nacht, in der noch sporadisch Gefechte stattfanden, entkam die deutsche Flotte.

Skagerrak: Kampf der Schlachtflotten

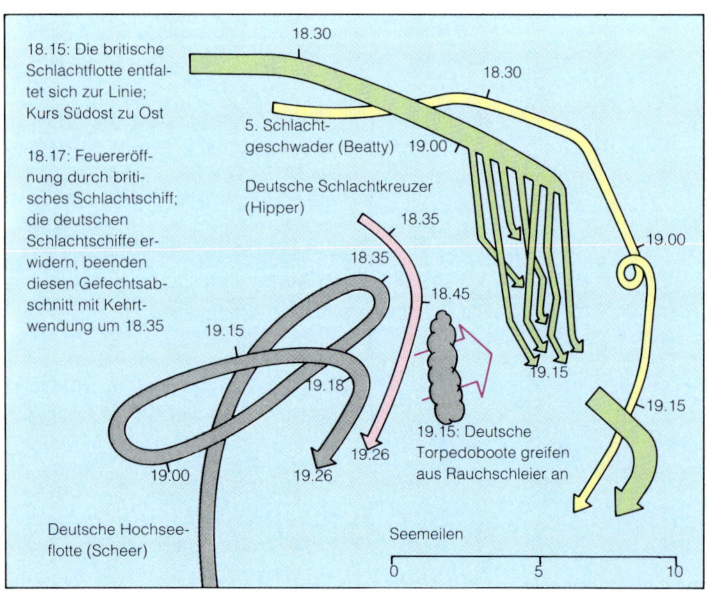

Skagerrak: Nachtgefechte

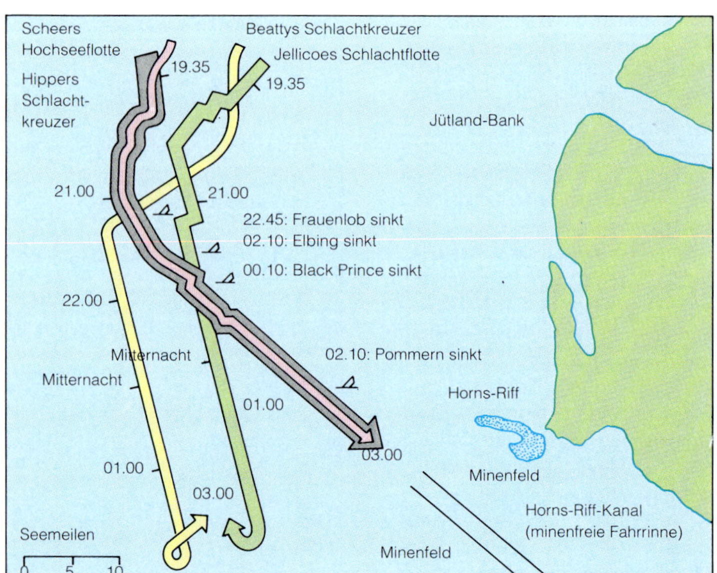

Dunkel der Nacht zu entkommen. Die Briten hatten eine letzte Chance, sich während der Nacht zwischen die sich zurückziehende deutsche Flotte und ihren Heimatstützpunkt zu schieben. Aber Jellicoe ignorierte den Hinweis, dass die Deutschen über das Horn-Riff die Sicherheit der Elbe südöstlich des Schlachtfelds gewinnen wollten. Stattdessen nahm er fälschlicherweise an, sie würden nach Süden gehen, nach Helgoland und Wilhelmshaven. Es zeigte sich in der Geschichte der Seetaktik immer wieder, dass die Vermutungen eines Befehlshabers, oft nur auf sehr dünne Nachrichten gestützt, nur um Haaresbreite Erfolg oder Misserfolg brachten.

1942: Midway

Die grossen Schlachten des Zweiten Weltkriegs fanden im Pazifik statt, wobei diejenige von Midway 1942 und diejenige im Golf von Leyte 1944 wahrscheinlich die wichtigsten waren. Bei Midway stand eine japanische Flotte von neun Schlachtschiffen, vier Trägern und weiteren Kreuzern, Zerstörern und Transportern mit 2'000 Heeressoldaten unter dem Kommando von Admiral Yamamoto. Seine Absicht war, die westlichen Aleuten und die Insel Midway zu besetzen, um die US-Flotte anzulocken. Sein komplizierter Plan war von der genauen Einhaltung festgelegter Zeiten abhängig. Die Amerikaner konnten nur drei Flottenträger und 13 Kreuzer unter Admiral Nimitz, Oberbefehlshaber der US-Pazifik-Flotte in Pearl Harbor, entgegenstellen. Jedoch stand auf Midway noch eine starke Luftstreitkraft.

Aber entscheidend war, dass die Amerikaner die japanischen Absichten ausspioniert hatten und daher ihre Kampfkraft am entscheidenden Punkt konzentrieren konnten. Sie starteten ihren Eröffnungsangriff gegen die japanischen Transporter am 3. Juni, aber erst am nächsten Tag konnten die Japaner den Stützpunkt Midway bombardieren. In diesem Stadium wussten Sie noch nichts über die nahe stehenden drei US-Träger, ein Fehler der Feindaufklärung, der zum Fehlverhalten der Japaner führte.

Wie der Zufall spielt, nur 13 Minuten nachdem Nagumo seinem Reserve-Geschwader befohlen hatte, die Torpedos gegen Bomben auszuwechseln, um einen zweiten Angriff gegen Midway zu fliegen, erhielt er Nachricht über die in der Nähe stehende US-Flotte. Neue Befehle, wieder Torpedos zu laden, führten zu Konfusion. Inzwischen waren die landgestützten US-Bomber zum Angriff auf die japanischen Träger herangekommen, erlitten aber schwerste Verluste, ohne irgendwelchen Schaden anzurichten. Zur gleichen Zeit waren die ersten Wellen amerikanischer Trägerflugzeuge von den USS Enterprise und Hornet im Anflug, während die Bomber der Yorktown gerade starteten. Und sie packten die Japaner mitten im Wechsel der Waffen. Obwohl die amerikanischen Staffeln Schwierigkeiten hatten, ihre Angriffe zu koordinieren, brachten sie es fertig, in weniger als einer Stunde drei der vier japanischen Träger ausser Gefecht zu setzen. Der überlebende Träger Hiryu konnte einen Gegenangriff starten, der die Yorktown kampfunfähig machte, wurde jedoch schnell von den Sturzbombern der Enterprise versenkt.

Die Japaner hatten noch mehr Pech, als zwei ihrer Kreuzer, Mogami und Mikuma, beim Ausweichen vor einem Unterseeboot-Angriff zusammenstiessen. Mogami wurde später durch US-Flugzeuge versenkt, Mikuma entkam. Diese Schlacht markiert das Ende der Seemacht Japans.

Unten: Bomben explodieren rund um einen verzweifelt drehenden japanischen Schweren Kreuzer, der von US-Trägerflugzeugen angegriffen wird. Kurz nach dieser Aufnahme wurde das Schiff getroffen und sank. Ein Beispiel dafür, wie die Luftmacht den Seekrieg völlig veränderte.

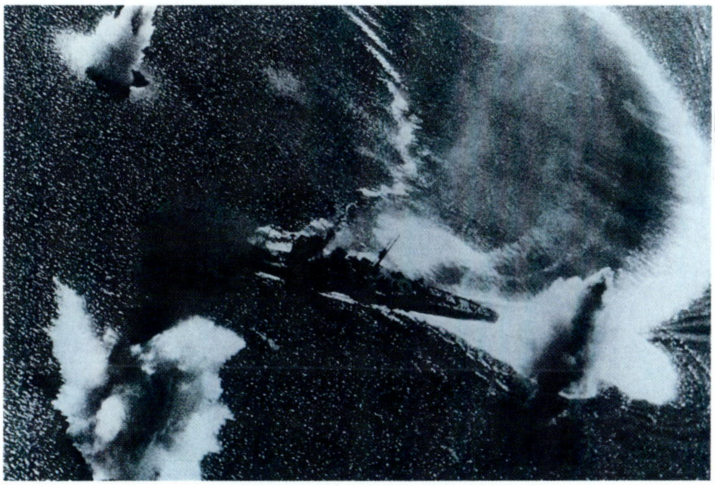

Die Schlacht von Midway, 4. Juni 1942

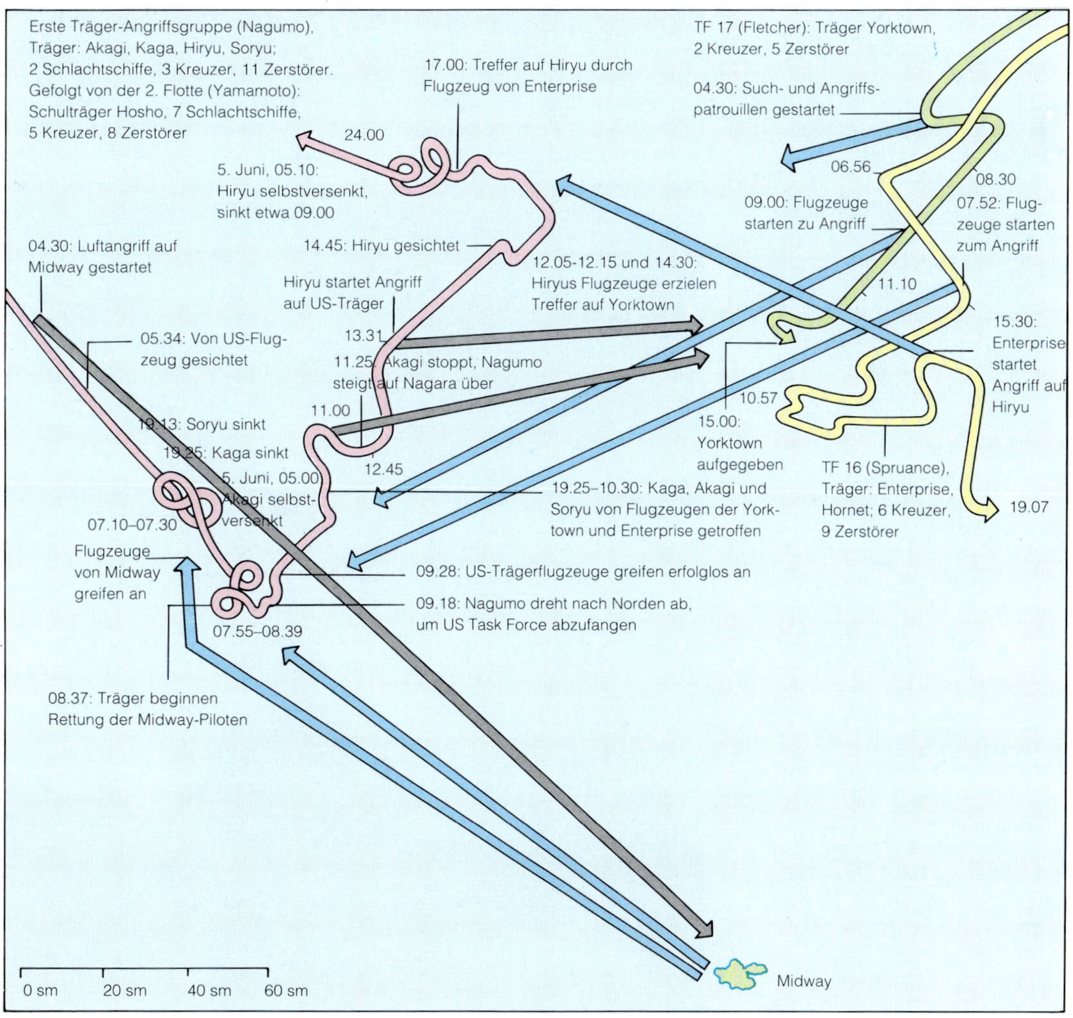

Oben: Die Schlacht von Midway war der Wendepunkt des Krieges im Pazifik. Sie deutete auch das Ende der Schlachtschiffe als beherrschende Waffe zur See an. Elf japanische Schlachtschiffe von Yamamotos Flotte, die nahebei in See standen, griffen niemals in die Kämpfe ein, und während der Schlacht bekamen sich die gegnerischen Schiffe nicht in Sicht. Die Schlacht, eine Folge von Angriffen und Gegenangriffen, illustriert die Rolle des Kriegsglücks. Der erste US-Angriff fand den Gegner nicht, dann folgten zahlreiche Angriffe amerikanischer Sturzbomber und Torpedoflugzeuge mit schweren Verlusten. Zwischen 10.25 und 10.30 aber setzte eine Sturzbomber-Gruppe des Trägers Yorktown die japanischen Träger Kaga, Soryu und Akagi ausser Gefecht. So endete Japans Seeherrschaft.

1982: Falkland-Inseln

Der jüngste bedeutende Einsatz von Seemacht war der britische Aufmarsch im Südatlantik im April 1982. Die folgenden Kämpfe sind insofern sehr bemerkenswert, als sie die einzige grössere Seeschlacht sind, bei der Waffensysteme eingesetzt wurden, die erst nach dem Zweiten Weltkrieg entwickelt worden waren. Diese Systeme erwiesen sich als bemerkenswert wirksam im Rahmen der begrenzten, konventionellen Kriegführung, die sich entwickelte. Es ging um territoriale Rechte, und die Auseinandersetzung, 7'850 sm (14'538 km) von Grossbritannien entfernt, enthielt alle Aspekte eines Seekriegs, einschliesslich Truppentransport, Feuerunterstützung gegen Landziele, massierte Truppenlandung und Kämpfe gegen See- und Luftziele.

Der militärische Gesamtplan für die Falkland-Kampagne hatte vier Hauptziele:

1 Errichtung einer Seeblockade um die Inselgruppe

2 Rückeroberung von Süd-Georgien

3 Erringen der See- und Luftherrschaft im Umkreis der Falklands

4 Rückeroberung der Falkland-Inseln

Die kleine britische Insel Ascension wurde als vorgeschobene Basis für die Kampfgruppe eingerichtet, obwohl der Begriff «vorgeschoben» relativ ist, denn die Insel liegt 3'415 sm (6'325 km) von den Falklands entfernt. Trotzdem erwies sie sich als Aktivposten. Die britische Herrschaft ermöglichte eine Gruppierung der Seestreitkräfte, Nachschublager und, als wichtigstes, ein Gebiet, auf dem die Vereinigten Staaten aktiv, aber diskret die Briten unterstützen konnten, ohne die Rolle der USA zu kompromittieren, auf diplomatischem Wege eine Beilegung des Konflikts zu erreichen.

Die Kampfgruppe erreichte die Umgebung der Falklands in drei getrennten Verbänden und lief in das See-Sperrgebiet am 1. 5. 1982 um 01.30 ein. (Das Sperrgebiet war eine Zone von 200 sm (370 km) um den Mittelpunkt der Falklands. In dieser Zone, hatte Grossbritannien erklärt, würden nach dem 12. April alle argentinischen Schiffe angegriffen werden.) Der Kampfverband 317.8.2, bestehend aus Brilliant, Sheffield, Glasgow, Coventry, Arrow und dem Tanker Pearleaf, wurde als erster vor der Hauptkampfgruppe

Oben: Teile des britischen Flottenverbandes sammeln sich vor den Küsten von Ascension. Diese vorgeschobene Basis war von unschätzbarem Wert.

entsandt mit dem Befehl, so weit südlich als möglich Präsenz zu beweisen für den Fall, dass die Diplomatie die Bewegungsmöglichkeit militärischer Einheiten im Falkland-Gebiet einfrieren sollte. Die zweite Gruppe, Verband 319.9 mit Antrim, Plymouth und den Versorgern Tidespring und Fort Austin, war zur Rückeroberung Süd-Georgiens entsandt worden, bekannt als Operation Paraquet.

Der dritte und letzte Teil war die Hauptkampfgruppe, die ursprünglich aus den Flugzeugträgern Hermes und Invincible mit ihren 20 Sea-Harrier-Flugzeugen, dem Zerstörer Glamorgan und den Fregatten Broadsword, Yarmouth und Alacrity bestand; die Versorger Olmeda und Resource unterstützten sie. Das alles wurde als Kampfgruppe 317.8 bezeichnet.

Die argentinische Marine hatte am 20. April drei Gruppen auf den geplanten Positionen, zwei Tage bevor die Briten kamen. Die Flugzeugträgergruppe TG 79.1 und 79.2. unter dem Befehl von Konteradmiral Allara auf Veinteycinco de Mayo, geleitet von den Zerstörern Santisima Trinidad und Hercules, stand im Nordwesten der Inseln. Eine zweite Gruppe, TG 79.4, bestehend aus den Fregatten Drummond, Guerrica und Granville, stand etwa 150 sm westlich der argentinischen Trägergruppe. Südlich der Falklands stand TG 79.3 mit dem Exocet tragenden Kreuzer Belgrano und zwei ehemaligen US-Zerstörern der Sumner-Klasse. Am 2. Mai stand die argentinische Trägergruppe in Position zu einem Angriff auf die Briten. Am vorangegangenen Abend hatte eines der Aufklärungsflugzeuge der Veinteycinco de Mayo die britische Gruppe 300 Meilen (556 km) südöstlich der argentinischen Schiffe entdeckt, die deshalb während der Nacht auf rund 120 sm heranliefen. Kurz vor der Dämmerung bekamen die A-4Q Skyhawk des Trägers Deckbereitschaft befohlen, voll aufgetankt, munitioniert mit 250-kg-Bomben, während die Besatzungen in ihren engen Cockpits abwarteten.

Drei britische SSN standen in diesem Gebiet, Spartan und Splendid im Norden, Conqueror im Süden, aber obwohl Spartan die Fregattengruppe TG 79.4 am 29. April geortet hatte, konnte kein Unterseeboot den Träger finden. Eine Sea Harrier, die routinemässig ihre Nachtpatrouille flog (CAP), entdeckte als erste die heraufkommende Gefahr. Die britische Kampfgruppe drehte ab, darum besorgt, soviele Meilen als möglich zwischen sich und die Argentinier zu legen. Zahlreiche Harrier-Einsätze wurden geflogen, um den erwarteten Skyhawk-Angriff abzufangen. Am frühen Morgen des 2. Mai, als von Norden ein Angriff zu drohen schien, meldete Conqueror einen plötzlichen Kurswechsel des argentinischen Kreuzers Belgrano, dem ein zielloser Zickzack-Kurs unmittelbar ausserhalb der Sperrzone folgte. Sollte sich der Kreuzer von seinem Geleitschutz trennen und über die flachen Wasser der Burwood-Bank vorstossen, würde Conqueror in ungünstiger Position stehen, da die Untiefen ihre Bewegungsfreiheit behinderten, und in nur wenigen Stunden, in denen der drohende argentinische Luftangriff im Norden Gestalt annahm, könnte Belgrano so nahe stehen, um seine Flugkörper auf die Briten abzufeuern. Zusätzlich war Belgrano dabei beobachtet worden, dass sie zu Beginn des 1. Mai aus dem Tanker Puerta de Rosalies aufgefüllt hatte. Den Briten waren das alles Anzeichen, dass sie sich ihren Streitkräften nähern würde, in Koordination mit der feindlichen Gruppe im Norden: die klassische Scherenbewegung. Die britische Regierung stimmte sofort einer Anfrage zu, die Regeln für

Rechts: Der argentinische Kreuzer General Belgrano, einst USS, Phoenix der Brooklyn-Klasse. Er sank am 2. 5. 1982 nach zwei Torpedotreffern mit 321 Mann.

Operationen der argentinischen Marine, 19. 4. bis 2. 5. 1982

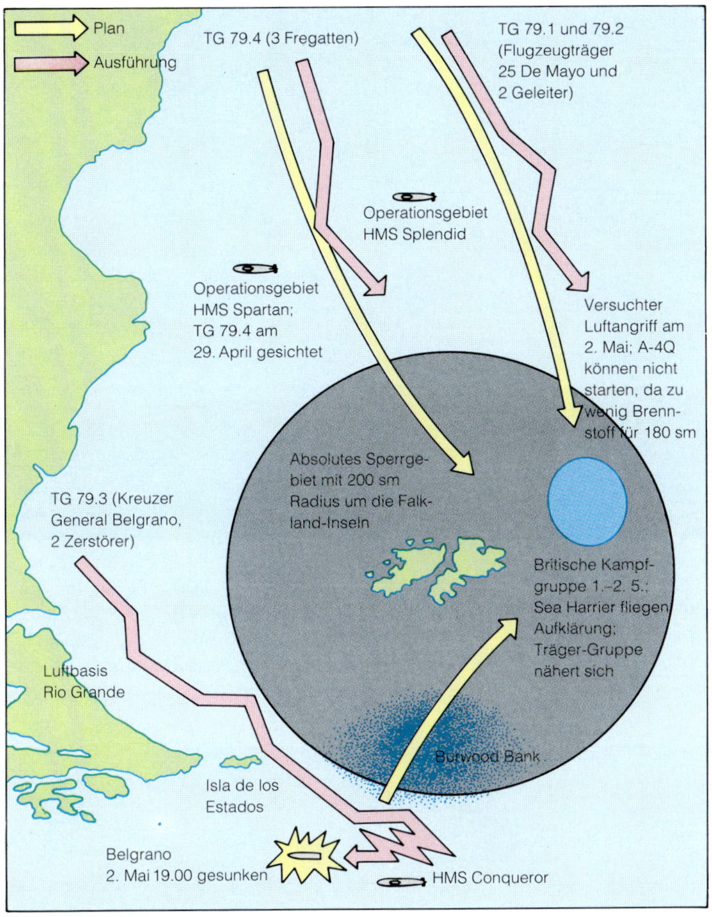

Oben: Im Nordwesten die argentinische Trägergruppe und weitere Einheiten, bewaffnet mit Skyhawk-Flugzeugen, Exocet- und Sea-Dart-Flugkörpern (Reichweiten 40 bzw. 22 sm), im Südwesten die Belgrano-Gruppe, bewaffnet mit Exocet. Diese Situation macht verständlich, weshalb das britische Marine-Kommando um die Erlaubnis zum Angriff ausserhalb des Sperrgebiets nachsuchte.

ein Gefecht zu ändern und den Angriff auf Belgrano und Veinteycinco de Mayo ausserhalb des Sperrgebiets durchzuführen.
Als der Morgen kam, drehte der argentinische Träger in den geringen Wind, aber selbst seine Höchstgeschwindigkeit von 24 bis 25 kn genügte nicht, soviel Aufwind zu erzeugen, dass die vollgetankten und voll munitionierten Skyhawk vom Flugdeck hätten abheben können. Zur selben Zeit hatte die Aufklärung ergeben, dass sich die Entfernung zwischen beiden Flotten öffnete und bereits 180 sm (333 km) betrug. Würden die Flugzeuge Treibstoff ablassen, um das Abfluggewicht zu verringern, wären sie nicht in der Lage, die britische Flotte zu erreichen. Admiral Allara liess seine Schiffe auf Nordkurs gehen.
Um die 500 sm (926 km) südlicher arbeitete sich Conqueror an die Belgrano heran. Um 18.57, auf 1'275 m an Backbord des Kreuzers, feuerte das Unterseeboot drei Mk-8-Torpedos. Unmittelbar nachdem die Torpedos die Belgrano getroffen hatten, begannen die argentinischen Zerstörer die U-Boot-Suche, fuhren mehrere Wasserbomben-Angriffe, während die Conqueror nach Osten ablief. Um 19.45 Uhr sank die nun verlassene Belgrano.
Damit endete das einzige Engagement zur See des Falkland-Krieges, eines, bei dem neue und herkömmliche Taktiken sich vermischt hatten. Die Versenkung der Belgrano schien die Moral der argentinischen Marine gebrochen zu haben. TG 79.1, 79.2 und 79.4 zogen sich nach Norden zurück. Die Reste von TG 79.3 liefen in den Hafen ein. Veinteycinco de Mayo blieb noch weitere sieben Tage in See, ehe sie am 9. 5. in der Marinebasis Puerto Belgrano ankerte und ihre Flugzeuge ausschiffte. Die A-4Q wurden der Marineflieger-Station Rio Grande überstellt, von wo aus sie bis Kriegsende ihre Operationen fortsetzten.
Während des Krieges ging kein getauchtes argentinisches Unterseeboot verloren. Doch während einer ASW-Operation am 25. April wurde die Santa Fe an der Oberfläche von Hubschraubern der Royal Navy angegriffen und gezwungen, Grytviken anzulaufen. Als die Briten später am Tag Süd-Georgien wieder besetzten, wurde das Boot gekapert.

Die Lehren

Eine Untersuchung dieser fünf grossen Seeschlachten, zwischen deren erster und letzter 400 Jahre liegen, zeigt, dass die Taktiken notwendigerweise geändert werden mussten, um die verfügbaren Waffensysteme einsetzen zu können. Was blieb, sind die zwei grossen Unbekannten für den Befehlshaber: Wo ist der Feind und auf welche Art wird er angreifen? Ist die Umgebung, in der gekämpft werden wird, zu seinem Vor- oder Nachteil?
Eine maritime Operation ist veränderlich und fliessend. Höchst bewegliche Streitkräfte sind einbezogen in Situationen, die sich rasch ändern können. Hier wird der Gegner nicht durch geographische Gegebenheiten eingeschränkt. Deshalb hat Aufklärung jeglicher Art höchste Priorität. Frühwarnung über die Position des Gegners ist für die Sicherung des Erfolges unerlässlich, und es ist unmöglich, genaue Operationspläne vorzubereiten, wie es ein General an Land kann. Da die Entfernungen riesengross sein können, ist eine gute, anpassungsfähige Nachrichtenverbindung notwendig, ebenso ausgedehnte logistische Unterstützung. Aspekte, die bei den Operationen im Südatlantik 1982 klar bewiesen wurden. Letztlich ist es wichtig, die Seestreitkräfte so zu verteilen – und früh genug – um ihre relativ langsame Geschwindigkeit wett zu machen.
Diese Charakteristika, die gewaltigen Dimensionen des möglichen Kampfgebiets, der veränderliche Aspekt der Operationen und die Notwendigkeit von Aufklärung, operativer Planung, Nachrichtentechnik, Logistik und einer umsichtigen Aufstellung der Streitkräfte bleiben bestehen, auch mitten in der ständigen Entwicklung der Technologie und der Seekriegführung.

Links: HMS Conqueror war für die Versenkung der Belgrano verantwortlich. Am Ende ihrer Einsätze im Südatlantischen Krieg kehrt sie nach Faslane zurück.

Den Gegner zu orten und einwandfrei zu identifizieren ist ein wichtiger Teil der Kriegführung auf See. Wichtigste Informationsquelle eines Kriegsschiffs ist wahrscheinlich das Radar. Das eigene Suchgerät wird normalerweise eine Reichweite von 40 bis 60 sm (74 bis 111 km) haben. Um diese Entfernung zu erweitern, ist entweder ein AEW-Flugzeug nötig, oder andere Schiffe müssen entlang der vermuteten Angriffsrichtung aufgestellt werden (allgemein Bedrohungsachse genannt). Die Zielerfassungs-Information kann dann, über Daten-Verbindungen, an Einheiten mit weitreichenden FK gegeben werden. Die Aufstellung der Einheiten innerhalb einer Kampfgruppe ist deshalb eine wichtige taktische Überlegung.

Die Unfähigkeit des Radars zu einwandfreier Identifizierung eines Schiffes ergibt die naheliegende Gelegenheit zur Täuschung. Es ist allgemeine taktische Praxis, zwei oder mehr Kampfgruppen zu formieren, um den Gegner vor das Problem zu stellen, sich entscheiden zu müssen, welche die grösste Bedrohung darstellt. Als die britische Kampfgruppe sich den Falklands näherte, bezog der FK-Zerstörer Glamorgan weit im Osten Position, um Funk- und Radarsignale zur Täuschung der beschattenden argentinischen Aufklärungsflugzeuge abzugeben. Sie wurden – wie erhofft – der eigenen Trägergruppe weitergegeben.

Elektronische Gegenmassnahmen (ECM) können ebenfalls zur Täuschung des Gegners und zur Verwirrung der Zielinformationen verwendet werden. Störfolien können die Position einer Flotte verschleiern, während die Störung der gegnerischen Radarfrequenz die wichtige Entfernungs-Information unmöglich macht. Doch ist dafür ein Preis zu zahlen. Der Gebrauch elektronischer Systeme, ob Radar oder ECM, gibt selbst einen Grossteil an Information preis. Die Frequenzen eines gegnerischen Radars zu kennen, ist eine wichtige Waffe im Arsenal eines Seebefehlshabers. Hat sich ein Radarkontakt ergeben, kann die Beobachtung einer bestimmten Abstrahlung in dieser Richtung unmittelbar die Identität des Ziels bestätigen.

Bei allen maritimen Operationen muss ein Gleichgewicht zwischen offenem und verdecktem Vorgehen hergestellt werden. Steht man einem sehr starken Feind gegenüber, der über genügend Mittel verfügt, um die Initiative zu ergreifen, und das zur gleichen Zeit in verschiedenen Sektoren der Kampfhandlung, ist der eigene Befehlshaber in eine defensive Position gezwungen. Doch mit militärischem Engagement, Initiative, Erfindungsgabe und Überraschung kann auch der schwächere Gegner einen Vorteil herausholen.

Eine wichtige operative Überlegung ist die Verteilung der einzelnen Schiffe, und diese wird bestimmt von den verfügbaren Mitteln und der Aufgabe. Es ist wichtig, dass eine Flotte in See steht, denn verständlicherweise sind Schiffe im Hafen durch Angriffe leicht zu treffen. Traditionell wurden Kriegsschiffe zu Schlachtflotten zusammengefasst, und selbst heute werden solche Prinzipien angewandt, so dass Kampfgruppen zusammengestellt werden,

Oben: Ein DDG der Kanin-Klasse mit dem Kreuzer Udaloy im Hintergrund illustriert ausgezeichnet die raffinierten Radar-Systeme dieser sowjetischen Schiffe.

Unten: USS New Jersey (46'000 ts) im Verband mit ihrem Schutzschirm von Geleitern, Fregatten und Zerstörern, die aufmerksam ihre Sektoren überwachen.

Sowjetische Seeziel-Flugkörper-Taktik

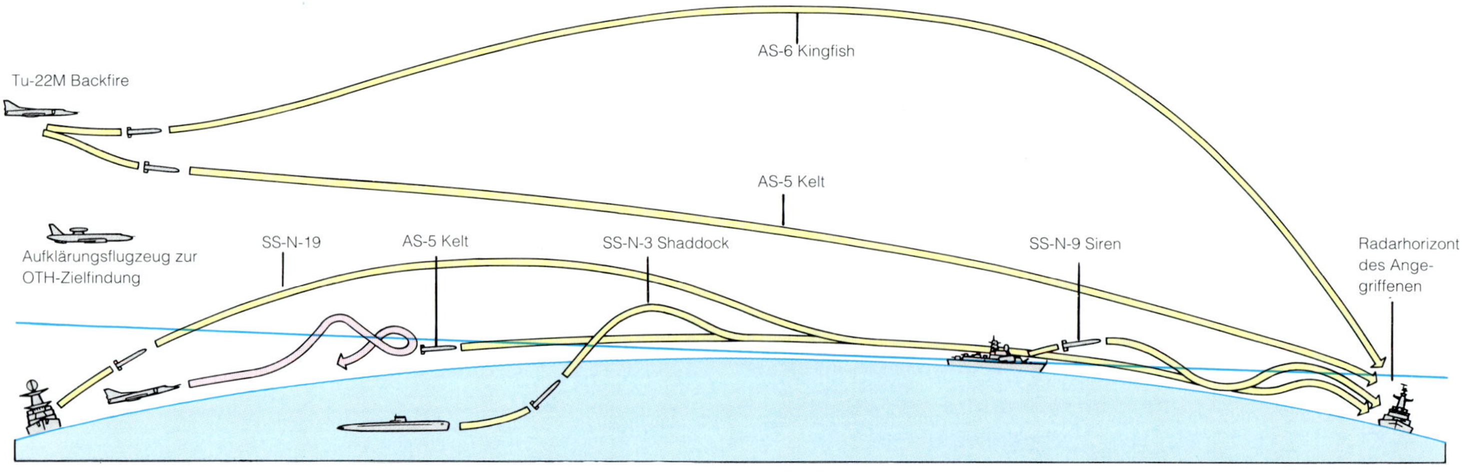

Oben: Die sowjetische Bedrohung eines NATO-Kriegsschiffes durch Flugkörper scheint auf den ersten Blick überwältigend. Sie reicht von den durch Flugzeuge gestarteten AS-5 und AS-6 über schiffsgestützte Flugkörper, einschliesslich SS-N-19 mit geschätzter Reichweite von 500 km, bis zu von Unterseebooten abgefeuerten Flugkörpern, wie SS-N-9 mit 113 km Reichweite. Die Gefahr für das sich verteidigende Schiff erhöht sich durch die wachsende Zahl von Flugkörpern, die in Sea-skimming-Art die Radarwarnzeit erheblich verkürzen. Hier macht sich die Erdkrümmung auf den Radarhorizont eines Schiffes bemerkbar. Für angreifende Flugzeuge ist das von Vorteil, da sie sich unterhalb der Radarkeule des Verteidigers nähern können. Die NATO-Flotten haben eine Reihe von Waffensystemen entwickelt, um dieser Bedrohung zu begegnen. Schnell reagierende Luftverteidigungs-FK-Systeme, möglichst unterstützt von Nahverteidigungs-Rohrwaffen, sind ein wichtiger Teil heutiger Kriegsschiff-Bewaffnung.

deren Schiffe sich gegenseitig Schutz geben. Die Zusammenstellung hängt vom militärischen Ziel wie auch von den gegnerischen Möglichkeiten ab.
Ein gutes Beispiel stellt die Aufgabe dar, feindliches Territorium mit Trägerflugzeugen anzugreifen. In diesem Fall wird der Kern der Gruppe aus einem oder mehreren Flugzeugträgern bestehen, die die notwendige Unterstützung für ASW, AAW und AEW haben, also eine Hauptkampfgruppe, vergleichbar den Schlachtgeschwadern früherer Zeiten. Eine solche Streitmacht kann sich mit Luft- oder Seezielen einlassen oder den Seeverkehr angreifen. Wenn andererseits vom Gegner eine solche Streitmacht aufgestellt wird, wäre es nötig, ihm mit einer entsprechenden eigenen entgegenzutreten. Ebenso kann eine starke Kampfgruppe aus Schiffen mit Flugkörpern gebildet werden, die mit Einheiten zur Langstrecken-Überwachung und Suche in Verbindung stehen. Auch dies würde wiederum ausgeklügelten Geleitschutz erfordern. Letztlich kann jeder der genannten Verbände durch SSN unterstützt werden, und ebenso ist es möglich, eine Schlachtgruppe zu schaffen, die nur aus Unterseebooten dieses Typs besteht, sofern sie durch die notwendigen Nachrichtenmittel miteinander verbunden sind und eine Bewaffnung tragen, deren Reichweite Kampfhandlungen mit dem Gegner erlaubt, ohne einen Gegenangriff riskieren zu müssen. Einmal in See, muss sich eine Kampfgruppe selbst gegen verschiedenste Angriffsarten schützen, und Schutzschirme müssen um den Kern gelegt werden, wobei die Schiffe so verteilt werden müssen, dass ihre Waffensysteme zum Vorteil der ganzen Gruppe eingesetzt werden können. Die Abstände zwischen den Schiffen werden durch zwei Hauptfaktoren bestimmt: Reichweite und Leistungsfähigkeit ihrer Aufklärungs- und Waffensysteme sowie die Möglichkeit eines Atomangriffs, denn je dichter die Schiffe beieinander stehen, desto grösser ist das Risiko, gleich mehrere Schiffe bei einem taktischen nuklearen Schlagabtausch zu verlieren.
Den Schiffen werden Sektoren zur Überwachung zugewiesen, die zur Führung in der Mitte des Schirms Bezug haben. Üblicherweise ist das der Kern, aber um die Aufstellung zu verschleiern, können andere Schiffe den Platz im Zentrum einnehmen.

Sicherung eines Kampfverbandes

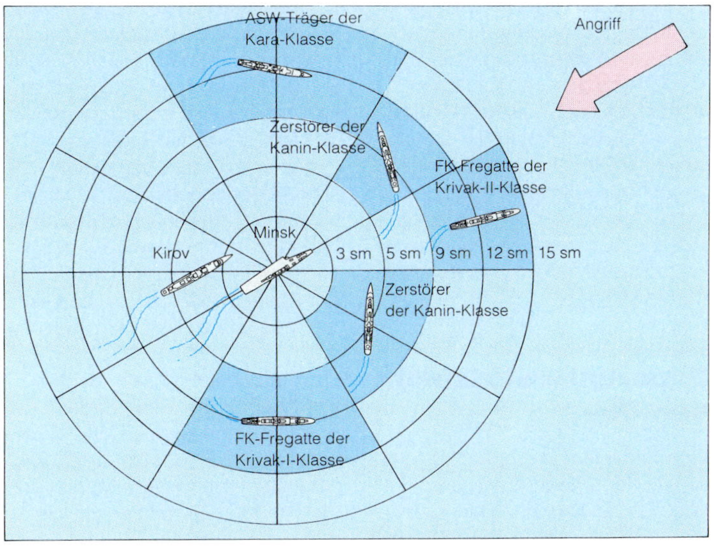

Links: Typische Aufstellung einer sowjetischen Kampf-Gruppe. Der Kern der Gruppe, der Flugzeugträger Minsk mit dem begleitenden FK-Kreuzer, hat die Führung. Der Kurs wird alle paar Minuten gewechselt, um die drohende U-Boot-Gefahr zu verringern, während der aussenstehenden Eskorte Sektoren von 155–185 km^2 zugeteilt sind, die ständig abgesucht werden, um den Kern vor Luft- oder U-Boot-Angriffen zu schützen. Ein solcher Verband kann sich mit hoher Geschwindigkeit auf sein Ziel zubewegen. Die Verteilung der geleitenden Schiffe wird durch deren Eigenschaften zur Aufklärung und ihre Waffensysteme bestimmt. Falls ein Schiff detachiert werden muss, erfolgt eine Neueinteilung der übrigen.

Die Führung einer Streitmacht wird sich des Auftrags und der neuesten Aufklärungsmeldungen über feindliche Aktivitäten stets bewusst sein. Die Entdeckung einer nicht identifizierten Einheit auf der Oberfläche führt zu sofortigem Handeln, um die Identität des Eindringlings festzustellen, sei es durch Luftaufklärung, sei es durch Detachieren eines oder mehrerer Geleitschiffe, die vorübergehend eine SAG (Überwasser-Handlungs-Gruppe) bilden.
Ein Luftschirm ist für die Kampfgruppe unabdingbar. Seit der Schlacht im Leyte-Golf muss das Flugzeug als herausragende Waffe auf See angesehen werden. Es erlaubt Aufklärung über weite Strecken wie auch die Verfolgung eines sehr wichtigen Zieles, die Vernichtung eines Gegners, bevor er eine Position einnehmen kann, die ihm den Einsatz eigener Waffen erlaubt.
Bei den heutigen, hochtechnisierten Schiffen ist der Ersatz eines Schiffes ein sehr langwieriger Vorgang. Deshalb ist es vielleicht notwendiger denn früher, gegnerische Schiffe zu versenken, anstatt sie nur kampfunfähig zu machen. Aber etwas blieb sich gleich: Wer zuerst schiesst, hat den taktischen Vorteil auf seiner Seite.
Die hohe Zielgenauigkeit des Flugkörpers und seine grosse Reichweite führte zu einer neuen taktischen Entwicklung: In der Vergangenheit war es überaus wichtig, ein Schiff so zu manövrieren, dass möglichst alle Waffen zum tragen kamen. Mit zunehmender Schussweite der Waffen entfiel dieses Erfordernis. Ein Marinegeschütz, das 22 km weit schiesst, kann einen Gegner auf einer Fläche von 1'521 km^2 treffen, jedoch ein Flugkörper mit 230 km Reichweite auf 166'191 km^2. Mit anderen Worten, wenn die Schussweite einer Waffe sich verzehnfacht, verhundertfacht sich die Fläche des Zielgebiets.
Die Flotten der Westlichen Allianz stecken erhebliche Mittel ihres Kriegsschiffbaus in Ausrüstung, die der Führung und Feuerleitung dient. Den neuesten Stand zeigen Schiffe wie die Zerstörer der Ticonderoga-Klasse der US Navy, die mit dem Aegis-System ausgerüstet sind. Dieses Geld ist gut ausgegeben. Die heutigen Gefechtsbedingungen sind ausserordentlich vielfältig mit Angriffen auf gut Glück und aus vielen Richtungen, wenn ein Angreifer darauf aus ist, die Verteidigungsmöglichkeiten zu erschöpfen. Jede

Unten: Ein grösserer Verband der Falkland-Kampfgruppe kehrt nach Grossbritannien zurück. Obgleich die Geleitschiffe nicht in Sicherungs-Formation stehen, ist die Zusammensetzung typisch für den Schutz zweier Träger.

Kampfgruppe wird Stärken und Schwächen haben, und die Aufgabe eines Verbandsführers ist es, für ein wirksames Zusammenspiel seiner Streitkräfte zu sorgen, um erstere zu nutzen, letztere zu schützen. Die Geschwindigkeit angreifender Flugkörper und die Gefahr, den Angriff erst zu entdecken, wenn er schon im Gange ist, verlangt schnellste Analyse der Bedrohung und sofortige Erwiderung durch geeignete Waffen. Führung und Feuerleitung in dieser Umgebung sind offensichtlich wesentlich. Sie müssen von Computern unterstützt werden, so dass alle Reaktionen, auch das Feuer der Abwehrwaffen, automatisiert sind. Das beste Flugkörper-System nützt wenig, wenn es nicht optimal eingesetzt werden kann.

Atomwaffen

Seit einiger Zeit ist der Gebrauch taktischer Nuklearwaffen auf See eine unverkennbare Tatsache. Sowjets wie Amerikaner haben Flugkörper mit Atomsprengköpfen, Atomgranaten, Atomminen und nukleare Wasserbomben. Sie eignen sich für die Anwendung auf See vor allem deshalb, weil ihr Einsatz nicht notwendigerweise zu einer grossen atomaren Schlacht eskalieren muss, da sowohl die Explosion wie auch der radioaktive Niederschlag in der Regel nur militärische Einheiten betreffen. Tatsächlich sind die meisten heutigen Kriegsschiffe so entworfen, dass sie mit dieser Bedrohung fertig werden. Ihre Aufbauten und Rümpfe sind als luftdichte Bauteile konstruiert, in denen ein Überdruck erzeugt werden kann, der das Eindringen verseuchter Luft verhindert, und sie sind mit Anlagen ausgerüstet, die den radioaktiven Niederschlag von freiliegenden Oberflächen abwaschen, während die Besatzung Vollschutz-Anzüge trägt. Nach dem Überleben eines solchen Angriffs können die Schiffe einer Flotte verseuchtes Gebiet passieren, indem sie die Waschanlage benutzen. Mit ziemlicher Genauigkeit lassen sich die Ausmasse des Niederschlagsgebietes auf vorbereiteten Karten festlegen.

Feuerunterstützung von See

Eine wichtige Rolle der Schiffe liegt in der Unterstützung der Truppen bei oder nach einer amphibischen Landung. Die 406-mm-Geschütze, die die Schlachtschiffe der Iowa-Klasse der US Navy tragen, können eine bis zu 1'225 kg schwere Granate bis zu 38'720 m weit (je nach Geschossart) verschiessen. Taktisch gesehen sind die Schiffe während solchen Operationen sehr verletzlich. Da das Schiffsradar in der Regel das Landziel nicht auffassen kann, sind Artilleriebeobachter in vorgeschobenen Positionen erforderlich. Das kann durch besonders ausgebildetes Personal erfolgen, das an der Küste abgesetzt wird und sich den geeigneten Beobachtungsort sucht, oder durch Hubschrauber. Die Beobachter müssen an das schiessende Schiff die Lage der Einschläge melden, üblicherweise anhand von Gitternetz-Karten. Die Schiffsführung muss entsprechend Richtung und Erhöhung korrigieren. Die Geometrie des Verfahrens ist infolge der Schiffsbewegung kompliziert, obgleich die meisten modernen Richtsysteme an einem künstlich geschaffenen Hilfsziel in der Feuerleitung ihres Computers festhalten.

Um das Verfahren zu vereinfachen, halten die Schiffe einen beständigen Kurs, setzen sich damit aber einem Gegenangriff aus. Am 12. 6. 1982 führte der britische Zerstörer Glamorgan einen nächtlichen Beschuss argentinischer Stellungen im Süden der Falkland-Inseln durch. Die Argentinier improvisierten eine Batterie MM.38 Exocet, auf Armeelastwagen verladen, benutzten ein amerikanisches TPS-43-Radar für die Zielansprache und konnten einen Flugkörper auf das Schiff abschiessen. Nahe dem Heck der Glamorgan schlug die Exocet ein, zog eine Furche in das Deck und explodierte vor den Hangar-Toren. Schiffe, die Feuerunterstützung geben, sind nicht nur Angriffen von Land ausgesetzt, ebenso Flugzeugen und Unterseebooten.

Schnellboote

Die Taktik zur Bekämpfung von Schnellbooten (FPB) ist eine ganz andere als die gegen grosse Schiffe. Ihre geringe Grösse verbirgt sie weitgehend vor der Entdeckung durch das Auge oder Radar; ebenso verlassen sie sich auf ihre Schnelligkeit. Während der vergangenen 20, 30 Jahre wurden sie immer vielseitiger. Die Versenkung des israelischen Zerstörers Eilat im Oktober 1967 durch ein ägyptisches Schnellboot der sowjetischen Osa-Klasse mit sowjetischen Flugkörpern SS-N-2 Styx (Reichweite 37 km) markierte den Beginn einer Neubewertung solcher Fahrzeuge. Dieses ägyptische Osa war eines von zweien,

Oben: USS America bietet einen dramatischen Anblick, wenn ihre Befeuchtungs- oder Waschanlage voll in Tätigkeit ist. Solche Systeme sind dazu geschaffen, radioaktiven Niederschlag von freiliegenden Flächen abzuwaschen. Die Reihe der Düsen vor der Insel soll abgestellte Flugzeuge abspülen.

Ein nuklear verseuchtes Gebiet wird taktisch gemieden

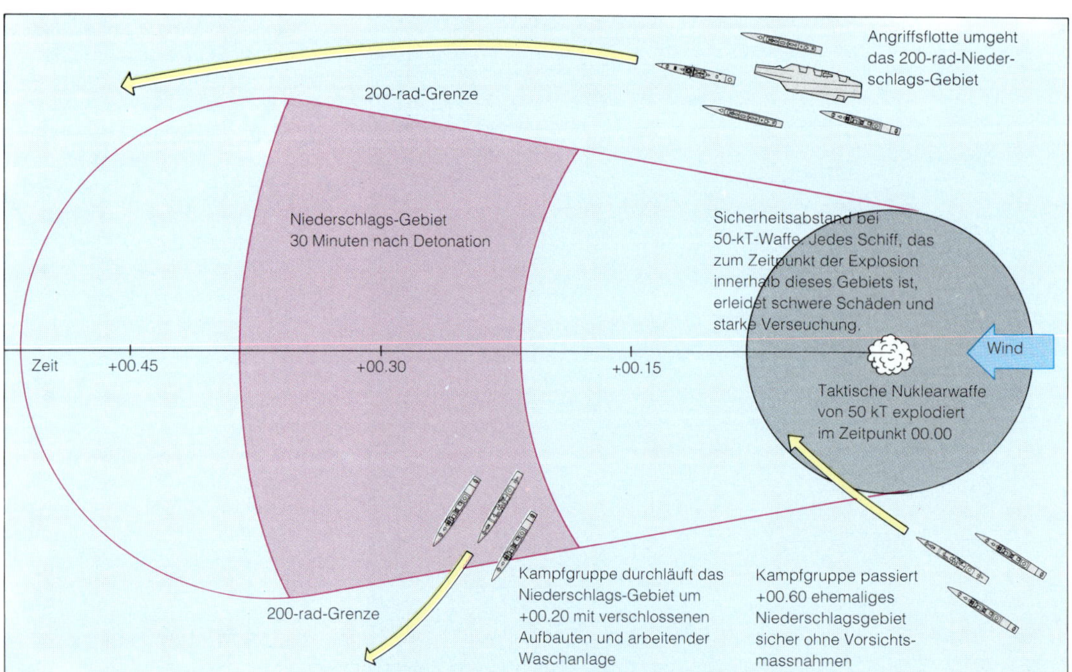

Links: Mit grosser Wahrscheinlichkeit werden in einem grösseren Konflikt Ost und West taktische Atomwaffen einsetzen. Sie sind nicht nur eine wirkungsvolle Methode, eine Ansammlung von Schiffen mit einer einzigen Waffe zu treffen. Da nur militärische Einheiten betroffen sind, muss das nicht zu einem allgemeinen Atomkrieg führen. Die Flotten der NATO und des Warschauer Pakts üben unter simulierten Bedingungen radioaktiven Niederschlags. Abhängig vom Zielpunkt und der geschätzten Grösse der Waffe, kann das Gebiet des Niederschlags vorhergesagt werden. Im Gebiet unmittelbar um die Explosion werden Schiffe schwer beschädigt. Der Fallout treibt mit dem Wind und zerstreut sich. Schiffe können das verseuchte Gebiet durchqueren, wenn sie ständig freiliegende Decks und Aufbauten abspülen und alle Innenräume hermetisch verschliessen.

Feuerunterstützung durch Seestreitkräfte

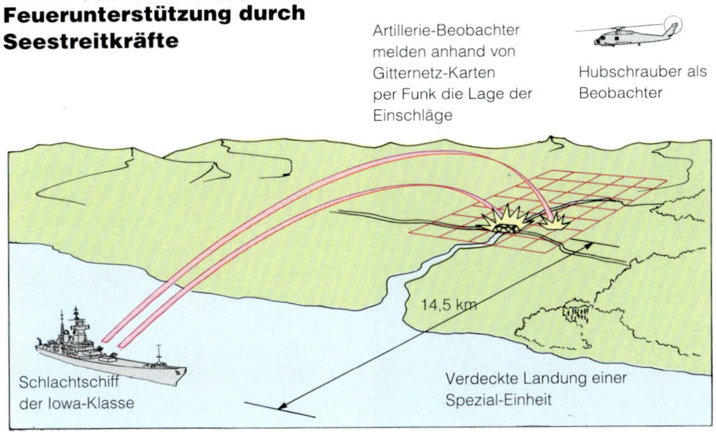

Oben: Schiffe mit schweren Geschützen sind als Unterstützung für angreifende Landstreitkräfte ideal. Da es oft unmöglich ist, das Ziel einzusehen, benötigt das Schiff Artillerie-Beobachter am Boden oder in der Luft.

Unten: USS Iowa feuert eine Vollsalve, hier an der Libanonküste. Neun 406-mm-Granaten von je 1'225 kg Gewicht werden bis zu 38'700 m weit auf Inlandziele verschossen, die vom Schiff aus nicht eingesehen werden können.

die während des Angriffs den Hafen von Alexandrien bewachten. Besonders die Sowjets haben sehr schnell begriffen, dass Flugkörper-Schnellboote in einer modernen Flotte als eigene Streitkraft angesehen werden müssen. Sie sind zu Operationen in Küstengewässern hervorragend geeignet, denn ihr geringer Tiefgang befähigt sie, sich zwischen Inseln zu bewegen und dicht unter der Küste zu lauern.
Der Einsatz erfolgt meist in kleinen Gruppen. Die Boote warten, bis der Gegner in ihre Reichweite einläuft. Falls sie ihren Standort verlegen, bewegen sie sich so dicht als möglich unter der Küste, damit sie im gegnerischen Radarbild mit ihr verschwimmen, sie nutzen hinter Inseln und Kaps die toten Winkel der Ortungsstrahlen, sie mischen sich mit Fischereiflotten und driften manchmal stundenlang in einer Gruppe von Trawlern, verbergen sich hinter einem passierenden Handelsschiff, um hinter dem grösseren Rumpf Radardeckung zu haben.
In den Gewässern der Nordsee und der Norwegischen See stellen Boote mit solcher Taktik eine erhebliche Gefahr für NATO-Streitkräfte dar. Ein sowjetisches Boot der Nanuchka-Klasse von nur 900 ts Verdrängung hat sechs Flugkörper SS-N-9 mit 130 km Reichweite. Sie geht über den Radarhorizont der Nanuchka hinaus, weshalb Zielinformationen von einem geringerwertigen Fahrzeug, einem Fischerboot zum Beispiel, übermittelt werden müssen. Einige Klassen FPB sind konventionell mit Torpedos bewaffnet. Können sie sich unentdeckt einer Kampfgruppe nähern, sind sie eine erhebliche Gefahr. Nur wenige Seemeilen von ihrem Ziel entfernt und mit einer Geschwindigkeit von 40 bis 50 kn fahrend, sind sie besonders schwer zu bekämpfende Gegner. Es gibt keine festgeschriebenen Regeln zur Abwehr von FPB, aber es ist wichtig, alle ihre Möglichkeiten zu erkennen. Der Seebefehlshaber muss sich der drohenden Gefahr stets bewusst sein. Sobald sie ihren Angriff begonnen haben, müssen ihre Geschosse auf die gleiche Art wie andere bekämpft werden. Ihre Stärke ist ihr Verborgensein, deshalb gelten alle Anstrengungen ihrer Aufspürung, ehe sie dazu kommen, Abschusspositionen zu erreichen.
Es ist interessant zu beobachten, dass die meisten NATO-Marinen Hubschrauber mit ASM-Systemen ausrüsten, wie die Royal Navy mit Sea Skua, um besonders mit dieser Gefahr fertig zu werden. Viele der kleineren Flotten der Welt haben FPB angeschafft, von denen die meisten mit Flugkörpern ausgerüstet sind. Diese Boote stellen eine offensive Macht dar, die zu ihrer Kleinheit in keinem Verhältnis steht.

Unten: Ein Spica II der schwedischen Marine, ausgerüstet mit dem neuen Mehrzweck-Radar Sea Giraffe, läuft mit hoher Geschwindigkeit einen Übungsangriff. Diese 190-ts-Schiffe mit sechs drahtgelenkten Torpedos und einem einzelnen 57-mm-Bofors-Geschütz mit 225 Schuss/min haben für ihre Grösse beeindruckende Fähigkeiten. Schnellboote sind eine ernsthafte Gefahr für Kriegsschiffe.

ASW – Der Kampf gegen Unterseeboote

Das Unterseeboot von heute hat zwei Hauptaufgaben, die Suche nach der feindlichen Handelsschifffahrt und deren Unterbindung und den Angriff auf andere Unterseeboote. Um diese Aufgaben erfolgreich durchzuführen, muss es lange Zeit ohne Unterstützung in See bleiben können, muss es schnell sein, in verschiedenen Tiefen operieren können, muss es Ortungssysteme haben, die es sein Ziel auf möglichst grosse Entfernung finden lassen und, am wichtigsten, es soll den Gegner mit dem geringsten Risiko für sich selbst vernichten.
Die etwa zeitgleiche Entwicklung des Atomantriebs und der Albacore-Rumpfform machten Unterseeboote so schwer zu finden, dass es ernsthafte Zweifel gibt, ob ein Überwasserschiff fähig ist, ein Atom-Unterseeboot aufzuspüren, ehe es angreift. Das führte zu der Taktik, Überwasser-Streitkräfte durch Atom-Unterseboote zu unterstützen. Die wirkungsvollste Waffe gegen ein U-Boot ist noch immer ein anderes U-Boot, das in derselben Umgebung lebt und kämpft und in der Lage ist, sich die Besonderheiten der Meerestiefen zunutze zu machen.
Das Ziel der Kriegführung gegen Unterseeboote muss es sein, dem Gegner einen sinnvollen Einsatz seiner Boote zu verwehren. Dies kann einerseits durch Zerstörung dieser Fahrzeuge erreicht werden oder durch Taktiken und Manöver, die deren Operationen verhindern. Von allen Arten heutiger Seekriegführung beherrscht der Kampf gegen Unterseeboote am stärksten das Denken der Strategen und Taktiker. Neue Waffensysteme werden ständig entwickelt, und die meisten Flotten geben hierfür den Löwenanteil ihrer Mittel aus.
Hauptkampfgebiet bei künftigen Feindseligkeiten zwischen den Seestreitkräften der NATO und des Warschauer Pakts wird vermutlich der Nordatlantik sein, insbesondere das Nordmeer. Norwegen ist für die NATO-Strategie von äusserster Wichtigkeit. Es erstreckt sich nordwärts fast bis zur atlantischen Hauptbasis der sowjetischen Marine, Murmansk, landeinwärts der Kola-Bucht. Norwegen dürfte auch ein sowjetisches Hauptziel sein, denn die Beherrschung dieses Gebiets würde es erlauben, Schiffe und Flugzeuge so aufzustellen, dass sie den transatlantischen Nachschub der westlichen Allianz leichter stören könnten. Deshalb verlangt die NATO-Strategie eine schnelle Verstärkung der einzigen norwegischen Brigade, die sieben sowjetischen Divisionen gegenüber steht, sowie Beherrschung des Nordmeers, denn wie der Zweite Weltkrieg zeigte, ist es eines der wichtigen Gebiete für maritime Auseinandersetzungen. Seestreitkräfte müssen die Verbindungslinien sichern, um die an Land stehenden Streitkräfte zu unterstützen.
Das kann taktisch auf zwei Arten geschehen, entweder das Gebiet mit Flugzeugen und Schiffen zu sättigen und die daraus folgende zwangsweise Schlacht hinzunehmen, oder durch den Versuch, die gegnerischen Pläne einer Konzentration dadurch wirkungslos zu machen, indem man die Kräfte weit verstreut und einen grösseren Spielraum zum Manövrieren hat. Dieser Verlauf vermeidet eher eine Schlacht und löst sich in Einzelgefechte auf. Die Grösse des Nordmeeres würde zwei, möglicherweise drei Träger-Schlachtgruppen erfordern, vielleicht auch zur Unterstützung amphibischer Kräfte. Die Anforderungen an die Führung dieser verstreuten Kräfte wären beträchtlich, aber im Hinblick auf die ASW bietet sie Vorteile. Nichts geht über die Entdeckung feindlicher Unterseeboote, und eine sich schnell bewegende, stets manövrierende Kampfgruppe wird den Feind eher verwirren und täuschen und mag ihn sehr wohl zu unerwünschten Manövern und damit zu seiner Blossstellung zwingen. Es ist wichtig, das Vorgehen einer solchen grossen Kampfgruppe zu betrachten. Das Konzept des Schutzschirms um den Kern ist am wichtigsten. Nur durch ein Vorge-

Oben: Ein LPD der Raleigh-Klasse der US Navy liegt dicht unter der norwegischen Küste, während ihre Landungsfahrzeuge Truppen zur Küste bringen. Die amphibischen Streitkräfte der NATO üben ständig in diesen Gewässern.

Unten: ASW-Schiffe des Ständigen Flottenverbands Atlantik, jedes aus einem anderen NATO-Land, in Dwarslinie. Ihre Fähigkeit zur Zusammenarbeit sichert ihr geschlossenes Auftreten im Krieg.

Sowjetisches Flotten-Manöver, April 1980

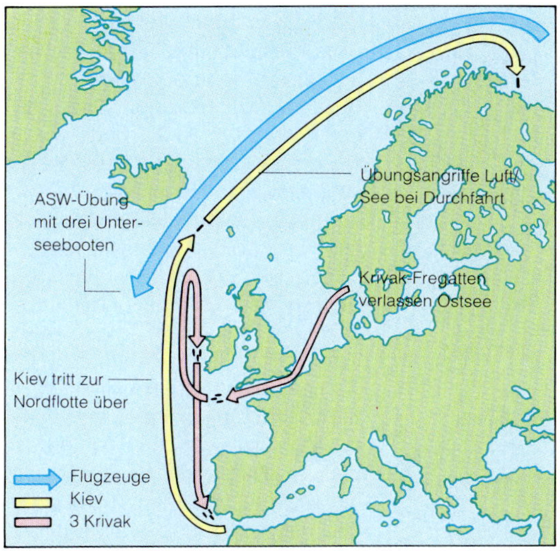

Sowjetisches Flotten-Manöver Springex 84

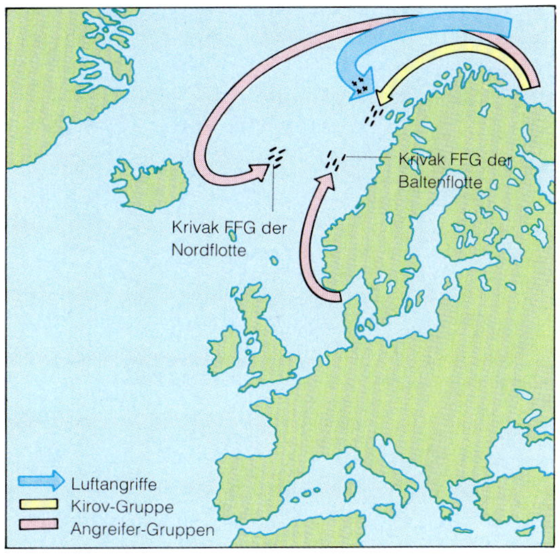

Sowjetisches Flotten-Manöver Summerex 85

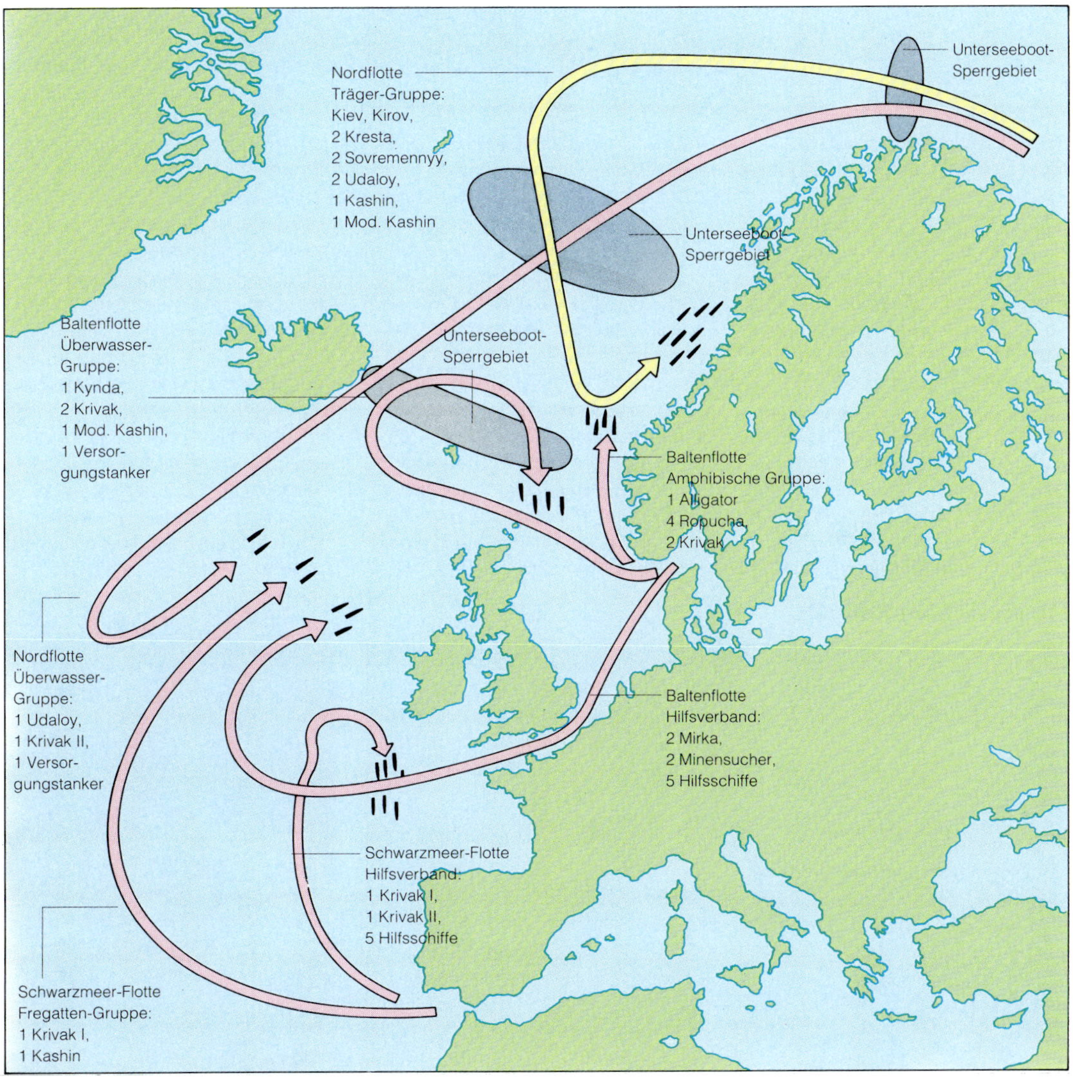

Oben: Seit 1980 hat die Sowjetunion eine Reihe ehrgeiziger Flottenmanöver im Nordmeer, in der Enge Island–Grossbritannien und auf dem Meer westwärts Grossbritanniens durchgeführt. Diese Manöver dienen in erster Linie dazu, die Fähigkeit der Sowjetmarine zu Operationen im Nordatlantik gegen NATO-Streitkräfte zu üben und zweitens die Gegenzüge gegen einen Aufmarsch britisch-niederländischer amphibischer Streitkräfte zu schulen, da dies die erste Reaktion der NATO zur See auf eine Krise an der Nordflanke sein würde. Das erste dieser Manöver im April 1980 war recht bescheiden: Ein Träger der Kiev-Klasse und drei Krivak-Fregatten übten eine Verlegung des Trägers vom Mittelmeer zur Nordflotte. Beim Manöver Springex 84 führte die Sowjetmarine eine Aufstellung im Eismeer durch, an der die Hälfte der grösseren Kriegsschiffe und viele Unterseeboote beteiligt waren. Zwei Gruppen Krivak-Fregatten stellten die NATO-Streitkräfte dar, während die Lufttätigkeit Angriffe von Backfire-Bombern einschloss. Im Nordmeer wurden U-Boot-Sperrgebiete angenommen. Das Manöver von 1985 war noch umfangreicher.

hen auf diese Art wird die Spezialisierung jeder Einheit, Schiff und Flugzeug, voll genutzt. In der inneren Schutzzone befinden sich die Fregatten mit aktivem Sonar und die Hubschrauber. Um eine Führung zu ermöglichen und zu sichern, dass das Gebiet absolut sauber ist, wird jedem Schiff und jedem Hubschrauber ein Verteidigungs-Sektor zugeteilt, der etwa 200 bis 250 km² gross ist. Jedes Schiff manövriert ununterbrochen, um angreifenden Unterseebooten jede Erkenntnis zu verwehren, die sie benötigen, um Schussunterlagen für ihre Waffen zu erlangen. Die Schiffe würden hauptsächlich Rumpfsonare verwenden, und besonders die grösseren Einheiten würden Geräuscherzeuger schleppen, um jeden möglichen Torpedoangriff abzulenken.

Ausserhalb der inneren Zone würde das nächste Gebiet von Schiffen und Flugzeugen mit passivem Sonar abgesucht werden. Es ist vorzugsweise das Gebiet für Schiffe mit Schleppsonar, wie dem amerikanischen TACTAS. Hier werden auch vorzugsweise atomgetriebene Jagd-Unterseeboote aufgestellt, um die Kampfgruppe zu unterstützen, doch weit entfernt von ihren eigenen Überwasser-Einheiten, frei für Manövrieren, frei von Geräuschen kavitierender Schrauben, wo ihre Kommandanten annehmen können, dass jedes entdeckte Geräusch feindlich ist. Während das Gros hinter ihm im Zickzack-Kurs mit etwa 10 kn vorankommt, kann das SSN seine Geschwindigkeit voll zum Vorteil nutzen, um grosse Seegebiete zu durchmessen, obwohl grössere Geschwindigkeiten mehr Geräusch erzeugen, wodurch es leichter vom Feind entdeckt werden kann. Das muss abgewogen werden. Hubschrauber werden in diesem Gebiet eher Sonobojen benutzen, da sie passiv arbeiten und mit ihnen grössere Gebiete überwacht werden können als mit Tauchsonar.

Jenseits dieses Schirms ist die äussere Zone. Hier, weit vor dem Gros, sind die LRMP-Flugzeuge, die alle Möglichkeiten ihrer Ortungsgeräte nutzen: Radar, Peil- und allgemeine Sonobojen, MAD und Mk 1 Eyeball, um das Computer-System des Flugzeugs ständig mit Information zu speisen. Diese Flugzeuge haben auch Torpedos und Wasserbomben an Bord, um einen Angriff zu fliegen, sobald ein Unterseeboot entdeckt ist.

Die Ortung eines möglichen Unterseeboots nahe dem eigenen Verband erfordert unmittelbare Reaktion. Angriffe können von verschiedenen Waffen ausgeführt werden, abhängig von der Entfernung von der Flotte. Unterseeboote, die mehr als fünf Seemeilen abstehen,

werden zumeist von Hubschraubern mit zielsuchenden Torpedos angegriffen oder möglicherweise von Schiffen, die aus ihrem Sektor abkommandiert wurden, um eine koordinierte unabhängige Angriffs-Einheit zu bilden. Positive Sonarkontakte von Unterseebooten sind bekanntlich schwer zu bestätigen. Schiffe mögen verzweifelt stundenlang suchen, entweder weil der Kontakt unecht war oder weil das feindliche Unterseeboot unentdeckt entkam. Sein Kommandant ist natürlich mehr am Gros interessiert als an den patrouillierenden Fregatten.
Sobald der U-Boot-Kontakt von einem Schiff der Kampfgruppe aufgefasst wurde, dreht der gesamte Verband von der vermuteten Position des feindlichen Fahrzeugs ab und läuft seine Zickzack-Kurse allezeit weiter. Solche Planungen liegen an sich fest, doch kann auch der Befehlshaber am Ort sie befehlen. Auf dem festgelegten Grundkurs werden die Schiffe der Gruppe gemeinsam den Kurs ändern, ohne jedes Signal oder Verständigung. Den Plänen können geschätzte Fähigkeiten einzelner feindlicher U-Boot-Typen zugrundegelegt werden. Die Schiffe im Schirm können dem vorgegebenen Zickzack-Muster nicht folgen, deshalb müssen sie die Manöver des Gros im voraus kennen, um korrekt Station zu halten. Torpedoangriffe können vom Kriegsschiff üblicherweise an dem hohen Geräusch der schnellaufenden Waffe erkannt werden. Wenn auch der heutige zielsuchende Torpedo ein Ausweichen schwierig macht, kann man Gegenmassnahmen ergreifen. Das Schiff wird in eine Lage gedreht, in der es die kleinste Fläche zeigt, und gleichzeitig geht das Schiff auf hohe Geschwindigkeit und verändert die Richtung in Bezug auf den Torpedo. Das kann bewirken, dass der Torpedo an seinem Ziel vorbeiläuft. Auch, wie schon erwähnt, können geschleppte Geräuscherzeuger einen Torpedo täuschen, ihn veranlassen, sein Ziel zu überlaufen.
Gewiss, der Verbandsführer kann nicht jedesmal einem entdeckten Unterseeboot ausweichen, denn die hohe Geschwindigkeit eines SSN beschränkt seine Entscheidungsfreiheit. Auf den Kern des Verbandes bezogen wird er Gefahrenzonen festlegen, die von der Leistungsfähigkeit des feindlichen Bootes abhängen. Auch ein Atom-U-Boot zieht es vor, bei der Angriffsvorbereitung möglichst nah vor seinem Ziel zu stehen, und jedes Unterseeboot muss sich seinem Ziel soweit nähern, dass dieses in die Reichweite seiner Waffen kommt. Diese zwei Überlegungen sind massgebend für das engere Operationsgebiet, das der Verbandsführer abschätzen kann. Man nennt es begrenzte Linien getauchter Annäherung. Innerhalb dieser Linien kann die Torpedo-Gefahren-Zone abgeschätzt werden. Obgleich es eine risikoreiche Entscheidung ist, kann er nun Verteidigungsmassnahmen für jedes dieser Gebiete planen.
Die Entwicklung des Atom-Unterseeboots mit seinem hoch druckfesten Rumpf vom Albacore-Typ hat zu Forderungen nach Waffen stärkerer Wirkung als dem leichten Torpedo geführt. Er kann auf

Massnahmen gegen einen Torpedoangriff

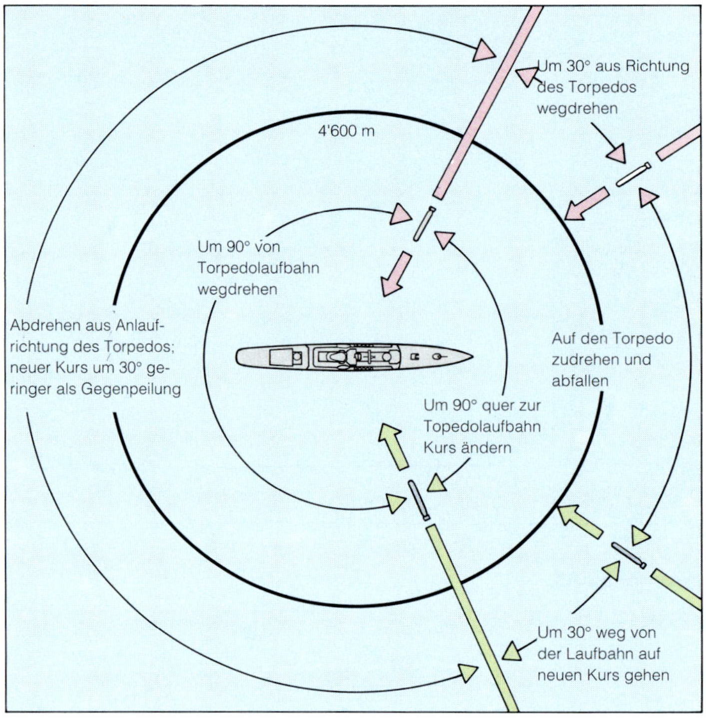

Oben: Sobald ein Torpedo entdeckt ist, muss ein Schiff sofort reagieren, um einen Treffer zu vermeiden. Die verfügbare Zeit ist äusserst kurz. Alle oben gezeigten Manöver müssen mit Höchstgeschwindigkeit ausgeführt werden. Sie müssen aus dem Reflex kommen. Ihr Ziel ist es, der anlaufenden Waffe ein schmales Profil zu bieten, während gleichzeitig das Schiff so schnell als möglich seine Position ändert. Die Manöver unterscheiden sich nach der Entfernung, in der der Torpedo entdeckt wird. Liegt sie unter 4'600 m, ist die verfügbare Zeit natürlich viel kürzer. Bei diesen Taktiken gibt es eine Ausnahme, wenn das Schiff einen Geräuscherzeuger schleppt und bei der Drehung zwischen Täuschmittel und Torpedo käme. Die neuesten Entwicklungen bei den Torpedos machen Überwasser-Schiffen das Ausweichen zunehmend schwerer. Der Torpedo Mk 48 der US Navy hat Drahtlenkung, aktive oder passive akustische wie nicht-akustische Zielfindung. Der britische Tigerfish ist ähnlich, hat einen Bord-Computer und steuert selbst den unmittelbaren Zielanlauf, für den er ein eigenes Sonar benutzt.

Reaktion einer Kampfgruppe auf Unterseeboot-Kontakt

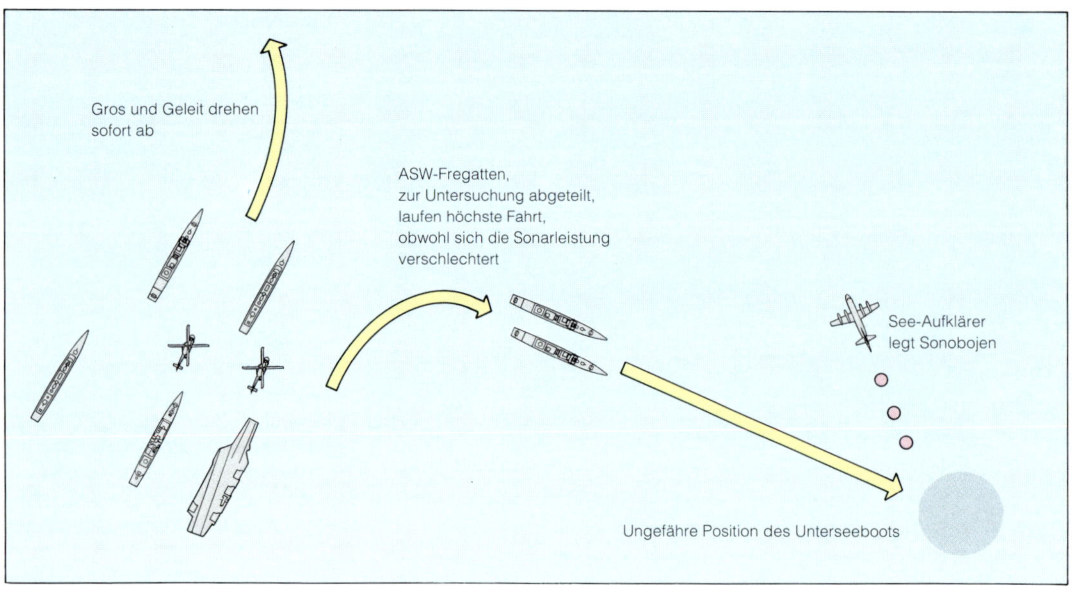

Oben: Wird ein U-Boot-Kontakt so nahe der Kampfgruppe festgestellt, dass er eine Bedrohung werden könnte, muss er untersucht und falls möglich das Boot zerstört werden. Der Verbandsführer dreht die Hauptgruppe von der Richtung der Bedrohung ab und entsendet geeignete ASW-Einheiten (Schiffe oder Flugzeuge) mit Höchstgeschwindigkeit zur vermuteten Position des feindlichen U-Boots.

Rechts: ASW-Fregatte HMS Broadsword, Typ 22 der Royal Navy, bei einer ASW-Übung. Andauernde Kursänderungen sind bei U-Boot-Gefahr notwendig, um dem Gegner einen Angriff zu verwehren.

Grund seiner Eigenart keinen besonders grossen Gefechtskopf tragen. Deshalb haben die Atommächte die nukleare Wasserbombe (NDB) entwickelt. Sie kann von schiffsgestützten Hubschraubern mitgeführt werden und braucht nur in der Nähe des Unterseeboots abgeworfen zu werden, um es zu vernichten. Da sie klein ist und unter Wasser zündet, entsteht kein oder nur geringer radioaktiver Niederschlag. Ihr Gebrauch kann aber durch politische Erwägungen eingeschränkt werden oder durch die Sorge des Verbandsführers um ein eigenes Unterseeboot.

Strategische Barrieren

Der Kampf gegen Unterseeboote, wie im Nordmeer, wird unter Ausnutzung strategischer Barrieren ausgekämpft. Sie sind unabhängig von den bisher beschriebenen Operationen, die angewandt werden, Unterseeboote zu entdecken und zu vernichten. Sie beziehen sich verständlicherweise nicht auf die Absichten, mit denen ein Überwasser-Verband die See befährt. Die wohl berühmteste Sperre wurde von der NATO errichtet, um die Durchfahrten zwischen Grönland, Island, Färöer und Grossbritannien zu decken, die Hauptrouten sowjetischer Unterseeboote in den Atlantik. Es wäre auch möglich, weitere Sperren im Nordosten zwischen Nordkap und Bäreninsel zu errichten, wie weiter im Süden am Eingang zum Mittelmeer. Insgesamt kommen sechzehn solcher Engpässe rund um die Welt in Frage, wo Barrieren aus verschiedenen Ortungs- und Waffensystemen wie Anlagen auf dem Meeresboden, U-Boote, LRMP-Flugzeuge und Minen errichtet werden können. In der Lücke Island – Färoer und am Ausgang der Nordsee hat die NATO das oft publizierte SOSUS-System mit fest verankerten Detektoren, während nördlich von Island schnell eine Captor-Minensperre errichtet werden kann, die, verstärkt durch Unterseeboote und Flugzeuge, einen abschreckenden Schutz bildet. Solche Schutzsperren haben Schwächen. Die Landstationen der Meeresboden-Anlagen sind angreifbar, insbesondere bei Kabel-Verbindungen. Die Flugplätze in Island, Schottland und Nordeuropa können ebenfalls beschädigt werden, denn die meisten LRMP-Flugzeuge sind aus mittleren oder grossen Zivilflugzeugen entwickelt und brauchen lange Pisten und erhebliche Wartung. Nur Argentinien, Brasilien, Frankreich, Indien und die Vereinigten Staaten haben ASW-Starrflügler auf Flugzeugträgern. Die Taktik sowjetischer Un-

Grenzlinien getauchter Annäherung

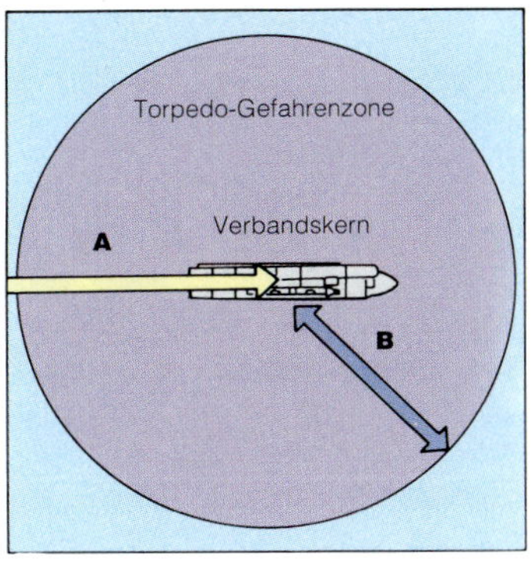

Links: Der Befehlshaber einer Kampfgruppe muss sofort entscheiden können, ob ein entdecktes Unterseeboot eine Gefahr für seinen Verband darstellt. Es ist möglich, einige Regeln zur Beurteilung einer drohenden Gefahr festzulegen. Diese werden üblicherweise als Grenzlinien getauchter Annäherung bezeichnet. Sie sind Schaubilder und werden als Überleger auf Auswertetischen verwendet, können aber auch im Computer gespeichert sein, so dass sofort auf dem Angriffs-Informations-Schirm des Verbandsführers eine Beurteilung möglich ist. Der erste Schritt ist, eine Vorausposition zu planen, basierend auf dem Mittelpunkt des Verbandskerns, und die Laufzeit des angreifenden Torpedos zu berücksichtigen (A). Um diese Vorausposition wird ein Kreis geschlagen, die sogenannte Torpedo-Gefahrenzone. Ihr Radius (B) ist die angenommene Entfernung, aus der der Torpedo verschossen wird.

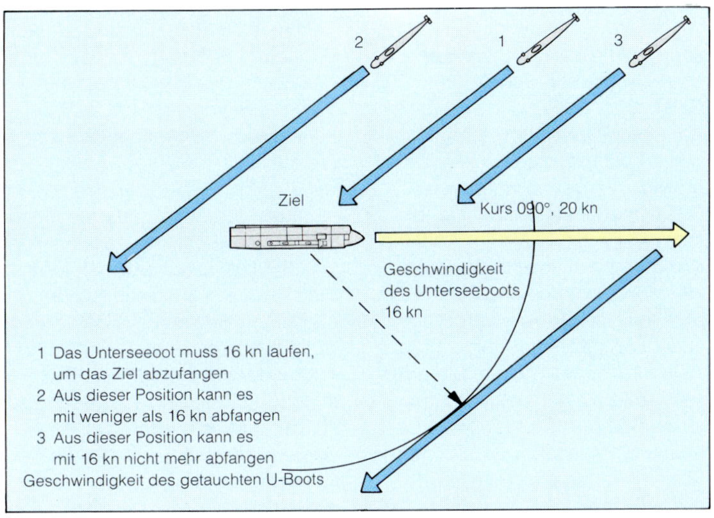

Links: Um zu beurteilen, ob ein entdecktes Unterseeboot wirklich das Gros abfangen kann, muss man über das Unterseeboot einiges wissen. Während eines Angriffs wird es so langsam als möglich fahren, um Geräusche zu verringern. Ist die Geschwindigkeit geschätzt (in diesem Beispiel beträgt sie 16 kn), kann ein Bogen geschlagen werden und Kurs und Geschwindigkeit des Verbandskerns graphisch dargestellt werden. Von der 20-sm-Marke wird eine Linie als Tangente des Bogens der Unterseeboot-Geschwindigkeit gezogen, die den relativen Kurs des Bootes angibt, den es mit 16 kn laufen muss.

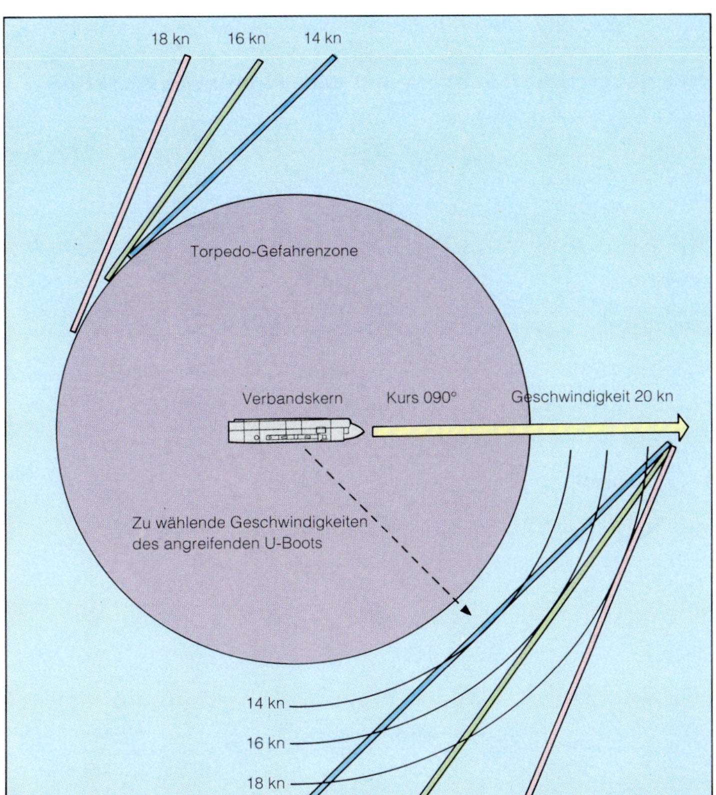

Links: In Wirklichkeit muss das U-Boot das Schiff nicht direkt abfangen, um in Angriffsposition zu kommen, es muss sich nur selbst in Torpedoreichweite manövrieren. In der Praxis werden hierfür das erste und zweite Diagramm, wie hier gezeigt, kombiniert. Zusätzlich können mehrere relative Kurse vorbereitet werden, die verschiedene Geschwindigkeiten des Boots abdecken; in diesem Beispiel 14, 16 und 18 kn. Anstatt den relativen Kurs des Boots direkt auf den Flugzeugträger im Mittelpunkt abzusetzen, kann er nun an der Peripherie der Torpedo-Gefahrenzone abgesetzt werden. Es ist zu ersehen, dass jedes geortete Unterseeboot mit einer geschätzten Geschwindigkeit von weniger als 18 kn und in einer Position rechts der eingezeichneten relativen Kurse eine Gefahr für den Träger darstellt. (Es ist wichtig zu wissen, dass die hier gezeigten Unterseeboot-Kurse nur relative, keine wahren sind).

terseeboote kann die Wirksamkeit der Sperren vermindern, und viele stehen ständig südlich der Hauptsperren für den Fall einer plötzlichen Eskalation der Spannungen. U-Boote können eine Entdeckung durch die Sperren vermeiden, wenn sie die SOSUS-Gebiete im dichten Verband durchqueren oder Deckung unter einem eigenen Überwasser-Verband nutzen. Der Wert solcher strategischer Barrierren liegt in der lebensnotwendigen Information über die Bewegungen der Unterseeboote. In einer zukünftigen Seeschlacht ist die geringste Information für die Stäbe von ausserordentlichem Wert. Bei der grossen Zahl an Schiffen, Flugzeugen, Unterseebooten und einem weit verstreuten Feind kann man leicht die Fähigkeit verlieren, die Seestreitkräfte aufeinander abzustimmen.

Unterwasser-Überwachung durch die US Marine

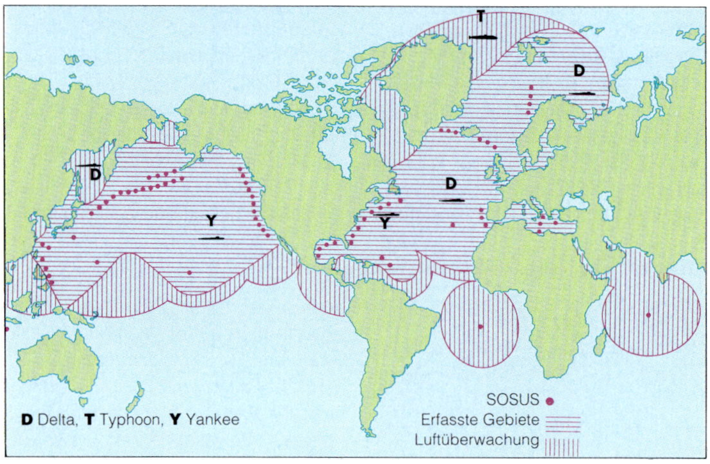

Links: Die USA und ihre Alliierten beobachteten ständig weite Gebiete der Ozeane auf der Suche nach Aktivitäten sowjetischer Unterseeboote. Diese Karte zeigt die Überwachungsgebiete der US Navy durch feststehende unterseeische Systeme von Sonargeräten (SOSUS) und ASW-Flugzeuge P-3 Orion . Ebenso werden die bekannten Aufstellungsgebiete sowjetischer SSNB gezeigt. Es darf angenommen werden, dass sie Sowjetmarine gründliche Kenntnis der NATO-Ortungsgebiete hat. Trotzdem erfüllen sie eine wertvolle strategische Funktion.

Schutz von Konvois

Der Schutz der Handelsschiffahrt gegen Unterseeboote ist ebenfalls von ausserordentlicher Wichtigkeit, besonders für die Westliche Allianz. Mehr als 99% des Welthandels wird von Schiffen getragen. In Westeuropa laufen Tag für Tag etwa 120 Schiffe aus Übersee ein und bringen drei Millionen Tonnen Fracht; monatlich annähernd 30 Millionen Tonnen Rohöl werden nach Europa und USA geliefert. Man schätzt, dass ein grösserer Konflikt in Westeuropa pro Monat 1'000 Schiffsladungen erfordert, um die minimalsten zivilen und militärischen Anforderungen zu erfüllen. Weitere 500 Ladungen militärischer Güter, Munition, Treibstoff und Truppen müssten über den Atlantik transportiert werden.

Die übliche Methode, die Handelsschiffahrt in Kriegszonen zu schützen, ist der Geleitzug. Er sichert Kontrolle und Koordination und erlaubt den Verteidigungskräften von ihren begrenzten Möglichkeiten den besten Gebrauch zu machen. Die Frage ist berechtigt, ob im Zeitalter der Atombombe und anderer Nuklearwaffen und sehr schneller Handelsschiffe die Geleitzugbildung noch sinnvoll ist. Aber es ist absolut möglich, Konvois zu planen, die über ein sehr grosses Seegebiet verteilt sind. Dreissig oder vierzig Schiffe, die zueinander in fünf Meilen Abstand stehen, sind immer noch eine zusammenhängende und kontrollierbare Gruppe, und es würde neun oder zehn taktische Atomwaffen zu je 5 kT benötigen, um bei präzisen Treffern einen solchen Konvoi zu zerstören.

Indem der Abstand zwischen den Schiffen vergrössert wird, wird auch die Aufgabe eines angreifenden Unterseeboots erheblich erschwert. Nach dem Angriff auf eines der Schiffe muss der Kommandant mehrere Meilen weit anlaufen, bis er erneut in Schussposition ist. Hat er jedoch das erste Schiff angegriffen, dann weiss er, dass der Geleitschutz seine Position kennt und ihn jagt. Während des Zweiten Weltkriegs fuhren die Schiffe mit 800 m Abstand. Beim doppelten Abstand verringert sich das Risiko des Verlusts auf ein Viertel, vergrössert aber für die Eskorte das zu verteidigende Gebiet um die Hälfte. Wird der Abstand auf 3'200 m vergrössert, verringert sich das Verlustrisiko auf ein Sechzehntel, vergrössert aber den Konvoi-Umfang nur zweieinhalbfach. Man kann einen Konvoi hauptsächlich auf zwei Arten schützen: durch einen eigenen Geleitschutz oder indem er Gebiete durchfährt, in denen bereits eigene Unterstützungsgruppen stehen. Letzteres dürfte heutzutage am ehesten der Fall sein, da so die begrenzten maritimen Mittel am günstigsten einzusetzen sind und weil das noch ruhige Seegebiet mit passivem Sonar abgesucht werden kann, ehe der geräuschvolle Geleitzug erscheint. Diese Unterstützungsgruppen haben Schiffe mit Schleppsonar, Hubschrauber und LRMP-Flugzeuge. Idealerweise müsste jede Gruppe ein eigenes Atom-Unterseeboot zur Unterstützung haben. Die Konvoi-Routen sollten so gelegt werden, dass dem Gegner ein Maximum an Verwirrung auferlegt wird, was das Risiko des Entdecktwerdens verringert. Ausgedehntes Zickzack-Fahren mit 10 bis 12 sm langen Kursabschnitten und Kursänderungen von 30 bis 40° machen es einem angreifenden Unterseeboot besonders schwer, in das Gefüge eines Konvois einzudringen. Der Kurs sollte auch einen maximalen Schutz durch die Unterstützungsgruppen sichern, und diese Gruppen sollten ihre eigene Luftdeckung haben.

Um seine Schussposition zu erreichen, muss der Unterseeboot-Kommandant wissen, was an der Oberfläche vor sich geht. Seine

Die GIUK-Lücke, die NATO-Barriere gegen Unterseeboote und die sowjetische Reaktion

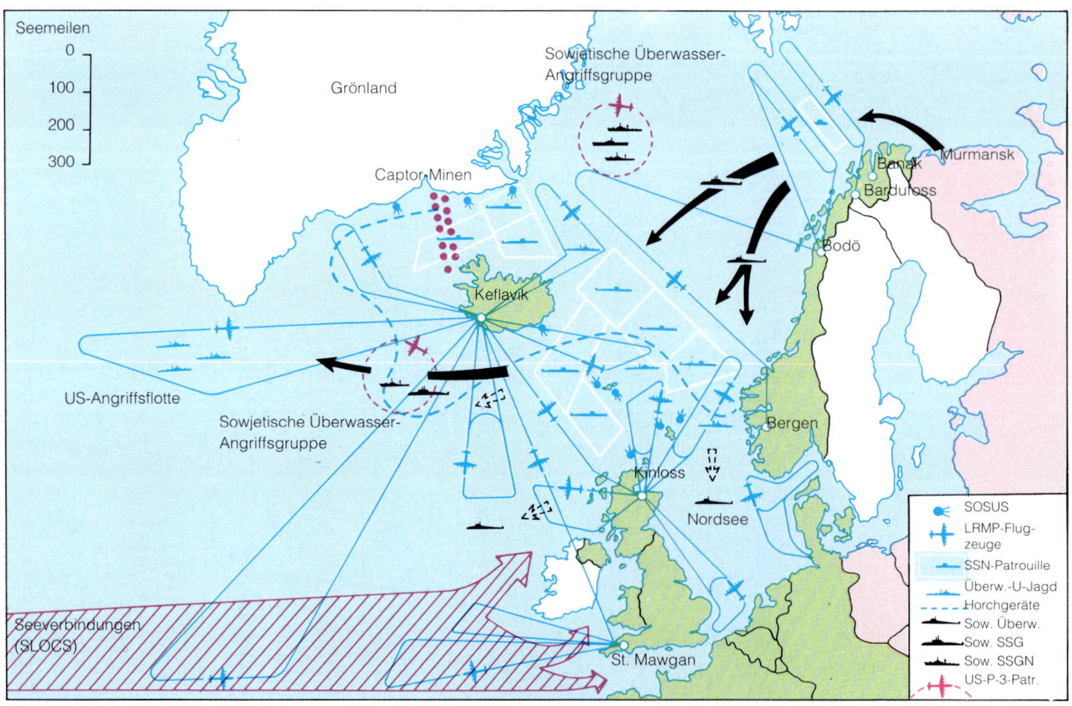

Links: Im Fall eines Konflikts ist zu erwarten, dass sowjetische Schiffe und Unterseeboote, SSN wie SSGN, in den Atlantik und die Nordsee ausbrechen werden, durch die Lücken zwischen Grönland, Island und Grossbritannien. Zusätzlich werden Überwasser-Schiffe und Unterseeboote aus der Ostsee durch das Skagerrak in die Nordsee eindringen. Beide Gebiete werden von der NATO als Brennpunkte angesehen. Grosse Anstrengungen wurden unternommen, diese Durchfahrten durch ASW-Flugzeuge, ortsfeste Überwachungs-Anlagen (wie SOSUS) und patrouillierende Unterseeboote (SSN und SSK) abzuriegeln. Die Karte zeigt eine mögliche Verteilung der Streitkräfte. LRMP-Flugzeuge der NATO würden nicht nur die Brennpunkte abschirmen, sondern auch die Angriffsflotten unterstützen durch Fühlunghalten an sowjetischen Überwasser-Eingreifverbänden und SLOCS-Patrouillen.

Geleitzug-Unterstützungs-Gruppen

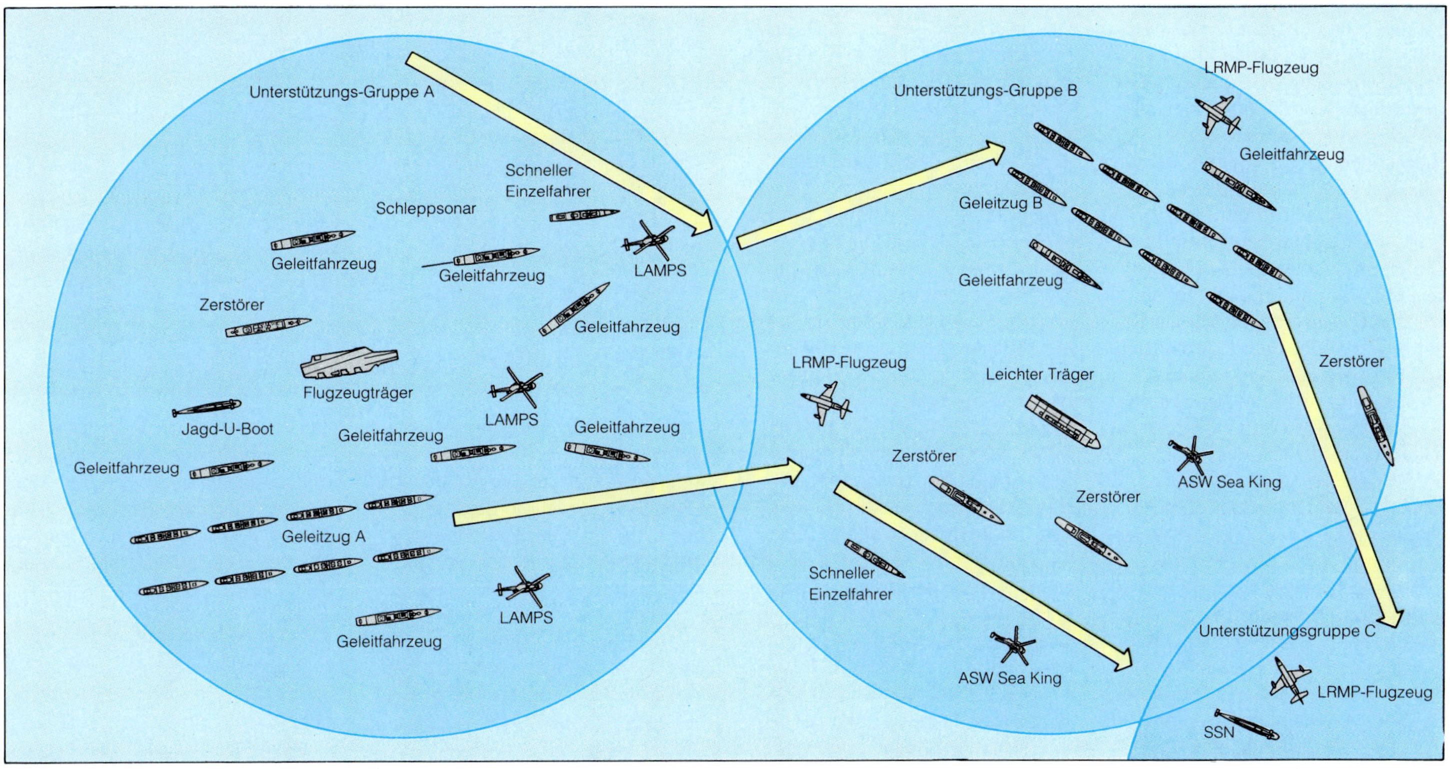

Oben: Keine Marine hat hochseefähige Geleitschiffe nach Art und Anzahl, wie sie zur Unterstützung von Kovois im Zweiten Weltkrieg vorhanden waren, deshalb müsste in einem zukünftigen Konflikt aus den vorhandenen Mitteln das Äusserste herausgeholt werden. Die Handelsschiffe würden ein Minimum an Geleitschiffen brauchen, sogar einige ASW-Hubschrauber, auf ein Frachtschiff gestützt, müssten genügen. Die Unterstützungsgruppen würden nur dann einem Geleit zugeteilt, solange es durch ihr Gebiet läuft, und dann wieder andere Aufgaben übernehmen.

Heimatdienststellen werden ihm Informationen vermitteln, die durch Satelliten oder Luftaufklärung gewonnen wurden, aber diese sind nicht mehr ganz aktuell, und seine Sonar-Ergebnisse mögen auch irreführend sein, denn ein schnell fahrender Konvoi macht eine ganze Menge Geräusch, das durch akustische Täuschungsmittel vermehrt werden kann. Das Unterseeboot kann sein Radar und sein Sehrohr benutzen. Das Radar sollte durch ESM-Ortungsgeräte des Geleitschutzes entdeckt werden und ergibt äusserst schnell die Richtung, in der das Unterseeboot ist. Radar und Sehrohr können auch vom Radar eines LRMP-Flugzeugs geortet werden.

Im letzten Krieg hatten die Unterseeboote gegenüber einem Geleit einen Geschwindigkeitsvorteil von ca. 16:6, aber nur, wenn das Unterseeboot an der Oberfläche fuhr. Heute beträgt dieser Vorteil etwa 30:17 für ein getaucht fahrendes Boot. Aber weil 17 kn für ein modernes Handelsschiff leicht auszufahren sind, ist ein getaucht mit 30 kn fahrendes Unterseeboot sehr für Ortung anfällig.

Flugkörper-Gefahr

Torpedos sind nicht mehr die einzige von Unterseebooten ausgehende Gefahr. Moderne Unterseeboote verschiessen auch Flugkörper, indem sie Zielinformationen von Satelliten und Aufklärern auswerten. Die Reichweite kann bis zu 300 sm betragen, doch muss das Boot auftauchen, ehe es schiessen kann, und das setzt es der Entdeckung aus. Die sowjetischen Boote der Charlie-Klasse können ihre Flugkörper getaucht abfeuern, doch beträgt deren Reichweite nur ein Drittel der an der Oberfläche gestarteten Flugkörper. Gegen solche Flugkörper-Bedrohungen führt die Unterstützungsgruppe zum Konvoi-Schutz Nächstbereichs-Verteidigungs-Systeme, zum Beispiel Sea Wolf. Das grundlegende Prinzip taktischer Verteidigung eines Konvois ist, den Gegner zu verwirren, in der Hoffnung ihn zu zwingen, sich zu zeigen, und einmal entdeckt, sollte das Unterseeboot zerstört sein, ehe es angreifen kann.

Links: Ein sowjetisches Echo II muss auftauchen, um seine SS-N-3 abzufeuern, und kann dabei entdeckt werden. Trotzdem sind diese 25 Jahre alten Boote noch eine Gefahr für den Westen.

Luftmacht über See

Die erste Seeschlacht, bei der Schiffe sich nicht direkt bekämpften, war die Schlacht von Midway am 4. Juni 1942. Diese Schlacht wurde von Träger-Flugzeugen beherrscht, während die Schiffe der zwei Gegner, USA und Japan, sich selten auf weniger als 100 sm nahe kamen. Im Verlauf eines einzigen Tages wurde bewiesen, dass das Schlachtschiff überflüssig ist. Seeschlachten werden in Zukunft über enorme Distanzen geführt und setzen die Marine-Befehlshaber schweren Belastungen aus, weil sie versuchen müssen, mit der sich entwickelnden Handlung mitzuhalten und in maritimer Umgebung Satelliten- und Luftaufklärungssysteme zu wirksamen Werkzeugen zu machen. Die Bedrohung aus der Luft kann mehrere Formen annehmen: Kampf- oder Aufklärungsflugzeuge und Flugkörper, die von Flugzeugen, von anderen Schiffen oder Unterseebooten, möglicherweise vom Land gestartet werden. Alle diese Waffensysteme haben begrenzte Reichweiten, wenn auch Flugzeuge durch Auftanken in der Luft ihre Ausdauer erheblich erhöhen können. Ferner muss der See-Befehlshaber Vielfach-Angriffe von Flugzeugen und Raketen in Betracht ziehen, die gleichzeitig bekämpft werden müssen. Die sowjetische Marine-Luftwaffe, zum Beispiel, übt Angriffe mit mehreren Wellen zu 19 Tu-22M-Backfire-Bombern, die gleichzeitig angreifen. Der Befehlshaber der Kampfgruppe sollte deshalb über ein vielseitiges und flexibles Führungs- und Feuerleitsystem verfügen, um seine Abwehrwaffen aufeinander abstimmen zu können.

Eine genaue Einschätzung der Bedrohung ist wichtig. Die Seekampfgruppe muss sich der gegen sie gerichteten, aus der Luft kommenden Waffen bewusst sein, der Eigenschaften dieser Systeme, der Taktiken feindlicher Waffenträger, ob Flugzeug, Schiff oder Unterseeboot. Marinegeschütze im frühen 20. Jahrhundert waren in allen Flotten fast gleich, dementsprechend die Taktiken ähnlich, aber heute ist die Waffen-Entwicklung kaum mehr überblickbar, und damit werden auch die Taktiken zunehmend unvorhersehbarer. Deshalb ist es notwendig, die Manöver voraussichtlicher Feinde im Frieden zu untersuchen, und genauso sorgfältig werden die Handlungen eines Gegners in den ersten Stadien eines wirklichen Konflikts zur Kenntnis genommen.

Tiefenstaffelung

Die Verteilung der Schiffe in einer Kampfgruppe muss die Bedrohung sowie Stärken und Schwächen innerhalb der Gruppe in Betracht ziehen, um für den Kern maximalen Schutz zu gewährleisten. Üblicherweise ist die grösste Einheit ein Flugzeugträger, dessen begleitende Schiffe den Schutzschirm gegen Angriffe aus der Luft, von See und Unterseebooten bilden. Eine gute Verteilung der Schiffe gewährt den grössten Nutzen ihrer individuellen Waffensysteme zur gegenseitigen Unterstützung.

AAW-Taktik stützt sich auf das Konzept der in die Tiefe gestaffelten Verteidigung, beginnend mit einer fernen Luftschlacht, fortgeführt durch aufeinanderfolgende Kampfgebiete, in denen sich Gefechte gegen anfliegende Flugkörper und Flugzeuge entwickeln. Die Zermürbung der Intensität eines Angriffs soll erreichen, dass in der Nächstverteidigungszone nur noch leicht zu handhabende Bedrohungen übrig bleiben. Idealerweise sollte der Waffenträger fern der Kampfgruppe zerstört werden, ehe er einen Startpunkt seiner Waffen errechnen kann.

In dieser Luftschlacht spielt die elektronische Kampfführung (EW) eine bedeutende Rolle. Sie muss den SAM-Systemen die Zielfin-

Oben: Heutzutage bereiten sich die Flotten ständig durch Manöver, die so realistisch als möglich sind, auf den Krieg vor. Ein Bomber der US Navy fliegt ab, während ein Charles-F.-Adams-Zerstörer aus dem LPH USS Guam bunkert.

Luftverteidigung einer Kampfgruppe

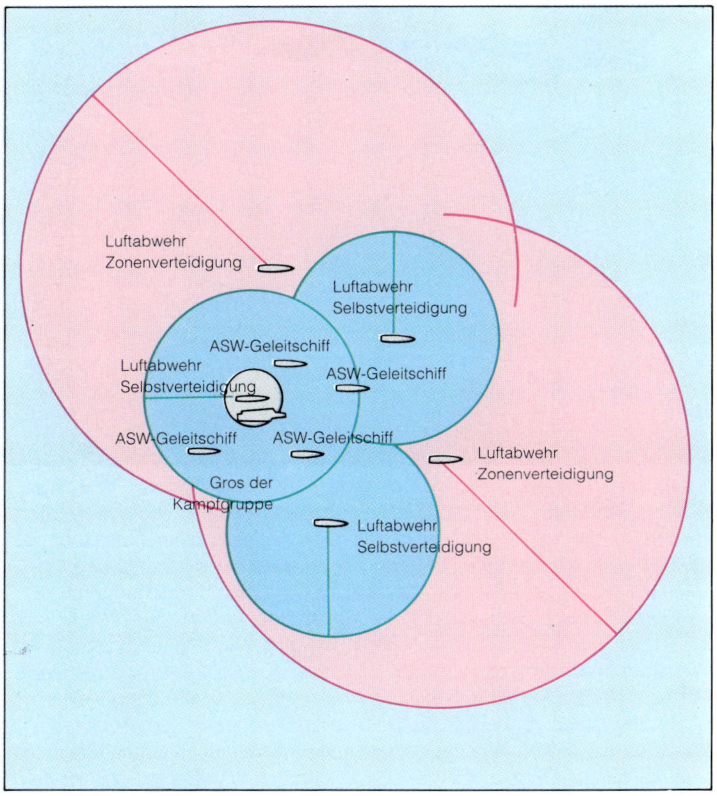

Oben: Die Aufstellung der Luftverteidigungsschiffe einer Kampfgruppe wird durch die Reichweite ihrer FK-Systeme bestimmt. Hier besteht das Gros aus einem Träger mit begleitendem Kreuzer, der seine Nächstbereichs-Verteidigungssysteme zur Unterstützung derer des Trägers einsetzt. Jenseits des Schirms von ASW-Geleitern stehen die Luftverteidigungsschiffe mit Mittelstrecken- und Zonenverteidigungs-SAM-Systemen.

dung eingeben und die verteidigenden Abfang-Flugzeuge einweisen. EW kann auch die Zielfindung des Bedrohers behindern, indem die Zielsuche der Flugkörper elektronisch getäuscht wird. Die Störung des Zielsuchradars wird den feindlichen Piloten zwingen, näher an sein Ziel heranzugehen, als er sich wünscht. Das dürfte die Möglichkeit seiner Zerstörung erleichtern, bevor er seine Waffen einsetzen kann.

In der Nächstverteidigungszone verteidigt jedes Schiff sich selbst. Systeme wie Sea Wolf, CIWS, EW und Täuschungsmittel müssen eng zu einer letzten Verteidigung koordiniert werden.

Für eine in See stehende Flotte ist Luftverteidigung ein Muss. Eine Zeitlang schienen europäische Staaten sich für die Luftunterstützung ihrer Flotten auf landgestützte Flugzeuge zu verlassen, und obwohl die Royal Navy mit der Invincible-Klasse zum Starrflügler zurückkehrte und die Franzosen mit zwei Trägern eine kleine, aber wirkungsvolle Träger-Streitmacht aufbauten, verlässt sich die NATO im allgemeinen auf die 14 grossen Träger der US Navy. Die Sowjetflotte hat erst in den letzten Jahren Träger für Starrflügler erhalten, und ihre Yak-36 Forger haben nur eine begrenzte Eignung, ihr Mutterschiff gegen die Angriffsstaffeln einer amerikanischen Schlachtgruppe zu verteidigen.

Es ist eine Grundregel maritimer Taktik, dass der Gegner so weit als möglich vom Gros entfernt angegriffen werden muss. Flugzeuge können in Entfernungen von 100 Seemeilen oder mehr vor dem Verband eingesetzt werden. Dort haben sie die beste Ausgangsposition, die Angreifer zu bekämpfen, bevor jene ihre eigenen Luft-See-Systeme einsetzen können. Gleichzeitig tragen sie zur Frühwarnung der Flotte bei.

Frühwarnung

Frühwarnung vor einem Luftangriff ist lebenswichtig. Militärischer Nachrichtendienst, Satelliten-Überwachung, AEW- und Jagdflugzeuge und Radarsicherungs-Fahrzeuge können alle dazu beitragen. Die beiden ersten Mittel erbringen gute und nützliche Informationen, aber sie können nicht schnell genug warnen, wenn ein feindlicher Angriff bereits begonnen hat. AEW-Flugzeuge sind von unschätzbarem Wert. Die E-2C Hawkeye der US Navy können aus 9'000 m Höhe etwa 20 Millionen Kubikkilometer Luftraum überwachen und bis zu 800 Ziele gleichzeitig verfolgen. Für die britischen Streitkräfte im Falkland-Krieg war das Fehlen einer solchen Maschi-

Links: Eine Angriffsgruppe der US Navy stellt eine ehrfurchtgebietende Feuerkraft dar. Der Träger selbst hat mehr als 85 Flugzeuge. Zur Unterstützung einer amphibischen Gruppe oder als Basis für einen Schlag tief im feindlichen Land ist eine solche Streitmacht ein beachtlicher Faktor und in der Lage, sich selbst gegen alle Angriffe zu schützen, ob aus der Luft, von See oder aus der Tiefe des Meeres.

Oben: Die Erstarkung der sowjetischen Marine in den letzten 30 Jahren zur hochseefähigen Streitmacht machte die Entwicklung ausgeklügelter Versorgungsverfahren nötig. Ein Träger der Kirov-Klasse und ein Kashin-Zerstörer übernehmen Öl aus dem Flottentanker Berezina, während ein Kresta II an Steuerbord des Tankers manövriert, ehe Schläuche und Leinenverbindungen zur Übernahme fester Güter festgemacht sind.

ne ein schweres Handicap. Sie empfanden ihre dauernde Verletzlichkeit so stark, dass in einem Notprogramm Sea-King-Hubschrauber mit einer für AEW veränderten Version des Searchwater-Aufklärungsradars ausgerüstet wurden.

Die Aufstellung eines Radarsicherungs-Schiffs ausserhalb des Radarhorizontes kann den Radarhorizont einer Kampfgruppe bedeutend erweitern. Für diese Aufgabe wird ein Mittel- oder Langstreckenradar hoher Auflösung wie das britische System Typ 965R, das US-SPS-40 oder das sowjetische Top Pair benötigt.

Das Radar der HMS Sheffield, als Beispiel, hatte eine Seereichweite von annähernd 60 sm und eine Luftreichweite von etwa 200 sm, doch ist letztere teils klimatischen Bedingungen unterworfen. Die Argentinier waren mit den Eigenschaften des Geräts vertraut, hatten sie es doch auf ihren Zerstörern Hercules und Santisima Trinidad, so dass der Pilot einer argentinischen Super Etendard in der Lage war, den Vorteil des eigenen Radars zu nutzen, um in Schussposition zu kommen.

Der erste Exocet-Schlag gegen eine britische Kampfgruppe während des Falkland-Kriegs zeigt die angewandten Taktiken bei einem Luftangriff sowie der Verteidigung. Auf die Überwasser-Aktionen am 2. 5. 1982 wurde bereits eingegangen. Sie hatten ihren Höhepunkt in der Versenkung der Belgrano am frühen Abend dieses Tages. Während der nächsten 48 Stunden manövrierte die britische Kampfgruppe TG 317.8 nach Südosten auf die Falklands zu, näherte sich mit kleinen Verbänden von Schiffen und Flugzeugen zur Küstenbeschiessung oder Aufklärung. Die Briten wussten, dass ihr Gegner mit AM.39-Exocet-Flugkörpern ausgerüstet war, erachteten aber die Bedrohung als gering, da sie sich auf mangelndes Können der Argentinier und fehlende Erfahrung in der Luftbetankung verliessen und hofften, die Bombardierung der Startbahn von Stanley durch Vulcan und Harrier würde die Exocet tragenden Super Etendard von deren Benutzung abhalten. Der britische Verbandsführer musste inzwischen seine Schiffe zu grösstmöglicher Wirkungsweise aufstellen. Einerseits musste er nahe genug an die Falklands herankommen, um Operationen durchzuführen, andererseits musste er so weit als möglich die Reichweite der vom Festland startenden Super Etendard meiden. Das band die britischen Flugzeugträger an einen Bogen im Osten und Süden der Inseln, wo sie sich nur von einem Sektor in den anderen bewegen konnten.

Am frühen Morgen des 4. Mai wurde ein kleiner Verband von Schiffen der Royal Navy von dem Radar einer argentinischen Lockheed P-2H Neptune erfasst, die 100 sm südlich der Falklands Seeaufklärung flog. Die vier einsatzfähigen Super Etendards der argentinischen Marine (eine fünfte wurde zur Gewinnung von Ersatzteilen ausgeschlachtet) waren auf dem Fliegerhorst Rio Grande stationiert. Sie hatten einige Zeit Angriffe gegen ihren Typ 42 geübt, schifften schichtweise ihre Piloten ein, damit sie die beste Art des Anflugs selbst beobachten konnten, wie auch die Zeitpunkte der Radar-Entdeckung. Durch die Neptune alarmiert, stiegen um 09.40 zwei Maschinen auf. Eine KC-130H Hercules war in der Luft und tankte sie um 10.00, 150 sm vor dem Festland, auf.

Die Schiffe der britischen Flotte waren so aufgestellt, dass sie den Trägern grösstmöglichen Schutz gaben, fünffach zur Verteidigung gestaffelt. Die äussere Verteidigungszone stellten zwei Sea Harrier und das 40 sm weit reichende Sea-Dart-System des Typs 42 dar; sie standen 20 sm vor dem Gros entlang der Bedrohungsachse. Acht Seemeilen vor den Trägern standen vier Mehrzweck-Fregatten als Abschnitts-Deckung. Zwischen ihnen und dem Flottenkern standen drei Versorgungsschiffe, jedes ein augenfälliges Radarbild bietend, als Täuschungs-Barriere für Flugkörper. Die Träger selbst wurden durch Brilliant und Broadsword (Typ 22) geschützt, die mit Sea Wolf ausgerüstet waren. Nach der heutigen Kunst der Taktik war es eine klassische Verteidigung, mit zwei Ausnahmen: Erstens, den Briten fehlte ein Frühwarn-Flugzeug; zweitens, die Annahme, dass es unwahrscheinlich sei, dass der Gegner einen solchen Angriff durchführen würde. Der Angriff wurde bereits geflogen. Nach erfolgreichem Auftanken flogen die argentinischen Maschinen direkt auf ihr Ziel zu, das die Neptune gesichtet hatte. Bevor sie in Reichweite des britischen Überwachungsradars kamen, gingen sie auf Meereshöhe herunter und flogen so tief über den Wellen, dass die Frontscheibe des einen Piloten durch die salzige Gischt getrübt wurde. Eine Maschine stieg kurz auf 150 m und sandte zweimal

Oben: Die Kombination des Super-Etendard-Kampflugzeugs mit dem AM.39-Exocet-Flugkörper erwies sich für die britische Kampfgruppe als vernichtende Bedrohung.

Rechts: Ein AEW Sea King, ausgerüstet mit dem Searchwater-Überwachungsradar, überfliegt beschützend HMS Illustrious. AEW-Unterstützung war für die Briten während der Falkland-Operationen lebensnotwendig.

Oben: Das Photo eines Amateurphotographen auf HMS Coventry demonstriert die Geschwindigkeit, mit der ein A-4B Skyhawk beim Bombenangriff über das Schiff rast.

Oben: Bei einem Skyhawk-Angriff auf die britischen Zerstörer Coventry und Broadsword wurden beide Schiffe gebombt. Coventry erlitt einen fatalen Direkttreffer.

kurze Suchimpulse mit seinem Agave-Bordradar. Nichts in Sicht, doch die Neptune hatte bereits direkten Kontakt mit ihnen und vervollständigte ihre Zielinformationen. Um 11.00 stiegen die Super Etendards wieder. Mehrere kleine und ein grosses Ziel erschienen auf den Radarschirmen. Beide Piloten suchten sich sofort ein Ziel und setzten die Angriffscomputer in Betrieb; Entfernung: 27 sm, Zeit: 11.04. Die Flugkörper wurden gestartet. Die Maschinen drehten ab, ohne das Ergebnis ihres Angriffs abzuwarten.

Ein Zerstörer vom Typ 42 im äusseren Schirm hatte ein Radarsignal der Super Etendard erfasst, wahrscheinlich beim zweiten Orientieren der Maschinen. Das Schiff verschoss Störfolien und gab Gefechtsalarm, während der Rest der Streitmacht über das Luftwarnnetz alarmiert wurde. Gleich danach erfasste dasselbe Schiff zwei Radarkontakte, verlor sie aber schnell, möglicherweise durch das Abdrehen der Maschinen. In der Luftabwehr-Zentrale der HMS Invincible gingen die Meldungen ein, aber durch frühere Meldungen, die sich als unecht herausgestellt hatten, wurde die Richtigkeit der neuen Signale angezweifelt. Dementsprechend verlangte die Zentrale Bestätigung, aber es war zu spät, eine Exocet sass schon im Ziel. HMS Sheffield stand am Südende des vorderen Verteidigungsschirms und benutzte ihr SCOT-Satelliten-Nachrichten-System, um für die Kampfgruppe den Signalverkehr freizuhalten. Der Flugkörper wurde erst optisch entdeckt; so war keine Zeit für Gegenmassnahmen. Um 17.51 dieses Tages, knapp sieben Stunden nach dem Treffer, gingen alle Mann von Bord.

Die andere Exocet flog weiter auf das Gros der Schiffe zu, stürzte aber schliesslich ins Meer, entweder aus Treibstoffmangel, möglicherweise abgelenkt durch elektronische Gegenmassnahmen der HMS Yarmouth, die im inneren Verteidigungsabschnitt stand.

Diese Episode enthält viele bedeutende taktische Lehren. Auf britischer Seite war die Royal Navy technisch auf eine neue Entwicklung in der Luftmacht nicht vorbereitet. Auf der anderen Seite brachten die argentinischen Piloten ihren Angriff nicht durch. Hätten sie ein, zwei Minuten gewartet, hätten sie die Träger entdeckt und

Der Exocet-Angriff auf HMS Sheffield am 4. Mai 1982

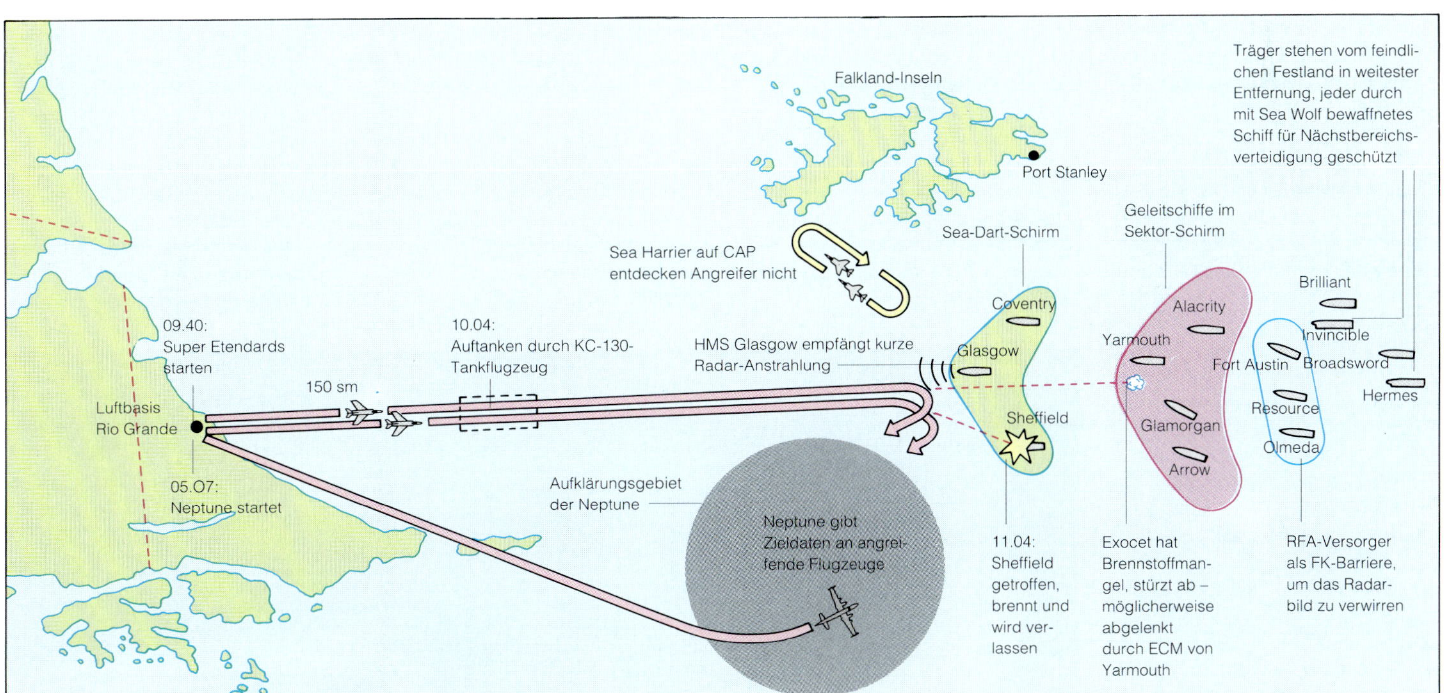

Oben: Die klassische Taktik bei allen erfolgreichen militärischen Operationen ist die Überraschung. Am 4. 5. 1982 schufen zwei Super Etendard der argentinischen Marine dieses notwendige Element. Alarmiert durch eine P-2H Neptune, die etwa 100 sm (185 km) südöstlich der Falklands Seeaufklärung flog, starteten die beiden angreifenden Flugzeuge von der Luftbasis Rio Grande um 09.40. Um 10.04 füllten sie aus einem KC-130-Tankflugzeug Treibstoff auf und gingen auf Wellenhöhe herunter, um sich der Kampfgruppe zu nähern. Das britische Kommando hatte an diesem Morgen einige falsche Alarme gehabt, und als eines der Schiffe im voraus liegenden Sea-Dart-Schirm kurzen Radar-Kontakt meldete, war es bereits zu spät. Die angreifenden Maschinen hatten ihre Exocet abgefeuert, und HMS Sheffield wurde tödlich getroffen. Hätten die zwei Piloten bis zur Identifizierung der Träger als Ziele gewartet, bevor sie ihre Flugkörper verschossen, wäre dieser Krieg vielleicht anders ausgegangen.

ihren taktischen Vorteil noch besser genutzt. Wenn auch die Sheffield für die Kampfgruppe einen erheblichen Verlust bedeutete, konnte sie bald ersetzt werden.

Taktik bei einem Luftangriff

Tief gestaffelte Verteidigung ist für eine Kampfgruppe unumgänglich. Die erste Verteidigungslinie ist Aufgabe der Jäger des Trägers. Wenigstens zwei Flugzeuge fliegen Kampfpatrouille (CAP) in etwa 100 sm Entfernung entlang der Linie der wahrscheinlichen Angriffsrichtung des Feindes. Dort können sie vom Träger selbst geführt werden, durch ein AEW-Flugzeug oder ein Radarsicherungs-Schiff. Die Rolle der CAP ist die Zerstörung eines Angriffs, bevor die gegnerischen Flugzeuge ihre Flugkörper einsetzen können. Feindliche Streitkräfte können Aufklärer dabei haben, wie die sowjetische Badger-F oder, wie im Fall der Argentinier im Falkland-Konflikt, eine zivile Boeing 707. Auch ein solches Flugzeug muss abgeschossen werden. Man bedenke auch die wichtige Rolle, die die argentinische Neptune während des Exocet-Angriffs spielte, dem HMS Sheffield zum Opfer fiel.
Die zweite Verteidigungslinie ist dem Zonen-Verteidigungs-System zugeordnet. Ein Angriff kann möglicherweise nicht rechtzeitig genug entdeckt werden. Wenn das angreifende Flugzeug in geringer Höhe anfliegt und seine Flugkörper noch unterhalb der Radarkeule des sich verteidigenden Schiffs abschiessen kann, ist wenig oder keine Zeit mehr für ein erfolgreiches Abfangen durch die Jäger.
Die dritte und innere Zone ist die der Nächstbereichsverteidigung, die durch schnell reagierende Waffen geschützt wird, wie die französische Crotale oder die amerikanische Vulcan/Phalanx mit 3'000 Schuss/min.
In diesen drei Verteidigungszonen sind Übersicht und Führung notwendig. Da die Grenzen zwischen zwei Zonen durch befreundete Flugzeuge gelegentlich berührt werden, beispielsweise im Luftkampf, kann eine Verwirrung in der Luftlage-Auswertung bei der Führung eine Bekämpfung auslösen. Ferner müssen zurückkehrende CAP-Flugzeuge die FK-Verteidigungszone durchqueren, um auf ihrem Träger zu landen. Feste Annäherungsregeln müssen durchgesetzt werden, z. B. durch FK-freie, enge Wege durch die Zone.

Unten: Eine F-14 Tomcat der Jagdstaffel 111 der US Navy kommt von einer Kampfpatrouille zu seinem Mutterschiff, dem Flugzeugträger USS Carl Vinson zurück.

Oben: 25. 5. 1982. Am Nordende des Falkland-Sunds schützt HMS Coventry ein Landungsgebiet gegen argentinische Flugzeuge. Sie wurde selbst angegriffen und sank.

Täuschung

Täuschung ist ein wichtiger Aspekt maritimer Verteidigung. Radarortung ist das erste und oft einzige Mittel, das vorbestimmte Ziel genau zu finden, aber ein Gegner muss erst unter den vielen Kontakten auf seinem Radarschirm jenes finden, das für ihn Vorrang hat. Daher ist für den Verbandsführer die erste verfügbare Möglichkeit eine unorthodoxe Aufstellung seines Verbands.
Auf dem Radarschirm des Piloten, der eine Überwasser-Streitmacht normalerweise nur in zwei Dimensionen sieht, ist die Aufstellung einer Flotte ziemlich leicht zu erkennen, und der Pilot erwartet, ein grosses Ziel, wie einen Flugzeugträger, in der Mitte vieler kleiner Kontakte zu sehen. Fliegt er im Tiefangriff und muss er kurz Höhe gewinnen, um ein Radarbild seines Ziels zu bekommen, muss er schnell entscheiden, welches der Träger ist. Der Führer der Kampfgruppe hat die Wahl, den Träger zwar innerhalb des Schirms aufzustellen, aber durch ein weit weniger wertvolles Schiff in der Mitte zu ersetzen. Die Atlantic Conveyor war vermutlich in solcher Position, als sie während eines Exocet-Angriffs auf die britische Kampfgruppe verloren ging. Es ist interessant zu beobachten, mit welch grossem Selbstvertrauen die Argentinier nach dem erfolgreichen Angriff meinten, HMS Invincible versenkt zu haben.
Ein anderes wichtiges Mittel der Täuschung des Radarbildes sind Störfolien. Das ist üblicherweise eine Wolke leichter Metallstreifen, abgeschossen als Rakete, die in der Nähe des sich verteidigenden

Luftverteidigungszonen einer Kampfgruppe

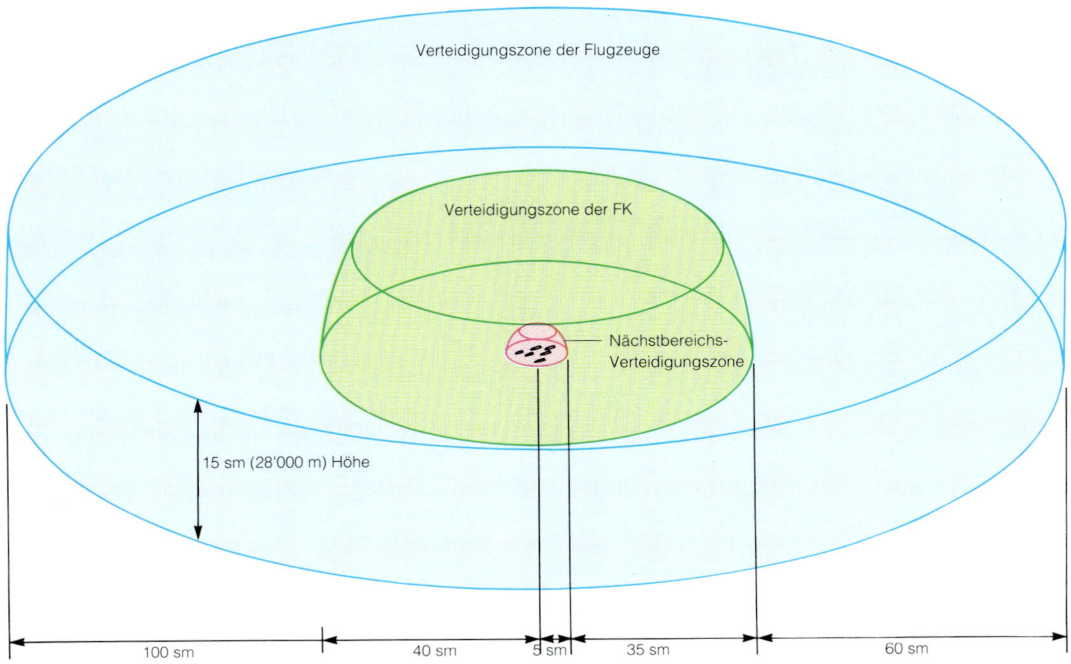

Oben: Eine ausgedehnte Luftverteidigung ist wichtig für eine Kampfgruppe auf See, denn das Ziel ist, den Gegner in möglichst grossem Abstand vom Gros der Schiffe zu zerstören, ehe ein FK-Angriff geflogen werden kann. Eine Trägergruppe würde sich innerhalb einer Luftverteidigungszone von etwa 100 sm Radius bewegen.

Unten: Die Kampfgruppe kehrt von den Falkland-Inseln zurück. Olmeda, Fort Austin und Tidepool werden geleitet von HMS Apollo, Birmingham, Ardent und Avenger.

Schiffs sich entfaltet. Mehrere Raketen werden gleichzeitig abgefeuert. Weil das Material so leicht ist, schwebt es einige Zeit in der Luft, treibt mit dem Wind. Daher muss das Fahrzeug, das die Folien verschoss, nach Lee drehen und mit der Windgeschwindigkeit fahren, um in der selbstgeschaffenen Deckung zu bleiben. Es wird von der Falkland-Kampagne berichtet, dass Hubschrauber dicht bei ihren Mutterschiffen flogen und Folien streuten, um anfliegende Flugkörper zu täuschen.

Letztlich kann Verwirrung durch elektronische Kriegführung verursacht werden. Durch die Störung der Radarfrequenz eines Angreifers kann man ihm notwendige Informationen versagen, besonders der Entfernung. Auf ähnliche Art kann das Zielerfassungsradar eines Flugkörpers gestört werden; hat er aber bereits sein Ziel aufgefasst, ist eine Täuschung meist ausserordentlich schwierig. Dann wurden noch verschiedene Versuche unternommen, die Infrarot-Signatur eines Schiffes zu verändern, die sich als intensive Hitzezonen um den Schornstein und die Maschinenräume zeigt. Die Briten experimentierten mit einem speziellen Anstrich, vertikal zur Linienführung des Schornsteins. Dadurch sollte die intensive Hitze zerstreut werden. Auf einigen Photos von HMS Sheffield nach dem Brand kann man sie erkennen.

Verteidigung gegen Luftangriffe ist eine sehr vielfältige Sache und gehört zu den grossen Sorgen eines Verbandsführers. Gegenwärtig hängen sowjetische und westliche Flotten von einer komplizierten Mischung von Waffensystemen ab, die Verteidigung in die Weite sichern soll.

Der Schlüssel zum Erfolg ist, den Gegner auf die grösstmögliche Entfernung von der Kampfgruppe zu entdecken, kombiniert mit der Fähigkeit zu wirksamer Feuerleitung und Führung der verfügbaren Verteidigungswaffen.

Der Minenkrieg

Es ist ganz selbstverständlich, dass Angreifer oder Verteidiger sich der Möglichkeit bedienen, Seegebiete wirkungsvoll zu neutralisieren, einem Gegner den Zugang zu erschweren oder zu unterbinden. Ebenso sind wirksame Gegenmassnahmen notwendig, um unbehinderten Zugang zu Häfen und Ankerplätzen zu sichern. In den letzten Jahren hat sich die Technologie des Minenkriegs erheblich weiterentwickelt. Besonders die sowjetische Marine hat sehr viel Forschungsarbeit auf dem Gebiet der Tiefwasser-Minen geleistet.
Minen können offen durch Flugzeuge oder heimlich durch Unterseeboote verlegt werden. NATO und Warschauer Pakt haben dazu die technischen Mittel und üben regelmässig deren Anwendung; die US-Marine machte während des Vietnam-Krieges von Minen sehr weitgehend Gebrauch. Anfänglich versuchten die Amerikaner, den Nordvietnamesen und ihren Verbündeten den Nachschub an Versorgungsgütern und Munition zu den zahlreichen Häfen und Buchten in ungezählten Überwachungsfahrten und -flügen zu unterbinden. Das blieb aber wirkungslos, und am 9. Mai 1972 begannen sie, von Minen ausgiebig Gebrauch zu machen. Während einer einzigen Nacht verseuchten Trägerflugzeuge die Zufahrten zu allen Häfen und entlang der Binnenwasserstrassen. Da Nord-Vietnam über keine Räummittel verfügte, wurde ihr über See kommender logistischer Nachschub erheblich eingeschränkt.
Die Amerikaner haben ein sehr wirksames System zur Minenverlegung durch U-Boote in Flachwasser bis 100 m Tiefe entwickelt, die bewegliche Mine (SLMM) Mk 67. Die Mine wird durch ein Torpedorohr ausgestossen und erreicht dann aus eigener Kraft auch Gebiete, die für den Minenträger unzugänglich sind. Die Sowjetmarine hat ein ähnliches System.
Die Wassertiefen in den meisten Seegebieten Nordwest-Europas betragen 60 m oder weniger. Die gesamte Nordsee, der Englische Kanal und die Zugänge nach Grossbritannien und Frankreich vom Atlantik her liegen über dem flachen Kontinentalschelf, und in vielen Gebieten ist der Seeverkehr durch Flachwasser und Sandbänke eingeengt. Ein solches Gebiet ist für einen Minenkrieg ideal, und just durch solches Gebiet muss die NATO ihre Landstreitkräfte auf dem europäischen Festland versorgen.
Eine nützliche Nebenwirkung des Minenkrieges ist, dass der Verteidiger kostbares Personal und Material für die Räumung einsetzen muss. Als der Zweite Weltkrieg begann, hatten die Briten, als Beispiel, 75 Minensuch-Fahrzeuge. Innerhalb eines Jahres waren es über 700, 1945 hatten sie 274 Hochsee-Minensucher und 443 Küsten-Minensucher. Einschliesslich aller Trawler und Hilfsfahrzeuge waren rund 1'500 Fahrzeuge eingesetzt, und 14'300 Minen wurden geräumt. Trotzdem gingen 534 Schiffe mit 1'406'000 BRT durch Minen verloren. Fast alle Verluste entstanden in Heimatgewässern, davon mehr als die Hälfte in den ersten 16 Monaten des Kriegs.
Minen werden auch in der U-Boot-Abwehr gebraucht. Das amerikani-

Minenlegen

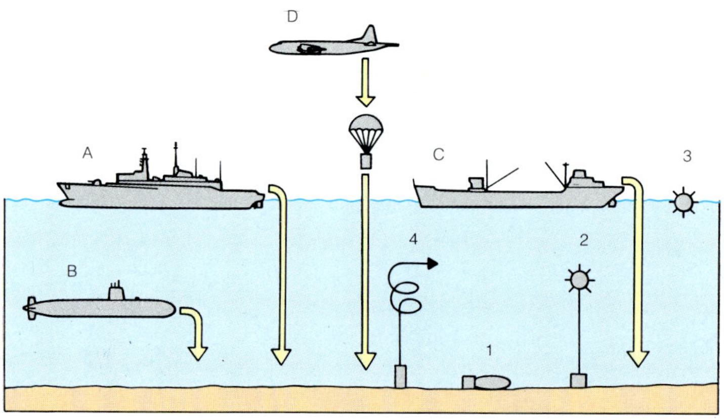

Oben: Minen können durch Kriegsschiffe (A), Unterseeboote (B), Handelsschiffe (C) oder Flugzeuge (D) verlegt werden; sie können auf dem Meeresgrund liegen (1), in vorher eingestellter Höhe durch einen Minenstuhl verankert sein (2), an der Oberfläche treiben (3) oder automatisch aus einer Kapsel am Grund starten (4).

Unten: Minensucher des Ständigen Flottenverbands Ärmelkanal der NATO üben gemeinsam. Häfen an Kanal und Nordsee können vom Gegner schnell vermint werden.

Oben: Ein Minenbekämpfungs-Hubschrauber RH-53D schleppt einen Schlitten zur Räumung von Magnetminen im Roten Meer.

Unten: Diese Captor-Mine wird in tiefem Wasser verlegt, zumeist in der Nähe strategischer Aus- und Einlaufrouten feindlicher Unterseeboote.

sche Captor-System, das automatisch einen zielsuchenden Torpedo mit einer geschätzten Reichweite von 1'000 m verschiesst, kann bis 600 m Tiefe arbeiten. Solche Waffen sind offensichtlich ideal an den Knotenpunkten, die die Sowjets benützen müssen, um ihre SSN und SSGN in den Atlantik oder Pazifik hinauszubringen. Wie die Flachwasserminen können sie durch Flugzeuge, Schiffe und U-Boote ausgelegt werden. Die grosse Gefahr dieses Systems liegt darin, dass die abgeschossenen Torpedos nicht wählen können. Sie haben keine IFF-Einrichtung. Deshalb müssen sich eigene Boote in sicherem Abstand bewegen.
In der defensiven Rolle werden Minen ausgelegt, um Einfahrten zu Häfen und Wasserwegen zu schützen. Diese Art Minenverlegung soll insbesondere Häfen gegen das Eindringen von Unterseebooten schützen, Flanken von Landstreitkräften gegen einen Angriff von See decken und amphibische Landungen unterstützen.
Die neuen sowjetischen drahtgelenkten Minen sind für diese Verwendung besonders geeignet, da sie die Durchfahrt eigener Schiffe erlauben und erst bei einem feindlichen Angriff aktiviert werden.
Ihre erhebliche Wirkungsweise und relative Preisgünstigkeit machen Minen zu einem bedeutenden Teil des heutigen Waffenarsenals. Eine Verteidigung wird zunehmend erschwert, da die Empfindlichkeit der Zünder stetig wächst.
Die beste defensive Taktik ist, die Legesysteme – Flugzeug, Schiff oder Unterseeboot – zu entdecken und zu zerstören, bevor sie ihre Ladung auslegen können.

Unten: Das ferngesteuerte Tauchboot des französischen Minenjagdsystems PAP 104 wird gefiert. Die zunehmende Verfeinerung sowjetischer Minen hat im Westen dazu geführt, Minenjagd-Techniken zu entwickeln, die das Risiko für Mensch und Material verringern. Dieses französische System ermöglicht die ferngesteuerte Plazierung einer Sprengräumladung neben einer Mine, die vom suchenden Schiff entdeckt wurde.

Offensiver und defensiver Einsatz von Minen

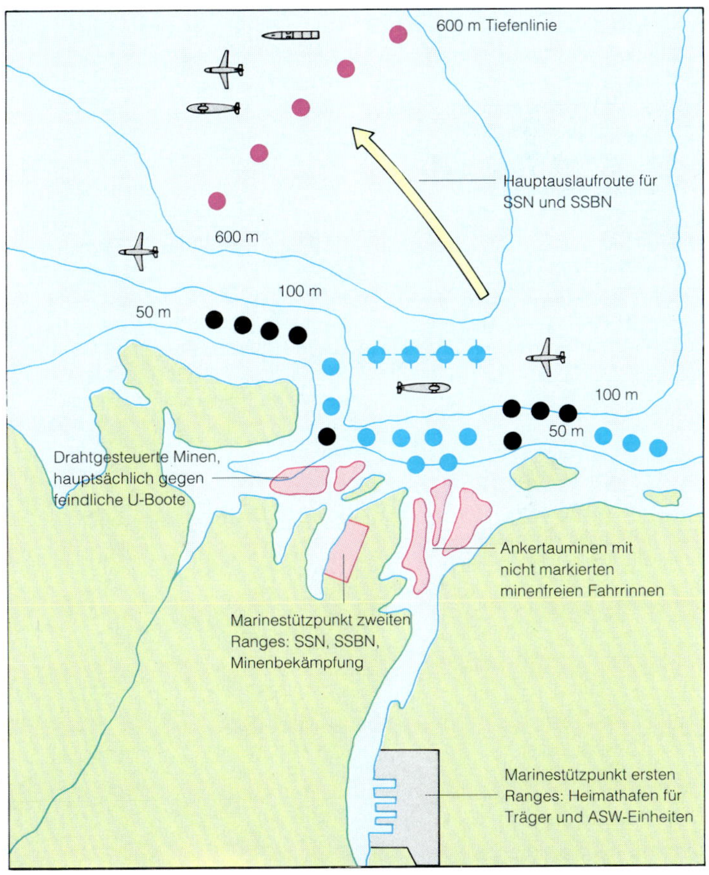

Oben: Im Frühstadium eines Konflikts wird jede Anstrengung unternommen werden, den Gegner in seinen eigenen Häfen einzuschliessen. Minen sind ebenso zur Verteidigung eines Hafens gegen ein mögliches Eindringen feindlicher Unterseeboote zu verwenden. Die Zeichnung zeigt, wie die verschiedenen Minentypen verwendet werden können: Captor, Überraschungsschlag, U-Boot-Minen selbstbeweglichen Typs in offensiver Anwendung und Ankertau-, Antennen- und drahtgelenkte Minen zum Schutz von Stützpunkten ersten und zweiten Ranges.

Offensives Minenlegen

- Captor-Minen
- Minenfelder für Überraschungsschlag
- von Unterseebooten verlegte, selbstbewegliche Minen
- Minenlegendes Schiff
- Minenlegendes Flugzeug
- Minenlegendes Unterseeboot

Defensives Minenlegen

- Antennen-Minen gegen U-Boote
- Minenfelder

Fazit

Seeschlachten waren lange Zeit die einzige Form des Seekriegs, aber heute ist die Marine ein integrierter Teil der Operationen anderer Zweige der Streitkräfte, und mit der Entwicklung zeitgemässer Waffensysteme hat die Entfernung zwischen den Kämpfenden zugenommen. Während des Zweiten Weltkriegs überschritten die Schlachten erstmals die optische Sichtgrenze; für die Zukunft darf angenommen werden, dass Kämpfe auf See sich über ungeahnte Räume erstrecken. Dennoch dürften die Grundvoraussetzungen der Taktik die gleichen bleiben. Das sind die Suche nach dem Gegner, die taktische Aufstellung der Streitkräfte und das Zuschlagen, sobald die Waffenplattformen ihre Ziele im Griff haben.

Die drei Hauptgebiete der Taktik, Überwasser, Luft, Unterwasser, müssen gleichzeitig von einer maritimen Kampfgruppe berücksichtigt werden. Zweifellos ist von den dreien die Luftherrschaft die wichtigste Voraussetzung für den Erfolg. Die Briten gewannen im Südatlantik die Luftschlacht, doch nur um Haaresbreite, und bei irgendeinem künftigen Krieg zwischen Warschauer Pakt und NATO wäre ein ausgedehnter Luftkrieg einbezogen.

Die Strategie der NATO erfordert eine Verstärkung der westeuropäischen Seeflanke, während Angriffsflotten im Nordmeer und im östlichen Mittelmeer zur Unterstützung amphibischer Kräfte operieren müssen. Die Sowjets sind auf diese Fälle sehr gut vorbereitet. Ihre wichtigste Taktik ist, die Verteidigung ihrer Gegner durch koordinierte Angriffe von Flugzeugen, Flugkörpern und Unterseebooten hinwegzuschwemmen. Jede Art der Seekriegführung darf unter diesen Umständen erwartet werden, auch der Einsatz taktischer nuklearer Waffen.

Eine grosse Rolle wird die strategische Abschreckung spielen, wobei die Standorte der SSBN beiden Seiten ständig Sorge bereiten werden. Das aktuelle Wissen um die technischen Fähigkeiten des Gegners dürfte gegenüber der Vergangenheit abnehmen. Flugkörper sind zielgenauer als Geschütze, deshalb wird der Vorteil bei dem Schiff liegen, das sie zuerst verschiesst. Und die Schlachten werden in einem elektronischen Umfeld geschlagen werden, so dass höchst leistungsfähige ECM immer wichtiger wird.

Alle diese Erwägungen führen zu einigen Schlüssen, die nachstehend zusammengefasst sind:

1. Täuschung spielt eine Hauptrolle in der heutigen Seekriegführung. Schiffsformationen, Täuschkörper, Täuschungsmanöver, Radarstörfolien, Funkstörung und elektronische Täuschung gehören dazu. Auch schnelle Verlegung einer Kampfgruppe nach Durchgang eines Überwachungssatelliten kann Verwirrung schaffen.

Oben: U-Boot-Abwehr ist eine ständige Aufgabe in der Seekriegführung. In der Ferne detoniert eine Asroc, abgefeuert von einem der Geleiter des Trägers.

Unten: Die Entdeckung eines Luftangriffs im Falkland-Sund während der britischen Landungen bei San Carlos war schwierig. HMS Ardent war eine von jenen, die dafür den Preis zahlen mussten.

Oben: *Die schnelle Verlegung von Marine-Einheiten ist für die erfolgreiche Durchführung einer Aufgabe nötig und gibt dem Gegner Rätsel auf. Hier durchläuft der Träger USS America den Suez-Kanal.*

Unten: Der Kreuzer Long Beach zeigt die ständigen Kurswechsel, die eine Kampfgruppe dauernd vornehmen muss, wenn Sie nicht einem feindlichen U-Boot-Angriff zum Opfer fallen will.

2. Die Streitkräfte müssen versuchen, ausserhalb der Reichweite eines Gegners zu bleiben. Verhindert er es, müssen sie zuerst zuschlagen.
3. Grösstmöglicher Schutz muss für Hauptgruppen bereitgestellt werden, insbesondere wenn sie Träger einschliessen, und Luftdeckung ist für eine Kampfgruppe wesentlich. Optimale Aufstellung der Schiffe, um die wirksamste unterstützende Deckung vor Lang-, Mittel- und Kurzstrecken-Flugkörper-Systemen zu erreichen – die sogenannte Verteidigung in der Tiefe –, ist lebensnotwendig.
4. Weiträumige, luftgestützte Radarabdeckung ist unerlässlich.
5. Koordination mit den SSN-Streitkräften zur Unterstützung einer Überwassergruppe ist notwendig, um das Überraschungselement des Unterseebootes zu nutzen.
6. Es wird wichtiger denn je sein, den Gegner zu versenken, nicht nur zu beschädigen, denn Schiffsverluste sind nur schwer auszugleichen. Entsprechend wichtig ist die Robustheit des Entwurfs und die Leckwehr, damit das Schiff nicht auf Grund eines einzigen FK-Treffers zum Verlust wird.
7. Der Minenkrieg wird eine Schlüsselrolle spielen.
8. Die Mittel einer Flotte, einer Schlachtgruppe, einer Kampfgruppe oder eines Kampfverbandes müssen so ausgewogen sein, dass ein weiter Spielraum an Möglichkeiten entsteht.
9. Trotz der relativen Langsamkeit einer grösseren Gruppe auf See ist Geschwindigkeit wichtig, denn sie kann die Fähigkeit verleihen, schnelle Handlungen zum Nachteil des Gegners durchzuführen.
10. Führung und Durchführungskontrolle ist bei Seestreitkräften ein entscheidendes Erfordernis, um gemeinsam auf gegnerische Angriffe zu reagieren. Gute Zusammenarbeit zwischen den Einheiten bedeutet, ihre Stärken zu nutzen und ihre Schwächen zu decken.
11. Mit der Anwendung nuklearer Waffen auf See muss gerechnet werden; Schiffe sollten mit Rücksicht auf diese Bedrohung aufgestellt werden.
12. Gute Nachrichtenverbindungen und logistische Unterstützung sind unerlässlich.
13. Die Rolle einer einzelnen maritimen Einheit, wie sie ein Unterseeboot mit Flugkörpern darstellt, kann entscheidende Wirkung haben, wenn man seine Fähigkeit bedenkt, ein grosses Schiff ohne Warnung und vielleicht gar im Alleingang zu vernichten.
14. Bei aller Planung, die einer Seeschlacht vorausgehen muss, sollte man bedenken, dass auf See oft das Unerwartete geschieht und viele Entscheidungen in der Hitze des Gefechts getroffen werden müssen. Die Geschichte hat gezeigt, dass der Seebefehlshaber, der das Unerwartete tut und allgemeingültige Regeln durchbricht, eher als Sieger hervorgehen wird.

Abkürzungen und Glossar

Diese Zeichnung, frei nach den Umrissen eines sowjetischen Zerstörers der Klasse Krivak II, dient dazu, die einzelnen Teile eines modernen Kriegsschiffs und die mit ihnen verbundene Terminologie darzustellen.

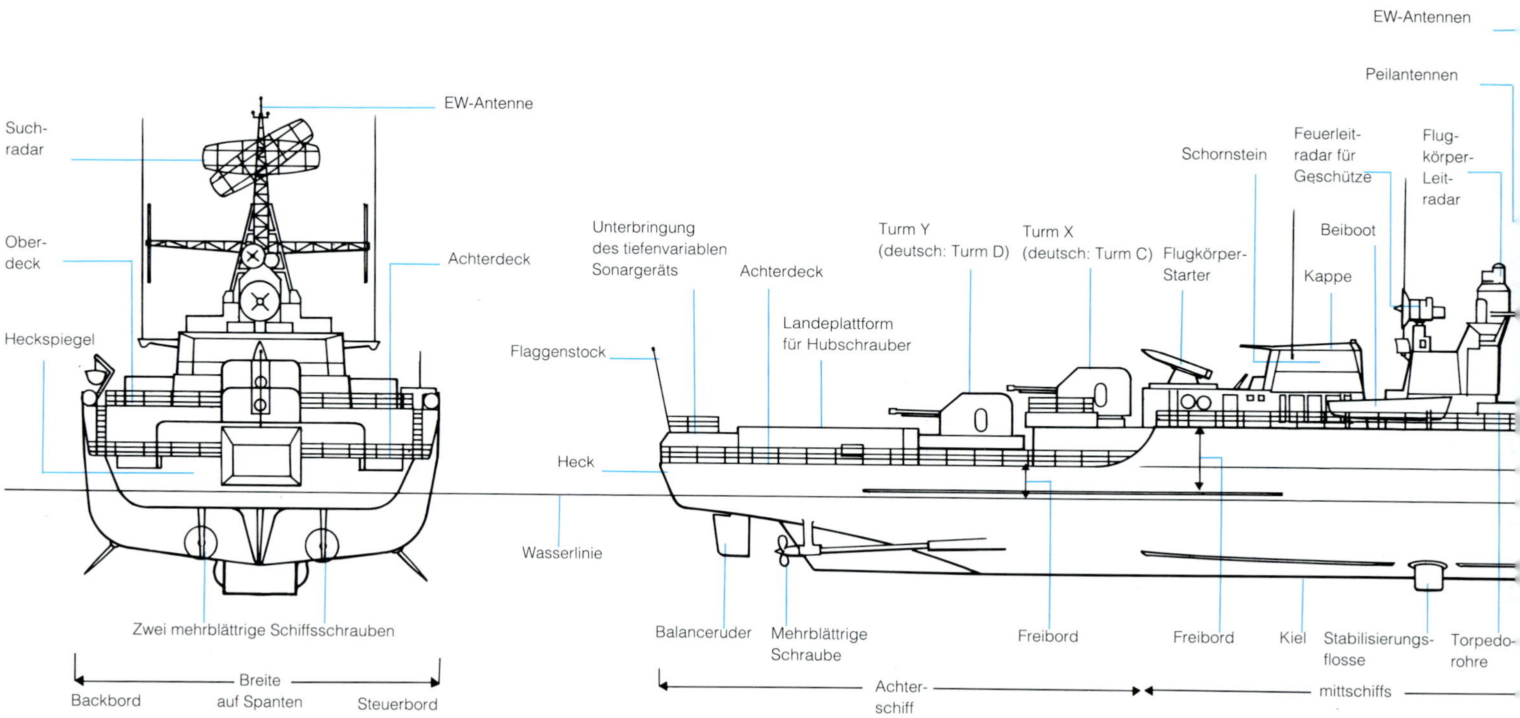

Erläuterungen

Abkürzungen, Kurzbezeichnungen, Kurzworte (Akronyme) und Begriffe aus der Seefahrt im militärisch-technischen und militärisch-politischen Bereich der NATO

A

A (franz.) Aviso

A/S Anti-Submarine *(gegen U-Boote)* Alles, was gegen Unterseeboote gerichtet ist, Planung, Waffen etc.

AA Anti-Aircraft *(gegen Flugzeuge, heute auch FK)* Luftabwehr

AAM Air-to-Air Missile *(Luft-Luft-Flugkörper)* Flugkörper für den Luftkampf

AAW Anti-Aircraft Warfare Luftverteidigung

ACV air-cushion vehicle Luftkissenfahrzeug

ADAWS Action Data Automation Weapons System Automatisch arbeitendes System zur Ermittlung von Richtwerten für Waffen

ADCAP Advanced Capability Program Programm für fortgeschrittene Fähigkeiten, kurz: Kampfwertsteigerung

Aegis Airborne Early Warning Ground Environment Integration Segment *(Luft-Frühwarnung, die in Wechselbeziehung mit den Bedingungen am Boden steht)* Ein System von Sensoren, Datenbanken, Darstellungs- sowie Feuerleitgeräten zur Erfassung, Identifizierung, Verfolgung und Bekämpfung von Luftzielen (Flugzeuge, ballistische und Lenk-Flugkörper), dem ergänzende Systeme zugeschaltet werden können; liefert fast in Echtzeit Entscheidungsgrundlagen für die Schiffsführung, bzw. führt bei höchster Gefahr die Abwehr automatisch aus. Das System kann in verschiedenen Arten und Grössen aus Modulen zusammengesetzt werden, wovon jeweils die Kapazität abhängt. Das System SPY-1 mit Digital-Computer UYK-1 (wie auf der Ticonderoga-Klasse) erfasst innerhalb des Radarhorizonts 45 sm (83 km), hemisphärisch 175 sm (314 km). An dieses System können über Nachrichtenverbindung weitere Schiffe einer Kampfgruppe angeschlossen werden. Über 4'000 Ziele können gleichzeitig erfasst und verfolgt, 86 nach vom Computer bestimmter Priorität bekämpft werden.

AEW Airborne Early Warning Luftgestütztes Frühwarn-System

AGSS Auxiliary general submarine Versuchs-Unterseeboot

AIO Action Information Organization *(Organisation aller Gefechts-Informationen)* Kommandozentrale eines Schiffes (auch CIC)

ALWT Advanced Lightweight Torpedo Weiterentwickelter Leichtgewichts-Torpedo (zur U-Boot-Abwehr, aus speziellen UTR oder normalen TR mit eingelegten Schienen zu verschiessen).

ANS (franz.) *Anti Navire Supersonique* überschallschneller Seeziel-Flugkörper

Arapaho-System Codebezeichnung aus dem Falklandkrieg. Aus Mangel an Flugzeugträgern rüstete die RN Containerschiffe um. In Standard-Containern untergebrachte Einrichtungen für den Flugbetrieb von der zusätzlichen Elektronik bis zur Motoren-Werkstatt und sonstigen Anlagen zur Wartung von Hubschraubern wurden an Deck gestellt, darüber ein Hubschrauber-Deck montiert. Damals dauerte die Improvisation neun Monate. Heutzutage stehen Systeme vorgefertigt bereit. (Siehe hierzu «SCADS» und «MAC»). Da nicht der gesamte Frachtraum benötigt wird, könnten die Schiffe auch teils als Versorger dienen.

ARM Anti-Radar Missile *(FK gegen Radar)* Flugkörper zur Bekämpfung feindlichen Radars, der sich auf dem gegnerischen Reflexstrahl selbst steuert

ARPS Advanced Radar processing System Fortgeschrittenes System zur Verarbeitung von Radar-Daten

ASM Air-to-Surface Missile *(Luft-See-Flugkörper)* Schiffsbekämpfungs-FK

ASMD Anti-Ship Missile Defence Abwehr von Flugkörpern, die gegen Seeziele gerichtet sind

Asroc Anti-Submarine Rocket *(ASW-SOW, Abstandswaffe)* Raketengetragener Torpedo zur Unterseeboot-Abwehr auf grössere Entfernung

ASuM Anti-Submarine Missile U-Boot-Abwehr-Flugkörper

ASW Anti-Submarine Warfare U-Boot-Bekämpfung

ASW-SOW (Stand-off Weapon) Abstandswaffe, Bekämpfung von Unterseebooten auf grössere Entfernung, Nachfolge der SUBROC, Nutzlast des Trägers ein ALWT (Mk 46) oder Atom-Wasserbombe.

ATDS Airborne Tactical Data System Luftgestütztes System zur Verarbeitung taktischer Daten

AV-MF Sowjetische Marine-Luftwaffe

AWACS Airborne Warning and Control System Luftgestütztes Frühwarn- und Überwachungssystem

B

B+V Die deutsche Werft Blohm+Voss, einst: Blohm & Voss

BB Battleship Schlachtschiff

BBC Broad Band Chaff Breitband-Störfolien. Die aus metallischen Folien bestehenden Störfolien müssen nach Länge und Breite auf die Bandbreite (Frequenz) der zu erwartenden Anstrahlung zugeschnitten sein.

BPDMS Basic Point Defence Missile System System zur Luftverteidigung des Nächstbereichs eines Schiffes gegen FK und Flugzeuge durch FK und Rohrwaffen

BRT Brutto-Registertonne Vermessungseinheit aller auf einem Schiff nutzbaren Räume; eine BRT = 2,83 m^3. Darf nicht mit NRT (Netto-Registertonne) verwechselt werden, die nur die für Passagiere und Fracht nutzbaren Räume umfasst, auch nicht mit tdw (tons deadweight), der gesamten Tragfähigkeit eines Schiffes, die Proviant, Wasser, Brennstoff etc. einschliesst oder mit der Wasserverdrängung. Tonnageangaben ohne Definition (also z. B. 8317 Tonnen) sind wertlos.

C

Corvette (franz.) Korvette

C^3 Command, Control and Communication *(Führung, Überwachung und Nachrichtenverbindung)* Die Vielfalt aller Einrichtungen einer Schiffs- oder Verbandsleitstelle, einschliesslich Feuerleitung aller Waffen und interner wie externer Nachrichtenverbindungen.

CAP Combat Air Patrol Kampfaufklärung durch Luftstreitkräfte

Captor Encapsulated Torpedo *(verkapselter Torpedo)* Grundmine mit Sensoren, die statt einer (auf der Stelle bleibenden) Sprengladung einen zielsuchenden Torpedo enthält, also einen grösseren Wirkungsbereich hat.

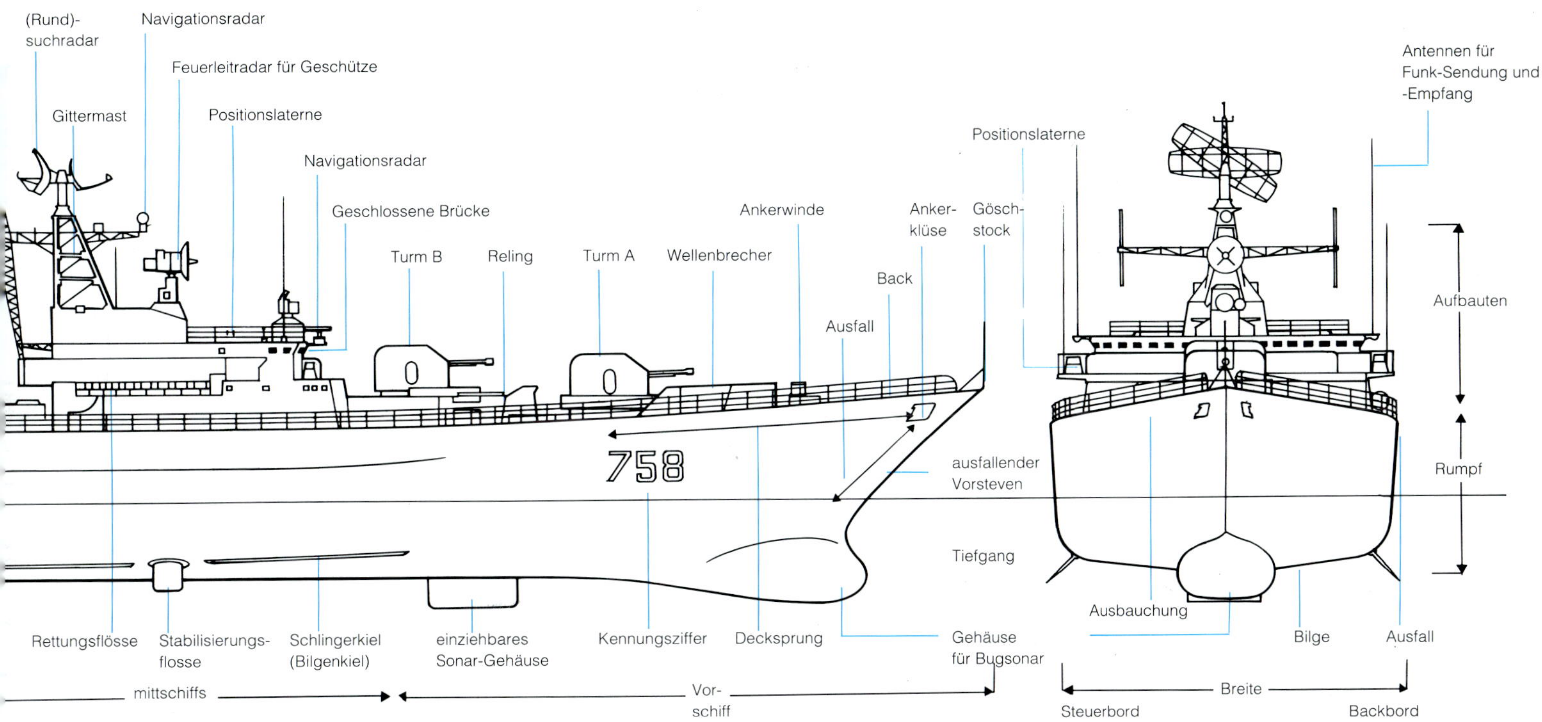

CAW Carrier Air Wing Flugzeugträger-Geschwader

CCTV Coastal Control TV Fernsehüberwachung der Küste

cep circular error probable Streukreisradius. Masseinheit ist die Seemeile, also ein cep 0,25 beträgt 463 m. Im cep liegen 50% der Treffer.

CG Cruiser Guided Missile Lenkwaffen-Kreuzer

CGN Cruiser Guided Missile Nuclear Atomgetriebener Lenkwaffen-Kreuzer

CIC Command Information Center Operations- (Gefechts-) Zentrale eines Schiffes

CINCEASTLANT Commander-in-Chief Eastern Atlantic Area Oberbefehlshaber Ostatlantik

CINCHAN Commander-in-Chief Channel and Southern North Sea Oberbefehlshaber Ärmelkanal und südliche Nordsee

CIWS Close In Weapon System Nächstbereichs-Waffensystem bis etwa 4'000 m; heute zumeist mehrrohrige Rohrwaffen hoher Kadenz, vollautomatisch und radargesteuert. Die ersten überschallschnellen FK kommen neuerdings hinzu.

CODAD Combined Diesel and Diesel Dieselmotoren verschiedener Leistung werden über Getriebe mit addierter Leistung auf die gleiche(n) Welle(n) geschaltet. Bei diesen und ähnlichen Anlagen dient der Motor geringerer Leistung der Marschfahrt, der aufgeschaltete höherer Leistung zum Erreichen der Höchstfahrt. Stets kenntlich durch «A» (wie «and» = «und») als vorletztem Buchstaben; Kennzeichnung durch «O» («or» = «oder») als vorletztem Buchstaben bedeutet, dass jeweils nur ein Aggregat geschaltet werden kann, was bei gleichzeitiger Verwendung von zwei unterschiedlichen Gasturbinen der Fall sein kann, hauptsächlich aber bei Mischbetrieb von Dieselmotoren und Gasturbinen, die auch über getrennte Getriebe arbeiten müssen, sofern es nicht Flüssigkeitsgetriebe sind.

COGOG Combined Gas or Gas Gasturbinen verschiedener Leistung werden über Getriebe wechselweise auf die gleiche Welle geschaltet

CONAG Combined Nuclear and Gas turbine Power Kombinierter Antrieb aus der atomkraftgetriebenen Dampfturbine und zusätzlicher Gasturbine; beide wirken auf die gleiche Welle

CONAS Combined Nuclear and Steam Power Kombinierter Antrieb aus Atomkraft-Turbine und zusätzlicher Abdampf-Turbine, die auf die gleiche Welle wirken

CRT Cathode Ray Tube Kathodenstrahl-Röhre

CSGN Strike Cruiser Missile Nuclear einst geplanter FK-Kreuzer, atomgetrieben, mit überwiegend offensiven Eigenschaften

CTOL Conventional Take-Off and Landing Start und Landung erfolgen herkömmlich über Startbahn oder Katapult oder vom Wasser

CV Carrier Vessel *(Träger-Fahrzeug)* Flugzeugträger

CVA Carrier Vessel Attack *(Träger-Fahrzeug für Angriff)* Mehr oder weniger theoretische Unterscheidung vom CV oder CVN, davon abhängig, ob mehr Jäger oder Bomber eingeschifft sind.

CVN Carrier Vessel Nuclear Atomgetriebener Flugzeugträger

CVNX Carrier Vessel Nuclear Experimental Atomgetriebener Versuchs-Flugzeugträger, bzw. Flugzeugträger für Versuche

CW Continuous Wave Dauerstrich-Frequenz-Signatur

D

DARPA US Defence Advanced Research Projects Agency US-Dienststelle für fortgeschrittene Forschungsprojekte zur Verteidigung

DD Destroyer Flottenzerstörer

DDG Destroyer Guided Missiles Flottenzerstörer mit Lenkwaffen

DF Direction Finder Richtungsanzeiger, Peilgerät

DIMUS Digital Multibeam Steering Digitale, winkelgetreue Mehrfach-Peilstrahl-Steuerung; eine Entwicklung zur genaueren Verarbeitung von Sonar-Signalen

DoD Department of Defence US-Verteidigungs-Ministerium

Dotierung Vorrat an einer bestimmten Munitionsart

DP Double Purpose *(für zwei Zwecke)* fast nur im Zusammenhang mit Geschützen gebraucht; bedeutet, geeignet zur Bekämpfung von Seezielen und (durch grosse Rohrerhöhung, Kadenz und entsprechende Munition) auch von Flugzeugen (gegen Flugkörper weniger geeignet)

E

E Escortescheepen (belg.) Geleitschiff

E Escort (franz.) = Geleitschiff

E–I Bänder (usw.) Bezeichnungen für Bandbreiten im Millimeter-Bereich, also kleinste Frequenzen

EA Electronic Aircraft Flugzeug zur elektronischen Kriegführung

EASTLANT Kommando des ost-atlantischen Verteidigungsbereichs der NATO

ECCM Electronic Counter-Counter Measures Massnahmen elektronischer Art, um ektronische Gegenmassnahmen unwirksam zu machen

ECM Electronic Countermeasures Elektronische Gegenmassnahmen (zum Beispiel gegen Radar, Flugkörper-Lenkung usw.)

ELF Extreme Low Frequency Überlängstwelle (Wellenlänge über 20 km; unter 15 kHz)

elint electronic intelligence elektronische Spionage

EMP Electro-Magnetic Pulse elektromagnetische Welle (Impuls)

EMT Effective Megatons wirksame Sprengkraft in Megatonnen (1 Megatonne = 1 Mio. Tonnen)

EMT Electro-Magnetic Thrust elektromagnetisch erzeugte Schubkraft, indem Wasser durch ein Rohr zwischen zwei Reihen elektromagnetischer Spulen geführt und ausgestossen wird

ESM Electronic Support Measures Vorrichtungen, elektronische Geräte leistungsfähiger zu machen

EW Electronic Warfare Elektronische Kriegführung

F

F Frégate (franz.) Fregatte

F Fighter Jagdflugzeug

F/A Fighter/Attack Jagd- und Angriffsflugzeug, Jagdbomber, Jabo

FFG Fregate Guided Missile Schnelle Lenkwaffen-Fregatte

FK Flugkörper, ballistisch oder gelenkt (im Volksmund: Rakete)

Flak Flugzeugabwehr-Kanone

FLIR Forward-Looking Infra-Red Voraus ortendes Infrarot-Gerät

FOST Force Oceanique Stratégique (franz.) Ozeanische strategische Streitkräfte

FPB Fast Patrol Boat Schnellboot (mit Torpedos oder Raketen, Rohrwaffen und Wasserbomben bestückt)

G

g Geschwindigkeitszunahme in der Zeiteinheit; hier: Erdbeschleunigung 9,81 m/sec^2 im freien Fall

GFCS Gunfire Control System Feuerleitsystem für Geschütze

GIUK Greenland-Iceland-United Kingdom (Gap) Die Meeresräume (Lücken) zwischen Grönland und Island, Island und Grossbritannien

GP General Purpose Allgemeiner Zweck (auch Mehrzahl)

GRP Glassfibre Reinforced Plastic Glasfaserverstärktes Kunstharz

H

Harpoon Name für einen Seeziel-Marschflugkörper, der von Schiffen, U-Booten (als Sub-Harpoon) und Flugzeugen in verschiedenen Ausführungen verwendet werden kann

Hedgehog Igel (Spitzname). Bis zu 48 kleine Wurfgranaten mit Aufschlagzünder wurden in ovaler Form über die vermutete Position eines Unterseeboots gestreut. (Waffe des Zweiten Weltkrieges)

HF High Frequency Kurzwellenbereiche 3,0–6,0 MHz = 100–50 m 6,0–30,0 MHz = 50–10 m

HIRAM Hycor Infra-Red Anti-Missile Hycor-Infrarot-Geschoss gegen FK

HMS Her Majesty's Ship Ihrer Majestät Schiff; im kaiserlichen Deutschen Reich einst SMS = Seiner Majestät Schiff; entsprechend bei anderen Nationen

HTP High-Test Peroxide Hochleistungs-Wasserstoff-Superoxyd

HY High Yield hochfest, besonders unter Druck; Bezeichnung für die Zerreissfestigkeit amerikanischen Stahls

I

IFF Identification (auch: Interrogation) Friend/Foe Abfragende Identifizierung ob Freund oder Feind. Durch die Radaranstrahlung des oft noch nicht sichtbaren Luftziels, bzw. einen mit dem Radar gekoppelten Sender (der aber auch unabhängig arbeiten kann) wird im Objekt ein Sender durch einen Signal-Impuls in Gang gesetzt, der eine Kennung funkt. Antwortet er nicht oder falsch, handelt es sich um einen Gegner. (Es soll bereits versuchsweise FK mit Kennung geben.)

IFM Instantaneous Frequency Measuring Zeitgleiche Frequenz-Messung

II Image Intensification Bildverstärker (siehe: LLTV)

IKL Ingenierkontor Lübeck. Deutsches U-Boot-Konstruktionsbüro

IR Infra-Red Infrarot. Schiffskörper, speziell Antriebsanlagen geben Wärme ab, deren unsichtbare Strahlung im infraroten Wellenbereich durch IR-Sensoren weithin geortet werden kann. Dagegen werden Schutzmassnahmen ergriffen (Kühlung, Anstrich u. a. m.). Wärme-Ortungsempfänger, Wärmebildgerät sind deutsche Bezeichnungen für die Empfangsgeräte.

J

JMSDF Japanese Maritime Self-Defence Force Japanische Marine-Selbstverteidigungs-Streitkräfte

K

Kadenz Schnelligkeit der Schussfolge pro Minute eines Geschützes (oder MG etc.). Meist wird die theoretische angegeben, die praktische liegt je nach Waffe bis unter 50%. Ladegeschwindigkeit, Rohrerhitzung und andere Faktoren spielen eine erhebliche Rolle.

Kaliber bedeutet sowohl den Innendurchmesser eines Geschützrohres (zum Beispiel 11,4 cm, 114 mm), wie auch mit der Bezeichnung «L/...» die Länge des Seelenrohres, selten noch des gesamten Rohres. 114 mm L/60 bedeutet also 60 x 114 mm = 684cm. Dieser Wert ist für die Geschützleistung von Bedeutung. Als neuere Schreibweise setzt sich «114 mm/60» durch.

Kevlar (gesch. Produktname der Firma Du Pont) Mehrschichten-Faserkunststoff anstelle stählerner Panzerung mit fünffacher Festigkeit bei gleichem Gewicht. Sehr flexibel, leicht formbar, kaum dehnbar, korrosionsfrei, hitzebeständig, selbstverlöschend, nicht magnetisch, nicht leitend; im Bereich von -40° bis +130°C unempfindlich; also sehr viele Vorteile gegenüber Panzerstahl. Pz.-Stahl wurde zum Beispiel dem Rumpf vorgehängt, selten als Rumpfteil verwendet, Kevlar wird hintergehängt, bei Decks darunter anstatt darüber. Auch für Schutzkleidung etc. verwendbar. Wird in mehreren Spezialausführungen für diverse Zwecke gefertigt.

kn Knoten. Masseinheit für die Geschwindigkeit von Schiffen. 1 kn = 1 sm (Seemeile) pro Stunde = 1'852 m/h.

L

LAH Light Aircraft carrier Helicopter Leichter Hubschrauber-Träger

LAMPS Light Airborne Multi-Purpose System Leichtes luftgestütztes Mehrzweck-System, Mehrzweck-Hubschrauber zur Ortung und Bekämpfung von Unterseebooten.

LC Landing Craft Landungsboot

LCAC Landing Craft Air Cushion Luftkissenfahrzeug als Landungsboot

LCT Landing Craft Tank Panzer-Landungsboot

LF Long Frequency Langwelle 5'000– 500 m, 60–600 kHz

LLTV Low Light Television Restlicht-Fernsehen; ein Bildverstärker-Verfahren, keine Sende- oder Empfangsanlage

LORAN Long-Range Navigation Funknavigationsverfahren mit Hilfe ortsfester, synchronisierter Sender mit gleicher Amplitude; deckt fast die ganze Erde ab, wird aber nach und nach durch Satelliten-Navigation ersetzt werden.

LPD Landing Platform Dock Docktransporter (Landungsboote im Rumpf des Mutterschiffes eingedockt; Ausdocken erst zum Einsatz.)

LPH Landing Platform Helicopter Grosser amphibischer Truppentransporter mit Hubschraubern

LRMP(A) Long Range Maritime Patrol See-Fernaufklärung durch «A» wie Aircraft (Flugzeug)

LSM Landing Ship Medium Allgemeines (mittelgrosses) Landungsschiff

LST Landing Ship Tank Panzer-Landungsschiff

M

MAC Merchant Aircraft Carrier Handels-Flugzeugträger. Zum besseren Schutz der Geleitzüge im Zweiten Weltkrieg wurden behelfsmässig sechs Trockenfrachter und neun Schweröl-Tanker zur U-Boot-Abwehr zusätzlich zu ihrer etwas reduzierten Fracht mit Flugdeck, Hangar (nur Frachter) und zugehörigen Nebenanlagen für vier Flugzeuge vom Typ Swordfish ausgerüstet.

Mack Zusammenziehung von «mast» und «stack». Mast und Schornstein sind eine Konstruktionseinheit.

MAD Magnetic Anomaly Detector Gerät zur Erkennung erdmagnetischer Anomalie (Störung der Magnetfeldlinien) durch U-Boote. Rümpfe aus Titanstahl oder amagnetischem Stahl schützen vor Entdeckung; ersterer bietet zusätzlich eine höhere Festigkeit (grössere Tauchtiefe, geringere oder keine Trefferwirkung).

MARV Manoeuverable Reentry Vehicle Manövrierfähiger Wiedereintrittskörper (in die Atmosphäre), der durch Programm oder Aussensteuerung (siehe: OTH-T) und nicht ballistisch sein Ziel ansteuert.

MCM Mine Countermeasures Gegenmassnahmen gegen Minen, zumeist elektronischer oder akustischer Art. Druckminen oder getarnte sind dennoch kaum zu räumen.

MCMV Mine Countermeasure Vessel *(Schiff zur Bekämpfung von Minen)* Minenjagdboot mit elektronischen, mechanischen und anderen Einrichtungen zur Fernräumung von Minen, insbesondere solcher mit elektronischer Zündung.

MEKO Mehrzweck-Korvetten-Typ der bundesdeutschen Firma Blohm+Voss mit containerisierten Ausrüstungsteilen, wie Waffen mit Magazinen, elektronische Anlagen, Lüftung, Stromerzeugung usw. Antrieb palettiert, zum schnellen Austausch bei Wartung, Reparaturen oder Kampfwertsteigerung.

MF Medium Frequency Mittelwellen 500–180 m, 600–1'600 kHz einschl. Grenzwellen 180–100 m, 1,6–3,0 MHz

MHD Magneto Hydrodynamic Drive Antrieb durch hydrodynamischen Magnetgenerator, in dem in einem abgeschlossenen Rohr eine Eisenlösung durch magnetische Erregung pulsiert und dadurch in einem offenen Rohr Seewasser bewegt und nach dem Düsenprinzip ausstösst.

MIDAS Mine Detection and Avoidance Sonar Sonar zur Entdeckung und Vermeidung von Minen. Eine Ableitung aus dem Asdic des Zweiten Weltkriegs, das unter günstigen Umständen Minenstände entdecken konnte. MIDAS kann auch Grundminen aufspüren.

MIRV Multiple Independently Targetable Reentry Vehicle Wiedereintrittskörper (in die Atmosphäre) mit mehreren Sprengköpfen, die unabhängig und programmiert ihr Ziel ansteuern

MRV Multiple Reentry Vehicle Wiedereintrittskörper (in die Atmosphäre) mit mehreren Sprengköpfen, die nach Lösung vom Träger ballistisch ins Ziel gehen und damit die Trefferchancen eines Einzelsprengkopfs vergrössern

MSBS Mer-Sol Balistique Stratégique (franz.) Ballistischer strategischer FK Meer/Land (dem SLBM im englischen Sprachraum entsprechend).

MTI Moving Target Indication Anzeige eines sich bewegenden Ziels

N

NASA National Aeronautics and Space Administration Nationale Luft- und Raumfahrtbehörde (der USA)

NATO North Altlantic Treaty Organization Nordatlantische Verteidigungsgemeinschaft

NCA National Command Authority Nationale Kommando-Behörde (der USA), die die politischen Entscheidungen bezüglich eines Einsatzes der Streitkräfte trifft.

NDB Nuclear Depth Bomb Atom-Wasserbombe, am gebräuchlichsten mit 1 kT

NEACP National Emergency Airborne Command Post Nationales luftgestütztes Notfall-Kommandoamt (der USA). Flugzeug mit Vertretern der höchsten politischen und militärischen Stäbe, von dem man annimmt, es überstünde die Vernichtung oder Lahmlegung aller erdgebundenen Einrichtungen.

NLM Noise Level Monitoring Sichtbarmachung, Aufzeichnung und Verarbeitung der Signal-Eingänge der Störpegel-Hydrophone

NMCC National Military Command Center Nationale Militärische Kommando-Zentrale (der USA), die die Entscheidungen der NCA strategisch umsetzt.

NTDS Navy Tactical Data System Taktisches Datensystem der Marine. Auf Informationsfluss, Datenbanken und Computern beruhendes System zur Erfassung und Auswertung taktischer Informationen über Freund und Feind zur Erarbeitung der Lage-Lösungen.

O

OTH Over The Horizon jenseits der durch die Erdkrümmung bedingten Sichtbegrenzung, die auch für elektronische Richtmittel gilt, da sie im Ukw-Bereich arbeiten. Lenk-Flugkörper (bald auch Lenk-Geschosse) mit Reichweiten über den Horizont hinaus benötigen, da die Eigenlenkung zur Zielgenauigkeit selten ausreicht, eine Relaisstation zur Kommando-Übermittlung (evtl. auch zur Rückübertragung eigenerfasster Daten), also zum Beispiel Flugzeuge, Hubschrauber, Drohnen, Satelliten. Neuerdings zieht man auch wieder halbstarre Luftschiffe (die gute stealth-Eigenschaften haben) in Betracht.

OTH-B «B» steht für «Backscatter»: Unterdrückung der Meereswellenreflexe des Radarstrahls (Echopegel-Verfahren) zur Erhöhung der Genauigkeit des Richtmittels.

OTH-T «T» steht für «Targeting» Zielfindung

P

PAN porte-avions nucléaire (franz.) Flugzeugträger mit Atomantrieb

PDMS Point Defence Missile System Luftabwehr durch FK im Nahbereich bis ca. 20 km; ansonsten siehe: BPDMS

PDS Passive Detection System passives Ortungs-System (durch passiv arbeitendes Sonar oder Hydrophone)

pop-up Herausspringen. Für die unter Deck oder durch Aufbauten geschützt stehende Waffe öffnet sich beim Einsatz ein Deckel, die Waffe fährt heraus, feuert, verschwindet, der Deckel schliesst sich. Ein Schutz gegen Wetter und Beschädigungen. (Kastenteufel-Prinzip)

prf pulse repetition frequency Impuls-Wiederholungs-Frequenz (kurz: Pulsfrequenz)

PUFFS Passive Underwater Fire Control Feasibility Study Studie zur Durchführbarkeit passiver unterseeischer Feuerleitung

PWR Pressurized-Water Reactor Druckwasser-Reaktor mit Wasser als Reaktionsbremse und Kühlmittel

R

Racer Rankin Closed Cycle Energy Recovery Rankin-System zur Energie-Rückgewinnung im geschlossenen Kreislauf. Abgase werden zur Dampferzeugung über eine andere Turbine genutzt. Derartige Anlagen gibt es zur Frischwasser-Erzeugung an Bord, Heizung etc. seit Jahrzehnten. Das Verfahren von Prof. Walter, das vor über 50 Jahren für Dieselmotoren im offenen und geschlossenen Kreislauf für die Dieselmotoren deutscher Unterseeboote entwickelt worden war, ist samt Weiterentwicklungen in der Energie-Rückgewinnung noch immer am effektivsten.

rad radiation absorbed dose Einheit der absorbierten Strahlendosis je Gramm Materie

Radome Abkürzung für radar dome. Hülle, fast stets aus Kunststoff (Strahlendurchlässigkeit!), halbkuglig, tropfenförmig o. ä. als Wetterschutz für Radargerät, stets aerodynamisch geformt.

RAF Royal Air Force Königlich Britische Luftwaffe

RAM Radar Absorbing Material Radarstrahlen absorbierendes Material. Zumeist Kunststoffe, die sowohl Streuwellen der eigenen Geräte wie Ortungen aus gegnerischen (Schiffe, Flugzeuge, Flugkörper) Quellen teilweise oder ganz «verschlucken» (sollen). Oft mit baulichen Massnahmen (stealth), wie ablenkende Winkel (Spiegelungseffekt, Brechung), kombiniert.

RAM Rolling Airframe Missile Dreh-Flugkörper zur FK-Abwehr. Er verlässt den Starter rotierend, entfaltet Steuerflossen, fliegt teils gelenkt, teils mit aktiver und/oder passiver Eigenlenkung sein Ziel an. – Vergleichbar dem Drall beim Geschoss, wird eine stabilere Flugbahn, damit grössere Treffsicherheit erreicht.
RAP Rocket Assisted Projectile Die beim Geschütz sich aus der Kartusch-Energie ergebende Flugbahn (die nach ballistischen Gesetzen verläuft) wird durch zusätzlichen, vom Geschoss mitgeführten Antrieb durch Hilfsraketen verlängert. Zusätzliche Reichweiten von 80% wurden bereits erreicht, aber die Zielgenauigkeit entspicht noch nicht den Forderungen.
RAST Rapid Haul-down and Traversing System Anlage, Hubschrauber bei der Landung schnell und sicher einzuholen und in den Hangar zu verfahren. (Das kanadische Beartrap- (Bärenfalle-) System ähnlicher Art soll Landungen bis Windstärke 7 sicher machen können.) RAST wurde volkstümlich als Recovery, Assist, Securing and Traversing (Einholen, Helfen, Festmachen, Verholen) bezeichnet, es ist aber eine firmeneigene Bezeichnung.
RBOC Rapid Bloom Off-Board Chaff Schnell, in kurzer Entfernung (bis etwa 2 km) vom Schiff sich entfaltende Folien zur Störung der Ortung durch feindliche Flugkörper. – Aus dem Trägerkörper werden Bündel ausgestossen, die sich dann ihrerseits in die Folienblätter zerstreuen, so dass eine dichte Wolke entsteht, die vom Ziel ablenkt.
Oft mit IR-ablenkenden Brandsätzen verbunden.
rds/min rounds per minute Schuss pro Minute
RF Radio Frequency Funkwelle
RFA Royal Fleet Auxiliary Service Hilfsfahrzeug (Trossschiff) der Königlich Britischen Flotte, meist mit Reserve-Offizieren und zivilen Mannschaften (Reservisten) bemannt. Beispiele: Logistisches Landungsschiff, Behelfsflugzeugträger, Flottentross.
RN Royal Navy Königlich Britische Marine
RNN Royal Netherlands Navy Königlich Niederländische Marine
Rotodome rotierende Kuppel (Diskus oder ähnlicher Körper)
rpm revolutions per minute Umdrehungen pro Minute (U/min)
RPV Remotely Piloted Vehicle ferngesteuertes oder programmgesteuertes Leichtflugzeug zur Aufklärung, OTH-T, EM usw. Versuche mit überschallschnellen Flugkörpern sind im Gange. (Umgangssprachlich: Drohne)
RSN Royal Spanish Navy Königlich Spanische Marine
RV Reentry Vehicle Wiedereintrittskörper (in die Atmosphäre). Einzelsprengkörper, der von einem (bisher noch meist) ballistischen oder Lenkflugkörper ausgestossen wird.

S

SA (auch S/A) Surface-to-Air Boden/See zu Luft. Als Teil von Abkürzungen, wie SAM: Surface to Air Missile, Boden/See-Luft-Flugkörper.
SAC-Bases Strategic Air Command Bases Einsatzleitstellen und Flugplätze des Strategischen Luftwaffen-Kommandos (der USA)
SADS Submarine Active Detection System Aktives System zur Aufspürung von U-Booten als Ergänzung zum Sonar
SAG Surface Action Group Überwasser-Eingreif-Gruppe. Nach Bedarf auf kurze Zeit zusammengestellte Gruppe für bestimmte Aufgaben.
SALT (II) Strategic Arms Limitation Talks Verhandlungen über die Begrenzung strategischer Rüstung
SAM Surface-to-Air Missile Luftabwehr-Flugkörper
Satcom satellite communications Funkverbindung mit Satelliten
SCADS Shipborne Containerized Air Defence System Schiffseigenes containerisiertes Luftverteidigungssystem (siehe hierzu «Arapaho»)
SCOT Satellite Communication Terminal Antennen und Terminal für Nachrichtenverbindungen über Satelliten
SCS Sea Control Ship See-Überwachungsschiff ; fehlgeschlagenes Projekt der US Navy
sea-skimmer Flugkörper, der (teils abhängig von der Wellenhöhe) bis höchstens 50 ft (15 m) Höhe über dem Meer fliegt, um Ortung und Abwehr zu erschweren: unter-, neuerdings auch überschallschnell (bis Mach 6 = 6'700 km/h – in der Entwicklung.
SEASAT Eigenbezeichnung eines Meeresforschungs-Satelliten
SENIT Système d'Exploitation Navale des Informations Tactiques (franz.) System zur Auswertung seetaktischer Informationen (etwa dem NTDS der US Navy entsprechend)
SEWACO Sensor Weapon Command and Control Sensor-Waffen-Leitung und -Kontrolle
SHF Super High Frequency Zentimeterwellen, 10–1 cm, 3–30 GHz
SINS Submarine Inertial Navigation System Trägheits-Navigations-System für Unterseeboote
SIOP Single Integrated Operational Plan Einziger integrierter Operationsplan (für das Zusammenwirken der Gesamtstreitkräfte)
SLAM Submarine-Launched Anti-Ship Missile kleiner Kurzstrecken-Flugkörper, der zur Bekämpfung von Schiffen und Hubschraubern vom aufgetauchten Unterseeboot gestartet wird.
SLBM Submarine Launched Ballistic Missiles vom Unterseeboot zu startender ballistischer Flugkörper
SLCM Submarine Launched Cruise Missile vom Unterseeboot zu startender Marschflugkörper
SLEP Service Life Extension Program Programm zur Verlängerung des Dienstalters (von Schiffen). Generalüberholung mit Umbauten, Einbau neuester Sensoren und Waffen, auch Antriebsanlagen und anderem.
SLMM Submarine Launched Mobile Mine vom Unterseeboot verlegte selbstbewegliche Mine
SLOC Sea Lines of Communications Seehandelswege
SM Submarine Minelaying Minen-Unterseeboot (also: minenlegendes)
sm Seemeile (engl.: nm = nautical mile) 1'852 m
SNA Sous-marin nucléaire d'attaques (franz.) Angriffs- (Jagd-) Unterseeboot (SSN entsprechend)
SNA System Network Architecture Planung zur Vernetzung von Systemen
SNLE Sous-marin nucléaire lance engins (franz.) Atom-Unterseeboot mit ballistischen Flugkörpern (SSBN entsprechend)
Sonar Sound Detection and Ranging Feststellung von Geräusch und Entfernungsmessung zu seiner Quelle. Aktive und passive Methode meist im gleichen Gerät.
SOSUS Sound Surveillance System System zur akustischen Gebietsüberwachung
SSBN Submarine, Ballistic Missile, Nuclear powered Atom-Unterseeboot für ballistische Flugkörper
SSG Submarine, Guided Missile konventionelles Unterseeboot für gelenkte Flugkörper
SSGN Submarine, Guided Missile, Nuclear powered Atom-Unterseeboot für gelenkte Flugkörper
SSK diesel-elektrisches Jagd-Unterseeboot
SSM Sea-to-Sea Missile Seeziel-FK
START Strategic Arms Reduction Talks Verhandlungen zur Verminderung strategischer Waffen
stealth (eigentlich: Heimlichkeit) Technische, entwurfsbedingte Eigenschaften von Körpern, Reflexionen von elektromagnetischen Wellen (Radar) und optischen oder akustischen weitestgehend zu mindern bis zum Ziel völliger Auflösung. Baumaterial, Anstrich und andere Faktoren spielen ebenfalls eine Rolle.
STOVL auch STO(VL) und STOL/VTOL Short Take-off/Vertikal Landing = Flugzeuge sehr kurzer Startstrecke oder fähig zum Senkrechtstart und zur senkrechten Landung, also keine Hubschrauber sondern Starrflügler. Häufigste Bezeichnung V/STOL (siehe «V»)
Strak (auch Plattengang) = Die sich über die gesamte Schiffslänge erstreckende konstruktive Zusammenfügung der einzelnen Stahlplatten nach Länge, Höhe, Stärke und Form zwecks Formgebung des Schiffes anhand des Linienrisses. Auf den Bauwerften im Strak- oder Plattenbuch niedergelegt, nach welchem auch die Stahlwerke ihre Aufträge erhalten. Foto und Schaubild der Kirov-Klasse (Seiten 114/115) zeigen den fast ganz durchlaufenden Knick des Rumpfes (geknickter Plattengang oder Strak), der in erster Linie aus Stabilitätsgründen gewählt worden sein dürfte (siehe die seitlichen Rumpfwülste anderer Typen) und zusätzlich einen geringen Stealth-Effekt hat.
Sub-Harpoon Version des Marschflugkörpers Harpoon, der aus den TR eines U-Boots gestartet wird; neuerdings auch Vertikal-(Senkrecht-)Start
Subroc Submarine rocket-assisted (torpedo) Raketen-Torpedo zur U-Jagd; Ausstoss aus TR; ballistische Flugbahn zum Zielgebiet
SURTASS Surveillance Towed Array Sonar System geschlepptes Überwachungs-Sonar-System
SUT Surface and Underwater Torpedo Torpedo gegen Überwasser-Seeziele und Unterseeboote

T

t Gewichtstonne zu 1'000 kg
T-AGOS Towed-Array Ocean Surveillance Ship Ozeanüberwachungsschiff mit geschlepptem Sonar
T-ASM Tomahawk Anti-Ship Missile Tomahawk Seeziel-FK
T-LAM Tomahawk Land Attack Missile Tomahawk in Heeres-Version (zum Beispiel gelegentlich bei amphibischen Unternehmen einzusetzen)
TACAMO Take Charge and Move Out (Aufgabe durchführen und Abfliegen) Luftgestütztes strategisches Fernmelde-System auf VLF zwischen der Nationalen Kommando-Behörde der USA und den SSBN (siehe NCA)
TACAN Tactical Air Navigation Aid Schiffsgestützte Navigationshilfe für Flugzeuge und Hubschrauber
TACTAS Tactical Towed Array Sonar geschlepptes taktisches Sonar
TDZ Torpedo Danger Zone Gebiet, in dem erhöhte Gefahr von Torpedoangriffen droht
TERCOM Terrain Comparision Geländevergleich. Navigationssystem für Marschflugkörper, bei dem digital gespeicherte Daten mit dem überflogenen Gelände an markanten Punkten verglichen werden.
TG Task Group Kampfgruppe
TI Thermal Imaging Bildhafte Umsetzung von Wärmestrahlen (Thermographie)
Torpex Sprengstoff für britische Torpedos des Zweiten Weltkriegs mit nur noch 40% TNT (während die Torpedos anderer Flotten 100% Trinitrotoluol verwendeten). Erheblich grössere Sprengkraft bei gleichem Gewicht des Gefechtskopfs. Später auch in anderen Waffen (zum Beispiel Wasserbomben) verwendet.
TR Torpedo(ausstoss)rohre
TRAC-A Total Radiation Aperture Control («A» steht für «Antennenteil») Elektronisch gesteuertes totales Kontroll-System über die Abstrahlungs-Öffnungen bestimmter Radargeräte (zum Beispiel planare Antennen oder die der AWACS-Flugzeuge).
ts tons Grössenangabe für ein Kriegsschiff bei verschiedenen Verdrängungszuständen in long tons zu 1'016 kg. Tonnageangaben ohne Verdrängungszustand (Leer oder Leicht, Standard, auf Konstruktionswasserlinie, bei halber Füllung, Einsatz, maximal) sind fast völlig wertlos.
TVM Track-via Missile Lenkung über den FK, wobei der FK Relaisstation ist, seine Messdaten an das Schiff zurückgibt, teils in eigener Datenverarbeitung bereits aufbereitet, dann vom Schiff entsprechende Fluglenkung erhält.

U

UGM Underwater Guided Missile Unterwasser-Lenkwaffe; Gattungsbezeichnung für zum Beispiel Sub-Harpoon
UHF Ultra High Frequency Dezimeterwellen, 300–3'000 MHz 10–100 cm
UK United Kingdom Vereinigtes Königreich, Grossbritannien
US United States Kurzform von USA (United States of America)
USN United States Navy Kriegsflotte der USA
USS United States Ship Schiff der Kriegsflotte der Vereinigten Staaten von Amerika (vergl. HMS)
UTR Torpedo(ausstoss)rohre speziell für Torpedos zur U-Boot-Bekämpfung; meist kleineren Kalibers als die TR gegen Überwasser-Fahrzeuge

V

V/STOL Vertikal/Short Take-Off and Landing Eigenschaft eines Flugzeuges (Starrflügler), nicht Hubschraubers (Drehflügler), senkrecht (V) oder auf kurzer Strecke (S) starten und senkrecht landen zu können
VHF Very High Frequency Ultra-Kurzwelle; 3–1 m, 30–300 MHz
VLF Very Low Frequency Längstwelle (meist zur Verbindung mit getauchten Unterseebooten); 20–5 km, 15–60 kHz
VLS Vertikal Launch System Vertikal-(Senkrecht-) Start-Anlage

X

XSV Expendable Sound Velocimeter verbrauchbarer (Wegwerf-) Schallgeschwindigkeits-Messer

Bildnachweis

Vorsatz: Hughes Aircraft; Seite 1: Mod-Navy; 2/3: US Navy; 4/5: US Navy; 6/7: US Navy; 8: MoD-Navy; 9 (oben) US Navy, (unten) MoD-Navy; 10/11: Ericsson; 12 (links): Vosper Thornycroft, (rechts) US DoD/Mitsuo Shibata; 13: Canadian Forces; 14/15 (oben links) US Navy, (rechts) US Marine Corps., (unten) Royal Navy; 17: (oben und Mitte) US Navy, (unten) Royal Australian Navy; 19: (oben links und rechts) US DoD, (unten) Royal Netherlands Navy; 21 : (oben und unten) US DoD, (Mitte) US DoD/Mitsuo Shibata; 22/23: (unten, Mitte) MoD-Navy, (übrige) US Navy; 24: (oben links) Vickers, (oben rechts und unten) US Navy, (Mitte) MoD; 25: (Mitte) MEKO/MARS, (unten links) US DoD (unten rechts) MEKO; 26: (oben) Cammel Laird, (Mitte) US DoD; 27: (beide) MoD-Navy; 28: US Navy; 29: (oben links) US Navy, (oben rechts) Rolls-Royce, (unten) Hughes Aircraft; 30: (oben links und unten) US Navy, (oben rechts) Paxman; 31: Vosper Thornycroft; 32: (oben) US Navy (unten) US DoD; 33: US Navy; 34/35: US Navy; 36: DCN; 37: (oben links) HDW, (oben rechts) Stone Manganese; 38: US DoD; 39: US Navy; 40: US DoD; 41: (oben links) RDM, (oben rechts) US Navy, (unten) Vickers; 42: (oben) US Navy, (unten) Dassault-Breguet; 43: US Navy; 44: US Navy; 45: (oben) Aerospatiale, (unten) US DoD; 46/47: (rechts) US Navy, (Mitte) General Dynamics, (oben und unten rechts) US DoD; 48: (oben) ECPA, (unten) Aerospatiale; 49: (oben links) Matra, (oben rechts) MBB, (unten) McDonnel Douglas; 50/51: (unten links) Matra, (Mitte rechts) OTO Melara, (übrige) US Navy; 52: US Navy; 53: (oben links) Hollandse Signaalapparaten, (Mitte rechts) DCAN; 54: US Navy; 55: (oben links) ECPA, (oben rechts) Boeing, (unten) Goodyear Aerospace; 56: (oben) Aerospatiale, (unten links) US Navy, (unten rechts) Marconi; 57: (oben) Aerospatiale, (unten) US Air Force; 58: Thomson-CSF; 59: (oben und unten rechts) US Navy, (unten links) Hollandse Signaalapparaten; 61: US Navy; 62: EDO 63: (oben) EDO, (Mitte) Agusta; 64: (oben) US Navy, (unten) Jet Propulsion Laboratory; 65: (oben) MoD, (unten) US Navy; 66: (oben) Grumman, (unten) MoD-Navy, 67: (oben) Thorn-EMI, (unten links) Lockheed, (unten rechts) British Aerospace; 68: NATO Channel/Eastlant; 69: McDonnell Douglas; 71: British Aerospace; 72: (oben links) Indal Technologies, (Reihe unten rechts) McDonnell Douglas; 73: (oben) Lockheed-California, (Mitte) Sikorsky, (unten) Westland; 74: (oben) Westland, (Mitte) NATO Channel/Eastland, (unten) Aerospatiale; 75: (oben links) British Aerospace, (oben rechts) Grumman, (unten) Dassault-Breguet; 76: (oben links) US Navy, (oben rechts) Panavia, (unten) Dassault-Breguet; 77: (oben und unten links) US DoD, (Mitte) MoD, (unten rechts) British Aerospace Dynamics; 78/79: (links) Marconi, (Mitte) Boeing, (rechts) Elisra; 80: (oben links) Raytheon, (unten links) Hughes Aircraft, (rechts) Hollandse Signaalapparaten; 81: US Navy; 82: (oben links) US Navy, (oben rechts und Mitte) Irvin, (unten rechts) Plessey; 83: (oben links und rechts) US Navy, (unten) Sperry; 84/85: US Navy; 86/87: US Navy; 88: US Navy; 90: Stato Maggiore Marina; 92: Plessey Marine; 94: ECPA; 95:SIRPA-Marine; 97: US DoD; 98: SIRPA-Marine; 100: SIRPA-Marine/MARS; 102: Fincantieri/MARS; 104: JMSDF; 106: MoD Navy; 107: Swan Hunter/MARS; 108: US Navy; 110: US DoD/Mitsuo Shibata; 113: US DoD; 114: MoD PR; 116: US Navy; 118: NATO; 120: US Navy; 122: DCN; 123: DCN; 125: US Navy; 126: MEKO/MARS; 128: US Navy; 130/131: US Navy; 132: Vosper Thornycroft; 134/135: US Navy; 136: US Navy; 138/139: US DoD; 140: Reportagebild, Stockholm; 142/143: Royal Navy; 145: SIRPA-Marine/MARS; 147: MoD-Navy; 148: US DoD; 149: US Navy/Königlich Norwegische Luftwaffe; 150: US Navy; 152: US Navy; 154: US Navy; 157: US Navy; 156/157: MoD Navy; 158/159: HDW; 163: US DoD; 164: US DoD; 166: US Navy; 168: Italian Navy; 170: RDM; 171: Königlich Niederländische Marine; 172: Königlich Belgische Marine/MARS; 174/175: US Navy; 176: (oben) NATO, (unten) US Navy; 177: (links) Sippican, (rechts) US Navy; 178: MoD-Navy; 179: National Maritime Museum; 180: Imperial War Museum; 181: US Navy; 182: (oben) MoD Navy, (unten) R. Scheina/MARS; 183: MoD Navy/TRH; 184: US Navy; 185: MoD Navy; 186: US Navy; 187: (links) US Navy, (rechts) Ericsson; 188: (oben) US Navy, (unten) NATO STANAVFORLANT; 190/191: MoD Navy; 193: US Navy; 194/195: US Navy; 196: (oben) Aerospatiale, (unten) MoD Navy; 197: MoD Navy; 198: (oben) MoD Navy, (unten) US Navy; 199: MoD Navy; 200: MoD Navy; 201: (oben) US Navy, (Mitte) Goodyear Aerospace, (unten) DCN; 202: (oben) US Navy, (unten) MoD Navy; 203: US Navy.

Schutzumschlag Rückseite:
(oben links und Mitte) US Navy; (oben rechts) MBB; (unten links) SIRPA-Marine.

Zerstörer USS John Young der Spruance-Klasse